"十四五"高等学校新文科
计算机基础教育系列教材

# 大学计算机

朱 丽 亓相涛◎主编

中国铁道出版社有限公司
CHINA RAILWAY PUBLISHING HOUSE CO., LTD.
北 京

## 内容简介

本书凝结了多位长期从事大学计算机课程一线教学和教育研究教师的教学实践、经验和方法，将课程的教育理念和教学模式贯穿其中。同时结合普通高等院校新文科计算机基础教育需求，系统讲述了计算机基础知识、基本理论以及实践应用操作，注重计算机技术的科学性、前沿性和实用性。

全书共分为8章，主要包括计算机基础知识、操作系统、计算机网络、文字编辑软件、电子表格处理软件、演示文稿制作软件、多媒体应用基础以及计算机新技术等内容。

本书内容翔实、结构合理、层次清晰、语言流畅、图文并茂、案例丰富、易教易学，适合作为普通高等院校文科类专业学生的计算机基础课程教材，也可供计算机初学者学习和参考。

**图书在版编目（CIP）数据**

大学计算机 / 朱丽，亓相涛主编 .—北京：中国铁道出版社有限公司，2023.12

“十四五”高等学校新文科计算机基础教育系列教材

ISBN 978-7-113-30626-7

Ⅰ.①大… Ⅱ.①朱… ②亓… Ⅲ.①电子计算机-高等学校-教材 Ⅳ.①TP3

中国国家版本馆CIP数据核字（2023）第216822号

书　　名：**大学计算机**

作　　者：朱　丽　亓相涛

---

策　　划：刘丽丽　　　　编辑部电话：（010）51873202

责任编辑：刘丽丽　包　宁

封面设计：崔丽芳

责任校对：刘　畅

责任印制：樊启鹏

---

出版发行：中国铁道出版社有限公司（100054，北京市西城区右安门西街8号）

网　　址：http://www.tdpress.com/51eds/

印　　刷：北京铭成印刷有限公司

版　　次：2023年12月第1版　2023年12月第1次印刷

开　　本：787 mm×1 092 mm　1/16　印张：21.5　字数：563千

书　　号：ISBN 978-7-113-30626-7

定　　价：56.00元

---

# 前　言

人类进入信息化时代，数字化、网络化、智能化深入发展，信息技术日新月异，不断涌现的新概念和新技术在人类社会各个领域引发了深刻变革，促进了社会生产力的发展和人们生活质量的提高。运用计算机获取、存储、管理、加工、分析信息以解决实际问题，已成为当今大学生必备的基本能力。

“大学计算机”课程是教育部指定的培养高校大学生信息素养的公共基础必修课，集知识与技能于一体，不仅要求学生掌握计算机的基础知识和具备应用计算机处理日常事务的基本能力，还注重培养学生动手能力、创新能力和计算思维能力。课程的总体目标是培养学生利用计算机求解问题的基本思路、方法和能力，拓宽学生视野，辅助学生专业学习以及为处理学科专业性问题提供信息技术支持，满足社会各领域对大学生在计算机知识、技能与应用能力方面的需求，提高大学生的社会服务能力。

在党的二十大精神的引导下，本书遵循普通高等院校文科类人才培养规律和特点，紧贴“大学计算机”课程教学大纲和课程思政建设的要求，融入习近平新时代中国特色社会主义思想，同时参考了诸多国内外相关教材、资料和文献，内容新颖丰富。每章知识点均有精心设计的思政元素和典型案例，力求理论联系实际，教学结合实践，帮助学生在掌握理论知识和操作技能的基础上，能够触类旁通地熟练运用知识，不断提高自身的思想道德修养和信息素养。

全书分为 8 章。第 1 章论述计算机基础知识、计算机系统组成、计算机病毒与防治以及计算机选购；第 2 章论述 Windows 11 操作系统的基本功能和应用技能；第 3 章论述计算机网络的基本知识和互联网应用；第 4 章论述文字编辑软件 Word 2021 功能和应用操作；第 5 章论述电子表格处理软件 Excel 2021 功能和应用操作；第 6 章论述演示文稿制作软件 PowerPoint 2021 功能和应用操作；第 7 章论述多媒体技术基础知识以及多媒体信息处理，包括图像处理软件 Photoshop 2022、音频编辑软件 Audition 2022、视频编辑软件会声会影 2022 以及动画编辑软件 Animate 2022；第 8 章论述计算机新技术，包括人工智能、大数据、虚拟现实、物联网以及 3D 打印基本概念和应用。

本书由朱丽、亓相涛任主编，陈曈、聂磊、林捷、王诚、朱志慧参与编写。各章编写分工为：第 1 章由陈曈编写，第 2 章由聂磊编写，第 3 章由林捷编写，第 4、5 和 6 章由朱丽编写，第 7 章由亓相涛、朱丽、王诚和朱志慧编写，第 8 章由亓相涛编写。全书的统稿、校正和定稿工作由朱丽完成。

本书适合普通高等院校文科类学生以及计算机爱好者学习使用。在此，编者衷心感谢武汉音乐学院、武汉商学院、浙江音乐学院、湖北美术学院以及为编写该书提供帮助的专家同行，感谢中国铁道出版社有限公司相关人员为本书出版付出的辛勤劳动。

由于编者水平有限，书中难免存在不妥之处，恳切希望同行专家和读者批评指正，以便使本书更加完善。

编　者

2023 年 7 月

# 目录

# 第 1 章 计算机基础知识

随着计算机技术的飞速发展，计算机在科研、国防、军事、教育、医学、商业、通信、物流、传媒以及娱乐等领域发挥着越来越重要的作用，已经成为信息社会中必不可少的工具，其不仅为解决专业领域问题提供有效的方法和手段，还提供了一种独特的处理问题的思维方式。本章主要论述计算机基础知识，包括计算机的概念、特点、应用和工作原理、计算机系统结构组成、计算机病毒防治以及计算机选购等内容，为后续章节学习打下基础。

## 1.1 计算机概述

### 1.1.1 计算机的概念与发展

#### 1. 计算机的概念

电子数字计算机（electronic digital computer）又称计算机，俗称电脑，诞生于20世纪40年代，是一种能够进行数值与逻辑计算、存储程序与数据，同时能按照既定程序自动高速处理海量数据的现代化智能电子设备。随着近代计算机突飞猛进的发展，其应用早已渗透人类社会的各个领域，并对人们的工作、生活与娱乐带来了巨大变革。

1946 年 2 月 15 日，一台名叫 ENIAC（electronic numerical integrator and computer，电子数字积分计算机）的电子计算机在美国费城的宾夕法尼亚大学诞生，如图 1-1 所示，这台为二战中美国军方设计的计算机，被公认为世界上第一台存储程序式的通用电子数字计算机。

图 1-1　需要手动连接的 ENIAC 计算机

ENIAC 的缺点是没有真正的存储器，只有 20 个暂存器，程序是外插型的，指令被存储在计算机的其他电路中，使用其进行解题时，必须提前手工连通相应电路，这种准备工作通常要花上几小时甚至几天时间，而计算本身却只需几分钟，导致计算的高速与程序的手工存在着很大的矛盾。

随后美籍匈牙利数学家冯·诺依曼（Von Neumann）针对 ENIAC 在存储程序方面的弱点，提出了“存储程序控制”的通用计算机方案——EDVAC（electronic discrete variable automatic computer，离散变量自动电子计算机）。该方案中的重大改进是存储器和二进制两个方面，前者将程序同数据一样存储到计算机内存中，使得计算机可以自动执行各个指令，而不用手工连接；后者将指令和数据都采用二进制表示，以同等地位存放在存储器中。至此，现代计算机的基本体系结构生成，为了纪念计算机技术的这一重大变革，现代计算机又称冯·诺依曼结构计算机，而冯·诺依曼本人也被尊称为现代计算机之父，如图 1-2 所示。

图 1-2　冯·诺依曼和他建造的 EDVAC 计算机

**2. 计算机的发展**

自电子计算机诞生以来，计算机发展迅速，随着计算机中使用的主要电子器件从真空电子管到晶体管，再从分立元件到集成电路乃至微处理器，计算机的发展共出现了三次飞跃，经历了四个阶段，并正迈向智能计算机。

（1）第一代计算机——电子管计算机阶段

1946—1957 年，这一时期计算机的主要特点是采用真空电子管作为主要电子器件，用汞延时电路和磁鼓、小磁芯作为存储器，输入/输出主要采用穿孔纸带或卡片，软件还处于初始阶段，使用机器语言或汇编语言编写程序，几乎没有系统软件。这个时期的计算机体积大、耗能高、运算速度慢（一般每秒几千次到几万次）、容量小、价格昂贵，主要用于军事和科学计算，典型计算机代表有 ENIAC、ENVAC 以及 IBM 700 系列等。

（2）第二代计算机——晶体管计算机阶段

1958—1964 年，这一时期计算机的主要特点是采用晶体管作为主要电子器件，普遍采用磁芯作为内存储器、磁盘磁带作为外存储器。与电子管相比，用晶体管作逻辑元件具有体积小、质量小、寿命长、发热少、耗能低等优点。该时期计算机的运算速度提高到每秒几十万次，体积大大减小，可靠性和内存容量有了较大的提高，出现了一系列高级程序设计语言，如 BASIC、C、FORTRAN、ALGOL、COBOL 等，后期更是出现了操作系统。计算机的应用范围扩大到了科学计算、数据处理、事务处理和工业控制等方面，典型计算机代表有 IBM 7090、哈尔滨军事工程学院研制的 441-B 等。

（3）第三代计算机——中小规模集成电路计算机阶段

1965—1970年，这一时期计算机的主要特点是采用中、小规模集成电路作为基本器件，内存储器采用半导体存储器，磁带作为外存储器，外围设备种类繁多，高级语言数量增多，出现了操作系统以及结构化、模块化程序设计方法。集成电路的问世催生了微电子产业，微程序控制开始普及。此外，产品的系列性、机器兼容性与互换性、流水线技术、高速缓存与并行处理机以及计算机网格等也是第三代计算机的特点。这代机器的运算速度提高到每秒几十万次到几百万次，可靠性和存储容量进一步提高，计算机技术与通信技术密切结合起来，广泛应用于科学计算、数据处理、事务管理以及工业控制等领域，典型计算机代表有IBM 360系列、DEC PDP11系列以及NOVA1200等。

（4）第四代计算机——大规模集成电路和超大规模集成电路计算机阶段

1971年至今，这一时期计算机的主要特点是采用大规模及超大规模集成电路作为基本器件，内存储器采用半导体存储器，外存储器采用磁盘和光盘，操作系统不断发展和完善，并发展了数据库管理系统和通信软件等。集成电路（integrated circuit, IC）在一块小小的硅片上可以集成上百万个电子器件，因此人们又称其为芯片，随着硬币大小的芯片上能容纳的元件数量从几百个扩大到几百万个，计算机的运算速度可达到每秒上千万次到万亿次，体积和价格不断下降，而功能和可靠性却不断增强。这个阶段计算机技术的影响扩大到办公自动化、数据库管理、图像处理、语音识别和专家系统等领域，个人计算机（personal computer, PC）也是在这个阶段应运而生，并迅猛发展起来。

20世纪80年代，有些国家提出第五代计算机概念，试图摆脱冯·诺依曼体系结构，将人工智能引入计算机，从而使计算机具有演绎、推理、学习和对人类自然语言理解等能力。第五代计算机的目标是把信息采集、存储、处理、通信同人工智能结合在一起，以处理知识信息为主，能够帮助人们进行判断、决策、开拓未知领域和获得新的知识。

## 1.1.2　计算机的特点与分类

### 1. 计算机的特点

现代计算机与过去的计算工具相比，在运算速度、计算精度、存储能力、逻辑判断能力、自动运行能力以及可靠性等方面都有了很大的提高。

（1）运算速度快

计算机的运算速度由每秒执行的指令数来衡量，而指令是指挥计算机工作的一串命令，用二进制表示。现代的微型计算机每秒可执行几百亿条指令，而巨型计算机则达到每秒几亿亿次，如此快的数据处理速度是其他任何处理工具都无法比拟的，其不仅极大地提高了计算机的工作效率，还使许多极为复杂的科学问题得到很好的解决，特别是那些计算量大、时间性要求高的工作，如对天气预报、人类DNA、卫星轨道、导弹或其他发射装置运行参数的计算，对情报、人口普查等超大量数据的检索处理。

（2）计算精度高

电子计算机具有任何计算工具都无法比拟的计算精度，目前已达到小数点后上亿位的精度，能精确地进行数据计算和表示计算结果，这一特点极大地满足了对运算结果精度有着很高要求的科学研究和工程设计的需求。

（3）存储容量大

计算机具有能存储信息的存储装置，可存储大量数据，也可随时取出数据。如果前一天有没有做完的工作，可以存储在计算机中，第二天继续处理，计算机存储信息的“记忆”能力，给人们提供了很大的便利。此外，计算机的大容量存储还使得情报检索、事务处理、卫星图像处理等需要进行大量数据处理的工作可以通过计算机轻松实现。

（4）具有逻辑判断能力

计算机除了能够完成基本的算术运算外，还具有进行比较、判断等逻辑运算的功能，这种能力是计算机处理逻辑推理问题，实现信息处理自动化的前提。冯·诺依曼体系结构计算机的基本思想就是先将程序输入并存储在计算机内，在程序执行过程中，计算机会根据上一步的执行结果，运用逻辑判断方法自动确定下一步该做什么，使得计算机能完成推理、判断、选择和归纳等操作。

（5）自动化程度高

计算机采用存储程序的工作方式，一旦输入编制好的程序，启动计算机后就能自动执行直至任务完成，整个过程无须人工干预，这是计算机的一个基本特点，也是区别于其他计算工具的关键。

（6）可靠性高

现代计算机采用了大规模和超大规模集成电路，可以连续无故障运行几十万小时以上，具有极高的可靠性。另外，只要执行不同的程序，计算机就可以解决不同的问题，应用于不同的领域，因而具有很强的稳定性和通用性。

**2. 计算机的分类**

20 世纪中期以来，计算机一直处于高速发展时期，其种类不断分化，分类方法越来越细。

（1）按计算机的用途划分

计算机分为通用计算机和专用计算机。通用计算机用于解决多种一般性问题，该类计算机使用领域广泛，通用性较强，在科学计算、数据处理和过程控制等方面都很适用；专用计算机用于解决某一个或一类特定问题，其硬件和软件的配置依据解决特定问题的需要而定，并不求全。

（2）按计算机处理数据的类型划分

计算机分为数字电子计算机、模拟电子计算机和数字 - 模拟混合计算机。数字计算机处理的数据是在时间和幅度上离散的、不连续变化的数字量，一般由“0”和“1”两个数字构成的二进制数的形式表示（其中“0”表示低电平，“1”表示高电平）；模拟电子计算机处理的数据是在时间和幅度上连续变化的模拟量，比如电压、温度和速度等；数字 - 模拟混合计算机输入 / 输出的数据，既可以是数字量，也可以是模拟量。

（3）按计算机的规模划分

计算机分为巨型机、大型机、中型机、小型机、微型机以及工作站六大类。

①巨型机（supercomputer）：又称超级计算机，是所有计算机类型中价格最贵、功能最强的一类计算机，多用于国家高科技领域和尖端技术研究，也是国家科技发展水平和综合国力的重要标志。目前，巨型机的运算速度已经超过每秒千万亿次，如我国国防科技大学研制的“天河”系列和位于中国江苏省无锡市的“神威·太湖之光”（四次荣获全球超级计算机算力比赛冠军）、美国能源部下属橡树岭国家实验室的“泰坦”、日本理化研究所的“京”等。巨型机在密码分析、核能工程、航空航天、基因研究、气象预报、石油勘探等领域有着广阔的应用前景。

②大型机（main-framecomputer）：又称主干机，具有较高的运算速度，每秒可以执行几千万条指令，有较大的存储空间，通常用于大型企事业单位，在信息系统中起着核心作用，承担主服务器功能。与巨型机相比，大型机的运行速度、规模和存储容量都次于巨型机，结构上也较为简单且价格便宜，因而使用的范围更为广泛。

③中型机（midcomputer）：是相对于大型机而言规模相对较小的一类计算机，每秒可以执行数万条指令，一般较大网站的服务器就属于这类机型，如历史上 IBM 的 AS400 系列服务器，后更名为 System I。

④小型机（minicomputer）：运算速度和存储空间略低于中型机，具有规模小、结构简单、设计试制周期短和成本较低的特点，便于及时采用先进工艺。这类机器由于可靠性高，对运行环境要求低，易于操作且便于维护，用户使用机器不必经过长期的专门训练，主要用于工商及事务处理。

⑤微型机（microcomputer）：又称个人计算机，简称 PC，其发展可追溯到 1971 年美国 Intel 公司在一块芯片上成功实现了中央处理器的功能，制成了世界上第一片 4 位微处理器 MPU（micro processing unit），并组成了第一台微型计算机 MCS4，由此揭开了微型计算机大普及的序幕。微型机是大规模集成电路发展的产物，也是目前应用最广泛的计算机，其类型包括台式型、膝上型、笔记本、掌上型以及手表型，具有体积小、灵活性好、功耗低、价格便宜、使用方便以及可靠性强等特点，在家庭、个人、商业、服务业、工厂的自动化控制、办公自动化以及大众化的信息处理中都有着非常广泛的应用。

目前，个人计算机领域已经涌现出许多供应商，同时随着工艺和新技术的不断发展，各种智能设备（如智能手机、平板电脑和智能手表）相继出现，并且绝大多数用户都更青睐于这种手指触摸的办公娱乐方式。越来越多的国内和国外专家认为，在不久的将来，传统个人计算机会被更为便携的手机或其他智能设备所取代。

⑥工作站（workstation）：是介于小型机和微型机之间的一种高端微型计算机，配有高分辨率的大屏、多屏显示器以及大容量的内存和外存，具有高速运算能力、极强的信息处理能力以及高性能的图形图像处理能力。工作站支持高速的图形端口，能运行 3D、CAD 软件，并极方便地显示出设计图、工程图和控制图，被广泛应用于工程与计算机辅助设计领域。

随着计算机技术和微电子技术的飞速发展，上述六类机型的划分界限已越来越不明显，更多新类型的计算机也在不断出现，如嵌入式计算机。嵌入式计算机以应用为中心，软硬件可裁减，适用于对功能、可靠性、成本、体积以及功耗等综合性能有严格要求的专用计算机系统。该类计算机已经走进人们的工作与生活，如 PDA、移动计算设备、数字电视机顶盒、手机、汽车导航仪、家庭自动化系统、住宅安全系统、自动售货机、工业自动化仪表以及医疗仪器等。

### 1.1.3　计算机的应用

计算机作为当今不可或缺的信息处理工具，对人类科学技术的发展产生了深远的影响，对社会的发展起到了积极推动作用，并在国民经济和社会生活的各个领域都有着非常广泛的应用。

（1）科学计算

科学计算是计算机最早的应用，又称数值计算，主要是指用于完成科学研究和工程技术中提出的数学问题的计算，如天体运动轨迹、石油勘探、气象预报、工程设计以及生物工程等，这都需要计算机进行大量高速而精确的数据计算。

（2）数据处理

数据处理即信息加工，是指对大量的数据进行加工处理，如分类、合并、统计、分析等。人类社会生活中有大量数据需要处理，并且当前的数据已具有更广泛的含义，如图、文、声、像等多媒体，都是现代计算机的数据处理对象。据统计，目前 80% 以上的计算机主要用于数据处理，如人事档案管理、学籍管理、人口普查以及人才资源管理等，都采用计算机进行计算、分类、检索、统计等处理。

（3）实时控制

实时控制又称过程控制，是指利用计算机进行生产过程、实时过程的控制，对操作数据进行实时采集、检测、处理和判断，并按最佳值进行调节的过程。计算机对工业生产的实时控制，不仅能节省劳动力、减轻劳动强度和提高生产效率，还能实现工业生产的自动化。计算机的实时控制被广泛应用于石油化工、水电、炼金、机械加工、交通运输、其他国民经济部门以及航天飞船等诸多领域。

（4）计算机辅助系统

计算机辅助系统是指用计算机帮助工程技术人员进行设计工作，使设计工作半自动化甚至全自动化，不仅缩短设计周期、降低生产成本、节省人力物力，还保证产品质量。计算机辅助系统包括计算机辅助设计（computer aided design, CAD）、计算机辅助制造（computer aided manufacturing, CAM）、计算机辅助教学（computer aided instruction, CAI）、计算机辅助测试（computer aided test, CAT）以及计算机集成制造系统（computer integrated manufacturing system, CIMS）等。

CAD（CAM）是利用计算机来辅助人们进行设计（制造）工作，使工作实现半自动化和自动化，为缩短设计（生产周期），提高产品质量创造条件。CAT 是利用计算机对测试对象进行测试的过程，如利用计算机自动化测试超大规模集成电路生产过程中的各种参数。CAI 是利用计算机实现对教学和教学事务的管理。目前，计算机辅助系统已经被广泛应用于大规模集成电路、计算机、建筑、船舶、飞机、机床、机械以及服装设计领域。

（5）多媒体应用

多媒体是多种媒体的综合，一般包括文本、声音、图像、视频和动画等多种媒体形式。随着电子技术特别是通信和计算机技术的发展，人们已经有能力把文本、音频、视频、动画、图形和图像等各种媒体综合起来，构成一种全新概念的“多媒体”。在计算机系统中，多媒体指组合两种或两种以上媒体的一种人机交互式信息交流和传播媒体。多媒体计算机的出现，提高了计算机的应用水平，扩大了计算机技术的应用领域。

（6）计算机网络

计算机与通信技术结合形成了计算机网络，计算机网络的建立，不仅解决了一个单位、一个地区、一个国家中计算机与计算机之间的通信，各种软、硬件资源的共享，还促进了国际间的文字、图像、视频和声音等各类数据的传输与处理。目前，Internet 已成为全球性的互联网络，对网络的应用也已成为现代社会人们必备的基本技能。

（7）人工智能

人工智能（artificial intelligence, AI）是指计算机模拟人类的智能活动，如感知、判断、理解、学习、问题求解和图像识别等，并生产出一种新的能够以人类智能相似的方式做出反应的智能机器。该领域研究包括知识表示与获取、机器学习、图像识别、计算机视觉、语音识别、自然语言处理、智能机器人、专家系统以及智能学习系统等。近年来，人工智能的研究已经取得了不少成果，其发展正逐步走向实用化并应用于人类社会活动中。

（8）其他方面

随着计算机网络技术与信息技术的高速发展，计算机应用范围越来越大，逐步扩大到远程教育、电子商务、电子政务、远程医疗、远程会诊、城市交通管理、物流管理、娱乐游戏、信息情报检索以及信息高速通信等方面。以我国“金”字系列工程为代表的信息化建设已取得突破性进展，这也将进一步推动国民经济更快地向信息化、数字化两化融合发展。

# 1.2　计算机信息表示与编码技术

## 1.2.1　计算机数制概念与表示

数制又称计数制，是指用一组固定的符号和统一的规则表示数值的方法，一般分为进位计数制和非进位计数制。计算机所能处理的信息，不论其输入内容是什么形式，都必须转换成二进制数后才能被计算机处理、存储和传输。

**1. 进位计数制的概念**

进位计数制（简称进位制）是指按照某种由低位到高位进位的方法进行计数来表示数值的方式，如十进位计数制（简称十进制），就是按照“逢十进一”原则进行计数。一种进位计数制通常包含数码、数位、基数和位权四种要素，其中数码是一组用于表示不用数制数值的数字符号，如十进制中的 0 ～ 9；数位是指数码在数中所处的位置；基数是指在某种进位计数制中能使用的数码的个数，如十进制的基数为 10；位权是指在某种进位计数制表示的数中，用来表明不同数位上数制大小的一个固定常数，如十进制的位权是 10 的整数次幂，其个位的位权是 $10^0$，十位的位权是 $10^1$，百位的位权是 $10^2$。

计算机中常用的进位计数制有十进制、二进制、八进制和十六进制，这些数制与其数码、基数和位权的关系见表 1-1。

表 1-1　各种常用进位计数制及其数码、基数和位权的关系

| 数制 | 数码 | 基数 | 位权 | | | | | | | | | |
|---|---|---|---|---|---|---|---|---|---|---|---|---|
| | | | $b_n$ | $b_{n-1}$ | … | $b_1$ | $b_0$ | · | $b_{-1}$ | $b_{-2}$ | … | $b_{-m}$ |
| 十进制 | 0,1,2,3,4,5,6,7,8,9 | 10 | $10^n$ | $10^{n-1}$ | … | $10^1$ | $10^0$ | | $10^{-1}$ | $10^{-2}$ | … | $10^{-m}$ |
| 二进制 | 0,1 | 2 | $2^n$ | $2^{n-1}$ | … | $2^1$ | $2^0$ | | $2^{-1}$ | $2^{-2}$ | … | $2^{-m}$ |
| 八进制 | 0,1,2,3,4,5,6,7 | 8 | $8^n$ | $8^{n-1}$ | … | $8^1$ | $8^0$ | | $8^{-1}$ | $8^{-2}$ | … | $8^{-m}$ |
| 十六进制 | 0,1,2,3,4,5,6,7,8,9,A,B,C,D,E,F | 16 | $16^n$ | $16^{n-1}$ | … | $16^1$ | $16^0$ | | $16^{-1}$ | $16^{-2}$ | … | $16^{-m}$ |

在计算机中，为了区别不同的进位计数制，通常用两种方式来表示不同进位计数制，分别是英文字母标记方式和数字角标标记方式。

（1）英文字母标记方式

在数码后面加英文字母表示该数的进位计数制，十进制数采用 D（decimal）或 d，如 219D 或 219d；二进制数采用 B（binary）或 b，如 1001B 或 1001b；八进制数采用 O（octal）或 o，如 236O 或 236o；十六进制数采用 H（hexadecimal）或 h，如 1B2E6H 或 1B2E6h。

（2）数字角标标记方式

将数码放于括号内，在括号外加角标表示不同进制的数，十进制数用 $(X)_{10}$ 表示，如 $(219)_{10}$；二进制数用 $(X)_2$ 表示，如 $(1001)_2$；八进制数用 $(X)_8$ 表示，如 $(236)_8$；十六进制数用 $(X)_{16}$ 表示，如 $(1B2E6)_{16}$。

**2. 二进制表示**

计算机最基本的功能是对数据进行计算和加工处理，这些数据可以是符号、数字、文字、图形、图像、声音等，不论计算机中输入的数据是何种形式，最终都以二进制编码形式表示。在计算机中，采用二进制而非其他进位制的主要原因在于可行性、简易性和逻辑性。

（1）可行性

二进制的数码只有0和1，而可以表示0、1两种状态的电子器件很多，如晶体管的“导通”和“截止”、开关的“接通”和“断开”、电位电平的“高位”和“低位”，这在物理上最容易实现。计算机采用二进制编码，其内部电子器件的两种状态分明，工作可靠稳定，抗干扰性强。

（2）简易性

二进制数运算法则少，运算简单，若采用十进制数，有 55 种求和与求积的运算规则，而二进制数则只有 3 种，因而简化了计算机运算器的硬件结构设计。

（3）逻辑性

二进制数的 0 和 1 正好与逻辑命题的两个值“否”和“是”（“假”和“真”）相对应，为计算机实现逻辑运算和逻辑判断提供了便利的条件。

尽管计算机内部均用二进制数来表示各种信息，但计算机与外部的交互仍采用人们熟悉和便于阅读的形式，其间的转换则由计算机系统的软硬件实现。

**3. 数制间的转换**

人们习惯用十进制数，计算机采用二进制数，编码中又多采用八进制数或十六进制数，因此，各种进位计数制之间的相互转换是必要的。

（1）十进制转化为二进制、八进制、十六进制

十进制数转化为其他进制数时，需要将整数部分和小数部分分开转化。

十进制整数转化成二进制时，需要将十进制整数部分除以 2，第一次得到的余数为最低位，然后再将得到的商反复除以 2，直到商为 0，得到的余数位数依次升高。

**例 1.1**　将十进制整数 $(56)_{10}$ 转化成二进制整数。

解：根据计算可得 $(56)_{10} = (111000)_2$

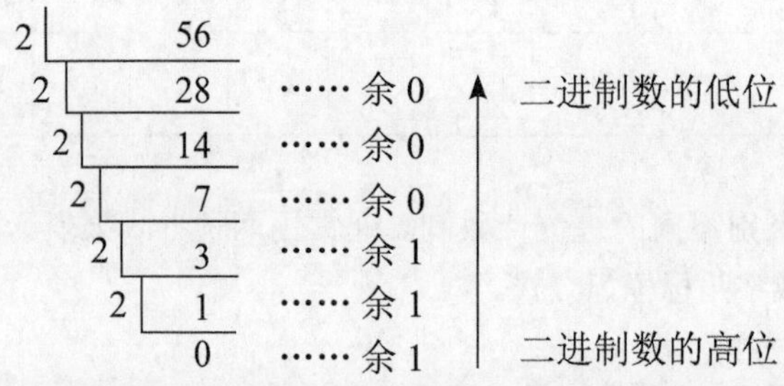


十进制小数转化成二进制小数时，需要将十进制小数部分乘以 2，第一次得到的乘积的整数部分为最高位，然后再将得到的积反复乘以 2，直到小数部分为 0 或者满足基本精度要求为止，最后一次得到的乘积的整数部分为最低位。

**例 1.2**　将一个十进制小数 $(0.625)_{10}$ 转化成二进制小数。（不采用四舍五入，精确到小数点后 4 位）

**解**：根据计算可得 $(0.625)_{10} = (0.101)_2$

|  | 取整 | |
|---|---|---|
| 0.625 × 2 | | ↑ 二进制数的高位 |
| 1.250 | ……1 | |
| × 2 | | |
| 0.500 | ……0 | |
| × 2 | | |
| 1.000 | ……1 | 二进制数的低位 |

一个十进制小数不一定能准确地转化为二进制小数，如果要求采用四舍五入且精确到小数点后 3 位，则连续乘 2 取 3 次整数，对第 4 位采用四舍五入的方法取舍，如果不需要四舍五入，则对最后一位采用只舍不入。

十进制整数转化成八进制时，需要将十进制整数部分除以 8，第一次得到的余数为最低位，然后再将得到的商反复除以 8，直到商数为 0，得到的余数位数依次升高。十进制小数转化为八进制小数采用“乘 8 取整”方法，原理与二进制相同。

十进制整数转化成十六进制时，需要将十进制整数部分除以 16，第一次得到的余数为最低位，然后再将得到的商反复除以 16，直到商数为 0，得到的余数位数依次升高。十进制小数转化为十六进制小数采用“乘 16 取整”方法，原理与二进制相同。

（2）二进制、八进制、十六进制转化为十进制

二进制、八进制、十六进制转化为十进制，采用按位权相加法，以二进制为例，将二进制每个数位上的数乘以位权，然后相加之和便是十进制数。

**例 1.3**　将 $(10111.0101)_2$ 转化成十进制。

$$(10111.0101)_2 = 1\times2^4 + 0\times2^3 + 1\times2^2 + 1\times2^1 + 1\times2^0 + 0\times2^{-1} + 1\times2^{-2} + 0\times2^{-3} + 1\times2^{-4}$$
$$= (23.3125)_{10}$$

**例 1.4**　将 $(35.6)_8$ 转化成十进制。

$$(35.6)_8 = 3\times8^1 + 5\times8^0 + 6\times8^{-1}$$
$$= (42.5625)_{10}$$

**例 1.5**　将 $(2A.9)_{16}$ 转化成十进制。

$$(2A.9)_{16} = 2\times16^1 + 10\times16^0 + 9\times16^{-1}$$
$$= (29.75)_{10}$$

（3）二进制、八进制和十六进制的相互转化

由于 $2^3 = 8$，所以一位八进制数对应 3 位二进制数。对于二进制转化为八进制，以小数为界限，分别向左和向右按每 3 个数为 1 组，不足 3 位的整数部分前面补 0，小数部分后面补 0。

**例 1.6**　将 $(10111.0101)_2$ 转化成八进制。

根据计算得 $(10111.0101)_2 = (27.24)_8$

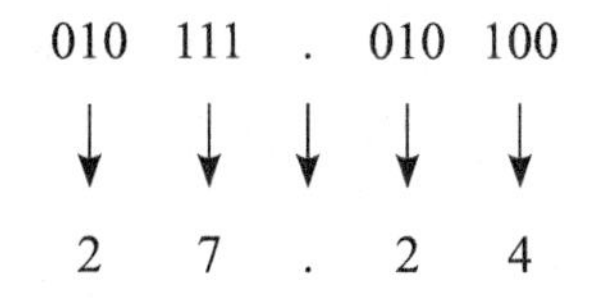

由于$2^4=16$，所以一位十六进制数对应4位二进制数。对于二进制转十六进制，以小数为界限，分别向左和向右按每4个数为1组，不足4位的整数部分前面补0，小数部分后面补0。

例 1.7　将$(1000111.01101)_2$转化成十六进制数。

根据计算得$(1000111.01101)_2=(47.68)_{16}$

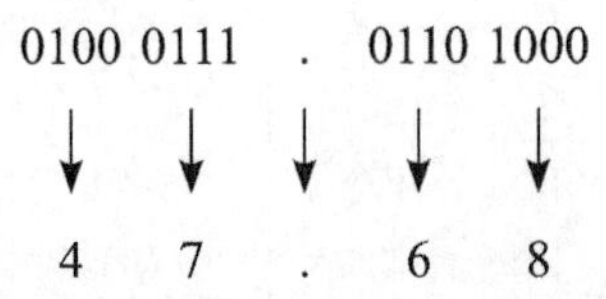

八进制和十六进制转换成二进制则正好相反，分别是将八进制的每一个数拆分为一个3位的二进制，将十六进制的每一个数拆分为一个4位的二进制数，具体见表1-2。

表1-2　二进制、八进制和十六进制之间的相互转换

| 八进制数 | 对应二进制数 | 十六进制数 | 对应二进制数 | 十六进制数 | 对应二进制数 |
|---|---|---|---|---|---|
| 0 | 000 | 0 | 0000 | 8 | 1000 |
| 1 | 001 | 1 | 0001 | 9 | 1001 |
| 2 | 010 | 2 | 0010 | A | 1010 |
| 3 | 011 | 3 | 0011 | B | 1011 |
| 4 | 100 | 4 | 0100 | C | 1100 |
| 5 | 101 | 5 | 0101 | D | 1101 |
| 6 | 110 | 6 | 0110 | E | 1110 |
| 7 | 111 | 7 | 0111 | F | 1111 |

### 1.2.2　常用信息编码

信息包含在数据中，数据以二进制形式表示，经由计算机加工处理，用一个编码符号代表一条信息或一串数据，这就是数据编码。数据的类型很多，如符号、数字、文字、图形、图像、声音等，通常计算机不能直接处理这些数据对象，需要对其进行编码后才能进行存储和处理，而编码的过程实质上就是将这些数据转换为0和1的二进制数的过程。常见的信息编码有ASCII编码、汉字交换码、汉字机内码、汉字输入与输出码以及二维条形码。

（1）ASCII编码

由于计算机内部存储、传送及处理的信息只有二进制信息，因此各种文字、符号就必须用二进制编码表示。计算机系统中，最普遍使用的西文字符编码为ASCII码（American Standard Code for Information Interchange, 信息交换标准代码），1967年ASCII码被国际标准化组织（ISO）定为国际标准，因而又称国际5号代码或ISO 646标准。

ASCII码有7位ASCII码和8位ASCII码两个标准，国际通用的7位ASCII码采用7位二进制数字来表示一个字符，同时能表示$2^7$（128）个字符。标准的ASCII码采用一个字节的低7位，扩充的ASCII码采用8位二进制数表示一个字符，这套编码增加了外文和表格等很多特殊字符，成为目前最常用的编码。

（2）汉字交换码

汉字是计算机中普遍使用的字符，也要用二进制编码表示。目前，我国汉字的总数超过6万个，常用的也有六千多个，显然用1字节（8位）编码是不够的。1980年，我国发布了《国家标准信息交换用汉字编码字符集》（GB 2312—1980）国家标准以满足计算机汉字信息处理的需求，选出了6 763个常用汉字、682个汉语拼音字母、数字以及其他符号，并为其分配了标准代码，这些字符编码被称为汉字交换码或国际标。

汉字交换码规定每个汉字符号要用两个字节表示，如汉字中的“啊”，其国际码是$(0011\ 0000)_2$、$(0010\ 0001)_2$，即十六进制30H、21H。为了区别于英文字符，将国际码的每个字节的最高位设置为1，得到对应汉字符号的内码，如“啊”的内码为$(1011\ 0000)_2$、$(1010\ 0001)_2$，即十六进制B0H、A1H。当计算机处理字符时，若遇到最高位为1的字节时，便将该字节与其后续的、最高位也为1的字节一起看作汉字编码，若遇到最高位为0的字节时，则将该字节看成一个英文字符的ASCII编码，这样便实现了英文字符和汉字同时存在。

汉字交换码共收录了7 445个汉字和图形符号等字符，这些汉字和图形符号根据其位置分别放在94个“区”中，01~10区存放各种图形符号、制表符，11~15区存放用户自定义字符，16~55区存放一级汉字，56~87区存放二级汉字，88~94区存放扩充汉字。

（3）汉字机内码

计算机内部存储、处理加工和传输汉字，由0和1两个符号组成的编码统称为机内码，又称汉字机内码，简称内码。由于一个汉字编码占2字节，为了与两个西文字符区分，常常将国际码加上标记，所以又称汉字ASCII码，由扩充ASCII码组成，ASCII码的最高位是0，为区别于ASCII码，规定汉字机内码的两个字节的最高位都是1。

（4）汉字输入与输出码

输入码，又称机外码，简称外码，是指用键盘输入汉字时用到的汉字编码，常用的输入码有数字编码（区位码）和拼音编码。对应汉字输出过程中使用的编码则是字形码。

（5）二维条形码

二维条码是近年来在移动设备端上非常流行的一种编码方式，在代码编制上巧妙地利用构成计算机内部逻辑基础的“0”“1”比特流的概念，使用若干个与二进制相对应的按一定规律在平面（二维方向上）分布的黑白相间的几何图形记录数据符号信息，并通过图像输入设备或光电扫描设备自动识读，从而实现信息自动处理。二维条码具有条码技术的一些共性，即每种码制有其特定的字符集，每个字符占有一定的宽度，具有一定的校验功能，同时还具有对不同行的信息自动识别和处理图像旋转变化点的功能。我国对二维码技术的研究开始于1993年，目前二维码的应用范围不断扩大，逐渐渗透人民生活的方方面面。

# 1.3　计算机系统组成

## 1.3.1　计算机的基本原理

计算机理论模型由英国数学家艾伦·麦席森·图灵于1936年提出，后人称为“图灵机”，是一种抽象计算模型，即将人们使用纸笔进行数学运算的过程进行抽象，由一个虚拟的机器替

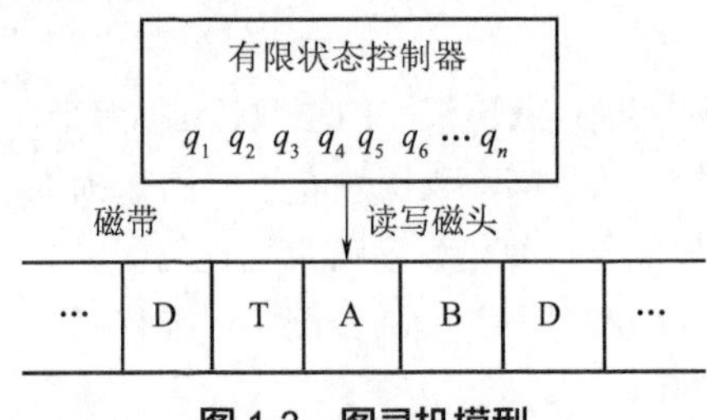


图 1-3　图灵机模型

代人们进行数学运算。图灵机由一条在两个方向上均为无限长的磁带、一个控制器和一个读写磁头构成，其中磁带被划分为一个个独立的存储单元，而控制器的状态是有限的，如图 1-3 所示。

图灵机的正常工作依赖于当前状态、磁头在磁带中的位置和存储单元内容三个条件，其执行工作的过程可以分为两步：第一步，扫描磁带的存储单元，并用读写磁头写入符号（如果之前已存在符号，则原符号被替换）；第二步，读写磁头左右移动一个存储单元格，则当前状态 $q$ 改变，由此进入下一步工作状态（$q_{n-1}$ 或 $q_{n+1}$）。第二步可以循环运行，直到图灵机停机工作。

理解了图灵机模型后，可将计算机的工作过程归纳为输入、处理、输出和存储四个环节。输入是指接收输入设备提供的信息；处理是对信息进行加工处理的过程，同时按照一定的方式进行转换；输出是将处理结果在输出设备上显示出来；存储是将原始数据或处理结果保存以便再次使用。在整个计算机的工作过程中，四个环节是循环进行的，通常在程序的指挥下，计算机会根据需要决定进行哪个环节，如对于某个输入命令的执行，是由事先存放在计算机中的程序决定的，计算机工作过程如图 1-4 所示。

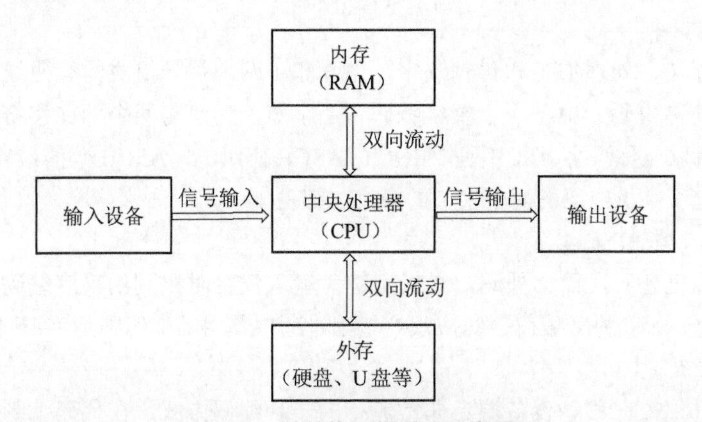


图 1-4　计算机工作过程示意图

### 1.3.2　计算机系统的基本结构

完整的计算机系统由硬件系统和软件系统两部分组成。硬件系统是指构成计算机系统的物理实体和物理装置，即那些能看得见也摸得着的东西，也是计算机运行的物质基础。从功能角度上看，一个计算机硬件系统包含运算器、控制器、存储器、输入设备以及输出设备五大部件，这些部件共同决定了计算机的整体性能，如运算速度、存储容量、计算精确度、可靠性以及人机交互性。计算机系统的组成如图 1-5 所示。

软件系统是指计算机的逻辑实体，是那些为了运行、管理和维修计算机而人工编制的各种程序的集合，它使人们在不必了解计算机内部结构和工作原理的情况下，方便灵活地使用计算机。人们将只有硬件而没有任何软件支持的计算机称为“裸机”，只有硬件和软件有机结合、相互配合，才能使计算机正常运行，发挥作用。软件是计算机的灵魂，是实现计算机功能的关键因素，并在用户和计算机硬件间搭起沟通的桥梁。计算机系统的层次结构如图 1-6 所示。

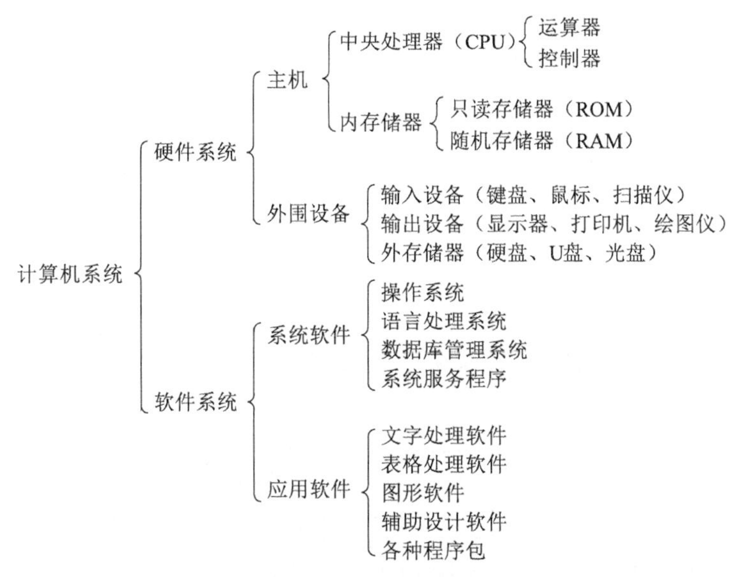


**图 1-5　计算机系统组成图**

随着时代的变迁与技术的发展，依托计算机硬件系统和软件系统的计算机产业在很长时间内都遵循着两个规律，分别是摩尔定律与安迪 - 比尔定律。摩尔定律由 Intel 公司创始人戈登· 摩尔于 1965 年在对集成电路行业未来十年的发展预测时，提出在至多 10 年内，集成电路的集成度会每两年翻一番，后来人们把这个周期缩短到 18 个月，即每隔 18 个月计算机等 IT 产品的性能会翻一番，换言之相同性能的计算机等 IT 产品每隔 18 个月价格下降一半。然而摩尔定律并非严格的物理定律，而是基于几乎不可思议的技术进步现象所做出的总结。安迪 - 比尔定律（安迪指 intel 公司前 CEO 安迪 · 格鲁夫，比尔指微软创始人比尔 · 盖茨）则是对软件和硬件升级换代关系的一个概括，意指硬件提高的性能，会很快被软件消耗掉。正因这两大定律，不仅让数字生活在更强大的硬件与软件的配合下变得越来越精彩，同时也刺激着整个 IT 产业的发展。

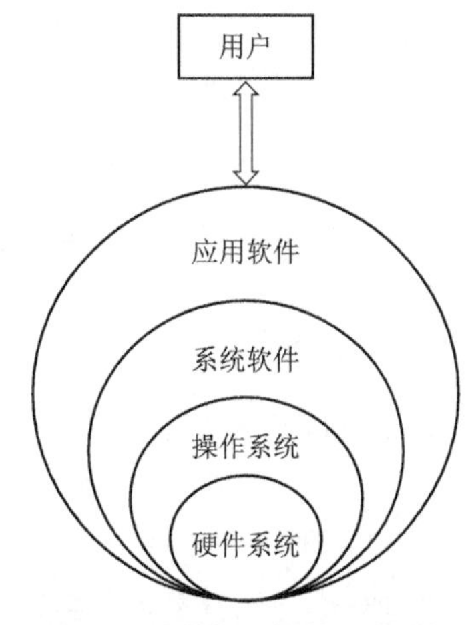


**图 1-6　计算机系统的层次结构**

## 1.3.3　计算机硬件系统

1946 年，美籍匈牙利数学家冯 · 诺依曼改进了宾夕法尼亚大学发明的 ENIAC 计算机，并提出了计算机组成和工作原理的基本设想。迄今为止，尽管计算机制作技术发生了很多变化，但是就其硬件组成结构和工作原理而言，绝大多数现代计算机依然根据冯 · 诺依曼计算机体系结构的设计思想来制造，由此构成的计算机称为冯 · 诺依曼型计算机。冯 · 诺依曼设计思想主要有以下三个特点。

①计算机内部采用二进制表示数据和指令，每条指令由一个操作码和一个地址码组成，其中操作码表示运算性质，地址码则指出操作数在存储器中的对应地址，且每条指令都通过计算

机硬件执行。采用二进制编码具有运算简单、便于物理实现以及节省设备等优点。

②采用存储程序方式。程序是人们为解决某一实际问题而写出的一条条有序的指令集合，存储程序方式就是事先将编制完成的程序（包括数据和指令）存入主存储器中，计算机在运行程序时无须操作人员干预，能自动逐条取出指令和执行指令。相比于以往将程序保存于计算机外部的计算机，大大缩短了运算速度，提高了计算机的性能。

③计算机由运算器、控制器、存储器、输入设备和输出设备五大基本部件组成。

冯·诺依曼型计算机硬件系统结构如图 1-7 所示，运算器和控制器构成了计算机性能的核心部件中央处理器（central processing unit, CPU），而 CPU 和存储器通常放置在一个机箱中，合称为主机。输入设备和输出设备，统称为输入 / 输出设备，又因其位于主机的外部，故又称外围设备。

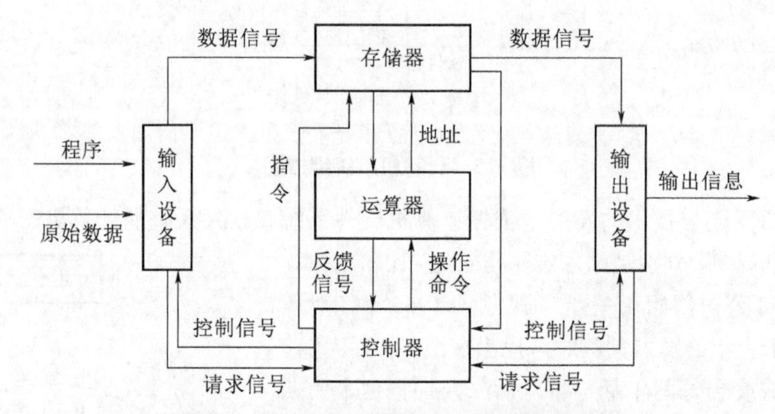


**图 1-7　冯·诺依曼型计算机硬件系统结构**

（1）运算器（arithmetical and logical unit, ALU）

运算器是对数据进行加工处理的部件，具体实现二进制数据的算术运算和逻辑运算，因而又称算术逻辑运算单元。运算器主要完成在控制器的控制下，对取自内存储器的数据进行加、减、乘、除等算术运算以及与、或、非、取反等逻辑运算，并将结果送回主存储器。

（2）控制器（control unit, CU）

控制器是整个计算机的控制枢纽，用于控制计算机各部件自动协调地工作。控制器工作的实质就是解释程序，其每次从存储器读取一条指令，经过分析译码，产生一串操作命令，发向各个部件，控制各部件动作，使整个机器连续地、有条不紊地运行。

（3）存储器（memory）

存储器是计算机系统中用来存放程序和数据的设备。程序是计算机操作的依据，数据是计算机操作的对象，不管是程序还是数据，在存储器中都是用二进制的形式表示，统称为信息。

存储器分为内存储器（又称主存储器，简称内存或主存）和外存储器（又称辅助存储器，简称外存或辅存）两部分。CPU 只能对内存直接存取，而不能对外存直接存取，外存储器中的信息只有先调入内存才能被 CPU 访问。

（4）输入设备（input device）

输入设备是变换输入形式的部件，其将人们熟悉的信息形式变换成计算机能接受并识别的信息形式。输入信息形式有数字、字母、文字、图形、图像以及声音等，而送入计算机的只有二进制数据，一般的输入设备只用于原始数据和程序的输入。常用的输入设备有键盘、鼠标、扫描仪和触摸屏等。

（5）输出设备（output device）

输出设备是变换计算机输出信息形式的部件，其将计算机运算结果的二进制信息转换成人类或其他设备能接受和识别的形式，如字符、文字、图形、图像和声音等。输出设备和输入设备一样，需要通过接口与主机相连。常用的输出设备有显示器、打印机、绘图仪以及音响等，而硬盘、光盘驱动器、U 盘既是输入设备，又是输出设备。

### 1.3.4　计算机软件系统

计算机依靠硬件系统和软件系统的协同工作来完成指定的任务，按照功能来划分，计算机软件系统包括系统软件和应用软件两大类。

#### 1. 系统软件

系统软件面向机器，用来管理、控制和维护计算机系统资源，提供用户与计算机之间的交互界面以及各种应用软件的支持和开发环境。系统软件可分为以下三类。

①语言处理程序，以汇编语言、Fortran、C、C++、Pascal、Visual Basic、Visual C++、Delphi、Python 等为代表的高级语言的编译程序或解释程序。

②操作系统，以 DOS、UNIX、Linux、Windows 等为代表的操作系统。

③计算机监控管理程序、调试程序、故障检测和诊断程序等。

#### 2. 应用软件

应用软件以系统软件为基础，面向特定的应用领域，为某一专门的应用目的或解决某种实际问题而编写的程序，这些程序可以用汇编、C、Visual Basic、Visual C++、Delphi 等任意一种程序设计语言写成，编译成二进制形式的可执行文件后，就可在系统软件的支持下运行。常用的应用软件有 Office 办公自动化软件、互联网浏览器（如 360、小智双核、傲游等）、统计软件（如 SPSS、SAS 等）、媒体播放器（如爱奇艺、恒星、QQ 影音等）、杀毒软件（如金山毒霸、360 等）、音视频编辑软件（如剪映、万兴喵影、万彩动画大师等）、计算机辅助软件（如亿图图示、Eagle、TT 作曲家等）、企业管理信息系统、学籍管理软件以及计算机游戏等。

### 1.3.5　计算机系统的主要技术指标

计算机性能的好坏通常由字长、内存容量、运算速度、主频、输入 / 输出设备配置以及性能价格比六个方面来衡量。

#### 1. 字长

字长是计算机信息处理中，一次存取、传送或加工的数据长度。字长不仅标志着计算机的计算精度和数据表示范围，同时还反映着计算机处理信息的能力，通常计算机字长越长，其计算精度越高，数据表示范围越大，处理信息能力越强。计算机系统中，字节（byte, B）是数据处理的基本单位，1 字节由 8 位二进制码（bit）组成，一般计算机的字长在 8 ～ 64 位，即 1 个字由 1 ～ 8 字节组成，微型计算机的字长有 8 位、准 16 位、16 位、32 位、64 位等。

#### 2. 内存容量

计算机内存又称主存，是指存储二进制数据的总量，其反映了计算机处理数据量的能力。一般而言，内存容量越大就越有利于系统的运行，不仅可使处理器与外存储器交换数据的次数变少，而且处理速度也变快。字节是大多数微机存储容量的基本单位，更大的存储单位有千字节（KB）、兆字节（MB）、吉字节（GB）、太字节（TB），具体存储容量的换算关系如下。

1 B（byte）＝ 8 bit

1 KB（kilobytes）＝ $2^{10}$ B ＝ 1 024 B

1 MB（megabytes）＝ $2^{10}$ KB ＝ 1 024 KB ＝ $2^{20}$ B

1 GB（gigabytes）＝ $2^{10}$ MB=1 024 MB ＝ $2^{30}$ B

1 TB（terabytes）＝ $2^{10}$ GB=1 024 GB ＝ $2^{40}$ B

**3. 运算速度**

早期衡量计算机运算速度的指标是每秒执行加法指令的次数，然而计算机执行不同运算指令所需的时间不同，因而需要不同的计算方法表示运算速度，现在通常用等效速度或平均速度衡量，等效速度由各种指令的平均执行时间及对应的指令使用次数的比例来计算。

**4. 主频**

主频是 CPU 内核工作的时钟频率，通常 CPU 中每条指令的执行都是通过若干执行步骤完成，这些执行步骤按照时钟周期的节拍进行。主频是衡量计算机速度的重要参数，以吉赫兹（GHz）为单位，表示 CPU 内数字脉冲信号震荡的速度，与其实际的运算能力并没有直接关系。对于同一型号计算机，主频越高，完成指令的一个执行步骤所用的时间越短，执行指令的速度越快。

**5. 输入 / 输出设备配置**

主机与外围设备间交换数据的速率也是衡量计算机速度的参数之一，通常各种输入和输出设备的差异很大，因而采用主机能支持的数据输入 / 输出的最高效率来衡量。外围设备的配置主要是指允许配置外围设备的数量与数据输入 / 输出处理的能力。

**6. 性能价格比**

选购计算机时，要注重机器的性能价格比，在追求高性能的同时，应从实际应用出发，选择那些既能满足实际需求，又性能好、价格实惠的计算机。性能是综合性能，包括硬件、软件的各种性能，价格是整个系统的价格，包括硬件和软件的价格，性能与价格的比越高越好。此外，还需考虑计算机系统的可扩展能力，如内存、硬盘及其他外设等。

### 1.3.6 微型计算机系统的组成

微型计算机简称微机，又称个人计算机（personal computer，PC），是面向个人操作、使用最广泛的计算机，其硬件结构由运算器、控制器、存储器、输入设备和输出设备五个基本部分组成。微型计算机硬件的基本组成部件有主机、键盘和显示器，其中键盘是系统的标准输入设备，显示器是系统的标准输出设备。

**1. 系统主板**

系统主板（简称母板）是微机的重要组成部件，也是一个集成电路板，微处理器模块、内存模块、声卡、显卡、BIOS 芯片、基本输入 / 输出接口、中断控制器、DMA 控制器以及系统总线等都安装在该电路板上，如图 1-8 所示，提供对 CPU、内存和 ISA/PCI/AGP 总线等的支持。系统主板的性能由配合 CPU 的芯片组决定，目前主要的生产厂商有 Intel、AMD、VIA 和 SIS 等。用户在选购主板时，要考虑其支持的最大内存容量、扩展槽的数量、最大系统外频和可扩展性等因素。

图 1-8　主板

**2. 微处理器**

微处理器即中央处理器（CPU），是计算机的核心部件，由运算器和控制器组成。运算器用来进行算术运算和逻辑运算，控制器用来控制整个计算机的各个部件协调稳定地工作。常见的微处理如图 1-9 所示。

（a）intel酷睿i7

（b）AMD速龙

（c）龙芯3C5000L

图 1-9　国内外主流处理器

纵观全球，两大 CPU 巨头 Intel 和 AMD 占据绝大部分市场，我国 CPU 研发起步相对较晚，经过数十年的艰辛探索后，目前正处于奋力追赶的关键时期，国产 CPU 产业已初具规模，涌现出一批领军企业，以飞腾、鲲鹏、海光、龙芯、兆芯、申威等为代表的厂商正全力打造“中国芯”，在工艺、性能、生态建设等方面不断取得突破，为我国 CPU 的自主可控、安全可信做出了极大贡献。微处理器的主要性能指标有主频、外频、字长以及缓存等。

①主频：CPU 的时钟频率（又称工作频率），通常 CPU 在一个时钟周期完成的指令数是固定的，因而主频越高，其速度就越快。由于内部结构的不同，不是所有具有相同时钟频率的 CPU，其性能都一样。

②外频：总线的工作频率，即 CPU 与周边设备传输数据的频率，其决定了整个主板的运行速度。

③字长：CPU 在单位时间内一次能处理的二进制数的位数，通常字长越长，CPU 处理能力就越强。

④缓存：是位于 CPU 与内存之间的临时存储器，容量比内存小但运行速度快，主要用来协调内存与 CPU 数据交换速度的差异，提高 CPU 的运行效率，分为 1 级缓存（L1 Cache）、2 级缓存（L2 Cache）和 3 级缓存（L3 Cache）。

**3. 内存储器**

内存储器简称内存，又称主存储器（主存），是计算机的重要组成部件之一，由CPU直接访问，用于暂时存放CPU中的运算数据以及与外部存储器交换的数据，计算机中所有程序的运行都是在内存中进行。内存也是计算机信息交流的中心，负责与计算机各部件打交道，完成数据传送。

微型机中目前使用的内存条主要有DDR和比较早期的SDRAM（动态随机存储器）。只读存储器有可擦除可编程的EPROM、E2PROM和Flash Memory，EPROM称为光擦编程只读存储器，通过紫外光照射，可以擦除原写入数据，重新写入新数据；E2PROM称为电擦编程只读存储器，只要提供所需的擦除电压，就可擦除原数据，并重新写入新数据；Flash Memory称为闪存，具有EZPROM的特点，不同于一般ROM的是，其读取数据的时间同动态随机存储器相近。

从SDRAM中读写数据通常不能满足高速运行的CPU，会造成CPU的长久等待，降低其工作效率。为了解决这个问题，采用缓冲存储器（cache）技术将容量较小的高速静态存储器放于CPU和SDRAM之间，静态存储器的访问速度比SDRAM快10倍以上，这样提高了CPU对SDRAM访问的速度。Cache又被分为两级L1和L2，Intel公司奔腾II及以后的产品，Cache都被封装在CPU中。

内存条一般插在计算机的主板上，其存取速度比较快，但存储容量相对较小，如果用户觉得内存容量太小，可购买内存条插入内存插槽内进行扩充。内存条的主要性能指标有容量、存取时间、奇偶校验位以及接口类型等，一般内存容量越大，读取速度越快，计算机运行速度就越快。

①容量：这一指标直接制约着系统的整体性能，目前市场上常见的内存条容量有16 GB、32 GB等。

②存取时间：内存条芯片的存取时间决定了内存的速度，其单位是纳秒（ns）。

③奇偶校验位：内存条的奇偶校验位可以用于保证数据的正确读写，目前有无奇偶校验位一般均可正常工作。

④接口类型：内存的接口类型一般包括SIMM类型接口和DIMM类型接口。

**4. 外存储器**

外存储器简称外存，又称辅助存储器或辅存，CPU不能直接访问，其出现弥补了内存价格高，存储容量有限以及不能长时间保存信息的缺点，能长时间存放当前不需要立即使用的信息，如系统程序、数据文件以及数据库等。外存不和计算机其他部件进行数据交换，只和内存交换数据，其存储容量较大，但读取速度相对内存要慢很多。常见的外存储器有硬磁盘存储器、光存储器和U盘存储器。

（1）硬磁盘存储器

硬磁盘存储器简称硬盘（hard disk, HD），是计算机主要的外部存储器。从组成原理角度看，硬盘分为机械硬盘（HDD）、固态硬盘（SSD）和混合硬盘（HHD）三种类型。机械硬盘由若干个涂有磁性材料的铝合金圆盘构成，其将磁头、盘片和驱动器封装在一起。固态硬盘是用固态电子存储芯片阵列制成的硬盘，由控制单元和存储单元（Flash芯片、DRAM芯片）组成。混合硬盘是一块基于传统机械硬盘诞生出来的新硬盘，其内置的NAND闪存颗粒可存储用户经常访问的数据，并达到如固态硬盘的读取性能。硬盘的性能指标主要有尺寸、容量、内置Cache容量、转速、接口类型以及数据传输速率。

①尺寸：硬盘尺寸主要有3.5英寸、2.5英寸和1.8英寸，其中3.5英寸硬盘专为台式计算机设计，2.5英寸硬盘和1.8英寸硬盘则专为笔记本计算机设计。

②容量：硬盘的容量从几百吉字节到几太字节不等，且都自带几兆字节到几十兆字节容量的 Cache，目前市场上常见的硬盘容量有 500 GB、1 TB、2 TB 等。

③转速：转速是硬盘的平均寻道时间，通常 2.5 英寸硬盘的转速是 5 400 r/min，3.5 英寸硬盘的转速是 7 200 r/min，服务器上硬盘的转速可以高达 10 000 r/min 和 15 000 r/min。要注意的是固态硬盘由于其内部构成不同，因此不存在转速。

④接口类型：硬盘的接口包括 IDE 接口、SATA 接口、SCSI 接口、Fiber Channel（光纤）接口、USB 接口以及 IEEE 1394 接口，IDE 接口和 SATA 接口在微机中应用非常广泛。

⑤数据传输速率：硬盘的数据传输速率主要受硬盘控制卡、输入 / 输出接口、内置 Cache 容量以及数据传输模式等影响。一般来说，硬盘转速越高，其数据传输速率越高。

从便携角度看，硬盘分为固定式硬盘和移动式硬盘两种类型。移动式硬盘是一种新型的移动存储器，以硬盘为存储介质，外加外壳和电路板组成，使用很方便，如图 1-10 所示。

（a）固定硬盘

（b）内部结构

（c）移动硬盘

**图 1-10　固定硬盘及其内部结构、移动硬盘**

（2）光存储器

光存储器简称光盘，是一种辅助存储器，可以存放各种文字、声音、图形、图像和动画等多媒体数字信息，其利用激光原理存储和读取信息。光存储器非常耐用，不受湿度、指印、灰尘、磁场的影响，内部数据可以保存 30 年，但不同于硬盘存储器的是不能轻易地改变存储数据。光盘主要分为 CD、DVD 和蓝光光盘三种类型，三者在结构上有所差别，但其构成原理却是相同的。

① CD-ROM（compact disk read only memory）：是一种只读光盘，用程序或数据刻制的母盘压制而成，使用时通过光盘驱动器读取信息，不能修改和写入新信息。

② DVD（digital video disc，数字视盘）：DVD 光盘包括 DVD-ROM 只读光盘、DVD-R 一次性写入光盘以及 DVD-RW 可重复写光盘，图 1-11 所示为 DVD-ROM 驱动器和光盘。

（a）DVD-ROM驱动器

（b）CD-ROM盘片

**图 1-11　DVD-ROM 驱动器和 CD-ROM 盘片**

（3）U 盘存储器

U 盘存储器全称 USB 闪存盘（USB flash disk），是一种无须驱动器和额外电源的微型高容量移动存储产品，通过 USB 接口与计算机直接连接，可实现即插即用。U 盘具有体积小、容量大、寿命长、保存信息可靠、即插即用以及易携带等优点，受到用户的青睐，并被广泛使用，图 1-12 所示为 U 盘存储器。

**图 1-12　U 盘存储器**

**5. 总线**

总线是计算机各部件之间传送信息的公共通信线，主机的各个部件通过总线相连，并通过总线进行数据传输。微机中包含四种类型的总线，分别是处理器 - 存储器总线、I/O 总线、标准外设总线（USB、IEEE 1394 和 SCSI）以及非标准的内部专用总线。根据计算机传送信息的不同，还可将总线划分为数据总线、地址总线和控制总线三种类型，分别用来传输数据、地址信息和控制信号。总线的性能指标有总线宽度、总线工作频率和数据传输率。

①总线宽度：是总线能同时传送二进制数据的位数，也可理解为数据总线的位数，以 bit（位）作为单位，如 8 位、16 位、32 位和 64 位等。

②总线工作频率：是反映总线工作快慢的一个重要参数，与总线宽度一同决定着总线上传输数据的效率，以 MHz 为单位，如 PCI 总线的工作频率为 33 MHz。

③数据传输率：总线宽度是单位时间内总线上传送的数据量，即每秒由数据通路传输数据的数量，是总线宽度的字节数与总线工作频率的乘积。

**6. 外围设备**

外围设备简称外设，是计算机系统中输入和输出设备的统称，对数据和信息起着传输、转送和存储的作用，也是计算机系统的重要组成部分。

（1）输入设备

输入设备主要用于将各种形式的信息转换为计算机可以接收和识别的二进制信息形式，并存放到内存中，常见的微机输入设备有键盘、鼠标、扫描仪等。

①键盘：是用户与计算机进行交流的主要工具之一，也是微机必不可少的外围设备。目前微机使用的多数是 104 键标准键盘。

②鼠标：是控制显示屏上光标移动位置的一种指点式设备，分为机械鼠标、光学鼠标和光学机械鼠标三种。鼠标上通常有两个或三个按键，使用时通过移动鼠标把光标移至所需位置，然后单击或双击鼠标按键，选取光标所指内容。

③扫描仪：是一种典型的图形图像输入设备，可将图形、图片输入计算机中，并转换为图像文件存储于硬盘中。目前，市面上常见的扫描仪有滚筒式扫描仪、平板式扫描仪、馈纸式扫描仪以及便携式扫描仪等。

（2）输出设备

输出设备主要用于将计算机处理的结果转换为人或其他机器设备能接收和识别的信息形式，

常见的微机输出设备有显示器、打印机、绘图仪等。

①显示器：是计算机的窗口，方便用户查看输入和输出信息，是微机不可缺少的输出设备。显示器按原理分为阴极射线管（cathode ray tube, CRT）显示器、液晶显示器（liquid crystal display, LCD）和发光二极管显示器（light emitting diode, LED），图 1-13 所示为 LCD 显示器和 LED 显示器。

（a）LCD显示器　　（b）LED显示器

**图 1-13　LCD、LED 显示器**

显示器的性能指标有显示器尺寸、角度、点距、色彩度、对比值、亮度值、响应时间以及分辨率，其中分辨率是最主要的指标，通常分辨率越高，显示效果越好。显示器必须配置显示适配器才能构成完整的显示系统，显示适配器又称显卡，是连接微处理器与显示器并进行数据通信的一种 I/O 接口。

②打印机：是计算机中一种重要的输出设备，按工作原理可分为击打式打印机和非击打式打印机两种类型。目前微机系统中常用的针式打印机属于击打式打印机，喷墨打印机和激光打印机属于非击打式打印机。非击打式打印机因其噪声较小、打印效果好和打印速度快的优点，更受广大用户的青睐。目前，国内市场常见的喷墨打印机有 Canon（佳能）、Epson（爱普生）、HP（惠普）和联想等品牌，图 1-14 从左到右依次为针式打印机、喷墨打印机和激光打印机。

（a）针式打印机　　（b）喷墨打印机　　（c）激光打印机

**图 1-14　针式打印机、喷墨打印机和激光打印机**

③绘图仪：是一种能按照用户需求自动绘制图形的输出设备，在绘图软件的支持下可绘制出各类复杂精确的管理图、统计图、测量图、机械图以及工程设计图等。绘图仪的种类有很多，按其结构和工作原理可分为滚筒式绘图仪和平台式绘图仪两大类。

（3）音效系统

音效系统是微型机声音输入与输出的硬件，包括声卡、扬声器和麦克风。当前的微型机都具备多媒体功能，因而声卡已成为计算机的基本配置，声卡功能是把来自话筒、磁带、光盘的原始声音信号加以转换，输出到耳机、扬声器、扩音器以及录音机等声响设备。另外，还可通过音乐设备数字接口（MIDI）模拟乐器声音。计算机在配置声卡后，借助扬声器可以播放声音，而借助麦克风则可以录音或传送语音。

**7. 其他设备**

还有一些设备在微型计算机系统组成中同样起着非常重要的作用，如网卡、调制解调器（modem）、声卡以及显卡等，这些设备直接影响着计算机某些重要功能的实现。

（1）网卡

网卡又称网络适配器，是计算机联网的主要设备，负责将用户传递的数据转换为网络上其他设备能够识别的格式，并通过网络介质进行传输。网卡是微型机必不可少的一个组成部件，通常想要更稳定的网络就要选择好的网卡。网络通过模拟信号将信息转化为电流进行传播，而网卡不仅可作为解码器，将电信号重新转换为文字、图像等，还可监控上传与下载流量、控制网速稳定，可以认为所有信息在上传到网络之前，都必须先通过网卡。目前，市面上大多数微型机的主板都集成网卡，但这类主板也预留了网卡插口，方便用户更换与安装更好的网卡，以获得更好的上网体验。网卡的主要性能指标有传输速率、总线接口类型、网络接口类型以及数据传送方式。

①传输速率：网卡每秒接收或发送二进制数据的能力，也就是网卡能提供的带宽，单位是Mbit/s，如 10 Mbit/s、100 Mbit/s、1 000 Mbit/s 以及 10 000 Mbit/s 等。

②总线接口类型：为了满足不同应用环境和应用层次的需求，根据总线接口类型的不同，可分为 ISA 总线网卡、PCI 总线网卡、服务器上使用的 PCI-X 总线网卡、笔记本计算机专用的 PCMCIA 总线网卡、USB 接口网卡以及 PCI-E 总线网卡。

③网络接口类型：网卡要与网络相连，不同的网络接口适用于不同的网络类型，常见的接口主要有以太网的 RJ-45 接口、AUI 接口（粗缆接口）、BNC 接口（细缆接口）、FDDI 接口以及 ATM 光纤接口等。

④数据传送方式：网卡分为半双工和全双工两种类型，半双工网卡在同一时刻只能发送数据或接收数据，而全双工网卡在发送数据的同时也能够接收数据，其好处在于延时小、速度快。在相同带宽下，全双工网卡比半双工网卡快一倍。

（2）声卡

声卡又称音频卡，是多媒体计算机中最基本的组成部件，用于实现模拟声音信号与数字声音信号相互转换的功能，可以将来自话筒、光盘的原始声音信号进行转换，并输出到耳机、扬声器以及扩音机等声音设备。声卡集众多功能于一体，不仅可以进行录音和语音通信，还可以播放数字音乐，甚至是充当实时的声音效果器。声卡的性能指标主要有采样深度、最高采样频率、数字信号处理器、还原 MIDI 声音技术以及内置混音芯片。

①采样深度：又称量化精度，代表取样中对声音强度进行度量的精确程度，采样的深度有 8 位、16 位和 32 位，一般位数越大，精度越高，录制和回放的声音质量也越好。

②最高采样频率，每秒采集声音样本的数量，采样频率分为 11.025 kHz、22.025 kHz、44.1 kHz 和 48 kHz，今后也许还会出现更高采样频率的声卡。

③数字信号处理器（DSP）：通过编程来完成声音信号处理任务的处理器，减轻了 CPU 的负担，加速了多媒体软件的执行。低档声卡一般不带 DSP，需依赖 CPU 完成所有工作，而高档声卡配有 DSP，能提供更好的音质和更高的速度。

④还原 MIDI 声音技术：现在的声卡都支持 MIDI 标准，声卡中采用两种技术还原 MIDI 声音，分别是 FM 技术与波表技术，低档声卡一般为降低成本而采用 FM 技术来合成音调模拟乐器曲调，而中高档声卡则采用波表技术，通过在波表中存放实际乐音的声音样本，供播放 MIDI 使

用，以获得更加逼真、自然的声音效果。

⑤内置混音芯片：用来完成各种声音的混合与调节工作，还具有功率放大器的功能，可以在无源音箱中播放声音。

（3）显卡

显卡又称显示接口卡或显示适配器，是计算机进行数模信号转换的设备，负责输出显示图形的任务。显卡作为主机中的重要组成部分，不仅能将数字信号转换成模拟信号由显示器显示出来，还具有图像处理功能，协助 CPU 工作，提高计算机的整体运行速度，这对于专业图形设计人员、游戏爱好者来说非常重要。

目前，市面上提供显卡的供应商很多，如 NVIDIA、AMD、Intel、七彩虹、华硕、影驰、映众以及技嘉等。流行的显卡分为核芯显卡、集成显卡和独立显卡三种类型，其中核芯显卡是 Intel 新一代图形处理核心，它将图形核心与处理核心整合在同一块基板上，构成一个完整的处理器，这类显卡功耗低、性能高，但难以胜任大型游戏；集成显卡将显示芯片、显卡内存（简称显存）和相关电路都集成在主板上，这类显卡功耗低、发热小，但性能相对略低，如果要更换就必须更换主板；独立显卡将显示芯片、显存和相关电路做在一块独立的电路板中，需要占用主板的扩展插槽，有专为游戏设计的娱乐显卡和专为绘图、3D 渲染的专业显卡，这类显卡不占系统内存、硬件升级容易，但功耗高、发热大，还需额外购买。显卡的主要性能指标有流处理器、显存容量、显存频率以及显存位宽。

①流处理器：用于将 CPU 传输过来的数据转化为显示器可以识别的数字信号，对图形处理起着至关重要的作用，主要负责画面上各种图形的生成，一般流处理数量越多，显卡性能越强。

②显存容量：显存用来完成系统与显卡间的数据交换以及数据缓冲，其容量决定了显示芯片所能处理的数据量，一般显存容量越大，分辨率越高，屏幕的像素点越多，画面就越细腻。显卡的显存容量有 128 MB、256 MB、512 MB、1 024 MB 等，主流的是 2 GB、4 GB、8 GB 产品。

③显存频率：是显存在显卡上工作的频率，单位是 MHz（兆赫兹），可以反映显存的数据传输速度，通常显存频率越高，显卡性能越强。中高端显卡的显存频率主要有 1 600 MHz、1 800 MHz、3 800 MHz、4 000 MHz 以及 5 000 MHz 等。

④显存位宽：是显存在一个时钟周期内所能传送二进制数据的位数，位宽越大，传输的数据量越大，性能也越好。显存位宽有 64 位、128 位、256 位和 448 位等。

## 1.4　计算机病毒与防治

### 1.4.1　计算机病毒

计算机病毒（computer virus）是一组能改变或破坏计算机功能和数据的程序或指令集合，其通过某种途径潜伏在计算机存储介质（或程序）中，条件满足时即被激活，进而对计算机系统进行攻击或破坏。计算机病毒不是真正医学上的“病毒”，但却具有自我繁殖、相互传染以及激活再生等生物病毒特征，通常附着在不同类型的文件上，随文件的复制或传送而一同传播。

计算机病毒一词最早来自 1984 年弗雷德·科恩（Fred Cohen）的论文《计算机病毒实验》，1994 年我国出台的《中华人民共和国计算机信息系统安全保护条例》中就明确指出计算机病毒是“编制者在计算机程序中插入的破坏计算机功能或者破坏数据，影响计算机使用并且能够自我复制的一组计算机指令或者程序代码”。

**1. 计算机病毒特征**

计算机病毒是一段可执行的程序代码，能在计算机系统中长久驻留、执行和传播，具有繁殖性、传染性、隐蔽性、潜伏性、可触发性以及破坏性等特征。

（1）繁殖性

计算机病毒可以像生物病毒一样进行繁殖，这使其能够快速蔓延而常常难以根除，它本质上是一段人为编制的计算机程序代码，这段程序代码一旦进入计算机并得以执行，便会搜寻其他符合传染条件的程序或存储介质，当确定目标后再将自身代码插入其中，达到自我繁殖的目的。

（2）传染性

传染性是指计算机病毒通过修改别的程序，将自身的复制品或其变体传染到其他对象上，这些对象可以是程序也可以是系统中的某部件。计算机病毒可通过各种途径进行传染，如U盘、光盘以及计算机网络等，一旦病毒被复制或产生变种，其速度之快往往令人难以预防。

（3）隐蔽性

计算机病毒一般具有很高的编程技巧和极强的隐蔽性，通常附着在正常运行的程序中或磁盘较隐蔽的地方，也有个别以隐含文件的形式出现，当计算机病毒程序取得系统控制权后，便可在很短的时间内传染大量程序，而受到传染后的计算机系统通常也能正常运行，使用户不会感到任何异常。

（4）潜伏性

计算机病毒潜伏性是指计算机病毒具有依附于其他媒体寄生的能力，当病毒侵入计算机系统后不会立即进行攻击，而是潜伏到条件成熟才发作并对系统进行破坏，其潜伏期的长短一般由病毒程序编制者所设定的触发条件决定，也只有这样病毒才可以进行广泛传播。一个编制精巧的计算机病毒程序进入系统后一般不会马上发作，而是在几周、几个月甚至是几年内都隐藏在合法文件中，对其他系统进行传染而不被发现，潜伏性愈好，其在系统中的存在时间就会愈长，病毒的传染范围就会愈大，典型病毒有4月26日发作的CIH病毒、13日且是星期五发作的黑色星期五病毒等。

（5）可触发性

计算机病毒的可触发性是指当病毒的触发条件满足时，如某个事件或数值出现，而致使病毒实施感染或攻击行为。通常计算机病毒的内部往往都设好了预定的触发条件，在病毒运行时，触发机制会检查触发条件是否满足，如果条件满足，实施破坏行为，如果条件不满足，则只进行感染和继续潜伏，病毒的这种触发机制可控制感染和破坏动作的频率。

（6）破坏性

计算机病毒侵入系统后，都会对系统及应用程序产生不同程度的影响，轻者会降低计算机工作效率、占用系统资源，重者可导致系统崩溃。根据病毒的破坏程度，可将病毒分为良性病毒与恶性病毒两种类型，良性病毒可能会在显示屏上显示特殊信息、图形或标识，播放音乐或者根本没有任何破坏动作，但会占用系统资源；恶性病毒则有明确的目的，执行破坏系统的操作，如篡改数据、删除文件、加密磁盘、格式化磁盘、封锁键盘以及使系统死锁等。

**2. 计算机病毒危害**

在使用计算机时，如果出现一些莫名其妙的问题，如无法进入操作系统，计算机无缘无故地重启，运行某个应用程序时突然死机，屏幕显示异常，文件或数据窜改或丢失，不能正常上网等，当排除是由于硬件故障或软件配置不当原因而引起，那么很大程度上是由于计算机病毒所造成。计算机病毒对系统可造成很多方面的危害，大致有如下几个方面。

①破坏硬盘主引导扇区，使计算机无法启动。

②通过格式化、改写、删除、破坏设置等破坏文件中的数据。

③对磁盘或磁盘特定扇区进行破坏，使磁盘中信息丢失，且无法恢复。

④通过自我复制产生垃圾文件，占用磁盘空间，使磁盘空间减少。

⑤抢占内存资源，使系统资源匮乏，进而导致死机。

⑥占用 CPU 运行时间，使计算机运行速度降低。

⑦破坏屏幕正常显示，破坏键盘输入，干扰用户操作。

⑧破坏计算机网络中的资源，使网络系统无法正常运行。

⑨破坏系统设置或对系统信息加密，使系统出现紊乱。

⑩窃取用户隐私信息，盗用用户财产或利用被病毒控制的用户计算机进行非法行为。

**3. 计算机病毒分类**

目前，计算机病毒的种类有很多，并且每天都有新的病毒出现，其破坏性的表现方式也各有不同。由于计算机病毒的种类不一，分类方法有很多，其中按照感染方式的不同，可将其分为引导型病毒、文件型病毒、宏病毒、混合型病毒、特洛伊木马型病毒以及 Internet 语言型病毒。

（1）引导型病毒

引导型病毒在系统启动时，通过感染硬盘的主引导扇区或 DOS 引导扇区，直接或间接地修改扇区，并在系统文件装入前驻留到内存，通过用被病毒感染的文件启动计算机，从而对系统进行传染和破坏。一般由引导型病毒控制的系统，将直接或间接地传染硬盘和所有外置存储设备，而通过外置存储设备作为传染的媒介，病毒又会被广泛传播。

（2）文件型病毒

文件型病毒通常依附在系统可执行文件（COM 和 EXE 文件）或覆盖文件（OVL 文件）中，而极少感染数据文件，通过对原文件的参数进行修改，使得在这类带病毒的原文件被执行时，先转向运行病毒程序，将病毒程序驻留内存并获取控制权，完成对系统的传染和破坏，然后执行原文件的程序，实现原来的程序功能，从而达到病毒隐藏的目的。

（3）宏病毒

宏病毒是一种宏编制的病毒，其利用宏命令的强大系统调用功能，对系统底层操作进行破坏，该病毒仅感染 Windows 系统下的 Office 办公文档和 Outlook 邮件。当编辑带宏病毒的文档时，病毒程序会被执行，并进入办公自动化系统的通用模板中，这时可能出现不能进行复制、粘贴、打印以及保存等操作，正常的文档编辑工作被破坏。

（4）混合型病毒

混合型病毒是以上三种病毒的混合，既可以传染硬盘的主引导扇区，也可以传染可执行文件，还可以传染 Office 公办文档，这类病毒的传染能力和危害性更大，并且通过格式化硬盘的方式也很难清除。混合型病毒的引导方式具有引导型病毒和文件型病毒的特点。

（5）特洛伊木马型病毒

特洛伊木马型病毒是一种为进行非法目的的计算机病毒，又称黑客程序或后门病毒，属于文件型病毒的一种，其特点是在计算机中长期潜伏，以达到黑客目的，具有极大的危害性。该病毒程序由服务端和客户端两部分组成，服务端病毒程序通过文件复制、网络文件下载以及电子邮件附件等途径植入到要破坏的计算机系统中，而客户端病毒则被黑客利用来在网络上寻找运行了服务端病毒程序的计算机，于是在用户不知晓的情况下，黑客利用客户端病毒指挥服务端病毒进行非法操作，达到控制计算机的目的。

（6）Internet 语言型病毒

Internet 语言型病毒是由 Java、Visual Basic 以及 ActiveX 等语言编写的计算机病毒，该病毒不会对硬盘数据进行破坏，但是可通过网络进行广泛传播和感染，只要用户使用浏览器打开这些带病毒的网页，病毒就会在用户不知不觉间进入计算机系统，进而窃取用户隐私信息，使计算机资源利用率下降以及造成死机等。

## 1.4.2　病毒防御与查杀

计算机病毒的传染要通过一定的途径才能实现，就算计算机感染了病毒也不是完全无药可救，用户可以通过建立合理的计算机病毒预防措施和处理手段来抵御计算机病毒。

**1. 预防病毒入侵**

要防止计算机病毒入侵系统，最好的办法就是在病毒传染的途径上进行严格检查，用户应尽可能做到如下几点。

①不要使用来历不明的光盘、移动设备（如移动硬盘和 U 盘）。

②不要随意下载来历不明的应用程序和文件，如必要则在下载后应立刻进行病毒检测。

③安装新的应用程序时，首先用杀毒软件进行病毒检测。

④不要登录可疑的网站或点击陌生网页弹出的窗口。

⑤不要随意打开、下载陌生邮件中的附件。

⑥定期进行 Windows 更新，使计算机系统保持最新。

**2. 采取防毒措施**

通常计算机在感染病毒后，如果没有发作，用户是很难察觉到异常的，只有在病毒发作时，伴随着计算机运行速度慢、程序载入时间变长、特殊信息和对话框的出现、显示器和硬盘突显故障、内存容量减少、频繁死机或重启、系统运行异常等现象，用户才可以确定病毒的存在，而此时计算机病毒已经严重危害到系统了。采取防毒措施可以及时避免病毒对计算机系统造成无法挽回的破坏，主要有以下几点。

①要定期检查硬盘，及时发现并消除病毒。

②给系统盘和文件加以写保护，避免被蓄意篡改。

③不要在系统盘上存放用户的数据和程序，重要数据要常备份。

④新下载或复制的软件必须确认不带病毒后方可使用。

⑤所有连接计算机的外围设备，包括光盘、移动硬盘、U 盘、手机、平板电脑以及摄像机等，必须确认无病毒后方可使用。

**3. 采用防杀病毒的软件**

目前国内外防杀病毒的软件有很多，大部分通过识别病毒特征的方法查杀病毒，同时利用网络作为更新自身病毒库的途径，能够及时发现并清除最新的病毒。此外，各种类型的防火墙也能有效抵御来自网络传播的病毒。使用防杀病毒软件对计算机病毒进行预防、检查和消除，是抵御病毒危害最简单、最有效的方法，但需及时更新病毒库，这样才可以防御并杀除大多数病毒。

### 1.4.3　常用杀毒软件

杀毒软件是计算机防御系统的重要组成部分，具有查毒、杀毒和防毒功能，其本质是从病毒体中提取病毒特征值构成病毒特征库，再将计算机中的文件与病毒库中的特征值进行对比，判断文件是否被病毒感染，并对已感染病毒的文件进行处理。杀毒软件可分为单机版和网络版两种类型，其中网络版可以在网络上自动升级病毒库，从而获取最新型病毒的特征。常用的杀毒软件有很多，国内的有 360 杀毒、金山毒霸、瑞星和江民等，国外的有诺顿、卡巴斯基和 Avira AntiVir 等。

**1.360 杀毒**

360 杀毒是 360 安全中心出品的一款免费的云安全杀毒软件，其创新性地整合了五大领先查杀引擎，包括国际知名的 BitDefender 病毒查杀引擎、小红伞病毒查杀引擎、360 云查杀引擎、360 主动防御引擎以及 360 第三代 QVM 人工智能引擎，并将人工智能技术应用于病毒识别过程中。该软件具有病毒查杀率高、资源占用少以及升级迅速等优点，其防杀病毒能力获得多个国际权威安全软件评测机构认可，荣获多项国际权威认证，同时也是亚洲首家入选微软全球官网推荐的安全软件。

**2. 金山毒霸**

金山毒霸是一款由金山公司研发的云安全智扫反病毒软件，其融合了启发式搜索、代码分析、虚拟机查毒等经业界证明成熟可靠的反病毒技术，在查杀病毒种类、查杀病毒速度以及未知病毒防御等多方面达到先进水平，可为个人用户和企业单位提供完善的反病毒解决方案。该软件具备完善的病毒防火墙实时监测、定时自动查杀、隐私保护、防黑客和木马入侵、垃圾邮件过滤、主动修复系统漏洞、实时自动升级、安全助手以及硬盘数据备份等功能，同时支持多种压缩文件、电子邮件和网络查毒。

## 1.5　计算机选购

计算机已经融入社会生活的方方面面，成为人们工作、学习和娱乐的必需品，而不同行业、部门和领域对计算机的要求又各不相同，因此，如何选购和配置不同规格的计算机以满足个人需求是非常必要的。选购微型计算机通常可分为四个步骤：明确个人需求和预算、确定计算机类型、选定计算机内部配置以及筛选比对。

（1）明确个人需求和预算

微型机主要分为台式机和便携机（以笔记本计算机为代表）两大类，在选购计算机时，首先应确定要哪种类型的微型机，如果有移动办公的需求就要选择便携机，而没有移动办公的需求可两者选其一，通常相同价格的微型机，台式机的配置和性能要比笔记本计算机强得多。其次要明确应用需求和预算，应用需求可让卖家了解到用户对计算机的具体要求或特殊要求，如普通办公、生活娱乐、平面或三维设计、绘图、影音处理以及程序编写等，而预算则可确定计算机配置的档次。

（2）确定计算机类型

目前市面上的微型机主要有品牌机和兼容机两种，其各具优缺点，用户在选购计算机时，首先应确定好要那种类型的计算机。

品牌机是由拥有计算机生产许可证，且具有市场竞争力的正规厂商配置的计算机，这类计算机生产商有联想（Lenovo）、华硕（Asus）、华为（Huawei）、宏基（Acer）、神舟（Hasee）、苹果（Apple）、戴尔（Dell）、惠普（Hp）、东芝（Toshiba）、索尼（Sony）、三星（Samsung）等。品牌机由于是在生产商反复经过多次硬件设备筛选、比较和组合试验后设计组装而成，因而产品的质量、稳定性以及兼容性都会比较好，其售后服务也更有保障，但价格相对较高。

兼容机则是根据用户要求搭配硬件设备，并现场组装或自行组装而成的计算机，这类计算机由于没有经过搭配上的组合测试，因而存在兼容性和稳定性的隐患，其售后服务也没有保障，但便于今后计算机配件的更换，且价格一般较低。

（3）选定计算机内部配置

计算机内部配置决定了选购计算机的好坏以及是否满足用户需求，但要选择合适的内部部件，就必须先熟练了解微型机硬件系统的组成和各种硬件组成部件的性能指标。一台计算机通常由许多功能不同、型号各异的部件组成，包括中央处理器（CPU）、主板、内存、硬盘、显卡、显示器、声卡、网卡、键盘以及鼠标等，这些有着不同档次、型号、生产厂家、相关参数的计算机配件就是计算机配置。

配置计算机的基本原则在于实用、性能稳定、性价比高、配置均衡以及散热好，用户在选择计算机内部配置时，切勿只追求 CPU 的档次而忽视主板、内存、硬盘、显卡及网卡等其他部件的性能，不均衡的配置将造成好的部件不能充分发挥其内部的功能，而散热不好不仅会影响计算机运行速度，还会影响其内部配件寿命的长短。此外，计算机更新换代的速度非常快，购买计算机时想要一步到位的做法是非常错误的，即使当前购买的是最高档的计算机，其内部配置都是最新且最好的，可是过一段时间也会从高档机轮为中低档机。以普通家用计算机为代表，在配置时只要能够运行当下主流的操作系统和常用的应用软件，能满足平时学习、工作和生活需要就可以了，因而内部配置无须非常高，这样既能节省购买费用，还能充分发挥各部件的功能。

（4）筛选比对

进行筛选比对是选购微型计算机的最后一步，在确定好个人需求和预算、计算机类型、计算机内部配置后，接下来就要在可接受的价格范围内，进行多款机型的筛选比对，用户可从品牌、配置情况、性价比以及售后服务四个方面进行对比，挑选出一台最满意的计算机，然后选择一家比较实惠、信用度高且售后服务完善的经销商购买，可以是实体店也可以是网店，但要特别注意保管好产品的购买发票，同时问清楚三包范围和三包期限，以便在购买后不久计算机出现故障时，能及时进行更换或免费修理。

用户在购买完成并拿到计算机后，一定要对产品进行检查，以确保其是正品、没有质量问题，检查的内容主要包括如下几点。

①检查外包装是否有破损，产品的购买清单、相关配件、说明书以及保修证、记录卡是否提供齐全。

②检查设备表面是否有掉漆、划痕或灰尘，转轴是否出现裂痕或松动等问题。

③核对外包装箱、机身、电源适配器、说明书以及联保凭证上的序列号是否相同。

④检测计算机的各个接口，看是否运作正常、是否有灰尘或使用过的痕迹，以确保拿到的机器不是样机、翻新机或返修机。

⑤利用鲁大师、Everest 等计算机检测工具，依据清单核对设备硬件部件及其配置参数，并对硬件各组成部件进行性能检测，重点查看 CPU、主板、内存、硬盘、显卡以及电池。

⑥利用 DisplayX、NOKIA TEST 等软件，对液晶屏进行检测，查看屏幕显示分辨率、清晰度、色彩效果、是否存在坏点或亮点等。

⑦检测无线网络连接的稳定性，可在无线网络覆盖范围内，查看不同方位的网络信号连接是否顺畅。

# 习　　题

## 一、单选题

1. 世界上第一台现代电子计算机是（　　）。

A. UNIVAL　　B. EDVAC　　C. 图灵机　　D. ENIAC

2. 在计算机运行时，把程序和数据一样存放在内存中，这是1946年由（　　）领导的小组正式提出并论证的。

A. 冯·诺依曼　　B. 布尔　　C. 艾兰·图灵　　D. 爱因斯坦

3. 在Internet上，用于对外提供服务的计算机系统称为（　　）。

A. 微型计算机　　B. 服务器　　C. 高性能计算机　　D. 巨型机

4. “深蓝”战胜国际象棋大师，是计算机在（　　）方面的应用。

A. 过程控制　　B. 人工智能　　C. 计算机辅助设计　　D. 数据处理

5. 我国自行设计研制的神威·太湖之光计算机是（　　）。

A. 巨型计算机　　B. 微型计算机

C. 小型计算机　　D. 中型计算机

6. 计算机中数据的存储、传输与处理采用的进制是（　　）。

A. 八进制　　B. 十进制　　C. 二进制　　D. 十六进制

7. 智能健康手环的应用开发，体现了（　　）数据采集技术的应用。

A. 统计报表　　B. 网络爬虫　　C. API接口　　D. 传感器

8. 一个完整的微型计算机系统应包括（　　）。

A. 计算机及外围设备　　B. 系统软件和系统硬件

C. 硬件系统和软件系统　　D. 主机箱、键盘、显示器和打印机

9. 任何程序必须加载到（　　）中才能被CPU执行。

A. 硬盘　　B. 内存　　C. 磁盘　　D. 外存

10. 计算机中使用二进制，下面叙述中不正确的是（　　）。

A. 计算机中二进制数的0、1数码与逻辑量“真”和“假”吻合，便于表示和进行逻辑运算

B. 物理上容易实现，可靠性高

C. 计算机只能识别0和1

D. 运算简单，通用性强

## 二、判断题

1. 计算机科学的奠基人是冯·诺依曼。（　　）

2. 计算机中存储的文字、图形、图像等，都是被数字化的并以文件形式存放的数据。（　　）

3. 系统软件就是操作系统。（　　）

4. 体感设备属于输入设备。（　　）

5. 内存的存取速度比固态硬盘慢。（　　）

# 第2章 操作系统

操作系统作为计算机系统的核心组成部分，是用户与计算机、计算机硬件与其他软件之间沟通的桥梁，保障着计算机中所有硬件与软件资源协调稳定地工作，使这些资源最大限度地发挥作用，同时为用户提供友好便捷的服务界面。本章主要论述操作系统相关知识与基本操作，包括操作系统的概念与功能、操作系统的安装与恢复、文件管理以及系统管理等内容，要求学生熟练掌握 Windows 11 系统的基本操作，培养操作系统应用、维护与管理方面的能力。

## 2.1 操作系统概述

### 2.1.1 操作系统的概念

操作系统（operating system, OS）是计算机系统中最基本的系统软件，主要负责管理和控制计算机中所有硬件和软件资源，合理地组织计算机各部件协同工作，为用户提供友好的人机交互图形界面，并最大限度地提高计算机资源的利用率。

在计算机体系结构中，计算机硬件和软件是密不可分、缺一不可的，硬件包括控制器、运算器、存储器、输入设备和输出设备，软件包括系统软件和应用软件。操作系统作为计算机硬件和软件沟通的桥梁是最重要的系统软件，使计算机系统中的硬件和软件资源能够协调一致、有条不紊地工作。计算机不能没有操作系统，其性能的好坏直接影响着整个计算机系统的性能。在计算机系统结构中，硬件处于计算机系统的底层，其上一层是操作系统，操作系统的上一层是应用软件，而应用软件的上面则是用户，可见操作系统在整个计算机系统的层次结构中占据核心地位。

从用户角度看，使用安装有操作系统的计算机时，不需要了解计算机硬件和软件的细节，操作系统使用起来灵活方便、功能强大、安全可靠，且其在人机交互方面为用户提供了更多的便利，提高了用户的工作效率。从实际应用角度看，操作系统是计算机软件的核心和基础，离开了操作系统，计算机将无法发挥作用。总体而言，操作系统的主要任务就是管理好计算机的全部软硬件资源，提高计算机的利用率，同时担任用户与计算机之间的接口，使用户通过操作系统提供的命令更加方便地使用计算机。

### 2.1.2 操作系统的类型

计算机硬件诞生之初并没有操作系统，操作系统是随着计算机技术及其应用的不断发展而产生的，其功能由弱到强，不断完善，慢慢成为计算机系统的核心软件。目前，操作系统种类很多，功能各不相同，能够适应各种不同的硬件环境和应用需求。根据系统功能的不同，可将操作系统分为单用户操作系统、批处理操作系统、实时操作系统、分时操作系统、网络操作系统、分布式操作系统以及嵌入式操作系统。

**1. 单用户操作系统**

单用户操作系统是最早的操作系统版本，向用户提供联机交互式的工作环境，其主要特点是在同一时间只允许一个用户使用计算机，且该用户独占计算机的全部硬件和软件资源，系统效率低。

**2. 批处理操作系统**

早期的一种大型机用操作系统，用户将任务以作业的形式输入系统，并在获得结果前不再和计算机有任何交互，系统将这些作业存储在外部存储器中，然后按照一定的调度原则逐个处理这些作业。批处理操作系统的主要特点是不具有交互性，用户作业被成批处理，处理过程中无须用户干预，作业之间自动调度执行，系统吞吐量和资源利用率高。

**3. 实时操作系统**

"实时"是指计算机对于外来信息能够以足够快的速度进行及时处理，并在指定时间范围内给出快速反应，且响应时间具有可预测性。实时操作系统是一个能够在指定或确定的时间内完成系统功能以及对外部或内部事件在同步或异步时间内做出快速响应，并控制所有实时设备和实时任务协调一致工作的系统。该操作系统具有及时响应、高可靠性、安全性以及完整性的特点，被广泛应用于工业生产的过程控制、航天和军事防空系统的实时控制、商业事务数据处理以及情报检索等领域。

**4. 分时操作系统**

"分时"是指把计算机处理器的时间划分成很短的时间片，按时间片轮流将处理器分配给各联机作业使用。分时操作系统是利用分时技术的联机多用户交互式操作系统，允许多个用户同时在各自的终端上连接并使用同一台计算机，每个用户可以通过终端向系统发出各种操作命令，请求完成作业的运行，系统按照各个终端的优先级别分配时间片，采取时间片轮转方式处理每个用户请求。如果用户的某个作业处理时间较长，分配的时间片不够用，则只能暂停处理并等待下一次时间片轮转后继续运行。由于分时操作系统具有并行性、独占性以及交互性的特点，使得众多联机用户在共享一台计算机时，每个用户都不会感觉到其他用户的存在，用户从终端输入操作命令后，系统会通过屏幕或打印机将信息反馈给用户，实现了良好的人机交互。

**5. 网络操作系统**

网络操作系统是在通常操作系统基础上，面向网络计算机提供网络通信和网络服务功能的操作系统，是整个计算机网络的核心，负责网络管理、网络通信、资源共享以及系统安全等工作。该操作系统具有复杂性、并行性、高效性以及安全性的特点，能够将多台独立自治的计算机通过特定的网络设备和通信线路连接起来，实现信息交换、资源共享、协同处理以及各种应用需求。

**6. 分布式操作系统**

分布式操作系统是将物理上分布的具有自治功能的计算机互联起来而形成具有强大功能的操作系统，负责管理分布式系统资源和控制分布式程序运行。分布式系统是建立在计算机网络基础之上的系统，拥有多种通用的物理和逻辑资源，可以动态分配任务，所有资源通过计算机网络实现信息交换。在分布式系统中，各个计算机独立工作，无主次之分，多台计算机可以协同合作完成同一任务。分布式操作系统在分布式系统中负责统一管理整个系统的资源分配和调度、任务划分、信息传输以及协调工作，具有透明性、灵活性、可靠性、高性能以及可扩展性的特点。

**7. 嵌入式操作系统**

嵌入式操作系统是一种用途广泛的系统软件，负责嵌入式系统的全部软硬件资源的分配、任务调度以及控制协调并发活动，主要应用于工业控制和国防系统领域。它必须体现所在系统的特征，能够通过装卸某些模块达到系统所要求的功能。该操作系统在系统实时高效性、硬件相关依赖性、软件固态化以及应用的专业性等方面具有较为突出的特点。

## 2.1.3 操作系统的基本功能

操作系统作为计算机的管理者，其职能是管理和控制计算机中所有硬件和软件资源，合理地组织计算机各部件协同工作，并为用户提供友好的人机交互图形界面，提高计算机系统的整体性能。计算机的主要硬件资源包括处理器、存储器和外围设备，而软件资源则以文件形式存储在外部存储器中。从资源管理和用户使用的角度来看，操作系统主要具有处理器管理、存储器管理、设备管理、文件管理以及作业管理等功能。

**1. 处理器管理**

处理器（CPU）是计算机系统的核心部件，也是计算机系统中最宝贵的硬件资源。操作系统对处理器管理的目的是要合理地安排每个进程占用 CPU 的时间，确保多个作业能顺利完成，同时尽量提高 CPU 利用率，使用户等待的时间最少。所谓进程就是程序的一次执行过程，是系统进行资源分配和调度的基本单位。当用户运行一个程序时，操作系统会为执行的程序创建一个对应的进程，并为进程分配内存、CPU 和其他资源，而当程序运行结束时，为程序建立的进程便会消亡，因此进程有其固定的生命周期。操作系统对处理器的管理策略不同，则提供作业处理的方式也不同，分为批处理方式、分时处理方式和实时处理方式。

**2. 存储器管理**

计算机系统中的存储器分为内存储器和外存储器，而内存储器空间由系统区和用户区两部分组成，其中系统区用来存放操作系统、子程序以及例行程序等，用户区用来存放用户作业的程序和数据。操作系统对存储器的管理通常是指对内存储器中用户区的分配与管理，其主要工作是对内存进行地址转换、分配与回收、扩充以及保护与共享。

①内存地址转换，将程序中的逻辑地址转换为存储器空间中的物理地址。

②内存分配与回收，能够记录已分配和未分配的存储区域状态，并按照用户要求把适当的存储空间分配给相应的作业，当用户不再使用时，则收回分配的存储空间。

③内存扩充，通过虚拟内存技术，将外存储器作为内存的扩充使用，为用户提供一个比实际内存容量更大的虚拟存储器，用户使用虚拟存储器和使用内存一样。

④内存保护与共享，对程序和数据进行保护，可以避免内存中的程序相互干扰和破坏，而对内存空间进行共享，可以提高内存的利用率。

**3. 设备管理**

外围设备是计算机系统中的重要组成部分，起到信息输入与输出、转入以及存储的作用。操作系统对设备管理主要包括设备分配、控制设备运行、对缓存区域的管理以及处理设备故障等。当用户使用外围设备时，操作系统能很好地解决 CPU 与外围设备之间速度不匹配的矛盾，提高外围设备的工作效率，并尽可能使外围设备与主机并行工作，从而使用户不需要了解设备的物理特性和具体控制操作的细节，就能方便地使用外围设备。

**4. 文件管理**

计算机系统中所有软件资源以及用户的程序与数据均以文件的形式组织与存储，操作系统对软件、程序和数据的管理实际上就是对文件的管理。操作系统提供的文件管理主要涉及文件的逻辑组织和物理组织，目录的结构和管理，其功能包括文件的按名存取、文件共享与保护以及文件操作与使用。

①文件按名存取：建立与管理文件目录，执行用户提出的给文件命名和存取要求。

②文件共享与保护：由于通用操作系统允许多用户协同工作，因而操作系统要能对文件实施共享、保密和保护。

③文件操作与使用：为文件分配存储空间，执行用户提出的对文件进行更名、修改、存储、删除以及打印等要求，监督用户存取和修改文件的权限。

**5. 作业管理**

作业是指每个用户请求计算机系统完成的一个独立操作，一般由执行某个独立任务的程序及其所需的数据组成，是用户向计算机系统提交任务的基本单位。操作系统提供的作业管理包括任务、界面管理、人机交互、图形界面、语音控制和虚拟现实等，其主要任务是为用户提供一个人机交互的图形界面，使用户能够方便地运行作业，并对所有进入系统的作业进行调度和控制，尽可能高效地利用整个系统的资源。作业管理通常由进程管理模块控制，进程管理模块对作业执行的全过程进行管理与控制。

## 2.1.4　典型操作系统简介

操作系统从产生到发展经历了很多变化，出现过许多不同类型的操作系统，极大地满足了用户不同的应用需求，典型的操作系统包括 DOS、Windows、UNIX、Linux、Mac OS 以及移动操作系统。

**1. DOS 操作系统**

DOS（disk operation system，磁盘操作系统）于 1979 年由微软公司为 IBM 个人计算机所开发，是一个基于磁盘管理的单用户单任务操作系统。从 1985 年到 1995 年期间，经过不断地改进与完善，DOS 连续推出十几个版本，在 IBM 个人计算机和兼容机市场中占有举足轻重的地位。DOS 操作系统小巧灵活，采用字符操作界面，用户通过键盘输入命令的方式控制计算机运作，能有效管理与合理调度各种软硬件资源，文件管理方便，对外围设备有很好的支持。

**2. Windows 操作系统**

Windows 操作系统是美国微软公司开发的一个多任务的图形用户界面操作系统，其功能强大且方便易用。微软一直致力于 Windows 操作系统的开发与完善，其操作系统拥有众多用户。早期 Windows 系统采用图形用户界面，比 DOS 需要用户键入指令的使用方式要更为人性化，只需单击应用软件的图标，便可启动该软件并完成相应任务，这极大地简化了用户操作。

随着计算机硬件和软件的不断升级，Windows 操作系统也在不断地更新，系统版本从 Windows 1.0 到 1990 年推出的 Windows 3.0，在用户界面、内存管理和可扩展性等方面做出了巨大改进，获得用户一致好评，成功抢占了 PC 市场。而 1995 年推出的 32 位 Windows 95，不仅带来了更强大、更稳定、更实用的桌面图形用户界面，还将 Internet Explorer 4 整合到系统中，给系统桌面提供 HTML 支持，这让 Windows 操作系统享誉全球并奠定了其霸主地位。

随后，微软公司陆续推出了 Windows 98、Windows ME、Windows 2000、Windows 2003 等操作系统。2001 年 Windows XP 正式发布，全新的用户图形界面、即插即用的扩展功能、多媒体与网络通信的支持、更高的安全性和稳定性，使其迅速抢占市场，并一度成为 Windows 系统中拥有最多使用者且服役时间最长的系统。

2006 年 Windows Vista 发布，但由于过高的系统需求、不完善的优化、性能与兼容性问题以及众多新功能导致的不适应使得市场反应冷淡。

2009 年 Windows 7 正式发布，相比于 Vista 功能更加强大，由于设计简化更易用、界面华丽更人性化、支持触控技术、执行效率高、性能稳定、安全性与兼容性更强等优势，受到用户大力推崇并成功取代 Windows XP，成为市场占有率最高的操作系统。

2012 年 Windows 8 推出，引入全新的 Metro 界面，为日益普及的触控设备和移动终端提供更好的支持，使人们日常的个人计算机和平板电脑操作变得更加简单和便捷。

2015 年 Windows 10 发布，相比之前的系统版本，Windows 10 在开始菜单、鼠标操控、虚拟桌面、流量感知、动画效果、系统底层、功能升级、修复 BUG 以及新技术融合等方面做了很大的改进，支持多平台协作和跨设备无缝互联，为智能手机、PC 和平板电脑带来更好的使用体验，也更贴合用户需求。

2021 年 Windows 11 推出，全新的设计和声音使系统更加现代化、简洁且美观，给用户更佳的体验感，全新的贴靠布局、贴靠群组和虚拟桌面功能帮助用户同时处理多个任务和优化屏幕空间，强大的 Microsoft Edge 浏览器与 AI 驱动使用户获取新闻和信息更加高效，同时为游戏爱好者提供了有史以来最好的 Windows PC 游戏体验。

**3. UNIX 操作系统**

UNIX 操作系统于 1969 年在 AT&T 贝尔实验室开发，是一个多用户多任务的分时操作系统，可应用于巨型机、工作站、普通 PC、笔记本计算机以及所有主要 CPU 芯片搭建的体系结构等多种不同的平台上，是迄今为止应用面最广、影响力最大的操作系统。早期的 UNIX 系统功能相对强大、结构简练且便于移植，经过不断的发展和演变，该系统的一些基本技术已变得十分成熟，其网络功能、数据库支持能力、开发功能以及安全性变得更强，开放性更好，并得到了广泛应用。

**4. Linux 操作系统**

Linux 操作系统于 1991 年由 Linus Torvalds 计算机业余爱好者设计和开发，是一个基于 POSIX 和 UNIX 的多用户、多任务、支持多线程和多处理器的网络操作系统，同时具有字符操作界面和图形用户界面、支持多种平台、实时性较好且性能稳定。Linux 系统最大的特色是自由免费且源代码完全公开，用户可通过网络或其他途径免费获取、传播、修改和发布源代码，这吸引了全世界无数程序员参与到系统的修改与编写。经过多年的不断发展，如今 Linux 系统变得更加成熟，并以惊人的速度在服务器和桌面系统中获得成功，还被业界认为是未来最有前途的操作系统之一。

**5. Mac OS 操作系统**

Mac OS 操作系统是由苹果公司开发的一款基于 UNIX 内核的图形化操作系统，为苹果机专用系统，通常在普通个人计算机上无法安装，只能运行于苹果 Macintosh 系列计算机上。与 Windows 操作系统相比，Mac OS 操作系统界面非常独特，突出了形象的图标和人机对话，设计精简而完美，图形图像与音视频处理等多媒体方面性能更好，系统安全性和可靠性更高，很少受到病毒的袭击。苹果公司不仅自己开发系统，同时也生产大部分硬件，让软件与硬件合二为一，充分发挥硬件的特色，同时苹果公司一直致力于对艺术的极致追求，这使得所有苹果机 Mac OS 的用户都深刻体会到一切都会在需要的时候触手可及。

**6. 移动操作系统**

移动操作系统（Mobile OS）是专为移动设备开发的操作系统，具有良好的用户界面、无线通信功能以及较强的可扩展性。常见的应用移动操作系统的终端设备包括智能手机、PDA、平板电脑、嵌入式系统、移动通信与无线设备等。在移动设备日益普及的情况下，以谷歌、苹果、微软、诺基亚等为代表的公司纷纷投入移动操作系统的开发中，并拉开了移动操作系统领域的争夺战。到目前，应用最广泛的智能手机操作系统主要有苹果 iOS、安卓 Android 以及华为 HarmonyOS 等。

# 2.2　操作系统的安装与恢复

Windows 操作系统因其强大的兼容性、友好的用户界面、简便的操作方式以及微软公司不断提供的更新与完善服务，成为市场上应用最广泛的操作系统。通常安装 Windows 操作系统的方法主要有正常安装与恢复安装两种。前者适用于未安装系统的新计算机和系统彻底崩溃导致无法启动的计算机；后者适用于系统仍可正常运行但需要在短时间内恢复出厂设置的计算机。

## 2.2.1　Windows 11 操作系统安装

### 1. 全新安装

目前，操作系统的安装介质主要分为系统光盘和 U 盘。安装操作系统的过程就是将光盘或 U 盘中的系统程序装到计算机硬盘中。通常在安装操作系统前，应先检测计算机硬件是否满足当前操作系统版本的配置要求。使用光盘进行系统全新安装时，常见的操作步骤如下：

①启动计算机，根据屏幕提示长按【Del】、【F2】或【F12】键（不同品牌计算机的启动键会有所不同）进入 BIOS 设置界面，将第一启动设备（first boot device）设置为光驱启动（DVD-ROM）后保存并退出。

②将光盘插入计算机光驱中或者外接移动光驱中，重启计算机。

③进入操作系统安装界面，根据提示单击“下一步”按钮自动完成操作系统的安装，并在安装过程中完成系统的相应设置与信息输入，如输入序列号、设定日期与时间、设置用户名与密码以及配置网络等。

需要注意的是，如果计算机是首次安装操作系统，系统会提示对硬盘进行分区，输入磁盘容量后就可分出 1 个逻辑盘，且划分出的逻辑盘会被自动依次以“C”“D”“E”“F”等命名，而“C”盘通常为操作系统默认的安装分区。如果计算机不是首次安装操作系统，则需要先对“C”盘进行格式化操作，再继续操作系统的全新安装。

随着超极本的流行与 U 盘的普及，许多计算机都不再配有光驱，使用 U 盘进行系统安装变得越来越普遍，其安装方法与光盘很相似。首先在安装系统前，需要通过 U 盘启动盘制作工具将指定的 U 盘制作成启动盘，再将操作系统的安装镜像文件 ISO 复制到 U 盘中，然后启动计算机，进入 BIOS 设置界面，将第一启动设备（first boot device）设置为 U 盘优先启动后保存并退出，最后将 U 盘插入计算机中，重启计算机，后续安装步骤与光盘安装的操作相同。

### 2. 升级安装

操作系统的升级安装是在原有操作系统基础之上，将其安装到更高的版本，如将当前 Windows 10 系统版本更新到 Windows 11 系统版本。通常在系统升级安装过程中，用户只需按照微软公司预设好的升级模式便可完成操作系统的更新。系统更新完成后，不会格式化磁盘，磁盘中原有文件都会保留，但会影响原先系统中的某些兼容性不好的应用程序，导致其不能正常运行，需要后期重新安装。

### 2.2.2 Windows 11 操作系统恢复

Windows 操作系统自带强大的系统恢复功能，或称还原功能，可将现有操作系统快速恢复至出厂设置或将系统恢复到某个指定时间点的状态。以 Windows 11 操作系统为例，系统恢复操作步骤如下：

①右击任务栏中“开始”按钮，在菜单中选择“设置”命令，打开“设置”窗口，单击“系统”选项。

②选择“系统”窗口右侧导航区中的“恢复”选项，单击窗口右侧区域中“重置此电脑”右侧的“初始化电脑”按钮，如图 2-1 所示。

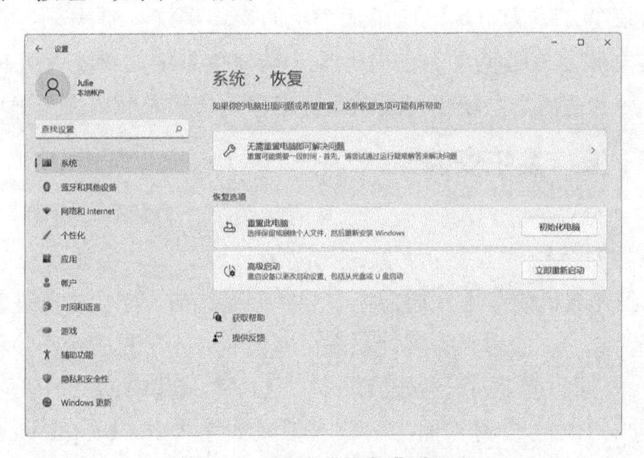


图 2-1 系统“恢复”窗口

③打开“初始化这台电脑”窗口，按需选择“保留我的文件”或“删除所有内容”选项，计算机自动恢复 Windows 11 系统。

除了操作系统自带的系统恢复功能外，用户也可在全新安装操作系统后，继续安装系统还原程序，如一键还原精灵，借助还原程序将操作系统快速恢复至最初状态。当操作系统已安装一键还原精灵程序，运行该程序，单击窗口界面中的“一键备份”按钮，此时屏幕中弹出信息提示框，提示用户系统备份的磁盘分区以及备份的路径，确认无误后单击“确定”按钮，系统开始自动备份。当操作系统运行不正常时，只要开机后选择“一键还原”选项，就可用备份的计算机系统文件覆盖被破坏的系统，从而使计算机恢复正常，避免再次全新安装。

## 2.3 Windows 11 基本操作

### 2.3.1 系统个性化设置

#### 1. 设置主题

主题是操作系统的界面风格，包括鼠标指针显示、窗口外观、桌面壁纸、控件布局以及图标样式等内容。Windows 11 操作系统内置了一些主题，应用主题可改变系统的视觉外观，快速实现美化系统界面的目的。用户可在“个性化”窗口中选择需要的主题，也可在互联网上下载安装 Windows 系统主题，安装的主题会自动显示在“个性化”窗口中。

#### 2. 设置桌面背景

Windows 11 操作系统为了实现极佳的用户体验，在自动更换桌面背景方面提供了更多的灵活度，允许用户根据自己的喜好随时设定桌面背景图片的格式，既能实现静态桌面背景的图片更换，也能实现动态桌面背景的幻灯片放映。用户通过“个性化设置”窗口的“背景”选项，进行系统桌面背景设置，在其中选择一张图片作为桌面背景，或选择多张图片并设定图片切换频率与播放顺序，创建出一个桌面背景的幻灯片。

#### 3. 设置颜色

Windows 11 操作系统提供了设置系统主题颜色的功能，允许用户根据需要自由设定个性化颜色。用户通过“个性化设置”窗口的“颜色”选项，选择一种颜色方案，就可更改“开始”菜单背景、窗口边框和任务栏的主题色。

#### 4. 设置屏幕保护

屏幕保护是 Windows 操作系统为省电和保护显示器而设定，在用户长时间不使用计算机且没关机的状态下，不仅可使显示屏进入最低能耗的状态，还可避免显示屏由于持续显示不变画面，使屏幕发光器件出现疲劳、变色或烧毁，导致屏幕某个区域出现偏色、变暗甚至损坏的现象。用户通过“个性化设置”窗口中的“锁屏界面”选项，进行锁屏界面图片背景设置、屏幕超时设置以及屏幕保护程序设置等。

#### 5. 设置屏幕分辨率

屏幕分辨率是指屏幕显示的分辨率，确定计算机屏幕上显示多少信息的参数，以水平和垂直像素来衡量。通常屏幕分辨率低时，如 800×600，在屏幕上显示的像素少，但尺寸较大；屏幕分辨率高时，如 2 560×1 440，在屏幕上显示的像素多，但尺寸较小。屏幕分辨率 800×600 的意思是水平像素数为 800 个，垂直像素数为 600 个。一般在屏幕尺寸相同的情况下，分辨率越高，显示效果就越精细和细腻。用户通过“显示设置”窗口，可调整屏幕分辨率并实现较好的显示效果。

### 2.3.2 窗口管理

窗口式设计是 Windows 操作系统的突出特点，这种设计风格不仅能提高系统的多任务效率，还能使用户清晰地查看系统设置与文件信息。

#### 1. 窗口的组成

Windows 操作系统允许屏幕上同时显示多个窗口，且每个窗口都具有一些相同的组成元素。以“此电脑”窗口为例，如图 2-2 所示，该窗口由标题栏、地址栏、菜单栏、导航窗格、工作区、滚动条以及状态栏组成。

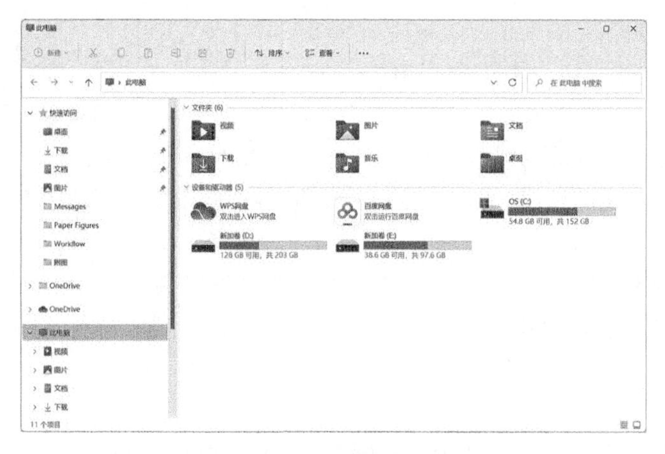


图 2-2 “此电脑”窗口

（1）标题栏

标题栏位于窗口顶部，用于显示当前打开文件或应用程序的名称，其左侧是控制菜单图标，右侧是窗口缩放按钮，从左至右依次为“最小化”、“最大化”（或“还原”）和“关闭”按钮。

（2）地址栏

显示与输入当前浏览位置的详细路径信息，单击地址栏中的下拉按钮，在打开的下拉列表中选择要访问的窗口，即可打开该窗口。地址栏右侧是搜索栏，具有动态搜索功能，只要用户输入相应关键字，计算机便可自动查找对应文件。

（3）菜单栏

存放当前窗口的所有操作命令选项，通常每个菜单项对应一组功能区，不同的功能区存放不同的操作命令，单击功能区中的操作命令，可完成相应功能操作。

（4）导航窗格

导航窗格位于工作区的左侧，用于快速切换或打开其他窗口，以树状结构文件夹列表显示。

（5）工作区

窗口中所占比例最大，显示应用程序界面或文件中的全部内容和操作结果，是整个窗口中进行操作的主要区域。

（6）滚动条

当窗口中显示内容过多，当前可见部分不够显示时，窗口就会自动出现滚动条，分为水平滚动条和垂直滚动条。单击滚动条的箭头按钮或拖动滚动块均可控制窗口内容的上下或左右移动。

（7）状态栏

状态栏位于窗口底部，显示当前窗口所包含的项目个数与所选项目信息，还提供了两个与窗口中项目显示方式相关的切换按钮。

**2. 窗口的操作**

（1）移动窗口位置

将鼠标指针移动到窗口的标题栏，鼠标拖动窗口至目标位置后，可移动窗口位置。

（2）改变窗口大小

将鼠标指针移至窗口边框或窗口的四角上，当鼠标光标变为双箭头形状时，鼠标拖动窗口边框或角，可随意调整窗口的大小。

（3）最大化、还原、最小化与关闭窗口

双击窗口标题栏或单击“最大化”按钮，可将窗口放大到整个屏幕显示。而当窗口最大化后，双击窗口标题栏或单击“还原”按钮，可将窗口恢复原状。单击“最小化”按钮，可将窗口最小化，此时窗口缩小为任务栏上的按钮，单击该按钮又可还原窗口。单击“关闭”按钮，可关闭当前窗口。

（4）布局窗口

按【Windows+Z】快捷键，在当前窗口的右上方出现窗口布局模式，单击其中一个窗口可作为该窗口的排列位置，依次可将多个窗口进行不同方式排列显示。另外，鼠标分别拖拽两个窗口的标题栏至屏幕左右两侧，可并排显示两窗口。

（5）切换窗口

将鼠标指计移动到任务栏的按钮上，鼠标指针悬停在预览缩略图上几秒后，除与该缩略图关联的窗口可见外，其余所有窗口均变为透明，而单击预览缩略图，可切换到对应窗口。当同时打开多个窗口后，按【Alt+Tab】快捷键也可在多个窗口中进行循环切换。

（6）聚焦窗口

将鼠标指针移动到窗口的标题栏，通过拖动鼠标来回摇晃窗口，可聚焦当前窗口，同时最小化其余所有打开的窗口，从而实现消除干扰并清理桌面的目的。

### 2.3.3 桌面管理

Windows 11 操作系统提供了虚拟桌面功能，用于帮助用户管理打开的任务窗口。用户利用虚拟桌面不仅可以在不同桌面中运行不同任务，还可以将不同任务分类放置于不同桌面中，各个桌面运行的任务互不干扰，从而更方便用户操作。

**1. 创建桌面**

Windows 11 系统支持多个虚拟桌面的创建，用户可根据需要创建多个虚拟桌面用于不同的场景，如桌面 1 用来执行学习和工作任务，桌面 2 用来执行社交（如微信、QQ）和娱乐（如网页浏览、音视频）任务。常见的创建虚拟桌面的方法有以下三种。

**方法 1**：将鼠标指针移至任务栏的“任务视图”按钮上，单击新建桌面，新建完成后，视图界面上方显示“桌面 1”和“桌面 2”，如图 2-3 所示。

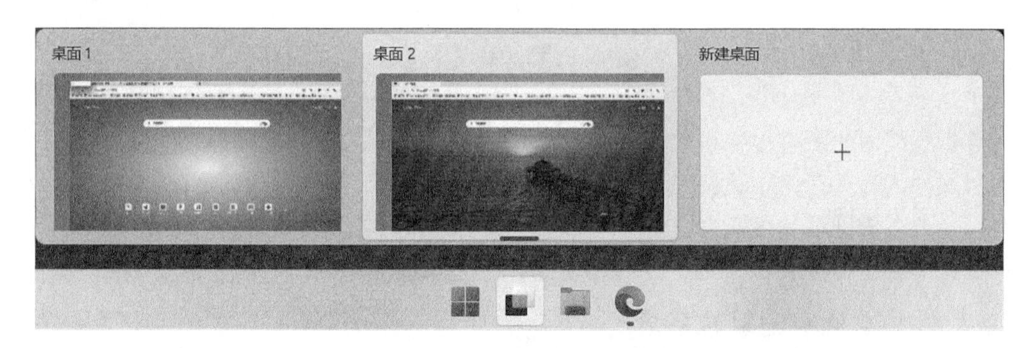


图 2-3 “任务视图”界面

**方法 2**：按【Win+Tab】快捷键，打开“任务视图”界面，单击界面底端“新建桌面”按钮，创建新桌面。

**方法 3**：按【Win+Ctrl+D】快捷键，直接添加新桌面。

**2. 切换桌面**

Windows 11 操作系统允许用户在多个不同的虚拟桌面中进行快速切换，单击“任务视图”界面中虚拟桌面的缩略图可切换至指定的桌面，或按【Win+Ctrl+ →】/【Win+Ctrl+ ←】快捷键，从当前桌面切换到后 / 前一个桌面。

**3. 删除桌面**

用户若不需要某个虚拟桌面，可将鼠标指针移至“任务视图”界面中的桌面缩略图上，单击其右上角“关闭”按钮，删除该虚拟桌面。

### 2.3.4 常用快捷键操作

Windows 11 操作系统提供了许多常用的快捷键操作，利用这些快捷键可以更加灵活方便地使用系统。常用快捷键及其功能见表 2-1。

表 2-1　Windows 11 常用快捷键及其功能

| 快捷键 | 功能 | 快捷键 | 功能 |
|---|---|---|---|
| 【Windows+ ↑】 | 最大化窗口 | 【Windows+ ↓】 | 最小化 / 还原窗口 |
| 【Windows+ ←】 | 窗口对齐到屏幕左侧 | 【Windows+ →】 | 窗口对齐到屏幕右侧 |
| 【Windows++】 | 放大桌面显示 | 【Windows+ −】 | 缩小桌面显示 |
| 【Windows+A】 | 打开快速设置面板 | 【Windows+C】 | 激活 Microsoft Teams |
| 【Windows+D】 | 快速显示桌面 | 【Windows+E】 | 打开资源管理器 |
| 【Windows+G】 | 启动 Xbox 游戏栏 | 【Windows+H】 | 语音听写 |
| 【Windows+Home】 | 最小化或还原焦点窗口之外的所有窗口 | 【Windows+I】 | 打开系统“设置”窗口 |
| 【Windows+K】 | 激活无线显示器连接和音频设备连接 | 【Windows+L】 | 锁定计算机 |
| 【Windows+M】 | 最小化窗口 | 【Windows+P】 | 投影屏幕 |
| 【Windows+R】 | 打开“运行”对话框 | 【Windows+S】 | 一键搜索 |
| 【Windows+Tab】 | 打开任务视图 | 【Windows+Z】 | 打开窗口布局模式 |
| 【Alt+Tab】 | 切换窗口 | 【PrintScreen】 | 全屏幕截图 |
| 【Alt+ PrintScreen】 | 当前窗口截图 | 【Windows+Shift+S】 | 屏幕快捷截图 |

# 2.4　文件管理

计算机系统中的所有程序和数据，如各种不同类型文档、图片、视频、音频以及应用程序等都是以文件的形式存储在硬盘、光盘和 U 盘等存储介质中。操作系统的五大职能之一就是文件管理，主要负责管理和存取文件信息，让用户在不必要了解文件的具体物理存储位置与存放情况的前提下，只要依据文件名就可以轻松快捷地访问文件对象。

## 2.4.1　文件与文件夹的基本概念

操作系统通过文件和文件夹对信息进行有效组织与管理。所谓文件就是一组相关信息的有序集合，集合的名称为文件名。文件夹则是计算机磁盘为了分类存储文件而建立的目录，用来存放文件和其他文件夹。

### 1. 文件与文件属性

文件使系统能够区分不同的信息集合，每个文件都有一个专属的文件名，文件名是用户识别与存取文件的依据。文件的文件名通常由主文件名和扩展名两部分组成，中间用“.”间隔符号分隔，如 File.docx 文件，其中 File 是主文件名，docx 是扩展名。需要注意的是，有些操作系统因为设置了隐藏文件扩展名，则不会显示文件的扩展名，只显示文件图标和主文件名。

文件属性用来定义文件的某种独特性质，其将文件分为不同类型，从而方便文件的存放、查找、整理以及传输。在 Windows 操作系统中，右击文件对象，在弹出的快捷菜单中选择“属性”命令，即可查看文件属性。常见的文件属性包括系统属性、隐藏属性、只读属性和存档属性四种类型。

①系统属性：具有系统属性的文件都是系统文件，这类文件通常会被隐藏起来，不能被用户查看和删除，是操作系统对重要文件的一种保护属性，防止文件被破坏。

②隐藏属性：具有隐藏属性的文件在系统中是不显示的，如果设置了显示隐藏文件，则隐

藏文件和文件夹会以半透明浅色显示。一般情况下，这类文件不能被删除、复制和重命名。

③只读属性：具有只读属性的文件可以被用户查看，但是不能被用户修改和删除，这样能起到保护文件的作用。

④存档属性：每一个新创建的文件都具有存档属性，常用于文件的备份。

**2. 文件的命名规则**

文件作为相关信息的集合，最初建立在内存中，然后根据用户给予的文件名转存到磁盘中。文件的命名规则如下：

①文件或文件夹的命名字符数不能超过 255 个西文字符，而用汉字命名则不能超过 127 个汉字。

②文件名可以使用大写字母 A~Z、小写字母 a~z、数字 0~9 以及一些特殊符号，但不能出现的字符有冒号（:）、加号（+）、星号（*）、斜线（/）、反斜线（\）、问号（?）、引号（”）、小于号（<）、大于号（>）、竖线（|）。

③文件名中除开头以外的任何地方都可以出现空格，不允许空格单独作为文件名。

④文件和文件夹命名不区分英文字母大小写，如 file.docx 和 FILE.DOCX 表示同一个文件。

⑤文件名中可使用多个“.”间隔符，但只有最后一个间隔符后的字符作为文件的扩展名，用来表示文件的类型。

**3. 文件的存放路径**

Windows 操作系统采用文件目录形式存取与管理文件对象，且文件目录呈现树状结构显示。在文件目录组织结构中，文件夹相当于树枝，其下可包含文件和其他文件夹，文件相当于树叶，其下不能包含其他对象。这种树状结构的最大优点是从根目录到任何文件或文件夹，都有且只有一条明确路径，文件路径能明确指明文件在树状目录中的位置。用户在访问文件对象时，除了要知道文件名外，还需知道文件的存放路径，即从根文件夹或当前文件夹到达文件所在文件夹所经过的文件夹和子文件夹的线路。通常文件的存放路径分为绝对路径和相对路径两种。

①绝对路径，又称完整路径，是从根目录到目标文件的线路，其表示方法如下：

< 盘符：>\ 文件夹 1\ 文件夹 2\…\ 文件名

以“E 盘”的“学习资料”文件夹下“文章”子文件夹中的“研究报告 .docx”文件为例，该文件的绝对路径表示为：E:\ 学习资料 \ 文章 \ 研究报告 .docx。

②相对路径，是从当前目录到目标文件的线路，其表示方法如下：

文件夹 1\ 文件夹 2\…\ 文件名（或者 ..\..\ 文件夹 1\ 文件夹 2\…\ 文件名，其中 .. 表示上一级目录）

仍以上面的文件为例，对于“文章”文件夹而言，“研究报告 .docx”文件的相对路径表示为“文章 \ 研究报告 .docx”。

## 2.4.2　Windows 11 文件与文件夹操作

**1. 新建文件夹**

右击新建文件夹位置，在弹出的快捷菜单中选择“新建”→“文件夹”命令，输入文件夹的名称，按【Enter】键或单击其他任意地方，创建新文件夹。

**2. 选定文件与文件夹**

计算机中所有有关文件与文件夹的操作，都必须在选定文件或文件夹的前提下才能进行。选定文件与文件夹对象的常见操作如下：

①选择单个文件或文件夹：单击要选择的对象，被选中的文件或文件夹会呈现高亮显示。

②选择多个相邻的文件或文件夹：单击第一个对象，按住【Shift】键的同时，单击要选定的最后一个对象，释放【Shift】键，选择多个相邻的文件或文件夹。另外，在要选定的多个相邻对象的空白处拖动鼠标，此时界面中出现一个蓝色矩形方框，框住要选定的多个对象后，释放鼠标，也可选择多个相邻的文件或文件夹。

③选择多个不相邻的文件或文件夹：单击第一个对象，按住【Ctrl】键的同时，依次单击要选定的其余对象，释放【Ctrl】键，选择多个不相邻的文件或文件夹。如果在选择多个不相邻的对象中，需要取消选择某个已选中的对象，可再次单击该对象。

④选择全部对象：选择窗口菜单栏中的“编辑”→“全部选定”命令，或按【Ctrl+A】快捷键，选择全部文件和文件夹。

⑤反向选择对象：先选择不需要的对象，选择“编辑”→“反向选择”命令，选择文件夹中未被选中的对象。

⑥撤销选择：单击选定对象之外的任意地方，取消选择对象。

**3. 复制文件与文件夹**

右击要复制的文件或文件夹对象，在弹出的快捷菜单中选择“复制”命令，或按【Ctrl+C】快捷键，鼠标移动至目标位置处右击，在弹出的快捷菜单中选择“粘贴”命令或按【Ctrl+V】快捷键，将文件或文件夹复制到目标位置。另外，在同一磁盘中，按住【Ctrl】键的同时，通过鼠标将对象拖动至目标位置，也可将文件或文件夹复制到目标位置。如果在不同磁盘中复制对象，则不需要按住【Ctrl】键，直接通过鼠标将其拖动至目标位置。

**4. 移动文件与文件夹**

移动与复制对象的操作方法相似，两者不同之处在于执行移动操作后，原位置处的对象将消失，而执行复制操作后，原位置处的对象仍然存在。右击要移动的对象，在弹出的快捷菜单中选择“剪切”命令或按【Ctrl+X】快捷键，鼠标移动至目标位置处右击，在弹出的快捷菜单中选择“粘贴”命令或按【Ctrl+V】快捷键，将文件或文件夹移动到目标位置。另外，在同一磁盘中，通过鼠标将对象拖动至目标位置，也可将文件或文件夹移动到目标位置。如果在不同磁盘间移动对象，则要按住【Shift】键直到鼠标将对象拖动至目标位置且释放鼠标后。

**5. 重命名文件与文件夹**

选定要重命名的文件或文件夹对象，选择菜单栏中的“文件”→“重命名”命令，或右击对象，在弹出的快捷菜单中选择“重命名”命令，还可按【F2】功能键，在名称框中输入新的名称，按【Enter】键或单击名称框外任意位置，重命名文件或文件夹。需要注意的是，处于编辑状态的文件、被打开的文件夹以及Windows系统文件夹，都不能重命名。重命名文件时，不要随意修改文件的扩展名，以免造成文件关联错误导致文件无法正常打开。

**6. 删除文件与文件夹**

选定要删除的对象后，常见的删除操作方法有三种：一是通过选择窗口菜单栏中的“文件”→“删除”命令；二是右击要删除的对象，在弹出的快捷菜单中选择“删除”命令；三是按【Delete】或【Del】键。利用以上方法删除对象后，对象会被放入回收站中，并没有直接从计算机中彻底删除。如果要从回收站中恢复对象，需要打开回收站，右击要恢复的对象，在弹出的快捷菜单中选择“还原”命令，可将对象恢复至原位置。如果要在回收站中彻底删除对象，可右击回收站，在弹出的快捷菜单中选择“清空回收站”命令。

需要注意的是，当选定删除对象后按【Shift+Delete】快捷键，而且删除对象来自移动存储设备或超出回收站的存储容量，那么删除对象不会被放入回收站，而是直接从计算机中彻底删除。如果因为误操作而彻底删除没有备份过的文件或文件夹，可使用 EasyRecovery 等数据恢复工具还原被删除的文件或文件夹。

**7. 搜索文件与文件夹**

搜索可以帮助用户在记不全对象名和具体存储路径的情况下，快速找到所需文件或文件夹。Windows 11 提供的搜索功能在原有性能基础上做了大幅提升，将搜索工具条集成到状态栏以及窗口地址栏中，方便用户随时查找文件对象。用户只需在搜索内容框中输入与对象名相关的字或词组，系统就会自动完成搜索，而通过对搜索对象进行修改日期、大小和类型等设置还可进一步缩小搜索范围，提高搜索效率。

搜索文件或文件夹时，适当使用通配符可提高系统的搜索概率，所谓通配符又称替代符，是一组可以表示文件名的符号。常用通配符包括“？”和“*”两种，前者表示在该位置上是一个任意合法字符，后者表示在该位置上是若干个合法字符。以搜索 E 盘中所有文本文档为例，进入 E 盘后，在搜索文本框中输入“*.txt”，系统自动显示搜索结果，如图 2-4 所示。

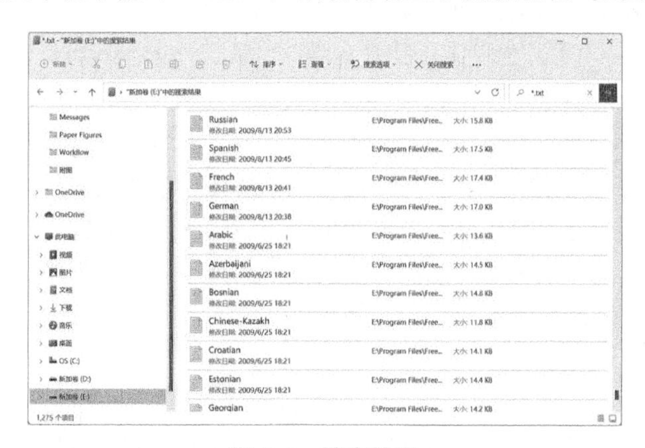


图 2-4　搜索结果

**8. 管理文件与文件夹**

文件与文件夹具有不同的显示方式，如“超大图标”“大图标”“小图标”“列表”“详细信息”等。用户可通过窗口的“查看”菜单或右击窗口空白处，在弹出的快捷菜单中选择“查看”命令，设置对象显示方式，如图 2-5 所示。文件与文件夹还具有不同的排序方式，如“名称”“修改日期”“类型”“大小”“递增”“递减”等。用户可通过窗口“排列方式”菜单或右击窗口空白处，在弹出的快捷菜单中选择“排列方式”命令，设置对象的排列方式，如图 2-6 所示。合理使用查看与排列方式，能帮助用户更好地管理文件和文件夹。

图 2-5　“查看”子菜单

图 2-6　“排列方式”子菜单

# 2.5 程序管理

## 2.5.1 应用程序的安装、运行与删除

应用程序是利用计算机解决某类问题而设计的程序集合，用于满足用户的某种特殊应用需求。这种运行在操作系统上的计算机程序是计算机中的一种特殊文件，必须经由用户安装到系统中才能被使用，当某应用程序不被使用时，用户可将其从系统中删除，以节省更多的磁盘空间。

**1. 安装应用程序**

安装应用程序就是将程序和其关联文件复制到磁盘的指定位置，其目的是给应用程序提供一个初步完好的运行环境，而不需要用户进行手动配置。常见安装应用程序的方式有光盘安装、网络下载安装以及绿色版免安装。

（1）光盘安装

将应用程序的安装光盘插入到计算机的光驱中，此时应用程序会自动启动程序的安装向导，显示“自动播放”对话框，并运行安装向导，用户可按照系统提示完成程序安装。如果光盘出现异常，无法运行安装向导，用户也可浏览整张光盘，找到“Setup.exe”或“Install.exe”安装文件，通过手动方式完成程序安装。

（2）网络下载安装

在互联网上搜索应用程序的安装文件，将其下载到计算机上，这类文件通常是一个压缩包文件，需要先解压该压缩包文件，然后找到“Setup.exe”或“Install.exe”安装文件并运行，并根据系统提示完成程序安装。需要注意的是，从互联网上下载应用程序时，应确保该程序的发布者以及提供该程序的网站是值得信任的，并且下载安装前要用杀毒软件进行病毒查杀，保证安装程序是安全的。

（3）绿色版免安装

绿色版免安装就是将程序文件直接复制或解压缩到计算机的目标位置，用户不需要安装应用程序，双击应用程序图标即可直接运行该程序。

**2. 运行应用程序**

安装完应用程序后，在操作系统中启动应用程序的常见方法有三种：快捷方式启动、“开始”菜单启动以及文件窗口启动。

（1）快捷方式启动

使用快捷方式启动是最方便的运行应用程序的方法，用户将使用频率较高的应用程序的快捷方式创建于系统桌面上，只要双击该快捷方式图标即可启动应用程序。通常大多数应用程序的安装过程中都自带创建其快捷方式的功能，如果忽略了这一步，用户也可在安装完成后，从指定安装路径下找到应用程序，右击应用程序图标，在弹出的快捷菜单中选择“创建快捷方式”或“发送到”→“桌面快捷方式”命令，创建该应用程序的快捷方式。

（2）“开始”菜单启动

单击“开始”按钮，打开“开始”菜单，并在“所有程序”列表中找到应用程序文件，单击程序图标或程序名，启动该应用程序。

（3）文件窗口启动

使用文件窗口运行应用程序的操作方法要求用户熟悉程序的安装路径，能够按照应用程序文件的安装路径，在“计算机”或“资源管理器”中打开相应文件夹，找到应用程序文件，双击程序图标，启动该应用程序。

**3. 删除应用程序**

当应用程序不再能够满足用户需求时，用户可将程序从计算机上删除并释放程序所占的磁盘空间。一般情况下，除了绿色版免安装的应用程序可以采取直接删除文件的方式删除外，其余大多数应用程序都不能直接删除，需要通过控制面板中的“应用和功能”窗口或使用程序自带的程序卸载功能进行删除。

（1）“应用和功能”窗口删除

操作系统中安装的应用程序都可在“应用和功能”窗口中进行查看、修改和卸载。右击“开始”按钮，在弹出的快捷菜单中选择“应用和功能”命令，进入“应用和功能”窗口，如图 2-7 所示，在其中选择要删除的应用程序，选择“卸载”命令，可删除选中的应用程序。

**图 2-7　“应用和功能”窗口**

（2）程序卸载删除

程序卸载删除是指用户使用应用程序自带的程序卸载功能删除应用程序，这种方式相较于控制面板删除，能更加干净和彻底地删除应用程序，不会在注册表中残留任何数据。用户可在“开始”菜单“所有应用”列表中找到应用程序文件，单击程序卸载，或者按照应用程序的安装路径找到卸载程序并运行，都可删除该应用程序。

## 2.5.2　任务管理器

任务管理器提供了计算机性能、用户状态、各种服务以及正在运行的程序与进程的相关信息。用户利用任务管理器不仅可以查看运行的程序状态、计算机进程、CPU 与内存使用情况、磁盘与网络利用率以及服务状态等，还可以切换、结束和启动程序。

在 Windows 11 操作系统中，常见的启动任务管理器的操作方法有两种：一种是右击任务栏空白处，在弹出的快捷菜单中选择“任务管理器”命令，启动“任务管理器”窗口，如图 2-8 所示；另一种是按【Ctrl+Alt+Delete】或【Ctrl+Alt+Del】快捷键，在界面中选择“任务管理器”选项，启动任务管理器。

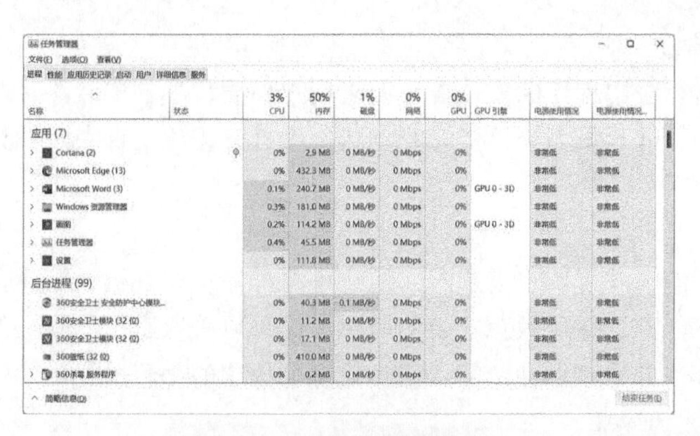

图 2-8 “任务管理器”窗口

任务管理器的用户界面主要由菜单项和选项卡两部分组成，其中菜单项包含文件、选项和查看三个菜单，选项卡包含进程、性能、应用历史记录、启动、用户、详细信息以及服务七个选项。

#### 1. 进程

“进程”选项卡中显示当前正在运行的进程，包括应用程序、后台服务等，对于那些隐藏在系统底层深处运行的病毒程序或木马程序也可在选项卡中找到。用户在列表中选择需要结束的进程，单击“结束任务”按钮，可以结束该进程。需要注意的是，结束进程会丢失未保存的数据，如果结束的进程是系统服务，还会直接影响系统某些功能的正常使用。

#### 2. 性能

“性能”选项卡中显示计算机性能的动态信息，包括 CPU、内存、磁盘、WLAN 以及 GPU 的使用情况。

#### 3. 应用历史记录

“应用历史记录”选项卡中显示当前用户账户的资源使用情况，包括应用名称、CPU 使用时间、网络活动（包括下载和上传）的流量、按流量计费的网络以及磁贴更新方面的网络总体使用情况。

#### 4. 用户

“用户”选项卡中显示当前已登录和连接到本机的用户数、活动状态（正在运行、已断开）和客户端名。右击用户列表中的一个用户对象，在弹出的快捷菜单中选择“管理用户账户”命令，进入“用户账户”界面，可设置用户账户的信息；选择“断开”命令，可断开与本机的连接。

#### 5. 详细信息

“详细信息”选项卡中显示当前正在运行进程的详细信息，包括进程名称、进程 PID、状态、用户名、CPU 使用率、内存使用情况、体系结构以及描述。用户在列表中选择某个进程，单击“结束任务”按钮，可结束该进程。

## 2.6 系统管理

### 2.6.1 系统安全设置

相较于以往的操作系统版本，Windows 11 对自身安全设置功能做了进一步提升，各种安全设置也变得更加丰富。用户通过对操作系统进行一些安全设置，为系统全面布设安全防线，能使系统更加安全稳定。

**1. 用户账户管理**

Windows 11 是支持多用户的操作系统，系统引入账户机制，用户在使用计算机系统时必须以用户账户的身份登录，登录系统的账户及其控制权直接影响着系统的安全性。当操作系统允许多个用户共享计算机资源时，通过建立不同的账户，系统可以为不同用户保留各自个性化的设置、程序与文件配置信息以及对不同账户设置不同等级的控制权。Windows 11 根据系统控制权的不同，将账户分为管理员账户、标准用户账户以及来宾账户三种类型。

（1）管理员账户

这类账户拥有对整个计算机系统的控制权，具有最高权限，可以改变系统设置、访问所有文件、执行管理任务以及拥有控制其他用户的权限。Windows 11 中至少要有一个管理员账户，而在只有一个管理员账户的情况下，该账户不能将自己改为受限制的账户。

（2）标准用户账户

这类账户是受到一定限制的账户，可以设置账户图片和密码、使用操作系统大部分的应用程序、访问大多数文件以及更改不影响其他用户或计算机安全的系统设置，但是无权更改大多数计算机的系统设置。Windows 11 中可以创建多个标准用户账户，也可以改变其账户类型。

（3）来宾账户

这类账户是为那些在计算机上没有用户账户的人提供的一个临时账户，主要用于远程登录的网上用户访问计算机系统。来宾账户是受限账户，默认为禁用，具有最低权限，没有账户密码，不可访问密码保护文件、文件夹或设置，无法对系统做任何修改。

单击“设置”窗口中的“账户”图标，进入“账户”窗口，如图 2-9 所示，在窗口中可以进行账户设置，如更改账户的名称、密码和图片，也可以进行登录选项设置、创建与管理其他账户以及同步账户设置。

**图 2-9　账户“登录选项”窗口**

在 Windows 11 中，不论用户是否已经创建了用户账户，都存在一个内置的管理员账户 Administrator，拥有完全控制系统的权限。如果用户默认以管理员账户身份登录计算机系统，那么更改管理员账户名和设置账户密码，可以降低系统被非法入侵的风险。从系统安全角度出发，通常标准用户账户要比管理员账户更加安全，因为标准用户账户是受限账户，不能随意更改计算机的系统设置，只要出现对操作系统有影响的操作，系统都会自动拒绝。普通用户通过创建一个标准用户账户并使用该账户身份登录系统，可以有效地提高计算机系统的安全性。

**2. 检测与更新系统**

任何操作系统随着用户的深入使用，都会存在不同程度的安全漏洞问题，系统中的漏洞会随时间的推移不断暴露出来且将长期存在。所谓系统漏洞就是应用软件或操作系统软件在逻辑设计上的缺陷或错误，不法者利用这些系统漏洞，可通过网络植入病毒、木马等方式攻击或控制用户计算机，窃取计算机中的重要资料和信息，甚至破坏整个系统。通常系统供应商（微软公司）为弥补系统在使用过程中出现的问题会发布一些补丁软件，及时修补系统漏洞，保障系统的安全运行。

单击“设置”窗口中的“Windows 更新”图标，进入“Windows 更新”窗口，如图 2-10 所示，在窗口中可以设置 Windows 检测更新方式，及时安装更新补丁修复系统漏洞，增强计算机的安全与性能。此外，如果系统中安装有 360 安全卫士等工具，也会及时提示用户进行必要的系统更新。

图 2-10 “Windows 更新”窗口

### 3. 防火墙设置

防火墙是一种位于内部网络与外部网络之间的网络安全系统，依照特定的规则，允许或限制传输的数据通过。Windows 11 自带防火墙功能，并发挥着网络安全屏障、强化网络安全策略、监控网络存取和访问数据以及防止内部信息泄露的作用，能帮助用户有效抵御外部恶意攻击，保障计算机的系统安全。

单击“设置”窗口中的“隐私和安全性”图标，进入“Windows 安全中心”窗口，单击窗口右侧“防火墙和网络保护”选项，打开“防火墙和网络保护”窗口，如图 2-11 所示，在窗口中可以设置允许通过 Windows 防火墙通信的应用和功能、修改网络防火墙的设置以及将防火墙恢复到初始状态等。

图 2-11 “防火墙和网络保护”窗口

## 2.6.2　磁盘管理应用程序

磁盘管理是操作系统提供的一项常规功能，以磁盘管理应用程序的形式提供给用户使用，包括查错程序、磁盘碎片整理程序以及磁盘整理程序。

### 1. 磁盘管理

计算机磁盘在使用前必须经过磁盘分区和格式化操作才能进行数据的读取和写入，而在安装好 Windows 11 操作系统后，用户可通过系统提供的磁盘管理功能完成这些任务。右击“此电脑”图标，在弹出的快捷菜单中选择“管理”命令，打开“计算机管理”窗口，如图 2-12 所示，单击窗口左侧“磁盘管理”选项，打开图 2-13 所示“磁盘管理”窗口，在其中可以查看磁盘的相关信息以及对磁盘进行格式化管理。

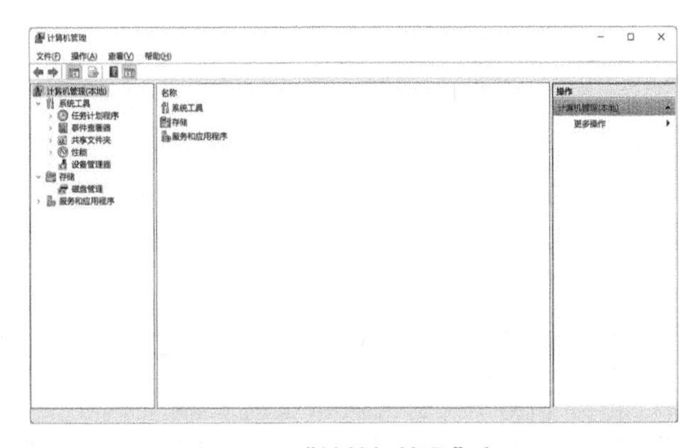

图 2-12　“计算机管理”窗口

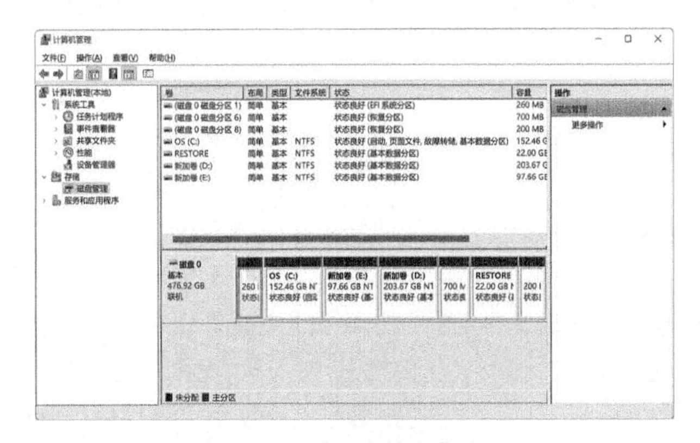

图 2-13　“磁盘管理”窗口

从图 2-13 中，用户可知该计算机拥有一个物理硬盘（磁盘 0）。磁盘 0 主要分为 EFI 系统、C、D、E 以及恢复五个分区，每个分区分别对应资源管理器中的磁盘驱动器，还可以了解每个磁盘分区的大小、文件系统和状态。右击磁盘分区，通过快捷菜单命令，可对磁盘分区执行更改驱动号和路径、格式化、扩展容量以及删除等一系列操作。

### 2. 磁盘扫描

随着计算机使用时间的增加，磁盘出现错误的概率会越来越大，引发错误的原因很多，如病毒破坏、突然断电、非正常关机以及磁盘的物理缺陷等。客观地说，磁盘出现错误是不可避免的，这会导致计算机出现频繁死机、蓝屏或运行速度变慢，因而及时纠正磁盘错误，保证系统的正常运行是非常重要的。

Windows 11 自带的磁盘查错程序是非常好用的纠正磁盘错误的工具，主要用于扫描磁盘驱动器上的文件系统错误和坏簇，可以检查磁盘的逻辑错误、自动修复文件系统错误、扫描并尝试恢复坏扇区以及将坏扇区中的数据移动至其他位置。右击资源管理器中的磁盘驱动器，如D盘，在弹出的快捷菜单中选择“属性”命令，打开“新加卷（D:）属性”对话框，选择“工具”选项卡，如图 2-14 所示，单击“查错”区域中的 “检查”按钮，打开“错误检查”对话框，如图 2-15 所示，单击“扫描驱动器”选项，系统开始自动扫描并纠正磁盘中的错误。

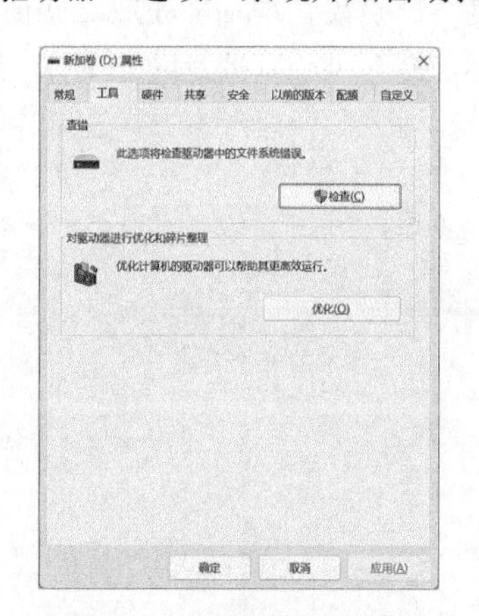


图 2-14 “属性”对话框

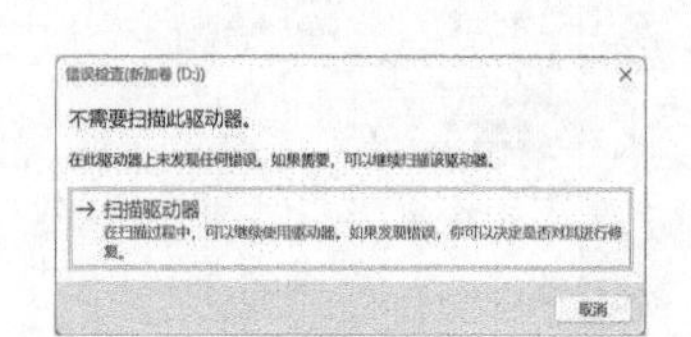


图 2-15 “错误检查”对话框

### 3. 磁盘整理

硬盘是计算机中最主要的存储设备，其读取数据的速度直接影响着计算机的运行速度，受限于硬盘的物理结构，其速度提升相对较慢。通常硬盘在使用了一段时间后，其内部存储空间会随文件存储量的增大而变小，当文件存储空间不够大时，就会产生大量的磁盘碎片。所谓磁盘碎片就是硬盘在读写过程中产生的不连续文件，这些碎片文件散布在硬盘的不同位置，其存在会加长硬盘的寻道时间，降低硬盘的工作效率，增加数据丢失和数据损害的可能性，影响系统效能，因而定期进行磁盘碎片整理（即优化驱动器）是非常有必要的。

Windows 11 自带的磁盘优化处理程序是非常好用的碎片整理工具，主要用于分析磁盘驱动器、查找和修复碎片文件，能把碎片文件进行重新组合并写回硬盘，帮助用户获得最佳的文件系统性能。右击资源管理器中的磁盘驱动器，在弹出的快捷菜单中选择“属性”命令，打开“属性”对话框，选择“工具”选项卡，单击“优化”按钮，打开“优化驱动器”窗口，如图 2-16 所示，选择磁盘驱动器，可进行磁盘分析和优化处理。

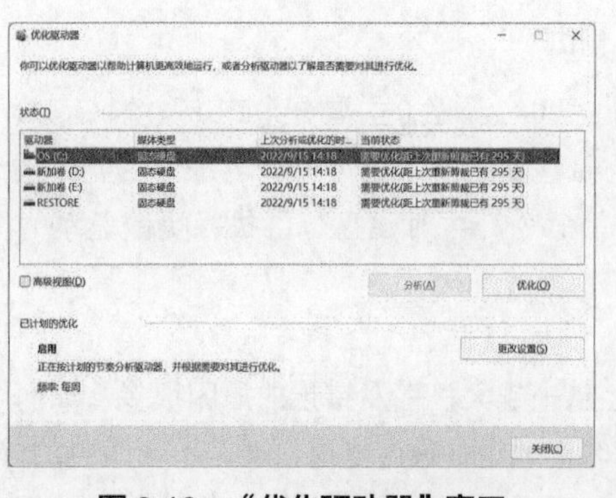


图 2-16 “优化驱动器”窗口

磁盘碎片整理完成后，磁盘里不连续的文件明显减少，硬盘读取文件的速度加快，系统运行更加顺畅。然而，盲目地使用磁盘碎片整理功能，可能会产生一些不必要的危害，这就需要用户在进行磁盘碎片整理时注意以下四点。

①磁盘碎片整理期间应停止所有数据读写操作，如看视频、听音乐、玩游戏以及运行应用程序等，这是因为磁盘碎片整理时硬盘正处于高速运转状态，此时进行数据的读写操作可能会导致计算机死机，甚至

硬盘损坏。

②不要频繁地进行磁盘碎片整理，因为每次整理都会使硬盘高速连续运转，过多的磁盘碎片整理会损伤硬盘，导致硬盘寿命缩短。

③磁盘碎片整理前应先进行磁盘扫描和磁盘清理，一是防止系统将某些文件误认为逻辑错误而造成文件丢失，二是清理掉磁盘中无用文件，释放磁盘存储空间。

④固态硬盘不要使用磁盘碎片整理功能，这是因为所使用的技术不同，对固态硬盘进行磁盘碎片整理会大大缩短其使用寿命。

用户除了定期进行磁盘碎片整理外，也应经常进行磁盘清理，清理掉磁盘中的临时文件、长时间不用或用不到的压缩文件，释放更多磁盘空间，保持系统的简洁稳定。Windows 11 自带的磁盘清理程序是一个极为方便的垃圾文件清除工具，能自动找出整个磁盘中的各种无用文件。右击资源管理器中的磁盘驱动器，在弹出的快捷菜单中选择“属性”命令，打开“属性”对话框，选择“常规”选项卡，单击“磁盘清理”按钮，系统自动扫描磁盘，扫描完成后打开“磁盘清理”对话框，如图 2-17 所示，选择要删除的文件所对应的复选框，单击“确定”按钮，再次确认要删除的文件，单击“确定”按钮，系统开始执行磁盘清理操作并删除指定文件。

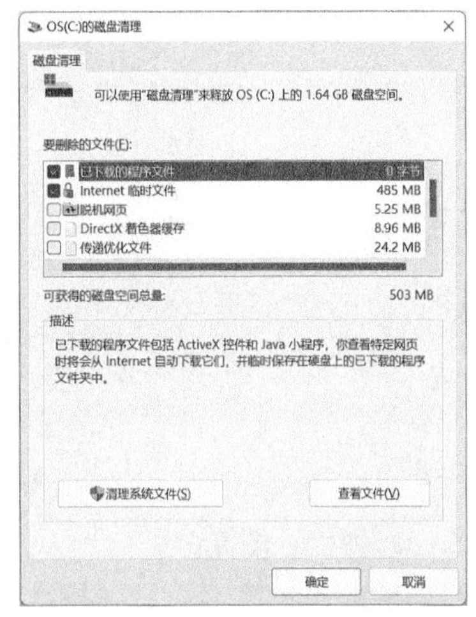


图 2-17　“磁盘清理”对话框

# 2.7　案例分析

李欣通过对系统桌面个性化设置和屏幕显示调整，提升系统界面的舒适度，增强自身用户体验度，使计算机更加符合个人的使用需求，具体操作步骤如下：

**步骤一：**设置主题

①右击桌面空白处，在弹出的快捷菜单中选择“个性化”命令，打开“个性化”窗口，如图 2-18 所示，在“个性化”窗口中，单击左侧导航窗格中的“主题”选项，进入“主题”窗口。

图 2-18　“个性化”窗口

②在窗口右侧“当前主题”区域中，选择某一种“Windows 聚焦”主题方案，如图 2-19 所示，更改当前系统默认主题。

**图 2-19 “主题”窗口中选择主题方案**

**步骤二：**设置背景

单击“主题”窗口右侧的“背景”选项，进入“背景”窗口，将窗口右侧“图片切换频率”设置为“10 分钟”、将“选择适合你的桌面图像”设置为“填充”，如图 2-20 所示，设置桌面动态壁纸且每 10 分钟桌面背景图片切换一次。

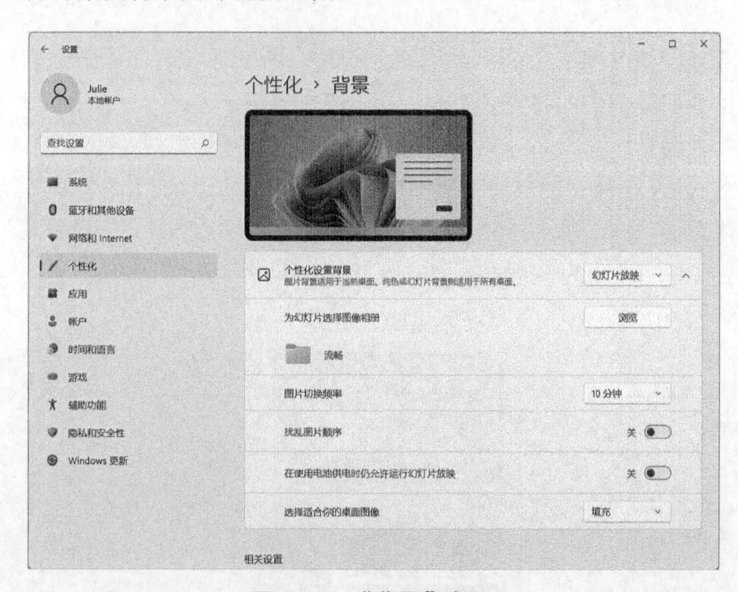


**图 2-20 “背景”窗口**

**步骤三：**设置颜色

单击窗口左侧导航窗格中的“颜色”选项，进入“颜色”窗口，在窗口右侧“主题色”区域中，将“Windows 颜色”设置为“保护色”，如图 2-21 所示，可调整“开始”菜单、标题栏以及窗口颜色。

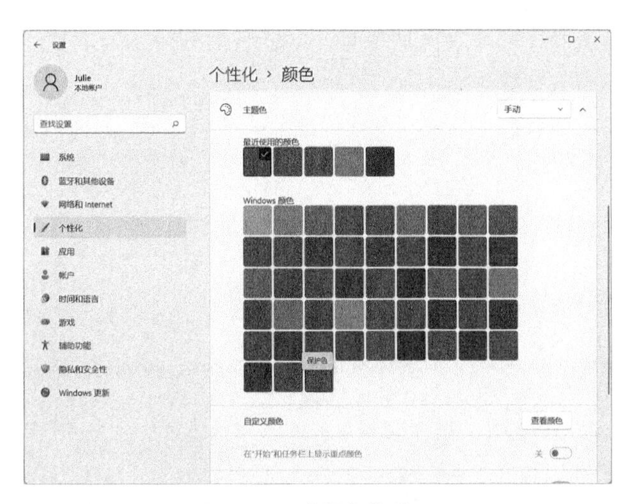


图 2-21　“颜色”窗口

**步骤四：**设置屏幕显示

①右击桌面空白处，在弹出的快捷菜单中选择“显示设置”命令，打开“屏幕”窗口，如图 2-22 所示，在窗口右侧“亮度”区域中，拖动滑块调整显示器亮度。

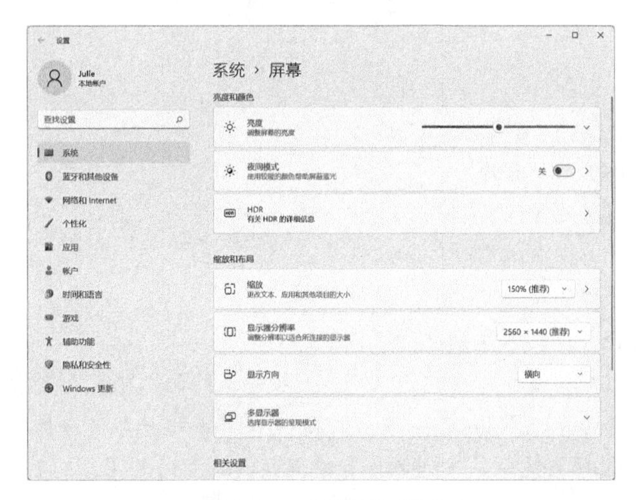


图 2-22　“显示”窗口

②在窗口右侧“缩放”区域中，打开“更改文本、应用和其他项目的大小”下拉列表，如图 2-23 所示，调整显示比例。

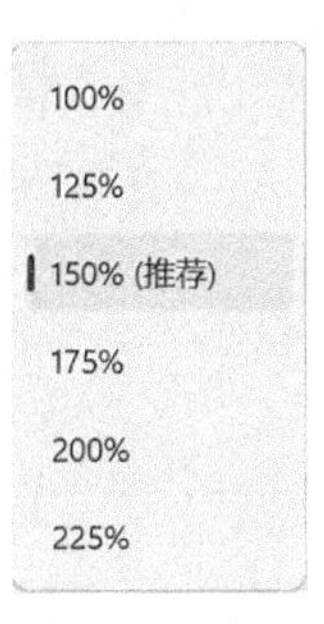


图 2-23　“更改文本、应用和其他项目的大小”下拉列表

③在窗口右侧“显示器分辨率”区域中打开“显示器分辨率”下拉列表，如图 2-24 所示，调整屏幕分辨率。

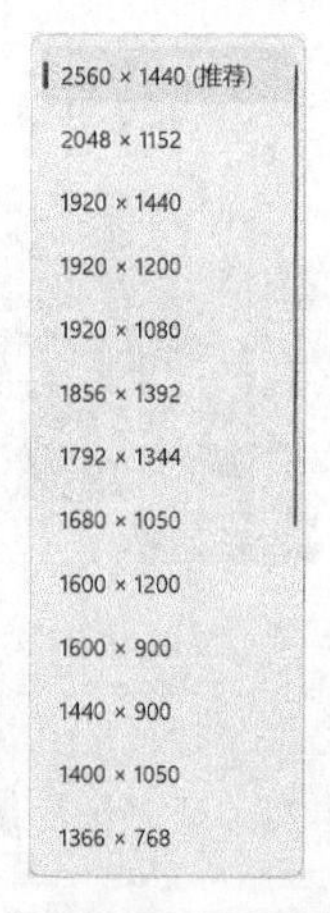


图 2-24 “显示器分辨率”下拉列表

# 习 题

## 一、单选题

1. Windows 操作系统的主要功能是（　　）。
   A. 将源程序转换为目标程序
   B. 进行数据存储与处理
   C. 管理和控制计算机中所有硬件和软件资源
   D. 实现硬件与软件的转换
2. 下列关于 Windows 操作系统的叙述不正确的是（　　）。
   A. 是一种图形用户界面操作系统　　B. 提供友好的人机交互图形界面
   C. 提供即插即用功能　　D. 是一种多用户单任务操作系统
3. 在 Windows 11 操作系统中，下列操作可设置桌面背景的是（　　）。
   A. 右击任务栏，选择“显示桌面”命令
   B. 右击“开始”按钮，选择“桌面”命令
   C. 右击桌面“此电脑”图标，选择“属性”命令
   D. 右击桌面空白处，选择“个性化”命令
4. Windows 系统中某个应用程序窗口最小化后，该应用程序将（　　）。
   A. 终止执行　　B. 暂停执行
   C. 转入后台执行　　D. 转入前台执行
5. 在 Windows 11 操作系统中，下列有关最大化初始窗口操作不正确的是（　　）。
   A. 双击窗口标题栏
   B. 单击窗口标题栏中“最大化”按钮
   C. 鼠标拖动窗口至指针触碰屏幕顶端
   D. 鼠标拖动窗口至指针触碰屏幕左上角

6. 在 Windows 11 操作系统中，下列操作不能启动任务管理器的是（　　）。

A. 右击“开始”按钮，选择“任务管理器”命令

B. 右击桌面“此电脑”图标，选择“任务管理器”命令

C. 右击任务栏，选择“任务管理器”命令

D. 按【Ctrl+Alt+Del】快捷键

7. 下列有关 Windows 回收站的叙述正确的是（　　）。

A. 回收站存放的是内存中被删除的文件与文件夹

B. 回收站存放的是移动硬盘上被删除的文件与文件夹

C. 回收站存放的是硬盘上被删除的文件与文件夹

D. 回收站存放的是所有外存中被删除的文件与文件夹

8. 在 Windows 11 操作系统中，将当前窗口截图的快捷键是（　　）。

A. 【PrintScreen】　　B. 【Windows+Shift+S】

C. 【Ctrl+ PrintScreen】　　D. 【Alt+ PrintScreen】

9. 假定下图是 C 盘的目录结构，当前目录为 Windows，则 Test.docx 的相对路径是（　　）。

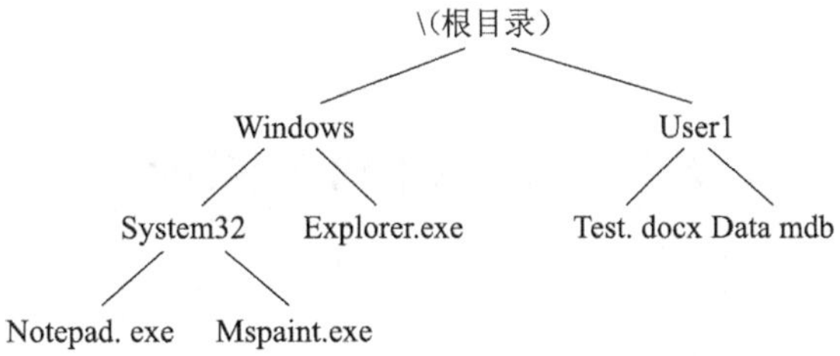

\（根目录）

Windows　　User1

System32　Explorer.exe　　Test. docx　Data mdb

Notepad. exe　Mspaint.exe

A. C:\User1\Test.docx　　B. ..\..\ User1\Test.docx

C. .\..\User1\Test.docx　　D. ..\User1\Test.docx

10. 下列有关文件夹命名规则的描述中，正确的是（　　）。

A. 文件夹名的长度可以任意

B. 磁盘上所有文件夹的名称均可由用户自行命名

C. 不同级的文件夹可以同名，同级的文件夹也可以同名

D. 大写和小写字母在文件夹名中将被视为不同

**二、判断题**

1. 在 Windows 操作系统中，剪贴板是硬盘中的一块区域。（　　）

2. Windows 文件系统的组织形式属于关系型文件夹结构。（　　）

3. Windows 操作系统中一个对象可有多个快捷方式。（　　）

4. 磁盘管理的目的是利用磁盘的所有空间。（　　）

5. 即插即用设备只能由操作系统自动配置，用户不能手工配置。（　　）

# 第3章 计算机网络

当今人类正处在一个以网络为核心的数字信息化时代，计算机网络已然成为信息社会的命脉和知识经济发展的重要基础。人们的日常学习、工作、生活和交往越来越离不开网络，网络不仅使信息传播变得更加畅通，还给人们带来更好的生活体验和更多便利，对社会生活和经济发展产生了不可估量的影响。本章主要论述计算机网络技术相关知识与基本操作，包括计算机网络概述、计算机网络组成、常用网络工具以及无线局域网等内容，掌握如何利用计算机网络获取信息、资源以及解决实际问题。

## 3.1 计算机网络概述

### 3.1.1 计算机网络简介

自20世纪90年代开始，以Internet为代表的计算机网络得到了飞速发展，从最初的教育科研网络发展成为商业网络，并在不断地改变着人们工作和生活的各个方面。现在，计算机通信网络和Internet已经成为社会结构的一个基本组成部分，越来越多的领域都离不开网络技术，网络在当今世界无处不在。

**1. Internet、互联网络与计算机网络的关系**

网络由若干节点和连接这些节点的链路所组成，网络中的节点可以是计算机、路由器、交换机等设备。图3-1构成了一个简单的网络，该网络有三台计算机通过三条链路连接到了一个路由器上，这种网络在家庭应用中十分广泛。

如果用路由器将网络与网络连接起来，就构成了一个覆盖范围更大的网络，即互联网络，如图3-2所示。互联网络是“网络的网络”。

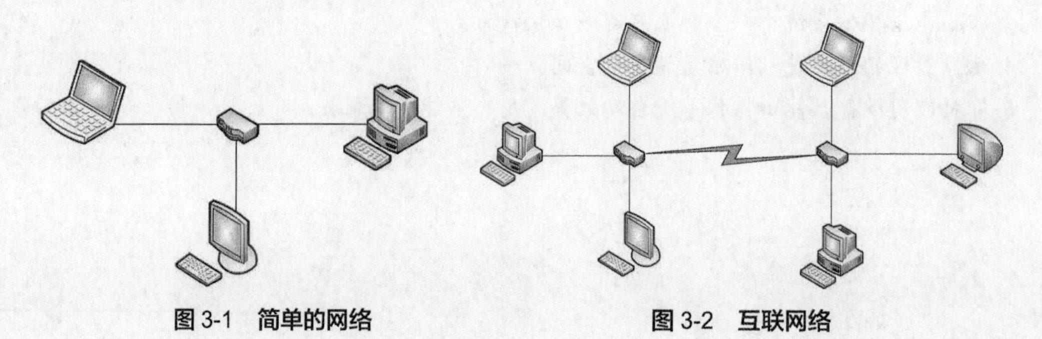

图3-1　简单的网络　　　　图3-2　互联网络

Internet是世界上最大的互联网络，用户数以亿计，互连的网络数以百万。网络将许多计算机连接在一起，Internet将许多网络连接在一起，网络互连并不是简单地将计算机在物理上连接起来，还必须在计算机上安装各种应用软件，才能够实现信息连通与资源共享。

**2. 计算机网络的定义**

计算机网络是指利用通信线路和设备，将地理位置不同的具有独立功能的多个计算机系统互连起来，按照网络协议进行相互通信，在功能完善的网络软件控制下实现网络资源共享和信息传递的系统。最简单的计算机网络只有两台计算机和连接它们的一条链路，即两个节点和一条链路。

计算机网络面向用户所能提供的最重要的功能是连通性和共享。连通性是指用户可以通过计算机网络进行信息交换，不受地域时空的限制，如同用户的计算机彼此直接相连。共享是指资源共享，资源包括信息、软件以及硬件，正是由于计算机网络的存在，在网络中存储的各种资源对用户而言变得近在咫尺、触手可及。

**3. 计算机网络的分类**

（1）按计算机网络的拓扑结构划分

为了描述计算机网络中节点之间的连接关系，可以将节点抽象为点，将线路抽象为线，进而得到一个几何图形，称为该网络的拓扑结构。计算机网络中常见的拓扑结构有总线、星状、环状、树状、网状等，不同的网络拓扑结构对网络性能、系统可靠性和通信费用的影响有所不同。总线、环状、星状拓扑结构常用于局域网，网状拓扑结构常用于广域网的连接。

①总线拓扑结构：总线拓扑通过一根传输线路将网络中所有节点连接起来，这根线路称为总线。网络中各节点都通过总线进行通信，在同一时刻只能允许一对节点占用总线进行通信。

②星状拓扑结构：星状拓扑中各节点都与中心节点连接，呈辐射状排列在中心节点周围。网络中任意两个节点的通信都要通过中心节点进行交换。单个节点的故障不会影响到网络的其他部分，但中心节点的故障会导致整个网络瘫痪。

③环状拓扑结构：环状拓扑中各节点首尾相连形成一个闭合的环，环中的数据沿环单向逐站传输。环状拓扑中的任意一个节点或一条传输介质出现故障都将导致整个网络故障。

④树状拓扑结构：树状拓扑由星状拓扑演变而来，其结构图看上去像一颗倒立着的树。树状网络是分层结构，具有根节点和分支节点，适用于分级管理和控制系统。

⑤网状拓扑结构：网状结构的每一个节点都有多条路径与网络相连，如果一条线路出现故障，通过路由选择可以找到替换路线，网络仍然能够正常工作。这个结构可靠性强，但网络控制和路由选择较为复杂，广域网所采用的就是这种网状结构。

（2）按计算机网络的规模大小划分

计算机网络按照其规模大小和覆盖范围可以分为个人区域网、局域网、城域网和广域网等。

①个人区域网（personal area network, PAN）：将个人计算机和其他电子设备连接起来的网络，包括智能手机、打印机、扫描仪等。该网络覆盖范围一般在10 m左右，设备通常使用无线、USB、蓝牙、红外线等方式连接。

②局域网（local area network, LAN）：通过高速通信线路将各种计算机、外围设备和数据库等相互连接起来而组成的计算机通信网，在地理上局限于较小范围，一般是1 km左右，如校园网。

③城域网（metropolitan area network, MAN）：在一个城市范围内所建立的计算机通信网，

可以跨越几个街区甚至整个城市，其覆盖范围为5~50 km，如一所学校有多个校区分布在城市的多个区域，每个校区都有各自的校园网，这些网络连接起来就形成了一个城域网。

④广域网（wide area network, WAN）：将地域分布广泛的局域网、城域网连接起来的网络系统，其覆盖范围通常为几十到几千千米。该网络分布距离广阔，可以横跨几个国家以至全世界。

### 3.1.2 移动网络简介

互联网技术的发展与完善将信息时代不断往纵深推进，移动互联网就是在这样的背景下孕育、产生和发展起来的。移动互联网通过无线接入设备访问互联网，能够实现移动终端之间的数据交换，是计算机领域继大型机、小型机、个人计算机、桌面互联网之后的第五个技术发展周期。移动互联网作为移动通信与传统互联网技术的有机融合体，被视为未来网络发展的核心和最重要的趋势之一。

#### 1. 移动互联网的定义

中国工业和信息化部电信研究院在2011年的《移动互联网白皮书》中提出“移动互联网是以移动网络作为接入网络的互联网及服务，包括移动终端、移动网络和应用服务3个要素”，将移动互联网所涉及的内容囊括为三个层面，一是移动终端，包括手机、Pad、专用移动互联网终端和数据卡方式的便携式计算机。二是移动通信网络接入，包括2G、3G、4G、5G等。三是公众互联网服务，包括Web、WAP方式。移动终端是移动互联网的前提，接入网络是移动互联网的基础，而应用服务则是移动互联网的核心。

移动互联网是移动通信网络与互联网的融合，用户可以通过移动终端接入无线移动通信网络（2G、3G、4G、5G或WLAN等）的方式访问互联网。此外，移动互联网还产生了大量新型的应用，这些应用与终端的移动、定位以及随身携带等特性相结合，为用户提供个性化的、与位置相关的服务。

#### 2. 移动互联网的特点

移动互联网的快速发展给人类社会生活带来了巨大的变革，相比于传统互联网，其优势是实现了随时随地的通信和服务获取，具有安全、可靠的认证机制，能够及时获取用户及终端信息以及业务端到端流程的可控性等。然而，其劣势是无线频谱资源的稀缺，用户数据的安全性和隐私性得不到有效保障，移动终端软硬件缺乏统一标准以及业务互通性差等。目前，移动互联网所具备的移动性、便捷性、实时性、便携性以及定向性等特点，极大地满足了人类对信息的需求，随着智能可移动设备和相关产品的日益丰富，移动互联网的重要地位也日益凸显。

（1）移动性

移动互联网是移动通信技术与互联网相结合的产物，随着人们对信息需求的不断扩大，电信与互联网的融合是大势所趋。在移动通信基础上建立的移动互联网，不仅具有互联网的一些特征，还扩大了移动通信的规模，实现了移动通信与互联网的互利互赢。总之，移动通信技术与互联网技术的融合，满足了人们对互联网可移动化的需求，同时也使信息获取途径变得更加丰富。

（2）便捷性

移动互联网融合信息、生活娱乐、电子商务以及新媒介传播等各种服务为一体，为人类生活提供了更多的便捷，并且随着移动互联网服务的不断增多，其用户数目也在快速增长。移动互联网对人类获取信息的方式产生了巨大的冲击，它将信息获取由有线、固定的方式改变为无线、移动的方式，使人们可以不受时间和地域限制地进行通信，并获取所需的信息，带来的便捷性是前所未有的。

（3）实时性

移动互联网的实时性使人们不仅可以随时随地地获取自身或其他终端的信息，及时得到所需的服务和数据，还可以利用碎片时间接收和处理互联网的各类信息，大大改善时间的合理分配。利用移动互联网，人们可以通过移动终端设备轻松获取最新的新闻资讯，足不出户地知晓天下事，移动互联网提供的实时通信服务也为人们提供了更多的便利，拉近了人与人之间的距离，提高了人们生活的幸福感，更为社会和谐稳定发展创造了新途径和新空间。

（4）便携性

移动互联网是基于移动通信设备为基础的服务，其基本载体是移动通信设备，即移动终端。随着科技的不断发展，智能手机、平板电脑、智能眼镜、智能手表等新型移动通信设备的出现，使得移动互联网终端设备越来越轻便且易于携带。移动互联网设备产品的每一次革新，都给人们的社会生活带来了极大的方便与无限的乐趣。

（5）定向性

移动互联网的定向性主要体现在其所提供的位置服务中，而随着大数据的兴起，移动互联网的新型服务正在不断涌现，如打车服务、地图定位服务等。通过运用大数据技术和数据挖掘技术，移动互联网能够针对不同用户，提供更加精准和丰富的个性化服务。

**3. 移动互联网业务**

移动互联网业务是多种传统业务的综合体，它不是简单的互联网业务的延伸，因而产生了创新性的产品和商业模式。创新性的技术与产品，如通过手机摄像头扫描商品条码进行比价搜索、重力感应器和陀螺仪确定当前方向和位置，内嵌在手机中的各种传感器有助于开发出各种超越原有用户体验的产品。创新性的商业模式，如风靡全球的 App Store+ 终端营销的商业模式，将传统的位置服务与 SNS、游戏、广告等元素结合起来的应用系统等。

**4. 中国移动互联网的发展**

随着党中央大力推进国家治理体系和治理能力现代化，2019 年我国迎来了 5G 商用元年，5G 商用全面推进且位于全球第一梯队。2021 年 7 月人民网发布《中国移动互联网发展报告（2021）》，报告显示截至 2020 年底，我国已建成全球最大 5G 网络，建成 5G 基站 71.8 万个，覆盖全国地级以上城市及重点县市，手机网民规模已达 9.86 亿，占整体网民的 99.7%，全年移动互联网接入流量消费达 1 656 亿 GB，手机上网流量达到 1 568 亿 GB。5G 带动工业互联网、区块链应用和人工智能等技术不断发展和突破，如我国研发的量子计算原型机“九章”，被视为下一代网络关键技术的量子信息技术研究与应用不断深入。

移动互联网为我国疫情精准防控提供了有力支撑，截至 2020 年 12 月，全国 9 亿居民持有“健康码”，绝大部分地区实现“一码通行”，多地火车站、飞机场采用 5G 热成像技术，快速完成大量人员的测温及体温监测。以网上零售、直播带货、在线办公、远程医疗、在线教育、外卖、网络视频以及“云旅游”为代表的移动互联网新业态赋予消费新的活力，催生新的就业形态，助力乡村振兴，为经济增长提供了新动能。据上述报告显示我国手机网络购物用户规模达 7.81 亿，电商直播用户规模达 3.88 亿，远程办公用户规模达 3.46 亿，占网民整体的 34.9%，在线教育用户规模达到 3.52 亿人，手机外卖用户达 4.18 亿，网络视频用户规模达 9.27 亿，短视频用户规模为 8.73 亿，全国有超过 100 个城市的 500 多个景点“上云”。

虽然近年来我国移动互联网高速发展，但仍然面临各种挑战，首先便是我国移动互联网核心技术和平台对外依赖程度依然较高，而美国对中国企业切断技术供应，核心技术问题不容忽视。其次是5G仍需与各行业应用场景深度融合，如工业互联网、车联网和超高清视频等，5G个人应用还有待进一步结合需求、场景和终端等深度研发。此外基于移动互联网的大数据应用越来越多，而如何加强大数据运用与权益保护，也直接影响着移动互联网的进一步发展。

# 3.2　计算机网络组成

## 3.2.1　网络硬件系统

硬件系统是计算机网络的重要组成部分，包括计算机、网络连接设备、网络传输介质等。常见的网络连接设备有网卡、调制解调器、路由器以及交换机等。

### 1. 网络连接设备

①网卡：又称网络适配器或者网络接口卡，负责将计算机需要传输的数据转换为网络中其他设备能够识别的格式，并通过网络介质进行传输。计算机通过网卡连接通信链路接入网络，大部分网卡都将网卡芯片集成到主板中，成为主板的一部分。网卡按其连接方式可分为有线网卡和无线网卡两种，如图3-3和图3-4所示，有线网卡通过网络连接，无线网卡通过无线网卡和无线接收发送器连接。

图3-3　有线网卡

图3-4　无线网卡

在以太网中，每张网卡都拥有唯一的MAC地址，MAC地址由6个8位数字构成，前3个8位数字代表网卡的生产厂商，后3个8位数字代表该生产商生产的网卡序号。电气与电子工程师协会IEEE负责管理及维护MAC地址的唯一性，从而避免网络中设备地址相互冲突。

②调制解调器：又称Modem，是一种计算机硬件设备，如图3-5所示，负责将计算机网络传输的数字信号转换为普通电话线传输的模拟信号，这些模拟信号可被线路另一端的调制解调器所接收，并转换成计算机可理解的语言。家庭网络一般通过电话线连接到电信运营商，并通过调制解调器进行数模信号转换。通常计算机在发送数据时，由调制解调器将数字信号转换为相应模拟信号的过程称为调制，调制的模拟信号通过电话线传输到接收方，并由接收方的调制解调器将其还原为数字信号的过程称为解调。

图3-5　调制解调器

③路由器：又称网关设备，如图3-6所示，是连接因特网中各局域网、广域网的主要设备，可以根据信道情况自动选择和设定最佳的数据传输路径，并按先后顺序发送信号。在进行网络互连时，路由器是不同网络之间互相连接的枢纽，它可将数据从一个子网传输到另一个子网，具有判断网络地址和选择IP路径的功能，并能在多网络互连环境中建立灵活的连接。路由器通过路由选择决定数据转发，其处理速度是网络通信的主要瓶颈之

一，而路由器的可靠性则直接影响网络互连质量。因此，在局域网、城域网、互联网的研究领域中，路由器技术始终处于核心地位。

图 3-6　路由器

④交换机：是一种用于电信号转发的网络设备，如图 3-7 所示，可以为接入交换机的任意两个网络节点提供独享的电信号通路。交换机的种类很多，最常见的交换机是以太网交换机，具有自动寻址、交换和处理数据等功能。交换机内部拥有一条带宽很高的背部总线和内部交换矩阵，其所有接口都连接在背部总线上，控制电路接收数据包后，从地址映射表中确定目的计算机所连接的端口，并通过内部交换矩阵迅速在数据帧的始发者和目的接收者之间建立临时交换路径，使数据帧直接由源地址到达目的地址，利用交换机进行数据帧的过滤和转发，可以有效地减少子网中的冲突域。

图 3-7　交换机

**2. 网络传输介质**

网络传输介质用于网络设备之间的数据通信连接，分为有线和无线两种类型。常用的有线介质有双绞线、光纤和同轴电缆等，无线介质有卫星、红外线、激光、微波等。

（1）有线介质

①双绞线：是局域网中最常用的传输介质，由两根互相缠绕的绝缘导线所构成，可以有效减少信号的干扰。人们日常所使用的网线，就是由四对双绞线包裹在一根导管中所组成的电缆。数据在双绞线中传输时会产生一定的信号衰减，因此双绞线不适合远距离的数据传输。普通双绞线的传输距离一般在 100 m。双绞线分为屏蔽双绞线和非屏蔽双绞线，前者由外部保护层、屏蔽层和多对双绞线组成，后者没有屏蔽层。屏蔽层可以有效减少电磁干扰，因而屏蔽双绞线适用于数据传输质量要求较高的网络。

②光纤：又称光导纤维，是一种由玻璃或塑料制成的纤维，以光脉冲的形式传输信号，其工作原理是利用光在玻璃纤维中的全反射作用进行信号的传输。光纤在传输光信号时，不受外界电磁信号的干扰，且信号衰减非常小，因而信号的传输距离比双绞线远得多，特别适用于电磁环境非常恶劣的地方。

我国在光纤通信领域成就非常可观，以 5G 千兆为代表的超宽带网络基础设施，正成为信息产业创新突破、经济社会转型升级的重要基石和关键支撑，在促进社会经济发展方面也发挥着重要作用。此外，2021 年 7 月由浙江大学光电科学与工程学院童利民教授团队联合浙江大学交叉力学中心和美国加州大学伯克利分校的科研人员，在－50℃环境中，制备出了高质量冰单晶微纳光纤，其性能与玻璃光纤相似，既能够灵活弯曲，又可以低损耗传输光。

③同轴电缆：由中心铜线、绝缘层、网状屏蔽层以及塑料封套所组成，其中绝缘层和网状屏蔽层能够很好地阻隔外部环境的电磁干扰，具有屏蔽性能好、抗干扰能力强以及数据传输稳定等特点，主要应用于有线电视网、长途电话系统以及局域网之间的数据连接。同轴电缆的缺点是成本高，体积大，不能承受缠结、压力和严重的弯曲，而这些缺点正是双绞线能够克服的，因而目前的局域网环境中，同轴电缆基本被双绞线取代。

（2）无线介质

①卫星：是利用通信卫星作为中继站在地球站或移动体之间建立微波通信联系，最大通信距离可达 18 100 km，长距离传输时不会受到环境、气候和时间的影响，具有通信容量大、多址通信、广域复杂网络拓扑构成能力以及安全可靠的特点，应用领域主要包括电视广播、国际电话和数

据通信服务。

②红外线：其波段位于可见光与无线电波之间，主要用于光谱学、信息传输和定位，利用红外线传输信息，具有容量大、不易被人发现和截取、保密强以及抗电磁干扰性强等特点，但在大气信道中传输信息时易受气候影响。

③激光：以激光作为信息载体，在陆地和太空中进行语音、数据、图像信息的双向传送，具有通信容量大、保密性强、方向性好、结构轻便和设备经济等优势，不足之处在于通信距离受限于视距和天气，激光对准困难，通信链路易被阻断，主要应用于地面间短距离通信、短距离内传送传真和电视、导弹靶场的数据传输、地面间的多路通信、全球通信和星际通信以及水下潜艇间的通信。

④微波：利用微波进行通信具有频带宽、通信容量大和质量好等特点，但只能沿着直线传播，有很强的方向性，长距离传输时易受环境的影响，传送距离一般只有几十千米，主要用于电话和电视信号的传播。

### 3.2.2 网络软件系统

一个完整的计算机网络系统由硬件系统和软件系统两部分构成，而网络软件系统又分为网络系统软件和网络应用软件。

**1. 网络系统软件**

网络系统软件负责控制与管理网络运行和网络资源的使用，为用户提供访问网络和操作网络的人机接口。网络系统软件包括网络操作系统、网络协议软件、通信控制软件以及管理软件等。网络操作系统是整个网络的核心，运行在网络硬件基础之上，主要提供网络通信与资源共享功能，担负着整个网络范围内的任务管理以及资源管理与分配任务，对网络资源进行有效利用与开发，为网络用户提供共享资源管理服务、基本通信服务、网络系统安全服务以及其他网络服务，且所有应用软件必须依靠网络操作系统的支撑才能运行。

**2. 网络应用软件**

网络应用软件是指为某一特定应用目的而开发的网络软件，它为用户提供一些实际的应用。网络应用软件不仅可以用于管理和维护网络本身，还可以用于某一个具体的业务领域，如网络管理监控应用、网络安全应用、数字图书馆、Internet 信息服务、远程教学以及远程医疗等。网络应用领域非常广泛，网络应用软件也非常丰富。

## 3.3 常用网络工具

### 3.3.1 信息检索

Internet中的信息资源非常多，为了能够快速检索到用户所需信息，就需要借助网络搜索引擎。所谓搜索引擎（search engines），是指Internet上具有检索功能的网站，其主要任务是完成信息搜集、信息处理和信息查询。通常搜索引擎在接收到用户具体查询指令后，可向用户提供符合查询条件的具体内容和链接。

**1. 搜索引擎分类**

搜索引擎按照工作方式的不同可以分为基于关键词（keywords）的搜索引擎和基于分类目录的搜索引擎两大类。基于关键词的搜索引擎即通常所说“全文搜索引擎”，如百度、Google

等。基于分类目录的搜索引擎严格来说不是真正的搜索引擎，只是按目录分类的网站链接列表，用户不用通过关键词查询信息，仅靠分类目录即可检索所需信息，如 Yahoo 雅虎、搜狐、新浪等。

**2. 常用搜索引擎**

（1）百度（www.baidu.com）

百度是全球最大的中文搜索引擎、最大的中文网站，目前占据国内 80% 的市场份额，具有功能完备、搜索精度高、更新服务快以及服务稳定等特点，是中国互联网用户最常用的搜索引擎，每天完成上亿次搜索，可查询数十亿中文网页。

（2）搜狗（www.sogou.com）

搜狗是搜狐公司于 2004 年 8 月 3 日推出的全球首个第三代互动式中文搜索引擎，以搜索技术为核心，致力于中文互联网信息的深度挖掘，帮助中国上亿网民加快信息获取速度，并为用户创造价值。搜狗所具备的功能极大地满足了用户的日常需求，尤其是音乐搜索方面具备一定优势。

（3）Bing 必应（cn.bing.com）

必应是微软公司于 2009 年 5 月 28 日推出的全新搜索引擎服务，集成了多个独特功能，包括每日每页美图、超级搜索功能以及崭新的搜索结果导航模式等，已深度融入微软几乎所有服务与产品中。必应与微软系统的 IE 浏览器捆绑，界面美观，整合信息全面，用户使用率比较高，目前已成为北美地区第二大搜索引擎。

### 3.3.2　知网（CNKI）及其使用

**1. 知网 CNKI 简介**

知网 CNKI 全称中国文献资源总库，是国家知识基础设施的概念，由世界银行于 1998 年提出。CNKI 工程以实现全社会知识资源传播共享与增值利用为目标的信息化建设项目，由清华大学与清华同方发起，始建于 1999 年 6 月。目前，CNKI 已经成为全球文献总量最多、出版速度最快、检索功能最完备的中文全文数据库，是中国最具权威、资源收录最全、文献信息量最大的动态资源体系，同时也是中国最先进的知识服务平台与数字化学习平台。CNKI 面向海内外读者提供的文献类型包括中国学术文献、学位论文、工具书、重要会议论文、年鉴、专著、报纸、专利、标准、科技成果、知识元、哈佛商业评论数据库、古籍等各类资源，还可与德国 Springer 公司期刊库等外文资源统一检索。CNKI 信息涵盖非常广泛，具有检索方便、专业性强等特点，是一个集专业与实用的大型综合网站。

**2. 知网 CNKI 的使用**

（1）登录 CNKI

打开浏览器，在地址栏中输入 www.cnki.net 进入 CNKI 首页，如图 3-8 所示。需要注意的是首次使用需要注册账号，注册完毕后输入用户名和密码即可登录。

（2）进入检索平台

CNKI 提供了三种类型的检索，分别是文献检索、知识元检索以及引文检索，每种类型检索又分为“学术期刊”“学位论文”“会议”“报纸”“年鉴”“标准”“图书”“百科”“词典”“中国引文数据库”等。以搜索期刊为例，选择文献检索，然后勾选“学术期刊”类别，单击“高级检索”按钮，进入 CNKI 检索平台，如图 3-9 所示。

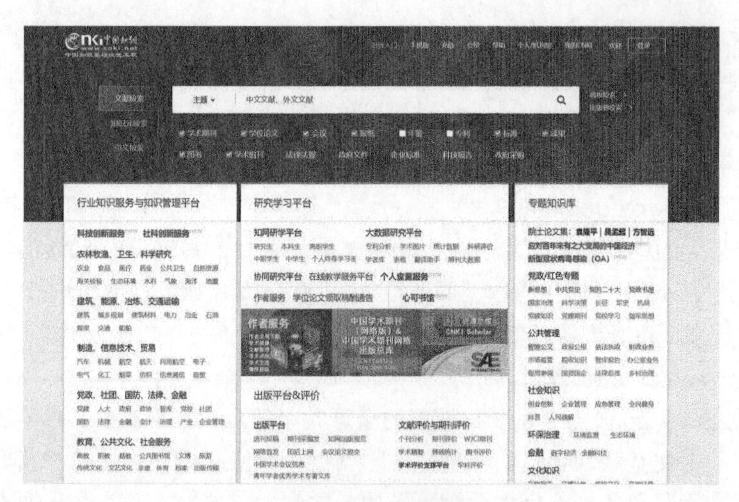

图 3-8　知网首页

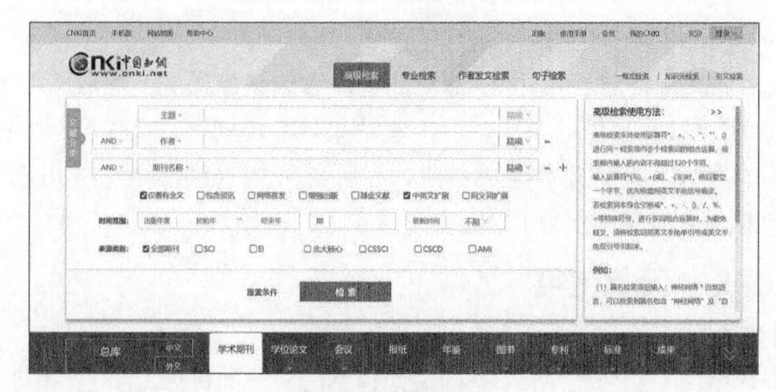

图 3-9　知网检索

（3）检索资源

在网页相应位置输入检索条件，如主题为“计算机基础”、检索方式为“精确”，如图 3-10 所示，单击“检索”按钮，可检索出相关的期刊文章。

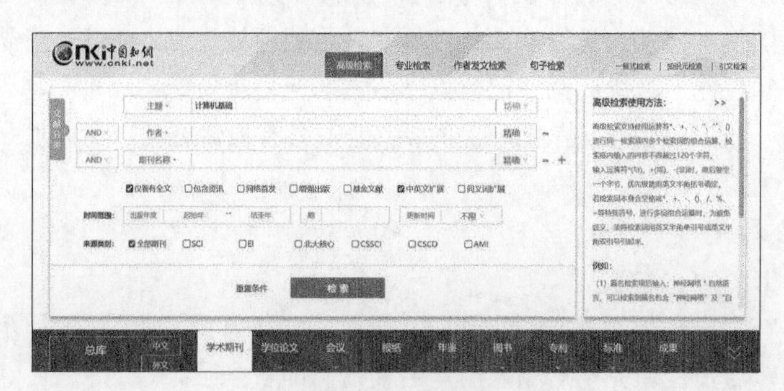

图 3-10　主题搜索

（4）全文下载

在检索结果页面上，单击需要查看或下载的文章篇名，进入知识节点页面，如图 3-11 所示，单击“CAJ 下载”或“PDF 下载”按钮，即可下载该文献。

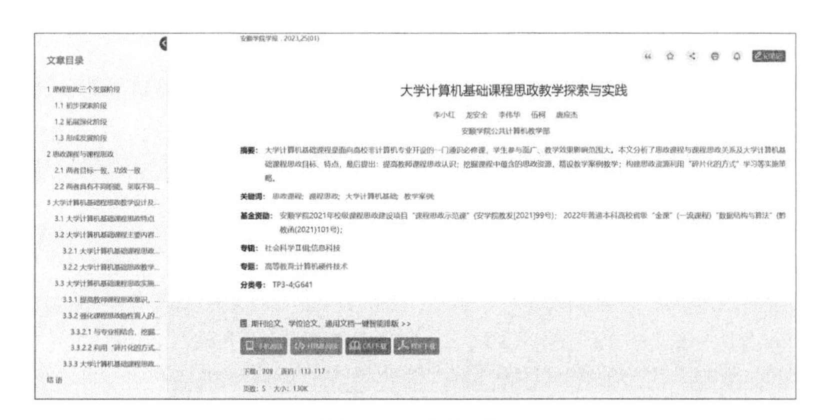


**图 3-11　文献下载**

如果在检索之前，没有使用用户名和密码进行登录，此时，系统会自动弹出请求登录页面。在网页相应位置输入账户信息，单击“登录”按钮即可。高等学校一般都有购买授权，可以咨询图书馆等机构。

## 3.3.3　文件上传与下载

文件上传与下载是互联网应用中常见的功能，文件上传是指用户通过浏览器向服务器提交文件，由服务器进行保存。文件下载是指用户通过浏览器从服务器上获取文件，在浏览器端进行保存。

### 1. FTP 工作模式

FTP（file transfer protocol，文件传输协议）用来实现 Internet 上多台计算机之间文件的双向传输，可从远程主机复制文件到本地计算机，也可将文件从本地计算机复制到远程主机。与大多数 Internet 服务一样，FTP 也是一个客户端 / 服务器系统，用户可以通过一个支持 FTP 协议的客户端程序连接到远程主机上的 FTP 服务器程序，并通过客户端程序向服务器程序发出命令，服务器程序执行用户所发出的命令，并将执行结果返回给客户端。

使用 FTP 服务器之前必须登录，当用户在远程主机上获得相应权限后，方可进行下载或上传文件。登录时需要用户给出其在 FTP 服务器上的合法账号和密码，然而很多用户没有获得合法的账号和密码，这就限制了共享资源的使用。因此，许多 FTP 服务器支持匿名的 FTP 登录，匿名 FTP 服务不再验证用户的合法性，为了安全，大多数匿名 FTP 服务器只允许下载文件，而不允许上传文件。匿名 FTP 不适用于所有 Internet 主机，只适用于那些提供了这项服务的主机。

### 2. FTP 客户端工具的使用

使用 FTP 客户端工具的方式有三种：一是命令行方式；二是浏览器方式；三是基于图形界面的下载软件。

（1）FTP 命令行方式

在安装 Windows 操作系统时，通常都安装了 TCP/IP 协议，其中就包含了 FTP 命令，但是该程序是字符界面而不是图形界面，必须以命令提示符的方式进行操作。熟悉并灵活使用 FTP 的内部命令，可以达到事半功倍之效，但是其命令众多，格式复杂，对于普通用户来说，比较难掌握，通常一般用户在下载文件时还是会通过浏览器或专门的 FTP 下载软件来实现。

（2）FTP 浏览器方式

启动 FTP 客户程序的另一种途径是使用浏览器，用户只需要在地址栏中输入如下格式的 URL 地址：FTP://[ 用户名 : 口令 @]ftp 服务器域名 :[ 端口号 ]，即可登录对应的 FTP 服务器。另外，在命令行下也可以用上述方法连接，通过 put 命令和 get 命令达到上传和下载的目的，通过 ls 命令列出目录。除了上述方法外，还可以在命令行下输入 ftp 并按【Enter】键后，输入 open IP 建立一个连接。通过浏览器启动 FTP 的方法尽管可以使用，但是速度较慢，还会因将密码暴露在浏览器中导致不安全，因此用户通常会选择安装并运行专门的 FTP 下载软件。

（3）FTP 下载软件

常用的基于图形界面的 FTP 下载软件有 CuteFTP、FlashFTP、LeapFTP 等，这些 FTP 管理软件不仅简单易用，还支持断点续传。所谓断点续传，是指在上传或下载时，将上传或下载任务（一个文件或一个压缩包）划分为几个部分，每一部分采用一个线程进行上传或下载，如果碰到网络故障而终止，等到故障消除后可以继续上传或下载剩余的部分，而不必从头开始，可以节省时间，提高速度。

## 3.3.4 云盘及其使用

云盘又称网盘，由互联网公司推出的云端存储服务，是一种专业的互联网存储工具，能够为用户提供文件存储、读取、下载、备份以及共享等文件管理功能，具有安全稳定、海量存储的特点。云盘可理解为一个放在 Internet 上的硬盘或 U 盘，用户不管身处任何地方，只要通过互联网就可以管理与编辑网盘里的文件，而不需要随身携带，更不怕丢失。下面以百度网盘为例进行介绍。

**1. 百度网盘简介**

百度网盘（原百度云）是百度推出的一项云存储服务，用户首次注册时会有机会获得 2 TB 的存储空间，目前已经覆盖主流 PC 和手机操作系统，包含 Web 版、Windows 版、Mac 版、Android 版、iPhone 版以及 Windows Phone 版。用户不仅可以轻松地将自己的文件上传到网盘，还可以跨终端随时随地查看和分享。2016 年，百度网盘总用户人数突破 4 亿，同年 10 月 11 日，百度云改名为百度网盘，此后更加专注发展个人存储、备份功能，至 2022 年 9 月，百度网盘用户数已突破 8 亿，存储数据总量超过 1000 亿 GB，年均增长 60%。

**2. 百度网盘登录**

用户可通过浏览器搜索“百度网盘下载”，或者输入网址 https://yun.baidu.com/download 进入百度云网盘下载界面，进行软件安全下载和安装，如图 3-12 所示。

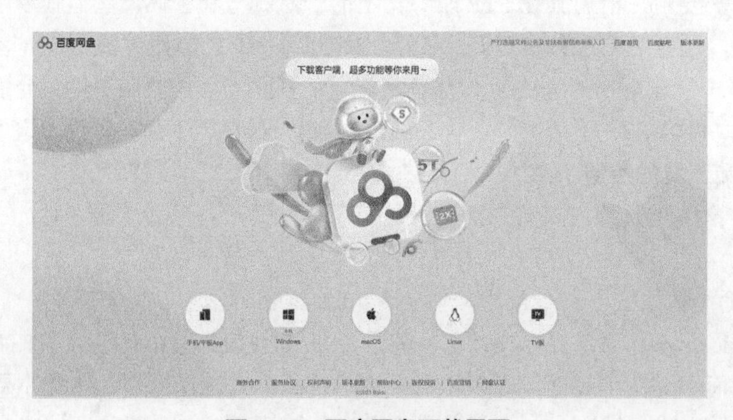


图 3-12 百度网盘下载界面

用户使用百度网盘需要进行账号登录，如图 3-13 所示，如果已注册有账号，可直接登录。如果尚未注册百度网盘账号，可使用 QQ、新浪微博等相关账号登录。账户登录后，进入百度网盘的操作界面，如图 3-14 所示，界面左侧文件分类标签包括全部文件、图片、文档、视频、种子、音乐以及其他等，主要提供文件智能分类浏览的功能，方便用户查找云盘中不同类型的文件。

图 3-13　登录百度网盘

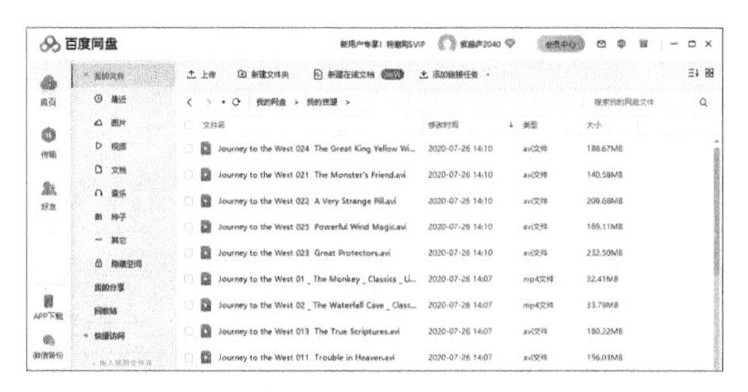


图 3-14　百度网盘的操作界面

### 3. 百度网盘的使用

使用百度网盘可以上传资料，单击其操作界面右侧文件列表区上方的“上传”按钮，打开“请选择文件 / 文件夹”对话框，选择需要上传的文件后，单击“打开”按钮，便可将文件上传到百度网盘，文件上传成功后会显示在文件列表区。如果用户需要添加新的分类文件夹，可单击文件列表区上方的“新建文件夹”按钮，新建并重命名一个文件夹，如图 3-15 所示，使文件分类更加清楚。如果网盘中的文件比较多，用户可通过文件列表区上方的搜索框快速定位需要的资源。

使用百度网盘可以将网盘内的资源下载到本地计算机，右击需要下载的文件，在弹出的快捷菜单中选择“下载”命令，打开“设置下载存储路径”对话框，设置下载存储路径，如图 3-16 所示，单击“下载”按钮，此时跳转到下载进度页面，下载完成后文件被自动保存在计算机中。

图 3-15　添加新的分类文件夹

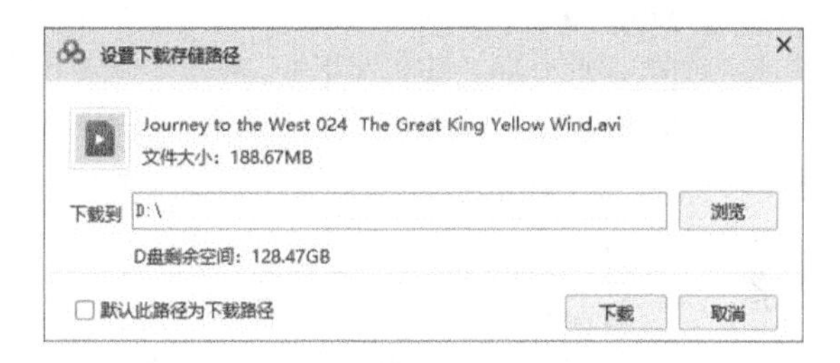


图 3-16　下载网盘资源到本地计算机

使用百度网盘可以创建分享链接和提取码分享网盘里的资源，选择需要分享的文件，单击“创建分享”按钮，如图 3-17 所示，打开“分享文件夹”对话框，选择“私密链接分享”选项卡，百度网盘会自动产生一个链接和提取密码，单击“复制链接和提取码”按钮，如图 3-18 所示，然后将其发送给好友或其他用户，他们即可使用该链接与密码下载分享的资源。

图 3-17　分享网盘资源

图 3-18　创建分享链接和提取码

使用百度网盘可以将其他用户网盘中的优质资源保存到个人网盘，选择需要保存的文件，单击“保存到网盘”按钮，打开“保存到网盘”提示框，选择要转存到的分类文件夹，如图 3-19 所示，单击“确定”按钮，保存成功后，文件将自动转存到个人网盘。

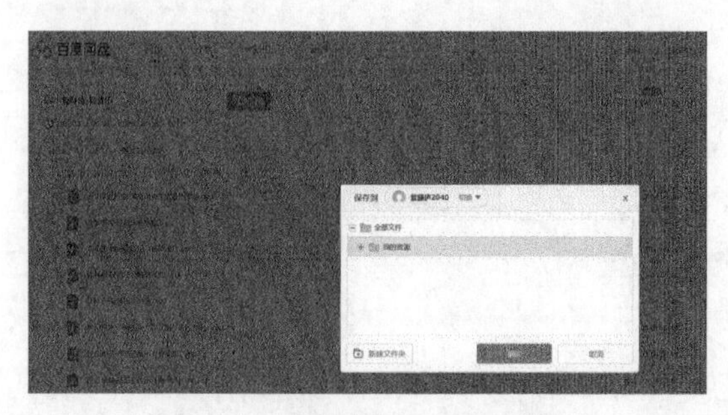

图 3-19　保存资源到用户网盘

# 3.4　无线局域网

## 3.4.1　无线局域网简介

在无线局域网（WLAN）出现之前，人们早期利用网络进行联络和通信，都是通过双绞线的方式，而随着网络技术的不断发展，为了提高通信的效率和速度，光纤替代了双绞线。当网络发展到一定规模后，人们发现有线网络无论是组建、拆装、重新布局或改建都非常困难，且成本和代价也非常高，因而 WLAN 的组网方式应运而生。WLAN 作为一种相当便利的数据传输系统，具有灵活性、移动性、安装便捷、故障定位容易、易于网络规划调整以及易于扩展等优点。然而，其不足之处则主要体现在三个方面：一是无线电波在传输过程中极易受到各种障碍物的阻扰，进而影响网络的性能；二是无线信道的传输速率要比有线信道低很多；三是发散的无线信号很容易被监听，大大降低了信号的安全性，造成通信信息的泄漏。

WLAN 使用无线通信技术替代传统的有线传输介质，在一定的局部范围内，以无线传输媒介作为传输介质，使用户实现随时随地的网络接入，被广泛应用于家庭、办公室、楼宇、园区等场合，实现内部的数据传输。在实际应用中，WLAN 的接入方式很简单。以家庭无线 WLAN 为例，只需一台无线接入设备，如路由器，具备无线功能的计算机或终端，如手机或 PAD，使用路由器将热点或有线网络接入家庭，按照网络服务商提供的说明书进行路由配置，配置好后在家中覆盖范围内（WLAN 稳定的覆盖范围为 20~50 m）放置接收终端，打开终端的无线功能，连接热点并输入密码即可接入 WLAN。

## 3.4.2　无线局域网应用

随着人们生活和工作方式的转变，传统局域网络已经越来越不能满足人们对移动和网络的需求，而无线局域网不仅能满足移动和特殊应用领域网络的需求，还能扩大网络的覆盖范围。虽然目前无线局域网还不能完全脱离有线网络，但近年来无线局域网产品逐渐走向成熟，并正以高速传输能力和灵活性发挥着日益重要的作用。

无线局域网作为有线局域网的延伸，由于摆脱了连线的束缚，使计算机联网更加自由方便，被广泛应用于越来越多的领域。典型的 WLAN 应用环境包括移动工作站组网，如临时会议、现场实况报道等。难以布线或布线费用高昂的地方，如古老建筑物、金融机构、大型仓库等。频繁变动工作站位置的机构，如零售商、工厂、银行等。特殊项目或繁忙高峰期的临时网络，如航运公司高峰期的额外工作站、展览和交易会期间的临时设网、重大事件的临时设网报道等。应急局域网，对于受灾或因其他原因导致有线网络被破坏的地区，利用无线局域网可以在修复之前应急恢复网络通信。替代高速专线，对于分散在同一个城市不同地点的不同部门或单位之间，可以通过802.11a宽带远程无线局域网实现有线局域网之间的互连，取代昂贵的数据专线等公共网络的连接。

## 3.5　案例分析

随着智能终端的普及，Wi-Fi信号已经成为人们生活中必不可少的一部分，手机、Pad、笔记本计算机等设备都需要通过Wi-Fi信号连接上Internet。王同学为了让自己的移动终端设备能共享无线信号并实时联网，其利用无线路由器在学习和生活环境中架设Wi-Fi信号，具体操作步骤如下：

**步骤一**：将路由器连接至Internet

将网线接入路由器的WAN口内，如图3-20所示，在路由器WAN口对应的指示灯亮起或者闪烁后，使用网线将计算机连接至路由器的任何一个LAN口上，完成了线路连接。

常见的无线路由器一般有一个WAN口和四个LAN口，且WAN口和LAN口的颜色有所不同。

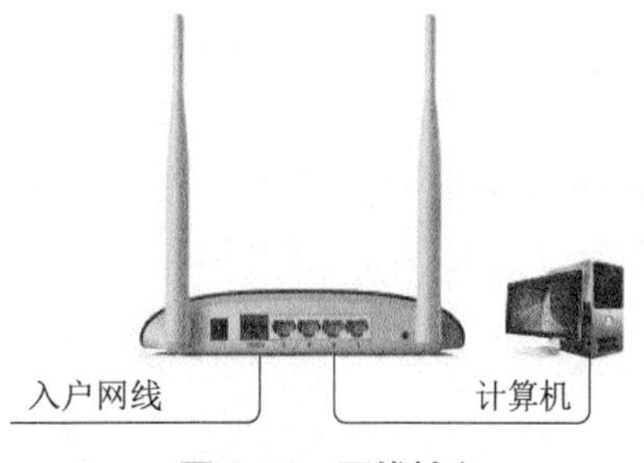


图3-20　网线接入

**步骤二**：设置路由器上网

①使用以网线连接到路由器LAN口的那台计算机，打开浏览器，在地址栏中输入http://192.168.1.1，进入路由器登录界面，如图3-21所示。

图3-21　路由器登录界面

②输入路由器的用户名和登录密码（默认用户名和密码在路由器底端有提供），进入路由器的管理界面。

③在主界面顶端选择“高级设置”选项，进入“高级设置”界面，单击界面左侧“局域网设置”

菜单项，并在右侧“局域网设置”区域进行局域网相关设置，如局域网 IP、子网掩码以及 IP 地址分配范围等，如图 3-22 所示，单击“保存设置”按钮，保存相关设置。

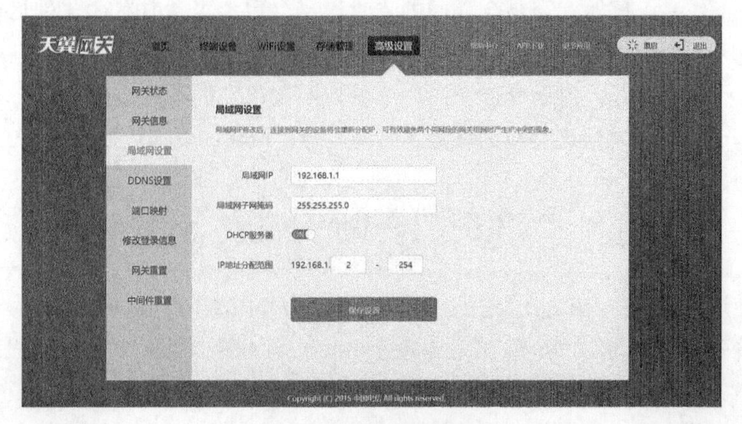


图 3-22　局域网设置

**步骤三：**设置 Wi-Fi 名称和密码

①在主界面顶端选择“WiFi 设置”选项，接着选择“基本设置”选项，分别打开“2.4G WiFi”和“5G WiFi”（2.4 GHz 为射频波段，有的路由器默认为 5 GHz 射频波段），分别设置 Wi-Fi 名称与 Wi-Fi 密码（默认 Wi-Fi 名称及密码在路由器底端有提供），如图 3-23 所示，单击“保存设置”按钮，无线 Wi-Fi 功能即可使用。

图 3-23　设置无线网络

②无线名称建议设置为字母或数字，尽量不要使用中文和特殊字符，避免部分无线客户端不支持中文或特殊字符，导致搜索不到或无法连接。为确保网络安全，建议一定要设置无线密码，防止他人蹭网。

# 习　题

## 一、单选题

1. 计算机网络功能不包括（　　）。

A. 资源共享　　B. 播放音视频　　C. 负载均衡　　D. 网络通信

2. 在计算机网络领域，WAN 代表（　　）。

A. 局域网　　B. 城域网　　C. 广域网　　D. 互联网

3. 计算机网络的硬件系统不包括（　　）。

A. 计算机　　B. 网络连接设备　　C. 网络通信服务　　D. 网络传输介质

4. 网络上每一台主机都必须有唯一的地址，这个地址是（　　）。

A. MAC 地址　　B.IP 地址　　C. 域名地址　　D. 本机地址

5. 在网络应用中，光纤属于一种（　　）。

A. 数据总线　　B. 控制总线　　C. 网络协议　　D. 传输介质

6. 广域网所采用的就是（　　）结构。

A. 总线　　B. 星状　　C. 网状　　D. 环状

7. 计算机互连的主要目的是（　　）。

A. 制定网络协议　　B. 将计算机技术与通信技术相结合

C. 集中计算　　D. 资源共享

8. 智能手机购物的支付方式不包括（　　）。

A. 微信钱包　　B. 支付宝　　C. 网银　　D. POS 机刷卡

9. 连接因特网中各局域网、广域网的主要设备是（　　）。

A. 网卡　　B. 交换机　　C. 路由器　　D. 调制解调器

10. 常用的网络有线介质是（　　）。

A. 卫星　　B. 光纤　　C. 激光　　D. 微波

## 二、判断题

1. 我国移动互联网发展态势较好，但核心技术仍需不断突破。（　　）
2. Internet 上的每一台主机都必须有唯一的 IP 地址。（　　）
3. 无线路由器是带有无线覆盖功能的路由器。（　　）
4. 在计算机网络中，光纤属于一种网络协议。（　　）
5. 一个主机的 IP 地址可以定义多个域名。（　　）

# 第 4 章 文字编辑软件

文字编辑软件在人们日常工作与生活中应用非常广泛，善于灵活使用该软件是当今信息化时代人才所必备的基本技能。文字编辑软件是办公自动化软件的一个组件，而目前常见的办公自动化软件主要有 WPS Office 软件和 MS Office 软件，两款软件功能都非常强大，其操作也有很多共通之处。本章以 MS Office 2021 软件为平台，论述文字编辑软件基础知识与基本编辑操作，包括文字编辑、字体与段落格式设置、表格制作、图文混排、文档页面设置、科学论文排版与审阅以及云端共享等内容，要求熟练掌握文档相关编辑操作，能轻松制作满足特定需求的各种文档。

## 4.1 Word 2021 概述与基本操作

### 4.1.1 Word 2021 功能与界面

Word 是一款专业的文字编辑应用程序，主要用于日常文字处理工作，能制作出规范、美观且具备专业水准的文档，如信函、报告、传真、简历、学术论文、商业合同、节目单、海报以及宣传广告等。该软件具有强大的文字编辑、制表和制图功能，丰富的审阅、批注和比较功能，出色的协同办公和共享功能，且界面友好、操作简便，广受办公人员青睐。

**1.Word 2021 工作界面**

启动 Word 2021 应用程序后，可以看到 Word 文档窗口主要由快速访问工具栏、标题栏、功能选项卡、功能区、文档编辑区以及状态栏等部分组成，其窗口界面如图 4-1 所示。

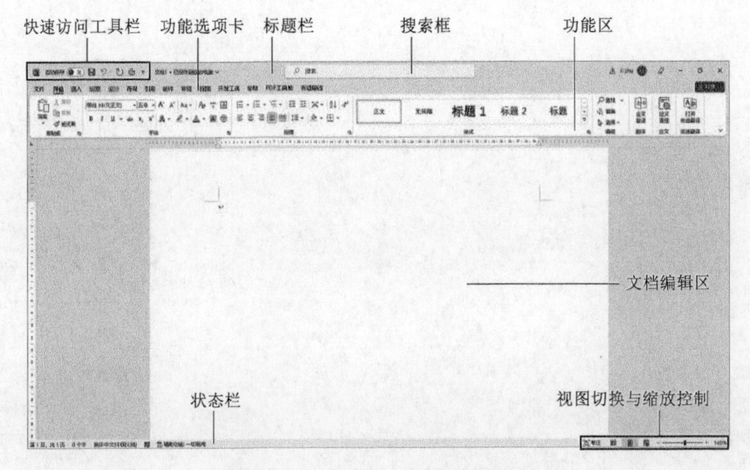


图 4-1　Word 2021 窗口界面

（1）快速访问工具栏

快速访问工具栏中通常包含自动保存、保存、撤销、恢复和快速打印操作命令按钮，可实现文档相应编辑功能，用户也可单击工具栏中“自定义”按钮，编辑快速访问工具栏中的命令，如添加新建、打开、电子邮件以及绘制表格等常用操作命令。

（2）标题栏

标题栏位于程序窗口的顶部，从左至右依次为快速访问工具栏、文件名显示区域、搜索框、登录、功能区显示选项、最小化、最大化（还原）以及关闭按钮。其中搜索框用于帮助用户查找文本、获取在线帮助和想要执行的命令，而单击标题栏中的图标按钮可快速实现相应的文档编辑功能。

（3）功能选项卡

功能选项卡默认包括“文件”“开始”“插入”“绘图”“设计”“布局”“引用”“邮件”“审阅”“视图”“帮助”“PDF 工具集”选项卡。其中，“文件”选项卡对应“文件”窗口，其余选项卡分别对应一个特定功能区，每个功能区都包含相应的操作命令按钮。

（4）功能区

功能区是位于窗口顶端的带状区域，包含用户使用 Word 软件时需要的几乎所有功能，默认由 12 个功能选项卡组成，单击某个功能选项卡，该选项卡的下方将显示出对应的功能区面板。每个功能区面板都包含许多操作命令按钮，这些命令按钮根据功能的不同被划分为不同的功能组（简称组），因而功能区面板又称功能群组。

在功能区中单击“折叠功能区”按钮（或按【Ctrl+F1】快捷键），可隐藏功能区面板，仅显示功能区选项卡。单击除“文件”外的任意选项卡，可再次显示功能区面板。单击“固定功能区”按钮（或再按【Ctrl+F1】快捷键），可锁定功能区面板于功能区选项卡下方。在功能组中单击“扩展”按钮，能打开对应的功能对话框或窗格，供用户做更全面、细致的操作设置。

①“开始”功能区，包括剪贴板、字体、段落、样式和编辑五个组，用于文字编辑与格式设置，是最常使用的功能区。

②“插入”功能区，包括页面、表格、插图、加载项、媒体、链接、批注、页眉与页脚、文本以及符号组，用于在文档中插入各种元素。

③“绘图”功能区，包括绘图工具、转换、插入和重播四个组，允许用户使用墨迹绘图和书写。

④“设计”功能区，包括文档格式和页面背景两个组，用于文档格式与背景的设置。

⑤“布局”功能区，包括页面设置、稿纸、段落以及排列四个组，用于文档页面样式与布局的设置。

⑥“引用”功能区，包括目录、脚注、信息检索、论文、引文与书目、题注、索引以及引文目录组，用于在文档中插入目录、脚注和引文等高级功能，还可帮助用户进行信息检索和论文查重。

⑦“邮件”功能区，包括创建、开始邮件合并、编写和插入域、预览结果以及完成五个组，专门用于邮件合并方面的操作，常用来批量制作名片、邀请函和成绩单等。

⑧“审阅”功能区，包括校对、语音、辅助功能、语言、翻译、中文简繁转换、批注、修订、更改、比较、保护以及墨迹组，主要用于文档的翻译、校对和修订等，适用于多人协作处理 Word 长文档。

⑨“视图”功能区，包括视图、沉浸式、页面移动、显示、缩放、窗口、宏以及 SharePoint 组，主要用于文档视图模式、页面标尺、网格线与导航窗格、文档显示大小、页面窗口布局以及宏操作的设置。

⑩“PDF 工具集”功能区，包括导出为 PDF、设置和 PDF 转换三个组，用于实现 Word 与 PDF 之间的转换。

在“视图”功能区“显示”组中，选择或取消选择复选框可以显示或隐藏标尺、网格线与导航窗格项目，如图 4-2 所示。标尺包括水平标尺与垂直标尺，用于快速设置文档的页边距、段落缩进和制表符等。网格线用以帮助用户对齐文档中的图形、图像、文本框和艺术字等各种元素对象，而在文档打印时不会被打印出来。导航窗格用来查阅指定的段落、页面、文字和对象，为用户提供精确的导航功能，通常以标题大纲显示，单击窗格中的标题即可快速定位到其所对应的正文内容。

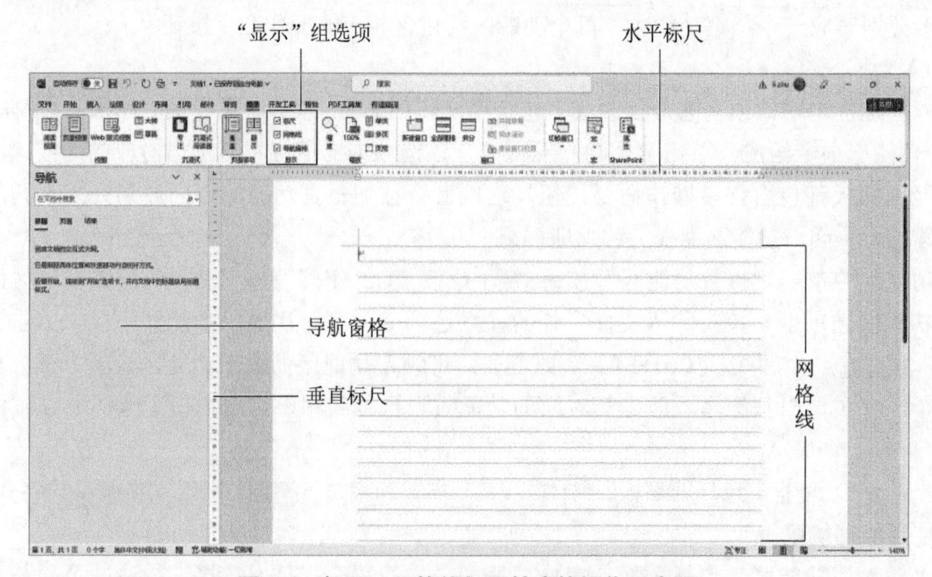


图 4-2　标尺、网格线与导航窗格操作示意图

（5）文档编辑区

文档编辑区是文字处理的主要区域，用来实现文档的显示和编辑。编辑区默认为纵向的 A4 纸张页面显示，包含上、下、左、右四个页边距以及插入点标记，页边距以内为文档内容显示区域，插入点标记处为文档当前编辑修改位置。

（6）状态栏

状态栏位于程序窗口界面的底部，左侧提供文档页数、页码、字数统计、检查校对与语言等相关信息，右侧包含的视图切换按钮与缩放控制滑块用以实现文档页面四种视图模式的切换与显示比例的缩放控制。

**2.Word 视图**

Word 文档可以由不同形式来显示，文档的显示形式称为视图。Word 2021 提供了五种不同的视图显示，用户可通过单击状态栏中的视图切换按钮或者“视图”功能区“视图”组中的命令按钮来实现视图模式的切换。

（1）阅读视图

以图书样式显示文档内容，软件的快速访问工具栏、功能区面板和状态栏均被隐藏起来。进入该视图模式后，可在“工具”列表中启动查找和智能查找功能，在“视图”列表中进入文档编辑，显示导航窗格和批注，设置列宽、页面颜色和布局。

（2）页面视图

是 Word 默认的文档视图，也是最接近于打印效果的视图模式。该视图可以进行文本输入与编辑、文档页面设置、表格制作以及图文混排等操作。

（3）Web 版式视图

以网页的形式显示文档内容，该视图模式主要用于发送电子邮件和创建能显示在屏幕上的网页。

（4）大纲视图

以大纲级别的方式显示文档的层次结构，可以查看标题的层级结构、设置文本的级别，同时也可以方便地折叠和展开各种层级的文档内容。该视图模式不显示页边距、页眉与页脚、图片和背景等元素，被广泛应用于长文档的浏览和格式编排。

（5）草稿视图

该视图取消了页边距、分栏、页眉、页脚、图形和图片等元素，仅显示文档标题和正文，是最节省计算机系统硬件资源的视图模式。

### 4.1.2　Word 2021 基本操作

文字编辑软件的主要功能是文本输入与排版，要熟练掌握文字编排，首先需要掌握 Word 的基本操作，包括软件启动与退出、新建文档、保存与保护文档、输入与选择文本、复制与粘贴文本、撤销与恢复操作以及查找与替换文本。

**1. Word 启动与退出**

启动 Word 2021 应用程序作为文字处理工作的第一步，常见的操作方法有以下两种。

**方法 1：**单击 Windows“开始”按钮，选择“程序”→ Microsoft Office → Microsoft Word 2021 命令，启动 Word 2021 应用程序。

**方法 2：**双击桌面上 Word 2021 应用程序的快捷方式图标，快速启动 Word 2021 应用程序。

常见的退出 Word 应用程序的操作方法有以下两种：

**方法 1：**单击应用程序右上角的“关闭”按钮✕。

**方法 2：**单击“文件”选项卡，在其窗口左侧区域选择“关闭”选项。

**2. 新建 Word 文档**

新建文档是文档编辑中最基本的操作，主要包括新建空白文档与基于模板的文档，通常启动 Word 应用程序后，系统便会默认创建一个空白文档。新建文档的常用操作方法有以下两种：

**方法 1：**在空白处右击，在弹出的快捷菜单中选择“新建”→“Microsoft Word 文档”命令，此时将在指定位置创建一个空白 Word 文档，双击该文档的图标可打开文档。

**方法 2：**启动 Word 应用程序或打开某个 Word 文档后，单击“文件”窗口中的“新建”选项，窗口右侧区域显示样本模板，如图 4-3 所示，可创建出基于模板的文档，用户也可在搜索框中输入相关文字，联网状态下将显示出更多 Word 模板。

图 4-3 Word“新建”窗口

**3. Word 文档保存与保护**

编辑的 Word 文档必须保存到磁盘或 U 盘等存储介质上才能长久存在。保存文档有直接保存和另存为两种方式，前者对原文件进行修改后，保存到默认位置并覆盖原文件，后者不会更改原文件，而是将修改后的原文件保存到新的位置。保存文档的常用方法有以下三种。

**方法 1**：单击“快速访问工具栏”中的“保存”按钮。

**方法 2**：单击“文件”选项卡，在其窗口左侧区域选择“另存为”选项。

**方法 3**：按【Ctrl+S】快捷键。

有时为了充分保证文档的安全性，保护文档不被随意打开和任意篡改，用户需要为其做加密处理，其操作步骤如下：

①选择“文件”窗口左侧区域中的“信息”选项，单击窗口右侧区域“保护文档”按钮，并在其下拉列表中选择“用密码进行加密”选项。

②在打开的“加密文档”对话框中输入密码，单击“确定”按钮，打开“确认密码”对话框，再次输入密码，单击“确定”按钮。

文档加密完成后，需保存并关闭，待下次打开文档时方可生效。

**4. 文本的输入与选择**

（1）文本的输入

文档编辑区中插入点标记（即闪烁的竖线）所在的位置为文本输入点，用户也可自行设置插入点标记的位置，如按【Space】键可后移单个字符间距，按【Enter】键可下移一行。在文本输入过程中，Word 会根据页面大小自动调节每行文本的长度，而当输入的文本到达页面最右侧时，系统也会自动换行。

Word 中的文本输入模式分为插入模式和改写模式两种，通常系统默认为插入模式，在该模式下进行文本输入，文本被放置于插入点标记处，且插入点标记后的文本将向后移动。在改写模式下，新输入的文本将覆盖掉插入点标记后的文本。用户按【Insert】键可进行两种输入模式的快速切换。

在输入文本时，经常会遇到一些特殊符号无法通过键盘直接输入的情况，要输入这些符号，可将插入点标记移动到待插入的位置，单击“插入”选项卡“符号”组“符号”下拉列表中的“其他符号”命令，在打开的“符号”对话框中选择所需符号完成输入。

（2）文本的选择

对文本进行编辑，首先需要选择要被修改的文本，而选择文档中的文本对象，除了按住鼠标拖过这些文本外，还有如下一些更加快捷的操作方法。

①选择一组词 / 单词：双击词中某个字或单词中某个字母。

②选择一个句子：按住【Ctrl】键的同时单击该句子中任意的位置。

③选择一行文本：将鼠标指针移至该行文本左侧的页边距范围内单击。

④选择一个段落：将鼠标指针移至该段落左侧的页边距范围内双击。

⑤选择整篇文档：将鼠标指针移动到任意一页的左页边距范围内，并连续三次单击，也可按【Ctrl+A】快捷键。

⑥选择连续的文本：将插入点标记定位到要选择内容的起始处，按住【Ctrl+Shift】快捷键的同时连续按右箭头【→】键直到要选择内容的结尾处。

按住【Ctrl+Shift】快捷键的同时按左箭头【←】键，可选择从插入点到其前一个文字，每多按一次左箭头键，就向前多选中一个文字。按住【Ctrl+Shift】键的同时按下箭头【↓】(或上箭头【↑】) 键，可选择从插入点到其下一段落尾（或其上一段落首）间的文字，每多按一次下箭头键 (或上箭头) 键，就向后（或向前）多选一个段落文本。

选择一行文本（或一个段落）后，按住【Shift】键的同时再选择另一行文本（或另一个段落），可选择这两行间（或两个段落间）的所有文本。

⑦选择不连续的文本：选择一行文本（或一个段落）后，按住【Ctrl】键的同时再选择其他多行文本（或多个段落），可间断选中这些行（或这些段落）中的所有文本。

**5. 文本的简单编辑**

（1）复制、剪切和粘贴

复制、剪切和粘贴是文本编辑中最常见的操作，其中复制操作是在保持选择文本不变的同时，将其存入剪贴板。剪切操作是在删除选择文本的同时，将其存入剪贴板。粘贴操作则将剪贴板中的文本内容放于目标位置。文本复制（或剪切）的常用方法有以下三种。

**方法 1**：选择要复制（或剪切）的文本，单击“开始”选项卡“剪贴板”组中的“复制”（或“剪切”）按钮。

**方法 2**：右击要复制（或剪切）的文本，在弹出的快捷菜单中选择“复制”（或“剪切”）命令。

**方法 3**：选择要复制（或剪切）的文本，按【Ctrl+C】（或【Ctrl+X】）快捷键。

文本粘贴的常用方法有以下三种。

**方法 1**：将插入点标记定位到要复制或剪切的目标位置处，单击“开始”选项卡“剪贴板”组中的“粘贴”按钮。

**方法 2**：将插入点标记定位到要复制或剪切的目标位置处右击，在弹出的快捷菜单中选择“粘贴”命令。

**方法 3**：将插入点标记定位到要复制或剪切的目标位置处，按【Ctrl+V】快捷键。

单击“开始”选项卡“剪贴板”组中的“粘贴”下拉按钮，或单击已执行完粘贴操作的文本处“粘贴”按钮时，均会出现“粘贴选项”菜单项，包括“使用目标主题”“保留源格式”“合并格式”“只保留文本”四个选项，其具体功能如下：

①使用目标主题，被粘贴内容与目标位置处文本格式保持一致，该选项只在跨文档粘贴时出现。

②保留源格式，被粘贴内容保留原始内容的格式。

③合并格式，被粘贴内容保留原始内容的格式，并合并目标位置处的文本格式。

④只保留文本，被粘贴内容清除原始内容和目标位置处的所有文本格式，仅仅保留文本。

剪贴板是内存中的一块存储区域，可随存放信息的大小而变化的内存空间，用来临时存放复制和剪切的信息，通常复制或剪切一次，便能粘贴多次。Office 剪贴板可容纳多达 24 项内容，当使用剪贴板超过 24 项时，新内容将添加至剪贴板的最后并清除掉第一项内容。剪贴板中的内容会一直存在，只有遇到停电、退出 Windows 操作系统或人为清除才会被全部清空。

（2）删除文本

删除文本是文本编辑中不可避免的操作，通常选择要删除的文本内容，按【Backspace】键或【Delete】键，可删除全部选中的文本。要删除当前插入点标记前的一个文字或一个字母，按【Backspace】键。要删除插入点标记前的一组词或一个单词，则按【Ctrl+Backspace】快捷键。要删除当前插入点标记后的一个文字或一个字母，按【Delete】键。要删除插入点标记后的一组词或一个单词，则按【Ctrl+Delete】快捷键。

（3）撤销和恢复

在文档编辑过程中，如果所做的操作不合适，想返回到当前操作前的状态，可通过撤销与恢复功能实现。Word 提供的撤销功能保留了最近执行的操作记录，用户可以按照从后往前的顺序撤销已执行的若干步操作，但不允许有选择地撤销不连续的操作，最多可以撤销 1 000 步操作。

撤销操作包括撤销一步操作和撤销连续的多步操作，单击“快速访问工具栏”中的“撤销”按钮或按【Ctrl+Z】快捷键，可撤销前一步操作，而多次重复执行撤销一步操作，可完成连续多步操作的撤销。执行完撤销操作后，如果要再次将文档恢复到最新编辑状态，可连续多次单击“快速访问工具栏”中的“恢复”按钮或多次按【Ctrl+Y】快捷键。

（4）查找与替换

Word 提供的查找与替换功能可轻松、快捷地解决对冗长复杂的文档进行查询和更改文本、格式、段落标记、分页符、图形和其他项目的问题。查找功能可以在整篇文档中快速搜索出特定单词或词组出现的所有位置，并以黄色标记突出显示出来，而替换功能可以一次性将整篇文档中所有原单词或词组更改为新的单词或词组。查找的常用方法有以下两种。

**方法 1**：要查找文本，单击“开始”选项卡“编辑”组中的“查找”按钮 查找（或按【Ctrl+F】快捷键），在打开的导航窗格中输入文本内容。

**方法 2**：要查找更多其他项目，单击“查找”下拉按钮 查找，在其下拉列表中选择“高级查找”命令，打开“查找和替换”对话框“查找”选项卡，如图 4-4 所示，单击对话框左下角的“更多”按钮，展开“查找”选项对话框，如图 4-5 所示，单击左下方的“格式”或“特殊格式”按钮，选择要查找的项目。

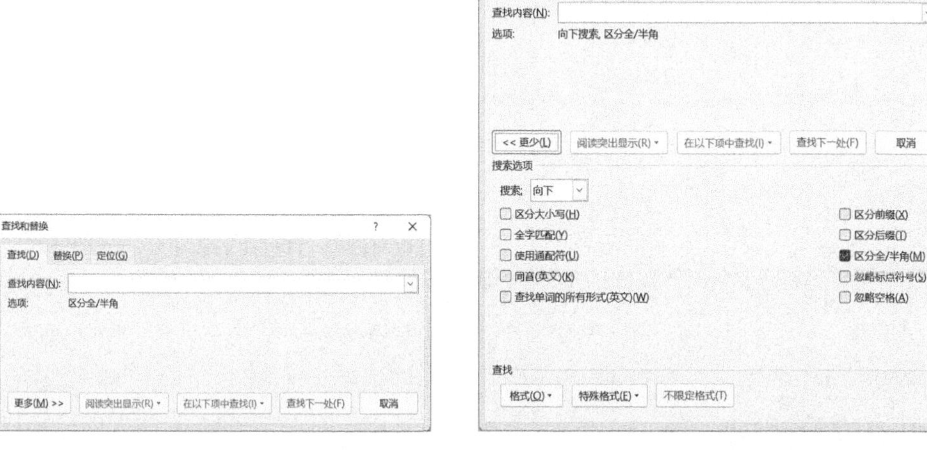


**图 4-4　“查找和替换”对话框**　　　**图 4-5　展开后的“查找和替换”对话框**

替换的常用方法有以下两种。

**方法 1**：要替换文本，单击“开始”选项卡“编辑”组中的“替换”按钮替换（或按【Ctrl+H】快捷键），打开“查找和替换”对话框的“替换”选项卡，在该对话框中可分别输入查找内容与替换内容。

**方法 2**：要自定义替换文本的字体格式，选择替换的文本内容后，单击“替换”选项卡左下方的“更多”按钮，展开对话框后单击左下方的“格式”按钮，在其下拉列表中选择“字体”命令，打开“替换字体”对话框，可在该对话框中设置字体、字号和颜色等格式。

# 4.2　文档格式化编排

## 4.2.1　字符格式编辑

为了使文档更美观，往往在编辑完文本内容后，会对其进行字符格式编辑，包括字体、字号、字形、文本效果、字体颜色、字符边框和底纹等，可通过“字体”功能组与“字体”对话框完成。字符格式编辑的常用方法有以下四种。

**方法 1**：在“开始”选项卡“字体”组中，单击对应的操作命令按钮，设置相应的字体格式，如单击“wén 文”按钮为文字添加拼音，单击“字”按钮设置带圈字符，单击“A”按钮清除所有格式等。

**方法 2**：单击“开始”选项卡“字体”组中的“扩展”按钮，打开“字体”对话框，在该对话框的“字体”选项卡中设置相应的字体格式，在“高级”选项卡中设置字符间距。

**方法 3**：将鼠标指针移至选择文本的上方，此时文本上方将出现浮动的常用工具栏，单击工具栏中对应的操作命令按钮快速设置字体格式。

**方法 4**：右击文本对象，在弹出的快捷菜单中选择“字体”命令，打开“字体”对话框，设置字体格式。

Word 提供了多种快捷键用于字符格式的快速编辑，利用这些快捷键可以提高文档的编辑效率，见表 4-1。

表 4-1　字符格式设置的快捷键

| 快捷键 | 功　能 | 快捷键 | 功　能 |
|---|---|---|---|
| 【Ctrl+Shift+F】 | 改变字体 | 【Ctrl+ Shift+P】 | 改变字号 |
| 【Ctrl+[】 | 逐磅减小文字 | 【Ctrl+]】 | 逐磅增大文字 |
| 【Ctrl+Shift+<】 | 减小字号 | 【Ctrl+Shift+>】 | 增大字号 |
| 【Ctrl+D】 | 显示“字体”对话框 | 【Shift+F1】 | 查看字体格式 |
| 【Ctrl+B 】 | 加粗字体 | 【Ctrl+I】 | 倾斜字体 |
| 【Ctrl+U】 | 添加下画线 | 【Ctrl+Shift+D】 | 添加双下画线 |
| 【Shift+F3】 | 改变字母大小写 | 【Ctrl+Shift+A】 | 将所有字母设为大写 |
| 【Ctrl+=】 | 设为下标格式 | 【Ctrl+Shift++】 | 设为上标格式 |
| 【Ctrl+Shift+C】 | 复制字体格式 | 【Ctrl+Shift+V】 | 粘贴字体格式 |

### 4.2.2　段落格式编辑

通常在文档字体格式编辑后，为了使文档更规范且易于阅读，还需对其进行段落格式化编排，主要包括段落缩进与对齐、行距与段间距、项目符号与编号、段落边框与底纹。

**1. 段落缩进与对齐**

段落缩进是指段落中的文本与页边距之间的距离，而缩进量则是指段落移动的宽度。段落缩进包括左缩进、右缩进、首行缩进和悬挂缩进，四种缩进的具体特点如下：

①左缩进，是指整个段落左边界与页面左边距间的缩进量，可实现将段落中的各行从左侧向内移动一段距离。

②右缩进，是指整个段落右边界与页面右边距间的缩进量，可实现将段落中的各行从右侧向内移动一段距离。

③首行缩进，是指段落中第一行第一个字的起始位置与页面左边距的缩进量，可实现将段落的第一行向右缩进一段距离，而其他行位置保持不变。

④悬挂缩进，是指段落中除首行以外的其他行与页面左边距的缩进量，可实现将段落第一行以外的所有行向右缩进一段距离，而第一行位置保持不变。

设置段落缩进前需先选择段落对象，编辑对象为一个段落时，可将插入点标记定位到段落文本中，而编辑对象为多个段落时，则需同时选择多个指定的段落。设置段落缩进的常用方法有以下四种。

**方法 1：**单击“开始”选项卡“段落”组中的“减少缩进量”按钮或“增加缩进量”按钮，调整段落缩进量。

**方法 2：**在“视图”选项卡“显示”组中勾选“标尺”选项，此时窗口界面中显示标尺，拖动“左缩进”“右缩进”“首行缩进”“悬挂缩进”滑块可设置相应的段落缩进量。

**方法 3：**单击“开始”选项卡“段落”组中的“扩展”按钮，打开“段落”对话框在“缩进和间距”选项卡中，设置段落缩进量。

**方法 4：**右击段落，在弹出的快捷菜单中选择“段落”命令，打开“段落”对话框，设置段落的缩进量。

段落对齐是指段落文字在页面中的对齐方式，分为左对齐、居中对齐、右对齐、两端对齐和分散对齐五种对齐方式。其中两端对齐是将文字左右两端同时对齐，并根据需要增加字间距，而分散对齐是将段落两端同时对齐，并根据需要增加字符间距。通常可在“段落”功能组中，单击对齐方式按钮或在“段落”对话框中选择相应的对齐方式进行设置，具体操作方法与字体格式设置相似。

**2. 行距与段间距**

行距是指段落文本中相邻行间的间距，Word 默认行距为单倍行距，用户也可自定义行距，如 1.5 倍行距、固定值和多倍行距等。段间距是指段落文本中相邻段落间的间距，分为段前间距和段后间距，前者决定段落上方的间隔量，后者决定段落下方的间隔量。

将插入点标记定位到段落文本中，设置行距与段间距的常用方法有以下三种。

**方法 1：**单击“开始”选项卡“段落”组中的“行和段落间距”按钮，在其下拉列表中设置行距和段间距。

**方法 2：**单击“段落”组中的“扩展”按钮，打开“段落”对话框，设置行距和段间距。

**方法 3：**右击段落，在弹出的快捷菜单中选择“段落”命令，打开“段落”对话框，设置行距和段间距。

**3. 项目符号与编号**

项目符号与编号是指放置于段落文本前的点、数字、字母或其他符号，可以使文档条理清晰和重点突出。单击“开始”选项卡“段落”组中的“项目符号”按钮或“项目编号”按钮，可为插入点标记所在的段落自动添加默认的符号或编号，单击“项目符号”或“项目编号”下拉按钮，在打开的下拉列表中可选择更多的项目符号和项目编号。

Word 也支持输入文本时为段落自动创建项目符号列表和项目编号列表，如在段落开始处输入字符“-”或数字“1”，接着输入空格和文本内容，按【Enter】键后，该段落将自动转换为带有项目符号或编号的列表项，并于下一个段落开始处出现字符“-”或数字“2”。

**4. 段落边框与底纹**

段落边框与底纹是指为段落设置的边框与背景色，以使段落层次更加清晰明确。设置段落边框和底纹的操作步骤如下：

①选择段落，单击“开始”选项卡“段落”组中的“边框”下拉按钮，在其下拉列表中选择所需的边框线型，如上框线、下框线或所有框线等。

②在前一步“边框”下拉列表中选择“边框和底纹”命令，打开“边框和底纹”对话框，在“边框”选项卡中编辑“样式”“颜色”“宽度”选项，并在“应用于”下拉列表中选择“段落”，单击“确定”按钮，设置段落边框。

③切换至“底纹”选项卡，在“填充”选项中选择一种颜色，在“应用于”下拉列表中选择“段落”，单击“确定”按钮，设置段落底纹。

如果在“边框”与“底纹”选项卡的“应用于”下拉列表中选择“文字”，则完成文字边框与底纹格式的设置。选择文本对象后，单击“段落”组中的“底纹”按钮，也可完成文字底纹格式的设置。

Word 也提供了一些段落格式编辑的快捷键，利用这些快捷键可以让文档编辑变得更加快捷，见表 4-2。

表 4-2　段落格式设置的快捷键

| 快捷键 | 功　能 | 快捷键 | 功　能 |
|---|---|---|---|
| 【Ctrl+L】 | 左对齐 | 【Ctrl+Shift+M】 | 取消左缩进 2 字符 |
| 【Ctrl+R】 | 右对齐 | 【Ctrl+Q】 | 取消段落格式 |
| 【Ctrl+E】 | 居中对齐 | 【Ctrl+0】 | 段前增加一行间距 |
| 【Ctrl+J】 | 两端对齐 | 【Ctrl+1】 | 单倍行距 |
| 【Ctrl+Shift+J】 | 分散对齐 | 【Ctrl+2】 | 双倍行距 |
| 【Ctrl+M】 | 左缩进 2 字符 | 【Ctrl+5】 | 1.5 倍行距 |

### 4.2.3　特殊排版格式设置

特殊排版在专业性办公文档和宣传广告中经常出现，灵活设置特殊排版格式，可使文档效果更加丰富，常见的特殊排版有首字下沉、分栏以及中文版式。

**1. 首字下沉**

首字下沉是将段落第一个字进行放大突出显示，使文档风格更加美观、活泼，该效果常见于散文、杂志、小说和报刊中。将插入点标记定位到需要设置首字下沉的段落中，单击“插入”选项卡“文本”组中的“首字下沉”按钮，在其下拉列表中选择“下沉”或“悬挂”选项，可创建首字下沉效果。要设置首字下沉格式，则需在“首字下沉”下拉列表中选择“首字下沉选项”命令，在打开的“首字下沉”对话框“位置”区域单击“下沉”，在“选项”区域编辑字体、下沉行数和距正文的间距，设置首字下沉格式。

**2. 分栏**

分栏是将段落文字拆分成两栏或更多栏，从而使文档的排版样式更加多变。选择要进行分栏的文字对象，单击“布局”选项卡“页面设置”组中的“栏”按钮，在其下拉列表中选择所需的栏数，设置分栏版式。要拆分成更多栏和添加分隔线，则需在“栏”下拉列表中选择“更多栏”命令，在打开的“栏”对话框中设置栏数和勾选“分隔线”选项，完成更多的分栏设置。

**3. 中文版式**

中文版式是用户自定义中文或混合文字的版式，包括纵横混排、合并字符和双行合一，可制作出比较特别和实用的文字效果，如图 4-6 所示。选择文字对象，单击“开始”选项卡“段落”组中的“中文版式”按钮，在其下拉列表中选择所需的版式，设置文字版式。合并字符与双行合一功能相似，区别在于前者最多编辑六个字，可编辑字体和字号格式，而后者不限字数，可为文字添加不同样式的括号，但不可编辑字体和字号格式。

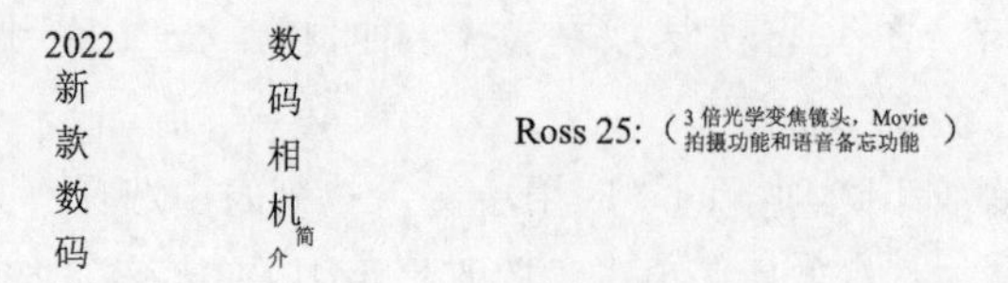


图 4-6　纵横混排、合并字符和双行合一效果图

### 4.2.4　文档页面设置

Word 提供了较强的文档页面设计功能，用以满足不同用户个性化需求，对文档进行页面颜色、

水印以及页面边框设置，可使文档效果更美观。

**1. 页面颜色**

页面颜色即文档页面的背景色，可制作出色彩丰富的文档效果。单击“设计”选项卡“页面背景”组中的“页面颜色”按钮，在其下拉列表中选择一种主题颜色作为背景，若要以渐变、纹理、图案或图片为背景，可在列表中选择“填充效果”命令，打开“填充效果”对话框，设置更多的页面显示效果。

**2. 水印**

水印是指在页面内容后面插入虚影的图片或文字，如“机密”或“紧急”等，常被应用于信函、名片、商业合同和公司重要文件中。单击“设计”选项卡“页面背景”组中的“水印”按钮，在其下拉列表中选择“自定义水印”命令，打开“水印”对话框，可添加图片水印和编辑文字文印。

**3. 页面边框**

页面边框是指在文档页面周围设置的各类边框，如普通的线型边框和图标样式的艺术型边框，可使文档更加富有表现力。页面边框的设置与文字和段落边框的设置相似，单击“设计”选项卡“页面背景”组中的“页面边框”按钮，打开“边框和底纹”对话框“页面边框”选项卡，在“样式”和“艺术型”列表中选择边框样式，在“颜色”和“宽度”列表中编辑边框的颜色和宽度，设置页面边框。

例4.1　李静同学要对文档进行格式化编排，其使用 Word 执行以下几步操作，编辑后的效果如图 4-7 所示。

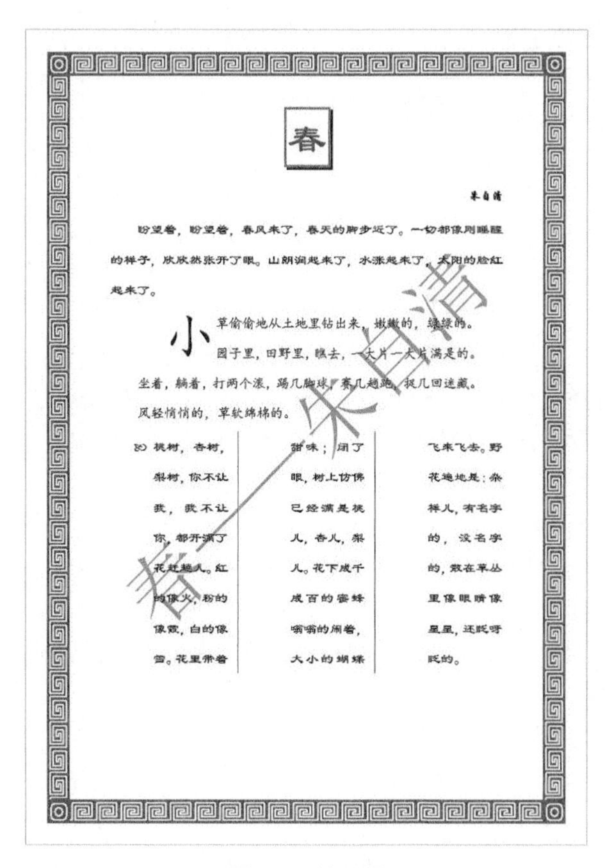


图 4-7　效果图

**步骤一**：新建 Word 文档，输入文字

在空白处右击，在弹出的快捷菜单中选择“新建”→“Microsoft Word 文档”命令，创建一个空白的 Word 文档，双击图标进入文档编辑状态，并在插入点标记所在位置输入文本内容。

**步骤二**：编辑字体格式

①单击“开始”选项卡“字体”组中的操作命令按钮编辑字体格式，将标题文字“春”的字体设为“隶书”、字号设为“初号”、颜色设为“绿色”。

②使用相同操作方法，设置副标题文字“朱自清”为楷体、小四、加粗，正文文字为隶书、四号。

③选择标题文字“春”，单击“段落”组中的“边框”下拉按钮，在其下拉列表中选择“边框和底纹”命令，在打开的“边框和底纹”对话框“边框”选项卡中，将“设置”设为“阴影”、“样式”设为“单实线”、“颜色”设为“橙色”、“宽度”设为“1 磅”、“应用于”设为“文字”，如图 4-8 所示，为文字添加橙色、单实线的阴影边框效果。

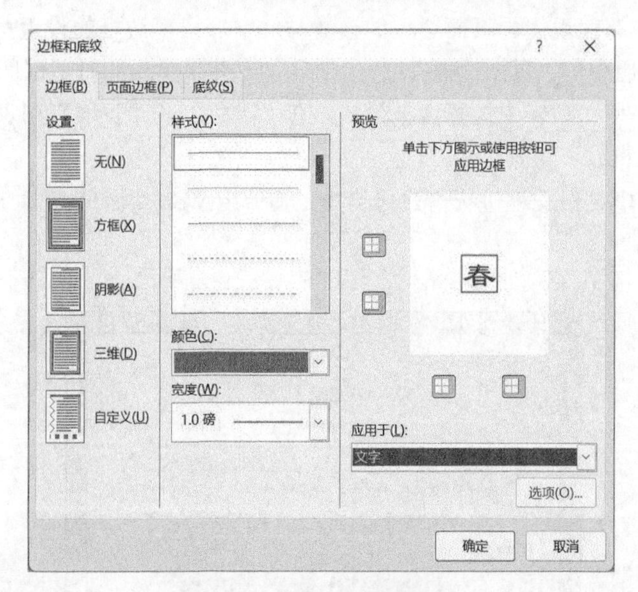


**图 4-8　文字边框效果设置**

**步骤三**：编辑段落格式

①将插入点标记放置于标题文字处，单击“段落”组中的“居中”按钮（或按【Ctrl+E】快捷键），居中对齐标题文字。使用类似方法，居右对齐副标题文字。

②将插入点标记放置于正文第一段文本中，单击“段落”组中的“扩展”按钮（或右击段落后选择“段落”命令），打开“段落”对话框，设置首行缩进 2 字符、段前与段后间距各 3 磅、1.5 倍行间距。

③方法同上，将正文第二段格式设为左右缩进各 1 厘米、首行缩进 2 字符、段前与段后间距各 3 磅、1.5 倍行间距。

④方法同上，将正文第三段的行间距设为 2 倍，单击“段落”组中的“项目符号”下拉按钮，在其下拉列表中选择“定义新项目符号”命令，打开“定义新项目符号”对话框，单击“符号”按钮，并在“符号”对话框中选择“♾”符号，如图 4-9 所示，为段落添加项目符号。

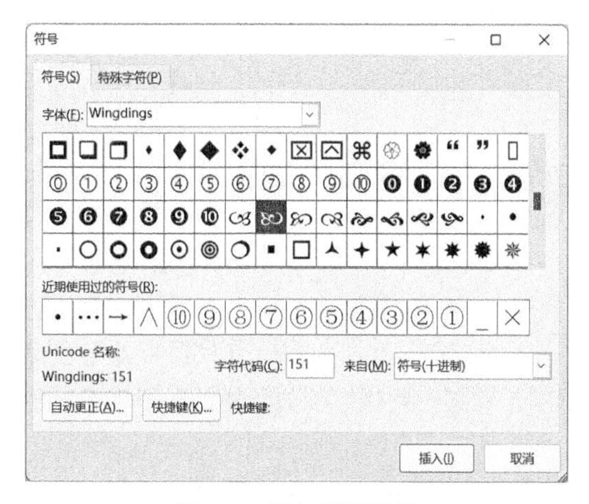


图 4-9　添加项目符号

**步骤四：**设置首字下沉

将插入点标记放置于正文第二段文本中，单击“插入”选项卡“文本”组中的“首字下沉”下拉按钮，在其下拉列表中选择“首字下沉选项”命令，打开“首字下沉”对话框，设置“位置”为“下沉”、“字体”为“楷体”、“下沉行数”为“2 行”。

**步骤五：**设置分栏

选择正文第三段中的所有文字，单击“布局”选项卡“页面设置”组中的“栏”下拉按钮，在其下拉列表中选择“更多栏”命令，打开“分栏”对话框，设置“预设”为“三栏”、勾选“分隔线”复选框。

**步骤六：**设置文档页面

①单击“设计”选项卡“页面背景”组中的“页面颜色”下拉按钮，在其下拉列表中选择“填充效果”命令，打开“填充效果”对话框的“渐变”选项卡，设置“颜色”为“预设”、“预设颜色”为“羊皮纸”、“底纹样式”为“斜上”、“变形”选择第二种方案，如图 4-10 所示，添加渐变填充效果。

②单击“设计”选项卡“页面背景”组中的“水印”下拉按钮，在其下拉列表中选择“自定义水印”命令，打开“水印”对话框，选择“文字水印”选项，设置“文字”为“春——朱自清”、“颜色”为“灰色”，其他选项保持不变，如图 4-11 所示，添加水印文字效果。

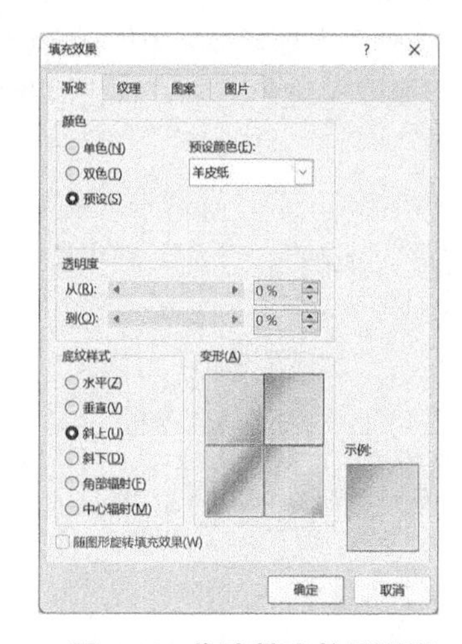


图 4-10　渐变填充效果设置

图 4-11　水印设置

**步骤七**：保存并关闭文档

①单击窗口界面左上角“快速访问工具栏”中的“保存”按钮（或按【Ctrl+S】快捷键），保存文档。

②单击窗口界面右上角的“关闭”按钮，关闭文档。

## 4.3 表格处理

Word 中利用表格可以将一堆文字、数据和图片等数据有条理地表现出来，使信息表达更加简明扼要，因而常被应用于学术论文、简历、报表、审核单以及合同制作中。

**1. 创建表格**

（1）指定行数和列数的表格

常规创建表格的方法是在文档插入点标记处直接插入指定行数和列数的表格，具体操作方法有以下两种。

**方法 1**：单击“插入”选项卡“表格”下拉按钮，在其下拉列表中会显示一个表格创建框，选择所需的行数和列数，单击插入 6 行 5 列表格。

**方法 2**：单击“插入”选项卡“表格”下拉按钮，在其下拉列表中选择“插入表格”命令，打开“插入表格”对话框，输入指定的行数和列数，单击“确定”按钮，插入 6 行 5 列表格。

（2）手动绘制不规则的表格

Word 提供了丰富的绘制表格功能，用户利用绘制表格工具中的铅笔可手动创建出任意所需的不规则表格。单击“插入”选项卡“表格”下拉按钮，在其下拉列表中选择“绘制表格”命令，此时光标变成铅笔形状，拖动鼠标即可绘制出任意表格。

（3）由文本转换而成的表格

Word 支持在文档编辑过程中通过编辑好的文本创建表格，这类文本必须规范，可以是带有段落标记的文本段落，或是以制表符、逗号、空格或其他字符分隔的文本。将文本转换成表格的操作步骤如下：

①在文档中创建需要转换为表格的文本，使用空格分隔文字，也可使用制表符、逗号、空格或字符“-”等分隔文字，制表符通过按【Tab】键创建，选择文本对象。

②单击“插入”选项卡“表格”下拉按钮，在其下拉列表中选择“文本转换成表格”命令，打开“将文字转换成表格”对话框，设置“列数”和“文字分隔位置”，单击“确定”按钮，文字自动转换成表格。

当然表格也可转换为文本，选择表格后，单击“表格工具 / 布局”选项卡“数据”组中的“转换为文本”按钮，如图 4-12 所示，打开“表格转换成文本”对话框，设置所需“文字分隔符”后，单击“确定”按钮，可将表格转换为文本。

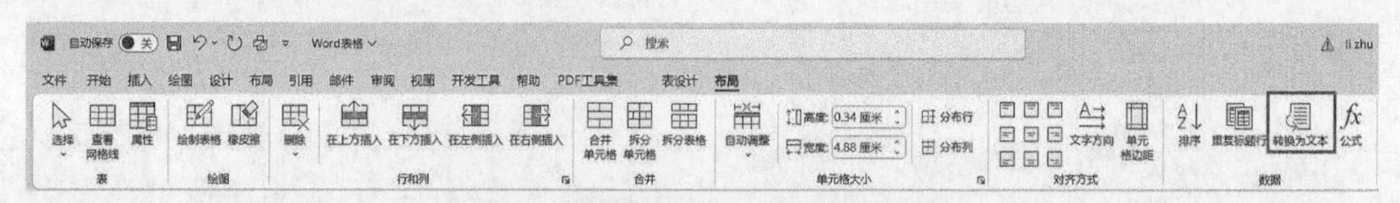


图 4-12 “表格工具 / 布局”选项卡

**2. 表格编辑操作**

在 Word 文档中插入表格后，为了满足实际需要，通常还会对表格做一些简单编辑，这些编辑操作包括选择与删除表格，添加与删除单元格、行或列，合并与拆分单元格与表格以及创建斜线表头等。

（1）选择与删除表格

要编辑表格属性或删除表格，首先需选择表格，选择表格的常用方法有以下三种。

**方法 1：**将插入点标记定位到表格的首个单元格内，拖动鼠标直到选中最后一个单元格后释放鼠标，选择表格。

**方法 2：**将鼠标指针从表格上划过，此时表格左上角会出现“全选”按钮⊞，单击此按钮，选择表格。

**方法 3：**将插入点标记定位到表格内任意单元格中，单击“布局”选项卡“表”组中的“选择”下拉按钮，在其下拉列表中选择“选择表格”命令，选择表格。

要删除表格，可选择表格后按【Backspace】键或【Ctrl+X】快捷键，也可单击“布局”选项卡“行和列”组中的“删除”下拉按钮，在下拉列表中选择“删除表格”命令，删除表格。需要注意的是，选择表格后按【Delete】键，只会删除表格内容，不会删除表格。

（2）添加与删除单元格、行或列

要在表格任意位置添加单元格、行或列，需先将插入点标记定位到目标单元格中，然后使用以下任意一种操作方法。

**方法 1：**单击“表格工具 / 布局”选项卡“行和列”组中的“在上方插入”“在下方插入”“在左方插入”或“在右方插入”按钮，在目标单元格指定方位插入行或列，而单击“行和列”组中的“扩展”按钮，打开“插入单元格”对话框，选择需要的选项后，单击“确定”按钮，可在目标单元格指定方位插入单元格。

**方法 2：**将鼠标指针移至表格行或列分界线上，此时线上出现“+”按钮，如图 4-13 所示，单击该按钮，可在表格指定位置插入行或列。

| 会议日期 | 时间 | 内容 |
| --- | --- | --- |
| 2022.3.1 | 8:00-10:00 | 教研室制定 2022 年度教学计划和教学任务 |
| 2022.3.2 | 8:00-10:00 | 教研室讨论教学内容和教学目标 |
| 2022.3.3 | 8:00-10:00 | 制定阶段性教学任务 |

**图 4-13　插入行操作**

删除单元格、行或列的操作方法与添加单元格、行或列的操作方法相似，选择要删除的单元格、行或列后，使用以下任意一种操作方法。

**方法 1：**单击“表格工具 / 布局”选项卡“行和列”组中的“删除”按钮。

**方法 2：**右击单元格，在弹出的快捷菜单中选择“删除单元格”命令，打开“删除单元格”对话框，选择相应的选项后，单击“确定”按钮。

（3）合并与拆分单元格与表格

为了使制作的表格更加符合要求，在表格编辑过程中，经常会将多个单元格合并成一个单元格，同时也会将一个单元格拆分成多个单元格。要合并单元格，应先选择表格中需要合并的多个单元格，然后使用以下任意一种操作方法。

**方法 1**：单击“表格工具 / 布局”选项卡“合并”组中的“合并单元格”按钮，将选择的单元格合并为一个单元格。

**方法 2**：右击选中的单元格，在弹出的快捷菜单中选择“合并单元格”命令，将选择的单元格合并为一个单元格。

要将一个单元格拆分成多个单元格，应先将插入点标记定位到需要拆分的单元格内，单击“表格工具 / 布局”选项卡“合并”组中的“拆分单元格”按钮（或右击单元格，在弹出的快捷菜单中选择“拆分单元格”命令），打开“拆分单元格”对话框，输入要拆分的“行数”和“列数”，单击“确定”按钮。如果拆分前选择多个单元格，可在该对话框中勾选“拆分前合并单元格”复选框，会将选中的单元格先合并成一个单元格后再拆分。

（4）创建斜线表头

表格中创建斜线表头，可将两个或三个标题的名称在一个单元格中分隔开，从而显示各种不同的分类内容。创建斜线表头的常用方法有以下两种。

**方法 1**：选择要创建斜线的单元格，单击“表格工具 / 设计”选项卡“边框”组中的“边框”下拉按钮，在其下拉列表中选择“边框和底纹”命令，打开“边框和底纹”对话框，在“设置”栏中选择“自定义”、“预览”栏中单击“斜下框线”按钮，在“应用于”下拉列表中选择“单元格”，如图 4-14 所示，单击“确定”按钮，创建斜线表头。

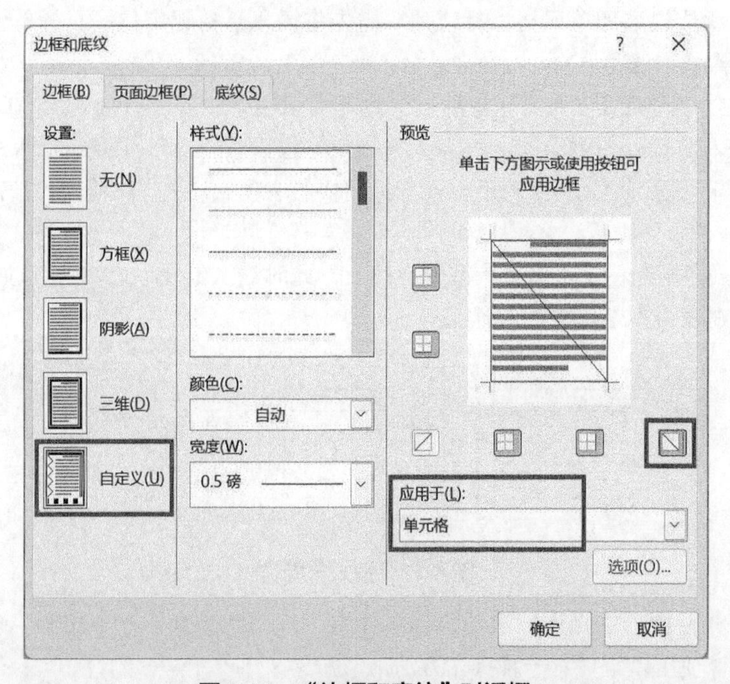


图 4-14 “边框和底纹”对话框

**方法 2**：单击“插入”选项卡“插图”组中的“形状”下拉按钮，在其下拉列表中选择“直线”形状，在单元格内绘制斜线，适当调整斜线的位置，创建斜线表头。

**3. 表格格式化编辑**

对表格进行格式化操作，能使表格更加美观和规范易读，同时也能更好地配合与适应文档的编排。格式化操作主要包括应用表格样式、设置表格边框与底纹、调整行高与列宽、设置文本对齐以及插入控件。

（1）应用表格样式

表格样式是一组预先设置了表格边框、底纹和文本对齐方式等格式的表格模板，使用这些表格样式能快速格式化表格，提高表格编辑效率。将插入点标记定位到表格内任意单元格中，单击“表格工具 / 设计”选项卡“表格样式”组中的下拉按钮，打开“表格样式”下拉列表，将鼠标指针指向列表中样式可预览样式效果，单击样式，可应用该样式。

（2）设置表格边框和底纹

如果应用已有表格样式也无法达到想要的效果时，用户可自行设置表格的边框和底纹。设置表格边框和底纹的操作步骤如下：

①选择需要设置边框的单元格或表格，单击“表格工具 / 设计”选项卡“边框”组中的“边框”下拉按钮，在其下拉列表中选择“边框和底纹”命令，打开“边框和底纹”对话框。

②在“边框”选项卡中，编辑“样式”“颜色”“宽度”选项，并在“应用于”下拉列表中选择“单元格”或“表格”。

③切换到“底纹”选项卡中，编辑“填充”选项，并在“应用于”下拉列表中选择“单元格”或“表格”，单击“确定”按钮，设置表格边框与底纹格式。

（3）调整行高与列宽

为了使表格看起来更加美观、整洁，常常需要将其行高和列宽调整到合适的尺寸，可通过编辑表格边框线和精确设置表格的行高和列宽数值实现。调整表格行高和列宽的常用方法有以下两种。

**方法 1：** 将光标放置于行或列的交界线处，当光标变为上下或左右双向箭头状时拖动鼠标，调整行高或列宽。

**方法 2：** 将插入点标记放置于行或列中，在“表格工具 / 布局”选项卡“单元格大小”组中设定“高度”或“宽度”数值，调整行高或列宽。

（4）设置文本对齐

文本对齐即文本内容在单元格中的排版方式，共有靠上两端对齐、靠上居中对齐、靠上右对齐、中部两端对齐、水平居中、中部右对齐、靠下两端对齐、靠下居中对齐、靠下右对齐 9 种排版方式。选择单元格或表格，单击“表格工具 / 布局”选项卡“对齐方式”组中的对齐方式按钮，可设置单元格或表格的对齐方式。单击“表格工具 / 布局”选项卡“对齐方式”组中的“文字方向”按钮，可将横向文字与纵向文字相互调换。

（5）插入控件

Word 提供了对控件的友好支持，用户可自定义所需的交互界面。应用不同的控件，不仅可使文档排版更加合理，同时也让文档拥有更多的功能。在表格中经常会插入一些可简化表格编辑的控件，如文本内容控件、日期选取器内容控件、复选框内容控件、图片内容控件以及 ActiveX 控件等，以明确表格填写内容的规范性，确保表格填写格式的统一性。插入表格控件的操作步骤如下：

①单击“文件”选项卡，在其窗口左侧区域选择“选项”命令，打开“Word 选项”对话框，在对话框左侧选择“自定义功能区”选项，在其右侧“主选项卡”区域，勾选“开发工具”复选框，如图 4-15 所示，单击“确定”按钮，在功能选项卡中添加“开发工具”选项卡。

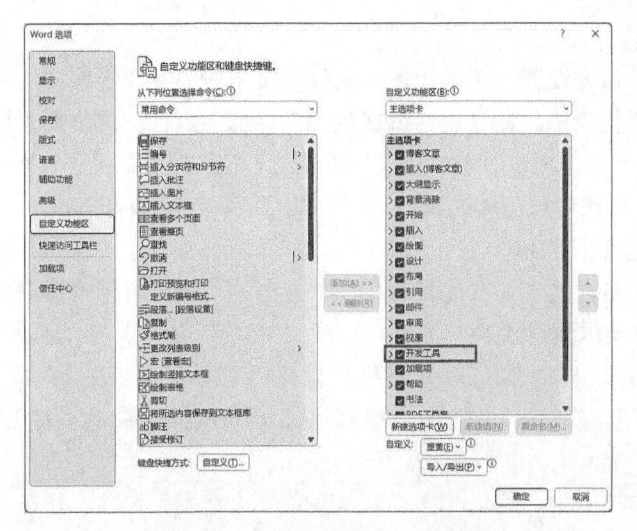


图 4-15　“Word 选项”对话框

②将插入点标记放置于需要插入控件的单元格内，单击“开发工具”选项卡“控件”组中要插入的控件按钮，如图 4-16 所示，在单元格中插入指定控件。

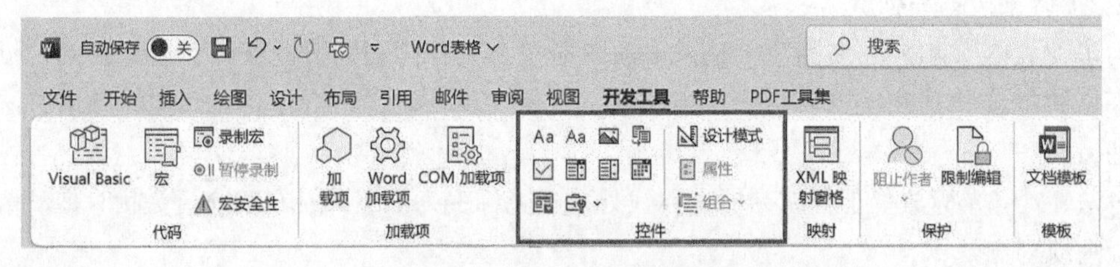


图 4-16　“开发工具”选项卡

### 4. 表格排序

在 Word 中制作的表格可根据用户的需要进行简单排序，如将填充的数据按照拼音、字母、数字、笔画、日期以及自定义的顺序排序。表格排序的操作步骤如下：

①将插入点标记放置于单元格中，单击“表格工具 / 布局”选项卡“数据”组中的“排序”按钮，打开“排序”对话框。

②在“主要关键字”区域中，设置“列表”和“类型”选项，并选择“升序”或“降序”排序方式。Word 也支持多重排序，只需继续设定“次要关键字”和“第三关键字”选项，即可完成多重排序。

③根据排序表格中有无标题行，在“列表”区域选择“有标题行”或“无标题行”单选按钮，单击“确定”按钮，表格中各行顺序将依据指定的排序设定作相应调整。

### 5. 表格计算

Word 提供了简便的单元格计算功能，能对单元格中数据进行一些简单的数学运算，并且用户可根据不同的需求选择不同的计算方法，虽然其计算功能远没有 Microsoft Excel 强大，但在表格制作过程中也提供了一些方便，提高了数据输入的效率。

单元格计算可通过输入公式和调用内部函数两种方法实现，其中，公式的表达形式为“= 表达式”，这里表达式由常量、单元格地址和算术运算符组成，Word 表格中定义单元格地址规则为以字母 A、B、C…代表单元格所在的列，以数字 1、2、3…代表单元格所在的行，如“B3”

表示表格中第二列第三行的单元格。函数的表达形式为“函数名 ( 参数 )”，常用函数有 SUM 求和函数、AVERAGE 求平均值函数、COUNT 计数函数、MAX 求最大值函数以及 MIN 求最小值函数，参数代表用于计算的数据。单元格数据计算的操作步骤如下：

①将插入点标记放置于要显示运算结果的单元格中，单击“表格工具 / 布局”选项卡“数据”组中的“公式”按钮，打开“公式”对话框。

②在“公式”编辑框中修改与输入公式，如“=A2*B3”表示对第一列第二行单元格中数据与第二列第三行单元格中数据作乘法计算。通常系统会根据表格中的数据和当前单元格所在位置自动推荐一个公式，如“=SUM(LEFT)”表示对当前单元格左侧的单元格中数据作求和计算。

③在“编号格式”下拉列表中选择一种格式，如“0.00”表示计算结果保留 2 位小数位数。

④要调用其他函数，可在“粘贴函数”下拉列表中选择所需的函数，然后在“公式”文本框中编辑该函数公式括号内的参数，参数有四种选择，LEFT（左侧的）、RIGHT（右侧的）、ABOVE（上方的）或 BELOW（下方的），分别代表对当前单元格左侧、右侧、上方或下方单元格中数据进行计算。

⑤在“公式”和“编号格式”选项编辑完成后，单击“确定”按钮，则当前单元格内将以指定格式自动显示计算结果。

**6. 宏功能的应用**

Word 中提供的宏是指一系列菜单选项和指令操作的集成，能实现特定的操作指令，且这些操作由计算机自动完成。在文档编辑过程中，经常有某些操作需要多次重复执行，如设置字体格式、设置段落格式或单元格计算，这时便可利用宏功能使这些操作自动完成，从而提高文档的编辑效率。以应用宏来设置段落格式为例，具体操作步骤如下：

①将插入点标记放置于某个段落文本中或表格内某单元格中，单击“视图”选项卡“宏”下拉按钮，在其下拉列表中选择“录制宏”命令（或单击“开发工具”选项卡“代码”组中的“录制宏”按钮录制宏），打开“录制宏”对话框，如图 4-17 所示。

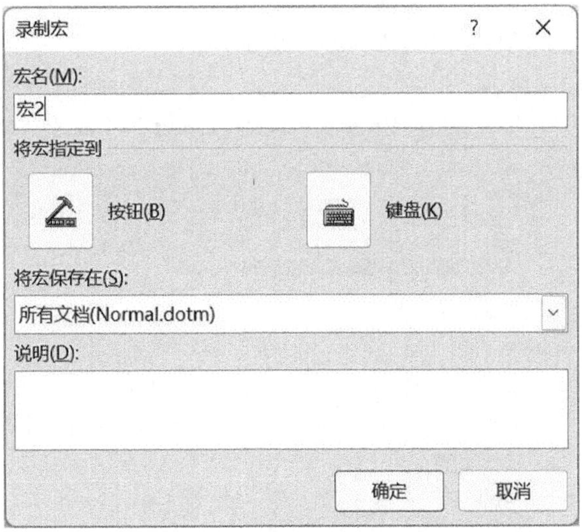

图 4-17　“录制宏”对话框

②在“宏名”文本框中输入“设置段落格式”，在“将宏保存在”下拉列表中设置该宏的保存路径，在“说明”文本框中输入对该宏功能的文字说明“该宏功能用于设置文本的段落格式，

指定的段落格式为：居中对齐、段前和段后间距 0.5 行、1.5 倍行间距。”。

③单击“将宏指定到”区域的“键盘”按钮，打开“自定义键盘”对话框，给宏定义快捷键，定义的快捷键可以是功能键或组合键，如【F3】、【Ctrl+Q】等，但要避免与 Word 中其他内置功能键和快捷键相冲突，按指定的快捷键，如图 4-18 所示，然后单击“指定”按钮，再单击“关闭”按钮。

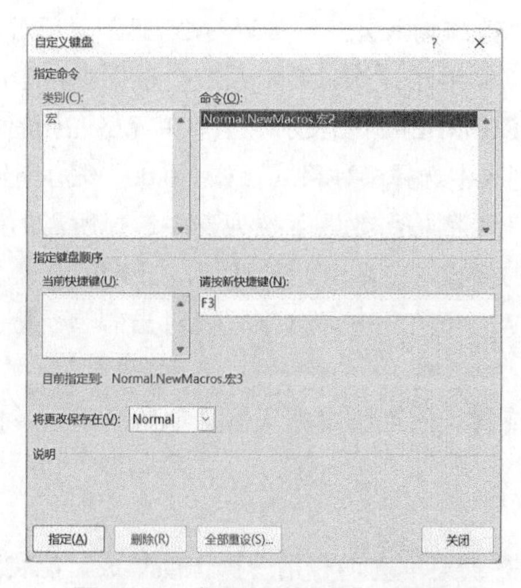


图 4-18 “自定义键盘”对话框

④此时鼠标光标下方会出现“磁带”状，进入录制宏状态，可开始录制一系列设置段落格式的操作。单击“开始”选项卡“段落”组中的“扩展”按钮，打开“段落”对话框，并在其中设置段落格式“居中对齐、段前和段后间距 0.5 行、1.5 倍行间距”，单击“确定”按钮。

⑤单击“视图”选项卡“宏”下拉列表中的“停止录制”命令（或单击“开发工具”选项卡“代码”组中的“停止录制”按钮 停止录制），结束宏录制。

⑥选择其他段落或表格单元格，按【F3】或【Ctrl+Q】快捷键，自动执行刚录制的操作，对选择的段落或单元格内文本的段落格式进行相同设置。

要删除已定义的宏，可单击“视图”选项卡“宏”下拉列表中的“查看宏”命令，打开“宏”对话框，如图 4-19 所示，在“宏名”列表框中选择要删除的宏，单击“删除”按钮。

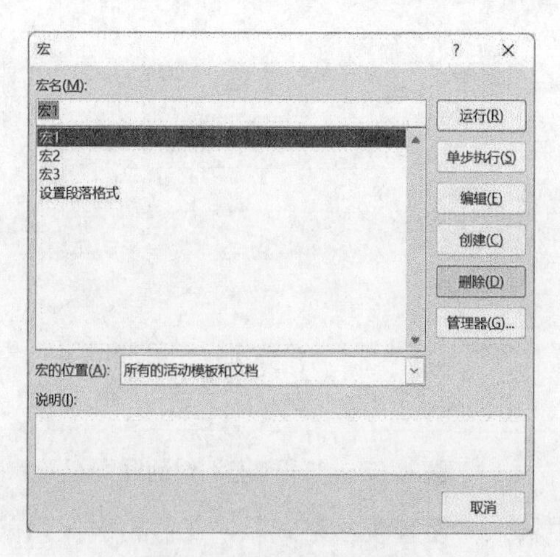


图 4-19 “宏”对话框

例 4.2　李静同学要制作一份如图 4-20 所示的成绩审核单，其利用 Word 完成表格的创建与编辑。

| 成绩审核单 | | | | | | | |
|---|---|---|---|---|---|---|---|
| 学号 | 课程 姓名 | 所修课程 | | | | | |
| | | 计算机 | 英语 | 大学语文 | 乐理 | 视唱 | 总分 |
| 001 | 张 | 88 | 82 | 94 | 85 | 78 | 427 |
| 002 | 王 | 87 | 87 | 85 | 86 | 85 | 430 |
| 003 | 李 | 89 | 80 | 81 | 81 | 87 | 418 |
| 004 | 高 | 90 | 89 | 78 | 80 | 88 | 425 |
| 005 | 黄 | 97 | 91 | 90 | 87 | 80 | 445 |
| 领导批示 | ☒主任签字：　　☐书记签字： | | | | | | |
| 日期 | 2022 年 3 月 30 日 | | | | | | |

图 4-20　表格效果图

**步骤一**：插入表格

将插入点标记放置于需要创建表格的位置，单击“插入”→“表格”→“插入表格”命令，插入 9 行 8 列表格。

**步骤二**：输入数据

在表格相应单元格中输入部分数据，如图 4-21 所示。

| 成绩审核单 | | | | | | | |
|---|---|---|---|---|---|---|---|
| 学号 | | | | | | | |
| 001 | 张 | 88 | 82 | 94 | 85 | 78 | |
| 002 | 王 | 87 | 87 | 85 | 86 | 85 | |
| 003 | 李 | 89 | 80 | 81 | 81 | 87 | |
| 004 | 高 | 90 | 89 | 78 | 80 | 88 | |
| 005 | 黄 | 97 | 91 | 90 | 87 | 80 | |
| 领导批示 | | | | | | | |
| 日期 | | | | | | | |

图 4-21　输入表格数据

**步骤三**：编辑表格结构

①选择表格中第一行所有单元格，单击“表格工具 / 布局”选项卡“合并”组中的“合并单元格”按钮，合并单元格。

②选择 C2 到 H2 单元格，单击“表格工具 / 布局”选项卡“合并”组中的“拆分单元格”按钮，在打开的对话框中输入 2 行 6 列，然后继续输入数据。

③使用相同操作方法，对表格中其他单元格作合并单元格处理，如图 4-22 所示。

| 成绩审核单 | | | | | | | |
|---|---|---|---|---|---|---|---|
| 学号 | | 所修课程 | | | | | |
| | | 计算机 | 英语 | 大学语文 | 乐理 | 视唱 | 总分 |
| 001 | 张 | 88 | 82 | 94 | 85 | 78 | |
| 002 | 王 | 87 | 87 | 85 | 86 | 85 | |
| 003 | 李 | 89 | 80 | 81 | 81 | 87 | |
| 004 | 高 | 90 | 89 | 78 | 80 | 88 | |
| 005 | 黄 | 97 | 91 | 90 | 87 | 80 | |
| 领导批示 | 主任签字：　书记签字： | | | | | | |
| 日期 | | | | | | | |

**图 4-22　表格数据输入**

**步骤四**：设置表格格式

①将插入点标记放置于第一行单元格中，在“表格工具 / 布局”选项卡“单元格大小”组中，将高度设为“1 厘米”。

②使用相同操作方法，将最后两行的行高均设为“2 厘米”。

③选择表格，在“表格工具 / 设计”选项卡“表格样式”列表中选择一种表格样式，快速设置表格边框与底纹。

**步骤五**：编辑文本

①选择表格，将表格文字设置为宋体、小四号，加粗表格内第一行到第三行单元格中文字以及“领导批示”和“日期”文字。

②选择表格，单击“表格工具 / 布局”选项卡“对齐方式”组中的“水平居中”按钮，将单元格中文本的对齐方式设为水平居中、垂直居中对齐。

③将插入点标记放置于“领导批示”单元格中，单击“表格工具 / 布局”选项卡“对齐方式”组中的“文字方向”按钮，将文字从横向变为纵向显示。

④使用相同操作方法，改变“日期”的文字方向，如图 4-23 所示。

| 成绩审核单 | | | | | | | |
|---|---|---|---|---|---|---|---|
| 学号 | | 所修课程 | | | | | |
| | | 计算机 | 英语 | 大学语文 | 乐理 | 视唱 | 总分 |
| 001 | 张 | 88 | 82 | 94 | 85 | 78 | |
| 002 | 王 | 87 | 87 | 85 | 86 | 85 | |
| 003 | 李 | 89 | 80 | 81 | 81 | 87 | |
| 004 | 高 | 90 | 89 | 78 | 80 | 88 | |
| 005 | 黄 | 97 | 91 | 90 | 87 | 80 | |
| 领导批示 | 主任签字：　书记签字： | | | | | | |
| 日期 | | | | | | | |

**图 4-23　表格编辑效果图 1**

**步骤六**：创建斜线表头

①将插入点标记放置于需要创建斜线表头的单元格中，单击“表格工具 / 布局”选项卡“边框”组中的“边框”下拉按钮，在其下拉列表中选择“边框和底纹”命令，在打开的“边框和底纹”对话框“预览”区域中，单击“斜下框线”按钮，并在“应用于”下拉列表中选择“单元格”，单击“确定”按钮。

②在该单元格中输入“课程”并居右对齐文字，按【Enter】键后，输入“姓名”并居左对齐文字，如图 4-24 所示。

| 成绩审核单 | | | | | | | |
|---|---|---|---|---|---|---|---|
| 学号 | 课程<br>姓名 | 所修课程 | | | | | |
| | | 计算机 | 英语 | 大学语文 | 乐理 | 视唱 | 总分 |
| 001 | 张 | 88 | 82 | 94 | 85 | 78 | |
| 002 | 王 | 87 | 87 | 85 | 86 | 85 | |
| 003 | 李 | 89 | 80 | 81 | 81 | 87 | |
| 004 | 高 | 90 | 89 | 78 | 80 | 88 | |
| 005 | 黄 | 97 | 91 | 90 | 87 | 80 | |
| 领导批示 | 主任签字：　书记签字： | | | | | | |
| 日期 | | | | | | | |

图 4-24　表格编辑效果图 2

**步骤七：**插入与编辑控件

①将插入点标记分别放置于“主任签字”和“书记签字”前，单击“开发工具”选项卡“控件”组中的“复选框内容控件”按钮，插入两个复选框。

②将插入点标记放置于“书记签字：”后，单击“控件”组中的“图片内容控件”按钮，适当调整控件大小，单击控件中央按钮，打开“插入图片”对话框，插入计算机磁盘中的图片，图片大小与控件大小保持一致。

③选择图片内容控件，居右对齐该控件，同时将插入点标记分别放置于“主任签字：”和“书记签字：”后，按空格键，调整两文本和图片内容控件三者间的间距。

④将插入点标记放置于“日期”右侧单元格内，单击“控件”组中的“日期选取器内容控件”按钮，单击该控件的下拉按钮，打开日期下拉列表，可在列表中选择指定的日期，如图4-25所示。

| 成绩审核单 | | | | | | | |
|---|---|---|---|---|---|---|---|
| 学号 | 课程<br>姓名 | 所修课程 | | | | | |
| | | 计算机 | 英语 | 大学语文 | 乐理 | 视唱 | 总分 |
| 001 | 张 | 88 | 82 | 94 | 85 | 78 | 427 |
| 002 | 王 | 87 | 87 | 85 | 86 | 85 | 430 |
| 003 | 李 | 89 | 80 | 81 | 81 | 87 | 418 |
| 004 | 高 | 90 | 89 | 78 | 80 | 88 | 425 |
| 005 | 黄 | 97 | 91 | 90 | 87 | 80 | 445 |
| 领导批示 | ☒主任签字：　☐书记签字：　××艺术大学××××学院 | | | | | | |
| 日期 | 2022年3月 | | | | | | |

图 4-25　表格编辑效果图 4

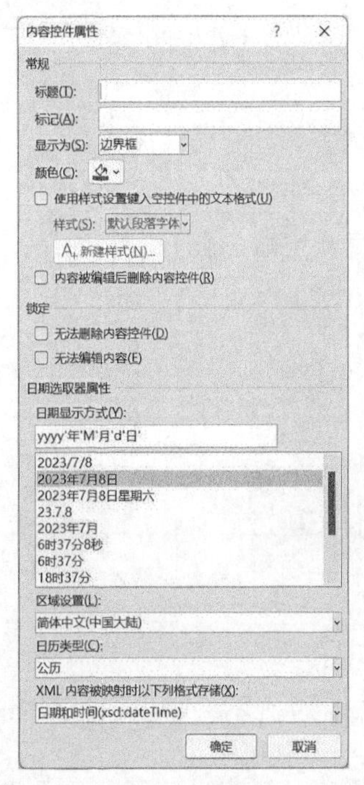


图 4-26　“内容控件属性”对话框

⑤选择日期选取器内容控件，单击“控件”组中的“属性”按钮，打开“内容控件属性”对话框，在“日期显示方式”列表框中选择所需的日期格式，如图4-26所示，单击“确定”按钮，设置日期显示格式。

**步骤八**：表格计算

①将插入点标记放置于第一位学生的“总分”列对应空白单元格中，单击“视图”选项卡“宏”下拉列表中的“录制宏”命令，打开“录制宏”对话框，单击“键盘”按钮，在“自定义快捷键”对话框中，指定宏的快捷键为【F2】键，单击“确定”按钮。

②鼠标光标下方出现“磁带”形状后，单击“表格工具/布局”选项卡“数据”组中的“公式”按钮，在打开的“公式”对话框中，设定公式为“=SUM(LEFT)”，单击“确定”按钮，此时单元格中将自动显示计算结果。

③单击“视图”选项卡“宏”下拉列表中的“停止录制”命令，停止录制宏。

④将插入点标记放置于第二位学生的总分空白单元格中，按【F2】键，将自动显示总分。

⑤使用相同操作方法，分别得到第三～五位学生的总分。

## 4.4　图文混排

Word 具备极强的插图和图文混排功能，用户可以很轻松地在文档中添加大量丰富的图形图像元素，如图片、形状、SmartArt 图形、图表、屏幕截图、艺术字以及文本框等，在文档中插入这些元素并合理地进行版式布局，不仅能极大地丰富文档内容，还能使文档图文并茂、生动有趣。这种图文混排技术是排版操作的精髓，常被应用于海报、节目单、宣传单、杂志以及报刊制作。

### 1. 插入与编辑图片

文档中可插入来自外部文件的图片，即计算机磁盘中的图片。将插入点标记放置于需要插入图片的位置，单击“插入”选项卡“插图”组中的“图片”下拉按钮，选择“此设备”命令，打开“插入图片”对话框，选择指定图片后，单击“插入”按钮，可将图片插入到文档指定位置。

选择图片后，单击“图片格式”选项卡，如图4-27所示，利用功能群组中的操作命令按钮可对图片进行相应编辑，如删除背景、改善图片亮度、对比度和清晰度，为图片添加艺术效果，压缩、更改和重设图片，设置图片样式、版式和文字环绕方式，旋转图片、裁剪图片以及调整图片大小等。

图 4-27　“图片格式”选项卡

对文档设置图文混排时，常会对图片进行相应排版操作，图片排版是指图片与文字之间的排列关系，又称文字环绕图片的方式，这种文字环绕方式也同样适用于自选图形、艺术字和文本框。Word 提供了七种文字环绕方式，分别是嵌入型、四周型环绕、紧密型环绕、穿越型环绕、上下型环绕、衬于文字下方以及浮于文字上方。操作命令集中在“图片格式”选项卡“排列”组中的“环绕文字”下拉列表中。

①嵌入型：是图片默认的文字环绕方式，将图片嵌入到某一行文本中，且能与文字一起移动。

②四周型环绕：不论图片是矩形还是不规则形状，文字都以矩形方式环绕在图片四周，并且图片可以跨越多行文本。

③紧密型环绕：如果图片是矩形，那么文字以矩形方式环绕在图片四周，如果图片是不规则形状，那么文字将紧密环绕在图片周围。

④穿越型环绕：类似于紧密型环绕，但与其不同的是，当图片是不规则形状且图片中间的编辑点低于两边时，文字能进入图片的边框。

⑤上下型环绕：类似于嵌入型，但图片会占据一行，文字只出现在图片的上方和下方。

⑥衬于文字下方：图片作为背景图放在文字的下方，文字会覆盖图片。

⑦浮于文字上方：与“衬于文字下方”相反，图片遮盖在文字的上方，如果图片是不透明的，图片将完全遮挡住文字。

**2. 插入与编辑形状**

形状是一组现成的图形，包括矩形、圆、线条、连接符、箭头总汇、流程图符号、星与旗帜以及标注等。在文档中插入各种形状，会更有利于信息的表达。插入与编辑形状的操作步骤如下：

①单击“插入”选项卡“插图”组中的“形状”下拉按钮，在其下拉列表中单击所需形状，此时鼠标指针变成十字形状，将鼠标指针移动到文档适当位置，拖动鼠标绘制图形后释放鼠标，插入指定形状。

②选择形状，单击“形状格式”选项卡，利用功能群组中的命令按钮对图形进行编辑，如编辑形状顶点、设置形状样式、改变形状排列方式以及调整形状大小等。

如果要在文档中插入正方形或圆，可在“形状”列表中选择矩形或圆，当光标变为十字形状时，按【Shift】键的同时拖动鼠标绘制图形后，先释放鼠标，再释放【Shift】键，即可插入正方形或圆。

**3. 插入与编辑 SmartArt 图形**

SmartArt 图形是信息和观点的视觉表示形式，以直观的方式组织和交流信息，并清晰地展现出内含的关系结构，帮助用户快速、轻松而有效地传达信息。SmartArt 图形比文字更有助于阅览者理解和回忆信息，常见的有流程图、循环图、层次结构图以及关系图等。插入与编辑 SmartArt 图形的操作步骤如下：

①将插入点标记放置于需要插入 SmartArt 图形的位置，单击“插入”选项卡“插图”组中的“SmartArt”按钮，打开“选择 SmartArt 图形”对话框，如图 4-28 所示，在对话框左侧区域选择图形类别，在中间区域选择合适的图形，单击“确定”按钮，插入图形。

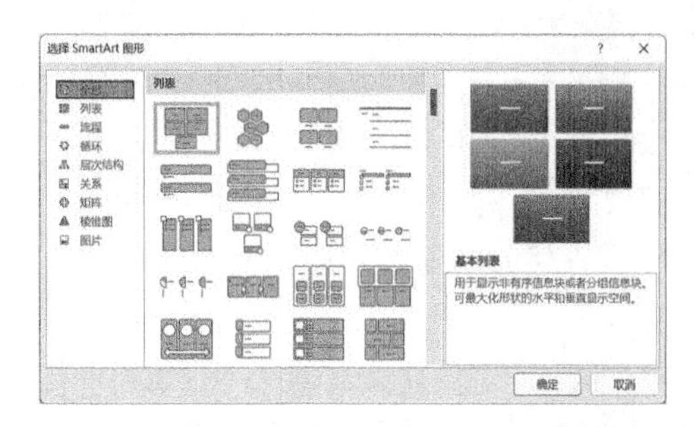


图 4-28　“选择 SmartArt 图形”对话框

②选择图形，单击“SmartArt 设计”选项卡，如图 4-29 所示，利用功能群组中的操作命令按钮对图形的整体布局进行编辑，如在图形中添加形状，改变图形结构、颜色以及应用 SmartArt 样式等。

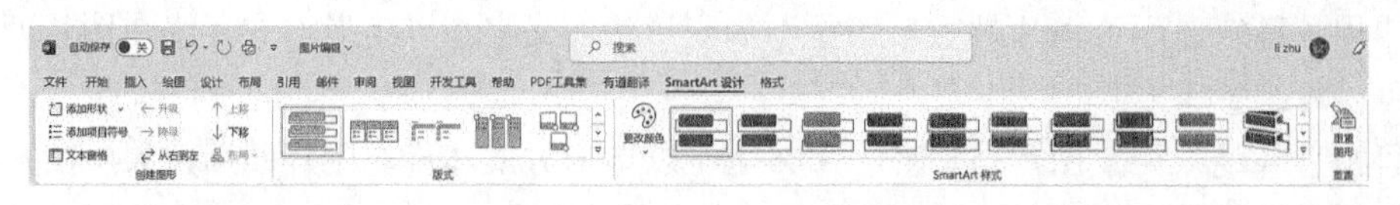

图 4-29 “SmartArt 设计”选项卡

③单击“SmartArt 工具 / 格式”选项卡，如图 4-30 所示，利用功能群组中的操作命令按钮对图形的格式进行编辑，如更改绘图形状，调整形状大小，设置形状样式和艺术字样式等。

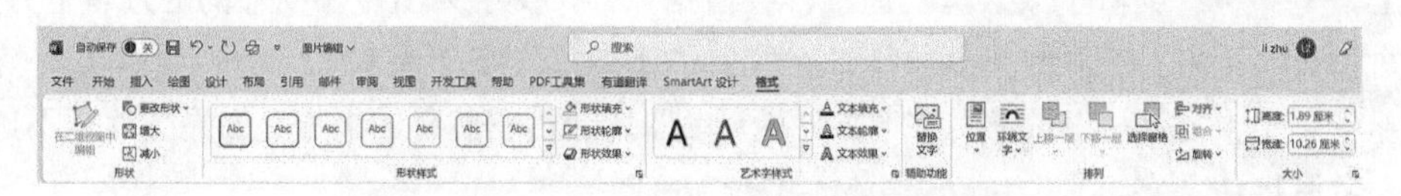

图 4-30 “SmartArt 工具 / 格式”选项卡

**4. 插入屏幕截图**

Word 还提供了捕获屏幕截图功能，方便用户快速地为文档添加桌面上任何打开窗口的截图。将插入点标记放置于需要插入屏幕截图的位置，单击“插入”选项卡“插图”组中的“屏幕截图”下拉按钮，在其下拉列表中选择视窗对象，可将该窗口插入到文档指定位置，而选择“屏幕剪辑”命令，则需快速切换到截图窗口，当光标变为加号形状后，拖动鼠标选取截图区域，可将窗口的局部区域插入到文档指定位置。

**5. 插入与编辑艺术字**

艺术字是一类具有特殊效果的文字，比一般文字更具艺术性。艺术字在 Word 文档编辑中应用极为广泛，不仅可以增强文字的感染力，还可实现丰富多彩的艺术效果，使文档更加美观，常用于标题、名称等制作。插入与编辑艺术字的操作步骤如下：

①单击“插入”选项卡“文本”组中的“艺术字”下拉按钮，在其下拉列表中单击所需的艺术字样式，此时文档中显示“请在此放置您的文字”文本框，删除该文字后输入需要的文字，插入艺术字。

②选择艺术字，单击“形状格式”选项卡，利用功能群组中的操作命令按钮对艺术字进行编辑，如设置艺术字颜色、边框和外观效果，改变文字方向和文字环绕方式，旋转艺术字以及调整艺术字大小等。

**6. 插入与编辑文本框**

Word 中的文本框是一种可移动、可调大小的文字或图形容器，不仅可以输入文字，还可以插入图片，且能灵活放置在文档的任何位置，从而使文本排版更加简单、便捷。此外，在文档中使用文本框最突出的好处是可实现在某一页上放置数个不同于其他文字排列方向的文字块。文本框分为横排文本框与竖排文本框，其中横排文本框可使用户按照平常习惯从左到右输入文本内容，竖排文本框则按照中国古代的书写顺序以从上到下、从右到左的方式输入文本内容。插入与编辑文本框的操作步骤如下：

①单击“插入”选项卡“文本”组中的“文本框”下拉按钮，打开文本框下拉列表，选择一种默认格式的文本框，可在插入点标记处插入已编辑好的文本框。选择“绘制横排文本框”或“绘

制竖排文本框”命令，则光标变成十字形状，拖动鼠标绘制文本框后释放鼠标，可插入空白文本框。

②将插入点标记定位到文本框中，输入文本内容，当输入的文本到达文本框边界时，文本会自动换行。

③选择文本框，文本框周围出现八个白色控制点，将光标移动到任意一个控制点上，当光标变为双向空心箭头状时，拖动鼠标可缩放文本框，若要同等比例的缩放文本框，则需按住【Shift】键的同时拖动鼠标。该方法同样适用于图片、图形和艺术字。

文本框的编辑方法与艺术字的编辑方法相同，单击文本框后，在“形状格式”选项卡中，利用功能群组的操作命令按钮可对文本框进行相应编辑，如设置文本框填充效果、边框线型和粗细、文本框中文字效果，改变文字环绕方式以及调整文本框的位置等。

**例 4.3**　李静同学要利用 Word 图文混排功能制作一个作品参加社区的读书会宣传活动，其利用 Word 2021 通过以下几步操作完成文档制作，编辑后的效果如图 4-31 所示。

**图 4-31　效果图**

**步骤一**：设置文档页面，输入文字

①打开空白 Word 文档，单击“布局”选项卡“页面设置”组中的“页边距”下拉按钮，在其下拉列表中选择“自定义边框”命令，打开“页面设置”对话框，如图 4-32 所示，将“纸张方向”设为“横向”，在“页边距”区域中，将“左”设为“6 厘米”，“右”设为“4 厘米”，调整文档的纸张方向和页边距。

②在插入点标记所在位置，输入文本内容。

**步骤二**：编辑文档格式

选择三个段落文本，将文字格式设为宋体、小四，将段落格式设为首行缩进 2 字符、2 倍行间距，将选中的段落文本分为三栏。

**步骤三**：插入形状

①将插入点标记放置于第一段的段首处，单击“插入”选项卡“插图”组中的“形状”下拉按钮，在其下拉列表中单击“矩形”按钮，插入矩形。

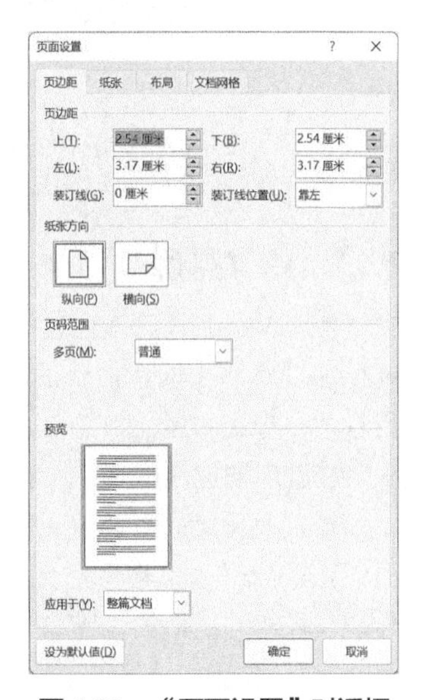


**图 4-32　“页面设置”对话框**

②选择矩形，单击“形状格式”选项卡“排列”组中的“环绕文字”下拉按钮，在其下拉列表中选择“浮于文字上方”选项，改变文字环绕方式。

③将光标移动到矩形右下角的白色控制点上，当光标变为双向空心箭头形状时，拖动鼠标将矩形调整到合适大小。光标移动到绿色控制点上，当光标变成黑色半圆箭头形状时，拖动鼠标将矩形旋转到合适角度。将鼠标指针移动到矩形内，拖动鼠标将其移动到文档的左上角后释放鼠标，调整矩形位置。

④使用相同操作方法，在文档左下角插入合适大小的矩形，选择该矩形，按住【Ctrl】键的同时拖动鼠标指针至文档的右上角，复制矩形。

**步骤四：**插入艺术字

单击“插入”选项卡“插图”组中的“艺术字”下拉按钮，在其下拉列表中单击所需的艺术字样式，输入文字“济南的冬天”，适当调整艺术字格式，放置于文档左侧合适位置。

**步骤五：**插入图片

①在第1段文字上方插入第一张图片，利用“图片格式”选项卡“图片样式”组中的“图片边框”按钮，为图片添加白色、4.5磅粗细的边框，将文字环绕方式设为“浮于文字上方”，适当调整图片大小和位置。

②在文档右下角插入第二张图片，为图片应用“图片样式”列表框中的“第1种”样式，将文字环绕方式设为“衬于文字下方”，适当调整图片的大小、角度和位置。

③在文档左下角的矩形上插入第三张图片，单击“图片格式”选项卡“调整”组中的“删除背景”按钮，此时图片部分区域变成紫色（紫色区域为要删除的图片部分），调整图片内部的标记框以改变紫色区域，单击“保留更改”按钮，如图4-33所示，删除图片背景，将文字环绕方式设为“浮于文字上方”，适当调整图片大小、角度和位置。

**图4-33 “背景消除”选项卡**

④使用与上一步相同的操作，在文档右上角的矩形上插入与编辑第四张图片。

# 4.5 科学论文排版与审阅

## 4.5.1 论文排版

使用Word排版科学论文，不仅操作简便，而且能使论文轻松达到主题突出、层次分明、格式标准以及易于阅读的目的。常用的排版操作主要有应用与编辑样式、设置页眉与页脚以及引用目录、脚注和尾注。

### 1. 应用与编辑样式

样式是已编辑并保存的字体格式和段落格式的集合，用户使用样式可以快速实现文档格式的设定，同时也可将自定义的具有代表性的格式保存为样式。合理地使用文档样式可避免重复性地执行相同的格式化操作，提高文档的编辑效率。

（1）应用样式

Word提供了一些内置样式，用于帮助用户简化文档编辑工作。将插入点标记放置于特定段落内，在“开始”选项卡“样式”组的列表框中，选择合适的样式并单击样式图标，可应用该样式。

（2）创建新样式

Word 允许用户根据需要创建新样式，提高文档编辑效率。单击“样式”列表框中的“创建样式”命令，打开“根据格式化创建新样式”对话框，在“名称”文本框中输入要创建样式的名称，单击“修改”按钮，展开该对话框，可设置样式类型、样式基准和字体格式等，单击对话框左下角的“格式”下拉按钮，在其列表中选择对应命令，可进行更多格式设置。

（3）修改样式

用户还可对已有样式进行修改，从而更好满足文档编辑需求。右击“开始”选项卡“样式”组中要修改的样式图标，在弹出的快捷菜单中选择“修改”命令，打开“修改样式”对话框，编辑样式的格式，单击“确定”按钮，修改样式。

（4）删除样式

Word 中提供的样式和用户自定义的样式都可以从样式库中删除。右击“样式”列表框中需要删除的样式，在弹出的快捷菜单中选择“从样式库中删除”命令，可删除选择的样式。

**2. 设置页眉和页脚**

页眉和页脚分别位于文档页面的顶端和底端，用于显示文档的附加信息，通常在其中插入时间、日期、页码、单位名称、注释内容以及徽标等。为文档插入页眉和页脚必须在页面视图模式下才能进行，其他视图模式都无法显示出页眉和页脚。插入页眉和页脚的操作步骤如下：

①单击“插入”选项卡“页眉和页脚”组中的“页眉 / 页脚”下拉按钮，在其下拉列表中选择一种内置方案，或单击“编辑页眉 / 编辑页脚”命令，在文档中插入页眉或页脚。

②单击“页眉和页脚”选项卡，如图 4-34 所示，其中“页眉和页脚”组可插入页眉、页脚以及页码，“插入”组可插入指定格式的日期、时间、文档部件、图片以及联机图片等，“导航”组可进行页眉和页脚的快速切换，“选项”组可设置首页不同或奇偶页不同的页眉和页脚，而“位置”组可设置页眉和页脚的距离。

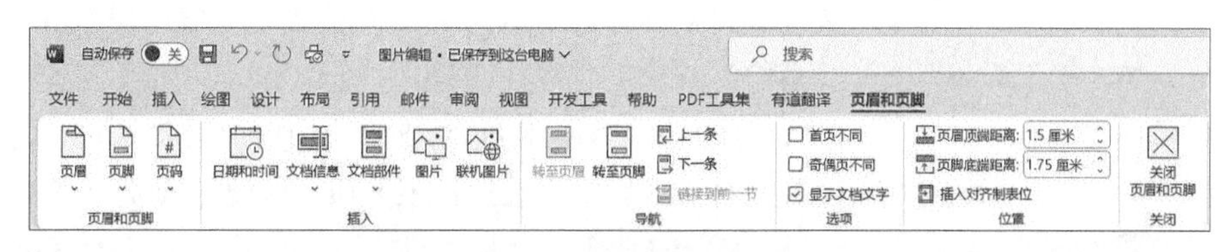


**图 4-34　“页眉和页脚”选项卡**

③当设置完页眉和页脚后，单击“关闭页眉和页脚”按钮，可退出页眉和页脚的编辑状态。如果要再次进入页眉和页脚的编辑状态，可双击页眉或页脚区域。

**3. 引用目录、脚注和尾注**

（1）引用目录

在科学论文编辑中，经常会在论文正文的前面放上目录，作为论文的导读图，为读者阅读和查阅相关内容提供便利，同时也会在论文中放上脚注和尾注，为论文提供解释、批注以及相关参考资料的附加说明。Word 提供的目录功能可以非常轻松地为论文添加所需的目录，用户可使用其内置的自动目录样式快速生成目录，也可引用其他样式的目录。插入与编辑目录的操作步骤如下：

①将插入点标记放置于文档中需要添加目录的位置，单击“引用”选项卡“目录”组中的“目

录”下拉按钮，在其下拉列表中选择一种目录方案，或单击“自定义目录”命令，打开“目录”对话框。

②在对话框中可根据需要选择“显示页码”和“页码右对齐”，并设置其他与目录有关的选项，如制表符前导符、目录显示格式和显示级别，在“打印预览”区域中查看自动生成的目录效果，单击“确定”按钮，可生成对应格式的目录。

③当修改论文标题或页码后，单击“引用”选项卡“目录”组中的“更新目录”按钮 更新目录 或右击目录，在弹出的快捷菜单中选择“更新域”命令，在打开的“更新目录”对话框中，选择“更新整个目录”单选按钮，快速更新整个目录。

（2）引用脚注与尾注

在 Word 文档中引用的脚注一般位于页面的底部，作为文档某处的注释，而尾注则位于文档的末尾，列出引用的文献来源等。脚注和尾注均由注释引用标记和注释文本两个关联部分组成，用户可使用系统自动的标记编号，也可创建自定义的标记格式。当启用了自动引用标记编号后，在添加、移动和删除注释后，系统会对注释引用标记进行重新编号。插入与编辑脚注和尾注的操作步骤如下：

①将插入点标记放置于需要插入脚注或尾注的位置，单击“引用”选项卡“脚注”组中的“插入脚注”或“插入尾注”按钮，此时光标所在处会自动出现一个标记编号“1”或“i”，同时页面底部或文档末尾也会出现该编号。

②在页面底部或文档末尾的编号后输入具体的脚注或尾注信息，添加脚注或尾注。

③单击“引用”选项卡“脚注”组中的“扩展”按钮，打开“脚注和尾注”对话框，如图 4-35 所示，其中“位置”区域可选择要修改的对象，“格式”区域可指定编号格式、自定义标记符号以及编号。

④单击“脚注和尾注”对话框中的“转换”按钮，打开“转换注释”对话框，选择相应选项，可进行脚注与尾注的互换。

⑤选择脚注或尾注的标记编号，按【Backspace】或【Delete】键，可删除该脚注或尾注。

**图 4-35 “脚注和尾注”对话框**

### 4.5.2 论文审阅

Word 提供了丰富的审阅功能，为文档作者与审阅者构建了一个沟通的交互平台，可对文档进行校对、批注和修订，同时支持多人协作处理文档。审阅功能的命令操作按钮集中在“审阅”选项卡的功能群组中，如图 4-36 所示，该功能群组包括校对、语音、辅助功能、语言、中文简繁转换、批注、修订、更改、比较、保护以及墨迹组。

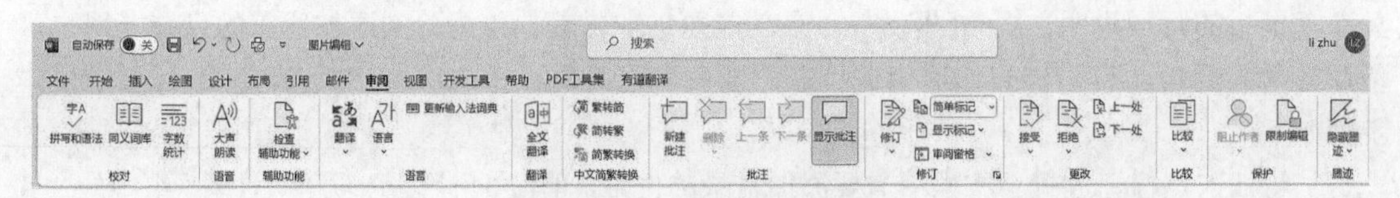


**图 4-36 “审阅”选项卡**

①“校对”组：提供检查文档中文字的拼写和语法、在联网状态下搜索参考资料、查询与所选单词相似含义的其他单词以及显示文档字数功能。

②“语音”组：主要提供大声朗读功能，不仅能大声朗读文字，还能突出显示朗读的每个单词。

③“辅助功能”组：提供辅助功能检查器，包括替换文字、导航窗格、专注视图、Word 辅助功能选项设置。

④“语言”组：提供将文本转换为其他语言、设定系统显示语言以及调出英语指南等功能。

⑤“中文简繁转换”组：提供将文档进行简体和繁体相互转换的功能。

⑥“批注”组：提供对文档中特定文本添加和删除注释、逐条查看注释以及用笔书写注释等功能。

⑦“修订”组：提供跟踪对文档的所有更改、显示和隐藏特定的标记类型与审阅窗格等功能。

⑧“更改”组：由于文档中所有更改包括插入、删除和格式更改等都被记录在审阅窗格中，因此“更改”组为用户提供接受或拒绝某一项更改的功能。

⑨“比较”组：提供比较原始文档与修订文档、将多种修订版本组合到一个文档中的功能。

⑩“保护”组：提供了限制人员对文档特定部分进行编辑和限制格式设置等功能，使用这些功能可防止文档格式更改、强制跟踪所有更改或仅启用备注。

⑪“墨迹”组：提供了墨迹书写功能，可在文档中创建和编辑笔和荧光笔的笔迹。

**1. 批注审阅**

使用批注是审阅文档的常用手段之一，审阅者通过批注可将自己的意见与建议加入文档中，以供原作者参考，而不会影响到正文内容的显示。选择需要添加批注的文本后，单击“审阅”选项卡“批注”组中的“新建批注”按钮，显示批注文本框，此时用户可自行输入或手动书写注释内容。添加完批注后，用户可根据需要查看、删除、隐藏与显示批注。

①查看文档中批注：单击“批注”组中的“上一条”或“下一条”按钮，可依次查看当前批注的上一条或下一条批注。

②删除文档中批注：将光标定位到批注的文本中，单击“删除”按钮，可删除该条批注。单击“删除”下拉按钮，在其下拉列表中选择“删除所有批注”选项，可删除文档中所有批注。

③隐藏与显示批注：有时为了文档的整洁和美观，需要隐藏所有批注，而在修改文档时，又需再一次显示出所有批注。单击“修订”组中的“显示标记”按钮，可隐藏文档中所有批注，继续单击“显示标记”按钮，可再次显示出文档中所有批注。

**2. 修订文档**

在工作场合中，文档修订的流程为原作者完成初稿后，将文档交给指定审阅者，由审阅者提出建议并做出一些更改，再返回原作者，这时原作者根据审阅者的建议和更改进行确认、修改和定稿。通常审阅者提出的建议以批注方式呈现，而对文档作出的更改则使用修订方式显示，这样原作者拿到修改稿后，可查看修改建议并选择接受和拒绝审阅者所做的修改。文档修订的具体步骤如下：

①审阅者启动修订，单击“审阅”选项卡“修订”组中的“修订”下拉按钮，在其下拉列表中选择“修订”命令，进入修订状态。

②审阅者修改文档，启动修订后，系统会对审阅者在文档中所做的更改自动插入修订标记。默认状态下，删除的文字会以红色显示，同时增加删除线，增加的文字也会以红色显示，同时

图 4-37 “显示以供审阅”列表

会增加下画线。

③审阅者设置文档修订，要设置查看文档修订方式，如让文档回到修订前的原始状态、让文档显示为接受所有修订后的状态，可打开“修订”组中的“显示以供审阅”下拉列表，如图 4-37 所示，选择其中选项。

④审阅者关闭修订，再次单击“修订”按钮，使其保持未按下时状态，关闭修订功能。

⑤原作者接受或拒绝修订，文档审阅后，右击修订标记，在弹出的快捷菜单中选择“接受修订”/“拒绝修订”命令，或单击“审阅”选项卡“更改”组中的“接受”/“拒绝”按钮，原作者可逐条接受或拒绝文档中的修订。

**例 4.4** 李静同学在 Word 中对图 4-38 所示的文档进行以下排版操作。

第 1 章 多媒体应用基础

1.1 多媒体概述

多媒体技术是 20 世纪 80 年代兴起并迅速发展的一门综合性电子信息技术。它使计算机具备了综合处理文字、声音、图形、图像、动画和视频的能力，给传统的计算机系统、音频和视频设备带来了巨大的变革，并由此产生出大量人机交互式信息交流和传播的数字媒体，给大众传媒产生了深远影响。此外，多媒体技术还融合了计算机、通信和娱乐，以形象丰富友好的图文声像信息界面和方便的人机交互，极大地改变了人们使用计算机的方式，给人们的工作、学习和生活带来了深刻的变化。

1.1.1 多媒体与多媒体技术

多媒体（Multimedia）是指将文字、声音、图形、图像、动画和视频等多种不同但相互关联的媒体交互组合而产生的一种存储、传播和信息表示的载体。多媒体通常包含两层含义：

一是多种媒体本身，二是处理和应用它的一整套软硬件技术。

多媒体技术（Multimedia Technique）是指利用计算机综合处理文字、声音、图形、图像、动画和视频等多种媒体信息，并为这些媒体信息建立逻辑关系和人际交互作用的技术。在现实生活中多媒体技术涉及面相当广泛，主要包括：文字处理技术、图像压缩技术、音频技术、视频技术、超文本与超媒体技术、网络与通信技术以及大容量光学存储技术。

1.1.2 多媒体技术的发展与应用

多媒体计算机技术是面向三维图形、环绕立体声和彩色全屏幕运动画面的处理技术。而数字计算机面临的是数值、文字、语言、音乐、图形、动画、图像、视频等多种媒体的问题，它承载着由模拟量转化成数字量信息的吞吐、存储和传输。数字化了的视频和音频信号的数量之大是非常惊人的，它给存储器的存储容量、通信干线的信道传输率以及计算机的速度都增加了极大的压力，解决这一问题，单纯用扩大存储器容量、增加通信干线的传输率的办法是不现实的。

1.1.3 多媒体技术的研究现状

1.2 多媒体计算机系统的组成

1.2.1 多媒体计算机的标准

图 4-38 文档示意图

**步骤一：**设置样式

①选择第一级标题文字“第 1 章 多媒体应用基础”，单击“开始”选项卡“样式”组中的“标题 1”样式图标，对标题文字快速格式化。

②使用相同操作方法，选择所有二级标题文字“1.1 多媒体概述”“1.2 多媒体计算机系统的组成”……，应用“标题 2”样式。

③右击“样式”组中的“标题 3”样式图标，在弹出的快捷菜单中选择“修改”命令，打开“修改样式”对话框，将该样式的字体格式更改为“小三”，段前、段后均更改为“8 磅”。

④使用相同操作方法，选择所有三级标题文字“1.1.1 多媒体与多媒体技术”“1.2.1 多媒体计算机的标准”……，应用“标题 3”样式。

**步骤二：**设置页眉和页脚

①单击“插入”选项卡“页眉和页脚”组中的“页眉”下拉按钮，在其下拉列表中选择“编辑页眉”命令，输入文字“多媒体基础知识”，在文档中插入页眉，如图 4-39 所示。

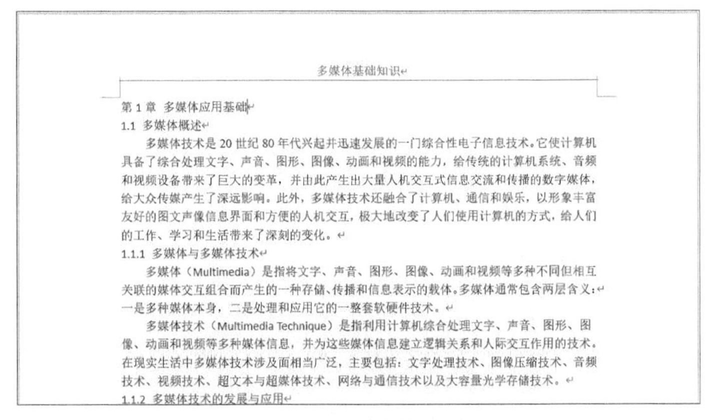

多媒体基础知识

第 1 章 多媒体应用基础
1.1 多媒体概述
多媒体技术是 20 世纪 80 年代兴起并迅速发展的一门综合性电子信息技术。它使计算机具备了综合处理文字、声音、图形、图像、动画和视频的能力，给传统的计算机系统、音频和视频设备带来了巨大的变革，并由此产生出大量人机交互式信息交流和传播的数字媒体，给大众传媒产生了深远影响。此外，多媒体技术还融合了计算机、通信和娱乐，以形象丰富友好的图文声像信息界面和方便的人机交互，极大地改变了人们使用计算机的方式，给人们的工作、学习和生活带来了深刻的变化。
1.1.1 多媒体与多媒体技术
多媒体（Multimedia）是指将文字、声音、图形、图像、动画和视频等多种不同但相互关联的媒体交互组合而产生的一种存储、传播和信息表示的载体。多媒体通常包含两层含义：一是多种媒体本身，二是处理和应用它的一整套软硬件技术。
多媒体技术（Multimedia Technique）是指利用计算机综合处理文字、声音、图形、图像、动画和视频等多种媒体信息，并为这些媒体信息建立逻辑关系和人际交互作用的技术。在现实生活中多媒体技术涉及面相当广泛，主要包括：文字处理技术、图像压缩技术、音频技术、视频技术、超文本与超媒体技术、网络与通信技术以及大容量光学存储技术。
1.1.2 多媒体技术的发展与应用

**图 4-39　文档排版效果图**

②转到文档页脚区域，在“页眉和页脚”组的“页码”下拉列表中选择“页面底端”选项，在其级联菜单中选择一种页码格式，在文档页脚区域插入页码。

**步骤三：**插入目录

①将光标定位到需要插入目录的位置，单击“引用”选项卡“目录”下拉按钮，在其下拉列表中选择“自定义目录”命令，打开“目录”对话框，在“常规”区域“格式”列表中选择“正式”选项，“显示级别”设为“3 级”，如图 4-40 所示，单击“确定”按钮，自动生成目录。

②当文档的标题文字修改后，可右击目录，在弹出的快捷菜单中选择“更新域”命令，如图 4-41 所示，打开“更新目录”对话框，选择“更新整个目录”选项，单击“确定”按钮，可更新目录。

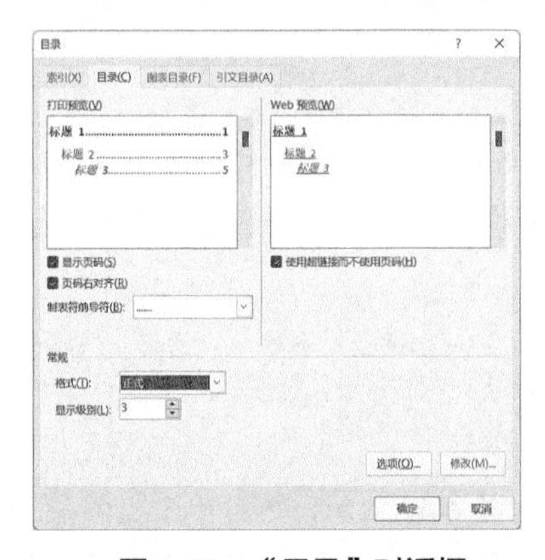


**图 4-40　“目录”对话框**

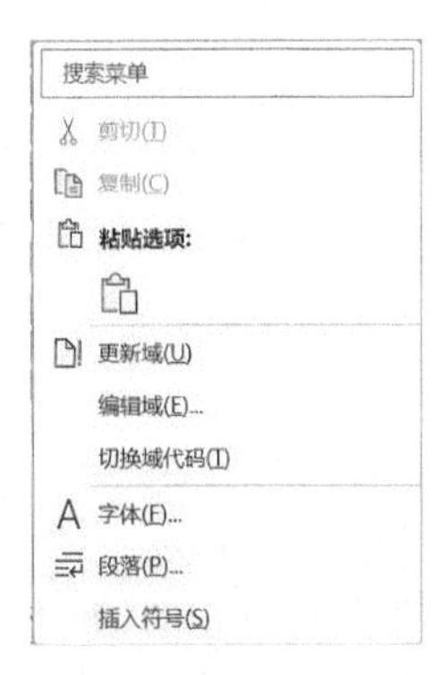


**图 4-41　“更新域”快捷菜单**

**步骤四：**添加批注

选择“1.1.1 多媒体与多媒体技术”文本对象，单击“审阅”选项卡“批注”组中的“新建批注”按钮，在窗口界面右侧的批注框中输入文字“在该章节中介绍多媒体知识与多媒体相关技术”，在文档中添加批注，如图 4-42 所示。

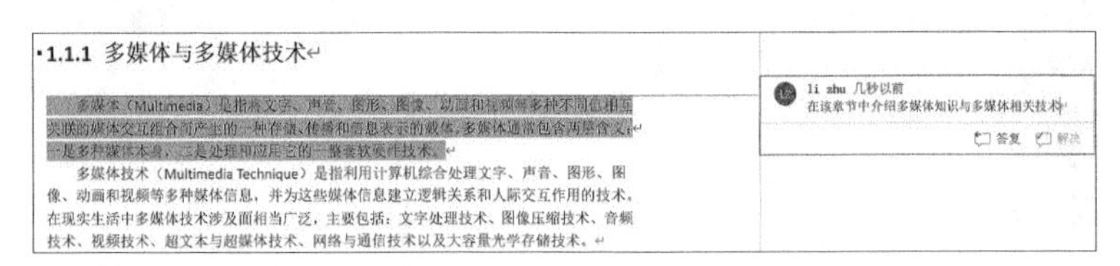


**图 4-42　添加批注示意图**

**步骤五：**显示文档结构图

勾选“视图”选项卡“显示”组中的“导航窗格”复选框，此时窗口界面左侧区域出现“导航”窗格，单击搜索框下方的“标题”文字，显示出文档结构示意图，如图 4-43 所示，继续单击“导航”窗格中的文字内容，可将文档快速定位到对应位置。

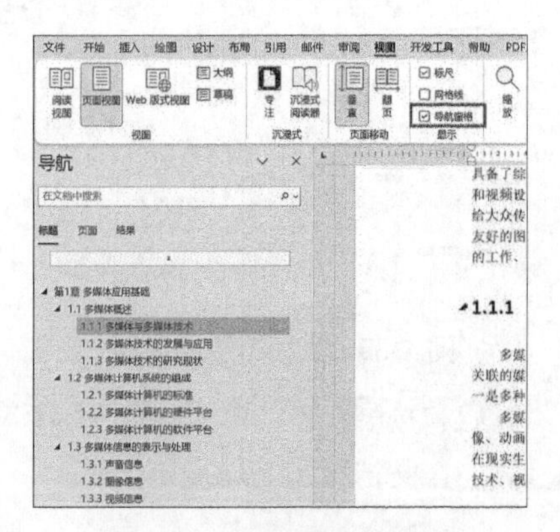


**图 4-43　文档结构示意图**

## 4.6　云端共享与实时协作

Word 具备强大的云端共享与实时协作功能，用户可轻松地将文档上传到云端，并邀请他人共同审阅和编辑文档，还支持多人在不同终端上同时处理同一个文件，极大地方便了团队成员快速完成文档编写和信息处理。

**1. 云端共享**

云端共享很好地解决了文件传输的问题，用户不再需要通过移动设备或邮件方式将文件从一台终端转移到另一台终端，而只需将文件上传到云即可方便他人下载与查看。共享文档的操作步骤如下：

①单击 Word 窗口“文件”选项卡右侧的“共享”下拉按钮 **共享**，选择“共享”命令，打开“共享”窗格，单击“保存到云”按钮，进入“另存为”窗口（或单击“文件”选项卡，在其窗口左侧区域选择“另存为”选项）。

②单击窗口右侧区域中的 OneDrive 按钮，如图 4-44 所示，继续单击“登录”按钮（或单击“添加位置”按钮，选择 OneDrive 选项），打开账户“登录”窗口，如图 4-45 所示。

**图 4-44　“另存为”窗口界面**

**图 4-45　账户“登录”窗口**

③在窗口中输入已经注册好的 Microsoft 账号（如果没有账号需提前注册），登录成功后，OneDrive 处会显示“OneDrive- 个人”文件夹，单击该文件夹，打开“正在获取服务器信息”窗口，获取信息完毕后，打开“另存为”对话框，选择要共享的文档，单击“保存”按钮，此时文件保存在 OneDrive 上。

④在“共享”窗格中，单击“邀请人员”编辑框后的按钮，在打开的窗口中添加共享联系人名单，单击“确定”按钮，再单击“获取共享链接”，在窗口中选择“创建编辑链接”或“创建仅供查看的链接”选项，将系统生成的链接发送给联系人，实现文档的共享。

**2. 实时协作**

Word 新增的最具特色的功能是实时协作，其支持多人同时在线编辑存放在 OneDrive、OneDrive for Business 或 SharePoint Online 中的文档，并且共享联系人均可以看到其他人员输入和编辑的内容。实时协作的操作步骤如下：

①联系人在收到的含有共享文档链接的邮件中，单击带链接的文档名称，打开共享文档，此时 Word 程序窗口界面右侧的“共享”窗格中，将显示所有联系人列表。

②编辑文档内容，此时窗口界面左侧将同步显示正在编辑此部分内容的人员信息。

当联系人编辑完共享文档后，所有编辑记录会被自动保存在系统中，且允许联系人查看或还原文档，让用户毫无顾忌地编辑和共享文档。单击“文件”选项卡，在其窗口左侧区域选择“历史记录”选项，可查看所有编辑的历史记录，单击任意一条记录，可与现在版本进行对比，也可直接还原到所选版本。

## 4.7　文档打印与输出

文档打印与输出作为文字处理工作的最后一步，其重要性往往被用户忽略。在文档制作完成后，打印的相关设置直接关系着文档打印的方式和整体显示效果，而文档输出类型的指定则关系着该文档能兼容的其他格式。

**1. 打印预览**

通常用户在打印文档之前应先预览打印效果，以避免因直接打印造成打印效果不满意而需重新打印的情况。单击“文件”选项卡，在其窗口左侧区域选择“打印”选项，切换至打印窗口，如图 4-46 所示，此时显示的界面分为两个区域，左侧为打印项目设置区域，在其中可选择打印

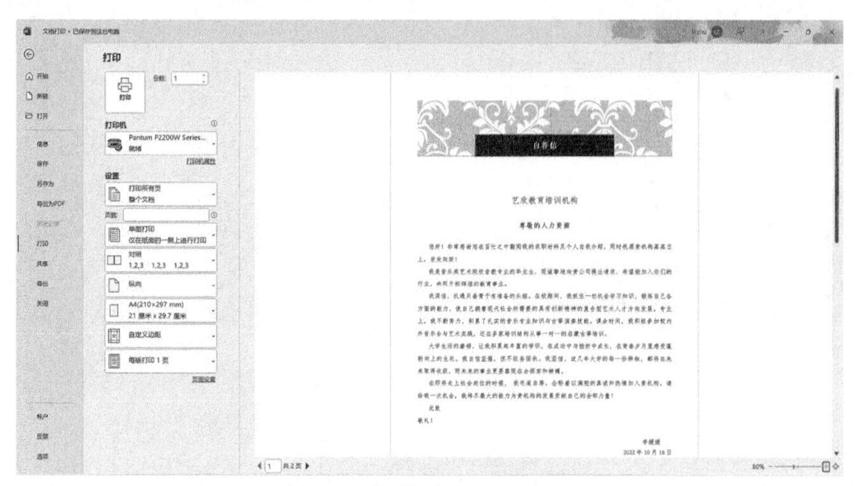


图 4-46　文档“打印”窗口

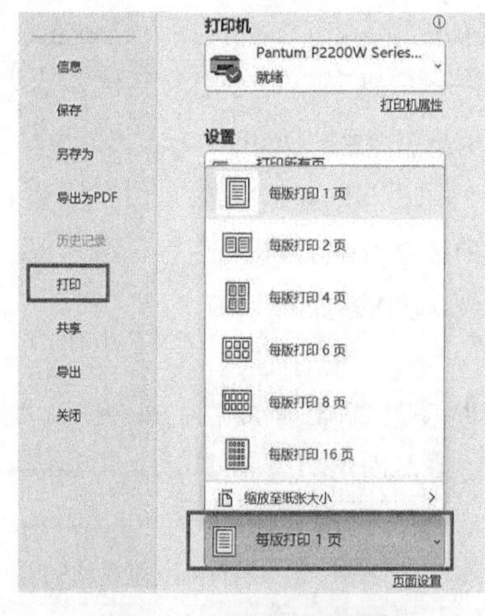


图 4-47　缩放打印设置

份数、打印机、打印范围、打印页数以及打印方向等。右侧为打印效果预览区域，单击该区域左下方的页数显示框旁的左 / 右箭头按钮，可翻页预览多页文档，而拖动右下方的缩放滑块，可对预览效果进行放大和缩小，以便更好地浏览文档的整体效果和局部内容。

### 2. 缩放打印文档

在某些情况下，为了节省纸张和方便打印后浏览，会将文档中的多页内容打印到同一页纸中或将文档打印到比实际页面设置的纸张更小 / 大的纸型上。单击“打印”窗口左侧“设置”区域中的最后一个选项，如图 4-47 所示，默认选项为“每版打印 1 页”，要将多页内容打印到同一页中，可在列表中选择“每版打印 2 页”“每版打印 4 页”或“每版打印 6 页”等。

### 3. 逆序打印文档

打印文档时，往往是最先打印的一页在最下面，最后打印的一页在最上面，打印结束后，用户需手动将每一页倒过来理顺后装订，如果打印的页数很多会给装订带来许多麻烦。因此，为了避免这类问题的发生，可在打印前将打印顺序设置为逆序打印。单击“文件”选项卡，在其窗口左侧区域中选择“选项”选项，打开“Word 选项”对话框，在左侧区域选择“高级”选项，在右侧区域的“打印”栏中，勾选“逆序打印页面”复选框，如图 4-48 所示，单击“确定”按钮，Word 将从文档的最后一页开始打印直到第一页结束。

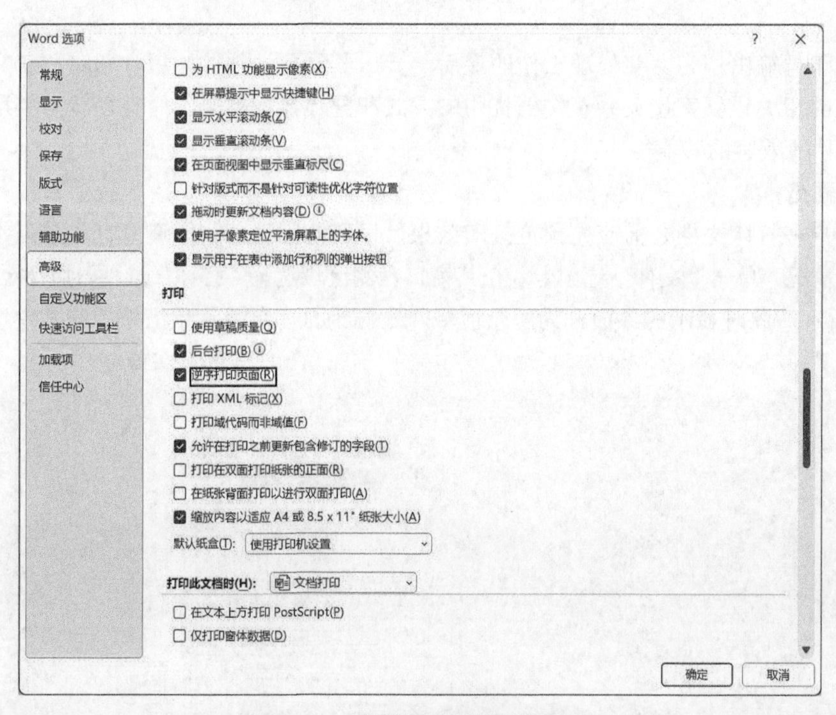


图 4-48　“逆序打印页面”设置

### 4. 文档输出

Word 除了自身默认输出格式外，还支持多种其他输出格式，如 PDF 格式、TXT 纯文本格式和 Web 网页格式等，用户可根据需要选择一种输出格式。

① Word 文档格式，是 Microsoft Word 系统默认的文件格式，具有丰富的文字排版、文档协同处理、无地域限制的访问与共享以及强大的打印等功能。

② PDF 格式，是一种便携式的电子印刷品文件格式，由 Adobe Reader 软件打开与查看，具有跨平台、开放标准以及能保留文件的原有格式等优点。

③ TXT 纯文本格式，是一种没有任何文本修饰，只有文本内容的文件格式，具有很好的兼容性，文件体积小，文字处理速度快。

④ Web 网页格式，是万维网上的一个按照 HTML 格式组织起来的文件，包括图形、图像、文字、声音和视频等信息，通常在万维网上以信息页面的形式出现。这类文件压缩比高，文件体积小，上传和下载速度快，适合 Web 传播。

要将文档转化为指定格式的文件，可单击“文件”窗口左侧导航区中“另存为”选项，然后单击窗口右侧区域中的“浏览”按钮，打开“另存为”对话框，在“保存类型”下拉列表中选择对应的格式。

## 4.8　案例分析

学期结束学校要为学生发送本学期的个人期末成绩单，刘老师利用 Word 邮件合并功能，并通过执行以下操作完成学生个人成绩单的批量制作。

**步骤一：** 建立主文档

新建 Word 文档，内容如图 4-49 所示，以“成绩单”命名文档并保存。

**2022—2023 学年度第二学期期末成绩单**

同学：

现将你本学期成绩通知如下：

| 学号 | 姓名 | 英语 | 思想政治理论 | 大学体育 | 计算机基础 |
|---|---|---|---|---|---|
| | | | | | |

你本学期四门课程的总分为，你本学期的总评为，特此通知。

院系

2023 年 7 月 5 日

四门科目平均分大于等于 90，总评：A

四门科目平均分大于等于 75 小于 90，总评：B

四门科目平均分大于等于 60 小于 75，总评：C

四门科目平均分小于 60，总评：D

图 4-49　成绩单

**步骤二：** 建立数据源文件

①新建 Excel 文档，在 Sheet1 工作表中，输入图 4-50 所示的学生成绩数据，以“成绩单源数据”命名工作簿并保存。

| | A | B | C | D | E | F | G | H | I | J |
|---|---|---|---|---|---|---|---|---|---|---|
| 1 | 姓名 | 学号 | 性别 | 所在院系 | 英语 | 思想政治理论 | 大学体育 | 计算机基础 | 总分 | 总评 |
| 2 | 李牧 | 202201121 | 男 | 音教学院 | 88 | 87 | 87 | 85 | 347 | B |
| 3 | 王瑛莹 | 202201122 | 女 | 管弦系 | 90 | 74 | 80 | 90 | 334 | B |
| 4 | 郑晓峰 | 202201123 | 男 | 音乐学系 | 97 | 69 | 82 | 78 | 326 | B |
| 5 | 李坤 | 202201124 | 男 | 作曲系 | 86 | 98 | 90 | 93 | 367 | A |
| 6 | 董杰 | 202201125 | 男 | 钢琴系 | 85 | 90 | 88 | 81 | 344 | B |
| 7 | 王健华 | 202201126 | 女 | 声乐系 | 74 | 72 | 64 | 79 | 289 | C |
| 8 | 孙渺渺 | 202201127 | 女 | 舞蹈系 | 96 | 71 | 81 | 84 | 332 | B |

**图 4-50　学生成绩表**

**步骤三**：执行邮件合并

①打开“成绩单 .docx”主文档，单击“邮件”选项卡“开始邮件合并”组中的“选择收件人”下拉按钮，在其下拉列表中选择“使用现有列表”命令，如图 4-51 所示，打开“选取数据源”对话框。

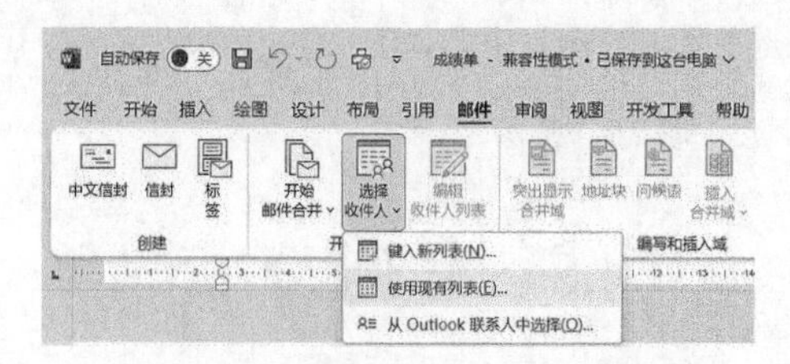


**图 4-51　“选择收件人”下拉列表**

②在对话框中选择“成绩单源数据 .xlsx”文件，单击“打开”按钮，打开“选择表格”对话框，选择“Sheet1$”工作表，如图 4-52 所示，单击“确定”按钮，建立主文档与数据源文件的连接。

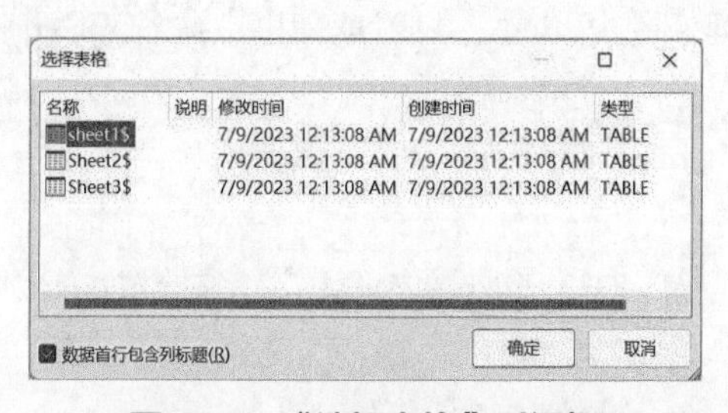


**图 4-52　“选择表格”对话框**

③将光标放置于主文档“同学”文字前，单击“邮件”选项卡“编写和插入域”组中的“插入合并域”下拉按钮，在其下拉列表中选择“姓名”选项，如图 4-53 所示，此时“同学”文字前显示“《姓名》”，表示源数据文件“姓名”列数据将被插入到此处。

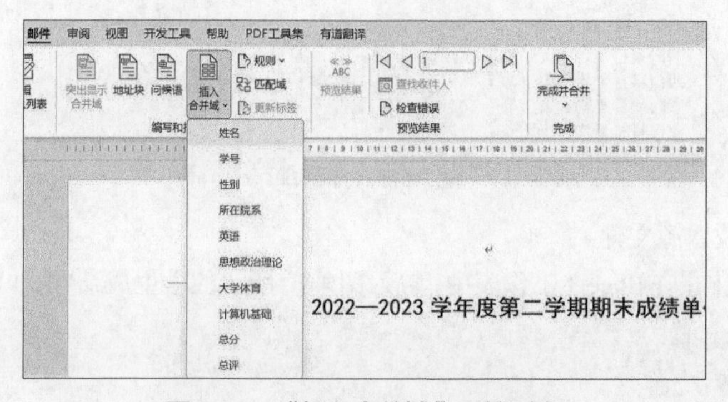


**图 4-53　“插入合并域”下拉列表**

④使用相同操作方法，分别将光标放置于“学号”“姓名”“英语”“思想政治理论”“大学体育”“计算机基础”文字下方空白单元格中，“总分为”“总评为”文字后以及选择“院系”文字，在“插入合并域”中选择对应的选项，操作完成后主文档显示如图 4-54 所示。

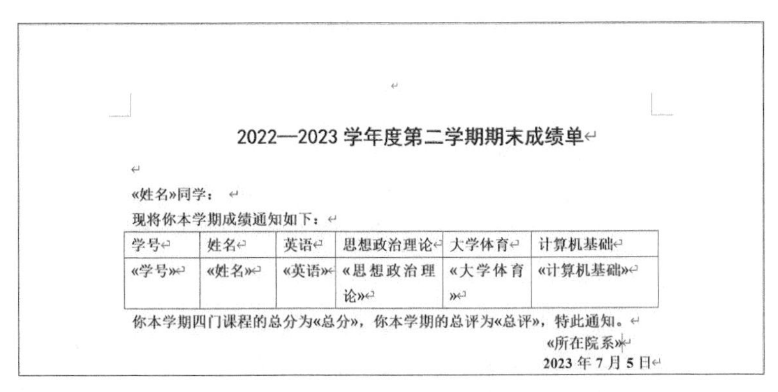

2022—2023 学年度第二学期期末成绩单

«姓名»同学：

现将你本学期成绩通知如下：

| 学号 | 姓名 | 英语 | 思想政治理论 | 大学体育 | 计算机基础 |
| --- | --- | --- | --- | --- | --- |
| «学号» | «姓名» | «英语» | «思想政治理论» | «大学体育» | «计算机基础» |

你本学期四门课程的总分为«总分»，你本学期的总评为«总评»，特此通知。

«所在院系»

2023 年 7 月 5 日

**图 4-54　插入合并域**

⑤单击“邮件”选项卡“完成”组中的“完成并合并”下拉按钮，在其下拉列表中选择“编辑单个文档”命令，打开“合并到新文档”对话框，选择“全部”单选按钮，如图 4-55 所示，单击“确定”按钮，完成邮件合并操作。

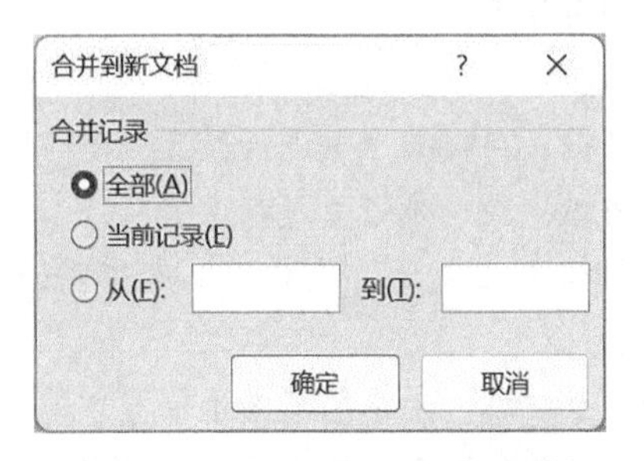


**图 4-55　“合并到新文档”对话框**

⑥邮件合并完成后，系统自动生成一个名为“信函 1”的 Word 文档，显示每位学生的个人期末成绩单，如图 4-56 所示，保存该文档。

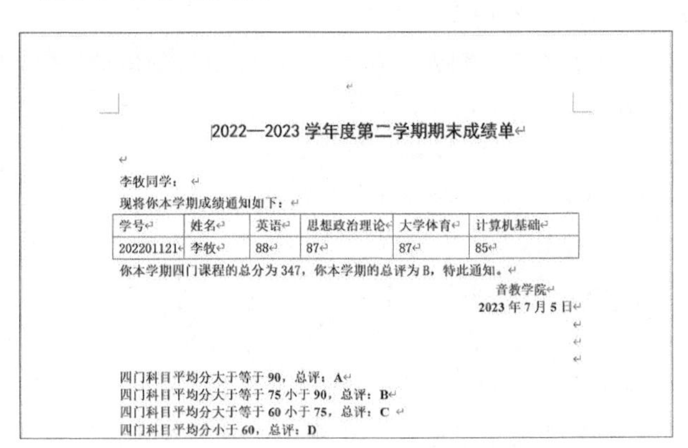

2022—2023 学年度第二学期期末成绩单

李牧同学：

现将你本学期成绩通知如下：

| 学号 | 姓名 | 英语 | 思想政治理论 | 大学体育 | 计算机基础 |
| --- | --- | --- | --- | --- | --- |
| 202201121 | 李牧 | 88 | 87 | 87 | 85 |

你本学期四门课程的总分为 347，你本学期的总评为 B，特此通知。

音教学院

2023 年 7 月 5 日

四门科目平均分大于等于 90，总评：A
四门科目平均分大于等于 75 小于 90，总评：B
四门科目平均分大于等于 60 小于 75，总评：C
四门科目平均分小于 60，总评：D

**图 4-56　“李牧”成绩单**

Word 中邮件合并的目的是简化重复性的工作，其原理是将要批量制作或发送的文档中相同的部分存储在 Word 文档中，称其为主文档，将不同的部分存储在 Excel 文档中，称其为数据源。

通常用于批量制作信函、信封、标签、准考证、通知单、通信录以及邀请函等，利用邮件合并功能可提高文件的制作效率。

# 习　题

## 一、单选题

1. Word 是办公系列软件 Microsoft Office 中的一个组件，其主要功能是（　　）。

A. 图形图像处理　　B. 文字和表格处理

C. 数据库管理　　D. 网络管理

2. 下列不属于 Word 文档视图的是（　　）。

A. 阅读版式视图　　B. 放映视图　　C. Web 版式视图　　D. 大纲视图

3. 在 Word 文档中，以下不可直接操作的是（　　）。

A. 录制屏幕操作视频　　B. 插入 Excel 图表

C. 插入 SmartArt　　D. 屏幕截图

4. 在文档中有一个占用 3 页篇幅的表格，如需将这个表格的标题行都出现在各页面首行，最佳操作方法是（　　）。

A. 将表格的标题行复制到另外两页中

B. 利用“重复标题行”功能

C. 打开“表格属性”对话框，在列属性中进行设置

D. 打开“表格属性”对话框，在行属性中进行设置

5. 某校毕业论文格式要求目录和正文的页码分别采用不同的格式，且均从第 1 页开始，以下 Word 排版中最优的操作方式是（　　）。

A. 在目录和正文之间插入分节符，在不同的节中设置不同的页码

B. 在目录与正文之间插入分页符，在分页符前后设置不同的页码

C. 将目录和正文分别存在两个文档中，分别设置页码

D. 在目录页插入一次页码，然后在正文中插入一次页码

6. 下列关于 Word 制表的说法中不正确的是（　　）。

A. 采用“自动套用表格格式”制表，每一列的宽度一定相同，要做调整只能采用合并或拆分单元格的方法

B. 表格线可以手工绘制且线的粗细和颜色均能改变

C. 对表格的数据可以进行求和、求绝对值、求平均值等运算

D. 表格的数据可以进行排序

7. 在文档中插入图片的默认环绕方式是（　　）。

A. 四周型环绕　　B. 嵌入型　　C. 紧密型环绕　　D. 穿越型环绕

8. 下列关于 Word 中页眉与页脚的说法错误的是（　　）。

A. 勾选“页眉和页脚”选项卡“选项”组中的“奇偶页不同”复选框，可实现偶数页的页脚显示页码，而奇数页的页脚不显示页码

B. 页码的起始页从第一页开始

C. 可以在页眉处添加时间和日期，并且还可以设置为“自动更新”时间和日期

D. 图片可以添加到页眉和页脚处

9. 下列有关样式的说法错误的是（　　）。

A. 样式分为两种，一种是 Word 内置样式，一种是用户自定义样式

B. 格式刷的作用是复制一个位置的样式然后将其应用到另一个位置

C. 用户不可以自定义样式，只能使用 Word 自带的样式

D. 不同的作用可以定义成不同的样式，如“标题”样式、“明显强调”样式等

10. 在 Word 中，邮件合并功能支持的数据源不包括（　　）。

A. Word 数据源　　B. Excel 工作表

C. PowerPoint 演示文稿　　D. HTML 文件

**二、判断题**

1. 在 Word 文档中插入一张图片出现显示不全时，可以通过设置图片所在段落的行距为“1.5 倍行距”使其全部显示。（　　）

2. 在 Word 中，可以将文字和表格自由地进行相互转化。（　　）

3. Word 中可以通过“创建链接”方式实现多个文本框之间文本的联动显示。（　　）

4. Word 文档中使用了一种字体，将其复制到一台没有安装该字体的计算机上，则该字体一定显示不了。（　　）

5. 在 Word 中，双行合一和合并字符的功能相同。（　　）

# 第 5 章
# 电子表格处理软件

Excel 是办公自动化软件又一核心组件，支持大量数据的输入与存储、执行复杂的计算任务、对表格数据进行分析与汇总以及以图形方式直观形象地呈现表格数据变化。本章主要论述 Excel 2021 基础知识与使用方法，包括工作表基本操作、数据图表、公式与函数、数据管理与分析、数据透视表与透视图以及数据有效性与保护设置等内容，要求熟练掌握 Excel 表格处理的相关操作，满足日常数据存储与管理的需要。

## 5.1　Excel 2021 概述与基本操作

### 5.1.1　Excel 2021 功能与界面

Excel 是一种专门用于数据处理和报表制作的应用程序，主要用于日常的数据处理与统计工作，包括日程表、财务报表、年度汇总表、销售统计表、公司数据管理表以及各种统计图表等。该软件具有强大的数据存储、计算、分析、统计、管理和共享功能，支持多人协同工作，能轻松、快捷地完成各种复杂的数据处理。

**1. Excel 基本组成**

构成 Excel 的三大元素有工作簿、工作表和单元格。每个 Excel 文件称为一个工作簿，是存储与处理数据的文件，其扩展名为“.xlsx”，由若干个工作表组成，默认状态下只有 1 张工作表。工作表即电子表格，是构成工作簿的主要元素，使用工作表可以编辑、分析与统计数据，一个工作簿可有 255 张工作表。单元格即由行号与列标所对应的小方格，是工作表的基本组成单位，也是工作簿中存储与显示数据的最小单元，每张工作表最多可包含 1 048 576×16 384 个单元格。

**2. Excel 2021 窗口界面**

启动 Excel 2021 应用程序后，可以看到其窗口界面与 Word 窗口界面非常相似，都有快速访问工具栏、标题栏、搜索栏、功能选项卡、功能区和状态栏等。但其不同之处在于：一是 Word 的文档编辑区在 Excel 中变成了数据编辑区；二是在数据编辑区上方与功能区下方增加了编辑栏；三是数据编辑区周围增加了行号、列标和工作表标签。其窗口界面如图 5-1 所示。

（1）编辑栏

编辑栏位于整个数据编辑区的上方，由“名称框”“工具框”“编辑框”三部分组成，其中，“名称框”用于显示当前单元格的名称；“工具框”包含“取消”按钮×、“输入”按钮✔和“插入函数”按钮$f_x$，前两种按钮只有在单元格输入数据时才会自动显示；“编辑框”用于当前单元格中值或公式的输入与编辑。

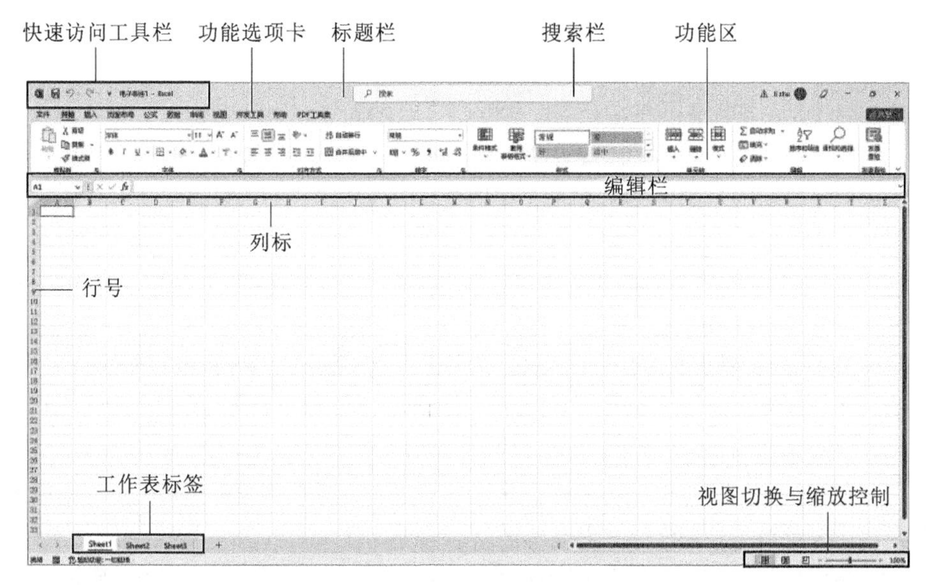


**图 5-1　Excel 2021 窗口界面**

（2）行号与列标

行号与列标分别与 Word 中的水平标尺与垂直标尺的位置相同，行号位于数据编辑区的左侧，以阿拉伯数字标记，列标位于数据编辑区的上方，以英文字母标记。

（3）数据编辑区

数据编辑区是 Excel 工作表中数据编辑的主要区域，由若干个单元格组成。通常受窗口界面的限制，系统只显示有限的单元格区域，要在数据编辑区中查看或编辑更多的单元格区域，可拖动水平滚动条和垂直滚动条。

（4）工作表标签

工作表标签包含“工作表切换按钮栏”、“表标签”和“插入工作表”按钮。其中，“工作表切换按钮栏”用于快速切换到上一张或下一张工作表。“表标签”即工作表的名字，每个工作簿中默认包含一张工作表的标签名为“Sheet1”，如果工作簿中有多张工作表，单击表标签可切换到对应的工作表。“插入工作表”按钮则用于创建新工作表。

## 5.1.2　工作表的基本操作

电子表格处理软件 Excel 的基本功能是数据存储与计算，要灵活使用该软件，首先需掌握 Excel 工作表的基本操作，包括软件启动与退出、工作表数据输入与编辑以及单元格数据选定。

### 1. Excel 2021 启动与退出

与 Word 类似，启动 Excel 应用程序的操作方法有以下两种。

**方法 1：**单击 Windows“开始”按钮，选择“程序”→ Microsoft Office → Microsoft Excel 2021 命令，启动 Excel 2021 应用程序。

**方法 2：**双击桌面上 Excel 2021 应用程序的快捷方式图标，快速启动 Excel 2021 应用程序。

退出 Excel 2021 应用程序的操作方法有以下两种。

**方法 1：**单击应用程序右上角的“关闭”按钮。

**方法 2：**单击“文件”选项卡，在其窗口左侧区域选择“关闭”选项。

**2. 工作表数据输入**

（1）输入数据

存储数据是 Excel 工作表的基本功能，它支持多种不同类型数据的输入，常见的数据类型有数值类型、文本类型、日期类型和时间类型四种。用户选定空白单元格，在单元格中输入数据或者在编辑栏中输入数据，当数据输入完成后，按【Enter】键、【Tab】键或使用光标移动键中的上箭头【↑】、下箭头【↓】、左箭头【←】、右箭头【→】，完成数据输入，并转至相邻单元格。

①数值类型：指参与算术运算的数字，该类型数据输入单元格中，其默认的对齐方式为右对齐。若要在单元格中输入分数，应在分数前加“0”并用空格隔开以示区别，如要输入“2/3”，应在单元格中输入“0 2/3”。

②文本类型：指字符文本，包含中文汉字、英文字母和拼音符号等，该类型数据输入单元格中，其默认的对齐方式为左对齐。若要在单元格中输入文本类型的数字，如编号、学号、电话号码和身份证号码等，可将单元格设置为文本型后再输入数字，或者先输入英文单引号“'”后再输入数字，此时单引号不会显示在数字前。

③日期类型：Excel 工作表中默认的日期格式为“年 / 月 / 日”，也支持其他日期格式。通常用户在输入日期时，可使用斜杠“/”或短横线“-”分隔日期的年月日，如“2022 年 4 月 8 日”，可输入“2022/4/8”或“2022-4-8”，在“设置单元格格式”对话框的“数字”选项卡中，如图 5-2 所示，设置“日期”类型的显示格式。

图 5-2 “设置单元格格式”对话框

④时间类型：在单元格中输入时间采用 24 小时制，如“下午 4 时 30 分 45 秒”，输入格式为“16:30:45”，除了这种默认的时间格式外，用户也可在“设置单元格格式”对话框的“数字”选项卡中，设置“时间”类型的显示格式。

（2）自动填充数据

Excel 单元格中不仅可输入不同类型的数据，还可使用自动填充功能快速输入相同的数据或有规律的数据。自动填充功能包括填充相同数据、序列数据、有序数据以及自定义序列数据。

①填充相同数据：选择数据单元格，其右下角会出现一个小绿点（即填充柄），将光标移动到填充柄上且光标变成十字形状时，按住鼠标并向下或向右拖动填充柄，可将该单元格中的

数据复制到同一列或同一行单元格中。

②填充序列数据：选择数据单元格，光标移至单元格右下角，向下或向右拖动填充柄，填充完毕后释放鼠标，此时终止单元格的右下角会出现“自动填充选项”按钮，单击该按钮，在其下拉列表中选择“填充序列”选项，可按序列填充单元格数据。

默认情况下，填充的序列是步长为 1 的等差序列，要将填充的序列设置为步长为 2 的等差序列或者等比序列，可选择填充的单元格区域后，单击“开始”选项卡“编辑”组中的“填充”下拉按钮填充，在其下拉列表中选择“系列”命令，打开“序列”对话框，如图 5-3 所示，在“类型”栏中选择一种序列，在“步长值”编辑框中输入相应的数值，单击“确定”按钮，将以第一个单元格中数据为标准，按照指定的等差或等比序列重新填充该列单元格中数据。

③填充有序日期数据：对于有规律的日期数据，如月份（一月、二月、三月、……、十二月）、季度（第一季、第二季、第三季、第四季）、星期（星期一、星期二、……、星期日）和时辰（子、丑、寅、……、亥），在单元格中输入某组日期序列中的任意一个数据，拖动填充柄可在同一列或同一行单元格中填充该组日期序列数据。

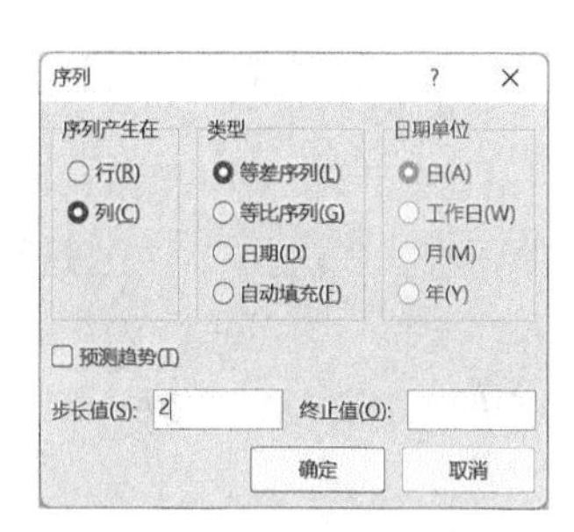

图 5-3　“序列”对话框

单元格中数据是以年月日格式输入的日期，也可以建立日期序列，如在单元格中输入“2023/4/8”“2023-4-8”或“2023 年 4 月 8 日”，将光标移至该单元格右下角，向下或向右拖动填充柄，系统会默认在该日期的基础上以步长为 1 的日期序列填充该列或行单元格，用户也可在“序列”对话框中，设置日期序列的步长值。

④填充自定义序列数据：Excel 允许用户根据需要自定义有规律的数据，与填充有序日期数据方法相同，在单元格中填充自定义的序列数据。如自定义序列“中性笔、记事本、打印纸、文件夹、固体胶、长尾夹”数据，可单击“文件”选项卡，单击窗口左侧区域中的“选项”选项，打开“Excel 选项”对话框，在对话框左侧区域选择“高级”选项，同时将右侧区域中的滚动条拖到底部，单击“编辑自定义列表”按钮，如图 5-4 所示，打开“自定义序列”对话框，在对话框左侧区域“自定义序列”列表框中选择“新序列”，在右侧区域“输入序列”列表框中输入序列数据，并以换行方式或英文逗号分隔开每个数据，如图 5-5 所示，单击“确定”按钮，创建自定义序列。

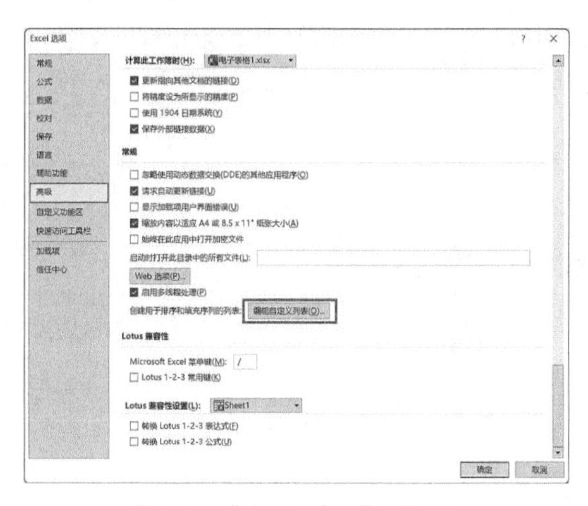
图 5-4　“Excel 选项”对话框

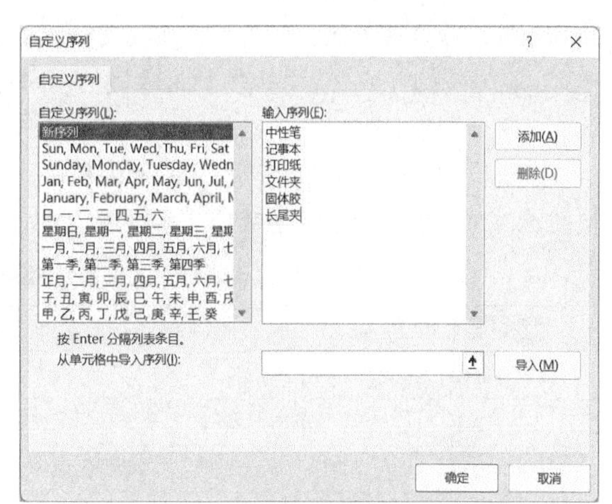

图 5-5　“自定义序列”对话框

### 3. 单元格数据选定

在 Excel 中要对单元格进行任何操作，需先选择指定的单元格或单元格区域，常见的选定单元格区域的操作方法主要有手动选定、自动选定、单元格位置引用、行或列选定以及快捷键选定。

（1）手动选定

手动选定单元格区域即通过鼠标选定单元格区域。选择某个单元格后，拖动鼠标至目标单元格，释放鼠标，选定单元格区域。

（2）自动选定

自动选定单元格区域即通过编辑栏中名称框选定单元格区域。在窗口界面“编辑栏”区域“名称框”中输入要选择的连续单元格区域地址，如“A1:M100”（单元格地址不区分大小写），如图 5-6 所示，按【Enter】键，选定单元格区域。

（3）单元格位置引用

单元格位置引用即通过 Excel 转到功能定位单元格区域。单击“开始”选项卡“编辑”组中的“查找和选择”下拉按钮，在其下拉列表中选择“转到”命令（或按【Ctrl+G】快捷键），打开“定位”对话框，如图 5-7 所示，在“引用位置”编辑框中输入需要定位的单元格或单元格区域地址，如“A1”或“A1:M100”，单击“确定”按钮，选定相应的单元格或单元格区域。

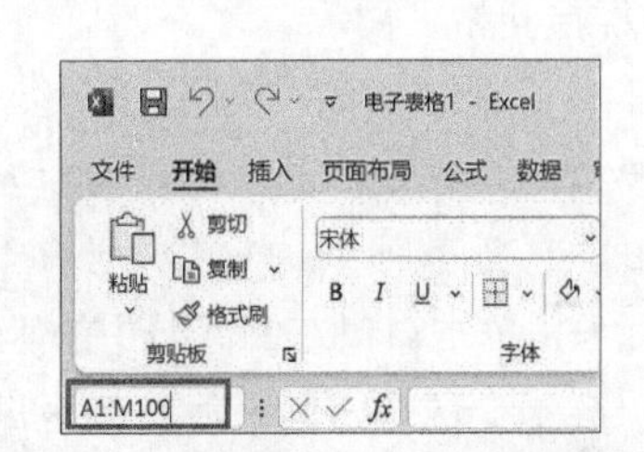


图 5-6 “名称框”中输入单元格区域

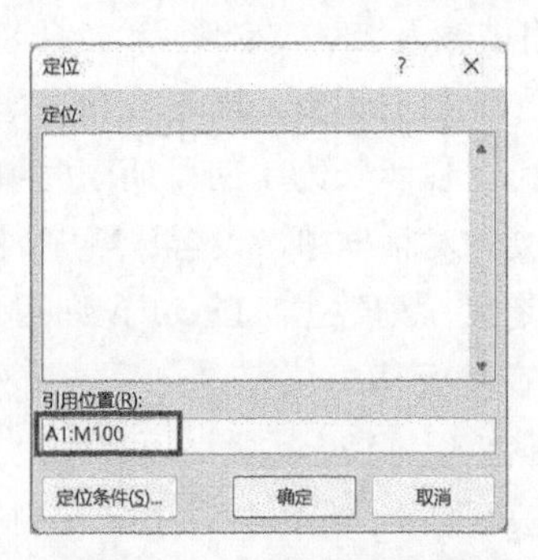


图 5-7 “定位”对话框

（4）行或列选定

行或列选定单元格区域即通过选定整行或整列、多行或多列来选定单元格区域。将光标移动到行号或列标处，当光标变为右箭头或下箭头形状时，单击可选择行或列。拖动鼠标至目标行号或列标处，或选择起始行或列后，按住【Shift】键的同时选择目标行或列，可选定连续的多行或多列。选择起始行或列后，按住【Ctrl】键的同时选择其他行或列，则可选定不连续的多行或多列。

（5）快捷键选定

Excel 提供了一些快捷键用于单元格和单元格区域的选定，见表 5-1，选定某单元格后使用快捷键，可快速选定单元格或单元格区域。

表 5-1 选定单元格和单元格区域的快捷键

| 快捷键 | 功 能 |
| --- | --- |
| 【Ctrl+Home】 | 选定 A1 单元格 |
| 【Ctrl+A】 | 选定当前单元格所在的整个数据区域 |
| 【Ctrl+ ↑】 | 选定当前单元格垂直方向数据区域的起始单元格 |
| 【Ctrl+ ←】 | 选定当前单元格水平方向数据区域的起始单元格 |

续表

| 快捷键 | 功　能 |
| --- | --- |
| 【Shift+ ↑】 | 选定当前单元格与其上方相邻单元格（单击一次向上多增加一个相邻单元格） |
| 【Shift+ ←】 | 选定当前单元格与其左侧相邻单元格（单击一次向左多增加一个相邻单元格） |
| 【Ctrl+Shift+ ↑】 | 选定当前单元格上方的所有连续的单元格（只限单元格垂直方向） |
| 【Ctrl+Shift+ ←】 | 选定当前单元格左侧的所有连续的单元格（只限单元格水平方向） |
| 【Ctrl+End】 | 选定当前单元格所在数据区域中右下角的单元格 |
| 【Ctrl+Shift+*】 | 选定当前单元格所在的整个数据区域 |
| 【Ctrl+ ↓】 | 选定当前单元格垂直方向数据区域的终结单元格 |
| 【Ctrl+ →】 | 选定当前单元格水平方向数据区域的终结单元格 |
| 【Shift+ ↓】 | 选定当前单元格与其下方相邻单元格（单击一次向下多增加一个相邻单元格） |
| 【Shift+ →】 | 选定当前单元格与其右侧相邻单元格（单击一次向右多增加一个相邻单元格） |
| 【Ctrl+Shift+ ↓】 | 选定当前单元格下方的所有连续的单元格（只限单元格垂直方向） |
| 【Ctrl+Shift+ →】 | 选定当前单元格右侧的所有连续的单元格（只限单元格水平方向） |

#### 4. 工作表数据编辑

在 Excel 工作表中输入数据后，经常会出现因输入有误需要对其进行编辑的情况，常见的编辑操作有修改数据、移动数据、复制数据、查找与替换数据以及删除数据，其具体操作方法与 Word 中文档的编辑操作类似。

（1）修改数据

Excel 工作表中的数据要准确，对于有误的数据需要及时修改。修改单元格数据的常用方法有以下三种。

**方法 1：**选择要修改的单元格后直接输入数据，可替换单元格中原先的数据。

**方法 2：**双击要修改的单元格，将插入点标记定位到单元格中，选择需要修改的数据并输入新数据，可选择性地修改单元格中数据。

**方法 3：**选择要修改的单元格，将光标定位到编辑栏中，选择需要修改的数据并输入新数据，按【Enter】键确认修改。

（2）移动与复制数据

在对工作表数据进行编辑过程中，利用移动与复制功能可提高数据的编辑效率。移动单元格数据的常用方法有以下三种。

**方法 1：**选择要移动的单元格或单元格区域，将鼠标移动到单元格或单元格区域的黑色边框线上，当光标变为四箭头形状时，拖动鼠标至目标位置。

**方法 2：**选择要移动的单元格或单元格区域，单击“剪贴”按钮，然后在目标单元格处单击“粘贴”按钮。

**方法 3：**选择要移动的单元格或单元格区域，按【Ctrl+X】快捷键，然后在目标单元格处按【Ctrl+V】快捷键。

复制单元格数据的操作方法与移动单元格数据类似，可通过鼠标移动与快捷操作命令实现，具体操作方法有以下三种。

**方法 1：**选择要复制的单元格或单元格区域，按住【Ctrl】键的同时将鼠标移动到单元格或单元格区域的黑色边框线上，当光标变为空心箭头与加号形状时，拖动鼠标至目标位置处，释

放鼠标和【Ctrl】键。

**方法 2**：选择要复制的单元格或单元格区域，单击“复制”按钮，然后在目标单元格处单击“粘贴”按钮。

**方法 3**：选择要复制的单元格或单元格区域，按【Ctrl+C】快捷键，然后在目标单元格处按【Ctrl+V】快捷键。

（3）查找与替换数据

对于存储有大量数据的工作表，要查看与修改其中特定的数据，可利用查找与替换功能快速定位到相应单元格，并将单元格中数据替换为其他数据，从而提高数据编辑效率。单击“开始”选项卡“编辑”组中的“查找和选择”下拉按钮，在其下拉列表中选择“查找”或“替换”命令，在打开的“查找和替换”对话框中，设置查找内容与替换内容。

（4）删除数据

要删除工作表中错误的数据或不需要的数据，可选定单元格对象后，按【Delete】键或【Backspace】键，也可右击单元格后，在弹出的快捷菜单中选择“清空内容”命令，删除单元格中数据。

### 5.1.3 工作表的编辑与格式化

为了使工作表更加规范、美观且便于理解，在输入与编辑完数据后，还需进一步对工作表进行编辑与格式化操作，包括插入、删除、隐藏、重命名、移动与复制工作表，设置单元格对齐，设置数字格式，编辑表格格式以及调整行高与列宽，等等。

#### 1. 插入与删除工作表

通常 Excel 工作簿中默认有三张工作表，用户可自行添加新工作表。插入工作表的常用方法有以下三种。

**方法 1**：单击表标签处的“插入工作表”按钮⊕，在当前工作表后插入一张空白工作表。

**方法 2**：右击表标签，在弹出的快捷菜单中选择“插入”命令，打开“插入”对话框，在“常用”选项卡或“电子表格方案”选项卡中，选择需要的工作表，单击“确定”按钮，在当前工作表前插入一张新工作表。

**方法 3**：单击“开始”选项卡“单元格”组中的“插入”下拉按钮，在其下拉列表中选择“插入工作表”命令，在当前工作表前插入一张空白工作表。

有时为了让工作簿更加简洁，需要将多余或有错的工作表删除。删除工作表的操作方法与插入工作表类似，常用方法有以下两种。

**方法 1**：右击表标签，在弹出的快捷菜单中选择“删除”命令，删除当前工作表。

**方法 2**：单击“开始”选项卡“单元格”组中的“删除”下拉按钮，在其下拉列表中选择“删除工作表”命令，删除当前工作表。

#### 2. 隐藏与重命名工作表

在包含有多张工作表的工作簿中，用户可根据需要隐藏和重命名工作表，以便更有利于工作表的编辑与管理。隐藏与重命名工作表的常用方法有以下两种。

**方法 1**：右击表标签，在弹出的快捷菜单中选择“隐藏”命令或“重命名”命令，隐藏或重命名工作表。

**方法 2**：单击“开始”选项卡“单元格”组中的“格式”下拉按钮，在其下拉列表中选择“隐藏和取消隐藏”→“隐藏工作表”命令或“重命名工作表”命令，隐藏或重命名工作表。

隐藏的工作表还可通过“取消隐藏”或“取消隐藏工作表”命令再次恢复显示。

**3. 移动与复制工作表**

在工作簿编辑过程中，有时需要在同一工作簿中对工作表进行移动或复制，有时需要在不同工作簿中对工作表进行移动或复制。其中，前者可利用鼠标操作与“移动或复制工作表”命令完成，后者只能通过“移动或复制工作表”命令完成。在同一工作簿中移动与复制工作表的常用方法有以下三种。

**方法 1**：将鼠标移动到表标签上，单击工作表并拖动至目标位置，移动当前工作表。单击工作表的同时按住【Ctrl】键并拖动至目标位置后，释放鼠标和【Ctrl】键，复制当前工作表。

**方法 2**：右击表标签，在弹出的快捷菜单中选择“移动或复制工作表”命令，打开“移动或复制工作表”对话框，如图 5-8 所示，选择工作表移动的目标位置，移动当前工作表，若勾选“建立副本”复选框，则复制当前工作表。

**方法 3**：单击“开始”选项卡“单元格”组中的“格式”下拉按钮，在其下拉列表中选择“移动或复制工作表”命令，后续操作同方法 2，移动和复制当前工作表。

在不同工作簿中移动与复制工作表的操作只能通过“移动或复制工作表”对话框实现，其具体操作方法与在同一工作簿中移动与复制工作表不同的是，用户需在“工作簿”选项中明确选定目标工作簿。

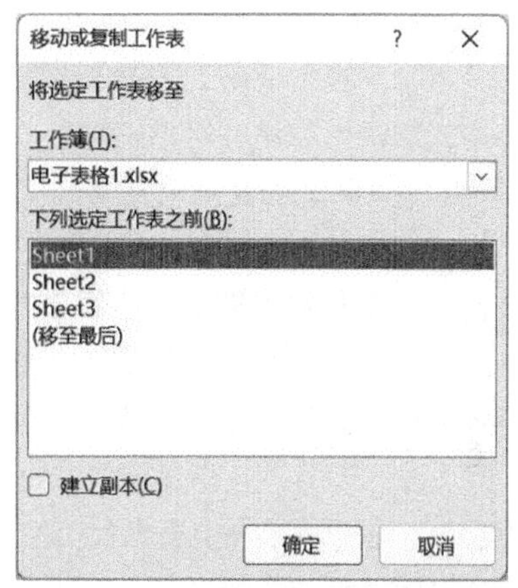


**图 5-8　“移动或复制工作表”对话框**

**4. 设置单元格对齐**

与 Word 表格一样，用户在对 Excel 工作表进行格式化编辑操作时，可将多个单元格合并成一个单元格，同时也可设置单元格数据的对齐方式，以满足数据的特殊显示与单元格格式设置。单击“开始”选项卡“对齐方式”组中的操作命令按钮，可设置表格对齐格式，包括单元格对齐、文字方向、自动换行、单元格合并以及增减缩进量。

（1）单元格对齐

Excel 的“对齐方式”组中提供有“顶端对齐”、“垂直居中”、“底端对齐”、“左对齐”、“居中”和“右对齐”六种对齐操作命令按钮，用于单元格数据的对齐排版。

（2）文字方向

Excel 允许用户根据需要调整单元格中文字方向，并在“对齐方式”组中提供有“逆时针角度”“顺时针角度”“竖排文字”“向上旋转文字”“向下旋转文字”五种旋转操作选项，用于设置单元格中文字的特殊显示。

（3）自动换行

在 Excel 单元格中输入文本数据时，由于单元格所在列宽固定，会出现文本过长而溢出至相邻空白单元格中或文本显示不完全的问题，而自动换行则可使文本以多行方式显示，实现单元格中所有文本内容的可见。

（4）单元格合并

单元格合并是表格编辑中常见操作，Excel“对齐方式”组中提供有“合并后居中”“跨越合并”“合并单元格”“取消单元格合并”四种合并选项，可合并或取消合并多个单元格。其中，“跨越合并”功能是将选定的多个单元格分别以行的方式进行合并，而不进行列合并。

（5）增减缩进量

与Word段落缩进排版类似，Excel也可进行单元格缩进设置，Excel"对齐方式"组中提供有"减少缩进量"和"增加缩进量"两种设置缩进量的操作命令按钮，用于减小和增大单元格边框与文字间的间距。

另外，单击"对齐方式"组中的"扩展"按钮，打开"设置单元格格式"对话框"对齐"选项卡，也可对表格中单元格进行对齐方式、文字方向与缩进量的设置。

**5. 设置数字格式**

Excel允许用户在单元格中输入数值类型数据后，再对数据格式进行设置，包括添加货币符号、百分号、千位分隔符、小数位数以及自定数字格式，如￥4800.34、480034%、4,800.34。设置数字格式的常用方法有以下三种。

**方法1**：选择数据单元格，单击"开始"选项卡"数字"组中的"会计数字格式"按钮、"百分比样式"按钮%、"千位分隔样式"按钮,、"增加小数位数"按钮、"减少小数位数"按钮，将数据转换为会计数字格式、百分比和千位分隔符等格式。

**方法2**：选择数据单元格，单击"开始"选项卡"数字"组中的"扩展"按钮，打开"设置单元格格式"对话框"数字"选项卡，设置单元格中数据的类型与格式。

**方法3**：右击数据单元格，在弹出的快捷菜单中选择"设置单元格格式"命令，后续操作同方法2，设置单元格中数据的类型与格式。

**6. 编辑表格格式**

Excel中提供了多种表格样式和单元格样式，应用样式可对工作表格式进行快速设置，以使表格更加美观，内容更加清晰明了，软件也支持用户根据个人需要自定义表格的边框与底纹。编辑表格格式的常用方法有以下四种。

**方法1**：选择表格，单击"开始"选项卡"样式"组中的"套用表格格式"下拉按钮，在其下拉列表中选择一种表格样式，应用表格样式。

**方法2**：选择单元格，单击"开始"选项卡"样式"组中的"单元格样式"下拉按钮，在其下拉列表中选择一种单元格样式，应用单元格样式。

**方法3**：选择表格，单击"开始"选项卡"字体"组中的"边框"下拉按钮（"填充"下拉按钮），在其下拉列表中选择边框线（填充颜色），设置表格边框与底纹。

**方法4**：右击单元格，在弹出的快捷菜单中选择"设置单元格格式"命令，打开"设置单元格格式"对话框，选择"边框"选项卡，设置边框线条样式和颜色，选择"填充"选项卡，设置纯色、渐变颜色或图案样式底纹填充效果。

**7. 调整行高与列宽**

适当调整单元格的行高与列宽，可使表格布局更加合理。在单元格输入数据时，通常输入的文本内容超过了所在单元格的列宽，文本内容将被延伸至相邻的空白单元格中，如果相邻单元格中有数据，那么文本内容将被截断，而输入的数据长度超出限制，单元格中将以多个"######"字符显示。调整行高与列宽的常用方法有以下三种。

**方法1**：将光标移至行号或列标的交界线处，当光标变为上下或左右双向箭头状时，拖动鼠标，调整行高或列宽。

**方法2**：右击行或列，在弹出的快捷菜单中选择"行高"或"列宽"命令，在打开的"行高"或"列宽"对话框中设置数值，调整行高或列宽。

**方法3**：选择行或列中任意单元格，单击“开始”选项卡“单元格”组中的“格式”下拉按钮，在其下拉列表中选择“行高”或“列宽”命令，在打开的“行高”或“列宽”对话框中设置数值，调整行高或列宽。

### 5.1.4　条件格式设置

Excel提供了条件格式功能，通过对表格数据设置不同的条件格式，使数据在满足条件时显示对应的格式，从而更直观地呈现数据。利用条件格式可以突出某个范围的数据、标记重要数据、查找重复数据、以条形图方式显示数据大小以及用图标标记数据等。

**1. 条件格式**

条件格式是分析Excel数据的常用手段之一，它不仅可通过建立突出显示单元格规则（如大于、小于、介于、等于、文本包含、发生日期或重复值）和项目选取规则（如值最大/最小的10项、值最大/最小的10%项、高于平均值或低于平均值）突出显示特定的数据，还可根据条件使用数据条、色阶和图标集突出显示数据单元格，从而方便查看数据。

条件格式中的数据条通过条形图分析单元格区域中数据的数值大小，数据条越长，代表数值越高，数据条越短，代表数值越低。色阶通过不同颜色的深浅度分析单元格区域中数据的数值大小，颜色越深，代表数值越高，颜色越浅，代表数值越低。图标集则通过不同的图标显示分析单元格区域中数据的数值大小，图标集分为方向、形状、标记和等级四个类别，每个类别又根据数值大小分为3~5个级别，每个级别对应的图标均代表一个数据范围。

**2. 设置条件格式**

Excel为用户提供了很多常用的条件格式，选定单元格区域后，单击“开始”选项卡“样式”组中的“条件格式”下拉按钮 条件格式 ，在其下拉列表中选择所需选项，可快速进行条件格式的设置。“条件格式”下拉列表可分为三部分：第一部分包括“突出显示单元格规则”和“项目选取规则”；第二部分包括“数据条”“色阶”“图标集”，供用户快捷设置；第三部分包括“新建规则”“清除规则”“管理规则”，供用户自定义设置。

**3. 删除条件格式**

要删除已有的条件格式，只需清除单元格中设置的规则即可。选择单元格或单元格区域，单击“条件格式”下拉按钮，在其下拉列表中选择“清除规则”→“清除所选单元格的规则”命令或“清除整个工作表的规则”命令，删除条件格式。

**例5.1**　陈睿同学要制作一份图5-9所示的班级学生体温检测数据统计表，其利用Excel通过执行以下操作完成数据表制作。

**步骤一**：输入数据

打开Excel 2021工作簿，在Sheet1工作表中输入源数据，如图5-10所示，其中“序号”列数据以序列方式填充。

**步骤二**：设置行高与列宽

①右击第一行，在弹出的快捷菜单中选择“行高”命令，打开“行高”对话框，设置数值100。

②使用相同操作方法，将表格中第二行的行高设为22，其余行的行高设为20，将A列和D列的列宽设为10，其余列的列宽均设为14。

**步骤三**：合并与对齐单元格

①选择A1:G1单元格区域，单击“开始”选项卡“对齐方式”组中的“合并后居中”下拉按钮 合并后居中 ，在其下拉列表中选择“合并单元格”命令，将选定的多个单元格合并为一个单元格。

班级学生体温检测数据统计

——2022年5月26日

| 序号 | 学号 | 姓名 | 性别 | 红外体温 | 预警级别 | 备注 |
|---|---|---|---|---|---|---|
| 1 | 2020015201 | 肖维佳 | 女 | 35.9 | | |
| 2 | 2020015202 | 王金桥 | 男 | 36.4 | | |
| 3 | 2020015203 | 丁麦 | 女 | 36.9 | | |
| 4 | 2020015204 | 梁思义 | 男 | 37.1 | | |
| 5 | 2020015205 | 刘晨 | 男 | 36.3 | | |
| 6 | 2020015206 | 李翔 | 男 | 37.1 | | |
| 7 | 2020015207 | 吴智妍 | 女 | 36.6 | | |
| 8 | 2020015208 | 廖嘉月 | 女 | 37.8 | | |
| 9 | 2020015209 | 杨木伊 | 女 | 36.5 | | |
| 10 | 2020015210 | 覃小萍 | 女 | 35.9 | | |
| 11 | 2020015211 | 张子萱 | 女 | 36.0 | | |
| 12 | 2020015212 | 王雪梵 | 女 | 36.9 | | |
| 13 | 2020015213 | 李长欣 | 女 | 36.7 | | |
| 14 | 2020015214 | 周子琳 | 女 | 36.5 | | |
| 15 | 2020015215 | 李家俊 | 男 | 37.5 | | |
| 16 | 2020015216 | 罗佳 | 男 | 36.1 | | |
| 17 | 2020015217 | 赵明钰 | 女 | 36.8 | | |
| 18 | 2020015218 | 吕倩倩 | 女 | 38.1 | | |
| 19 | 2020015219 | 秦东方 | 男 | 36.3 | | |
| 20 | 2020015220 | 刘莉 | 女 | 36.1 | | |
| 21 | 2020015221 | 卢生瑞 | 男 | 37.4 | | |
| 22 | 2020015222 | 张安琪 | 女 | 36.3 | | |
| 23 | 2020015223 | 张宇航 | 男 | 36.2 | | |

图 5-9 效果图

班级学生体温检测数据统计

| 序号 | 学号 | 姓名 | 性别 | 红外体温 | 预警级别 | 备注 |
|---|---|---|---|---|---|---|
| 1 | 2020015201 | 肖维佳 | 女 | 35.9 | | |
| 2 | 2020015202 | 王金桥 | 男 | 36.4 | | |
| 3 | 2020015203 | 丁麦 | 女 | 36.9 | | |
| 4 | 2020015204 | 梁思义 | 男 | 37.1 | | |
| 5 | 2020015205 | 刘晨 | 男 | 36.3 | | |
| 6 | 2020015206 | 李翔 | 男 | 37.1 | | |
| 7 | 2020015207 | 吴智妍 | 女 | 36.6 | | |
| 8 | 2020015208 | 廖嘉月 | 女 | 37.8 | | |
| 9 | 2020015209 | 杨木伊 | 女 | 36.5 | | |
| 10 | 2020015210 | 覃小萍 | 女 | 35.9 | | |
| 11 | 2020015211 | 张子萱 | 女 | 36.0 | | |
| 12 | 2020015212 | 王雪梵 | 女 | 36.9 | | |
| 13 | 2020015213 | 李长欣 | 女 | 36.7 | | |
| 14 | 2020015214 | 周子琳 | 女 | 36.5 | | |
| 15 | 2020015215 | 李家俊 | 男 | 37.5 | | |
| 16 | 2020015216 | 罗佳 | 男 | 36.1 | | |
| 17 | 2020015217 | 赵明钰 | 女 | 36.8 | | |
| 18 | 2020015218 | 吕倩倩 | 女 | 38.1 | | |
| 19 | 2020015219 | 秦东方 | 男 | 36.3 | | |
| 20 | 2020015220 | 刘莉 | 女 | 36.1 | | |
| 21 | 2020015221 | 卢生瑞 | 男 | 37.4 | | |
| 22 | 2020015222 | 张安琪 | 女 | 36.3 | | |
| 23 | 2020015223 | 张宇航 | 男 | 36.2 | | |
| 24 | 2020015224 | 罗晨瑜 | 男 | 36.8 | | |
| 25 | 2020015225 | 张政 | 男 | 37.7 | | |
| 26 | 2020015226 | 章茂林 | 男 | 38.1 | | |
| 27 | 2020015227 | 舒睿 | 女 | 36.9 | | |
| 28 | 2020015228 | 杨静涵 | 女 | 36.3 | | |
| 29 | 2020015229 | 蒋棋宇 | 男 | 37.1 | | |
| 30 | 2020015230 | 张秉怡 | 女 | 37.2 | | |
| 31 | 2020015231 | 孙璐 | 男 | 35.9 | | |
| 32 | 2020015232 | 甘甜 | 女 | 36.4 | | |
| 33 | 2020015233 | 刘佳怡 | 男 | 36.2 | | |
| 34 | 2020015234 | 夏国腾 | 男 | 36.0 | | |
| 35 | 2020015235 | 罗旻旻 | 男 | 36.1 | | |

图 5-10 源数据

②选择 A1:G37 单元格区域，单击“开始”选项卡“对齐方式”组中的“水平居中”按钮和“垂直居中”按钮，设置表格对齐格式。

**步骤四**：编辑表格文字

①选择 A1 单元格，单击“开始”选项卡“字体”组中的操作按钮，设置字体格式，将表格标题字体设为黑体、20 号、加粗。

②双击 A1 单元格或将光标定位于“编辑栏”中“编辑框”内的“班级学生体温检测数据统计”文字后，按【Alt+Enter】组合键，在光标处输入表格副标题“——2022 年 5 月 26 日”，为表格添加副标题。

③将副标题字体设为黑体、16 号、加粗，在副标题文字前适当添加空格，使表格标题显示更美观，如图 5-11 所示。

班级学生体温检测数据统计

——2022年5月26日

| 序号 | 学号 | 姓名 | 性别 | 红外体温 | 预警级别 | 备注 |
|---|---|---|---|---|---|---|
| 1 | 2020015201 | 肖维佳 | 女 | 35.9 | | |
| 2 | 2020015202 | 王金桥 | 男 | 36.4 | | |
| 3 | 2020015203 | 丁麦 | 女 | 36.9 | | |
| 4 | 2020015204 | 梁思义 | 男 | 37.1 | | |
| 5 | 2020015205 | 刘晨 | 男 | 36.3 | | |
| 6 | 2020015206 | 李翔 | 男 | 37.1 | | |
| 7 | 2020015207 | 吴智妍 | 女 | 36.6 | | |
| 8 | 2020015208 | 廖嘉月 | 女 | 37.8 | | |
| 9 | 2020015209 | 杨木伊 | 女 | 36.5 | | |
| 10 | 2020015210 | 覃小萍 | 女 | 35.9 | | |
| 11 | 2020015211 | 张子萱 | 女 | 36.0 | | |
| 12 | 2020015212 | 王雪梵 | 女 | 36.9 | | |
| 13 | 2020015213 | 李长欣 | 女 | 36.7 | | |
| 14 | 2020015214 | 周子琳 | 女 | 36.5 | | |
| 15 | 2020015215 | 李家俊 | 男 | 37.5 | | |
| 16 | 2020015216 | 罗佳 | 男 | 36.1 | | |
| 17 | 2020015217 | 赵明钰 | 女 | 36.8 | | |

图 5-11 编辑表格标题

④使用上述相同方法，选择 A2:D2 单元格区域，将单元格中字体设置为宋体、14 号、加粗。

**步骤五：**应用表格样式

选择 A2∶G37 单元格区域，单击“开始”选项卡“样式”组中的“套用表格格式”下拉按钮，在其下拉列表中选择一种表格样式，如图 5-12 所示，打开“创建表”对话框，如图 5-13 所示，单击“确定”按钮，套用选定的表格样式。

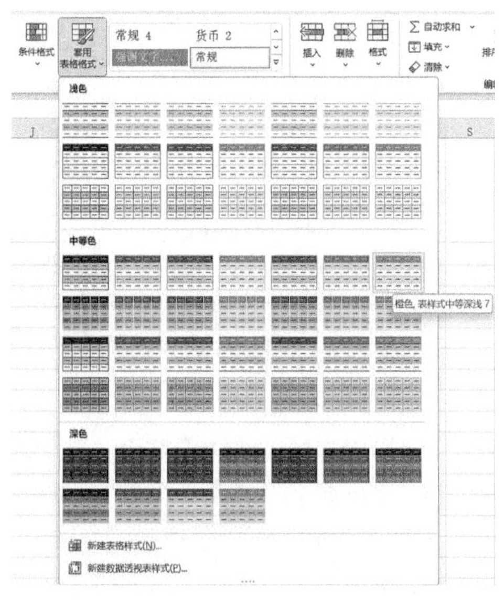

图 5-12　“套用表格格式”下拉列表

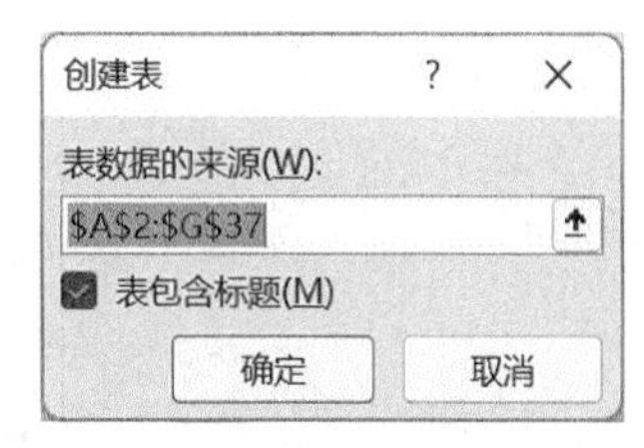


图 5-13　“创建表”对话框

**步骤六：**编辑表格边框

选择表格，单击“开始”选项卡“字体”组中的“边框”下拉按钮，在其下拉列表中选择“所有框线”命令，如图 5-14 所示，为表格添加内外边框。

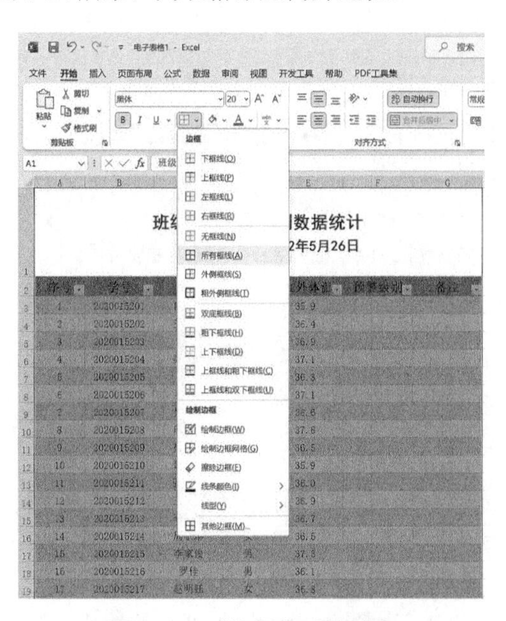

图 5-14　“边框”下拉列表

**步骤七**：设置条件格式

选择E列，单击“开始”选项卡“样式”组中的“条件格式”下拉按钮，在其下拉列表中选择“突出显示单元格规则”→“大于”命令，如图5-15所示，打开“大于”对话框，设置数值为“37.3”，自定义格式为“加粗、红色”，如图5-16所示，对红外体温列数据设置条件格式。

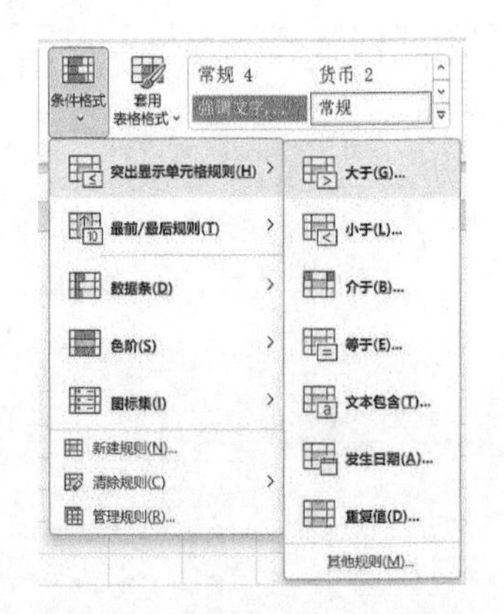


**图5-15　“条件格式”下拉列表**

**图5-16　“大于”对话框**

**步骤八**：格式刷复制格式

设置条件格式后，表格如图5-17所示，选择D2单元格，单击“开始”选项卡“剪贴板”组中的“格式刷”按钮，光标变为刷子状后单击E2单元格，快速复制格式。

班级学生体温检测数据统计

——2022年5月26日

| 序号 | 学号 | 姓名 | 性别 | 红外体温 | 预警级别 | 备注 |
|---|---|---|---|---|---|---|
| 1 | 2020015201 | 肖维佳 | 女 | 35.9 | | |
| 2 | 2020015202 | 王金桥 | 男 | 36.4 | | |
| 3 | 2020015203 | 丁麦 | 女 | 36.9 | | |
| 4 | 2020015204 | 梁思义 | 男 | 37.1 | | |
| 5 | 2020015205 | 刘晨 | 男 | 36.3 | | |
| 6 | 2020015206 | 李翔 | 男 | 37.1 | | |
| 7 | 2020015207 | 吴智妍 | 女 | 36.6 | | |
| 8 | 2020015208 | 廖嘉月 | 女 | 37.8 | | |
| 9 | 2020015209 | 杨木伊 | 女 | 36.5 | | |
| 10 | 2020015210 | 覃小萍 | 女 | 35.9 | | |
| 11 | 2020015211 | 张子萱 | 女 | 36.0 | | |
| 12 | 2020015212 | 王雪梵 | 女 | 36.9 | | |
| 13 | 2020015213 | 李长欣 | 女 | 36.7 | | |
| 14 | 2020015214 | 周子琳 | 女 | 36.5 | | |
| 15 | 2020015215 | 李家俊 | 男 | 37.5 | | |
| 16 | 2020015216 | 罗佳 | 男 | 36.1 | | |
| 17 | 2020015217 | 赵明钰 | 女 | 36.8 | | |

**图5-17　设置条件格式后表格显示**

# 5.2　公式与函数应用

## 5.2.1　公式的概念

Excel存储数据的目的是对数据进行计算、分析、统计、管理与共享，其中Excel所具备的强大数据计算功能主要依赖于公式。用户在工作表中合理运用公式可快速、准确地获得各种复杂数据的计算结果。

Excel中的公式是对单元格数据进行数学运算与判断的算式，由特定的两部分组成，其结构为“= 表达式”。通常在单元格中输入公式时，必须先以等号“=”开始，且所有符号必须使用英文输入法，通过各种运算符，将常量、单元格引用、单元格区域引用以及函数等组合起来，形成公式的表达式，Excel 可自动计算公式表达式的结果。

（1）运算符

运算符是公式表达式中的重要组成部分，也是公式运算的方式，包括算术、比较、文本连接和引用四种类型。

①算术运算符，指基本的数学运算，包括加、减、乘、除、幂和括号，是公式中应用最广泛的运算方式，如公式“=5+3”可得出运算结果“8”。

②比较运算符，用于判断两个对象大小并得出真假结果的运算，对象可以是数字、文本、单元格内容或函数，这类运算符包括 =、<、<=、>、>=、<>，如公式“=5>8”可得出运算结果 False。

③文本连接运算符，指能将多个文本、数字和字符串连接起来的符号，是一种特殊的符号且只包括一个连接符号“&”，如公式“=A&B”可得出字符串 AB。

④引用运算符，用于将单元格或单元格区域进行合并计算，包括区域运算符“:”、联合运算符“,”，如“A1:C2”表示对 A1 和 C2 两个单元格引用之间所有单元格的引用，“A1,C2”表示只对 A1 和 C2 两个单元格引用。

（2）常量

常量是公式中固定不变的量，通常是一个固定的值，分为数值型常量、文本型常量和逻辑型常量。其中数值型常量可以是整数、小数、分数和百分数，但不能带货币符号和千位分隔符，文本型常量是由英文双引号括起来的若干字符，但不包括英文双引号，而逻辑型常量是 True（真）和 False（假）。

（3）单元格引用

单元格引用是指引用数据的单元格地址，这种引用是动态引用单元格中的数据，而不是简单的固定数值，其优点在于计算结果总能够最准确地反映单元格的当前数据，只要单元格中数据发生了变化，那么由公式计算得到的结果也会同步发生改变。单元格引用可分为相对引用、绝对引用、混合引用、工作表间单元格引用以及工作簿间单元格引用五种。

①相对引用，指通过单元格地址（由列标和行号组成）来引用单元格，如 A1、B2，是 Excel 默认的引用方式。公式中使用相对引用时，当公式复制或移动到其他单元格后，公式中单元格地址会随公式当前所在单元格位置变化而变化。

②绝对引用，指在单元格的列标和行号前分别添加“$”符号，如 $A$1、$B$2。与相对引用相反，绝对引用在公式复制或移动到其他单元格后，公式中的单元格地址保持不变，同时公式中引用的单元格数据也保持不变。

③混合引用，指在单元格的列标或行号前添加“$”符号，是相对引用和绝对引用的混合使用。该引用分为两种形式，一种是行相对而列绝对引用，另一种是行绝对而列相对引用。在公式复制或自动填充时，要保持单元格引用的行不变而列变，可在行号前添加“$”，如 A$1、B$2。要保持单元格引用的行变而列不变，可在列标前添加“$”，如 $A1、$B2。

绝对引用和混合引用可在相对引用的基础上，通过在单元格的行号或列标处手动输入“$”符号实现，也可按【F4】键在三种引用之间自动转换。以公式“=A1+B2”为例，将光标定位到编辑栏中公式的“A1”处，按【F4】键，单元格引用由相对引用转换为绝对引用，公式变为

“=$A$1+B2”；再按【F4】键，单元格引用由绝对引用转换为混合引用，公式变为“=A$1+B2”；再按【F4】键，单元格引用转换为另一种混合引用，公式变为“=$A1+B2”；继续按【F4】键，单元格引用由混合引用转换为相对引用，公式变为“=A1+B2”。

④工作表间单元格引用，指同一工作簿中不同工作表内的单元格数据的相互引用，可在单元格中输入公式“= 工作表名称！单元格地址”或在单元格中输入“=”符号后单击被引用工作表中的单元格，按【Enter】键，此时单元格中会显示被引用工作表中单元格的数据。例如，在Sheet1 工作表 A1 单元格中输入“=Sheet2！ B1”，表示在 A1 单元格中引用 Sheet2 工作表中 B1 单元格的数据。此外，工作表间单元格引用也适用于数据计算，如在 Sheet1 工作表 A1 单元格中输入“=A3+Sheet2！ B1”，表示计算 Sheet1 工作表中 A3 单元格与 Sheet2 工作表中 B1 单元格的和，并在 Sheet1 工作表 A1 单元格中显示结果。

⑤工作簿间单元格引用，指不同工作簿中单元格数据的相互引用，其引用方法与工作表间单元格引用相似，可输入引用的工作簿路径、名称、工作表名称与单元格地址，其格式为“' 工作簿路径 [ 工作簿名称 ] 工作表名称 ' ！单元格地址”，或单击被引用工作簿中的单元格。例如，在当前工作簿 Sheet1 工作表 A1 单元格中输入“=A3+′ D:\ 电子表格 \[ 操作文档 .xlsx] Sheet2′ ！ B1”，表示计算当前工作簿 Sheet1 工作表中 A3 单元格与 D 盘电子表格文件夹内的“操作文档 .xlsx”工作簿的 Sheet2 工作表中 B1 单元格的和，并在原工作簿 Sheet1 工作表 A1 单元格中显示结果。如果被引用的工作簿已经打开，可省略输入工作簿的路径。

## 5.2.2 公式的使用

公式是工作表中执行计算的算式，可以对工作表数据进行各种运算。在 Excel 工作表中用来计算结果而输入的公式主要是指包含运算符、数值型常量、单元格引用、单元格区域引用的简单公式。

### 1. 输入公式

Excel 公式的输入可在编辑栏的编辑框或单元格中进行，其操作方法与在单元格中输入数据相同。以“学生成绩表”中输入公式计算总成绩为例，总成绩由实验总成绩与考试成绩两部分组成，前者占总成绩的 30%，后者占总成绩的 70%，输入公式的具体操作如下：

①选择 G3 单元格，在单元格或编辑栏中，输入公式“=(C3+D3+E3)*0.3+F3*0.7”，如图 5-18 所示。

INDEX　=(C3+D3+E3)*0.3+F3*0.7

| | A | B | C | D | E | F | G | H | I |
|---|---|---|---|---|---|---|---|---|---|
| 1 | 学生成绩表 | | | | | | | | |
| 2 | 学号 | 姓名 | 实验1 | 实验2 | 实验3 | 考试 | 总成绩 | | |
| 3 | 2021013011 | 王飞阁 | 24 | 25 | 25 | 80 | =(C3+D3+E3)*0.3+F3*0.7 | | |
| 4 | 2021013012 | 董雪儿 | 29 | 27 | 24 | 45 | | | |
| 5 | 2021013013 | 欧阳风铃 | 23 | 25 | 30 | 86 | | | |
| 6 | 2021013014 | 卢笛 | 24 | 24 | 28 | 76 | | | |
| 7 | 2021013015 | 张章 | 27 | 26 | 25 | 86 | | | |
| 8 | 2021013016 | 杨诗惠 | 29 | 25 | 28 | 99 | | | |
| 9 | 2021013017 | 罗进 | 27 | 26 | 28 | 77 | | | |
| 10 | 2021013018 | 金紫 | 23 | 21 | 26 | 60 | | | |

图 5-18　输入公式

②公式中的 C3、D3、E3 和 F3 为单元格的相对引用，用来引出单元格中的数据 24、25、25 和 80 参与计算，不用手动输入只需单击单元格即可在公式的运算符后显示。

③输入完毕后，按【Enter】键或单击编辑栏中的“输入”按钮✔，完成公式输入，此时 G3 单元格中显示计算结果。

### 2. 填充公式

单元格输入公式得到计算结果后，若该行或该列的其他相邻单元格都需使用该公式进行相同计算，可通过自动填充公式的方式快速完成其他单元格的计算。如要在学生成绩表中得到其他学生的总成绩，填充公式的具体操作如下：

选择 G3 单元格，将光标移至单元格右下角的填充柄上，当光标变为十字形状时，拖动鼠标至 G10 单元格，G3 单元格中公式被填充至 G10 单元格，此时 G4:G10 单元格区域中显示计算结果，如图 5-19 所示。

G3　=(C3+D3+E3)*0.3+F3*0.7

| | A | B | C | D | E | F | G |
|---|---|---|---|---|---|---|---|
| 1 | | | | 学生成绩表 | | | |
| 2 | 学号 | 姓名 | 实验1 | 实验2 | 实验3 | 考试 | 总成绩 |
| 3 | 2021013011 | 王飞阁 | 24 | 25 | 25 | 80 | 78.2 |
| 4 | 2021013012 | 董雪儿 | 29 | 27 | 24 | 45 | 55.5 |
| 5 | 2021013013 | 欧阳风铃 | 23 | 25 | 30 | 86 | 83.6 |
| 6 | 2021013014 | 卢笛 | 24 | 24 | 28 | 76 | 76 |
| 7 | 2021013015 | 张章 | 27 | 26 | 25 | 86 | 83.6 |
| 8 | 2021013016 | 杨诗惠 | 29 | 25 | 28 | 99 | 93.9 |
| 9 | 2021013017 | 罗进 | 27 | 26 | 28 | 77 | 78.2 |
| 10 | 2021013018 | 金紫 | 23 | 21 | 26 | 60 | 63 |

**图 5-19　填充公式**

### 3. 编辑公式

当公式输入完毕后，可以对公式进行任意修改，只需选择公式所在单元格，将光标定位在编辑栏需要修改的位置，编辑公式表达式，完成后按【Enter】键，此时单元格将自动显示新公式的计算结果。如编辑学生成绩表 G3 单元格中的公式，将公式中数值 0.3 和 0.7 都换成单元格引用，编辑公式的具体操作如下：

①在 H1 单元格中输入“0.3”，I1 单元格中输入“0.7”，将总成绩的比例数值输入相应单元格中。

②选择 G3 单元格，在编辑栏中将公式更改为“=(C3+D3+E3)*$H$1+F3*$I$1”，可按【F4】键，将单元格的相对引用（H1 和 I1）转化为绝对引用（$H$1 和 $I$1），如图 5-20 所示。

I1　=(C3+D3+E3)*$H$1+F3*$I$1

| | A | B | C | D | E | F | G | H | I |
|---|---|---|---|---|---|---|---|---|---|
| 1 | | | | 学生成绩表 | | | | 0.3 | 0.7 |
| 2 | 学号 | 姓名 | 实验1 | 实验2 | 实验3 | 考试 | 总成绩 | | |
| 3 | 2021013011 | 王飞阁 | 24 | 25 | 25 | 80 | F3*$I$1 | | |
| 4 | 2021013012 | 董雪儿 | 29 | 27 | 24 | 45 | 55.5 | | |
| 5 | 2021013013 | 欧阳风铃 | 23 | 25 | 30 | 86 | 83.6 | | |
| 6 | 2021013014 | 卢笛 | 24 | 24 | 28 | 76 | 76 | | |
| 7 | 2021013015 | 张章 | 27 | 26 | 25 | 86 | 83.6 | | |
| 8 | 2021013016 | 杨诗惠 | 29 | 25 | 28 | 99 | 93.9 | | |
| 9 | 2021013017 | 罗进 | 27 | 26 | 28 | 77 | 78.2 | | |
| 10 | 2021013018 | 金紫 | 23 | 21 | 26 | 60 | 63 | | |

**图 5-20　编辑公式**

③按【Enter】键，完成公式编辑，将 G3 单元格中新公式自动填充至 G10 单元格。

④分别将 H1 和 I1 单元格中的数值更改为“0.4”和“0.6”，修改完后按【Enter】键，此时 G3 到 G10 单元格区域中显示新的计算结果。

## 5.2.3　函数的结构与功能

函数是 Excel 内置的预设好的公式，利用函数可以简化公式的输入，轻松完成各种复杂数据的计算，提高计算效率。函数一般由等号、函数名和参数组成，其结构为“= 函数名 ( 参数 1, 参数 2,…)”，其中，函数名即函数的名称，以英文字母表示，每个函数都有唯一的函数名，而参数是用于计算的数据，其个数与类别由函数性质决定，函数的参数可以是常量、表达式、单元格引用、单元格区域引用、数组或其他函数。

Excel 为用户提供了上百种不同类型的函数，按类型划分为常用函数、财务、日期与时间、数学与三角函数、统计、查找与引用、数据库、文本、逻辑、信息以及工程等类别。不同函数具备不同的功能。

**1. 求和函数 SUM**

语法结构：SUM(Number1,Number2,…)

功能：计算参数对应数值的和，其参数可以是单元格引用、单元格区域引用、数字数组或常量，如 SUM（A1:B4）。

**2. 平均值函数 AVERAGE**

语法结构：AVERAGE(Number1,Number2,…)

功能：计算参数对应数值的算术平均值，其参数可以是单元格引用、单元格区域引用、数字数组或常量，如 AVERAGE(A1, A2, B4)。

**3. 最大值函数 MAX/ 最小值函数 MIN**

语法结构：MAX(Number1,Number2，…)/MIN(Number1,Number2，…)

功能：计算参数对应数值中的最大数 / 最小数，其参数可以是单元格引用、单元格区域引用、数字数组或常量，忽略文本与逻辑值，如 MAX(A1:B4)，MIN(A1, A2, B4, 32)。

**4. 计数函数 COUNT**

语法结构：COUNT(Value1,Value2,…)

功能：计算参数对应区域中包含数字的单元格数目，其参数可以是单元格引用或单元格区域引用，如 COUNT(A1:B4)。需要注意的是该函数只对数值型数据的单元格进行数目统计。

**5. 条件计数函数 COUNTIF**

语法结构：COUNTIF(Range,Criteria)

功能：计算参数对应数据中满足给定条件的单元格数目，其前一个参数可以是一个或多个单元格或数组，后一个参数是以数字、表达式或文本形式定义的条件，如 COUNTIF（A1:B4,">32"）。

**6. 空值计数函数 COUNTBLANK**

语法结构：COUNTBLANK(Range)

功能：计算参数对应单元格区域中空单元格的数目，其参数可以是单元格引用或单元格区域引用，如 COUNTBLANK(A1:B4)。

**7. 条件函数 IF**

语法结构：IF(Logical_test,Value_if_true,Value_if_false)

功能：对设定的参数条件进行判断，如果条件满足返回一个值，如果条件不满足返回另一个值，其第一个参数为预设的条件，第二个参数为条件成立时返回的值，第三个参数为条件不成立时返回的值，如 IF(A1>32,"Yes","No")。

**8. 多条件函数 IFS**

语法结构：IFS(Logical_test1,Value_if_true1,Logical_test2,Value_if_true2,…)

功能：检查是否满足一个或多个条件并返回与第一个 TRUE 条件对应的值，通常先判断第一个条件，满足则返回第一个 TRUE 条件对应的值，否则继续判断第二个条件，满足则返回第二个 TRUE 条件对应的值，依此类推，如 IFS(A1>85,"A", A1>70,"B", A1>=60,"C", A1<60,"D")

**9. 排名函数 RANK**

语法结构：RANK(Number,Ref,Order)

功能：返回某数字在一列数字中相对于其他数值的大小排位，其第一个参数为要查找排位的数字，第二个参数为一组数或对某数字列表的单元格引用，第三个参数为数字列表排名的方式（0 或忽略为降序排列，非零值为升序排列）。为避免自动填充该函数时出错，第二个参数要使用绝对引用，如 RANK(A1, $A$1:$A$10, 0)。

**10. 日期函数 TODAY**

语法结构：TODAY()

功能：返回当前的系统日期，该函数无参数。在单元格中输入该函数后，系统将以默认的“YYYY/MM/DD”格式显示日期。

**11. 查找函数 LOOKUP**

语法结构：LOOKUP(Lookup_value, Lookup_vector, Result_vector)

功能：在某单行或单列区域中查找数值并返回其他指定单行或单列区域中相同位置的数值，其第一个参数为要查找的数值，可以是数值、文本、逻辑值或单元格引用，第二个参数为查找的单行或单列区域，第三个参数为返回的单行或单列区域，如 LOOKUP(A2, B1:B8, C1:C8)。

**12. 查找函数 VLOOKUP**

语法结构：VLOOKUP(Lookup_value, Table_array, Col_index_num, Range_lookup)

功能：搜索表区域首列满足条件的元素，确定待检索单元格在区域中的行序号，再进一步返回选定单元格的值。该函数第一个参数为需要在数据表首列进行搜索的值，可以是数值、引用或字符串，第二个参数为要在其中搜索数据的文字、数字或逻辑值表，可以是对区域或区域名称的引用，第三个参数为应返回其中匹配值的 table_array 中的列序号，表中首个值列的序号为 1，第四个参数为逻辑值，若要在第一列中查找是大致匹配，使用 TRUE 或省略，若要查找是精确匹配，使用 FALSE，如 VLOOKUP(E1, B1:C8, 2, 0)。

**13. 修剪平均值函数 TRIMMEAN**

语法结构：TRIMMEAN(Array, Percent)

功能：返回一组数据的修剪平均值，其第一个参数为需要截去极值并求平均值的数组或数据区域，可以是多个数值或单元格区域引用，第二个参数为数据中要消除的极值比例，可以是分数、小数或百分比，如 TRIMMEAN(B1:B7, 2/7) 或 TRIMMEAN(B1:B8, 0.5)。

## 5.2.4　函数的使用

函数作为 Excel 数据计算的重要工具之一，功能十分强大，可用于执行大量简单或复杂的计算，因而其实际应用非常广泛。若用户在 Excel 中使用简单而熟悉的函数时，可在编辑栏中直接输入函数名与参数，而当使用复杂而不熟悉的函数时，可通过编辑栏的“插入函数”按钮 $f_x$ 或图 5-21 所示的“公式”选项卡“函数库”组中的操作命令按钮插入函数。

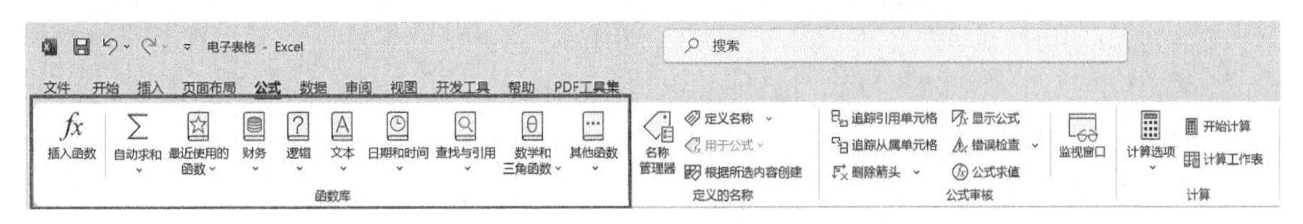


图 5-21　“公式”选项卡

插入函数的常用方法有以下两种。

**方法 1**：选择要插入函数的单元格，单击编辑栏中的“插入函数”按钮*fx*，打开“插入函数”对话框，如图 5-22 所示，可搜索指定函数或直接在“选择函数”列表框中选择所需函数，单击“确定”按钮，打开“函数参数”对话框，设定函数参数，单击“确定”按钮，插入函数。

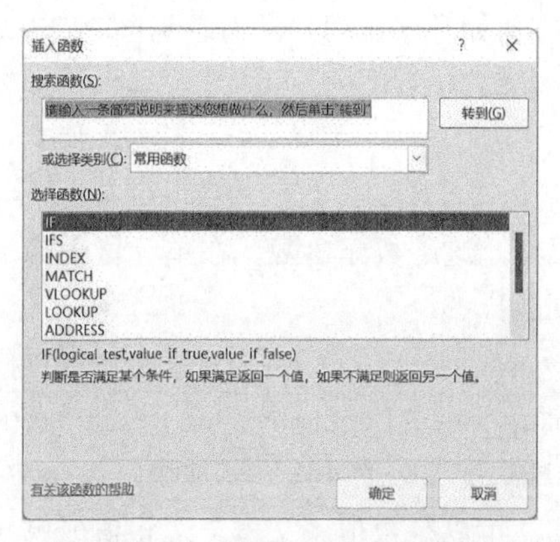


**图 5-22 “插入函数”对话框**

**方法 2**：选择要插入函数的单元格，单击“公式”选项卡“函数库”组中的分类函数下拉按钮，在其下拉列表中选择所需函数，单击“确定”按钮，后续操作同上。

**例 5.2** 陈睿同学要对“晴欣公司产品季度订单表”进行数据统计，其通过执行以下操作完成数据计算，效果图如图 5-23 所示。

晴欣公司产品季度订单表

| 订单编号 | 所在城市 | 第一季度订单金额 | 第二季度订单金额 | 第三季度订单金额 | 第四季度订单金额 | 运费 | 订单总额 | 预付金额 | 余额 | 订单类型 | 排名 |
|---|---|---|---|---|---|---|---|---|---|---|---|
| 0180001 | 北京 | 54810.5 | 45711.2 | 71235 | 28909 | 4236.8 | ¥ 200,665.7 | ¥ 60,199.7 | ¥ 144,702.8 | 大额订单 | 1 |
| 0180002 | 成都 | 2100.2 | 1980.8 | 890.6 | 451 | 5198.7 | ¥ 5,422.6 | ¥ 1,626.8 | ¥ 8,994.5 | 小额订单 | 17 |
| 0180003 | 广州 | 19286.5 | 13007 | 21621.8 | 14500.4 | 3253.4 | ¥ 68,415.7 | ¥ 20,524.7 | ¥ 51,144.4 | 小额订单 | 8 |
| 0180004 | 贵州 | 9800.6 | 7650 | 1980 | 3780 | 2178.9 | ¥ 23,210.6 | ¥ 6,963.2 | ¥ 18,426.3 | 小额订单 | 13 |
| 0180005 | 杭州 | 6790.3 | 21702.3 | 15632 | 21610 | 1987.8 | ¥ 65,734.6 | ¥ 19,720.4 | ¥ 48,002.0 | 小额订单 | 10 |
| 0180006 | 济南 | 17860 | 23145.7 | 17680 | 13425.8 | 2879.1 | ¥ 72,111.5 | ¥ 21,633.5 | ¥ 53,357.2 | 小额订单 | 7 |
| 0180007 | 昆明 | 5780.5 | 6546.7 | 10230 | 3428 | 1807.2 | ¥ 25,985.2 | ¥ 7,795.6 | ¥ 19,996.8 | 小额订单 | 12 |
| 0180008 | 南京 | 2980.1 | 3424 | 5407 | 2319.4 | 589 | ¥ 14,130.5 | ¥ 4,239.2 | ¥ 10,480.4 | 小额订单 | 16 |
| 0180009 | 青岛 | 6790 | 3560 | 7893.6 | 2396 | 487.2 | ¥ 20,639.6 | ¥ 6,191.9 | ¥ 14,934.9 | 小额订单 | 14 |
| 0180010 | 厦门 | 3798.3 | 4812 | 3926 | 4509.2 | 389.1 | ¥ 17,045.5 | ¥ 5,113.7 | ¥ 12,321.0 | 小额订单 | 15 |
| 0180011 | 上海 | 41220.7 | 58976 | 31350 | 37654.2 | 4562.8 | ¥ 169,200.9 | ¥ 50,760.3 | ¥ 123,003.4 | 大额订单 | 2 |
| 0180012 | 深圳 | 12605 | 21344 | 19871.3 | 24321 | 3625.9 | ¥ 78,141.3 | ¥ 23,442.4 | ¥ 58,324.8 | 小额订单 | 6 |
| 0180013 | 天津 | 11089.3 | 9986 | 6807 | 8654.1 | 2143.7 | ¥ 36,536.4 | ¥ 10,960.9 | ¥ 27,719.2 | 小额订单 | 11 |
| 0180014 | 武汉 | 31409 | 23100 | 45012.6 | 32106.7 | 3487.2 | ¥ 131,628.3 | ¥ 39,488.5 | ¥ 95,627.0 | 大额订单 | 4 |
| 0180015 | 长沙 | 37900.5 | 23795 | 43209.9 | 10983.7 | 3681.3 | ¥ 115,889.1 | ¥ 34,766.7 | ¥ 84,803.7 | 大额订单 | 5 |
| 0180016 | 郑州 | 23148 | 41230.7 | 51240 | 33898.9 | 2897.6 | ¥ 149,517.6 | ¥ 44,855.3 | ¥ 107,559.9 | 大额订单 | 3 |
| 0180017 | 重庆 | 12106.1 | 21065 | 12189.4 | 21349 | 1768.9 | ¥ 66,709.5 | ¥ 20,012.9 | ¥ 48,465.6 | 小额订单 | 9 |

二〇二二年四月十四日

**图 5-23 晴欣公司产品季度订单表**

**步骤一**：插入求和函数计算订单总额

①选择 H3 单元格，单击“公式”选项卡“函数库”组中的“自动求和”下拉按钮，在其下拉列表中选择“求和”函数，此时单元格中显示“=SUM（C3:G3）”，将其更改为“=SUM（C3:F3）”，按【Enter】键，得出北京市的订单总额。

②将光标移至 H3 单元格右下角的填充柄上，当光标变为十字形状时，拖动鼠标至 H19 单元格，在单元格区域中填充函数，得出其余城市的订单总额。

**步骤二**：输入公式计算预付金额与余额

①选择 I3 单元格，输入公式“=H3*0.3”，按【Enter】键，得出北京市的预付金额，将该单元格中公式自动填充至 I19 单元格，得出其余城市的预付金额。

②选择 J3 单元格，输入公式“=G3+H3-I3”，按【Enter】键，得出北京市的余额，将该单元格中公式自动填充至 J19 单元格，得出其余城市的余额。

**步骤三：**编辑数据格式

选择 H3:J19 单元格区域，依次单击“开始”选项卡“数字”组中的“会计数字格式”按钮与“减少小数位数”按钮，为订单总额、预付金额和余额数据添加人民币货币符号且小数位数保留一位数字。

**步骤四：**插入条件函数显示订单类型

①选择 K3 单元格，单击“公式”选项卡“函数库”组中的“逻辑”下拉按钮，在其下拉列表中选择“IF”函数，打开 IF 函数的“函数参数”对话框。

②在该对话框的 Logic_test 文本框中输入“H3>100000”，在 Value_if_true 文本框中输入“‘大额订单’”，在 Value_if_false 文本框中输入“‘小额订单’”，如图 5-24 所示，单击“确定”按钮，得出北京市的订单类型。

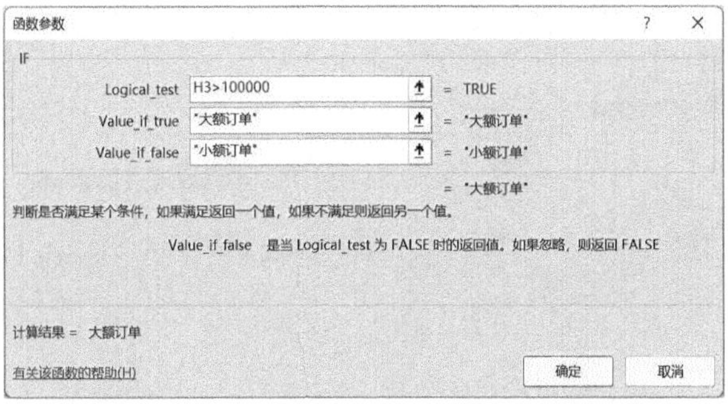

**图 5-24　IF 函数的“函数参数”对话框**

③将 K3 单元格中的函数自动填充至 K19 单元格，得出其他城市的订单类型。

**步骤五：**插入排名函数计算排名

①选择 L3 单元格，单击“公式”选项卡“函数库”组中的“插入函数”按钮，打开“插入函数”对话框，在“搜索函数”文本框中输入“RANK”（可不区分大小写），单击“转到”按钮，在“选择函数”列表框中选择 RANK 函数，单击“确定”按钮。

②打开 RANK 函数的“函数参数”对话框，将光标移至 Number 文本框后单击 H3 单元格，将光标移至 Ref 文本框后选择 H3 到 H19 单元格，并使用绝对地址引用该单元格区域，最后在 Order 文本框中输入“0”（或直接忽略），如图 5-25 所示，得出北京市订单总额的排名。

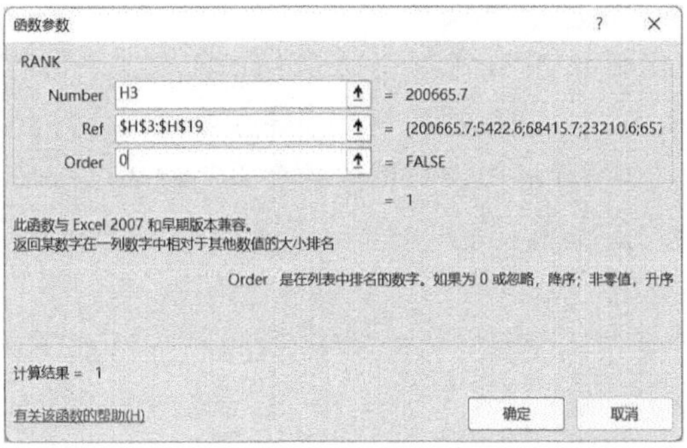

**图 5-25　RANK 函数的“函数参数”对话框**

③将 L3 单元格中的函数自动填充至 L19 单元格，得出其他城市订单总额的排名。

**步骤六：** 插入日期函数显示日期

①选择 J20、K20 和 L20 单元格，依次单击“开始”选项卡“对齐方式”组中的“合并后居中”按钮 合并后居中 与“右对齐”按钮，合并与居右对齐单元格。

②单击“公式”选项卡“函数库”组中的“日期和时间”下拉按钮，在其下拉列表中选择 TODAY 函数，在单元格中显示当前的系统日期。

**步骤七：** 编辑日期格式

右击日期单元格，在弹出的快捷菜单中选择“设置单元格格式”命令，打开“设置单元格格式”对话框，在“数字”选项卡左侧“分类”列表框中选择“日期”选项，右侧“类型”列表框中选择所需的日期显示格式，如图 5-26 所示。

图 5-26 “设置单元格格式”对话框

# 5.3 数据图表

## 5.3.1 图表概述

Excel 提供了强大的数据图表功能，能将电子表格中的数据以图形方式表示出来，从而更形象直观地揭示数据之间的关系，反映数据的变化规律和发展趋势，帮助用户更准确地掌握数据和分析数据。利用图表将复杂的数据以及数据间的关系与趋势以一张图或一个曲线的方式表示出来，可以使数据更便于人们理解和记忆。

Excel 内置了多种图表类型，包括柱形图、折线图、饼图、条形图、面积图、散点图、股价图、圆环图以及组合图等，每一种类型图表又包含多种子图表。通常图表由图表区和绘图区两部分组成，其中图表区是图表的背景区域，绘图区则是图表的图形与数据区域，包括图表标题、坐标轴、坐标轴标题、数据系列、图例以及数据标签等，如图 5-27 所示。

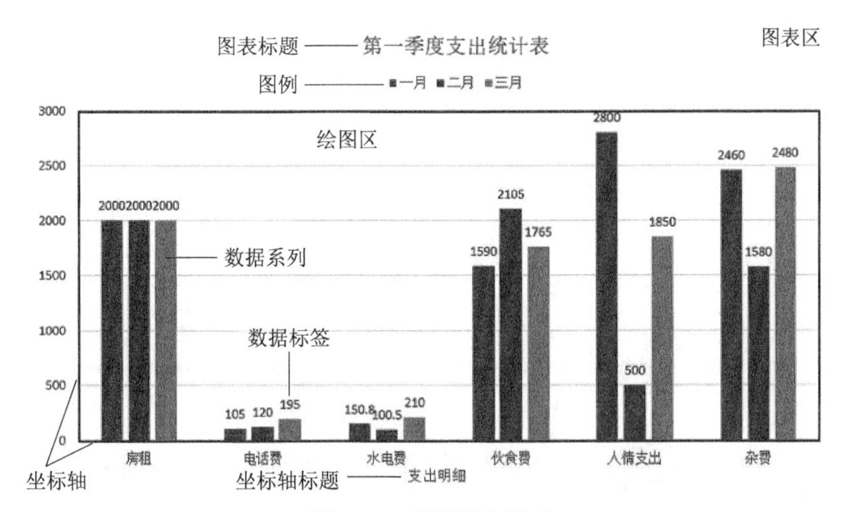


**图 5-27　数据图表组成**

① 坐标轴：图表的度量参考线。$X$ 轴为水平轴，通常表示分类，对应表格中的列标题；$Y$ 轴为垂直轴，通常表示数据。

② 数据系列：图表中的图形元素，代表着表格中的行、列，软件默认图表中每一个数据系列为不同颜色，每个数据系列又与图例一一对应，通常图表中的数据系列由选定的表格数据而定。

③ 图例：表示图表的数据系列，通常对应表格的行标题，图例由色块与文字组成，色块颜色与数据系列的图形颜色一致。

④ 数据标签：图表数据标记附加信息的标签，通常对应表格中某单元格的数据，包括单元格中的值、系列名称和类别名称。

## 5.3.2　创建图表

图表是工作表中数据可视化的一种表现形式，是根据 Excel 表格数据建立的，工作表中只要有数据，便可快速创建出相应的数据图表，当数据发生变化时，图表也会随之改变，因而不需要重新创建。创建数据图表的操作步骤如下：

①选择工作表中数据单元格区域，该数据区域可以是连续的，也可以是不连续的，若要选择不连续的单元格区域，可按住【Ctrl】键选定不连续的单元格。

②单击“插入”选项卡，在图 5-28 所示的“图表”组中选择合适的图表类型，如簇状柱形图，此时 Excel 将根据选定的单元格数据在工作表中创建图表。若不确定使用哪种图表类型表示数据，可忽略当前这一步跳至第③步。

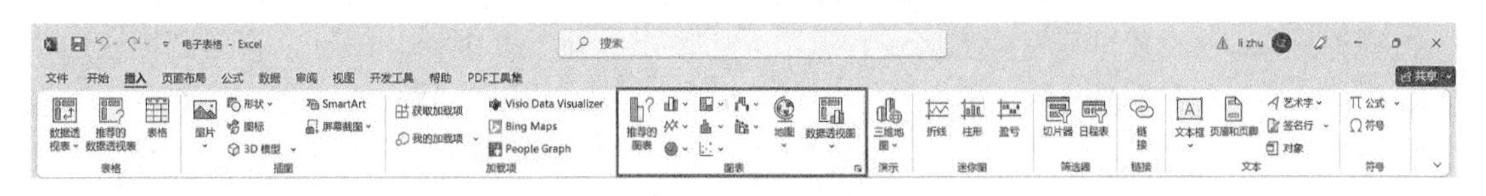

**图 5-28　“图表”组**

③单击“图表”组中的“推荐的图表”按钮，打开“插入图表”对话框，如图 5-29 所示，在“推荐的图表”选项卡中提供的适合当前数据的图表类型中选择一种图表类型，单击“确定”按钮，在工作表中创建图表。

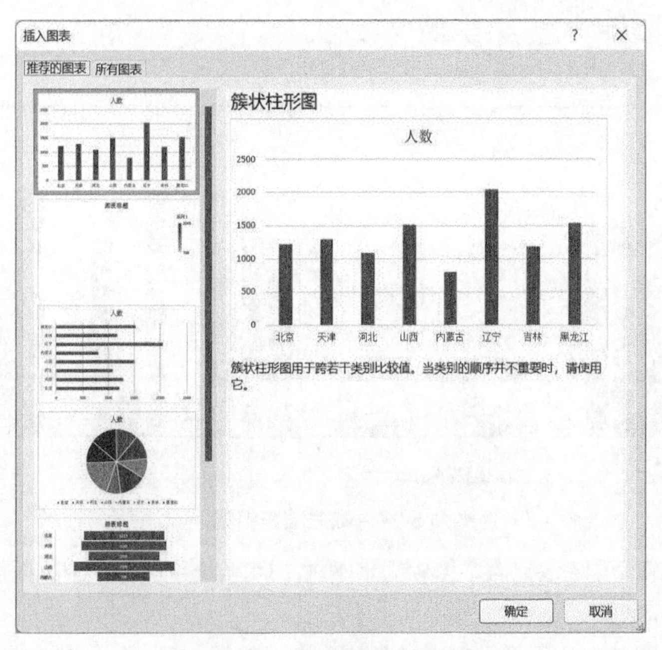


图 5-29 “插入图表”对话框

### 5.3.3 编辑图表

在工作表中创建完图表后，用户可根据需要对图表进行修改，包括编辑图表数据、更改图表类型、编辑图表元素、添加趋势线以及调整图表大小与位置等，对图表的编辑操作可通过图 5-30 所示的“图表设计”选项卡的操作命令按钮实现。

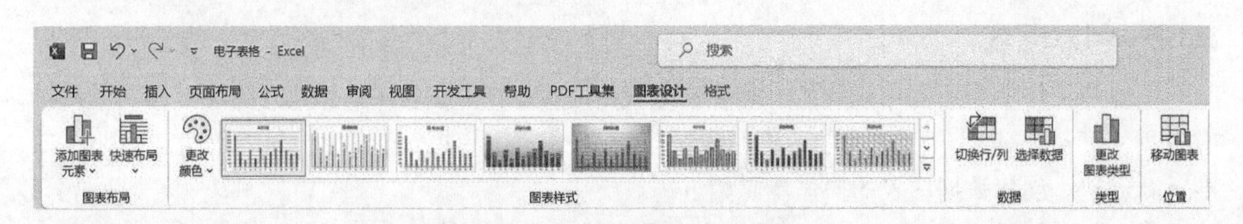


图 5-30 “图表设计”选项卡

#### 1. 编辑图表数据

图表依据工作表中数据而存在，当表格中的数据发生了变化，软件会自动更新图表，而如果图表选定的单元格数据区域有误，则需要用户手动更改数据区域。选择图表，单击“图表设计”选项卡“数据”组中的“选择数据”按钮，打开“选择数据源”对话框，在“图表数据区域”框中可重新选择和设置单元格数据区域。单击“切换行 / 列”按钮切换行/列(W)，可对调图表的 $X$ 轴和 $Y$ 轴数据。单击“图例项（系列）”中的“添加”按钮添加(A)、“编辑”按钮编辑(E)、“删除”按钮删除(R)以及“水平（分类）轴标签”中的“编辑”按钮编辑(T)，可增加、修改和删除图表中对应数据以及更改图表的水平（分类）轴标签显示。

#### 2. 更改图表类型

如果当前工作表中创建的图表不适合单元格数据的表示，Excel 允许用户随意更换图表类型，重新选择合适的图表。选择图表，单击“图表设计”选项卡“类型”组中的“更改图表类型”按钮，打开“更改图表类型”对话框，可更换图表类型。

**3. 编辑图表元素**

Excel 为图表类型提供了默认的图表布局和快速布局，而为了使图表更加清楚明了且易于理解，用户可根据需要编辑图表元素，如添加与编辑坐标轴、轴标题、图表标题、数据标签、数据表以及趋势线等。选择图表，单击“图表设计”选项卡“图表布局”组中的“添加图表元素”下拉按钮，可添加与编辑图表元素。

**4. 添加趋势线**

Excel 图表不仅能以图形的方式显示数据的变化，也能以趋势线的方式分析与预测数据的发展趋势。Excel 中提供有指数、线性、对数、多项式、乘幂以及移动平均六种趋势线。

（1）指数趋势线

能显示数据快速变化的曲线，适用于增长或降低的速度持续增加，且增加幅度越来越大的数据值，但数据中不能包含零和负值。

（2）线性趋势线

能显示数据恒定增长或降低变化的直线，适用于呈简单线性关系的数据值。

（3）对数趋势线

能显示数据特定变化的曲线，适用于增长或降低幅度开始很快而后又逐渐趋近平稳的数据值。

（4）多项式趋势线

能体现较大数据变化的曲线，适用于增长或降低波动较大的数据值，多项式的顺序决定着数据波动的次数或曲线中拐点（波峰与波谷）的个数。

（5）乘幂趋势线

能显示数据规律性变化的曲线，适用于增长或降低的速度持续增加，但增加幅度较恒定的数据值，数据中不能包含零和负值。

（6）移动平均趋势线

能有效处理数据的随机波动，得到更加清楚平滑的数据变动趋势的曲线，适用于预测未来一期或几期内数据值的变化。

单击“图表设计”选项卡“图表布局”组中的“添加图表元素”下拉按钮，在其下拉列表中选择所需的趋势线，如果图表中存在多个系列，系统将弹出“添加趋势线”对话框，用户必须指定基于哪个系列添加趋势线，单击“确定”按钮，为图表添加趋势线。

**5. 调整图表大小与位置**

创建图表通常被默认插入至当前工作表中，Excel 允许用户根据需要随意调整图表大小和位置。若要调整图表大小，可通过调整图表的绘图区大小或者图表区大小来实现。以柱形图为例，坐标轴以内的区域为绘图区，坐标轴以外、整个图表以内的区域为图表区。选择图表的绘图区（或图表区），绘图区（或图表区）四周会出现边框，将指针移至边框的白色控点上，拖动鼠标调整绘图区（或整张图表）大小。

若要将图表移至当前工作表中的其他位置、其他工作表或新工作表中，可将光标移动至图表内，拖动鼠标调整图表位置。选择图表，单击“图表设计”选项卡“位置”组中的“移动图表”按钮，打开“移动图表”对话框，如图 5-31 所示，指定新工作表或其他工作表，可将图表移动至新工作表或其他工作表中。

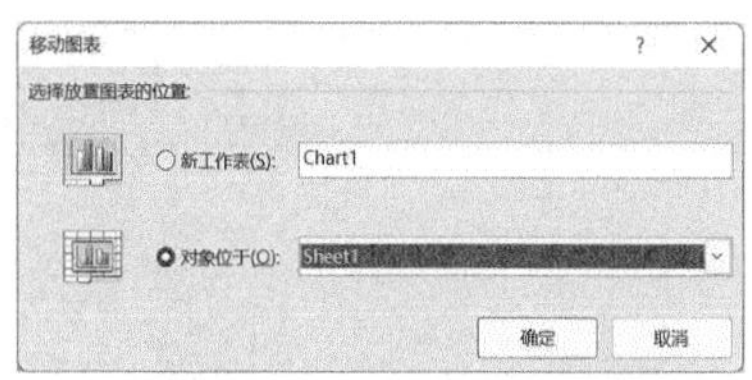


图 5-31　“移动图表”对话框

### 5.3.4 格式化图表

Excel 数据图表作为一种图形化的数据表现形式，其优点是能非常形象地表示数据。为了增强图表的可视化效果，让其更加易于阅读，用户往往在编辑完数据图表后，还需对图表中的各个元素进行格式化编辑，包括设置图表区格式、绘图区格式以及图表元素格式。

**1. 编辑图表区格式**

图表区格式的编辑包括图表背景、图表边框和图表效果等格式的设置。编辑图表区格式的常用方法有以下两种。

**方法 1**：选择图表区，切换至图 5-32 所示的“图表工具 / 格式”选项卡，在“形状样式”组中单击“形状填充”下拉按钮形状填充、“形状轮廓”下拉按钮形状轮廓和“形状效果”下拉按钮形状效果，可分别设置图表背景、图表边框和图表效果。

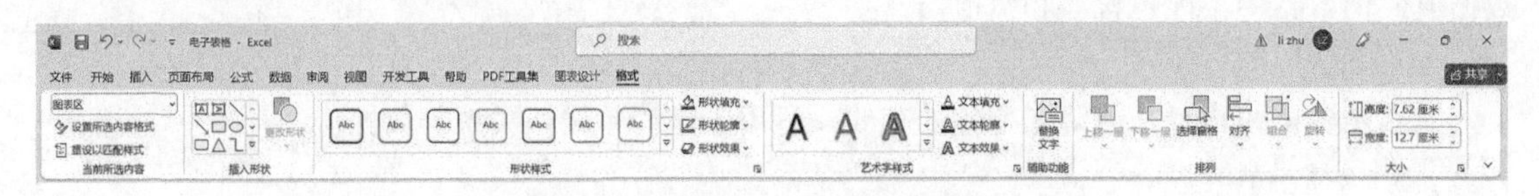

**图 5-32 “图表工具 / 格式”选项卡**

**方法 2**：选择图表区，单击“图表工具 / 格式”选项卡“形状样式”组中的“扩展”按钮（右击图表区，在弹出的快捷菜单中选择“设置图表区域格式”命令），在软件界面右侧打开“设置图表区域格式”窗格，如图 5-33 所示，可在其中设置图表背景、图表边框和图表效果。

**2. 编辑绘图区格式**

绘图区格式的编辑包括绘图区的填充、边框颜色、边框样式、阴影、发光和柔化边缘以及三维格式的设置。其具体操作方法与设置图表区格式的方法相似，可通过“图表工具 / 格式”选项卡“形状样式”组中的操作命令按钮，或在图 5-34 所示的“设置绘图区格式”窗格中进行设置。

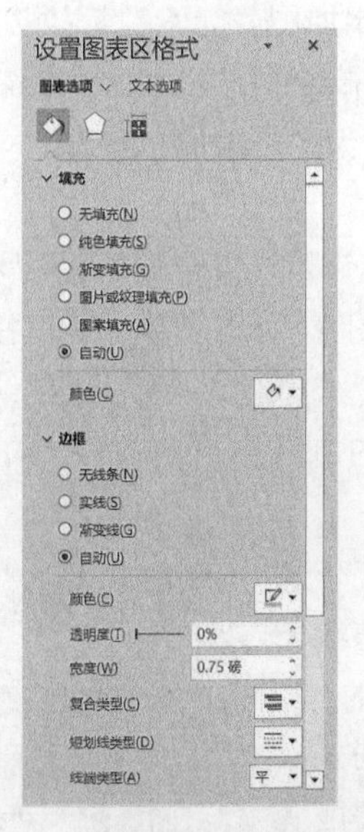

**图 5-33 “设置图表区格式”窗格　　图 5-34 “设置绘图区格式”窗格**

### 3. 编辑图表元素格式

图表元素格式的编辑包括图表标题、坐标轴、轴标题、图例、系列、网格线、数据标签以及趋势线等格式的设置。双击要编辑的图表元素对象，可在打开的窗格中进行格式设置。以编辑图例格式为例，双击图例对象后，打开“设置图例格式”窗格，可设置图例的位置、填充、边框颜色与样式、阴影以及发光和柔化边缘效果。

对于图表元素中的文字和系列对象，除了使用上述方法设置其格式外，还可通过“图表工具 / 格式”选项卡“艺术字样式”组中的操作命令按钮设置文字格式，通过“图表工具 / 格式”选项卡“形状样式”组中的操作命令按钮以及应用“图表设计”选项卡“图表样式”组中的样式效果设置系列格式。

**例 5.3**　陈睿同学根据“晴欣公司产品季度订单表”制作一份数据分析图，其通过执行以下操作完成图表创建与编辑，效果图如图 5-35 所示。

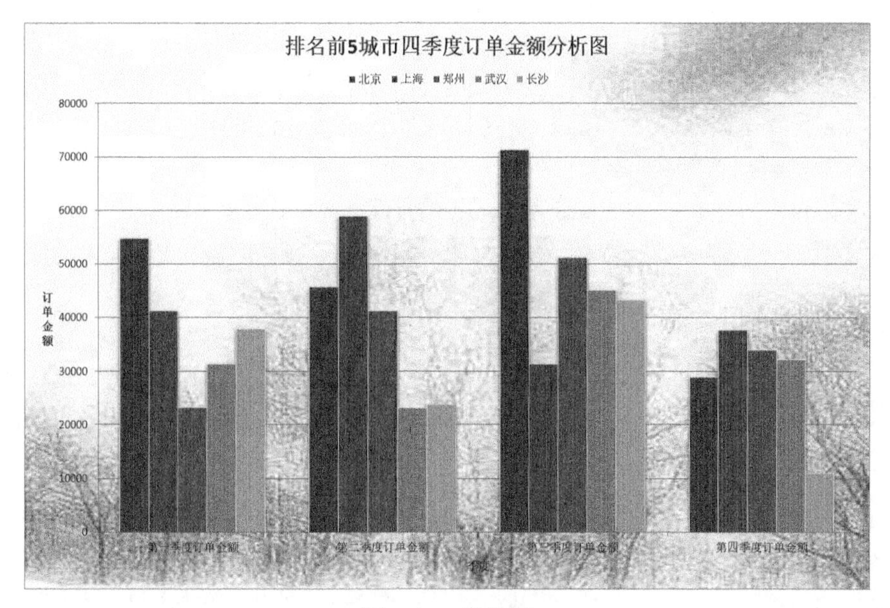


图 5-35　效果图

**步骤一：**创建簇状柱形图

选择排名前五的城市与其四个季度的订单金额数据后，单击“插入”选项卡“图表”组中的“柱形图”下拉按钮，在其下拉列表中选择“簇状柱形图”，创建图表。

**步骤二：**编辑图表选项

①选择图表，单击“图表设计”选项卡“数据”组中的“切换行 / 列”按钮，对调图表的 $X$ 轴数据与 $Y$ 轴数据。

②单击“图表设计”选项卡“数据”组中的“选择数据”按钮，打开“选择数据源”对话框，如图 5-36 所示，单击“水平（分类）轴标签”区域中的“编辑”按钮，打开“轴标签”对话框，选择表格中 C2:F2 单元格区域（即“第一季度订单金额”到“第四季度订单金额”单元格区域），此时“轴标签区域”编辑框中为选定的单元格区域，如图 5-37 所示，单击“确定”按钮，水平（分类）轴标签由“1 2 3 4”更改为“第一季度订单金额 第二季度订单金额 第三季度订单金额 第四季度订单金额”。

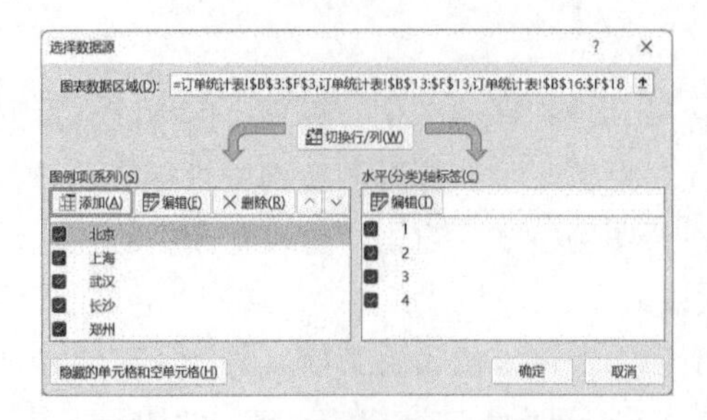

图 5-36 “选择数据源”对话框

图 5-37 “轴标签”对话框

③单击“图表设计”选项卡“图表布局”组中的“添加图表元素”下拉按钮，在其下拉列表中选择“图例”，并在“图例”级联列表中选择“顶部”选项，将图例显示在图表的上方区域。

④在“添加图表元素”下拉列表中依次选择“轴标题”的“主要横坐标轴”选项和“轴标题”的“主要纵坐标轴”选项，分别将横坐标轴和纵坐标轴内容更改为“季度”和“订单金额”。

⑤在“添加图表元素”下拉列表中选择“数据标签”的“数据标签外”选项，为每个系列添加数据标签。

⑥将图表标题文字内容更改为“排名前 5 城市四季度订单金额分析图”。

**步骤三：**调整图表位置

选择图表，单击“图表设计”选项卡“位置”组中的“移动图表”按钮，打开“移动图表”对话框，在“选择放置图表的位置”中选择“新工作表”，单击“确定”按钮，将图表移动到新工作表中。

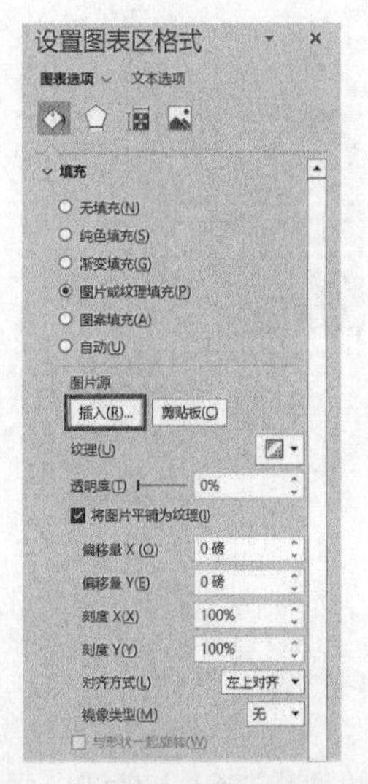

图 5-38 “设置图表区格式”窗格

**步骤四：**编辑图表格式

①选择图表，单击“图表设计”选项卡“图表样式”组中的“更改颜色”下拉按钮，在其下拉列表中选择一种颜色方案（如单色－调色板 1），编辑图表显示效果。

②双击图表区，打开“设置图表区格式”窗格，单击并展开“填充”选项，选择“图片或纹理填充”选项，单击“插入”按钮，如图 5-38 所示，打开“插入图片”对话框，选择“来自文件”选项，插入背景图片（或单击“图片工具 / 格式”选项卡“形状样式”组中的“形状填充”下拉按钮，在其下拉列表中选择“图片”命令，打开“插入图片”对话框，插入背景图片）。

③依次选择图表标题、图例和坐标轴标题等图表元素对象，单击“格式”选项卡“艺术字样式”组中的“文本填充”“文本轮廓”“文本效果”下拉按钮，设置字体格式。

# 5.4 数据管理与分析

## 5.4.1 数据管理

类似于其他数据管理软件，Excel 在排序、检索、汇总和统计等数据管理方面具有强大的功能。它不仅能够存储大量数据，还能够对数据进行排序、筛选和分类汇总等处理。

### 1. 数据排序

Excel 提供的数据排序功能可以对工作表中的数据按照某种特征进行重新排列，包括简单排序、复杂排序以及自定义排序。

（1）简单排序

简单排序是指对一列数据按照文本、数字、日期或时间进行升序或降序排列。以图 5-39 所示的“学生成绩表”为例，要对表格按照总成绩由高到低进行排序，可选择“总成绩”列中任意一个数据单元格，如 G2 或 G4，单击“数据”选项卡“排序和筛选”组中的“降序”按钮，对“总成绩”列数据按照由大到小的顺序排列，排序后表格如图 5-40 所示。

| | A | B | C | D | E | F | G |
|---|---|---|---|---|---|---|---|
| 1 | 学生成绩表 | | | | | | |
| 2 | 学号 | 姓名 | 实验1 | 实验2 | 实验3 | 考试 | 总成绩 |
| 3 | 2021013011 | 王飞阁 | 24 | 25 | 25 | 80 | 78.2 |
| 4 | 2021013012 | 董雪儿 | 29 | 27 | 24 | 45 | 55.5 |
| 5 | 2021013013 | 欧阳风铃 | 23 | 25 | 29 | 85 | 82.6 |
| 6 | 2021013014 | 卢笛 | 24 | 24 | 28 | 76 | 76 |
| 7 | 2021013015 | 张章 | 27 | 26 | 25 | 86 | 83.6 |
| 8 | 2021013016 | 杨诗惠 | 29 | 25 | 28 | 99 | 93.9 |
| 9 | 2021013017 | 罗进 | 27 | 26 | 28 | 77 | 78.2 |
| 10 | 2021013018 | 金紫 | 23 | 21 | 26 | 60 | 63 |

图 5-39　学生成绩表

| | A | B | C | D | E | F | G |
|---|---|---|---|---|---|---|---|
| 1 | 学生成绩表 | | | | | | |
| 2 | 学号 | 姓名 | 实验1 | 实验2 | 实验3 | 考试 | 总成绩 |
| 3 | 2021013016 | 杨诗惠 | 29 | 25 | 28 | 99 | 93.9 |
| 4 | 2021013015 | 张章 | 27 | 26 | 25 | 86 | 83.6 |
| 5 | 2021013013 | 欧阳风铃 | 23 | 25 | 29 | 85 | 82.6 |
| 6 | 2021013011 | 王飞阁 | 24 | 25 | 25 | 80 | 78.2 |
| 7 | 2021013017 | 罗进 | 27 | 26 | 28 | 77 | 78.2 |
| 8 | 2021013014 | 卢笛 | 24 | 24 | 28 | 76 | 76 |
| 9 | 2021013018 | 金紫 | 23 | 21 | 26 | 60 | 63 |
| 10 | 2021013012 | 董雪儿 | 29 | 27 | 24 | 45 | 55.5 |

图 5-40　“总成绩”降序排序结果

（2）复杂排序

复杂排序是指按照指定的多个关键字对多列进行升序或降序排列，或按照指定的关键字对行进行升序或降序排列。在上述学生成绩表中，“王飞阁”和“罗进”的总成绩相等，哪个排在前还得由其他条件来决定，可先对成绩表按总成绩降序排列，在此基础上再按学号降序排序，其具体操作步骤如下：

①选择任意一个数据单元格，如 D5，单击“数据”选项卡“排序和筛选”组中的“排序”按钮，打开“排序”对话框。

②将对话框中“主要关键字”设为“总成绩”、“排序依据”设为“单元格值”、“次序”设为“降序”，单击“添加”按钮。

③新增次要关键字，将“次要关键字”设为“学号”、“排序依据”设为“单元格值”、“次序”设为“降序”，如图 5-41 所示，单击“确定”按钮，对表格进行复杂排序，排序后表格如图 5-42 所示。

图 5-41　“排序”对话框

| | A | B | C | D | E | F | G |
|---|---|---|---|---|---|---|---|
| 1 | 学生成绩表 | | | | | | |
| 2 | 学号 | 姓名 | 实验1 | 实验2 | 实验3 | 考试 | 总成绩 |
| 3 | 2021013016 | 杨诗惠 | 29 | 25 | 28 | 99 | 93.9 |
| 4 | 2021013015 | 张章 | 27 | 26 | 25 | 86 | 83.6 |
| 5 | 2021013013 | 欧阳风铃 | 23 | 25 | 29 | 85 | 82.6 |
| 6 | 2021013017 | 罗进 | 27 | 26 | 28 | 77 | 78.2 |
| 7 | 2021013011 | 王飞阁 | 24 | 25 | 25 | 80 | 78.2 |
| 8 | 2021013014 | 卢笛 | 24 | 24 | 28 | 76 | 76 |
| 9 | 2021013018 | 金紫 | 23 | 21 | 26 | 60 | 63 |
| 10 | 2021013012 | 董雪儿 | 29 | 27 | 24 | 45 | 55.5 |

图 5-42　复杂排序结果

通常对表格中数据的排序都是对列的排序，很少会对行进行排序，但用户可根据需要对表格中的行进行排序，注意在进行行排序时表格中不能有合并单元格。要对学生成绩表中“罗进”所在行进行升序排序，其具体操作步骤如下：

①选择表格数据区域中任意一个单元格，单击“数据”选项卡“排序和筛选”组中的“排序”按钮，打开“排序”对话框。

②连续两次单击对话框中的“删除条件”按钮，删除已设定的复杂排序条件，再单击“选项”按钮，打开“排序选项”对话框，选择“按行排序”选项，如图5-43所示，单击“确定”按钮，返回“排序”对话框。

③此时“排序”对话框右上方的“列”变成了“行”，单击“添加条件”按钮，将“主要关键字”设为“行6”、“排序依据”设为“单元格值”、“次序”设为“升序”，如图5-44所示，单击“确定”按钮。

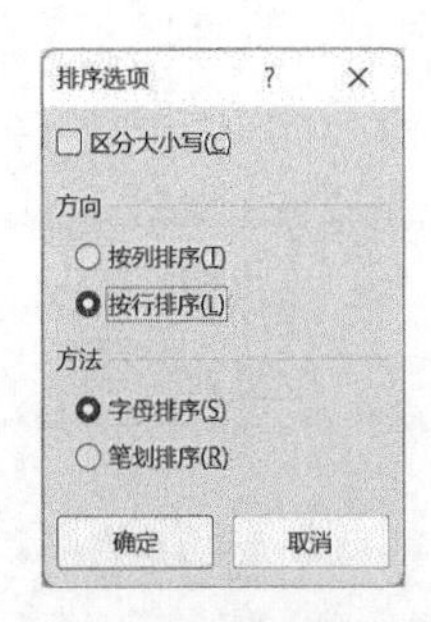


图5-43　“排序选项”对话框

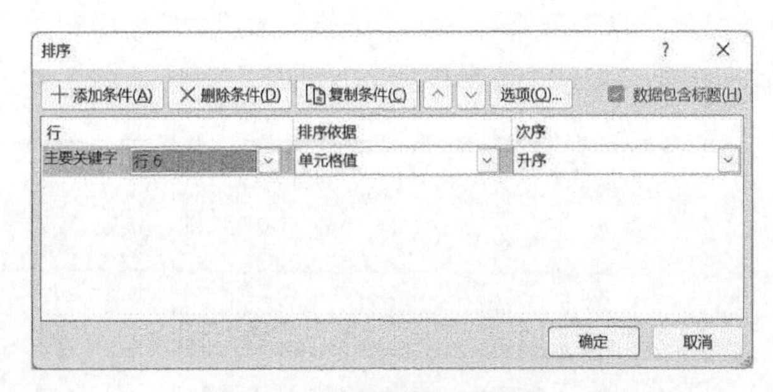


图5-44　“排序”对话框

④打开“排序提醒”对话框，选择“分别将数字和以文本形式存储的数字排序”选项，如图5-45所示，单击“确定”按钮，完成对表格中的行排序，排序后表格如图5-46所示。

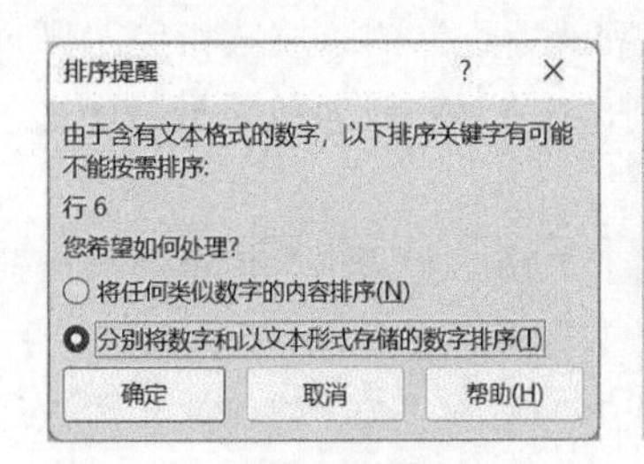


图5-45　“排序提醒”对话框

| | A | B | C | D | E | F | G |
|---|---|---|---|---|---|---|---|
| 1 | | | | | | 学生成绩表 | |
| 2 | 实验2 | 实验1 | 实验3 | 考试 | 总成绩 | 学号 | 姓名 |
| 3 | 25 | 29 | 28 | 99 | 93.9 | 2021013016 | 杨诗惠 |
| 4 | 26 | 27 | 25 | 86 | 83.6 | 2021013015 | 张章 |
| 5 | 25 | 23 | 29 | 85 | 82.6 | 2021013013 | 欧阳风铃 |
| 6 | 26 | 27 | 28 | 77 | 78.2 | 2021013017 | 罗进 |
| 7 | 25 | 24 | 25 | 80 | 78.2 | 2021013011 | 王飞阁 |
| 8 | 24 | 24 | 28 | 76 | 76 | 2021013014 | 卢笛 |
| 9 | 21 | 23 | 26 | 60 | 63 | 2021013018 | 金紫 |
| 10 | 27 | 29 | 24 | 45 | 55.5 | 2021013012 | 董雪儿 |

图5-46　按行排序结果

（3）自定义排序

Excel数据排序中除了按照系统预设的条件进行相应的简单和复杂排序外，还可根据用户需要进行自定义排序。在学生成绩表中对学生姓名进行自定义排序，其具体操作步骤如下：

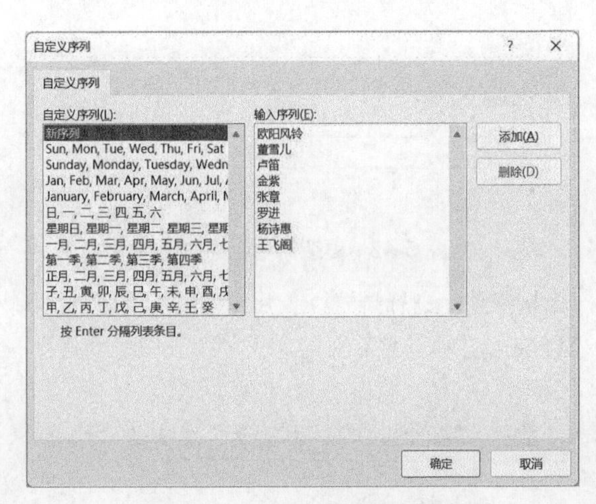


图5-47　“自定义序列”对话框

①选择任意一个数据单元格，单击“数据”选项卡“排序和筛选”组中的“排序”按钮，打开“排序”对话框。

②将对话框中的“主要关键字”设为“姓名”、“排序依据”设为“单元格值”、“次序”设为“自定义序列”，打开“自定义序列”对话框，在“输入序列”列表框中输入新序列，如图5-47所示，单击“确定”按钮。

③返回“排序”对话框，此时“次序”编辑框中显示自定义的排序方式，如图5-48所示，单击“确定”按钮，完成对表格的自定义序列排序，排序后表格如图5-49所示。

图 5-48　“排序”对话框

| | A | B | C | D | E | F | G |
|---|---|---|---|---|---|---|---|
| 1 | 学生成绩表 | | | | | | |
| 2 | 学号 | 姓名 | 实验1 | 实验2 | 实验3 | 考试 | 总成绩 |
| 3 | 2021013013 | 欧阳风铃 | 23 | 25 | 29 | 85 | 82.6 |
| 4 | 2021013012 | 董雪儿 | 29 | 27 | 24 | 45 | 55.5 |
| 5 | 2021013014 | 卢笛 | 24 | 24 | 28 | 76 | 76 |
| 6 | 2021013018 | 金紫 | 23 | 21 | 26 | 60 | 63 |
| 7 | 2021013015 | 张章 | 27 | 26 | 25 | 86 | 83.6 |
| 8 | 2021013017 | 罗进 | 27 | 26 | 28 | 77 | 78.2 |
| 9 | 2021013016 | 杨诗惠 | 29 | 25 | 28 | 99 | 93.9 |
| 10 | 2021013011 | 王飞阁 | 24 | 25 | 25 | 80 | 78.2 |

图 5-49　自定义序列排序结果

在对表格进行排序时，如果不希望表格中第一列表示序号的列数据被打乱，可在“序号”列右侧插入一空白列，将“序号”列与表格中其他列的数据分隔，不让“序号”列数据参与表格的排序。此外，为了避免插入的空白列影响表格的打印效果，可将该列进行隐藏。

**2. 数据筛选**

Excel 提供的数据筛选功能可以在大量数据中快速检索符合特定条件的数据，方便数据的查看与使用，包括自动筛选与高级筛选。

（1）自动筛选

自动筛选是一种简单便捷的数据筛选方法，当用户确定了筛选条件后，系统只显示满足条件的数据，而不满足条件的数据会被隐藏起来。以“期末成绩统计表”为例，筛选出“平均分>85”的学生数据信息，其具体操作步骤如下：

①选择表格数据区域中任意一个单元格，单击“数据”选项卡“排序和筛选”组中的“筛选”按钮，此时表格中每个列标题项右侧会显示一个下拉按钮，如图 5-50 所示。

| | A | B | C | D | E | F | G | H | I | J |
|---|---|---|---|---|---|---|---|---|---|---|
| 1 | 期末成绩统计表 | | | | | | | | | |
| 2 | 姓名 | 性别 | 系别 | 视唱练 | 音频编 | 音乐概 | 演唱技 | 艺术表 | 总 | 平均 |
| 3 | 张冰洁 | 女 | 音教学院 | 89 | 90 | 93 | 89 | 96 | 457 | 91.40 |
| 4 | 刘慧珍 | 女 | 演艺学院 | 85 | 88 | 87 | 94 | 96 | 450 | 90.00 |
| 5 | 杨晴 | 女 | 音乐学系 | 90 | 87 | 89 | 95 | 89 | 450 | 90.00 |
| 6 | 刘毅 | 男 | 演艺学院 | 87 | 91 | 83 | 95 | 93 | 449 | 89.80 |
| 7 | 郑明华 | 男 | 声乐系 | 87 | 89 | 89 | 90 | 93 | 448 | 89.60 |
| 8 | 郑世明 | 男 | 音乐学系 | 88 | 83 | 81 | 91 | 89 | 432 | 86.40 |
| 9 | 曹恒 | 男 | 演艺学院 | 87 | 80 | 85 | 89 | 95 | 436 | 87.20 |
| 10 | 田甜 | 女 | 民乐系 | 89 | 90 | 89 | 86 | 89 | 443 | 88.60 |
| 11 | 李锦 | 男 | 音乐学系 | 89 | 80 | 87 | 89 | 86 | 431 | 86.20 |
| 12 | 赵丽云 | 女 | 管弦系 | 92 | 75 | 94 | 89 | 73 | 423 | 84.60 |
| 13 | 牛坤 | 男 | 音教学院 | 97 | 80 | 83 | 67 | 93 | 420 | 84.00 |
| 14 | 熊艳 | 女 | 声乐系 | 78 | 67 | 84 | 91 | 87 | 407 | 81.40 |
| 15 | 冯春雨 | 女 | 舞蹈系 | 78 | 84 | 80 | 95 | 86 | 423 | 84.60 |
| 16 | 何磊 | 男 | 演艺学院 | 78 | 79 | 88 | 85 | 90 | 420 | 84.00 |
| 17 | 周文化 | 男 | 音教学院 | 89 | 78 | 79 | 90 | 87 | 423 | 84.60 |
| 18 | 向飞 | 男 | 演艺学院 | 78 | 91 | 92 | 84 | 95 | 440 | 88.00 |
| 19 | 杨媛媛 | 女 | 民乐系 | 92 | 78 | 67 | 87 | 91 | 415 | 83.00 |
| 20 | 陈春天 | 女 | 音教学院 | 78 | 76 | 66 | 84 | 90 | 394 | 78.80 |
| 21 | 董晶晶 | 女 | 演艺学院 | 89 | 67 | 87 | 55 | 87 | 385 | 77.00 |
| 22 | 王小翠 | 女 | 音教学院 | 61 | 89 | 89 | 91 | 88 | 418 | 83.60 |
| 23 | 田洪雪 | 女 | 声乐系 | 89 | 78 | 73 | 68 | 84 | 392 | 78.40 |
| 24 | 武超 | 男 | 演艺学院 | 59 | 92 | 63 | 90 | 80 | 384 | 76.80 |
| 25 | 李响 | 男 | 管弦系 | 89 | 66 | 87 | 87 | 76 | 405 | 81.00 |
| 26 | 黄海涛 | 男 | 声乐系 | 86 | 53 | 91 | 89 | 56 | 375 | 75.00 |
| 27 | 吕倩倩 | 女 | 演艺学院 | 63 | 87 | 77 | 63 | 82 | 372 | 74.40 |
| 28 | 范淼 | 男 | 管弦系 | 78 | 62 | 80 | 73 | 67 | 360 | 72.00 |
| 29 | 何苗 | 女 | 声乐系 | 85 | 51 | 92 | 67 | 78 | 373 | 74.60 |
| 30 | 韩春秀 | 女 | 民乐系 | 67 | 87 | 67 | 83 | 78 | 382 | 76.40 |

图 5-50　自动筛选示意图

②单击“平均分”右侧的下拉按钮，在其下拉列表中选择“数字筛选”→“大于”命令，如图 5-51 所示，打开“自定义自动筛选方式”对话框。

| | A | B | C | D | E | F | G | H | I | J |
|---|---|---|---|---|---|---|---|---|---|---|
| 1 | 期末成绩统计表 | | | | | | | | | |
| 2 | 姓名 | 性别 | 系别 | 视唱练 | 音频编 | 音乐概 | 演唱技 | 艺术表 | 总 | 平均分 |
| 3 | 张冰洁 | 女 | 音教学院 | 89 | 90 | 93 | 89 | | | |
| 4 | 刘慧珍 | 女 | 演艺学院 | 85 | 88 | 87 | 94 | | | |
| 5 | 杨晴 | 女 | 音乐学系 | 90 | 87 | 89 | 95 | | | |
| 6 | 刘毅 | 男 | 演艺学院 | 87 | 91 | 83 | 95 | | | |
| 7 | 郑明华 | 男 | 声乐系 | 87 | 89 | 89 | 90 | | | |
| 8 | 郑世明 | 男 | 音乐学系 | 88 | 83 | 81 | 91 | | | |
| 9 | 曹恒 | 男 | 演艺学院 | 87 | 80 | 85 | 89 | | | |
| 10 | 田甜 | 女 | 民乐系 | 89 | 90 | | | | | |
| 11 | 李锦 | 男 | 音乐学系 | 89 | 80 | | | | | |
| 12 | 赵丽云 | 女 | 管弦系 | 92 | 75 | | | | | |
| 13 | 牛坤 | 男 | 音教学院 | 97 | 80 | | | | | |
| 14 | 熊艳 | 女 | 声乐系 | 78 | 67 | | | | | |
| 15 | 冯春雨 | 女 | 舞蹈系 | 78 | 84 | | | | | |
| 16 | 何磊 | 男 | 演艺学院 | 78 | 79 | | | | | |
| 17 | 周文化 | 男 | 音教学院 | 89 | 78 | | | | | |
| 18 | 向飞 | 男 | 演艺学院 | 78 | 91 | | | | | |
| 19 | 杨媛媛 | 女 | 民乐系 | 92 | 78 | | | | | |
| 20 | 陈春天 | 女 | 音教学院 | 78 | 76 | | | | | |
| 21 | 董晶晶 | 女 | 演艺学院 | 89 | 67 | | | | | |
| 22 | 王小翠 | 女 | 音教学院 | 61 | 89 | | | | | |
| 23 | 田洪雪 | 女 | 声乐系 | 89 | 78 | | | | | |
| 24 | 武超 | 男 | 演艺学院 | 59 | 92 | 63 | 90 | | | |
| 25 | 李响 | 男 | 管弦系 | 89 | 66 | 87 | 87 | [illegible] | [illegible] | [illegible] |
| 26 | 黄海涛 | 男 | 声乐系 | 86 | 53 | 91 | 89 | 56 | 375 | 75.00 |

升序(S)
降序(O)
按颜色排序(T)
工作表视图(V)
从"平均分"中清除筛选器(C)
按颜色筛选(I)
数字筛选(F)
搜索
(全选)
72.00
74.40
74.60
75.00
76.40
76.80
77.00
77.60
78.40
78.80
81.00
81.40
83.00
确定
取消

等于(E)...
不等于(N)...
大于(G)...
大于或等于(O)...
小于(L)...
小于或等于(Q)...
介于(W)...
前 10 项(T)...
高于平均值(A)
低于平均值(O)
自定义筛选(F)...

图 5-51　“平均分”下拉列表

③在对话框中，输入条件表达式“大于 85”，如图 5-52 所示，单击“确定”按钮，完成表格数据的自动筛选，筛选结果如图 5-53 所示。

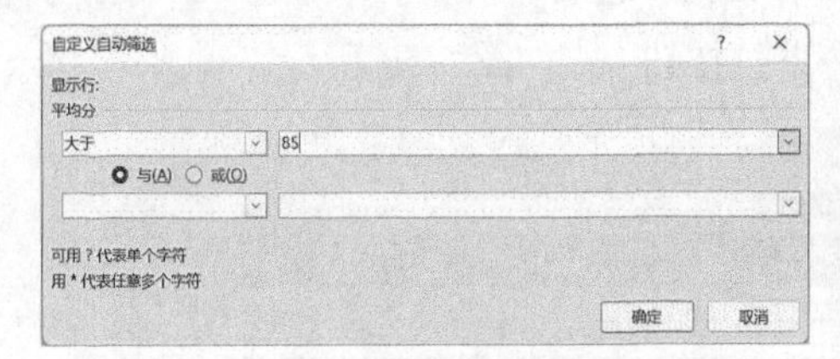


图 5-52　“自定义自动筛选”对话框

| | A | B | C | D | E | F | G | H | I | J |
|---|---|---|---|---|---|---|---|---|---|---|
| 1 | 期末成绩统计表 | | | | | | | | | |
| 2 | 姓名 | 性别 | 系别 | 视唱练 | 音频编 | 音乐概 | 演唱技 | 艺术表 | 总 | 平均 |
| 3 | 张冰洁 | 女 | 音教学院 | 89 | 90 | 93 | 89 | 96 | 457 | 91.40 |
| 4 | 刘慧珍 | 女 | 演艺学院 | 85 | 88 | 87 | 94 | 96 | 450 | 90.00 |
| 5 | 杨晴 | 女 | 音乐学系 | 90 | 87 | 89 | 95 | 89 | 450 | 90.00 |
| 6 | 刘毅 | 男 | 演艺学院 | 87 | 91 | 83 | 95 | 93 | 449 | 89.80 |
| 7 | 郑明华 | 男 | 声乐系 | 87 | 89 | 89 | 90 | 93 | 448 | 89.60 |
| 8 | 郑世明 | 男 | 音乐学系 | 88 | 83 | 81 | 91 | 89 | 432 | 86.40 |
| 9 | 曹恒 | 男 | 演艺学院 | 87 | 80 | 85 | 89 | 95 | 436 | 87.20 |
| 10 | 田甜 | 女 | 民乐系 | 89 | 90 | 89 | 86 | 89 | 443 | 88.60 |
| 11 | 李锦 | 男 | 音乐学系 | 89 | 80 | 87 | 89 | 86 | 431 | 86.20 |
| 18 | 向飞 | 男 | 演艺学院 | 78 | 91 | 92 | 84 | 95 | 440 | 88.00 |

图 5-53　自动筛选结果

在自动筛选后，不满足条件的数据会被隐藏，此时筛选列（即“平均分”列）右侧的按钮由变为状，单击该按钮，在其下拉列表中勾选“全选”复选框，单击“确定”按钮，可恢复表格的原数据。此外，再次单击“数据”选项卡“排序和筛选”组中的“筛选”按钮，也可恢复表格的原数据，同时退出自动筛选。

（2）高级筛选

高级筛选是一种更加复杂的数据筛选方法，可以完成多列联动筛选、非重复数据筛选（如果有重复的记录可只显示一个）以及将筛选结果复制到工作表的其他位置。对表格进行高级筛选时，必须先在表格数据区域外建立条件区域，条件区域可包含一个或多个筛选条件，每个条件至少有两行，首行为列标题名，下行为条件表达式。如果多个条件需同时满足即条件之间是“且”和“与”关系时，那么列标题名与条件表达式要同时输入到同一行的相邻单元格中。如果多个条件是部分满足即条件之间是“或”关系时，列标题名要输入到同一行相邻单元格中，条件表达式要输入到不同行的相邻单元格中。以“期末成绩统计表”为例，筛选出期末成绩统计表中“视唱练耳 >85”且“音频编辑 >85”且“音乐概论 >85”的学生数据信息，其具体操作步骤如下：

①在表格数据区域右侧空白处建立“且”（或“与”）关系的条件区域，该条件区域包含三个列标题名和三个条件表达式（条件表达式必须使用英文输入），如图 5-54 所示。

| 期末成绩统计表 | | | | | | | | | |
|---|---|---|---|---|---|---|---|---|---|
| 姓名 | 性别 | 系别 | 视唱练耳 | 音频编辑 | 音乐概论 | 演唱技巧 | 艺术表演 | 总分 | 平均分 |
| 张冰洁 | 女 | 音教学院 | 89 | 90 | 93 | 89 | 96 | 457 | 91.40 |
| 刘慧珍 | 女 | 演艺学院 | 85 | 88 | 87 | 94 | 96 | 450 | 90.00 |
| 杨晴 | 女 | 音乐学系 | 90 | 87 | 89 | 95 | 89 | 450 | 90.00 |
| 刘毅 | 男 | 演艺学院 | 87 | 91 | 83 | 95 | 93 | 449 | 89.80 |
| 郑明华 | 男 | 声乐系 | 87 | 89 | 89 | 90 | 93 | 448 | 89.60 |
| 郑世明 | 男 | 音乐学系 | 88 | 83 | 81 | 91 | 89 | 432 | 86.40 |
| 曹恒 | 男 | 演艺学院 | 87 | 80 | 85 | 89 | 95 | 436 | 87.20 |
| 田甜 | 女 | 民乐系 | 89 | 90 | 89 | 86 | 89 | 443 | 88.60 |
| 李锦 | 男 | 音乐学系 | 89 | 80 | 87 | 89 | 86 | 431 | 86.20 |
| 赵丽云 | 女 | 管弦系 | 92 | 75 | 94 | 89 | 73 | 423 | 84.60 |
| 牛坤 | 男 | 音教学院 | 97 | 80 | 83 | 67 | 93 | 420 | 84.00 |
| 熊艳 | 女 | 声乐系 | 78 | 67 | 84 | 91 | 87 | 407 | 81.40 |
| 冯春雨 | 女 | 舞蹈系 | 78 | 84 | 80 | 95 | 86 | 423 | 84.60 |
| 何磊 | 男 | 演艺学院 | 78 | 79 | 88 | 85 | 90 | 420 | 84.00 |
| 周文化 | 男 | 音教学院 | 89 | 78 | 79 | 90 | 87 | 423 | 84.60 |
| 向飞 | 男 | 演艺学院 | 78 | 91 | 92 | 84 | 95 | 440 | 88.00 |
| 杨媛媛 | 女 | 民乐系 | 92 | 78 | 67 | 87 | 91 | 415 | 83.00 |
| 陈春天 | 女 | 音教学院 | 78 | 76 | 66 | 84 | 90 | 394 | 78.80 |
| 董晶晶 | 女 | 演艺学院 | 89 | 67 | 87 | 55 | 87 | 385 | 77.00 |
| 王小翠 | 女 | 音教学院 | 61 | 89 | 89 | 91 | 88 | 418 | 83.60 |
| 田洪雪 | 女 | 声乐系 | 89 | 78 | 73 | 68 | 84 | 392 | 78.40 |
| 武超 | 男 | 演艺学院 | 59 | 92 | 63 | 90 | 80 | 384 | 76.80 |
| 李响 | 男 | 管弦系 | 89 | 66 | 87 | 87 | 76 | 405 | 81.00 |
| 黄海涛 | 男 | 声乐系 | 86 | 53 | 91 | 89 | 56 | 375 | 75.00 |
| 吕倩倩 | 女 | 演艺学院 | 63 | 87 | 77 | 63 | 82 | 372 | 74.40 |

| 视唱练耳 | 音频编辑 | 音乐概论 |
|---|---|---|
| >85 | >85 | >85 |

图 5-54　“且”关系的条件区域

②选择任意一个数据单元格，单击“数据”选项卡“排序和筛选”组中的“高级”按钮 高级，打开“高级筛选”对话框，如图 5-55 所示。

在“高级筛选”对话框中，选择“在原有区域显示筛选结果”选项，则在表格内显示筛选结果，而选择“将筛选结果复制到其他位置”选项，则在指定的单元格区域中显示筛选结果而不影响表格数据，但必须在“复制到”编辑框中指定筛选结果显示区域的起始单元格，“列表区域”编辑框会自动显示表格数据区域，用户可修改或重新选择数据区域，“条件区域”编辑框用来指定筛选条件所在的单元格区域，勾选“选择不重复的记录”复选框，则可避免重复记录的显示。

③选择“将筛选结果复制到其他位置”选项，将光标定位到“复制到”编辑框内，删除已有内容后单击 L12 单元格，再将光标定位到“条件区域”编辑框内，删除已有内容后，选择筛选条件所在的单元格区域 L5:N6，勾选“选择不重复的记录”复选框，如图 5-56 所示，单击“确定”按钮，筛选结果显示在以 L12 开头的单元格区域中，如图 5-57 所示。

图 5-55　“高级筛选”对话框

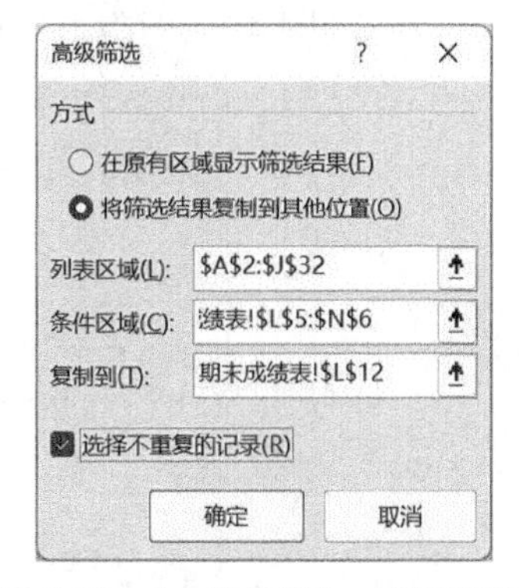


图 5-56　“高级筛选”对话框设置

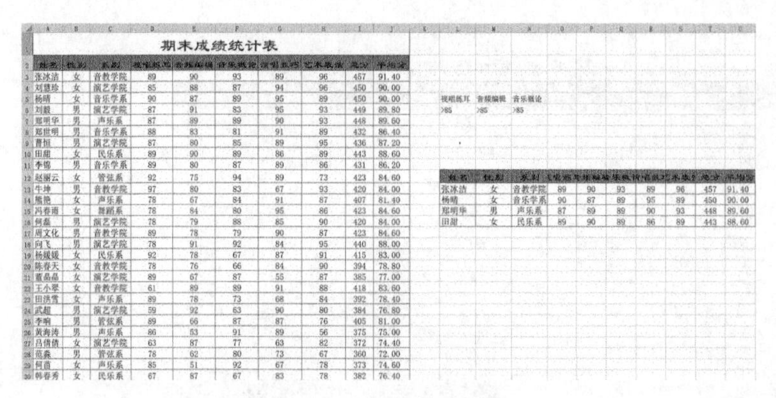

期末成绩统计表

| 姓名 | 性别 | 系别 | 视唱练耳 | 音频编辑 | 音乐概论 | 演唱技巧 | 艺术表演 | 总分 | 平均分 |
|---|---|---|---|---|---|---|---|---|---|
| 张冰洁 | 女 | 音教学院 | 89 | 90 | 93 | 89 | 96 | 457 | 91.40 |
| 刘慧珍 | 女 | 演艺学院 | 85 | 88 | 87 | 94 | 96 | 450 | 90.00 |
| 杨晴 | 女 | 音乐学系 | 90 | 87 | 89 | 95 | 89 | 450 | 90.00 |
| 刘毅 | 男 | 演艺学院 | 87 | 91 | 83 | 95 | 93 | 449 | 89.80 |
| 郑明华 | 男 | 声乐系 | 87 | 89 | 89 | 90 | 93 | 448 | 89.60 |
| 郑世明 | 男 | 音乐学系 | 88 | 83 | 81 | 91 | 89 | 432 | 86.40 |
| 曹恒 | 男 | 演艺学院 | 87 | 80 | 85 | 89 | 95 | 436 | 87.20 |
| 田甜 | 女 | 民乐系 | 89 | 90 | 89 | 86 | 89 | 443 | 88.60 |
| 李锦 | 男 | 音乐学系 | 89 | 80 | 87 | 89 | 86 | 431 | 86.20 |
| 赵丽云 | 女 | 管弦系 | 92 | 75 | 94 | 89 | 73 | 423 | 84.60 |
| 牛坤 | 男 | 音教学院 | 97 | 80 | 83 | 67 | 93 | 420 | 84.00 |
| 熊艳 | 女 | 声乐系 | 78 | 67 | 84 | 91 | 87 | 407 | 81.40 |
| 冯春雨 | 女 | 舞蹈系 | 78 | 84 | 80 | 95 | 86 | 423 | 84.60 |
| 何磊 | 男 | 演艺学院 | 78 | 79 | 88 | 85 | 90 | 420 | 84.00 |
| 周文化 | 男 | 音教学院 | 89 | 78 | 79 | 90 | 87 | 423 | 84.60 |
| 向飞 | 男 | 演艺学院 | 78 | 91 | 92 | 84 | 95 | 440 | 88.00 |
| 杨媛媛 | 女 | 民乐系 | 92 | 78 | 67 | 87 | 91 | 415 | 83.00 |
| 陈春天 | 女 | 音教学院 | 78 | 76 | 66 | 84 | 90 | 394 | 78.80 |
| 董晶晶 | 女 | 演艺学院 | 89 | 67 | 87 | 55 | 87 | 385 | 77.00 |
| 王小翠 | 女 | 音教学院 | 61 | 89 | 89 | 91 | 88 | 418 | 83.60 |
| 田洪雪 | 女 | 声乐系 | 89 | 78 | 73 | 68 | 84 | 392 | 78.40 |
| 武超 | 男 | 演艺学院 | 59 | 92 | 63 | 90 | 80 | 384 | 76.80 |
| 李响 | 男 | 管弦系 | 89 | 66 | 87 | 87 | 76 | 405 | 81.00 |
| 黄海涛 | 男 | 声乐系 | 86 | 53 | 91 | 89 | 56 | 375 | 75.00 |
| 吕倩倩 | 女 | 演艺学院 | 63 | 87 | 77 | 63 | 82 | 372 | 74.40 |
| 范淼 | 男 | 管弦系 | 78 | 62 | 80 | 73 | 67 | 360 | 72.00 |
| 何苗 | 女 | 声乐系 | 85 | 51 | 92 | 67 | 78 | 373 | 74.60 |
| 韩春秀 | 女 | 民乐系 | 67 | 87 | 67 | 83 | 78 | 382 | 76.40 |

| 视唱练耳 | 音频编辑 | 音乐概论 |
|---|---|---|
| >85 | >85 | >85 |

| 姓名 | 性别 | 系别 | 视唱练耳 | 音频编辑 | 音乐概论 | 演唱技巧 | 艺术表演 | 总分 | 平均分 |
|---|---|---|---|---|---|---|---|---|---|
| 张冰洁 | 女 | 音教学院 | 89 | 90 | 93 | 89 | 96 | 457 | 91.40 |
| 杨晴 | 女 | 音乐学系 | 90 | 87 | 89 | 95 | 89 | 450 | 90.00 |
| 郑明华 | 男 | 声乐系 | 87 | 89 | 89 | 90 | 93 | 448 | 89.60 |
| 田甜 | 女 | 民乐系 | 89 | 90 | 89 | 86 | 89 | 443 | 88.60 |

图 5-57 高级筛选结果

要筛选出期末成绩统计表中“视唱练耳 >85”或“音频编辑 >85”或“音乐概论 >85”的学生数据信息，其具体操作步骤如下：

①在表格数据区域右侧空白处建立“或”关系的条件区域，如图 5-58 所示。

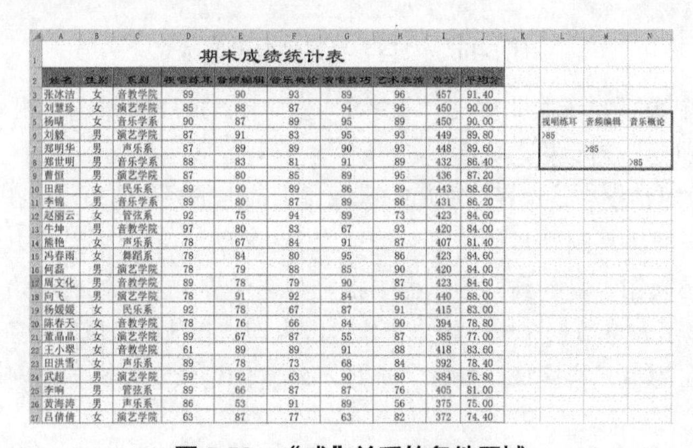

期末成绩统计表

| 姓名 | 性别 | 系别 | 视唱练耳 | 音频编辑 | 音乐概论 | 演唱技巧 | 艺术表演 | 总分 | 平均分 |
|---|---|---|---|---|---|---|---|---|---|
| 张冰洁 | 女 | 音教学院 | 89 | 90 | 93 | 89 | 96 | 457 | 91.40 |
| 刘慧珍 | 女 | 演艺学院 | 85 | 88 | 87 | 94 | 96 | 450 | 90.00 |
| 杨晴 | 女 | 音乐学系 | 90 | 87 | 89 | 95 | 89 | 450 | 90.00 |
| 刘毅 | 男 | 演艺学院 | 87 | 91 | 83 | 95 | 93 | 449 | 89.80 |
| 郑明华 | 男 | 声乐系 | 87 | 89 | 89 | 90 | 93 | 448 | 89.60 |
| 郑世明 | 男 | 音乐学系 | 88 | 83 | 81 | 91 | 89 | 432 | 86.40 |
| 曹恒 | 男 | 演艺学院 | 87 | 80 | 85 | 89 | 95 | 436 | 87.20 |
| 田甜 | 女 | 民乐系 | 89 | 90 | 89 | 86 | 89 | 443 | 88.60 |
| 李锦 | 男 | 音乐学系 | 89 | 80 | 87 | 89 | 86 | 431 | 86.20 |
| 赵丽云 | 女 | 管弦系 | 92 | 75 | 94 | 89 | 73 | 423 | 84.60 |
| 牛坤 | 男 | 音教学院 | 97 | 80 | 83 | 67 | 93 | 420 | 84.00 |
| 熊艳 | 女 | 声乐系 | 78 | 67 | 84 | 91 | 87 | 407 | 81.40 |
| 冯春雨 | 女 | 舞蹈系 | 78 | 84 | 80 | 95 | 86 | 423 | 84.60 |
| 何磊 | 男 | 演艺学院 | 78 | 79 | 88 | 85 | 90 | 420 | 84.00 |
| 周文化 | 男 | 音教学院 | 89 | 78 | 79 | 90 | 87 | 423 | 84.60 |
| 向飞 | 男 | 演艺学院 | 78 | 91 | 92 | 84 | 95 | 440 | 88.00 |
| 杨媛媛 | 女 | 民乐系 | 92 | 78 | 67 | 87 | 91 | 415 | 83.00 |
| 陈春天 | 女 | 音教学院 | 78 | 76 | 66 | 84 | 90 | 394 | 78.80 |
| 董晶晶 | 女 | 演艺学院 | 89 | 67 | 87 | 55 | 87 | 385 | 77.00 |
| 王小翠 | 女 | 音教学院 | 61 | 89 | 89 | 91 | 88 | 418 | 83.60 |
| 田洪雪 | 女 | 声乐系 | 89 | 78 | 73 | 68 | 84 | 392 | 78.40 |
| 武超 | 男 | 演艺学院 | 59 | 92 | 63 | 90 | 80 | 384 | 76.80 |
| 李响 | 男 | 管弦系 | 89 | 66 | 87 | 87 | 76 | 405 | 81.00 |
| 黄海涛 | 男 | 声乐系 | 86 | 53 | 91 | 89 | 56 | 375 | 75.00 |
| 吕倩倩 | 女 | 演艺学院 | 63 | 87 | 77 | 63 | 82 | 372 | 74.40 |

| 视唱练耳 | 音频编辑 | 音乐概论 |
|---|---|---|
| >85 | | |
| | >85 | |
| | | >85 |

图 5-58 “或”关系的条件区域

②选择任意一个数据单元格，单击“数据”选项卡“排序和筛选”组中的“高级”按钮 ，打开“高级筛选”对话框。

③选择“在原有区域显示筛选结果”选项，将光标定位到“条件区域”编辑框内，删除已有内容后，选择单元格区域 L5:N8，如图 5-59 所示，单击“确定”按钮，筛选结果如图 5-60 所示。

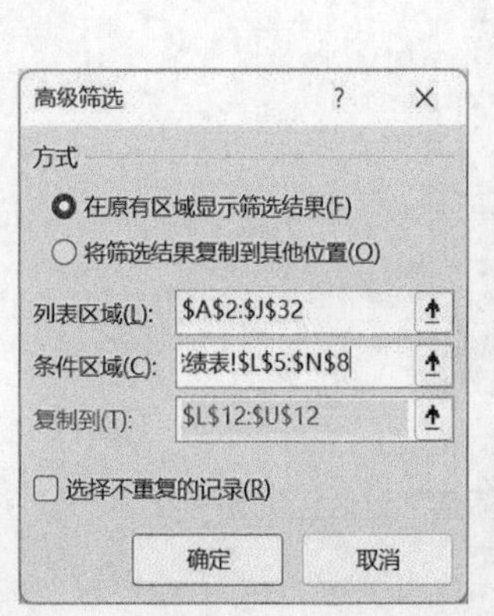


图 5-59 “高级筛选”对话框设置

期末成绩统计表

| 姓名 | 性别 | 系别 | 视唱练耳 | 音频编辑 | 音乐概论 | 演唱技巧 | 艺术表演 | 总分 | 平均分 |
|---|---|---|---|---|---|---|---|---|---|
| 张冰洁 | 女 | 音教学院 | 89 | 90 | 93 | 89 | 96 | 457 | 91.40 |
| 刘慧珍 | 女 | 演艺学院 | 85 | 88 | 87 | 94 | 96 | 450 | 90.00 |
| 杨晴 | 女 | 音乐学系 | 90 | 87 | 89 | 95 | 89 | 450 | 90.00 |
| 刘毅 | 男 | 演艺学院 | 87 | 91 | 83 | 95 | 93 | 449 | 89.80 |
| 郑明华 | 男 | 声乐系 | 87 | 89 | 89 | 90 | 93 | 448 | 89.60 |
| 郑世明 | 男 | 音乐学系 | 88 | 83 | 81 | 91 | 89 | 432 | 86.40 |
| 曹恒 | 男 | 演艺学院 | 87 | 80 | 85 | 89 | 95 | 436 | 87.20 |
| 田甜 | 女 | 民乐系 | 89 | 90 | 89 | 86 | 89 | 443 | 88.60 |
| 李锦 | 男 | 音乐学系 | 89 | 80 | 87 | 89 | 86 | 431 | 86.20 |
| 赵丽云 | 女 | 管弦系 | 92 | 75 | 94 | 89 | 73 | 423 | 84.60 |
| 牛坤 | 男 | 音教学院 | 97 | 80 | 83 | 67 | 93 | 420 | 84.00 |
| 何磊 | 男 | 演艺学院 | 78 | 79 | 88 | 85 | 90 | 420 | 84.00 |
| 周文化 | 男 | 音教学院 | 89 | 78 | 79 | 90 | 87 | 423 | 84.60 |
| 向飞 | 男 | 演艺学院 | 78 | 91 | 92 | 84 | 95 | 440 | 88.00 |
| 杨媛媛 | 女 | 民乐系 | 92 | 78 | 67 | 87 | 91 | 415 | 83.00 |
| 董晶晶 | 女 | 演艺学院 | 89 | 67 | 87 | 55 | 87 | 385 | 77.00 |
| 王小翠 | 女 | 音教学院 | 61 | 89 | 89 | 91 | 88 | 418 | 83.60 |
| 田洪雪 | 女 | 声乐系 | 89 | 78 | 73 | 68 | 84 | 392 | 78.40 |
| 武超 | 男 | 演艺学院 | 59 | 92 | 63 | 90 | 80 | 384 | 76.80 |
| 李响 | 男 | 管弦系 | 89 | 66 | 87 | 87 | 76 | 405 | 81.00 |
| 黄海涛 | 男 | 声乐系 | 86 | 53 | 91 | 89 | 56 | 375 | 75.00 |
| 吕倩倩 | 女 | 演艺学院 | 63 | 87 | 77 | 63 | 82 | 372 | 74.40 |
| 何苗 | 女 | 声乐系 | 85 | 51 | 92 | 67 | 78 | 373 | 74.60 |
| 韩春秀 | 女 | 民乐系 | 67 | 87 | 67 | 83 | 78 | 382 | 76.40 |

| 视唱练耳 | 音频编辑 | 音乐概论 |
|---|---|---|
| >85 | | |
| | >85 | |
| | | >85 |

图 5-60 高级筛选结果

在高级筛选中，筛选的方式指定为“在原有区域显示筛选结果”，那么类似于自动筛选，不满足条件的数据会被隐藏，而单击“数据”选项卡“排序和筛选”组中的“清除”按钮清除，可快速恢复表格数据。

**3. 数据分类汇总**

Excel 提供的分类汇总功能可以对工作表中的数据按照某一字段（即列）进行分类，并依据类别对数据进行求和、计数以及求平均值等运算，同时将计算结果分级显示出来，从而使数据条理化和明确化，满足用户对多种数据的整理需求。

（1）分类汇总

分类汇总的目的是按指定的字段对数据进行计算，在进行分类汇总前，必须先对汇总的字段进行排序，使该字段下同类数据排列在一起后才能进行汇总。以“期末成绩统计表”为例，对每个院系学生的“视唱练耳”科目进行平均分汇总，其具体操作步骤如下：

①选择“系别”列任意一个数据单元格，单击“数据”选项卡“排序和筛选”组中的“升序”按钮A↓Z或“降序”按钮Z↓A，将相同院系的学生记录排列在一起，如图 5-61 所示。

| | A | B | C | D | E | F | G | H | I | J |
|---|---|---|---|---|---|---|---|---|---|---|
| 1 | 期末成绩统计表 | | | | | | | | | |
| 2 | 姓名 | 性别 | 系别 | 视唱练耳 | 音频编辑 | 音乐概论 | 演唱技巧 | 艺术表演 | 总分 | 平均分 |
| 3 | 赵丽云 | 女 | 管弦系 | 92 | 75 | 94 | 89 | 73 | 423 | 84.60 |
| 4 | 李响 | 男 | 管弦系 | 89 | 66 | 87 | 87 | 76 | 405 | 81.00 |
| 5 | 范淼 | 男 | 管弦系 | 78 | 62 | 80 | 73 | 67 | 360 | 72.00 |
| 6 | 田甜 | 女 | 民乐系 | 89 | 90 | 89 | 86 | 89 | 443 | 88.60 |
| 7 | 杨媛媛 | 女 | 民乐系 | 92 | 78 | 67 | 87 | 91 | 415 | 83.00 |
| 8 | 韩春秀 | 女 | 民乐系 | 67 | 87 | 67 | 83 | 78 | 382 | 76.40 |
| 9 | 郑明华 | 男 | 声乐系 | 87 | 89 | 89 | 90 | 93 | 448 | 89.60 |
| 10 | 熊艳 | 女 | 声乐系 | 78 | 67 | 84 | 91 | 87 | 407 | 81.40 |
| 11 | 田洪雪 | 女 | 声乐系 | 89 | 78 | 73 | 68 | 84 | 392 | 78.40 |
| 12 | 黄海涛 | 男 | 声乐系 | 86 | 53 | 91 | 89 | 56 | 375 | 75.00 |
| 13 | 何苗 | 女 | 声乐系 | 85 | 51 | 92 | 67 | 78 | 373 | 74.60 |
| 14 | 亓海涛 | 男 | 声乐系 | 70 | 72 | 67 | 78 | 85 | 372 | 74.40 |
| 15 | 冯春雨 | 女 | 舞蹈系 | 78 | 84 | 80 | 95 | 86 | 423 | 84.60 |
| 16 | 刘慧珍 | 女 | 演艺学院 | 85 | 88 | 87 | 94 | 96 | 450 | 90.00 |
| 17 | 刘毅 | 男 | 演艺学院 | 87 | 91 | 83 | 95 | 93 | 449 | 89.80 |
| 18 | 曹恒 | 男 | 演艺学院 | 87 | 80 | 85 | 89 | 95 | 436 | 87.20 |
| 19 | 何磊 | 男 | 演艺学院 | 78 | 79 | 88 | 85 | 90 | 420 | 84.00 |
| 20 | 向飞 | 男 | 演艺学院 | 78 | 91 | 92 | 84 | 95 | 440 | 88.00 |
| 21 | 董晶晶 | 女 | 演艺学院 | 89 | 67 | 87 | 55 | 87 | 385 | 77.00 |
| 22 | 武超 | 男 | 演艺学院 | 59 | 92 | 63 | 90 | 80 | 384 | 76.80 |
| 23 | 吕倩倩 | 女 | 演艺学院 | 63 | 87 | 77 | 63 | 82 | 372 | 74.40 |
| 24 | 张冰洁 | 女 | 音教学院 | 89 | 90 | 93 | 89 | 96 | 457 | 91.40 |
| 25 | 牛坤 | 男 | 音教学院 | 97 | 80 | 83 | 67 | 93 | 420 | 84.00 |
| 26 | 周文化 | 男 | 音教学院 | 89 | 78 | 79 | 90 | 87 | 423 | 84.60 |
| 27 | 陈春天 | 女 | 音教学院 | 78 | 76 | 66 | 84 | 90 | 394 | 78.80 |
| 28 | 王小翠 | 女 | 音教学院 | 61 | 89 | 89 | 91 | 88 | 418 | 83.60 |
| 29 | 黄磊 | 男 | 音教学院 | 64 | 72 | 72 | 96 | 84 | 388 | 77.60 |
| 30 | 杨晴 | 女 | 音乐学系 | 90 | 87 | 89 | 95 | 89 | 450 | 90.00 |

**图 5-61　“系别”排序后结果**

②单击“数据”选项卡“分级显示”组中的“分类汇总”按钮分类汇总，打开“分类汇总”对话框。

③在对话框的“分类字段”列表框中选择“系别”、“汇总方式”列表框中选择“平均值”、“选定汇总项”列表框中仅勾选“视唱练耳”选项，如图 5-62 所示，单击“确定”按钮，汇总结果如图 5-63 所示。

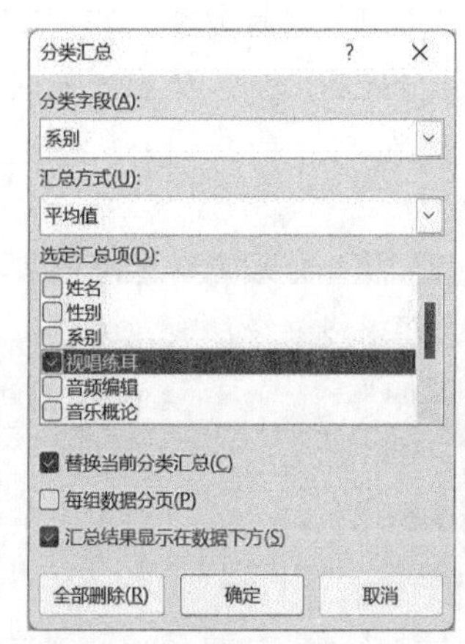


图 5-62 “分类汇总”对话框

| 期末成绩统计表 | | | | | | | | | |
|---|---|---|---|---|---|---|---|---|---|
| 姓名 | 性别 | 系别 | 视唱练耳 | 音频编辑 | 音乐概论 | 演唱技巧 | 艺术表演 | 总分 | 平均分 |
| 赵丽云 | 女 | 管弦系 | 92 | 75 | 94 | 89 | 73 | 423 | 84.60 |
| 李响 | 男 | 管弦系 | 89 | 66 | 87 | 87 | 76 | 405 | 81.00 |
| 范淼 | 男 | 管弦系 | 78 | 62 | 80 | 73 | 67 | 360 | 72.00 |
| | | 管弦系 平均值 | 86.3333333 | | | | | | |
| 田甜 | 女 | 民乐系 | 89 | 90 | 89 | 86 | 89 | 443 | 88.60 |
| 杨媛媛 | 女 | 民乐系 | 92 | 78 | 67 | 87 | 91 | 415 | 83.00 |
| 韩春秀 | 女 | 民乐系 | 67 | 87 | 67 | 83 | 78 | 382 | 76.40 |
| | | 民乐系 平均值 | 82.6666667 | | | | | | |
| 郑明华 | 男 | 声乐系 | 87 | 89 | 89 | 90 | 93 | 448 | 89.60 |
| 熊艳 | 女 | 声乐系 | 78 | 67 | 84 | 91 | 87 | 407 | 81.40 |
| 田洪雪 | 女 | 声乐系 | 89 | 78 | 73 | 68 | 84 | 392 | 78.40 |
| 黄海涛 | 男 | 声乐系 | 86 | 53 | 91 | 89 | 56 | 375 | 75.00 |
| 何苗 | 女 | 声乐系 | 85 | 51 | 92 | 67 | 78 | 373 | 74.60 |
| 亓海涛 | 男 | 声乐系 | 70 | 72 | 67 | 78 | 85 | 372 | 74.40 |
| | | 声乐系 平均值 | 82.5 | | | | | | |
| 冯春雨 | 女 | 舞蹈系 | 78 | 84 | 80 | 95 | 86 | 423 | 84.60 |
| | | 舞蹈系 平均值 | 78 | | | | | | |
| 刘慧珍 | 女 | 演艺学院 | 85 | 88 | 87 | 94 | 96 | 450 | 90.00 |
| 刘毅 | 男 | 演艺学院 | 87 | 91 | 83 | 95 | 93 | 449 | 89.80 |
| 曹恒 | 男 | 演艺学院 | 87 | 80 | 85 | 89 | 95 | 436 | 87.20 |
| 何磊 | 男 | 演艺学院 | 78 | 79 | 88 | 85 | 90 | 420 | 84.00 |
| 向飞 | 男 | 演艺学院 | 78 | 91 | 92 | 84 | 95 | 440 | 88.00 |
| 董晶晶 | 女 | 演艺学院 | 89 | 67 | 87 | 55 | 87 | 385 | 77.00 |
| 武超 | 男 | 演艺学院 | 59 | 92 | 63 | 90 | 80 | 384 | 76.80 |
| 吕倩倩 | 女 | 演艺学院 | 63 | 87 | 77 | 63 | 82 | 372 | 74.40 |
| | | 演艺学院 平均值 | 78.25 | | | | | | |
| 张冰洁 | 女 | 音教学院 | 89 | 90 | 93 | 89 | 96 | 457 | 91.40 |
| 牛坤 | 男 | 音教学院 | 97 | 80 | 83 | 67 | 93 | 420 | 84.00 |

图 5-63 分类汇总结果（部分）

（2）汇总分级显示

对表格进行分类汇总后，用户可隐藏与显示明细数据，实现汇总结果的分级显示，从而更加灵活方便地查看所需数据。分级显示汇总结果的常用方法有以下三种。

**方法 1**：单击工作表列标签左边的数字标记1、2和3按钮，可分别显示不同级别的分类汇总数据信息，其中“1”按钮表示一级汇总显示，仅显示汇总总计；“2”按钮表示二级汇总显示，显示各类别的汇总结果；“3”按钮表示三级汇总显示，显示汇总的所有明细数据。

**方法 2**：单击数字标记1按钮下方括号处的-按钮，可显示一级汇总结果，隐藏所有明细数据。单击数字标记按钮2下方括号处的-按钮，可显示二级汇总结果，隐藏各类别的明细数据。而单击+按钮，则可显示被隐藏的明细数据。

**方法 3**：单击“数据”选项卡“分级显示”组中的“显示明细数据”按钮+≡显示明细数据和“隐藏明细数据”按钮-≡隐藏明细数据，可分别展开与折叠相应的明细数据。

（3）删除分类汇总

要删除分类汇总，可选择任意一个数据单元格，单击“数据”选项卡“分级显示”组中的“分类汇总”按钮分类汇总，打开“分类汇总”对话框，在该对话框中单击“全部删除”按钮，可删除分类汇总。

## 5.4.2 数据分析

数据透视表与数据透视图是 Excel 数据分析的常用工具之一，也是 Excel 强大数据处理能力的具体体现，其有效地综合了数据排序、筛选和分类汇总常用数据管理方法的优点，可灵活多样地以不同方式展示数据的特征。

### 1. 数据透视表

数据透视表是一种对数据快速汇总和分析的交互式报表，它可以动态地改变原数据表格的版面布局，可以重新设置行标签、列标签和筛选字段，可以对数据进行汇总，还可以筛选出符合条件的数据。数据透视表对原数据表格版面布局所做的每一次更改，都会按照新表格的版面布局重新汇总数据，且如果原数据发生了改变，数据透视表也会同步更新。

（1）创建数据透视表

在工作表中创建数据透视表时，不能选择有合并单元格的数据区域（表标题除外），否则不能创建数据透视表。以图 5-64 所示的“产品季度销售统计表”为例，创建数据透视表的具体操作步骤如下：

| | A | B | C | D | E | F |
|---|---|---|---|---|---|---|
| 1 | 产品季度销售统计表 | | | | | |
| 2 | 地区 | 姓名 | 第一季度 | 第二季度 | 第三季度 | 第四季度 |
| 3 | 北京 | 李风 | ¥ 304,354.00 | ¥ 334,745.50 | ¥ 334,308.50 | ¥ 333,804.00 |
| 4 | 北京 | 杨丽 | ¥ 115,980.00 | ¥ 212,800.00 | ¥ 225,670.00 | ¥ 333,143.00 |
| 5 | 北京 | 韦妮 | ¥ 198,035.00 | ¥ 354,897.00 | ¥ 293,148.00 | ¥ 322,603.00 |
| 6 | 北京 | 赵方 | ¥ 154,605.00 | ¥ 344,453.00 | ¥ 269,169.00 | ¥ 397,716.00 |
| 7 | 北京 | 周兰亭 | ¥ 242,580.00 | ¥ 255,000.00 | ¥ 378,388.00 | ¥ 375,367.00 |
| 8 | 北京 | 李东梅 | ¥ 221,147.00 | ¥ 222,909.00 | ¥ 364,876.00 | ¥ 375,600.00 |
| 9 | 广州 | 郭英 | ¥ 337,580.50 | ¥ 334,370.00 | ¥ 332,789.00 | ¥ 334,371.00 |
| 10 | 广州 | 艾张婷 | ¥ 225,404.50 | ¥ 223,408.00 | ¥ 227,107.00 | ¥ 224,140.50 |
| 11 | 广州 | 王号弥 | ¥ 243,986.00 | ¥ 236,800.00 | ¥ 299,720.00 | ¥ 233,362.00 |
| 12 | 广州 | 程丽 | ¥ 171,953.00 | ¥ 310,132.00 | ¥ 243,432.00 | ¥ 216,665.00 |
| 13 | 上海 | 韩笑 | ¥ 330,789.00 | ¥ 334,107.50 | ¥ 335,148.50 | ¥ 333,674.50 |
| 14 | 上海 | 孙得位 | ¥ 148,339.00 | ¥ 288,380.00 | ¥ 217,588.00 | ¥ 483,458.00 |
| 15 | 上海 | 郑同 | ¥ 250,257.00 | ¥ 348,443.00 | ¥ 142,330.00 | ¥ 265,471.00 |
| 16 | 上海 | 张思意 | ¥ 159,749.00 | ¥ 239,301.00 | ¥ 315,141.00 | ¥ 245,756.00 |
| 17 | 上海 | 李彤 | ¥ 114,044.00 | ¥ 240,927.00 | ¥ 235,805.00 | ¥ 340,153.00 |
| 18 | 深圳 | 陈际鑫 | ¥ 217,470.00 | ¥ 245,786.00 | ¥ 450,631.00 | ¥ 348,736.00 |
| 19 | 深圳 | 李若倩 | ¥ 147,861.00 | ¥ 253,527.00 | ¥ 314,463.00 | ¥ 218,696.00 |
| 20 | 深圳 | 李市芬 | ¥ 248,913.00 | ¥ 222,769.00 | ¥ 299,396.00 | ¥ 338,211.00 |
| 21 | 深圳 | 胡委航 | ¥ 216,694.00 | ¥ 233,588.00 | ¥ 351,361.00 | ¥ 257,722.00 |
| 22 | 深圳 | 马品刚 | ¥ 166,263.00 | ¥ 344,085.00 | ¥ 358,684.00 | ¥ 225,080.00 |

图 5-64　产品季度销售统计表

①选择表格数据区域中任意一个单元格，单击“插入”选项卡“表格”组中的“数据透视表”按钮，打开“来自表格或区域的数据透视表”对话框，如图 5-65 所示。

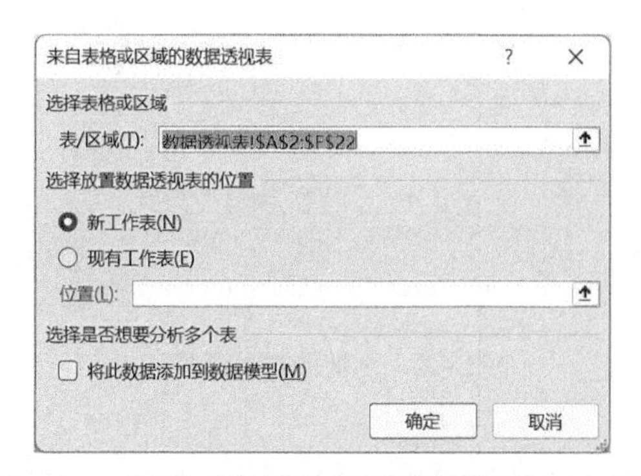


图 5-65　“来自表格或区域的数据透视表”对话框

②系统默认识别表格的数据区域，用户可在“表 / 区域”编辑框中修改或重新选择数据区域，在“选择放置数据透视表的位置”区域中选择“现有工作表”选项，将光标定位到“位置”编辑框内，单击 H3 单元格，单击“确定”按钮，此时在以 H3 开头的单元格区域中创建空白透视表，同时窗口右侧显示“数据透视表字段”窗格，如图 5-66 所示。

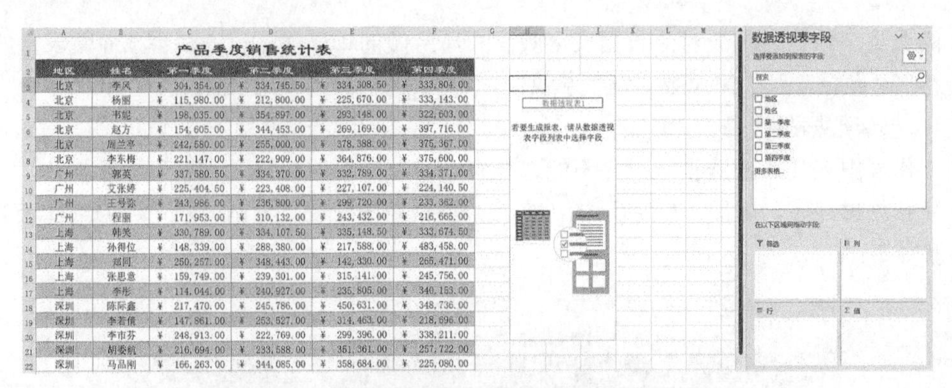

图 5-66 空白透视表与“数据透视表字段”窗格

“数据透视表字段”窗格由“选择要添加到报表的字段”和“在以下区域间拖动字段”两部分组成，前者包含原数据表格的所有字段，后者包含筛选器、列、行以及值。要生成数据表，需将字段列表中的字段添加至相应区域，通常筛选器区域中存放要进行筛选的字段，列区域中存放设置为列的字段，行区域中存放设置为行的字段，而值区域中存放要进行计算的数值字段。

③将字段列表中的“地区”拖入筛选器区域、“姓名”拖入行区域、四个季度的字段（“第一季度”“第二季度”“第三季度”“第四季度”）依次拖入值区域，生成图 5-67 所示的数据透视表。

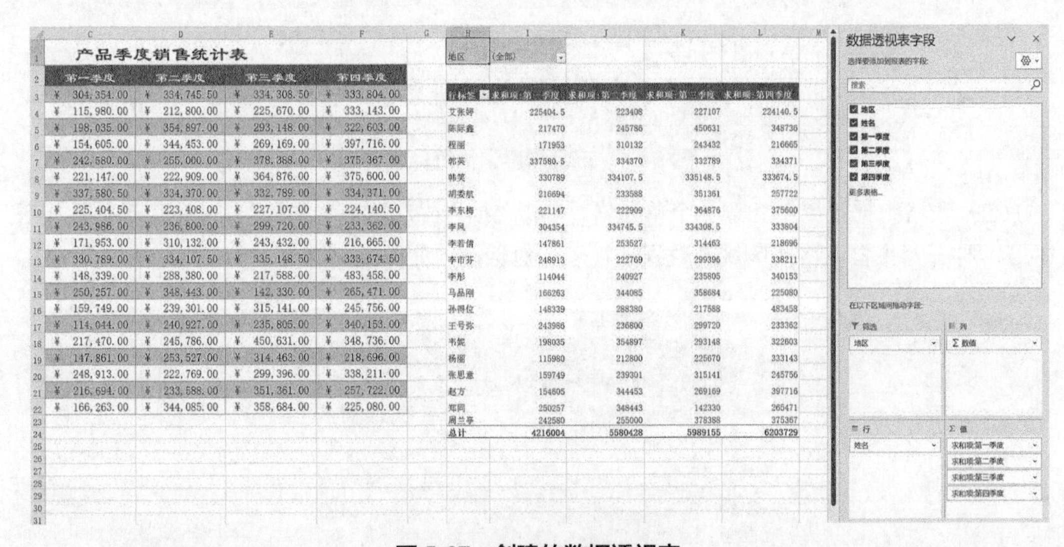

图 5-67 创建的数据透视表

（2）编辑数据透视表

创建完数据透视表后，用户不仅可对数据透视表进行编辑，如更改数据透视表字段与汇总方式、设置数据透视表的布局、筛选数据以及更新透视表数据，还可对其进行格式化操作，如设置行、列以及单元格区域的边框与底纹、在“设计”选项卡“数据透视表样式”列表中应用一种表格样式。

通常创建的数据透视表的汇总方式默认为求和汇总，用户可根据需要将汇总方式更改为求平均值、最大值、最小值或计数等。以“产品季度销售统计表”数据透视表为例，要将“第一季度”汇总方式更改为平均值汇总，常用的操作方法有以下两种。

**方法 1**：在“数据透视表字段”窗格的值区域中，单击“求和项：第一季度”下拉按钮，在其下拉列表中选择“值字段设置”选项，如图 5-68 所示，打开“值字段设置”对话框，选择“值汇总方式”选项卡，在“计算类型”列表框中选择“平均值”选项，如图 5-69 所示，单击“确定”按钮，将汇总方式更改为平均值汇总。

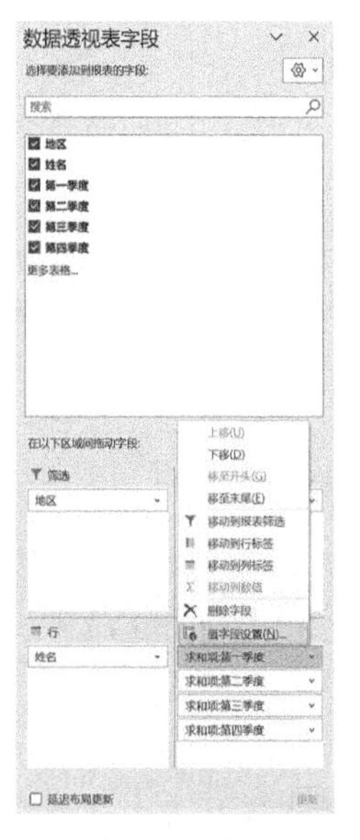


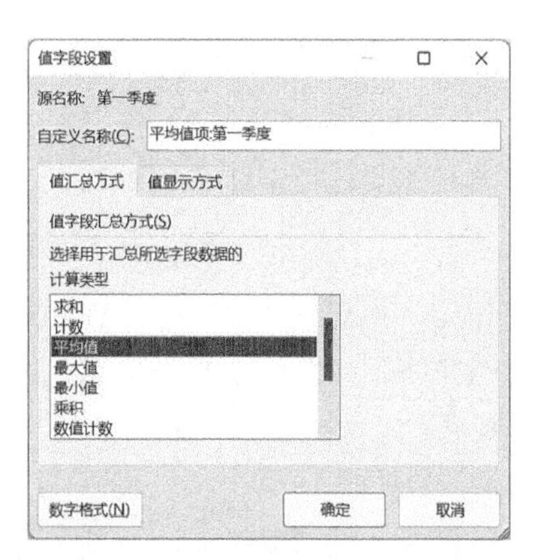


图 5-68　“求和项”下拉列表　　图 5-69　“值字段设置”对话框

**方法 2：**右击 I3 单元格（即“求和项：第一季度”所在单元格），在弹出的快捷菜单中选择“值汇总依据”→“平均值”命令，如图 5-70 所示，将汇总方式更改为求平均值汇总，如图 5-71 所示。

| 地区 | （全部） | | | |
|---|---|---|---|---|
| 行标签 | 求和项:第 | | 项:第三季度 | 求和项:第四季度 |
| 艾张婷 | 2 | | 227107 | 224140.5 |
| 陈际鑫 | | | 450631 | 348736 |
| 程丽 | | | 243432 | 216665 |
| 郭英 | 3 | | 332789 | 334371 |
| 韩笑 | | | 335148.5 | 333674.5 |
| 胡委航 | | | 351361 | 257722 |
| 李东梅 | | | 364876 | 375600 |
| 李风 | | | 334308.5 | 333804 |
| 李若倩 | | | 314463 | 218696 |
| 李市芬 | | | 299396 | 338211 |
| 李彤 | | | 235805 | 340153 |
| 马品刚 | | | 358684 | 225080 |
| 孙得位 | | | 217588 | 483458 |
| 王号弥 | | | 299720 | 233362 |
| 韦妮 | 198035 | 354897 | 293148 | 322603 |
| 杨丽 | 115980 | 212800 | 225670 | 333143 |
| 张思意 | 159749 | 239301 | 315141 | 245756 |
| 赵方 | 154605 | 344453 | 269169 | 397716 |
| 郑同 | 250257 | 348443 | 142330 | 265471 |
| 周兰亭 | 242580 | 255000 | 378388 | 375367 |
| 总计 | 4216004 | 5580428 | 5989155 | 6203729 |



图 5-70　“值汇总依据”级联菜单

| 地区 | （全部） | | | |
|---|---|---|---|---|
| 行标签 | 平均值项:第一季度 | 求和项:第二季度 | 求和项:第三季度 | 求和项:第四季度 |
| 艾张婷 | 225404.5 | 223408 | 227107 | 224140.5 |
| 陈际鑫 | 217470 | 245786 | 450631 | 348736 |
| 程丽 | 171953 | 310132 | 243432 | 216665 |
| 郭英 | 337580.5 | 334370 | 332789 | 334371 |
| 韩笑 | 330789 | 334107.5 | 335148.5 | 333674.5 |
| 胡委航 | 216694 | 233588 | 351361 | 257722 |
| 李东梅 | 221147 | 222909 | 364876 | 375600 |
| 李风 | 304354 | 334745.5 | 334308.5 | 333804 |
| 李若倩 | 147861 | 253527 | 314463 | 218696 |
| 李市芬 | 248913 | 222769 | 299396 | 338211 |
| 李彤 | 114044 | 240927 | 235805 | 340153 |
| 马品刚 | 166263 | 344085 | 358684 | 225080 |
| 孙得位 | 148339 | 288380 | 217588 | 483458 |
| 王号弥 | 243986 | 236800 | 299720 | 233362 |
| 韦妮 | 198035 | 354897 | 293148 | 322603 |
| 杨丽 | 115980 | 212800 | 225670 | 333143 |
| 张思意 | 159749 | 239301 | 315141 | 245756 |
| 赵方 | 154605 | 344453 | 269169 | 397716 |
| 郑同 | 250257 | 348443 | 142330 | 265471 |
| 周兰亭 | 242580 | 255000 | 378388 | 375367 |
| 总计 | 210800.2 | 5580428 | 5989155 | 6203729 |

图 5-71　汇总方式更改后的数据透视表

与普通数据表格一样，数据透视表可快速地筛选出符合特定条件的数据，其操作方法与表格中自动筛选的操作方法相似。单击筛选字段或行标签单元格右侧的下拉按钮▾，在其下拉列表中设置筛选条件，进行数据筛选。以筛选出数据透视表中“上海”地区销售数据为例，单击“地区（全部）”右侧的下拉按钮▾，在其下拉列表中选择“上海”选项，单击“确定”按钮，可查看到图 5-72 所示的数据信息。

| | C | D | E | F |
|---|---|---|---|---|
| 1 | 产品季度销售统计表 | | | |
| 2 | 第一季度 | 第二季度 | 第三季度 | 第四季度 |
| 3 | ¥ 304,354.00 | ¥ 334,745.50 | ¥ 334,308.50 | ¥ 333,804.00 |
| 4 | ¥ 115,980.00 | ¥ 212,800.00 | ¥ 225,670.00 | ¥ 333,143.00 |
| 5 | ¥ 198,035.00 | ¥ 354,897.00 | ¥ 293,148.00 | ¥ 322,603.00 |
| 6 | ¥ 154,605.00 | ¥ 344,453.00 | ¥ 269,169.00 | ¥ 397,716.00 |
| 7 | ¥ 242,580.00 | ¥ 255,000.00 | ¥ 378,388.00 | ¥ 375,367.00 |
| 8 | ¥ 221,147.00 | ¥ 222,909.00 | ¥ 364,876.00 | ¥ 375,600.00 |
| 9 | ¥ 337,580.50 | ¥ 334,370.00 | ¥ 332,789.00 | ¥ 334,371.00 |
| 10 | ¥ 225,404.50 | ¥ 223,408.00 | ¥ 227,107.00 | ¥ 224,140.50 |
| 11 | ¥ 243,986.00 | ¥ 236,800.00 | ¥ 299,720.00 | ¥ 233,362.00 |
| 12 | ¥ 171,953.00 | ¥ 310,132.00 | ¥ 243,432.00 | ¥ 216,665.00 |
| 13 | ¥ 330,789.00 | ¥ 334,107.50 | ¥ 335,148.50 | ¥ 333,674.50 |
| 14 | ¥ 148,339.00 | ¥ 288,380.00 | ¥ 217,588.00 | ¥ 483,458.00 |
| 15 | ¥ 250,257.00 | ¥ 348,443.00 | ¥ 142,330.00 | ¥ 265,471.00 |
| 16 | ¥ 159,749.00 | ¥ 239,301.00 | ¥ 315,141.00 | ¥ 245,756.00 |
| 17 | ¥ 114,044.00 | ¥ 240,927.00 | ¥ 235,805.00 | ¥ 340,153.00 |
| 18 | ¥ 217,470.00 | ¥ 245,786.00 | ¥ 450,631.00 | ¥ 348,736.00 |
| 19 | ¥ 147,861.00 | ¥ 253,527.00 | ¥ 314,463.00 | ¥ 218,696.00 |
| 20 | ¥ 248,913.00 | ¥ 222,769.00 | ¥ 299,396.00 | ¥ 338,211.00 |
| 21 | ¥ 216,694.00 | ¥ 233,588.00 | ¥ 351,361.00 | ¥ 257,722.00 |
| 22 | ¥ 166,263.00 | ¥ 344,085.00 | ¥ 358,684.00 | ¥ 225,080.00 |

| 地区 | 上海 | | | |
|---|---|---|---|---|
| 行标签 | 平均值项:第一季度 | 求和项:第二季度 | 求和项:第三季度 | 求和项:第四季度 |
| 韩笑 | 330789 | 334107.5 | 335148.5 | 333674.5 |
| 李彤 | 114044 | 240927 | 235805 | 340153 |
| 孙得位 | 148339 | 288380 | 217588 | 483458 |
| 张思意 | 159749 | 239301 | 315141 | 245756 |
| 郑同 | 250257 | 348443 | 142330 | 265471 |
| 总计 | 200635.6 | 1451158.5 | 1246012.5 | 1668512.5 |

图 5-72　筛选后的数据透视表

数据透视表作为一种交互式报表，其数据来源于原数据表格，如果原数据表格中的数据发生了变化，右击透视表中任意一个数据单元格后，在弹出的快捷菜单中选择“刷新”命令，可同步更新数据透视表。

（3）删除数据透视表

在使用数据透视表分析完数据后，不再需要数据透视表时可将其删除。选择数据透视表的整个数据区域，按【Delete】键，可删除数据透视表。

**2. 数据透视图**

数据透视图是由数据透视表创建的图表，它将数据透视表中的数据以图形的方式表示出来，不仅具有图表的直观性，还具有数据透视表的分析性，能更形象地表现数据的特征。

（1）创建数据透视图

创建数据透视图的常用方法有两种，一种与创建数据透视表的操作方法相同，一种则是由数据透视表直接创建。以“产品季度销售统计表”为例，为该表格创建数据透视图，两种常用方法如下：

**方法 1**：选择原表格中任意一个数据单元格，单击“插入”选项卡“图表”组中的“数据透视图”下拉按钮，在其下拉列表中选择“数据透视图”命令，打开“创建数据透视图”对话框，后续操作与创建透视表相同。

**方法 2**：选择数据透视表中任意一个数据单元格，单击“数据透视表分析”选项卡“工具”组中的“数据透视图”按钮，打开“插入图表”对话框，选择一种图表类型，单击“确定”按钮，创建数据透视图。

（2）编辑数据透视图

创建完数据透视图后，用户也可对其进行编辑，如设置图表格式、更换图表类型、编辑图表的版面布局以及筛选图表数据，具体操作方法与图表的操作方法相同。

数据透视图与普通图表的区别在于前者依托于数据透视表而存在，与数据透视表相关联，只要数据透视表中数据发生了变化，那么数据透视图也会随之发生改变，而删除了数据透视表，那么数据透视图会自动转换为普通图表。另外，数据透视图中分布有多个字段标题按钮，通过这些按钮可对透视图中的数据进行筛选，使其只显示需要查看与分析的数据。

# 5.5　数据验证与保护设置

通常在 Excel 工作表中输入与存储数据时，为了提高数据输入的准确性与数据存储的安全性，需要对工作表做相应的设置，包括数据验证设置和数据保护设置。

### 1. 数据验证设置

设置数据验证是指对表格的单元格区域进行条件设置，不仅可以有效地避免数据输入的错误，还可以通过创建下拉列表方便用户选择性地输入数据。数据验证常被用于拒绝输入无效的文本、号码和日期，拒绝输入范围外的数据以及创建下拉列表等，其具体操作步骤如下：

①选择要进行数据验证的单元格或单元格区域，单击“数据”选项卡“数据工具”组中的“数据验证”按钮，打开“数据验证”对话框，如图 5-73 所示。

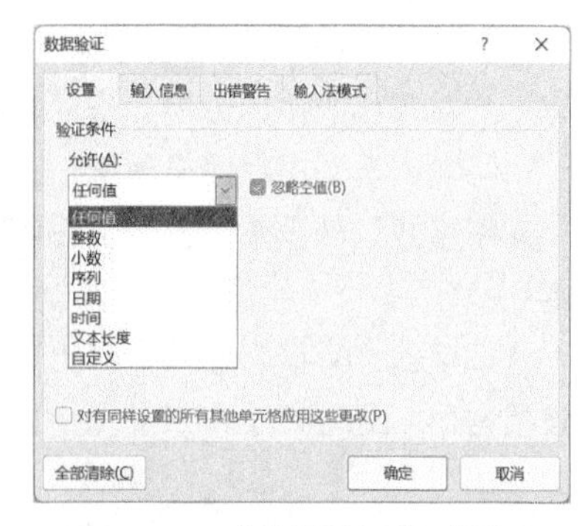


图 5-73　“数据验证”对话框

②在对话框中可设置验证条件，如整数、小数、序列、日期、时间和文本长度等，还可设置输入提示信息和出错警告信息，单击“确定”按钮，完成数据验证设置。

数据验证设置完成后，当在单元格中输入数据时，系统会预先打开输入提示信息框，显示输入数据应具备的特点或注意事项，如果输入数据不符合设定的条件，系统会弹出出错警告框。若要删除数据验证，可单击“数据验证”对话框中的“全部清除”按钮。

### 2. 数据保护设置

电子表格具有一定的安全性和共享性，对工作表和工作簿进行保护不仅可避免数据被非法修改，影响数据的真实性，还可隐藏单元格内的函数与公式，其具体操作步骤如下：

①单击“审阅”选项卡“保护”组中的“保护工作表”按钮或“保护工作簿”按钮，打开图 5-74 所示的“保护工作表”对话框或如图 5-75 所示的“保护结构和窗口”对话框。

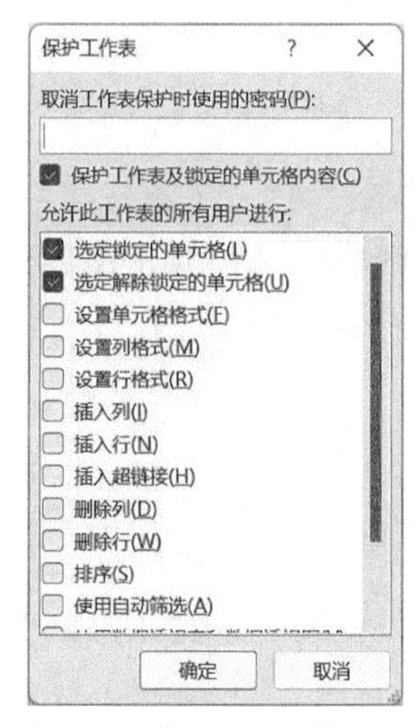


图 5-74　“保护工作表”对话框

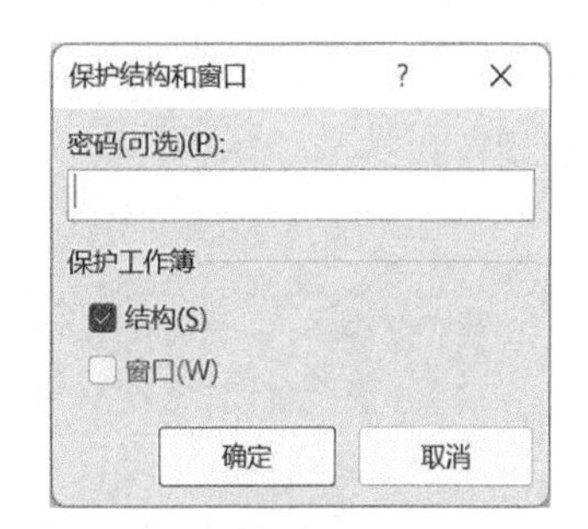


图 5-75　“保护结构和窗口”对话框

②在“保护工作表”对话框中设置允许用户进行操作的选项与密码，完成工作表保护设置，在“保护结构和窗口”对话框中设置密码，完成工作簿保护设置。

工作表或工作簿保护设置完成后，用户将无法对工作表中的数据或工作簿的结构进行更改。若要再次编辑受保护的工作表，可单击“审阅”选项卡“保护”组中的“撤销工作表保护”按钮，并在“撤销工作表保护”对话框中输入密码，解除工作表保护。

Excel 可以在保护工作表的同时，允许用户对工作表进行特定的编辑操作。若要在工作表受保护的同时，允许对单元格格式进行设置，其具体操作步骤如下：

①单击“审阅”选项卡“保护”组中的“保护工作表”按钮，打开“保护工作表”对话框，在“允许此工作表的所有用户进行”列表框中勾选“设置单元格格式”复选框，单击“确定”按钮。

②在“取消工作表保护时使用的密码”文本框中设置密码，如图 5-76 所示，此时在工作表受保护的条件下，用户可以对单元格格式进行设置。

另外，Excel 也可以在保护工作表的同时，允许用户对未锁定的单元格区域进行编辑，即允许用户对工作表中部分单元格区域进行编辑，其具体操作步骤如下：

①右击选中的单元格区域，在弹出的快捷菜单中选择“设置单元格格式”命令，打开“设置单元格格式”对话框，选择“保护”选项卡，取消勾选“锁定”复选框，如图 5-77 所示，单击“确定”按钮。

②单击“审阅”选项卡“更改”组中的“保护工作表”按钮，在“保护工作表”对话框中设置密码，此时在工作表受保护的条件下，用户可以对未锁定的单元格区域进行编辑。

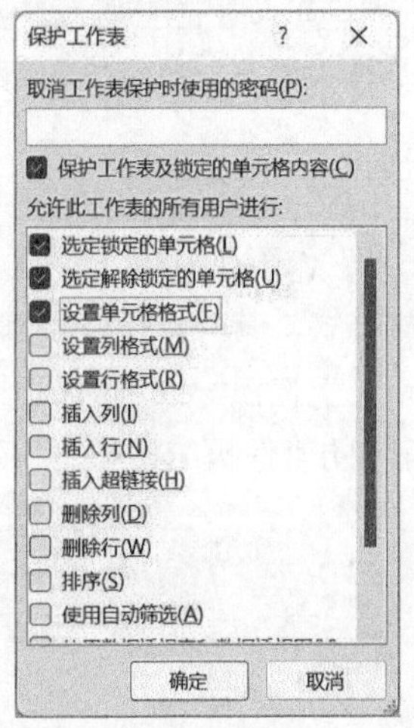


图 5-76 “保护工作表”设置

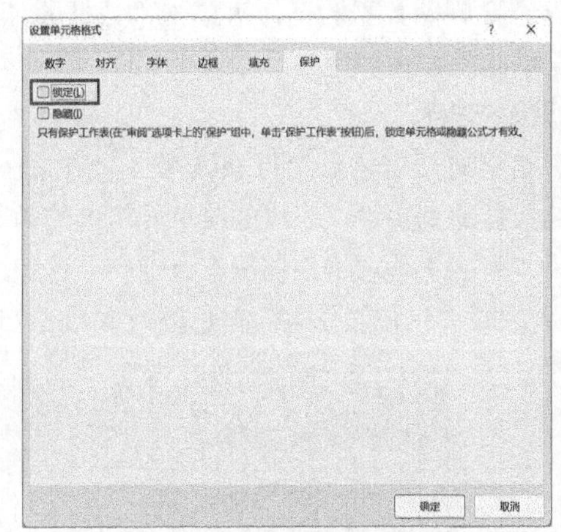


图 5-77 取消单元格锁定

例 5.4 陈睿同学对图 5-78 所示的“学生成绩表”进行数据验证与保护设置，其通过执行以下操作完成相应设置。

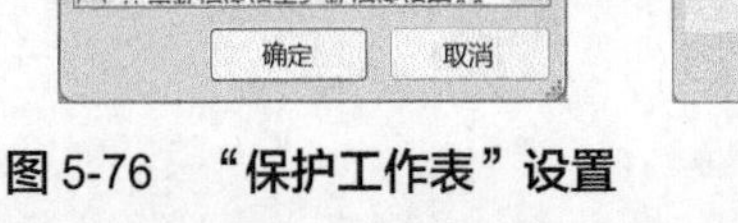

| | A | B | C | D | E | F | G |
|---|---|---|---|---|---|---|---|
| 1 | 学生成绩表 | | | | | | |
| 2 | 姓名 | 学号 | 性别 | 所在院系 | 成绩1 | 成绩2 | 总成绩 |
| 3 | 李牧 | | | | 88 | 87 | 87.4 |
| 4 | 王飞飞 | | | | 90 | 74 | 80.4 |
| 5 | 郑晓峰 | | | | 97 | 69 | 80.2 |
| 6 | 李坤 | | | | 78 | 98 | 90 |
| 7 | 董杰 | | | | 85 | 90 | 88 |
| 8 | 王健华 | | | | 74 | 88 | 82.4 |
| 9 | 孙渺渺 | | | | 96 | 71 | 81 |

图 5-78 学生成绩表

**步骤一：**设置数据验证

①选择 B3:B9 单元格区域，单击“数据”选项卡“数据工具”组中的“数据验证”按钮，打开“数据验证”对话框。

②在“设置”选项卡中，设置“允许”为“文本长度”、“数据”为“等于”、“长度”为“10”，如图 5-79 所示，完成“学号”字段的数据验证设置。

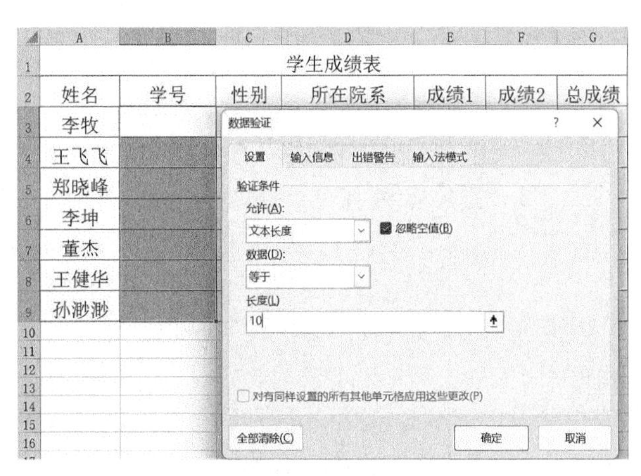


**图 5-79　数据验证设置**

③进入“输入信息”选项卡，在“标题”编辑框中输入“数据输入提示”、“输入信息”编辑框中输入“输入的学号必须是长度为 10 的文本类型数据”，如图 5-80 所示，设置输入提示信息。

④进入“出错警告”选项卡，设置“样式”为“警告”，在“标题”编辑框中输入“错误输入”、“错误信息”编辑框中输入“输入的学号不是长度为 10 的文本类型数据”，如图 5-81 所示，单击“确定”按钮，设置出错警告信息。

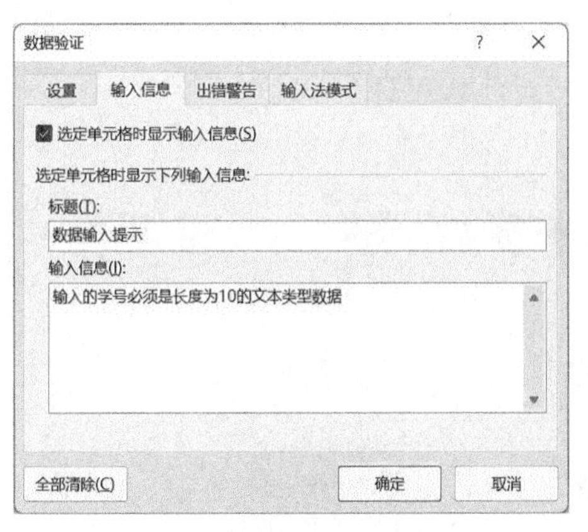


**图 5-80　输入信息提示设置**

**图 5-81　出错警告提示设置**

**步骤二：**创建下拉列表

①选择 C3:C9 单元格区域，单击“数据”选项卡“数据工具”组中的“数据验证”下拉按钮，打开“数据验证”对话框。

②在“设置”选项卡中，设置“允许”为“序列”，在“来源”编辑框中输入“男,女”（文字中的逗号分隔符必须使用英文输入法），如图 5-82 所示，单击“确定”按钮，创建“性别”

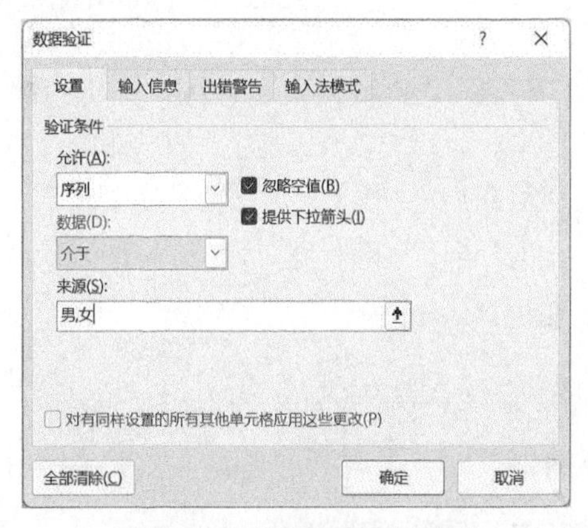


图 5-82 “数据验证”设置

下拉列表。

③使用相同操作方法，为D3:D9单元格区域创建“所在院系”下拉列表。

**步骤三**：设置工作表保护

①右击B3:D9单元格区域，在弹出的快捷菜单中选择“设置单元格格式”命令，打开“设置单元格格式”对话框，取消勾选“锁定”复选框，单击“确定”按钮，设置未锁定的单元格区域。

②右击G3:G9单元格区域，在弹出的快捷菜单中选择“设置单元格格式”命令，打开“设置单元格格式”对话框，选择“隐藏”复选框，单击“确定”按钮，设置要隐藏公式的单元格区域。

③单击“审阅”选项卡“保护”组中的“保护工作表”按钮，设置工作表保护密码，单击“确定”按钮，设置工作表保护。

操作完成后，工作表中除未锁定的B3:D9单元格区域允许用户编辑外，其他单元格都不允许被更改，同时G3:G9单元格区域内的公式都将被隐藏。

## 5.6 案例分析

陈睿同学负责校园歌手演唱比赛活动的各项事宜，他与团队成员从大赛筹备、组织、比赛、评分到颁奖都做了详细策划，并在Excel中通过执行以下操作记录与统计参赛选手情况、计分规则、演唱得分、素质得分、综合得分以及获奖结果。

**步骤一**：制作大赛主界面表

创建Excel工作簿，将Sheet1工作表重命名为“主界面”，对A1:Q18单元格区域设置填充颜色，分别插入艺术字标题、椭圆以及编辑椭圆格式与文字内容，如图5-83所示。

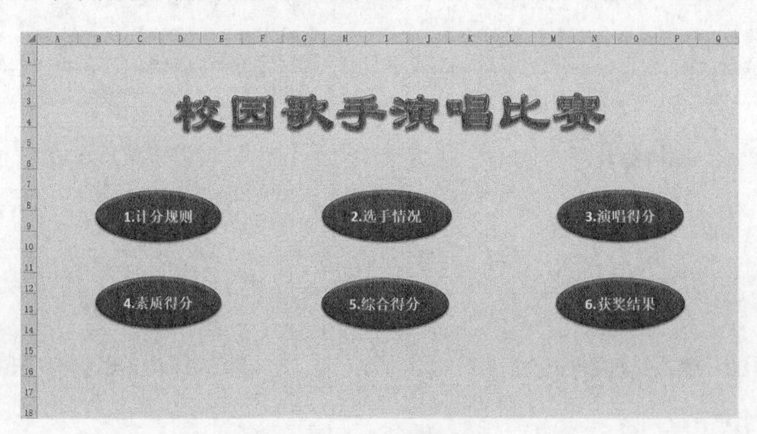


图 5-83 主界面表

**步骤二**：制作计分规则表

单击“主界面”工作表标签右侧“新工作表”按钮，新建Sheet2工作表，将其重命名为“计分规则”，设置单元格区域填充颜色，编辑大赛计分规则内容，如图5-84所示。

校园歌曲演唱比赛计分规则

每一个参加决赛选手的得分满分为100分，包括以下两大部分：

1.演唱得分：每一位参赛选手自行选择一首歌曲演唱，满分100分，六个评委分别打分，总分减去最高分和最低分之后的平均分为该项分数；

2.素质得分：五个题目，每题6分，共30分，由一个评委评分。

演唱得分70%与素质得分之和为选手的综合得分，按照该成绩的名次确定最终的获奖等级，其中一等奖2名，二等奖5名，三等奖8名。

图 5-84　计分规则表

**步骤三：**制作选手情况表

创建新工作表，将其重命名为“选手情况”，编辑工作表数据，如图 5-85 所示。

校园演唱比赛选手情况表

| 选手编号 | 姓名 | 性别 | 年龄 | 所属院系 |
|---|---|---|---|---|
| XGS0001 | 杨诗惠 | 女 | 20 | 演艺学院 |
| XGS0002 | 高林 | 男 | 19 | 演艺学院 |
| XGS0003 | 陈春朝 | 男 | 20 | 演艺学院 |
| XGS0004 | 李莎 | 女 | 18 | 音教学院 |
| XGS0005 | 刘婷钰 | 女 | 19 | 音教学院 |
| XGS0006 | 郑佳 | 女 | 20 | 音教学院 |
| XGS0007 | 周俊 | 男 | 17 | 中乐系 |
| XGS0008 | 呈家明 | 男 | 18 | 中乐系 |
| XGS0009 | 应璐燕 | 女 | 19 | 钢琴系 |
| XGS0010 | 吴旻昱 | 男 | 20 | 音乐学系 |
| XGS0011 | 宾艳 | 女 | 20 | 音乐学系 |
| XGS0012 | 王飞阁 | 男 | 19 | 管弦系 |
| XGS0013 | 张章 | 男 | 18 | 声乐系 |
| XGS0014 | 赵珊 | 女 | 19 | 声乐系 |
| XGS0015 | 李明义 | 男 | 19 | 舞蹈系 |

图 5-85　选手情况表

**步骤四：**制作演唱得分表

①创建新工作表，将其重命名为“演唱得分”，编辑工作表数据，如图 5-86 所示。

选手演唱得分汇总表

| 出场序号 | 选手编号 | 姓名 | 评委1 | 评委2 | 评委3 | 评委4 | 评委5 | 评委6 | 分数 |
|---|---|---|---|---|---|---|---|---|---|
| 1 | | 周俊 | 68 | 72 | 88 | 78 | 84 | 86 | |
| 2 | | 高林 | 69 | 74 | 77 | 56 | 62 | 68 | |
| 3 | | 王飞阁 | 78 | 85 | 78 | 87 | 88 | 86 | |
| 4 | | 吴旻昱 | 82 | 81 | 72 | 75 | 79 | 65 | |
| 5 | | 张章 | 87 | 68 | 89 | 79 | 84 | 72 | |
| 6 | | 杨诗惠 | 70 | 69 | 60 | 80 | 75 | 76 | |
| 7 | | 李明义 | 75 | 71 | 72 | 86 | 81 | 69 | |
| 8 | | 赵珊 | 85 | 75 | 86 | 79 | 81 | 80 | |
| 9 | | 李莎 | 89 | 81 | 82 | 87 | 85 | 81 | |
| 10 | | 应璐燕 | 82 | 85 | 65 | 79 | 76 | 78 | |
| 11 | | 宾艳 | 70 | 69 | 72 | 54 | 64 | 71 | |
| 12 | | 郑佳 | 65 | 81 | 74 | 76 | 71 | 69 | |
| 13 | | 陈春朝 | 62 | 79 | 80 | 69 | 73 | 74 | |
| 14 | | 呈家明 | 71 | 81 | 69 | 65 | 73 | 68 | |
| 15 | | 刘婷钰 | 83 | 73 | 76 | 79 | 83 | 81 | |

图 5-86　演唱得分表

②选定 B3 单元格，单击编辑栏中的“插入函数”按钮 *fx*，打开“插入函数”对话框，在“选择类别”下拉列表中选择“查找与引用”选项，在“选择函数”列表框中选择 LOOKUP 函数，如图 5-87 所示，单击“确定”按钮。

③打开“选定参数”对话框，选择默认上一选项，如图 5-88 所示，单击“确定”按钮。

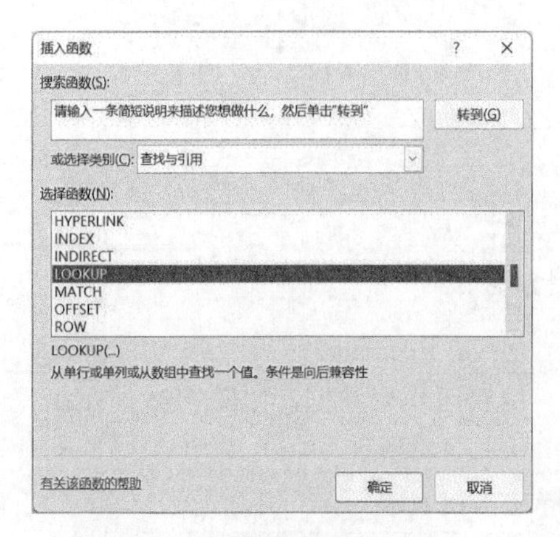

图 5-87 “插入函数”对话框

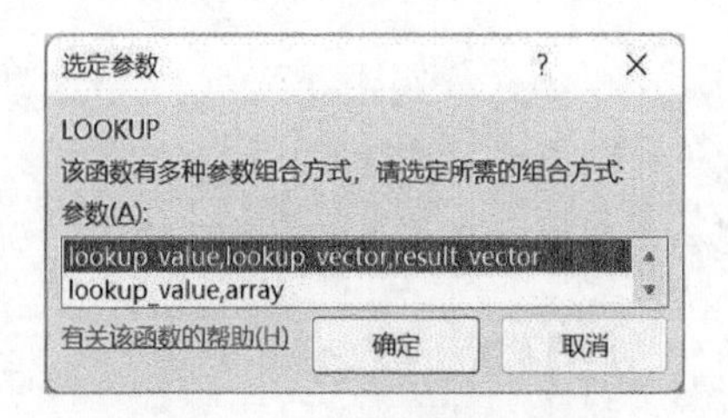

图 5-88 “选定参数”对话框

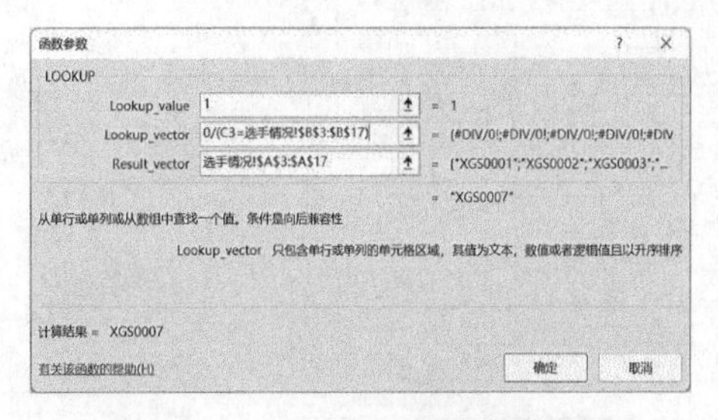

图 5-89 LOOKUP 函数参数设置

④打开“函数参数”对话框，将 Lookup_value 参数框设为“1”、Lookup_vector 参数框设为“0/( C3=选手情况 !$B$3:$B$17)”、Result_vector 参数框设为“选手情况 !$A$3:$A$17”，如图 5-89 所示，单击“确定”按钮，此时 B3 单元格得到选手编号。

⑤选择 B3 单元格，将光标移至单元格右下角的填充柄上，当光标变为十字形状时，拖动鼠标至 B17 单元格，得到其他选手编号。

⑥选择 J3 单元格，单击编辑栏中的“插入函数”按钮 *fx*，打开“插入函数”对话框，在“搜索函数”文本框中输入 trimmean, 单击“转到”按钮，检索 TRIMMEAN 函数，如图 5-90 所示，单击“确定”按钮。

⑦打开“函数参数”对话框，将 Array 编辑框设为“D3:I3”、Percent 编辑框设为“1/3”，如图 5-91 所示，此时 J3 单元格得到选手所获分数。

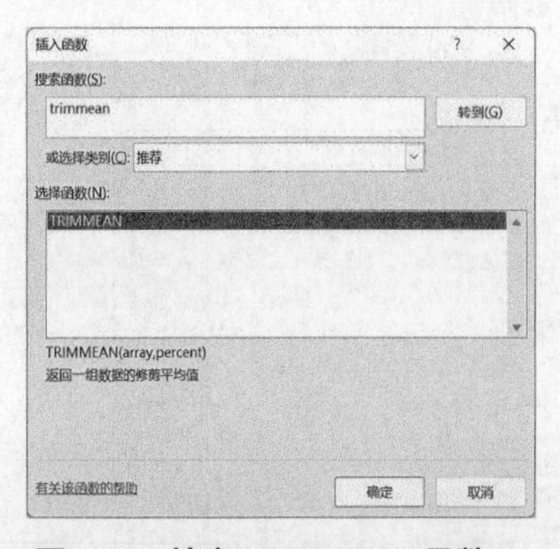

图 5-90 检索 TRIMMEAN 函数

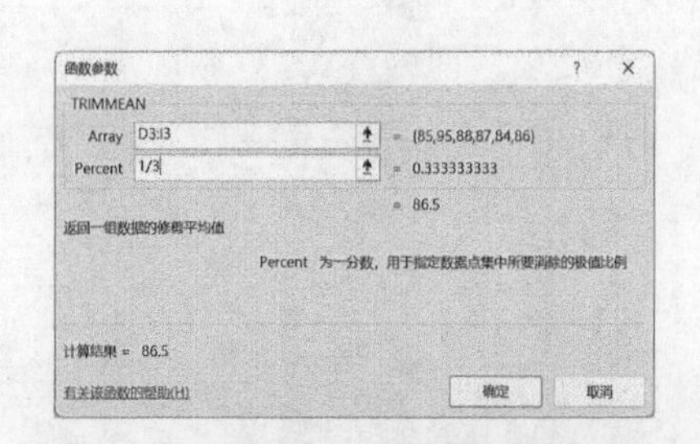

图 5-91 TRIMMEAN 函数参数设置

⑧选择 J3 单元格，将光标移至单元格右下角的填充柄上，当光标变为十字形状时，拖动鼠标至 J17 单元格，得到其他选手分数。

⑨选择 J3:J17 单元格区域，单击“开始”选项卡“数字”组中的“增加小数位数”按钮，保留 1 位小数位数，数据结果如图 5-92 所示。

选手演唱得分汇总表

| 出场序号 | 选手编号 | 姓名 | 评委1 | 评委2 | 评委3 | 评委4 | 评委5 | 评委6 | 分数 |
|---|---|---|---|---|---|---|---|---|---|
| 1 | XGS0007 | 周俊 | 85 | 95 | 88 | 87 | 84 | 86 | 86.5 |
| 2 | XGS0002 | 高林 | 69 | 74 | 70 | 56 | 62 | 68 | 67.3 |
| 3 | XGS0012 | 王飞阁 | 78 | 86 | 78 | 87 | 75 | 80 | 80.3 |
| 4 | XGS0010 | 吴旻昱 | 94 | 88 | 90 | 86 | 96 | 89 | 90.3 |
| 5 | XGS0013 | 张章 | 92 | 86 | 89 | 91 | 84 | 93 | 89.5 |
| 6 | XGS0001 | 杨诗惠 | 70 | 69 | 60 | 80 | 75 | 76 | 72.5 |
| 7 | XGS0015 | 李明义 | 75 | 71 | 72 | 86 | 81 | 69 | 74.8 |
| 8 | XGS0014 | 赵珊 | 85 | 75 | 86 | 79 | 81 | 80 | 81.3 |
| 9 | XGS0004 | 李莎 | 98 | 96 | 97 | 95 | 90 | 92 | 95.0 |
| 10 | XGS0009 | 应璐燕 | 82 | 85 | 65 | 79 | 76 | 78 | 78.8 |
| 11 | XGS0011 | 宾艳 | 70 | 69 | 72 | 54 | 64 | 71 | 68.5 |
| 12 | XGS0006 | 郑佳 | 65 | 81 | 74 | 76 | 71 | 69 | 72.5 |
| 13 | XGS0003 | 陈春朝 | 62 | 79 | 80 | 69 | 73 | 74 | 73.8 |
| 14 | XGS0008 | 呈家明 | 71 | 81 | 69 | 65 | 73 | 68 | 70.3 |
| 15 | XGS0005 | 刘婷钰 | 92 | 88 | 76 | 79 | 93 | 81 | 85.0 |

**图 5-92　演唱得分表数据结果**

**步骤五：**制作素质得分表

①创建新工作表，将其重命名为“素质得分”，编辑工作表数据，如图 5-93 所示。

选手素质得分汇总表

| 出场序号 | 选手编号 | 姓名 | 第一题得分 | 第二题得分 | 第三题得分 | 第四题得分 | 第五题得分 | 分数 |
|---|---|---|---|---|---|---|---|---|
| 1 | | 周俊 | 2 | 6 | 3 | 6 | 0 | |
| 2 | | 高林 | 6 | 6 | 3 | 6 | 1 | |
| 3 | | 王飞阁 | 3 | 3 | 6 | 3 | 6 | |
| 4 | | 吴旻昱 | 4 | 3 | 2 | 0 | 5 | |
| 5 | | 张章 | 3 | 5 | 4 | 6 | 6 | |
| 6 | | 杨诗惠 | 2 | 4 | 5 | 4 | 6 | |
| 7 | | 李明义 | 2 | 1 | 3 | 4 | 5 | |
| 8 | | 赵珊 | 4 | 5 | 3 | 4 | 5 | |
| 9 | | 李莎 | 4 | 5 | 0 | 4 | 3 | |
| 10 | | 应璐燕 | 3 | 2 | 6 | 5 | 4 | |
| 11 | | 宾艳 | 2 | 5 | 2 | 5 | 3 | |
| 12 | | 郑佳 | 4 | 5 | 3 | 5 | 4 | |
| 13 | | 陈春朝 | 1 | 0 | 3 | 2 | 4 | |
| 14 | | 呈家明 | 4 | 4 | 5 | 2 | 6 | |
| 15 | | 刘婷钰 | 6 | 6 | 2 | 5 | 3 | |

**图 5-93　素质得分表**

②选择 B3 单元格，在单元格中输入“=”后，单击“演唱得分”工作表 B3 单元格，按【Enter】键，此时 B3 单元格得到选手编号，通过自动填充得到其他选手编号。

③选择 I3 单元格，单击“公式”选项卡“函数库”组中的“自动求和”按钮∑，插入 SUM 函数，函数参数为“D3:H3”，按【Enter】键，此时 I3 单元格得到选手所获分数。

④选择 I3 单元格，通过自动填充得到其他选手分数，数据结果如图 5-94 所示。

| 选手素质得分汇总表 | | | | | | | | |
|---|---|---|---|---|---|---|---|---|
| 出场序号 | 选手编号 | 姓名 | 第一题得分 | 第二题得分 | 第三题得分 | 第四题得分 | 第五题得分 | 分数 |
| 1 | XGS0007 | 周俊 | 2 | 6 | 3 | 6 | 0 | 17 |
| 2 | XGS0002 | 高林 | 6 | 6 | 3 | 6 | 1 | 22 |
| 3 | XGS0012 | 王飞阁 | 3 | 3 | 6 | 3 | 6 | 21 |
| 4 | XGS0010 | 吴旻昱 | 4 | 3 | 2 | 0 | 5 | 14 |
| 5 | XGS0013 | 张章 | 3 | 5 | 4 | 6 | 6 | 24 |
| 6 | XGS0001 | 杨诗惠 | 2 | 4 | 5 | 4 | 6 | 21 |
| 7 | XGS0015 | 李明义 | 2 | 1 | 3 | 4 | 5 | 15 |
| 8 | XGS0014 | 赵珊 | 4 | 5 | 3 | 4 | 5 | 21 |
| 9 | XGS0004 | 李莎 | 4 | 5 | 0 | 4 | 3 | 16 |
| 10 | XGS0009 | 应璐燕 | 3 | 2 | 6 | 5 | 4 | 20 |
| 11 | XGS0011 | 宾艳 | 2 | 5 | 2 | 5 | 3 | 17 |
| 12 | XGS0006 | 郑佳 | 4 | 5 | 3 | 5 | 4 | 21 |
| 13 | XGS0003 | 陈春朝 | 1 | 0 | 3 | 2 | 4 | 10 |
| 14 | XGS0008 | 呈家明 | 4 | 4 | 5 | 2 | 6 | 21 |
| 15 | XGS0005 | 刘婷钰 | 6 | 6 | 2 | 5 | 3 | 22 |

图 5-94 素质得分表数据结果

**步骤六**：制作综合得分表

①创建新工作表，将其重命名为“综合得分”，编辑工作表数据，如图 5-95 所示。

| 选手综合得分汇总表 | | | | | |
|---|---|---|---|---|---|
| 出场序号 | 选手编号 | 姓名 | 演唱得分 | 素质得分 | 综合得分 |
| 1 | | 周俊 | | | |
| 2 | | 高林 | | | |
| 3 | | 王飞阁 | | | |
| 4 | | 吴旻昱 | | | |
| 5 | | 张章 | | | |
| 6 | | 杨诗惠 | | | |
| 7 | | 李明义 | | | |
| 8 | | 赵珊 | | | |
| 9 | | 李莎 | | | |
| 10 | | 应璐燕 | | | |
| 11 | | 宾艳 | | | |
| 12 | | 郑佳 | | | |
| 13 | | 陈春朝 | | | |
| 14 | | 呈家明 | | | |
| 15 | | 刘婷钰 | | | |

图 5-95 综合得分表

②使用以上相同方法得到选手编号，选择 D3 单元格，在单元格中输入“=”后，单击“演唱得分”工作表 J3 单元格，按【Enter】键，此时 D3 单元格得到选手的演唱得分，通过自动填充得到其他选手的演唱得分，对 D3:D17 单元格区域数据保留一位小数。

③选择 E3 单元格，在单元格中输入“=”后，单击“素质得分”工作表 I3 单元格，按【Enter】键，此时 E3 单元格得到选手的素质得分，通过自动填充得到其他选手的素质得分。

④选择 F3 单元格，在单元格中输入公式“=D3*0.7+E3”，此时 F3 单元格得到选手的综合得分，通过自动填充得到其他选手的综合得分，对 F3:F17 单元格区域数据保留一位小数，数据结果如图 5-96 所示。

| | A | B | C | D | E | F |
|---|---|---|---|---|---|---|
| 1 | 选手综合得分汇总表 | | | | | |
| 2 | 出场序号 | 选手编号 | 姓名 | 演唱得分 | 素质得分 | 综合得分 |
| 3 | 1 | XGS0007 | 周俊 | 86.5 | 17 | 77.6 |
| 4 | 2 | XGS0002 | 高林 | 67.3 | 22 | 69.1 |
| 5 | 3 | XGS0012 | 王飞阁 | 80.3 | 21 | 77.2 |
| 6 | 4 | XGS0010 | 吴旻昱 | 90.3 | 14 | 77.2 |
| 7 | 5 | XGS0013 | 张章 | 89.5 | 24 | 86.7 |
| 8 | 6 | XGS0001 | 杨诗惠 | 72.5 | 21 | 71.8 |
| 9 | 7 | XGS0015 | 李明义 | 74.8 | 15 | 67.3 |
| 10 | 8 | XGS0014 | 赵珊 | 81.3 | 21 | 77.9 |
| 11 | 9 | XGS0004 | 李莎 | 95.0 | 16 | 82.5 |
| 12 | 10 | XGS0009 | 应璐燕 | 78.8 | 20 | 75.1 |
| 13 | 11 | XGS0011 | 宾艳 | 68.5 | 17 | 65.0 |
| 14 | 12 | XGS0006 | 郑佳 | 72.5 | 21 | 71.8 |
| 15 | 13 | XGS0003 | 陈春朝 | 73.8 | 10 | 61.6 |
| 16 | 14 | XGS0008 | 呈家明 | 70.3 | 21 | 70.2 |
| 17 | 15 | XGS0005 | 刘婷钰 | 85.0 | 22 | 81.5 |

**图 5-96　综合得分表数据结果**

**步骤七：**制作评奖情况表

①创建新工作表，将其重命名为“获奖情况”，编辑工作表数据，如图 5-97 所示。

| | A | B | C | D |
|---|---|---|---|---|
| 1 | 获奖情况汇总表 | | | |
| 2 | 选手编号 | 姓名 | 名次 | 获奖等级 |
| 3 | | 周俊 | | |
| 4 | | 高林 | | |
| 5 | | 王飞阁 | | |
| 6 | | 吴旻昱 | | |
| 7 | | 张章 | | |
| 8 | | 杨诗惠 | | |
| 9 | | 李明义 | | |
| 10 | | 赵珊 | | |
| 11 | | 李莎 | | |
| 12 | | 应璐燕 | | |
| 13 | | 宾艳 | | |
| 14 | | 郑佳 | | |
| 15 | | 陈春朝 | | |
| 16 | | 呈家明 | | |
| 17 | | 刘婷钰 | | |

**图 5-97　获奖情况表**

②使用以上相同方法得到选手编号，选择 C3 单元格，单击编辑栏中的“插入函数”按钮 *fx*，打开“插入函数”对话框，在“搜索函数”文本框中输入 rank, 单击“转到”按钮，检索 RANK 函数，如图 5-98 所示，单击“确定”按钮。

③打开“函数参数”对话框，将 Number 编辑框设为“综合得分 !F3”、Ref 编辑框设为“综合得分 !$F$3:$F$17”、Order 编辑框设为“0”，如图 5-99 所示，此时 C3 单元格得到选手所获名次，通过自动填充得到其他选手的名次。

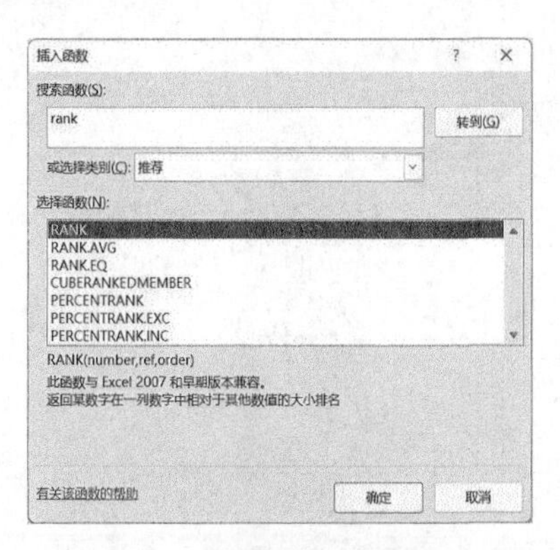


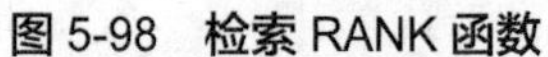

图 5-98　检索 RANK 函数

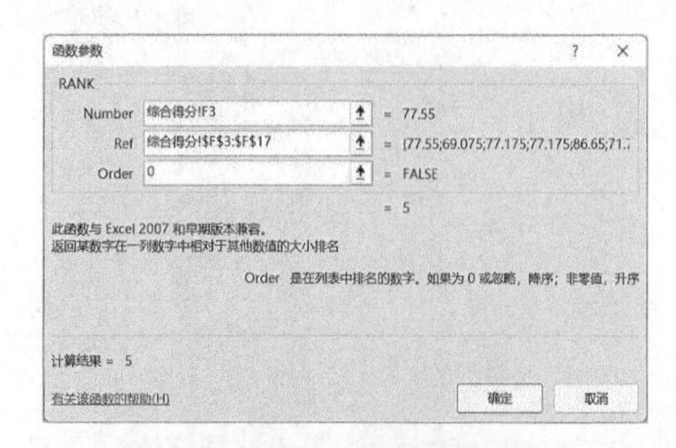


图 5-99　RANK 函数参数设置

④选择 D3 单元格，单击“公式”选项卡“函数库”组中的“逻辑”下拉按钮，在其下拉列表中选择 IFS 函数，打开“函数参数”对话框。

⑤在对话框中，设置 Logical_test1 为“C3<=2”、Value_if_true1 为“一等奖”、Logical_test2 为“C3<=7”、Value_if_true2 为“二等奖”、Logical_test3 为“C3<=15”、Value_if_true3 为“三等奖”，如图 5-100 所示，单击“确定”按钮，此时编辑栏中 D3 单元格内容显示为“=IFS(C3<=2," 一等奖 ",C3<=7," 二等奖 ",C3<=15," 三等奖 ")”，同时 D3 单元格得到选手的获奖等级。

⑥通过自动填充得到其他选手的获奖等级，选择 C3 单元格，单击“数据”选项卡“排序和筛选”组中的“升序”按钮，依据名次对表格进行升序排序，数据结果如图 5-101 所示。

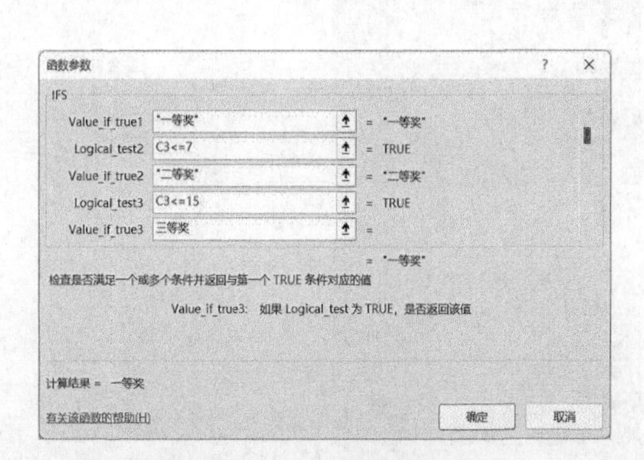


图 5-100　IFS 函数参数设置

| | A | B | C | D |
|---|---|---|---|---|
| 1 | 获奖情况汇总表 | | | |
| 2 | 选手编号 | 姓名 | 名次 | 获奖等级 |
| 3 | XGS0013 | 张章 | 1 | 一等奖 |
| 4 | XGS0004 | 李莎 | 2 | 一等奖 |
| 5 | XGS0005 | 刘婷钰 | 3 | 二等奖 |
| 6 | XGS0014 | 赵珊 | 4 | 二等奖 |
| 7 | XGS0007 | 周俊 | 5 | 二等奖 |
| 8 | XGS0012 | 王飞阁 | 6 | 二等奖 |
| 9 | XGS0010 | 吴旻昱 | 6 | 二等奖 |
| 10 | XGS0009 | 应璐燕 | 8 | 三等奖 |
| 11 | XGS0001 | 杨诗惠 | 9 | 三等奖 |
| 12 | XGS0006 | 郑佳 | 9 | 三等奖 |
| 13 | XGS0008 | 呈家明 | 11 | 三等奖 |
| 14 | XGS0002 | 高林 | 12 | 三等奖 |
| 15 | XGS0015 | 李明义 | 13 | 三等奖 |
| 16 | XGS0011 | 宾艳 | 14 | 三等奖 |
| 17 | XGS0003 | 陈春朝 | 15 | 三等奖 |

图 5-101　获奖情况表数据结果

# 习　题

## 一、单选题

1. Excel 中的数据类型包括（　　）。

A. 日期时间型　　B. 字符型　　C. 数值型　　D. 以上都是

2. 如果要在同一列的连续单元格中使用相同的计算公式，可以先在第一个单元格中输入公式，然后用鼠标拖动单元格的（　　）实现公式的复制。

A. 填充柄　　B. 边线　　C. 行号　　D. 列标

3. 如果要在单元格中输入文本型数据 01315，需要在数字前输入（　　）符号。

A. ;　　B. 、　　C. ‘　　D. “

4. 在 Excel 中，给当前单元格输入数值型数据时，默认为（　　）。

A. 随机显示　　B. 居中显示　　C. 右对齐　　D. 左对齐

5. 统计满足条件的单元格数目的函数是（　　）。

A. IF　　B. TODAY　　C. COUNTIF　　D. SUM

6. 在 Excel 中，公式“=SUM(A2:B3,C4)”的含义是（　　）。

A. =B3+C4　　B. =A2+C4

C. =A2+B3+C4　　D. =A2+A3+B2+B3+C4

7. 在 Excel 工作表中，单元格 E5 中有公式“=$C$3+D4”，删除第 B 列后原 E5 单元格中的公式为（　　）。

A. =$B$3+D4　　B. =$C$3+C4

C. =$B$3+C4　　D. =$C$3+D4

8. 在某个单元格中输入公式后，如果单元格显示内容为 #DIV/0!，这表示（　　）。

A. 单元格宽度太小

B. 公式除数为零

C. 公式引用了无效的单元格

D. 参数引用不正确

9. 在 Excel 中，下列有关工作表及其图表的说法中正确的是（　　）。

A. 删除工作表中的数据，图表中的数据系列不会删除

B. 修改工作表中的数据，图表中的数据系列不会修改

C. 增加工作表中的数据，图表中的数据系列不会增加

D. 以上说法均不正确

10. 下列有关分类汇总的说法正确的是（　　）。

A. 汇总方式只能求和

B. 分类汇总可以按多个字段分类

C. 分类汇总前首先按分类字段值对记录排序

D. 只能对数值型字段分类

**二、判断题**

1. 在 Excel 中，工作簿由工作表组成，工作表又由单元格组成。（　　）

2. Excel 中的数据文件以工作表的形式保存。（　　）

3. 通过 Excel 提供的条件格式可以突出显示数据。（　　）

4. 在 Excel 某个单元格中按【Ctrl +;】快捷键，可快速输入当前的系统时间。（　　）

5. 在 Excel 中，按某一字段进行归类，并对每一类作出统计的操作是分类排序。（　　）

# 第 6 章 演示文稿制作软件

PowerPoint 作为办公自动化软件的重要组件，能够将文字、图片、动画、视频以及音频等多媒体元素组合成图文并茂、形象生动的演示文稿，并通过计算机、投影仪进行生动演示。本章主要论述 PowerPoint 2021 基本功能与操作方法，包括幻灯片基本操作、多媒体与动画效果设置、幻灯片交互的应用、演示文稿放映设置以及演示文稿打包与输出等内容，要求熟练掌握 PPT 相关操作，满足日常对多媒体演示文档应用的需求。

## 6.1 PowerPoint 2021 概述与基本操作

### 6.1.1 PowerPoint 2021 功能与界面

PowerPoint（简称 PPT）是一种用于制作和演示幻灯片的应用程序，能够制作出集文字、图形、图像、动画、声音以及视频剪辑等多媒体元素于一体的演示文稿。该软件制作出的演示文稿不仅可以通过计算机屏幕和投影仪播放，还可以打印成纸质文件便于共享与传播，被广泛用于公开演讲、教学培训、汇报总结、广告宣传、产品演示、成果展示以及声像剪辑等领域。

通常由 PowerPoint 软件制作出的文件称为演示文稿，其扩展名为“.pptx”。一个演示文稿文件通常由多张幻灯片组成，每张幻灯片包含多个多媒体元素对象，幻灯片间彼此独立又相互关联，共同构成了内容丰富、效果生动的演示文稿。

**1.PowerPoint 2021 窗口界面**

PowerPoint 2021 应用程序的启动和退出与 Word 2021 的操作方法相同。启动应用程序后，其窗口界面如图 6-1 所示。与 Word 窗口界面相比，其主要不同之处是 Word 文档编辑区在 PowerPoint 中变成了视图窗格、备注窗格与幻灯片编辑区。

（1）视图窗格

视图窗格位于程序窗口界面左侧，用于显示演示文稿的幻灯片数量及位置，默认显示为“幻灯片”选项卡，即以幻灯片缩略图的方式显示所有幻灯片的内容，而当切换到“大纲视图”后，视图窗格则显示为“大纲”选项卡，即以幻灯片文本大纲的方式显示所有幻灯片的内容。

（2）幻灯片编辑区

幻灯片编辑区位于视图窗格右侧，包括白色区域（为放映显示区）与灰色区域（为放映不可见区），是 PowerPoint 2021 主要工作区域，用于显示与编辑幻灯片所包含的各种元素，如文本、图形、图片、表格、图表、动画以及音视频文件等。

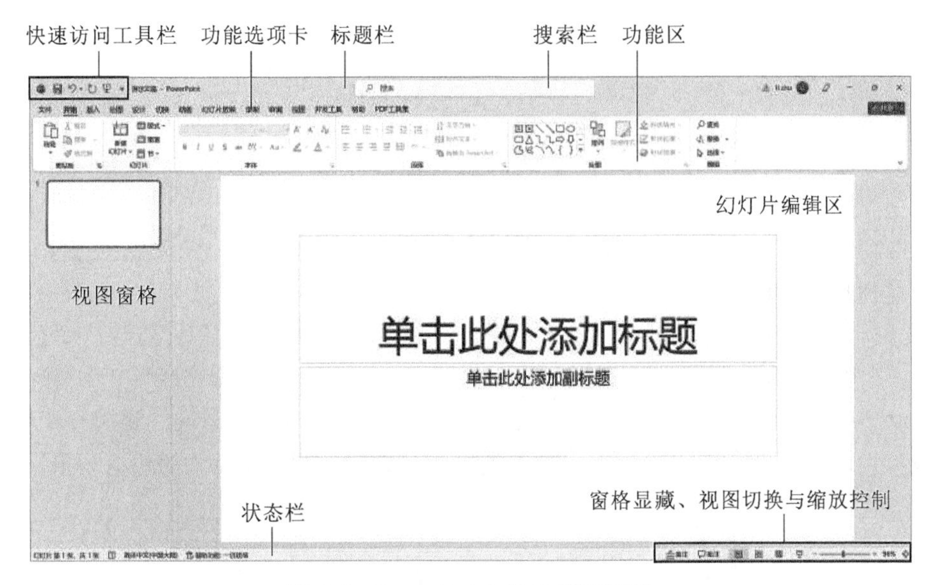


**图 6-1　PowerPoint 2021 窗口界面**

（3）备注窗格

备注窗格位于幻灯片编辑区的下方，用于添加与每张幻灯片内容相关的注释说明，可打印作为演示文稿放映时的附加参考。

（4）窗格显藏、视图切换与缩放控制

与 Word 窗口界面相似，位于程序窗口底部的是状态栏，状态栏右侧为窗格显藏、视图切换与缩放控制区域，依次分布有“备注”按钮、“批注”按钮、“普通视图”按钮、“幻灯片浏览”按钮、“读取视图”按钮、“幻灯片放映”按钮、缩放滑块以及“按当前窗口调整幻灯片大小”按钮。用户单击该区域中的前两个按钮，可显示与隐藏备注窗格与批注窗格。单击其后四个按钮，可切换演示文稿的视图模式。拖动缩放滑块，可调整幻灯片的显示比例。单击“按当前窗口调整幻灯片大小”按钮，可使幻灯片的显示比例自动适应当前窗口大小。

**2. 演示文稿视图模式**

为了满足用户不同的需求，PowerPoint 为演示文稿提供了五种不同的视图模式，在不同的视图模式下可实现不同的功能。

（1）普通视图

这是 PowerPoint 应用程序默认的视图方式，用于演示文稿的风格设计与多媒体元素编辑，主体部分包含“幻灯片”窗格、幻灯片编辑区和“备注”窗格。

（2）幻灯片浏览视图

以幻灯片缩略图的方式独占应用程序窗口，并显示演示文稿中所有幻灯片。在该视图方式下，用户可查看整个演示文稿，并能轻易地对其进行添加、移动、复制或删除幻灯片操作，还可以设置幻灯片切换效果与放映时间，但不允许修改和删除幻灯片内容。

（3）备注页视图

备注页视图的主体部分由幻灯片缩略图和备注框两部分组成，以整页格式显示。在该视图方式下，用户不能编辑幻灯片内容，但可在备注框中添加与修改备注信息、辅助说明和附加注释等内容。所有备注内容只会显示在备注页视图方式下，在演示文稿放映时不会显示。

（4）阅读视图

该视图主要面向演示文稿制作人员，用于查看演示文稿的放映效果，可预览每张幻灯片的声音、动画以及切换效果。在该视图方式下，用户不能修改与删除幻灯片内容。

（5）幻灯片放映视图

以全屏幕方式对演示文稿进行放映。在该视图方式下，显示的所有幻灯片元素和设置的各种动画效果都将与实际放映保持一致。幻灯片放映支持快捷键操作，若用户要从第一张幻灯片开始播放，可按【F5】键，若用户要从指定的幻灯片开始播放，需选定幻灯片后，按【Shift+F5】快捷键。

演示文稿的五种视图模式可以相互切换，单击“视图”选项卡“演示文稿视图”组中的视图按钮或单击状态栏右侧区域中的视图模式按钮，可进行不同视图模式的快速切换，如图6-2所示。

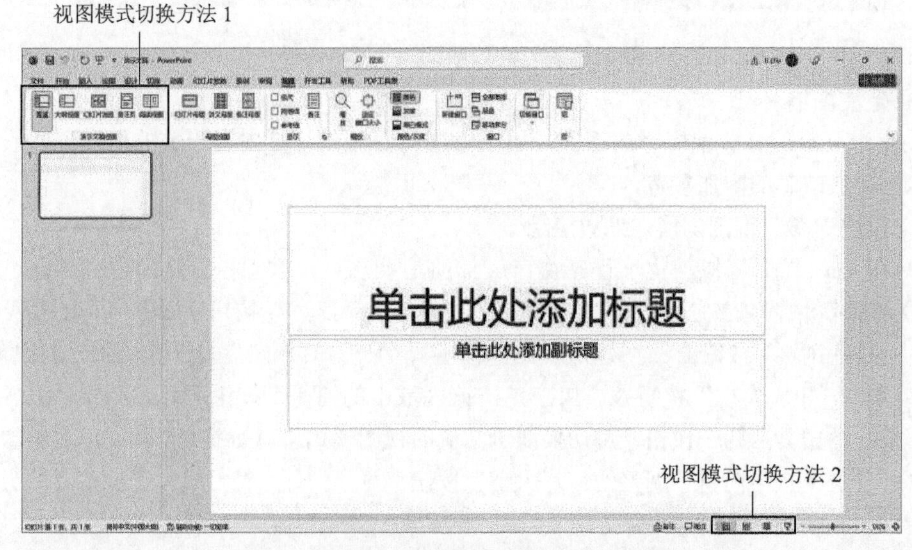


图 6-2　演示文稿视图模式切换方法示意图

### 6.1.2　PowerPoint 2021 基本操作

演示文稿是通过将文字、图片、动画、视频以及音频等多媒体元素添加与编辑在一系列幻灯片上而构成的具有演示功能的文稿，其基本操作主要包括创建、编辑、设计以及保存演示文稿。

**1. 创建演示文稿**

启动 PowerPoint 2021 应用程序后，系统会默认打开一个空演示文稿，要使用程序中内置的模板与主题或者使用联机模板与主题来创建新的演示文稿，可通过演示文稿创建向导实现，具体操作步骤如下：

①单击“文件”选项卡，在其窗口左侧区域中选择“新建”选项，窗口右侧区域显示样本模板，如图 6-3 所示。

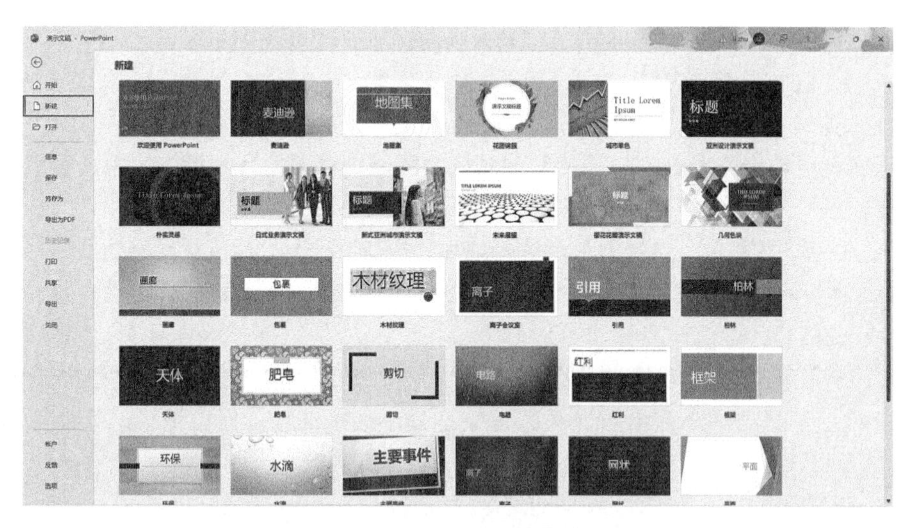


图 6-3　PowerPoint“新建”窗口界面

②选择所需的模板，如“水滴”模板，打开图 6-4 所示的“水滴”对话框，选择主题方案，单击“创建”按钮，创建新演示文稿。

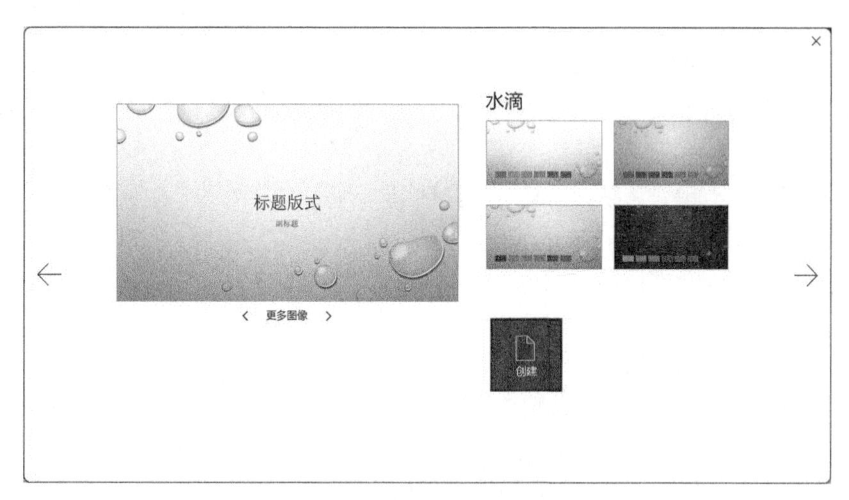


图 6-4　“水滴”模板对话框

联网状态下，用户也可在“新建”窗口界面的搜索框中输入相关文字，搜索更多的联机模板和主题创建新演示文稿。

**2. 编辑演示文稿**

演示文稿通常是围绕某一主题，由多张幻灯片按一定顺序组合而成，在编辑制作过程中，经常需要进行插入、移动、复制和删除幻灯片操作。

（1）插入新幻灯片

插入新幻灯片是演示文稿制作中最基本的操作，常用操作方法有以下四种。

**方法 1：**单击“开始”选项卡“幻灯片”组中的“新建幻灯片”下拉按钮，在其下拉列表中选择一种幻灯片版式，插入新幻灯片。

**方法 2：**右击视图窗格任意位置，在弹出的快捷菜单中选择“新建幻灯片”命令，插入新幻灯片。

**方法3**：单击视图窗格任意位置，按【Enter】键，插入新幻灯片。

**方法4**：按【Ctrl+M】快捷键，插入新幻灯片。

（2）移动幻灯片

在演示文稿中要调整现有幻灯片的结构顺序，可通过移动幻灯片操作实现，常用操作方法有以下四种。

**方法1**：在视图窗格中，选择要移动的幻灯片，拖动鼠标至目标位置，移动幻灯片。

**方法2**：将当前视图模式切换至幻灯片浏览视图模式，选择要移动的幻灯片，拖动鼠标至目标位置，移动幻灯片。

**方法3**：在视图窗格中，右击要移动的幻灯片，在弹出的快捷菜单中选择“剪切”命令，再右击目标位置处，在弹出的快捷菜单中选择“粘贴选项：保留源格式”命令，移动幻灯片。

**方法4**：在视图窗格中，选择要移动的幻灯片，按【Ctrl+X】快捷键，再将鼠标移至目标位置，按【Ctrl+V】快捷键，移动幻灯片。

使用方法3和方法4执行移动幻灯片操作时，幻灯片还可被移动到其他演示文稿中，其中的“粘贴选项”命令下方包含“使用目标主题”按钮和“保留源格式”按钮，前者用来将原幻灯片主题更换为目标处幻灯片主题，而后者则保持原幻灯片主题不变。

（3）复制、粘贴与删除幻灯片

复制与粘贴幻灯片操作用于将演示文稿中指定的幻灯片复制一份并粘贴到其他位置，具体操作步骤如下：

①在视图窗格中，右击要复制的幻灯片，在弹出的快捷菜单中选择“复制”命令（或按【Ctrl+C】快捷键），将幻灯片进行复制。

②右击目标位置处，在弹出的快捷菜单中选择“粘贴选项：保留源格式”命令，（或按【Ctrl+V】快捷键），将幻灯片粘贴至目标位置。

需要注意的是，在视图窗格中，右击幻灯片后所弹出的快捷菜单中的“复制幻灯片”命令与“复制”命令相似，不同之处是当用户选择“复制幻灯片”命令后，可将选定的幻灯片快速复制并粘贴于其后。

删除幻灯片操作用于删除演示文稿中不需要的幻灯片。右击要删除的幻灯片，在弹出的快捷菜单中选择“删除”命令，或按【Delete】键，可删除幻灯片。

**3. 设计演示文稿**

通常新建的演示文稿中包含的幻灯片都是空白显示，要制作出色彩丰富、布局多变、风格统一的演示文稿，可通过设置幻灯片背景、幻灯片版式、幻灯片母版以及页眉和页脚来实现。

（1）设置幻灯片背景

在PowerPoint中制作演示文稿时，用户可以使用某种主题，填充某种颜色、渐变颜色或图案，甚至以某张图片作为幻灯片的背景。设置幻灯片背景的常用方法有以下三种。

**方法1**：选择幻灯片，单击“设计”选项卡“主题”下拉列表中的主题图标，可将该主题应用给演示文稿的所有幻灯片。而右击主题图标，在弹出的快捷菜单中选择“应用于选定幻灯片”命令，如图6-5所示，则只将该主题应用给选定的幻灯片。

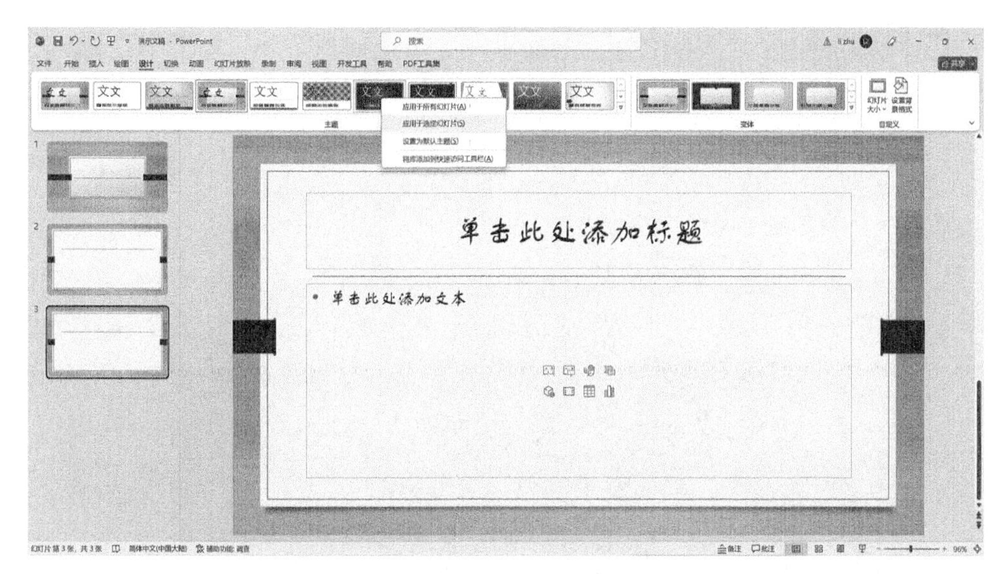


图 6-5　幻灯片的主题应用

**方法 2**：右击幻灯片，在弹出的快捷菜单中选择“设置背景格式”命令，打开“设置背景格式”任务窗格，如图 6-6 所示，在“填充”区域中可选择纯色填充、渐变填充、图片填充或纹理填充、图案填充以及隐藏背景图形等，设置完成后，设定的填充效果将直接应用给该幻灯片，而单击“全部应用”按钮，设定的填充效果将应用给所有幻灯片，单击“重置背景”按钮，则撤销设定的填充效果。

**方法 3**：选择幻灯片，单击“设计”选项卡“自定义”组中的“设置背景格式”按钮，打开“设置背景格式”任务窗格，可在其中设置幻灯片背景的填充效果。

设置幻灯片背景时，要隐藏应用主题中所包含的背景图形，可在“设置背景格式”任务窗格中，勾选“隐藏背景图形”复选框。

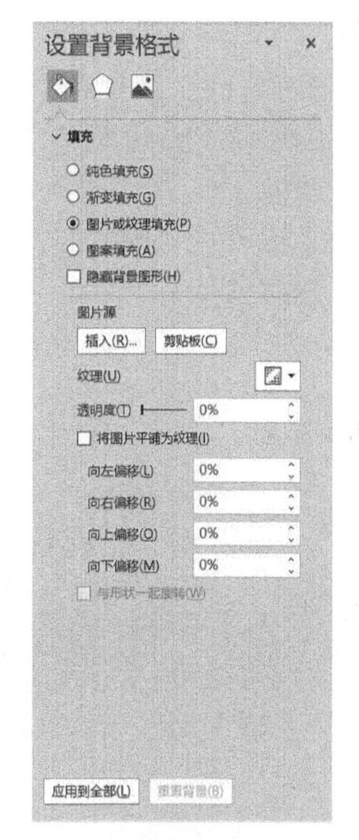


图 6-6　“设置背景格式”任务窗格

（2）编辑幻灯片版式

幻灯片版式是 PowerPoint 软件中的一种常规排版的格式，使用其可以对幻灯片内容进行更加合理简洁的布局。幻灯片版式分为文字版式、内容版式、文字版式与内容版式、其他版式四种版式。每种版式都由占位符组成，而占位符是一种带有虚线或阴影线边缘的框，可以插入文本、图片、图形、表格、图表以及媒体剪辑等幻灯片元素。

PowerPoint 提供了标题幻灯片、标题和内容、节标题、两栏内容、比较、仅标题、空白、内容与标题、图片与标题、标题和竖排文字以及竖排标题等不同的幻灯片版式。要设置幻灯片版式，在选择幻灯片后，单击“开始”选项卡“幻灯片”组中的“版式”下拉按钮，在图 6-7 所示的下拉列表中选择所需的幻灯片版式，可将当前版式应用于选定幻灯片。

图 6-7　幻灯片版式

（3）设置幻灯片母版

幻灯片母版是幻灯片层次结构中的顶层幻灯片，用于存储有关演示文稿主题和幻灯片版式的信息，可设置演示文稿中每张幻灯片共同的特征，使其具有统一的排版风格，包括标题样式、文本格式和位置、背景格式、项目符号样式、页脚、日期以及幻灯片编号等。通常每个演示文稿至少包含一个幻灯片母版，它控制着演示文稿的整体外观，任何对母版的更改都将影响基于该母版的所有幻灯片，但要使个别幻灯片的外观与母版不同，不需更改母版可直接修改这些幻灯片。

幻灯片母版视图分为幻灯片母版、讲义母版和备注母版三种类型，其中幻灯片母版是最常用的母版，用于设置幻灯片的整体格式，讲义母版用于设置讲义的打印格式，而备注母版用于设置备注格式。设置幻灯片母版的操作步骤如下：

①单击“视图”选项卡“母版视图”组中的“幻灯片母版”按钮，进入幻灯片母版窗口界面，如图 6-8 所示。该窗口界面左侧为幻灯片母版显示区，右侧为幻灯片母版编辑区。

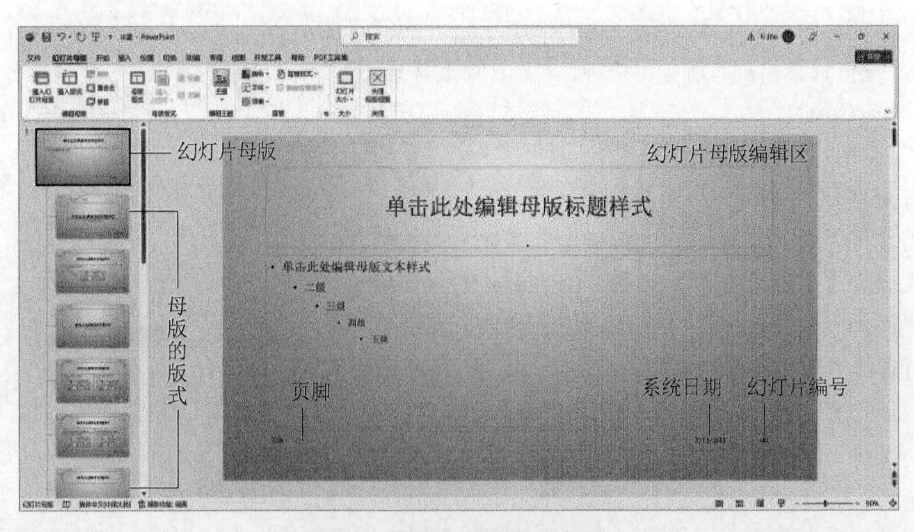

图 6-8　幻灯片母版窗口界面

②在窗口界面左侧选择正文母版或母版的某个版式，在右侧编辑区域中用户可对其格式进

行编辑，如设置背景效果、字体与段落格式、更改项目符号、插入特定的图片和文本等。

③编辑完成后，单击“关闭母版视图”按钮☒，退出幻灯片母版视图返回到普通视图。此时，演示文稿中与母版版式相对应的幻灯片会随母版格式变化而变化。

（4）插入页眉和页脚

与 Word 文本文档相同，演示文稿中也可插入页眉和页脚，以使幻灯片显示内容更加丰富。要在幻灯片中插入页眉和页脚，可单击“插入”选项卡“文本”组中的“页眉和页脚”按钮，打开“页眉和页脚”对话框，如图 6-9 所示，在对话框中设置日期和时间、幻灯片编号以及页脚内容，单击“全部应用”按钮，将其添加到演示文稿的所有幻灯片，而单击“应用”按钮，则只添加到选定的幻灯片。若要让页眉和页脚在除标题幻灯片以外的其他幻灯片中显示，可勾选“标题幻灯片中不显示”复选框。

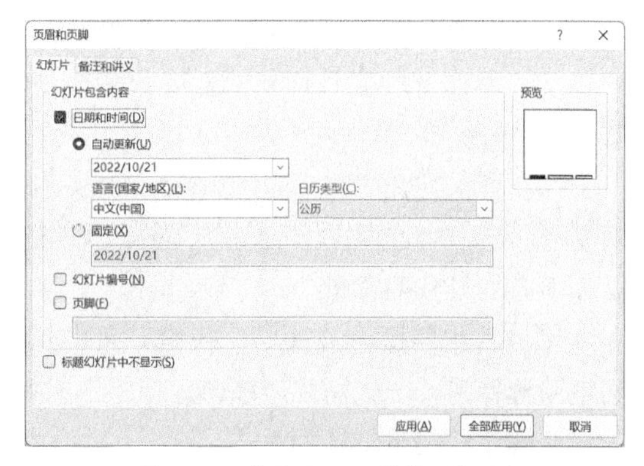


图 6-9　“页眉和页脚”对话框

**4. 保存演示文稿**

在编辑演示文稿过程中，要时刻注意保存文档，以避免突发情况造成文档内容的丢失。保存演示文稿的常用方法有以下三种。

**方法 1**：单击应用程序窗口“快速访问工具栏”中的“保存”按钮，保存演示文稿。

**方法 2**：单击“文件”选项卡，在其窗口左侧区域选择“保存”或“另存为”选项，保存演示文稿。

**方法 3**：按【Ctrl+S】快捷键，保存演示文稿。

**例 6.1**　王昕同学要制作图 6-10 所示的“茶文化”演示文稿，其通过 PowerPoint 执行以下操作完成演示文稿制作。

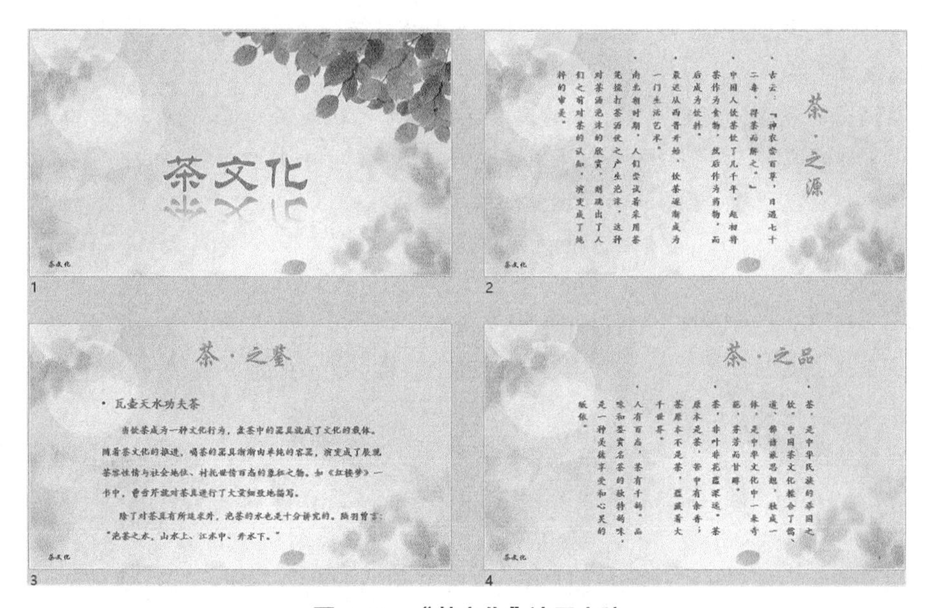


图 6-10　“茶文化”演示文稿

**步骤一**：新建演示文稿

右击桌面空白处，在弹出的快捷菜单中选择“新建”→“Microsoft PowerPoint 演示文稿”，将文档重命名为“茶文化”，双击图标进入 PowerPoint 软件的窗口界面。

**步骤二**：插入幻灯片，设置幻灯片背景

①连续四次按【Enter】键，插入四张幻灯片。

②右击任意一张幻灯片，在弹出的快捷菜单中选择“设置背景格式”命令，打开“设置背景格式”窗格。

③在窗格“填充”区域中选择“图片或纹理填充”选项，单击“文件”按钮，打开“插入图片”对话框，选择指定图片，单击“插入”按钮，继续单击“全部应用”按钮，将图片设置为演示文稿所有幻灯片的背景。

④使用相同操作方法，选择第一张幻灯片，单击“文件”按钮，在打开的“插入图片”对话框中选择另外一张图片，单击“插入”按钮，仅将当前图片设置为第一张幻灯片的背景。

**步骤三**：编辑幻灯片版式

①选择第二张幻灯片，单击“开始”选项卡“幻灯片”组中的“版式”下拉按钮，在其下拉列表中选择“垂直排列标题与文本”版式，更改第二张幻灯片的版式类型。

②使用相同操作方法，将第四张幻灯片的版式更改为“标题和竖排文字”版式。

**步骤四**：输入文字内容

①选择第二张幻灯片，单击幻灯片中的标题占位符，在闪烁光标处输入标题文字“茶·之源”，再单击幻灯片中的文本占位符，在闪烁光标处输入以下段落文本。

古云：“神农尝百草，日遇七十二毒，得茶而解之。”

中国人饮茶饮了几千年，起初将茶作为食物，然后作为药物，而后成为饮料。

最迟从西晋开始，饮茶逐渐成为一门生活艺术。

南北朝时期，人们尝试着采用茶筅搅打茶汤使之产生泡沫，这种对茶汤泡沫的欣赏，则跳出了人们之前对茶的认知，演变成了纯粹的审美。

②使用相同操作方法，在第三张幻灯片中输入标题文字“茶·之鉴”和以下段落文本。

瓦壶天水工夫茶

当饮茶成为一种文化行为，煮茶中的器具就成了文化的载体。随着茶文化的推进，喝茶的器具渐渐由单纯的容器，演变成了展现茶客性情与社会地位、衬托世情百态的象征之物。如《红楼梦》一书中，曹雪芹就对茶具进行了大量细致地描写。

除了对茶具有所追求外，泡茶的水也是十分讲究的。陆羽曾言：“泡茶之水，山水上、江水中、井水下。”

③操作方法同上，在第四张幻灯片中输入标题文字“茶·之品”和以下段落文本。

茶，是中华民族的举国之饮。中国茶文化糅合了儒、道、佛诸派思想，独成一体，是中华文化中一朵奇葩，芬芳而甘醇。

茶，非叶非花蕴深远。茶原本是茶，苦中有余香；茶原本不是茶，蕴藏着大千世界。

人有百态，茶有千韵。品味和鉴赏名茶的独特韵味，是一种美德享受和心灵的皈依。

**步骤五**：设置幻灯片母版

①单击“视图”选项卡“母版视图”组中的“幻灯片母版”按钮▤，选择正文母版，将标题占位符内“单击此处编辑母版标题样式”文本格式设为华文行楷、66 号、橄榄色、加阴影。

将文本占位符内“单击此处编辑母版文本样式”文本格式设为华文楷体、22 号、橄榄色（深度 25%）、加粗、1.8 倍行距。

②单击“插入”选项卡“文本”组中的“文本框”下拉按钮，在其下拉列表中选择“横排文本框”命令，在正文母版的右下角插入文本框，输入文字“茶文化”，将文字设置为华文行楷、18 号、橄榄色（深度 50%），如图 6-11 所示。

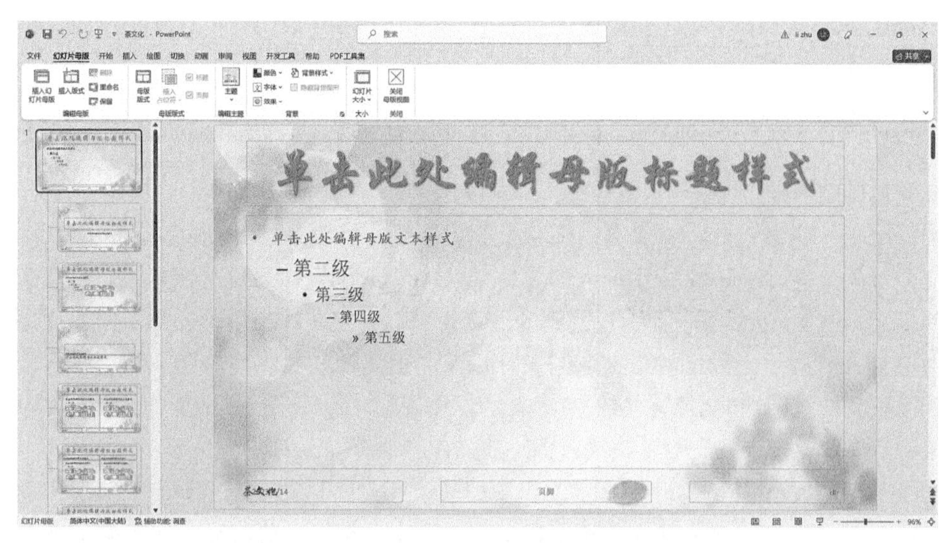


**图 6-11　正文母版编辑效果图**

③选择母版的标题幻灯片版式，将标题占位符内“单击此处编辑母版标题样式”文本格式设为华文隶书、100 号、加粗、阴影，并为文字添加 0.75 磅、白色边框和半映像、8pt 偏移量效果。

④单击“关闭母版视图”按钮☒，返回到普通视图，系统自动更新幻灯片效果。

**步骤六：**插入幻灯片编号

单击“插入”选项卡“文本”组中的“幻灯片编号”按钮#，打开“页眉和页脚”对话框，勾选“幻灯片编号”复选框和“标题幻灯片中不显示”复选框，单击“全部应用”按钮，为演示文稿中除标题幻灯片以外其他幻灯片添加页码。

## 6.2　演示文稿的多媒体效果

用户在制作演示文稿时可为每张幻灯片添加相应的文本、图片、图形、表格、图表以及音视频等多媒体元素，以增强演示文稿的视觉效果，使其能更加形象直观、生动活泼地表达显示内容。

### 1. 插入与编辑文本

文本作为信息载体的一种方式，是幻灯片中主要组成部分，能直观地向观众传达幻灯片中包含的信息。一般在幻灯片中可通过占位符、文本框和艺术字来输入文本，若要利用占位符输入文本，用户需将光标放置于占位符内，在闪烁光标（即插入点）处输入文字内容。若要利用文本框或艺术字输入文本，用户需预先在幻灯片适当位置插入文本框或艺术字，然后在文本框中输入文字内容。

此外，PowerPoint 提供了文本编辑的多种快捷键操作，用户使用这些快捷键可提高演示文稿编辑效率，见表 6-1。

表 6-1　文本编辑的快捷键

| 快捷键 | 功能 | 快捷键 | 功能 |
|---|---|---|---|
| 【Ctrl+Shift+<】 | 逐磅减小文字 | 【Ctrl+U】 | 添加下画线 |
| 【Ctrl+Shift+>】 | 逐磅增大文字 | 【Ctrl+I】 | 倾斜文字 |
| 【Ctrl+C】 | 复制文字 | 【Shift+F3】 | 改变首字母大小写 |
| 【Ctrl+X】 | 剪切文字 | 【Ctrl+Shift+P】 | 打开“字体”对话框 |
| 【Ctrl+V】 | 粘贴文字 | 【Tab】 | 文本降级 |
| 【Ctrl+B】 | 加粗文字 | 【Shift+Tab】 | 文本升级 |

**2. 插入与编辑图片**

图片除了用于设置幻灯片背景外，还常被放置于幻灯片中用以辅助文字内容，以使幻灯片达到图文并茂的效果。PowerPoint 中插入的图片可以是联机图片、外部文件图片或屏幕截图，其中，联机图片是用户在 Bing 中进行搜索查找到的图片，可以直接在线使用，外部文件图片是包括用户下载并存储在计算机上的图片、截取的图片以及利用其他软件制作的图片等，而屏幕截图则是用户利用软件的截图功能所捕获的图片。有别于设置幻灯片背景图片的操作，针对 PowerPoint 中不同来源的图片对象，在幻灯片中插入图片的操作方法有以下两种。

**方法 1：**单击“插入”选项卡“图像”组中的“联机图片”按钮，打开“插入图片”对话框，在“必应图像搜索”文本框中输入关键字，单击“搜索”按钮，此时对话框将显示与关键字相关联的图片，选择所需图片，单击“插入”按钮，插入图片。

**方法 2：**单击“插入”选项卡“图像”组中的“图片”命令，打开“插入图片”对话框，选择计算机磁盘中的指定图片，单击“插入”按钮，插入图片。

在幻灯片中插入图片后，用户可根据需要对图片做进一步编辑，如删除图片背景，调整图片显示，应用图片样式，设置图片边框、效果与版式，重排与旋转图片以及裁剪与缩放图片等。选择图片，单击图 6-12 所示的“图片格式”选项卡，可利用功能群组中的操作命令按钮编辑图片对象。

图 6-12　“图片格式”选项卡

**3. 插入与编辑图形**

类似于 Word 文档编辑软件，PowerPoint 也为用户提供了大量的图形元素用于演示文稿制作，包括形状和 SmartArt 图形两类。前者可在幻灯片中插入特定形状，如矩形、圆、箭头、线条、流程图符号和标注等，后者则可在幻灯片中插入各种图示，如列表图、流程图、循环图、层次结构图和关系图等。

幻灯片中插入图形的优点在于可将冗杂的信息内容以层次化、逻辑化的图形方式更加清晰明了地传达给观众。类似于 Word 中插入与编辑图形的方法，单击“插入”选项卡“插图”组中的“形状”下拉按钮或“SmartArt”按钮，选定所需的形状或 SmartArt 图形，可将其插入到幻灯片中。选择插入的图形，单击“形状格式”选项卡或“SmartArt 设计”、“SmartArt 工具 / 格式”选项卡，可利用功能群组中的操作命令按钮编辑图形对象。

**4. 插入与编辑表格**

表格因能简单明了、条理清晰地显示表达内容，被广泛用于演示文稿制作中。在幻灯片中插入与编辑表格的操作步骤如下：

①单击“插入”选项卡“表格”组中的“表格”下拉按钮，在其下拉列表的表格创建框中拖动鼠标选定所需的行数和列数，或在其下拉列表中单击“插入表格”命令，在打开的“插入表格”对话框中输入表格的行数和列数，插入所需表格。

②选择表格，在“表设计”选项卡或“表格工具 / 布局”选项卡中，利用功能群组中的命令按钮编辑表格对象。

**5. 插入与编辑图表**

图表是图形化的表格，能将数据信息通过图形的方式更加直观地表现出来。PowerPoint 图表功能延续了 Excel 图表功能，允许用户在幻灯片中插入各种不同类型的图表，并进一步对图表进行编辑与格式化设置。

**6. 插入与编辑音频**

PowerPoint 不仅支持用户为演示文稿添加背景音乐、在幻灯片中播放音频文件，还提供录制声音的功能，在演示文稿中适当插入音频能够让演示文稿的表达内容更加丰富，同时也使 PPT 更加吸引观众。

（1）插入音频

用户在幻灯片中可插入 MIDI、MP3、WAV 和 WMA 等格式的音频文件，也可播放 CD 乐曲，还可在幻灯片内录制旁白。针对不同来源的音频，在幻灯片中插入音频的操作方法有以下两种。

**方法 1**：单击“插入”选项卡“媒体”组中的“音频”下拉按钮，在其下拉列表中选择“PC 上的音频”命令，打开“插入音频”对话框，选择计算机磁盘中的指定音频，单击“插入”按钮，在幻灯片中插入音频。

**方法 2**：在“音频”下拉列表中选择“录制音频”命令，打开“录制声音”对话框，如图 6-13 所示，对话框中包含声音文件的名称框、“播放”按钮、“结束录制”按钮和“开始录制”按钮，使用相应按钮可在幻灯片内插入录制的声音。

需要注意的是，用户在使用 PowerPoint 软件录制声音功能前，需提前将计算机的录制设备设置为麦克风状态，这样才能完成声音的录制。

**图 6-13　“录制声音”对话框**

（2）编辑音频

插入音频文件后，幻灯片中会显示一个音频图标，选择图标，在图 6-14 所示的“音频格式”选项卡中，利用功能群组中的操作命令按钮可编辑音频图标格式。在图 6-15 所示的“音频工具 / 播放”选项卡中，利用功能群组中的命令按钮可设置音频开始播放方式、放映时是否隐藏音频图标、音频音量大小、音频淡入与淡出效果以及剪辑音频（主要包括设置音频的开始时间与结束时间，截取出所需的音频片段）等。

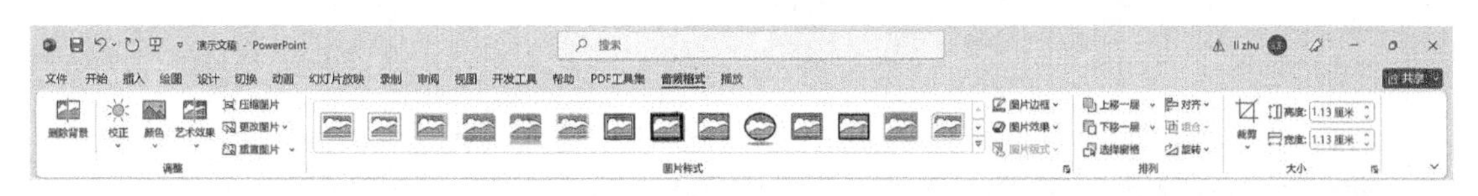


**图 6-14　“音频格式”选项卡**

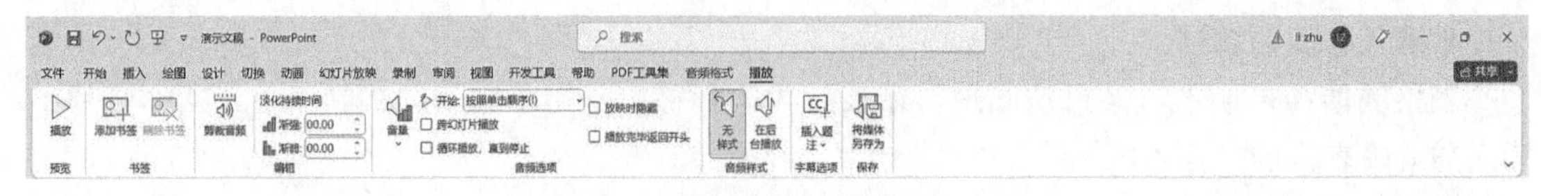


图 6-15　“音频工具 / 播放”选项卡

**7. 插入与编辑视频**

PowerPoint 支持 SWF、ASF、AVI、MPEG、WMV 以及 FLV 等格式视频文件的播放，在演示文稿中适当添加视频文件，不仅能使演示文稿的内容呈现形式更加多样化，还使 PPT 演示效果更加精彩。通常用户在幻灯片中可直接插入联机视频和外部文件视频，也可通过第三方控件插入视频，如 Windows Media Player 播放器。在幻灯片中插入视频的操作方法有以下三种。

**方法 1**：单击“插入”选项卡“媒体”组中的“视频”下拉按钮，在其下拉列表中选择“联机视频”命令，打开“插入视频”对话框，如图 6-16 所示，可将互联网上视频的链接地址粘贴于“输入联机视频的地址”框内，单击“插入”按钮，插入网络视频。

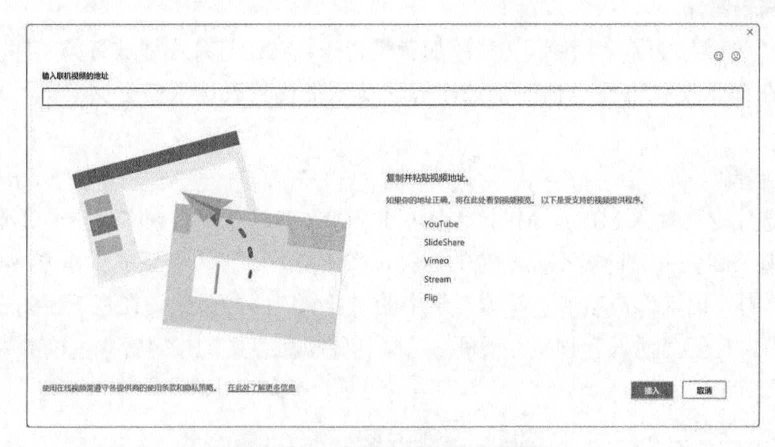


图 6-16　“插入视频”对话框

**方法 2**：单击“插入”选项卡“媒体”组中的“视频”下拉按钮，在其下拉列表中选择“PC 上的视频”命令，打开“插入视频文件”对话框，选择视频文件，单击“插入”按钮，插入视频。

**方法 3**：①单击“文件”选项卡，在其窗口左侧区域选择“选项”选项，打开“PowerPoint 选项”对话框，在窗口左侧选择“自定义功能区”选项，在窗口右侧“主选项卡”区域中勾选“开发工具”复选框，单击“确定”按钮，在功能选项卡中添加“开发工具”选项卡。

图 6-17　“其他控件”对话框

②单击“开发工具”选项卡“控件”组中的“其他控件”按钮，在打开的“其他控件”对话框中选择 Windows Media Player 选项，如图 6-17 所示，单击“确定”按钮，当光标变为加号形状时拖动鼠标，在幻灯片中创建 Windows Media Player 播放器，适当调整播放器大小。

③右击播放器，在弹出的快捷菜单中选择“属性表”命令，如图 6-18 所示，在“属性”面板的“URL”文本框中输入视频的完整路径（如果演示文稿与视频文

件在相同路径下，可只输入视频文件名称），如图 6-19 所示，关闭“属性”面板，将指定视频链接给播放器。

图 6-18　播放器菜单列表

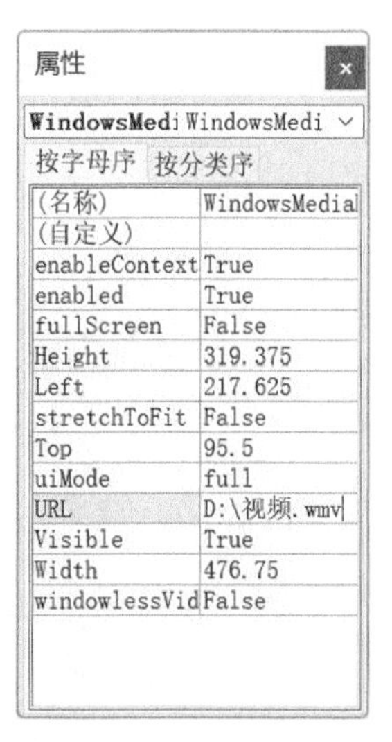


图 6-19　“属性”面板

需要注意的是，使用上述方法 1 与 2 插入的视频是有限制的，必须是 PowerPoint 认可的视频格式，如果要插入的视频格式不被支持，那么将无法直接插入到幻灯片中。使用方法 3 插入的视频必须是 Windows Media Player 播放器支持的视频，如果要插入的视频格式不被支持，那么将无法在播放器中正常播放。插入视频文件后，演示文稿需进入放映状态，视频文件方可自动播放、在 Windows Media Play 播放器中播放。

**例 6.2**　王昕同学要制作图 6-20 所示的多媒体演示文稿，其通过 PowerPoint 执行以下操作完成演示文稿制作。

图 6-20　多媒体演示文稿

**步骤一：**新建相册演示文稿

①打开 PowerPoint 应用程序，单击“插入”选项卡“图像”组中的“相册”下拉按钮，在其下拉列表中选择“新建相册”命令，打开“相册”对话框。

②单击“文件 / 磁盘”按钮，打开“插入新图片”对话框，选择计算机磁盘上指定的图片，单击“插入”按钮，返回“相册”对话框，将“图片版式”设为“4 张图片”、“相框形状”设

为“柔化边缘矩形”，如图 6-21 所示，单击“创建”按钮，创建相册演示文稿。

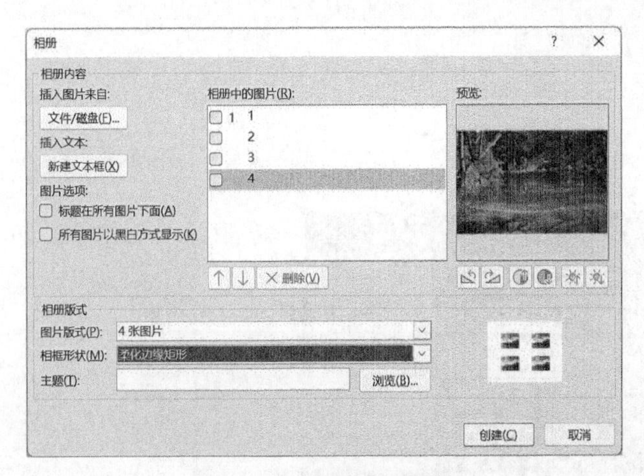


图 6-21 “相册”对话框

③将标题幻灯片的标题文字“相册”更改为“多媒体演示文稿”，在“设计”选项卡“主题”列表中为演示文稿选择一种主题样式。

**步骤二：**插入与编辑 SmartArt 图形

①按【Enter】键插入新幻灯片，单击“插入”选项卡“插图”组中的“SmartArt”按钮，打开“选择 SmartArt 图形”对话框，在左侧区域中选择“图片”选项，在右侧区域中选择“图形图片标注”选项，如图 6-22 所示，单击“确定”按钮，插入图形。

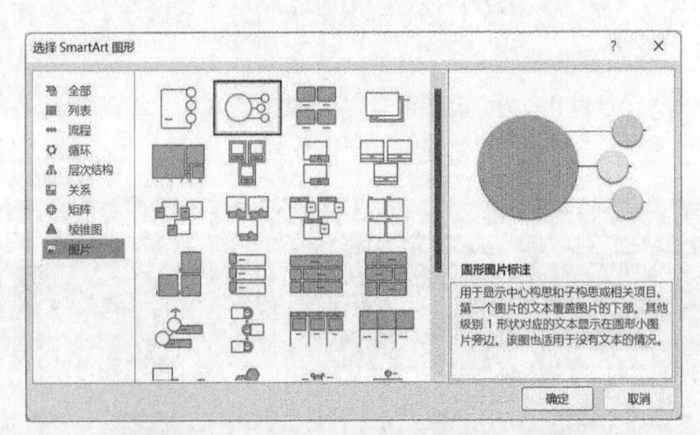


图 6-22 “选择 SmartArt 图形”对话框

②选择图形，单击“SmartArt 设计”选项卡“创建图形”组中的“添加形状”下拉按钮，在其下拉列表中选择“在后面添加形状”命令，如图 6-23 所示，插入形状。

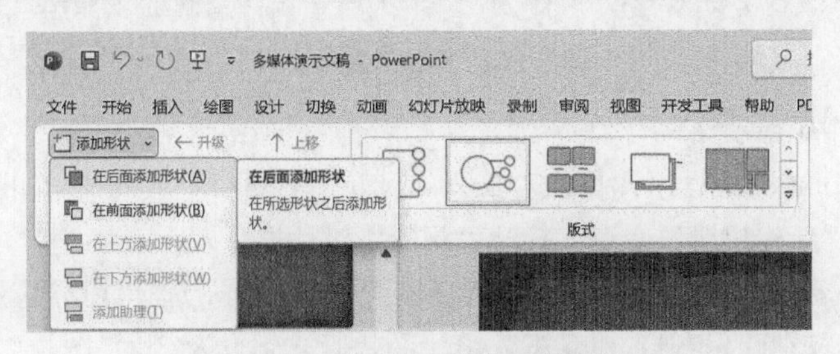


图 6-23 “添加形状”下拉列表

③依次单击形状内的图片按钮，打开“插入图片”对话框，选择计算机磁盘中的图片，单击“打开”按钮，用指定图片填充每个形状。

④选择图形，单击“SmartArt 设计”选项卡“SmartArt 样式”组中的“更改颜色”与“样式”下拉按钮，在其对应的下拉列表中先后选择“个性色 3”颜色和“三维 - 优雅”样式，如图 6-24 所示。

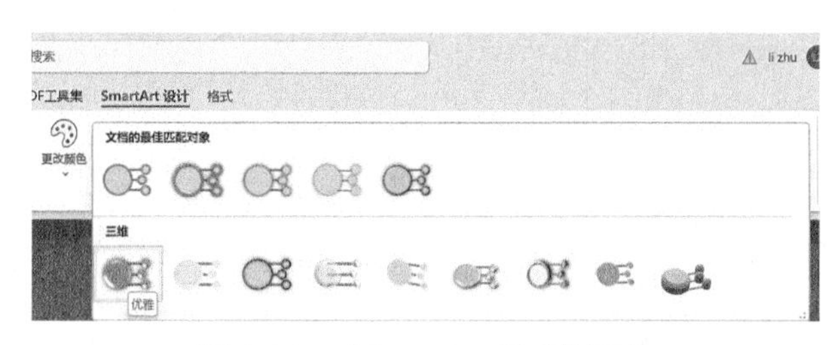


图 6-24　“SmartArt 样式”列表

⑤在图形的“在此处键入文字”窗格中，分别为五张图片添加文字，并在幻灯片中编辑文字格式，效果如图 6-25 所示。

图 6-25　SmartArt 图形效果图

**步骤三：**插入与编辑图表

①按【Enter】键插入新幻灯片，单击“插入”选项卡“插图”组中的“图表”按钮，打开“插入图表”对话框，选择“簇状条形图”图表选项，单击“确定”按钮，创建图表同时打开 Excel 数据表。

②在 Excel 数据表中编辑行标题、列标题和单元格数据，幻灯片中图表同步更新，如图 6-26 所示，关闭 Excel 程序窗口。

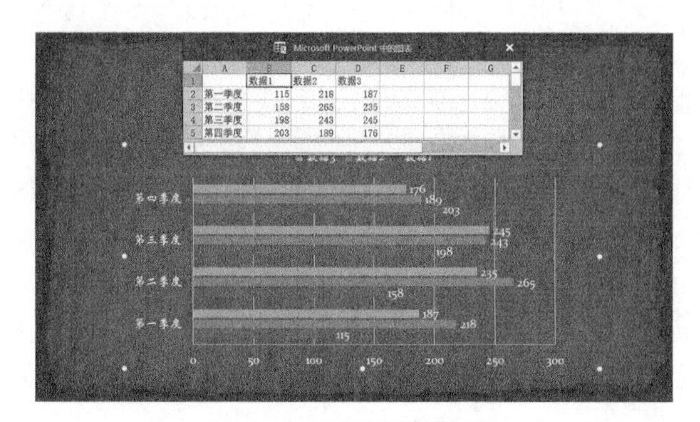


图 6-26　图表及其数据表

③选择图表，用户可根据需要在“图表设计”和“格式”选项卡中，对图表做进一步编辑，如应用图表样式、添加数据标签和更改图例显示位置等。

**步骤四**：插入艺术字标题

①选择第三张幻灯片，单击“插入”选项卡“文本”组中的“艺术字”下拉按钮，在其下拉列表中选择一种艺术字样式，如图 6-27 所示，输入标题文字内容，调整艺术字标题大小与位置。

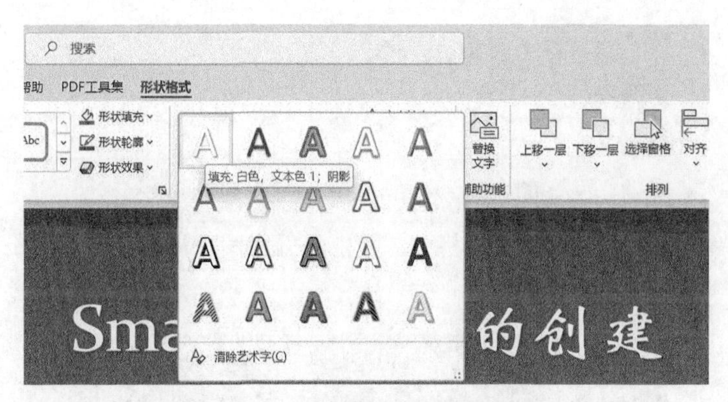


**图 6-27 “艺术字样式”下拉列表**

②使用相同的操作方法，为第四张幻灯片添加艺术字标题。

**步骤五**：插入与编辑音频

①选择第一张幻灯片，单击“插入”选项卡“媒体”组中的“音频”下拉按钮，在其下拉列表中选择“PC 上的音频”命令，打开“插入音频”对话框，选择计算机磁盘中的“背景音乐 .wav”音频文件，单击“插入”按钮，插入背景音乐。

②选择音频图标，在“音频工具 / 播放”选项卡“音频选项”组中，勾选“跨幻灯片播放”复选框和“放映时隐藏”复选框，如图 6-28 所示。

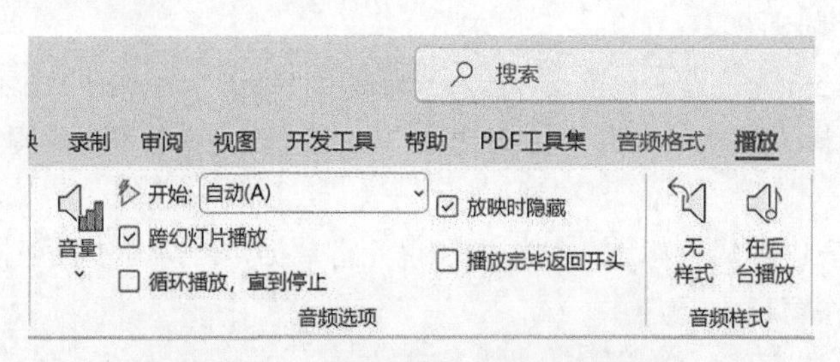


**图 6-28 “音频工具 / 播放”选项卡**

**步骤六**：插入与编辑视频

①选择最后一张幻灯片，按【Enter】键插入新幻灯片，单击“插入”选项卡“媒体”组中的“视频”下拉按钮，在其下拉列表中选择“PC 上的视频”命令，打开“插入视频”对话框，选择计算机磁盘中的“相册 .avi”视频文件，单击“插入”按钮，插入视频。

②选择视频，单击“视频格式”选项卡“调整”组中的“海报框架”下拉按钮，在其下拉列表中选择“文件中的图像”命令，如图 6-29 所示，打开“插入图片”对话框，单击“来自文件”选项，选择计算机磁盘中的图片，单击“打开”按钮，设置视频剪辑的预览图片。

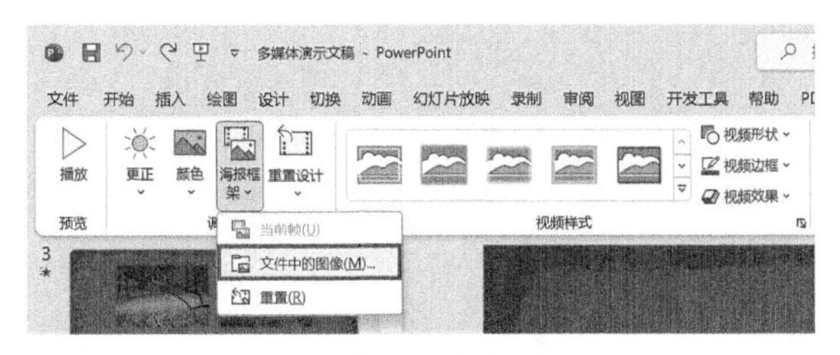


图 6-29　“海报框架”下拉列表

③按【Enter】键插入新幻灯片，单击“开发工具”选项卡“控件”组中的“其他控件”按钮，打开“其他控件”对话框，选择 Windows Media Player 选项，拖动鼠标创建播放器，调整其大小与位置。

④将“1.wmv”视频文件与演示文稿放在相同路径下，右击 Windows Media Player 播放器，在弹出的快捷菜单中选择“属性表”命令，打开“属性”面板，将“URL”设为“1.wmv”，关闭“属性”面板。

**步骤七：**放映演示文稿

单击“幻灯片放映”选项卡“开始放映幻灯片”组中的“从头开始”按钮（或按【F5】键），从第一张幻灯片开始播放演示文稿。

## 6.3　幻灯片的动画效果

PowerPoint 中提供了大量丰富的动画效果，用于控制幻灯片中多媒体元素的动态显示。用户通过自定义动画可将幻灯片由静态显示变为动态显示，同时实现人机交互，让幻灯片变得更加生动有趣，给观众留下深刻印象。

### 6.3.1　片内动画

幻灯片的片内动画用于设置每张幻灯片中各个对象的动画效果，包括进入、强调、退出和动作路径四种类型的动画效果。进入效果是对象在幻灯片放映时进入放映界面的动画效果。强调效果是对象在幻灯片放映中突出显示对象的动画效果。退出效果是对象在退出放映界面时的动画效果。动作路径是对象在幻灯片放映中沿着指定的路径移动的动画效果，路径可以是 PowerPoint 中内置的路径，也可以是用户自定义的路径。在幻灯片中设置片内动画的操作步骤如下：

①选择要创建动画的对象，单击“动画”选项卡“动画”下拉按钮，在图 6-30 所示列表中选择一种动画，如“进入 - 飞入”动画，单击“效果选项”下拉按钮，在其下拉列表中编辑飞入方向。如果要选择其他“进入”动画，可在列表中选择“更多进入效果”命令，打开“更多进入效果”对话框，如图 6-31 所示，在其中选择所需动画。

②单击“动画”选项卡“高级动画”组中的“动画窗格”按钮，打开图 6-32 所示的“动画窗格”，动画窗格主要显示幻灯片中所有动画，包括动画编号（表示动画的播放次序）、动画图标、对象名称、时间栈（表示动画的持续时间）、动画下拉菜单、“播放自”按钮、“上移”按钮以及“下移”按钮（用于向上或向下选定动画）。

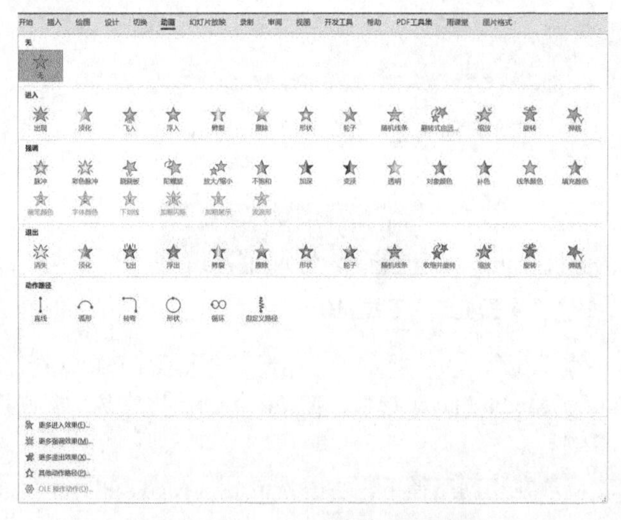


图 6-30 “动画”下拉列表

图 6-31 “更多进入效果”对话框

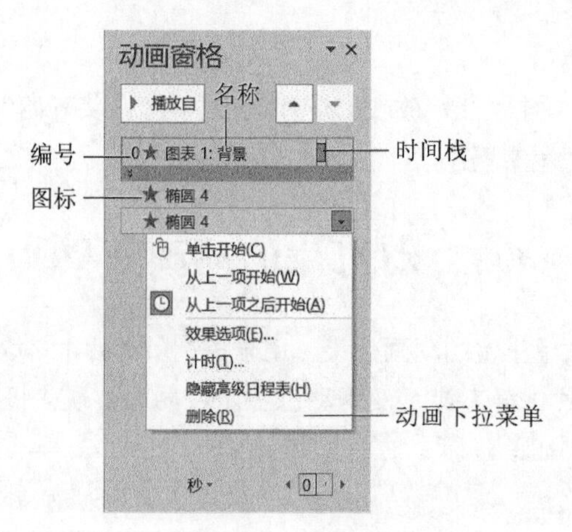


图 6-32 动画窗格

③在动画窗格中选择要编辑的动画，在其下拉菜单或在图 6-33 所示的“动画”选项卡“计时”组中，设置动画的开始播放方式（单击时、与上一动画同时或上一动画之后）、持续时间、动画开始前的延迟时间以及动画顺序。

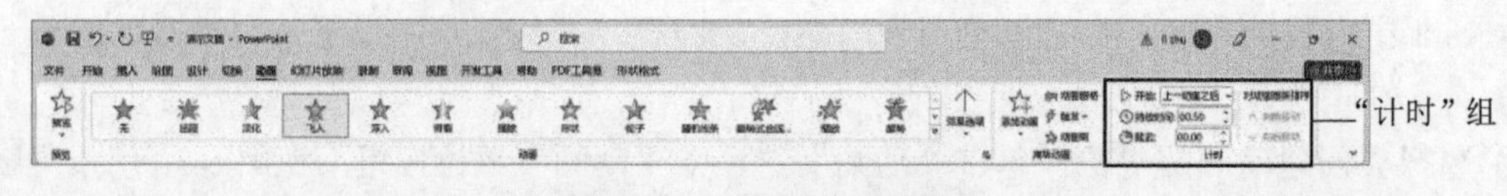


图 6-33 “动画”选项卡

在幻灯片中设置强调、退出和动作路径的操作与设置进入动画相似。其中在设置自定义路径时，用户选择“自定义路径”后，光标会变成加号形状，拖动鼠标在幻灯片上绘制动画路径，绘制的路径不是封闭曲线，按【Esc】键，可退出路径绘制。

需要特别注意的是，在对幻灯片中某一对象添加两个及以上动画时，添加的第二个动画必须从“动画”选项卡“高级动画”组中的“添加动画”下拉列表处进行创建。如果继续从“动画”选项卡“动画”组处创建第二个动画，那么为对象创建的第二个动画将替换第一个动画。

## 6.3.2 片间动画

片间动画是指在幻灯片放映时，由前一张幻灯片切换到下一张幻灯片时的过渡效果，通常对片间动画的设置主要包括切换效果、换片方式和换片时间。在演示文稿中设置片间动画的操作步骤如下：

①选择幻灯片，单击“切换”选项卡“切换到此幻灯片”下拉按钮，在其下拉列表中选择一种切换效果，单击“效果选项”下拉按钮，编辑该切换效果。

②在“切换”选项卡“计时”组中，设置切换过程的持续时间、声音（幻灯片切换时的声音特效）以及换片方式（可选择“单击鼠标时”或“设置自动换片时间”方式），如图 6-34 所示，单击“全部应用”按钮，可将切换效果应用于所有幻灯片，反之则只应用于当前幻灯片。

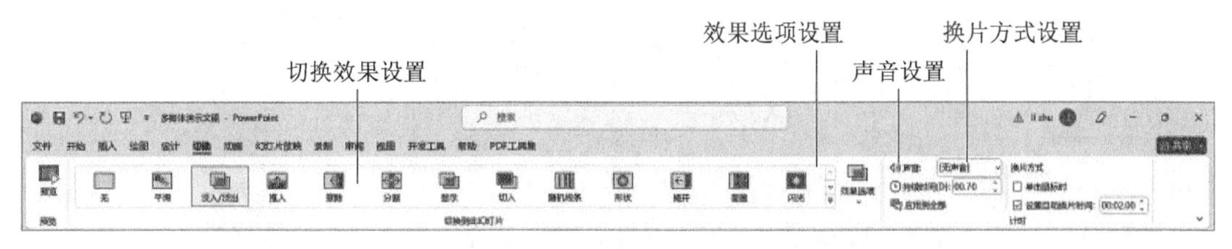


**图 6-34　“切换”选项卡**

**例**6.3　为使多媒体演示文稿播放更加精彩，王昕同学在演示文稿中添加多种动画效果，其通过执行以下操作完成动画设置。

**步骤一**：设置图片动画

①选择第二张幻灯片中的第 1 张图片，在“动画”选项卡“动画”下拉列表中选择“进入-翻转式由远及近”动画，将“计时”组中“开始”设为“与上一动画同时”、“持续时间”设为“1s”，为图片创建动画。

②单击“动画”选项卡“高级动画”组中的“动画窗格”按钮，打开动画窗格。

③选择第 1 张图片，单击“动画”选项卡“高级动画”组中的“动画刷”按钮动画刷，当光标变为空心箭头和刷子形状时，单击第 2 张图片，可将第 1 张图片的动画复制粘贴给第 2 张图片。

④使用相同操作，依次将第 1 张图片动画复制粘贴给第 3 张和第 4 张图片，效果如图 6-35 所示。

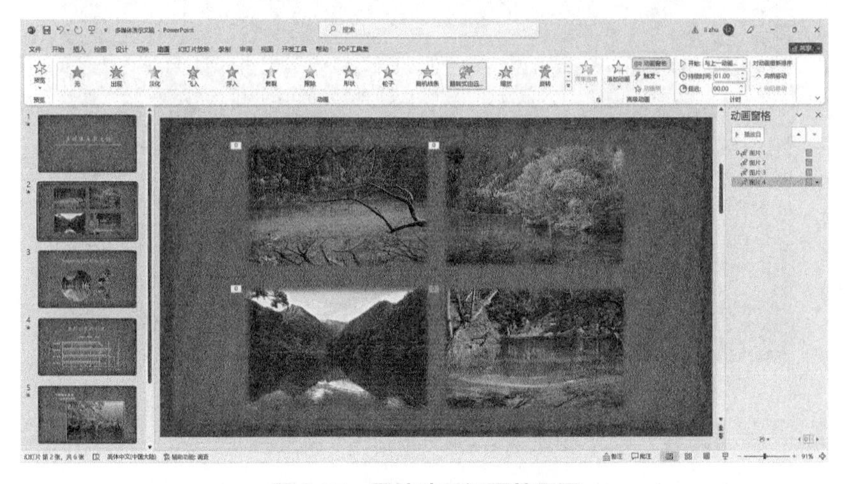

**图 6-35　图片动画设置效果图**

**步骤二：**设置图表动画

①选择第四张幻灯片中的图表，在“动画”选项卡“动画”下拉列表中选择“进入 - 擦除”动画，单击“效果选项”下拉按钮，在其下拉列表中将“方向”设为“自左侧”、“序列”设为“按类别中的元素”，如图 6-36 所示，将“计时”组中“开始”设为“上一动画之后”，为图表创建动画。

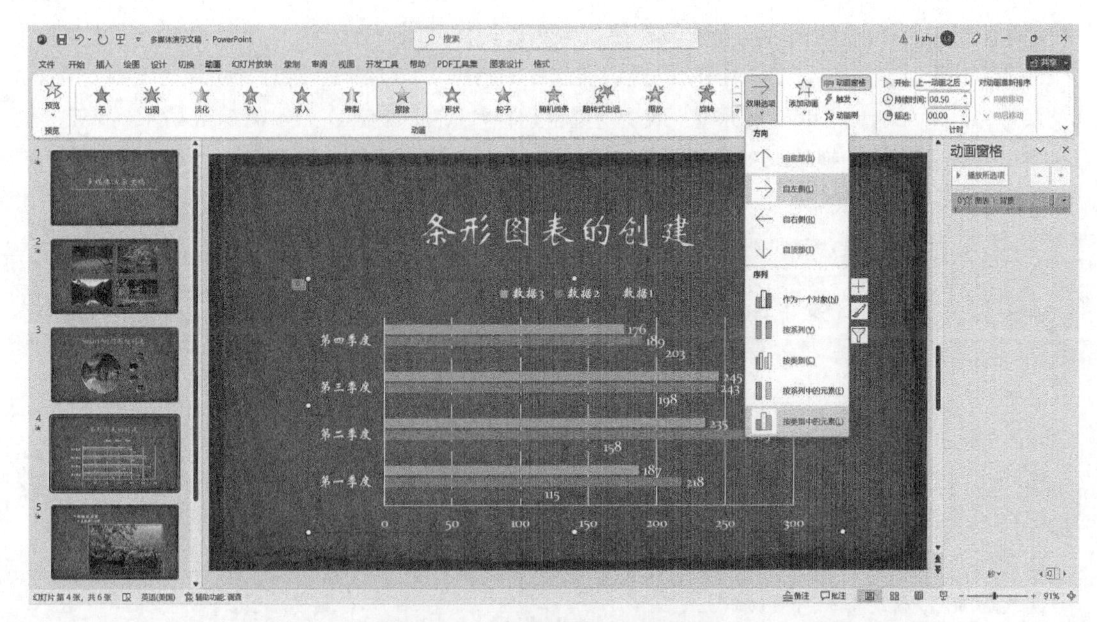


图 6-36 “效果选项”下拉列表

②单击图表外区域，在“插入”选项卡“插图”组中的“形状”下拉列表中选择“椭圆”形状，将椭圆绘制在图表的最大数值上，并将“形状格式”选项卡“形状样式”组中的“形状填充”设为“无填充颜色”、“形状轮廓”设为“红色”，标记最大数据，如图 6-37 所示。

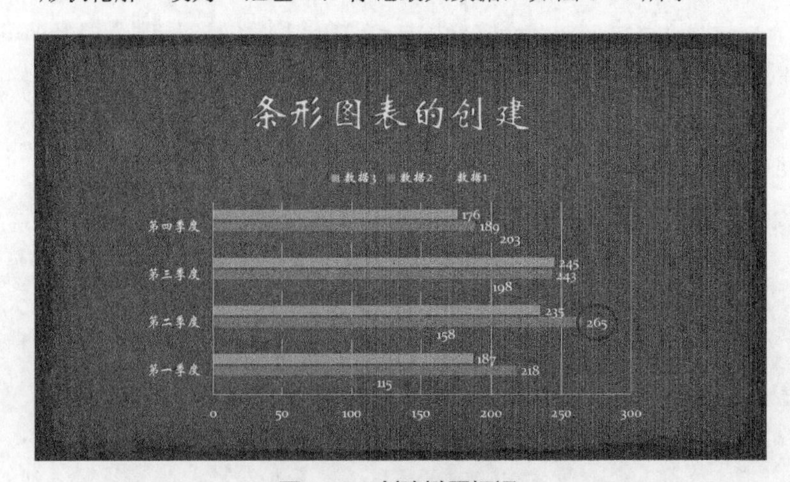


图 6-37 创建椭圆标记

③选择椭圆，在“动画”下拉列表中选择“进入 - 飞入”动画，将“效果选项”设为“自左侧”，将“计时”组中“开始”设为“上一动画之后”，为椭圆创建动画。

④选择椭圆，单击“动画”选项卡“高级动画”组中的“添加动画”下拉按钮，在其下拉

列表中选择“进入 - 淡化”动画，将“计时”组中“开始”设为“上一动画之后”，为椭圆创建第二个动画。

⑤在动画窗格中，单击椭圆第二个“淡化”动画的下拉按钮，在其下拉菜单中选择“计时”命令，如图 6-38 所示，打开“淡化 / 计时”对话框，将“重复”设为“直到幻灯片末尾”，如图 6-39 所示，单击“确定”按钮，设置动画的重复次数。

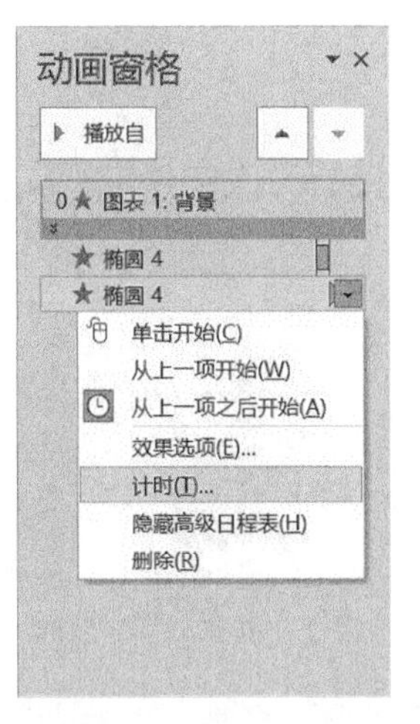


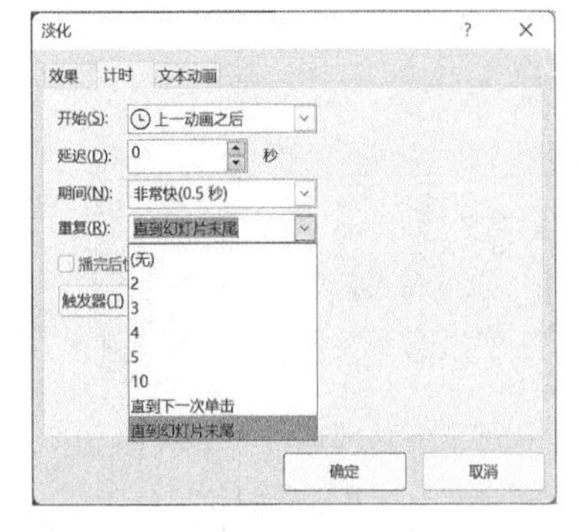


图 6-38　动画下拉菜单　　　　图 6-39　“淡化 / 计时”对话框

**步骤三**：添加动作按钮

①选择第五张幻灯片，在“插入”选项卡“插图”组中的“形状”下拉列表中，选择“动作按钮：空白”形状，如图 6-40 所示，将动作按钮绘制到幻灯片相应位置，绘制完后，打开“操作设置 / 单击鼠标”对话框，选择“无动作”选项，如图 6-41 所示，单击“确定”按钮。

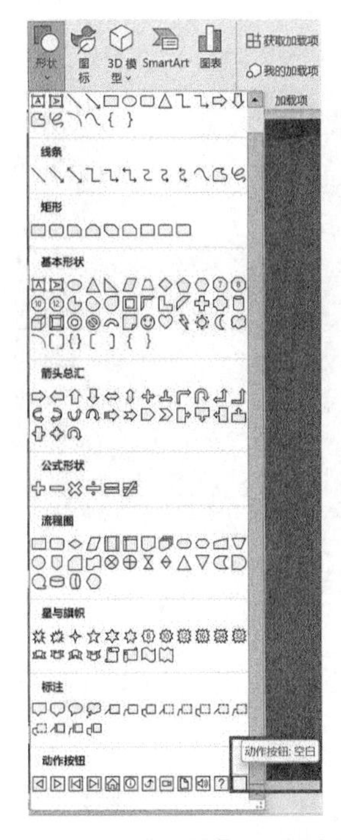

图 6-40　“形状”下拉列表　　　　图 6-41　“操作设置”对话框

②右击动作按钮，在快捷菜单中选择“编辑文字”命令，输入文字“播放”，在“形状格式”选项卡“形状样式”下拉列表中选择一种主题样式，如图6-42所示，在“形状效果-棱台”列表中选择一种效果，如图6-43所示。

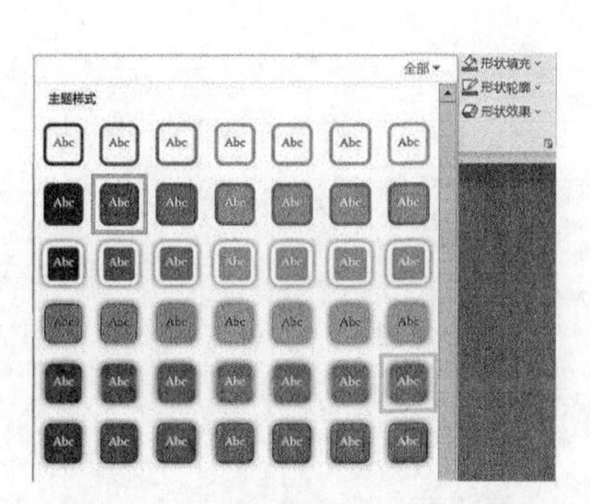


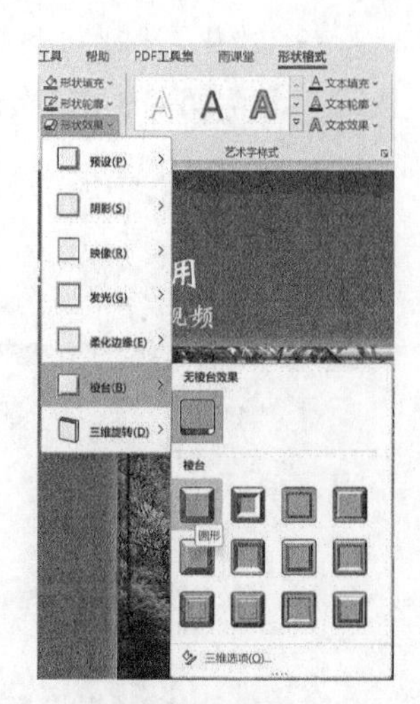


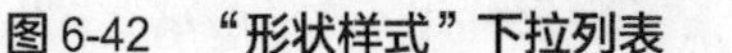
图6-42　“形状样式”下拉列表　　　图6-43　“形状效果-棱台”下拉列表

③选择动作按钮，按住【Ctrl】键的同时，当光标变为空心箭头和加号形状时，拖动鼠标至指定位置后，释放【Ctrl】键和鼠标，复制出两个动作按钮，将复制的动作按钮文字分别修改为“暂停”和“停止”。

④同时选中三个动作按钮，单击“形状格式”选项卡“排列”组中的“对齐”下拉按钮，在其下拉列表中选择“左对齐”→“纵向分布”命令，如图6-44所示，设置三个动作按钮的排列方式。

图6-44　“对齐”下拉列表

**步骤四**：设置视频动画

①在动画窗格中，单击视频“播放”动画的下拉按钮，在其下拉菜单中选择“计时”命令，如图6-45所示，打开“播放视频/计时”对话框，单击“触发器”按钮，展开触发器设置，选择“单击下列对象时启动效果”选项，在其右侧列表框中选择“动作按钮：自定义3：播放”选项，如图6-46所示。

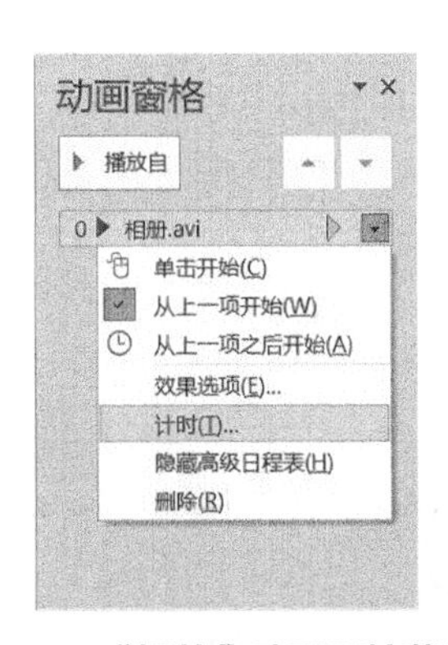


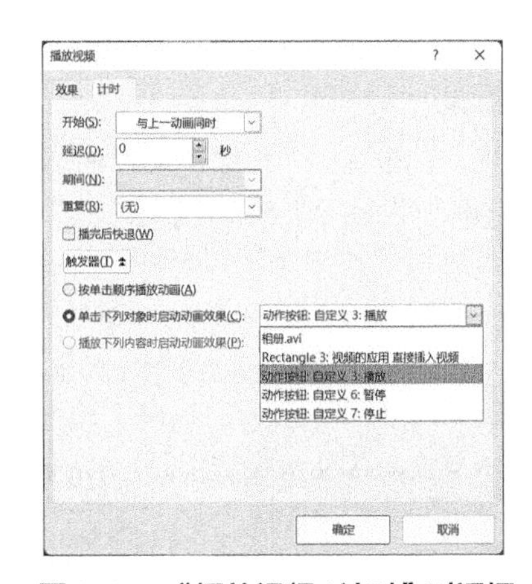


**图 6-45　“播放”动画下拉菜单**　　**图 6-46　“播放视频 / 计时”对话框**

②切换到“效果”选项卡，将“开始播放”设为“从上一位置”，如图 6-47 所示，单击“确定”按钮，完成“播放”动作按钮控制视频播放的触发设置。

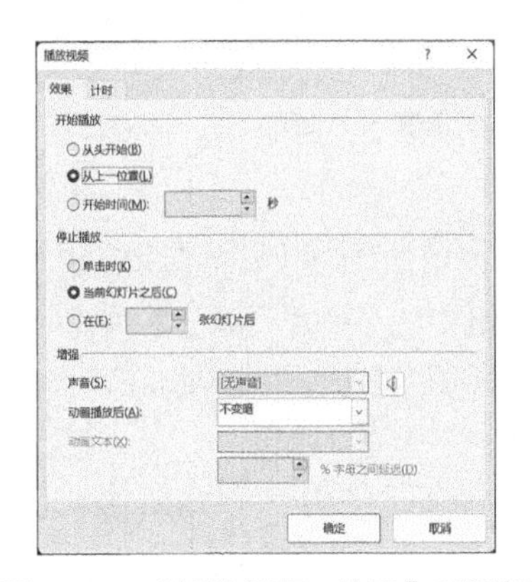


**图 6-47　“播放视频 / 效果”对话框**

③选择视频，单击“动画”选项卡“高级动画”组中的“添加动画”下拉按钮，在其下拉列表中选择“媒体 - 暂停”动画。

④在动画窗格中，单击视频“暂停”动画的下拉按钮，在其下拉菜单中选择“计时”命令，如图 6-48 所示，打开“暂停视频 / 计时”对话框，单击“触发器”按钮，选择下方的“单击下列对象时启动效果”单选按钮，在其右侧列表框中选择“动作按钮：自定义 6：暂停”选项，如图 6-49 所示，单击“确定”按钮，完成“暂停”动作按钮控制视频暂停的触发设置。

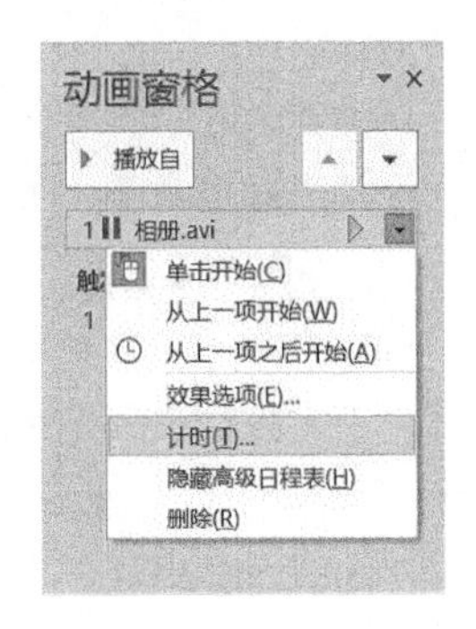


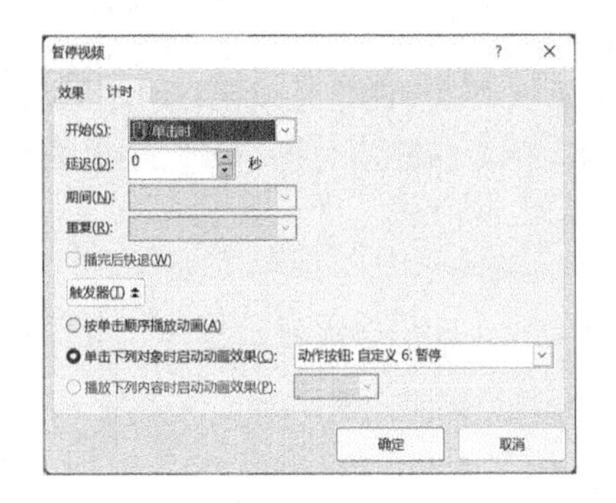


**图 6-48“暂停”动画下拉菜单**　　**图 6-49“暂停视频 / 计时”对话框**

⑤选择视频，单击“动画”选项卡“高级动画”组中的“添加动画”下拉按钮，在其下拉列表中选择“媒体 - 停止”动画。

⑥在动画窗格中，单击视频“停止”动画的下拉按钮，在其下拉菜单中选择“计时”命令，如图 6-50 所示，打开“停止视频 / 计时”对话框，单击“触发器”按钮，选择下方的“单击下列对象时启动效果”单选按钮，在其右侧列表框中选择“动作按钮：自定义 7：停止”选项，如图 6-51 所示，单击“确定”按钮，完成“停止”动作按钮控制视频停止的触发设置。

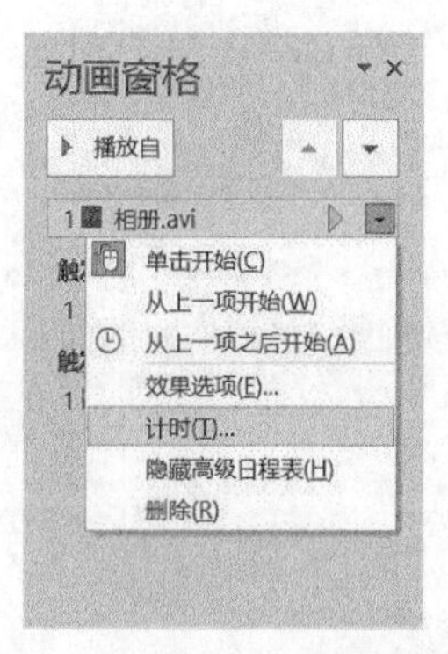


图 6-50 “停止”动画下拉菜单

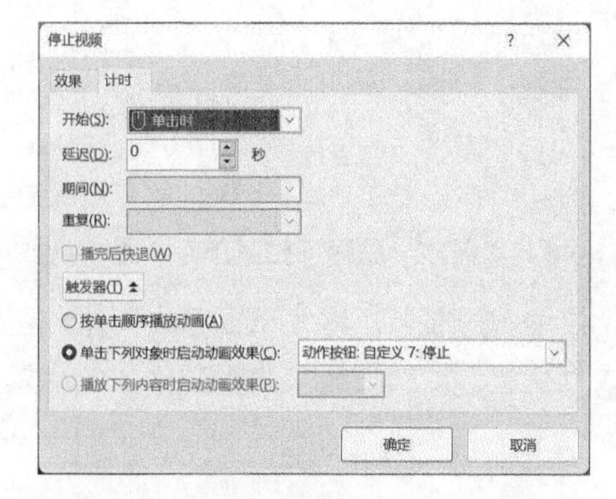


图 6-51 “停止视频 / 计时”对话框

**步骤五**：设置片间动画

①选择任意一张幻灯片，单击“切换”选项卡“切换到此幻灯片”下拉按钮，在其下拉列表中选择一种切换效果，在“计时”组中的“换片方式”区域中，取消勾选“单击鼠标时”复选框，勾选“设置自动换片时间”复选框、时间设为“00:02:00”，单击“全部应用”按钮，为所有幻灯片设置相同的切换效果、切换方式和切换时间。

②选择某张幻灯片，在“切换到此幻灯片”下拉列表中选择另一种切换效果，仅更改该幻灯片的切换效果。

## 6.4 幻灯片交互的应用

PowerPoint 提供了丰富的超链接交互功能，不仅可以轻松实现从一张幻灯片跳转到另一张幻灯片，还可以在当前幻灯片内打开其他演示文稿、文本文档、电子表格、电子邮件、网页、音频、视频以及其他文件。通常幻灯片的超链接对象可以是文本、形状和图片，超链接的目标对象可以是现有文件或网页、本文档中的位置、新建文档和电子邮件地址。

（1）现有文件或网页

用于链接计算机中存储的文件或已有的网页，创建该链接时，用户要指定相应的文件或网址。当幻灯片放映时，单击超链接对象，可以打开链接的文件或启动操作系统默认的浏览器查看链接的网页。

（2）本文档中的位置

用于链接当前演示文稿中其他幻灯片，用户可指定演示文稿的某一张幻灯片作为超链接的目标对象。当幻灯片放映时，单击超链接对象，可以跳转到指定幻灯片播放。

（3）新建文档

用于创建一个如 Word、Excel、PowerPoint 等新文档，并在幻灯片中为超链接对象建立与该文档的链接，在创建文档时，用户要指定文档的名称和存储路径。当幻灯片放映时，单击超链接对象，可以打开创建的文档。

（4）电子邮件地址

用于向指定邮件地址发送电子邮件，创建该链接时，用户要指定电子邮件地址和主题信息等。当幻灯片放映时，单击超链接对象，系统可以自动打开邮件发送程序向指定地址发送邮件。

在幻灯片中插入、编辑与删除超链接的具体操作如下：

①选择要插入超链接的对象，单击“插入”选项卡“链接”组中的“链接”按钮，或右击对象，在弹出的快捷菜单中选择“超链接”命令，打开“插入超链接”对话框，如图 6-52 所示，在对话框左侧“链接到”区域中选择一种超链接的目标对象，插入超链接。

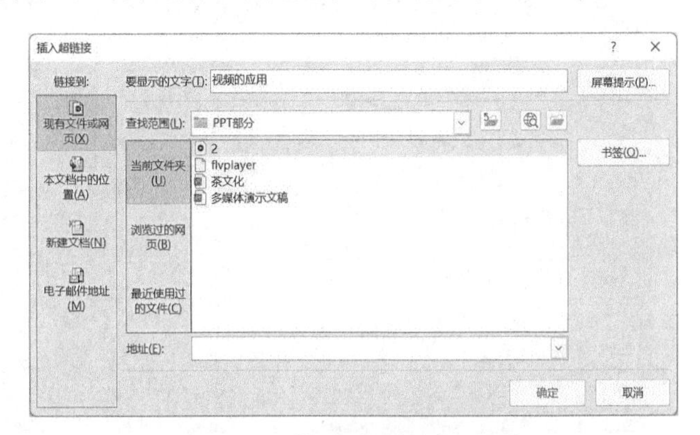


**图 6-52　“插入超链接”对话框**

②右击超链接对象，在弹出的快捷菜单中选择“编辑超链接”命令，打开“编辑超链接”对话框，可在其中重新设置超链接的目标对象。

③右击超链接对象，在弹出的快捷菜单中选择“取消超链接”命令，可删除超链接。

需要注意的是，在幻灯片中为文本对象插入超链接后，文本格式会自动发生改变。若要修改超链接文本的格式，可单击“设计”选项卡“变体”组中的“颜色”选项，在其下拉列表中选择“颜色”→“自定义颜色”命令，打开“新建主题颜色”对话框，如图 6-53 所示，在其中编辑“超链接”和“已访问的超链接”的颜色格式，单击“保存”按钮，更改链接前后文本的显示效果。

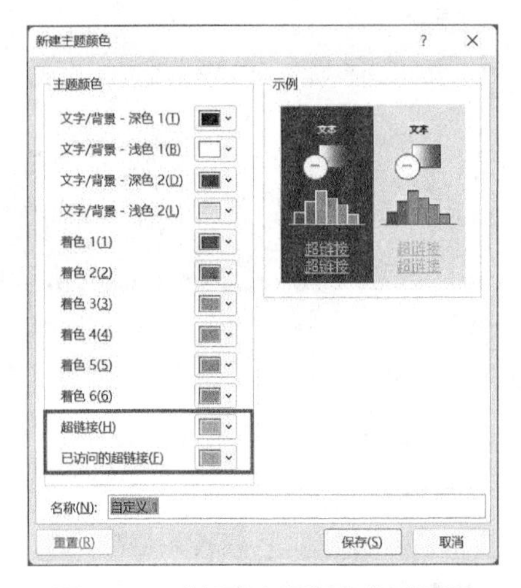


**图 6-53　“新建主题颜色”对话框**

例6.4　王昕同学为实现多媒体演示文稿的人机交互，其通过执行以下操作完成幻灯片的超链接设置。

**步骤一**：制作目录幻灯片

选择第一张幻灯片，按【Enter】键，插入新幻灯片，在幻灯片中输入标题与文本内容，效果如图6-54所示。

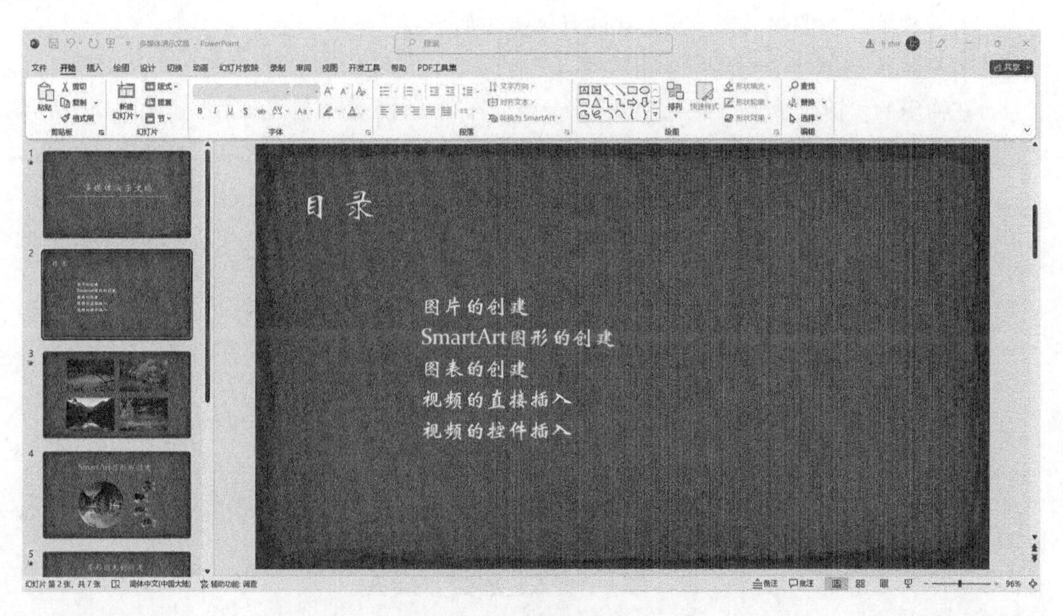


**图6-54　目录幻灯片**

**步骤二**：创建文字超链接

①选择目录幻灯片中“图片的创建”文字，右击文字对象，在弹出的快捷菜单中选择“超链接”命令，打开“插入超链接”对话框。

②在对话框左侧“链接到”区域中选择“本文档中的位置”，在“请选择文档中的位置”列表框中选择“3. 幻灯片3”，如图6-55所示，单击“确定”按钮，为文字插入超链接。

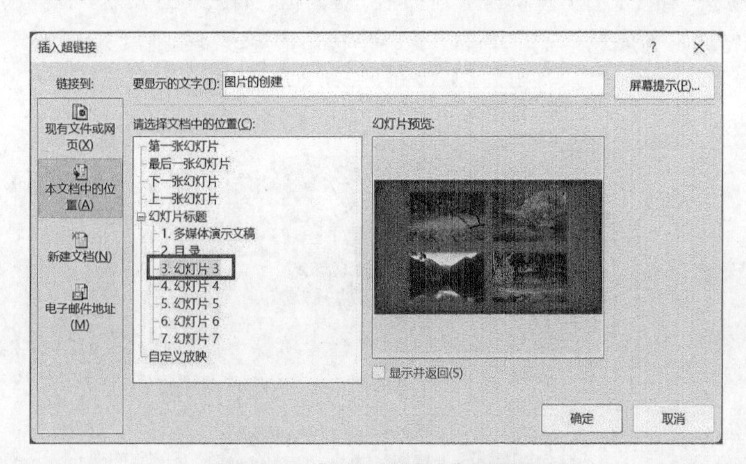


**图6-55　“插入超链接”对话框**

③使用相同操作方法，为该幻灯片其他文字插入超链接，实现单击相应文字即可跳转至对应的第四张、第五张、第六张以及第七张幻灯片。

**步骤三：**创建动作按钮超链接

①选择第三张幻灯片，单击“插入”选项卡“插图”组中的“形状”下拉按钮，在下拉列表中选择“动作按钮：后退或前一项”形状，将动作按钮绘制到幻灯片右下角，打开“操作设置 / 单击鼠标”对话框。

②选择“超链接到”选项，在其下拉列表中选择“幻灯片”选项，如图 6-56 所示，打开“超链接到幻灯片”对话框，在“幻灯片标题”列表框中选择“2. 目录”，如图 6-57 所示，单击“确定”按钮，为动作按钮插入超链接。

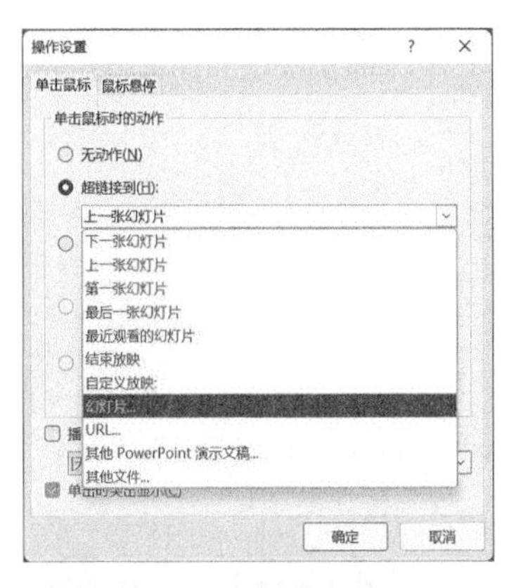


图 6-56　“操作设置”对话框

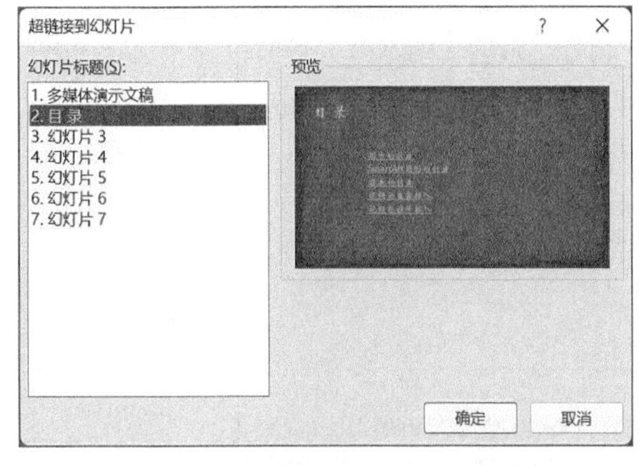


图 6-57　“超链接到幻灯片”对话框

③选择动作按钮，在“形状格式”选项卡“形状样式”下拉列表中选择一种样式，编辑动作按钮显示效果。

④复制动作按钮（按【Ctrl+C】快捷键），并依次粘贴（按【Ctrl+V】快捷键）至第三张、第四张、第五张、第六张以及第七张幻灯片中。

# 6.5　演示文稿放映设置

## 6.5.1　自定义幻灯片放映

PowerPoint 支持用户根据自身需求和面向不同受众而自定义幻灯片放映，用户只需在原有演示文稿中选择部分幻灯片即可进行组合放映，自定义幻灯片放映方式允许用户随时调整幻灯片的播放顺序而不用改动原有演示文稿，极大地方便了用户演示。设置自定义幻灯片放映的具体操作步骤如下：

①单击“幻灯片放映”选项卡“开始放映幻灯片”组中的“自定义幻灯片放映”下拉按钮，在其下拉列表中选择“自定义放映”命令，打开“自定义放映”对话框，如图 6-58 所示，单击“新建”按钮。

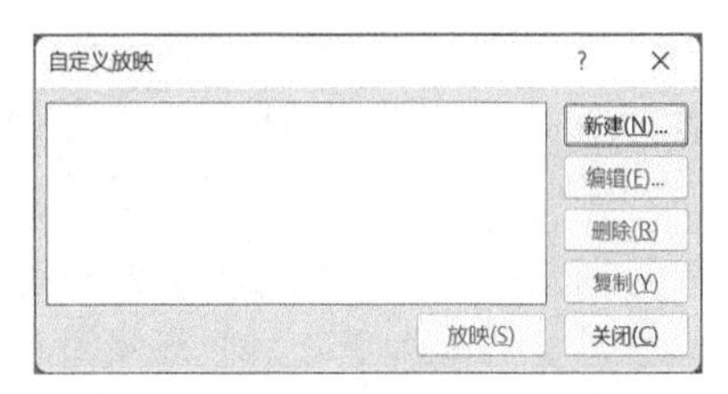


图 6-58　“自定义放映”对话框

②打开“定义自定义放映”对话框，如图 6-59 所示，在“幻灯片放映名称”文本框中输入放映名，在“在演示文稿中的幻灯片”列表框中选择幻灯片，单击“添加”按钮，添加要放映的幻灯片，如图 6-60 所示。

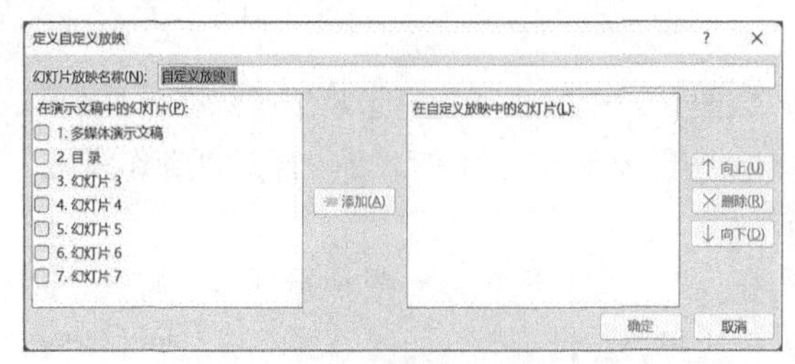


图 6-59 “定义自定义放映”对话框

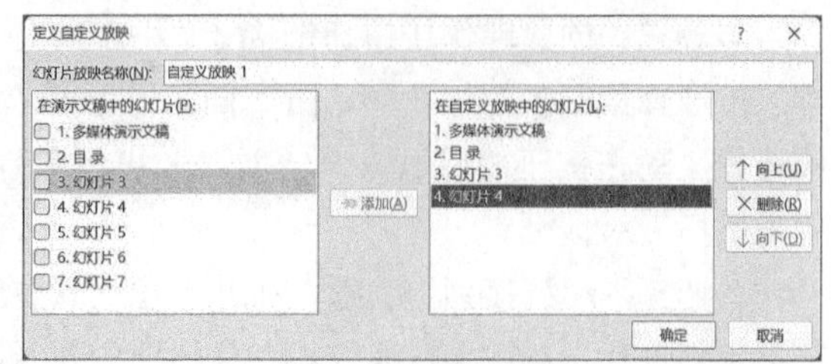


图 6-60 添加要放映的幻灯片

③选择幻灯片，单击“向上”或“向下”按钮，调整幻灯片的播放顺序，单击“确定”按钮，返回到“自定义放映”对话框，此时，在“自定义放映”列表框中显示新建的幻灯片放映名称，如图 6-61 所示，单击“关闭”按钮。

④单击“幻灯片放映”选项卡“开始放映幻灯片”组中的“自定义幻灯片放映”下拉按钮，在其下拉列表中单击新建的幻灯片放映名称，如图 6-62 所示，进入自定义幻灯片放映状态，同时看到幻灯片放映的效果。

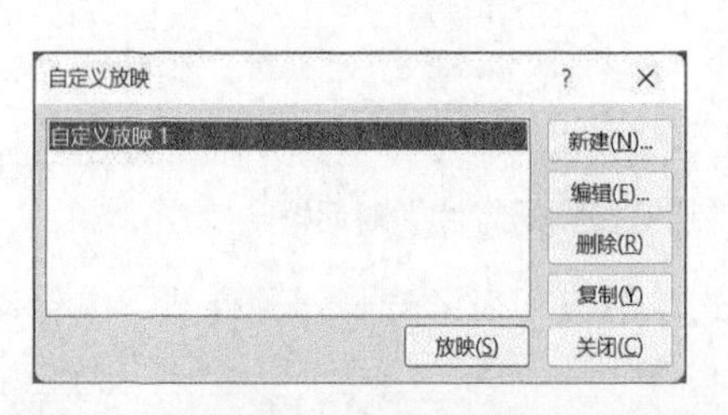


图 6-61 设置后的“自定义放映”对话框

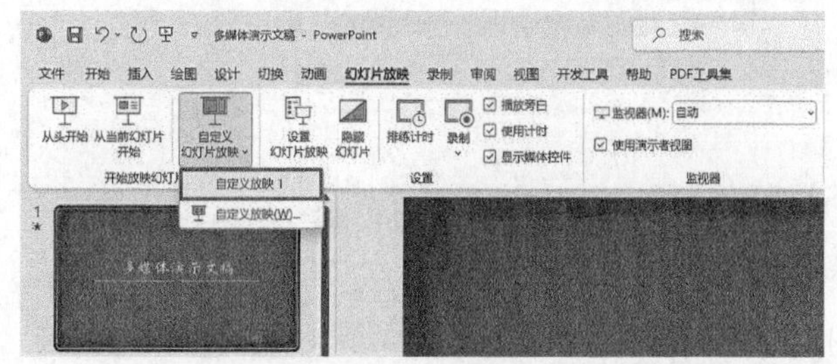


图 6-62 “自定义幻灯片放映”下拉列表

## 6.5.2 幻灯片放映设置

PowerPoint 支持用户根据实际应用需要设置幻灯片放映，并提供了三种不同类型的放映方式，分别是演讲者放映（全屏幕）、观众自行浏览（窗口）和在展台浏览（全屏幕）。

（1）演讲者放映（全屏幕）

以全屏幕方式显示所有幻灯片，演讲者具有完全的播放控制权，可自行选择手动方式或自动方式放映幻灯片，同时在放映过程中演讲者不仅可添加墨迹注释和录制旁白，还可中途暂停放映去补充幻灯片的细节内容和观察听众反应。该放映方式适用于较正式的场合，如公开演讲、教学培训、汇报总结、专题讲座以及学术报告等。

（2）观众自行浏览（窗口）

以小型窗口方式显示所有幻灯片，支持手动方式和自动方式放映幻灯片，并提供有相应操作命令用于幻灯片的移动、复制、编辑、打印和全屏显示，便于观众自己浏览演示文稿。

（3）在展台浏览（全屏幕）

以全屏幕演示台方式显示所有幻灯片，演讲者不具有播放控制权，只支持自动方式放映幻灯片，支持人机交互，在放映过程中观众可单击超链接对象和动作按钮，但不能编辑幻灯片，且幻灯片在每次放映完毕后将自动进入循环播放，直到按【Esc】键才能结束放映。该放映方式适用于幻灯片放映在自行运行无人管理的场合，如展览会、宣传广告和产品演示等。

设置幻灯片放映的具体操作步骤如下：

①单击“幻灯片放映”选项卡“设置”组中的“设置幻灯片放映”按钮，打开“设置放映方式”对话框，如图 6-63 所示，在其中可分别设置放映类型、放映选项、放映幻灯片数量、换片方式和多监视器等。

**图 6-63　“设置放映方式”对话框**

②单击“幻灯片放映”选项卡“开始放映幻灯片”组中的“从头开始”按钮（或按【F5】键）/“从当前幻灯片开始”按钮（或按【Shift+F5】快捷键），进入幻灯片放映状态。

需要注意的是，在“设置放映方式”对话框中，“放映选项”包括“循环放映，按 Esc 键终止”“放映时不加旁白”“放映时不加动画”“禁用硬件图形加速”四种选项。其中“循环放映，按 Esc 键终止”表示幻灯片在结束第一轮放映后会自动进入循环播放，直到按【Esc】键结束放映。“放映时不加旁白”表示放映时将不会播放幻灯片中添加的声音。“放映时不加动画”表示放映时不会播放幻灯片中添加的所有动画效果。“禁用硬件图形加速”则表示禁用 Office 软件的硬件图形加速功能。

此外，“设置放映方式”对话框中的“换片方式”包括“手动”和“如果存在排练时间，则使用它”两种选项。其中“手动”指的是演讲者自行控制幻灯片的播放，而“如果出现计时，则使用它”指的是系统按照演讲者设定的时间自动播放幻灯片，演讲者可通过设置“切换”选项卡“计时”组中的“设置自动换片时间”或排练计时来指定幻灯片的播放时间。

## 6.5.3　排练计时

PowerPoint 提供的排练计时功能实际是利用计时器进行排练演示，使演讲者能够准确掌握放映演示文稿需要的时间，从而在正式场合进行演示和播放幻灯片时，演讲者能很好地控制演示节奏和同步讲解演说。以多媒体演示文稿为例，设置排练计时的具体操作步骤如下：

①单击“幻灯片放映”选项卡“设置”组中的“排练计时”按钮，进入全屏幕幻灯片放映，此时界面左上角显示“计时”浮动窗口，如图 6-64 所示，单击浮动窗口中的“暂停”按钮，可暂停计时，继续单击该按钮，可继续计时，演讲者可随时控制和查看播放幻灯片的时间。

②按【Esc】键结束幻灯片放映后，打开相应对话框，提示演讲者是否保存幻灯片计时，单击“是”按钮，保存时间。

**图 6-64　“计时”浮动窗口**

③单击“幻灯片放映”选项卡“开始放映幻灯片”组中的“从头开始”按钮（或按【F5】键），系统将按照排练演示所记录的时间和速度自动播放每一张幻灯片，同时用户可在幻灯片浏览视图下，查看每一张幻灯片的播放时长。

### 6.5.4 录制幻灯片演示

PowerPoint提供的录制幻灯片演示功能与排练计时功能相似，不同之处在于前者可录制更多对象，包括旁白、墨迹、激光笔手势以及幻灯片和动画计时回放等，同时还可将录制好的演示效果以视频方式输出。以多媒体演示文稿为例，录制幻灯片演示的具体操作步骤如下：

①单击“幻灯片放映”选项卡“设置”组中的“录制”下拉按钮，在其下拉列表中选择“从头开始”命令，打开“录制幻灯片演示”窗口，如图6-65所示，单击“录制”按钮，开始录制，系统自动打开麦克风、照相机以及照相机预览。

图6-65 “录制幻灯片演示”窗口

②录制过程中，用户可使用激光笔、笔和荧光笔，在幻灯片中标注重点内容，录制完毕后单击“停止”按钮，返回PowerPoint普通视图窗口，此时每张幻灯片上都有录制痕迹。

③单击“幻灯片放映”选项卡“开始放映幻灯片”组中的“从头开始”按钮（或按【F5】键），系统将按照录制效果自动播放每一张幻灯片。

## 6.6 演示文稿打包与输出

演示文稿的打包与输出是演示文稿制作过程中的最后一个环节。打包演示文稿的目的是使演示文稿脱离PowerPoint软件环境，能独立于其他计算机上或网络上正常运行演示，而输出演示文稿的目的则是将演示文稿以某种指定格式进行永久保存，便于传播与共享。

**1. 打包演示文稿**

演讲者要让演示文稿在脱离软件制作环境的条件下，独立于其他计算机而正常运行演示，需将演示文稿进行打包，再将打包的文件夹放至目标计算机上，这样才能正常运行该演示文稿。打包演示文稿的具体操作步骤如下：

①打开演示文稿，单击“文件”选项卡，在其窗口左侧区域选择“导出”选项，在窗口右侧区域选择“将演示文稿打包成CD”选项，并单击“打包成CD”按钮，如图6-66所示，打开“打包成CD”对话框，如图6-67所示。

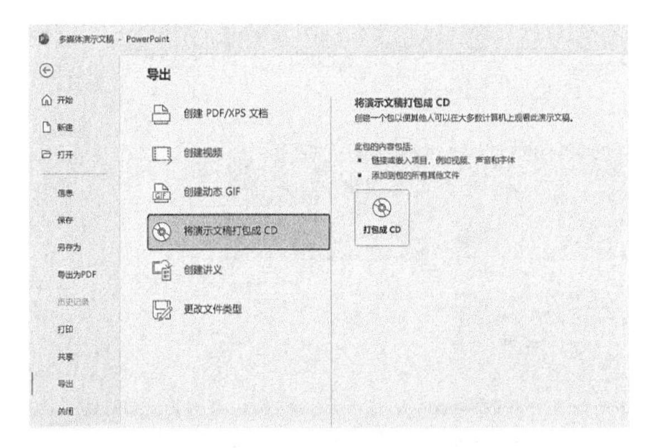


图 6-66　打包演示文稿操作示意图

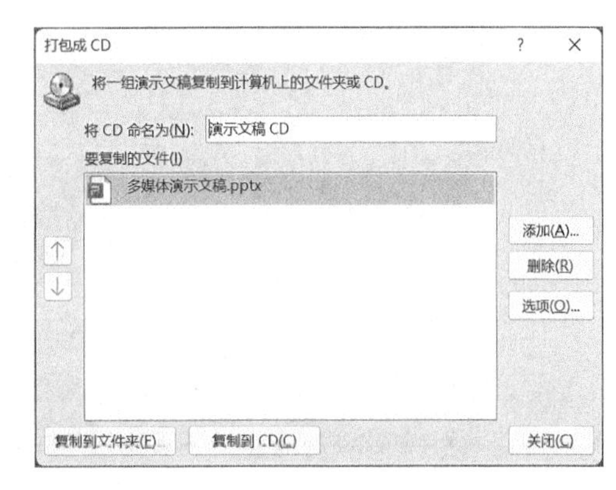


图 6-67　“打包成 CD”对话框

②单击对话框中“复制到文件夹”按钮，打开“复制到文件夹”对话框，指定文件夹名称和位置，如图 6-68 所示，单击“确定”按钮，系统自动进行演示文稿的打包，完成后打开文件夹窗口，用户可查看打包的文件对象。

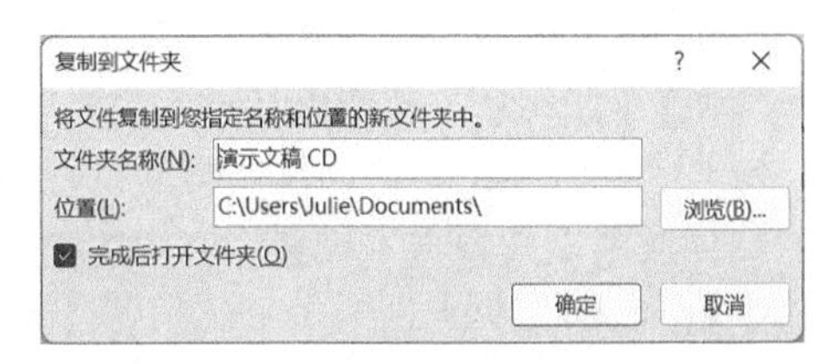


图 6-68　“复制到文件夹”对话框

**2. 输出演示文稿**

PowerPoint 支持演示文稿的多种输出类型，常见的文件格式有 PDF 文档、XPS 文档、MP4 视频、WMV 视频、GIF 图形、PNG 图形以及 JPRG 图片等。输出演示文稿的常用方法有以下两种。

**方法 1：**单击“文件”选项卡，在其窗口左侧区域选择“另存为”选项，在窗口右侧区域单击“浏览”按钮，打开“另存为”对话框，在“保存类型”列表框中选择一种保存类型，以指定格式保存演示文稿。

**方法 2：**单击“文件”选项卡，在其窗口左侧区域选择“导出”选项，在窗口右侧区域选择一种输出格式，以指定格式保存演示文稿。

**例 6.5**　王昕同学在制作完多媒体演示文稿后，通过演讲者放映方式设置幻灯片放映，并以视频格式输出演示文稿，其通过执行以下操作完成相应设置。

**步骤一：**设置幻灯片放映方式

①单击“幻灯片放映”选项卡“设置”组中的“设置幻灯片放映”按钮，打开“设置放映方式”对话框。

②在“放映类型”区域选择“演讲者放映（全屏幕）”选项，在“换片方式”区域选择“如果出现计时，则使用它”选项，单击“确定”按钮，设置幻灯片放映方式。

**步骤二：**查看、删除与编辑幻灯片播放时间

①单击状态栏右侧的视图切换与缩放控制区域中的“幻灯片浏览”按钮，将当前普通视图切换至幻灯片浏览视图，如图 6-69 所示，查看每张幻灯片的播放时间。

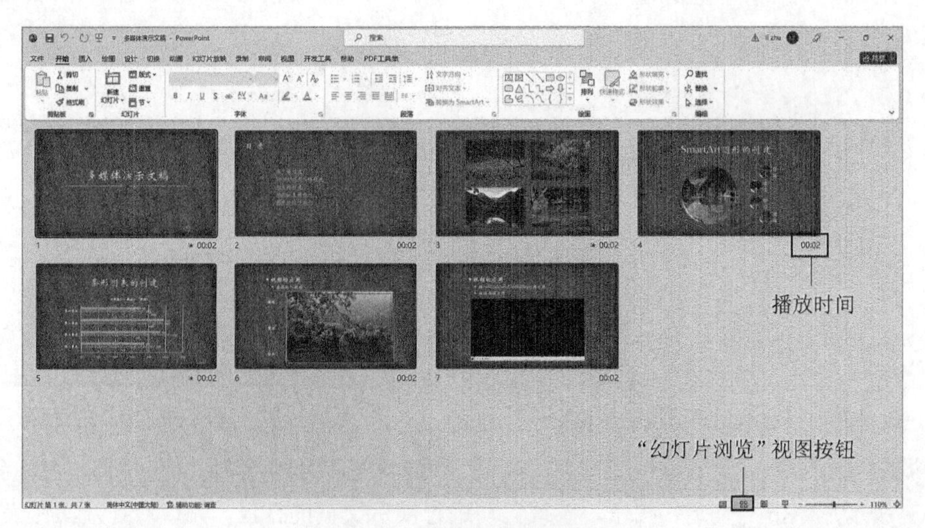


图 6-69　幻灯片浏览视图

②单击“幻灯片放映”选项卡“设置”组中的“录制”下拉按钮，在其下拉列表中选择“清除所有幻灯片中的计时”命令，删除每张幻灯片的播放时间。

③单击“切换”选项卡，勾选“计时”组中的“设置自动换片时间”复选框，重设每张幻灯片的播放时间，或单击“幻灯片放映”选项卡“设置”组中的“排练计时”按钮，通过重新录制排练时间重设每张幻灯片的播放时间。

**步骤三：**放映演示文稿

单击窗口右下角视图切换区域中的“幻灯片放映”按钮或按【F5】键，从第一张幻灯片开始播放演示文稿。

**步骤四：**输出演示文稿

单击“文件”选项卡，在其窗口左侧区域选择“另存为”选项，单击“浏览”按钮，打开“另存为”对话框，在“保存类型”列表框中选择“Windows Media 视频（*.wmv）”或“MPEG-4 视频（*.mp4）”，单击“确定”按钮，将演示文稿输出为视频文件。

## 6.7　案例分析

李老师准备给学生上一堂有关中国传统节日端午节的课，给学生讲述我国端午节的起源、典故、民俗以及诗词，借此向学生展示中华优秀传统文化，增强学生们的文化自信，树立正确价值观，他在 PowerPoint 中通过执行以下操作制作课件。

**步骤一：**创建演示文稿

启动PowerPoint软件，新建一个空白演示文稿，创建六张幻灯片，选择第一张幻灯片，单击“开始”选项卡“幻灯片”组中的“版式”下拉按钮，在其下拉列表中选择“仅标题”版式。

**步骤二：**编辑幻灯片母版

①单击“视图”选项卡“母版视图”组中的“幻灯片母版”按钮，进入幻灯片母版界面，为母版设置背景图片，编辑母版标题样式，格式设为隶书、60 号、深绿、加文字阴影，编辑母版文本样式，格式设为黑体、18 号、深绿、1.5 倍行距。

②在幻灯片母版的右下角添加端午节图片，如图 6-70 所示，关闭母版视图。

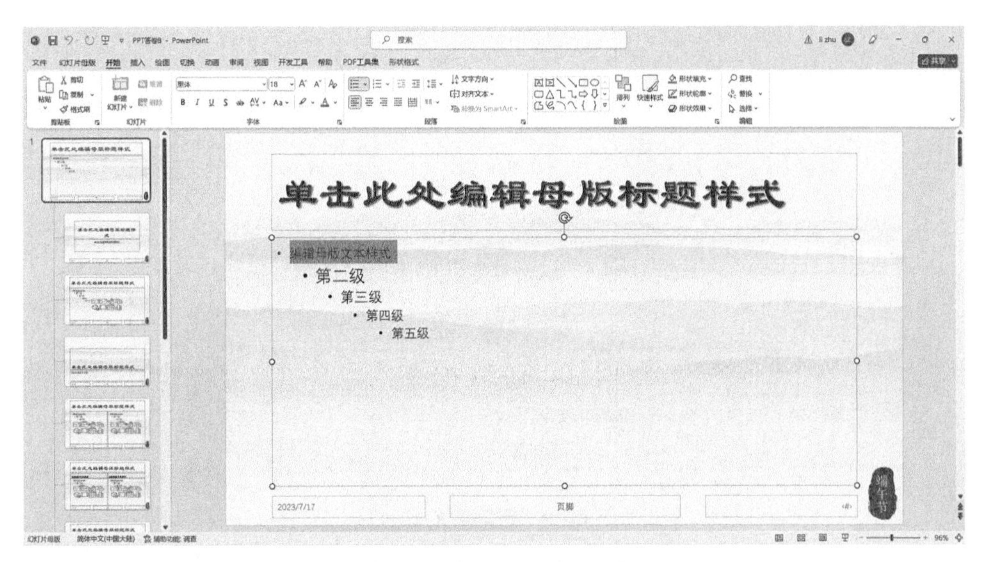


图 6-70　编辑幻灯片母版

**步骤三：**编辑幻灯片

①在第一张幻灯片中设置指定的背景图片，添加标题，编辑字体格式。

②在第二张幻灯片中添加标题，在标题左下方插入屈原图片，右下角插入群山图片，为图片添加合适的图片样式，适当调整图片大小和位置。

③单击“插入”选项卡“插图”组中的“SmartArt 图形”按钮，打开“选择 SmartArt 图形”对话框，选择“列表”类型中“垂直框列表”图形，如图 6-71 所示，在屈原图片右侧插入 SmartArt 图形，编辑图形文字与字体格式、图形颜色与样式，适当调整图形大小与位置。

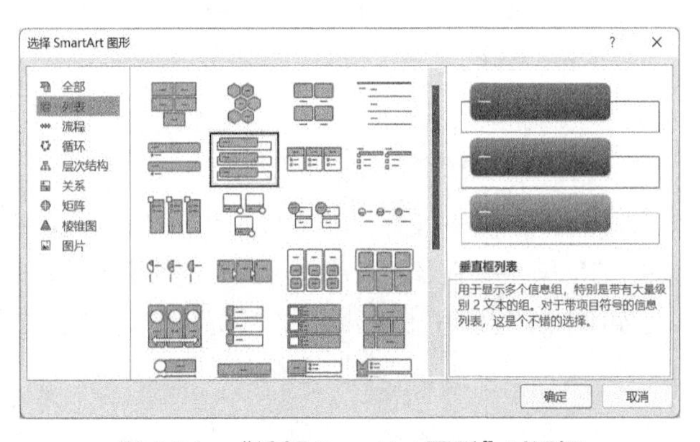


图 6-71　“选择 SmartArt 图形”对话框

④在第三张幻灯片中添加标题与段落文本，单击“插入”选项卡“插图”组中的“形状”下拉按钮，在其下拉列表中选择“矩形”形状，插入白色、无轮廓矩形，为矩形添加阴影效果，并将其置于段落文本下方，适当调整矩形大小与位置。

⑤在第三张幻灯片中插入粽子图片，为图片添加阴影效果，在幻灯片左侧插入竹叶图片，复制该图片对其进行垂直翻转和水平翻转后，将图片移至幻灯片右侧，适当调整图片大小和位置。

⑥在第四张幻灯片中添加标题和段落文本，使用上面相同操作方法，在段落文本下方插入白色、无轮廓以及阴影效果的矩形，将段落文本移至矩形左侧，在矩形右侧区域插入视频，为视频添加海报框架和视频样式，适当调整矩形和视频大小与位置，如图 6-72 所示。

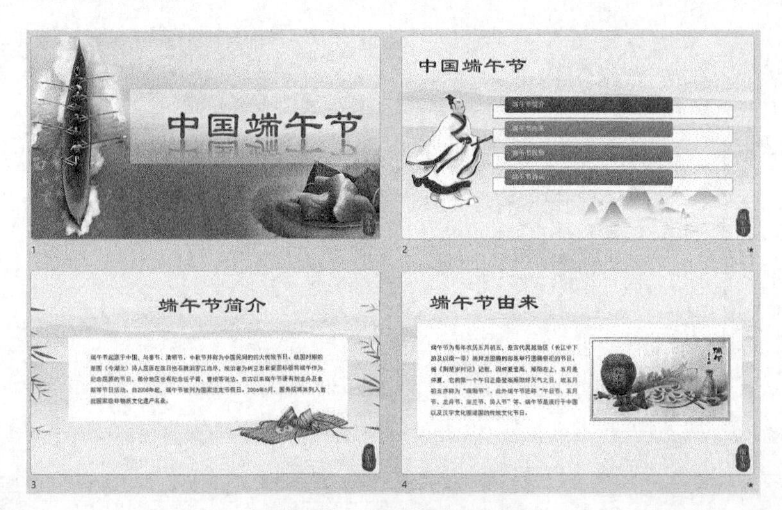


图 6-72　前四张幻灯片

⑦在第五张幻灯片中添加标题，插入 7 行 3 列表格，编辑表格样式、表格内容和表格对齐方式，如图 6-73 所示。

| 传统习俗 | 图片 | 解说 |
| --- | --- | --- |
| 端午食粽 | | 端午节吃粽子，是中国人民的又一传统习俗。粽子，又叫“角黍”、“粽粑”、“筒粽”，其由来已久，花样繁多。 |
| 挂艾草 | | 端午是入夏后第一个节日，气温上升，正是疾病多发的时期，所以在很多年前人们往往会在家门口挂几株艾草，其特殊的香味，可用来驱病、防蚊、辟邪。 |
| 沐兰汤 | | 兰不是兰花，而是菊科的佩兰或草药，有香气，可煎水沐浴。《荆楚岁时记》“五月五日，谓之浴兰节。” |
| 佩豆娘 | | 旧时端五节妇女的头饰。此物一说源于古代的步摇，一说即艾人的别样形式。凡以缯销翦制艾叶，或攒绣仙蝗蜘蝉蝎，又葫芦瓜果，色色逼真。 |
| 采茶、制凉茶 | | 北方一些地区，喜于端午采嫩树叶、野菜叶蒸晾，制成茶叶。广东潮州一带，人们去郊外山野采草药，熬凉茶喝。 |
| 画额 | | 端午节时以雄黄涂抹小儿额头的习俗，云可驱避毒虫。 |

图 6-73　第五张幻灯片

⑧在第六张幻灯片中添加标题和段落文本，设置段落的段前距为 10 磅，单击“开始”选项卡“幻灯片”组中的“版式”下拉按钮，在其下拉列表中选择“竖排标题与文本”，插入龙舟图片，为图片添加阴影效果，复制第三张幻灯片中的两张竹叶图片到第六张幻灯片中，适当调整图片大小与位置，如图 6-74 所示。

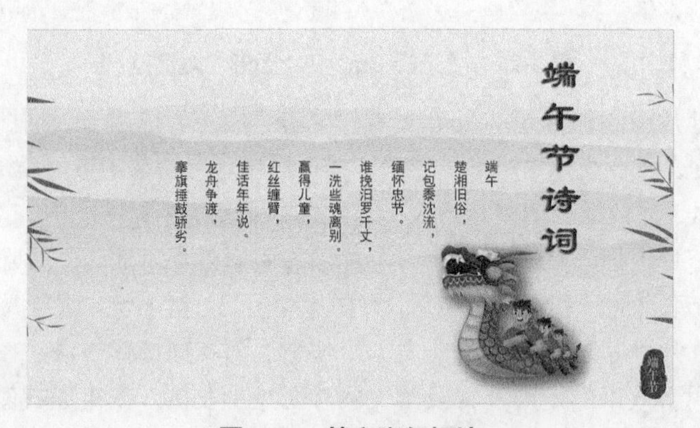


图 6-74　第六张幻灯片

**步骤四**：插入超链接

①选择第二张幻灯片 SmartArt 图形中的“端午节简介”文字，单击“插入”选项卡“链接”组中的“链接”按钮，打开“插入超链接”对话框，选择“本文档中的位置”选项，并链接到第三张幻灯片，如图 6-75 所示。

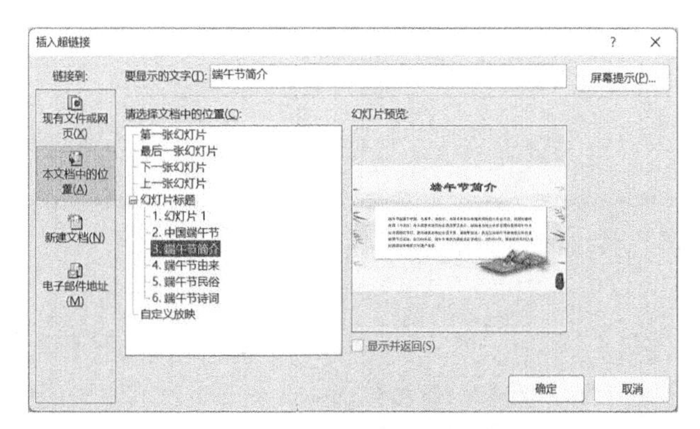


**图 6-75　“插入超链接”对话框**

②使用相同操作方法，为第二张幻灯片 SmartArt 图形中的其他文字添加超链接。

③单击“设计”选项卡“变体”组的下拉按钮，选择“颜色”→“自定义颜色”命令，在打开的“新建主题颜色”对话框中，调整超链接和已访问超链接的颜色。

**步骤五**：设置动作按钮

①选择第三张幻灯片，单击“插入”选项卡“插图”组中的“形状”下拉按钮，在其下拉列表中选择一种“动作按钮”，插入动作按钮，调整动作按钮大小、格式和位置，并将动作按钮超链接到第二张幻灯片。

②复制动作按钮至第三、四、五、六张幻灯片中，如图 6-76 所示。

**图 6-76　幻灯片效果**

**步骤六**：添加动画效果

①选择第二张幻灯片中的 SmartArt 图形，单击“动画”选项卡“动画”下拉按钮，选择“进入 - 飞入”动画效果，将“效果选项”下拉列表“序列”设为“逐个”，将“计时”组中“开始”设为“上一动画之后”。

②使用类似操作方法，为其他幻灯片添加不同的动画效果。

**步骤七**：设置切换效果

单击“切换”选项卡“切换到此幻灯片”下拉按钮，在其下拉列表中选择“随机”效果，单击“计时”组中的“全部应用”按钮，为所有幻灯片设置随机切换效果。

**步骤八**：演示文稿输出

单击“文件”选项卡“保存”命令，或按【Ctrl+S】快捷键，选择保存路径，保存演示文稿。

# 习　题

## 一、单选题

1. 要使 PowerPoint 中的每一张幻灯片与其母版不同，（　　）。

   A. 可以重新设置母版　　B. 可以直接修改幻灯片

   C. 无法做到　　D. 可以设置幻灯片不适用母版

2. PowerPoint 中不能控制幻灯片外观显示的是（　　）。

   A. 幻灯片版式　　B. 幻灯片母版　　C. 主题　　D. 大纲

3. 下列不属于主题颜色作用的是（　　）。

   A. 改变 PPT 外观颜色　　B. 统一排版格式

   C. 方便 PPT 移植和拼接　　D. 提高幻灯片的编辑效率

4. 在 PowerPoint 中，下列有关表格的说法错误的是（　　）。

   A. 要在幻灯片中插入表格，需切换到普通视图

   B. 可以在表格中拆分图片

   C. 可以在表格中输入文本

   D. 只能插入规则表格，不能在单元格中插入斜线

5. 在 PowerPoint 中，下列有关修改图片的说法错误的是（　　）。

   A. 裁剪图片是指保存图片大小不变，而将不需要显示的部分隐藏起来

   B. 要重新显示图片中被隐藏的部分区域时，可以通过“裁剪”工具进行恢复

   C. 按住鼠标右键向图片内部拖动时，可以隐藏图片的部分区域

   D. 要裁剪图片，可选择图片后单击“图片格式”选项卡“大小”组中的“裁剪”按钮

6. 下列有关幻灯片中插入图片、图形等对象的说法正确的是（　　）。

   A. 这些对象放置的位置不能重叠

   B. 这些对象无法一起复制或移动

   C. 这些对象放置的位置可以重叠，叠放的次序可以改变

   D. 这些对象各自独立，不能组合为一个对象

7. 在 PowerPoint 中，使用拖动鼠标方式快速复制图片，要先按住（　　）键。

   A.【Shift】　　B.【Alt】　　C.【Ctrl】　　D.【Tab】

8. 在幻灯片中使用 SmartArt 图形的主要目的是（　　）。

   A. 直观显示数据内部逻辑与变化趋势

   B. 可视化地显示文字

   C. 清晰明了地显示组织结构与层次关系

   D. 突显要传递的信息

9. 在 PowerPoint 中，设置幻灯片放映时的换页效果为“垂直百叶窗”，可通过（　　）实现。

A. 触发器　　B. 自定义动画

C. 幻灯片切换　　D. 动作按钮

10. 用户在放映幻灯片时，要对幻灯片的放映具有完整控制权，应使用（　　）。

A. 观众自行浏览　　B. 演讲者放映

C. 展台浏览　　D. 重置背景

**二、判断题**

1. 要给 Power Point 中的每张幻灯片快速添加相同文字，可在幻灯片母版中进行文字编辑。（　　）

2. PowerPoint 中可以替换文字和字体。（　　）

3. 单击动画刷可以连续刷多个对象。（　　）

4. Power Point 能很好地删除图片背景、调整图片颜色以及为图片添加艺术效果。（　　）

5. 在“动画”选项卡中，可以为对象添加进入、强调、切换、动作路径以及退出效果。（　　）

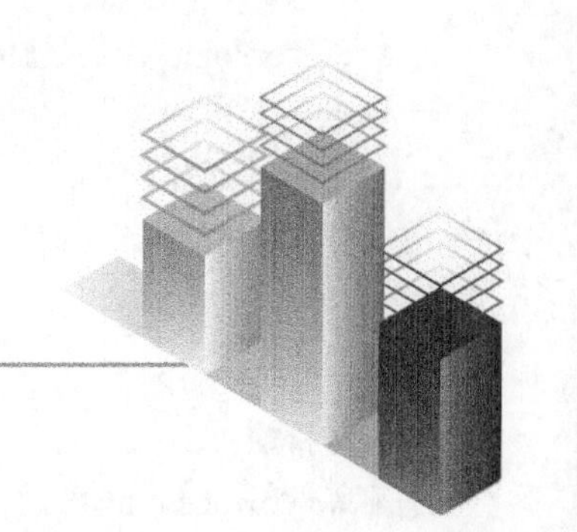

# 第 7 章 多媒体应用基础

多媒体技术使计算机具有处理图文声像信息的能力，改善了人机交互界面，改变了人们使用计算机的方式，其应用已经渗透人类社会生活的各个领域，并对人们的学习、工作和生活产生了深刻的变革。本章主要论述多媒体技术及其应用，包括多媒体技术的概念、特征、发展和应用，多媒体应用系统的构成，图像信息处理，音频信息处理，视频信息处理以及动画信息处理等内容，要求熟练掌握多媒体相关软件的操作，满足日常对图像、声音、视频以及动画处理的需求。

## 7.1 多媒体技术概述

### 7.1.1 多媒体与多媒体技术

自 20 世纪 80 年代以来，随着电子技术与大规模集成电路的迅猛发展，计算机技术、通信技术和广播电视技术相互渗透与融合，形成与发展了一门崭新的综合性电子信息技术，名为多媒体技术，并由此产生出大量人机交互式信息交流与传播的数字媒体，给大众传媒产生了深远影响。现今多媒体与多媒体技术有了更加丰富的含义，也得到了更加深远的发展。多媒体技术以其形象、丰富、友好的图文声像信息界面和方便的人机交互，极大地改变了人们生活与娱乐的方式，其应用也已渗透各个领域。当今日益普及的笔记本计算机、平板电脑、智能手机、丰富多彩的网络资源以及电子图书等都与多媒体和多媒体技术有着密切联系。

**1. 数字媒体**

数字媒体（digital media）是由数字技术支持，以二进制数的形式记录、处理、传播和获取的信息传输载体。它包括文字、图像、音频、动画和视频等各种存储形式以及传播形式和传播内容中的数字化过程，具有表现形式更复杂，视觉冲击力和互动性更强等特点。数字媒体按不同的分类方法可分成不同种类，常见的分类有以下三种。

①按时间属性，分成静止媒体（still media）和连续媒体（continues media）。静止媒体是指内容不会随时间而变化的数字媒体，如文本和图片。连续媒体是指内容随着时间而变化的数字媒体，如音频、动画和视频。

②按来源属性，分成自然媒体（natural media）和合成媒体（synthetic media）。自然媒体是指客观世界存在的景物和声音等，经过专门的设备进行数字化和编码处理后得到的数字媒体，如数码照片、数字音乐和影像等。合成媒体是指以计算机为工具，采用特定符号、语言或算法表示，并由计算机生成（合成）的文本、音乐、语言、图像和动画等，如 3D 软件制作的动画角色。

③按组成元素，分成单一媒体（single media）和多媒体（multimedia）。单一媒体是指单一

信息载体的表现形式，而多媒体是指多种信息载体的表现形式。

**2. 多媒体**

多媒体是多种媒体融合而成的信息综合表现形式，是能够同时获取、存储、编辑、处理和表示两种以上不同类型媒体的技术。这些媒体包括文字、声音、图形、图像、动画和视频等。多媒体通常包含两层含义，一是多种媒体本身，二是处理和应用它的一整套软硬件技术。多媒体实质是利用计算机对多种媒体进行数字化处理，并将其整合到交互式界面上，使计算机具有交互展示不同媒体形态的能力。

**3. 多媒体信息构成**

多媒体信息包括文本、图形、图像、声音、动画和视频等基本组成要素，这些多媒体信息通过计算机综合处理可生成不同类型、格式和特点的多媒体文件。

（1）文本

文本信息是最直观、最基本的人机沟通媒体，是对知识的描述性表示，可供人们反复阅读，不受时间和空间的限制。常见的文本信息载体分为以下三种类型。

①纯文本文件：只保存文本 ASCII 码信息，没有其他任何格式化编码信息，如 .txt 文档。

②格式化文本文件：包含文字和格式化编码信息，需专用的处理软件打开和编辑，如 .DOC、.DOCX、.WPS、.RTF、.PDF 文档。

③超文本文件：一种以超链接方式，将各种不同空间的文字信息组织在一起的非线性的网状文本，通常以电子文档方式存在，其包含的文字可以链接到其他位置或文档，允许从当前阅读位置直接切换到超文本链接指向的位置。

（2）图片

图片信息包括图形和图像两种，具有直观、抽象程度低以及易于阅读的特点。图形（又称矢量图）是指从点、线、面到三维空间的黑白或彩色几何图形。图像（一般指静态图像，又称位图）是由像素点阵组成的画面，并用数字描述每个像素点的颜色、深度和亮度信息，是决定一个多媒体作品视觉效果的关键因素。常见的图片信息载体格式分为以下几种类型。

① BMP 格式：一种与硬件设备无关的图像文件格式，采用位映射存储格式，不采用其他任何压缩，因而文件所占用的空间较大，只要在 Windows 环境中运行的图形图像软件都支持该格式。

② JPG/JPEG 格式：目前网络上最流行的图像格式，采用有损压缩方式去除冗余的图像数据，在获得较高压缩率的同时展现丰富生动的图像，其缺点是图像压缩使一部分数据丢失，造成图像数据的损失。

③ GIF 格式：分为静态和动画两种，是一种连续色调的无损压缩位图格式，几乎所有软件都支持，适用于多种操作系统，存储空间小。动画 GIF 格式的特点是一个文件中存有多幅彩色图像，如果把多幅图像数据逐帧显示到屏幕上，就构成最简单的动画。

④ PNG 格式：无损压缩图像文件格式，由于文件格式较新，不是所有程序都可以用它来存储图像文件（Photoshop 软件除外），支持透明背景图像并具有消除锯齿边缘的功能，文件相对较大。

⑤ TIFF/TIF 格式：一种较为通用却非常复杂的无损压缩标记图像文件格式，占用存储空间大，具有扩展性、方便性和可改性，且支持多种编码方法，包括 RGB 无损压缩、RLE 压缩和 JPEG 压缩，具有较好的扩展性、方便性和可改性。

⑥ PSD 格式：是 Photoshop 图像处理软件的专用文件格式，支持图层、通道、蒙板和不同色彩模式的各种图像特征，是一种非压缩的原始文件保存格式。该格式可以保留所有原始图像

编辑信息，因而文件一般较大，适用于尚未制作完成的图像保存。

（3）声音

声音是一种携带大量信息的媒体，随着计算机技术、多媒体技术和数字信号处理技术的发展，以音频为代表的全新的声音处理手段逐渐形成。音频文件作为一种存储和传输声音信息的方式，能将声音由模拟信号转变为数字信号，并以数字化手段对声音进行录制、存储、编辑、压缩和播放处理。常见的声音信息载体格式分为以下几种类型。

① CDA 格式：当今世界上音质最好的音频格式，其 CD 音轨近似无损，基本上忠于原声，通常以 CD 光盘方式保存。CDA 音频文件只是一个索引信息，并不真正包含声音信息。

② WAV 格式：由微软公司开发推广，音质与 CDA 相差无几，是目前广为流行的音频格式，几乎所有音频编辑软件都支持，文件存储空间大。

③ MP3 格式：最流行的音频格式，无版权保护，能够以高音质、低采样率对数字音频文件进行压缩，却是一种有损的音频文件，文件存储空间小，易于交流和传播。

④ MIDI 格式：又称乐器数字接口，是数字音乐和电子合成乐器的统一国际标准，MIDI 文件不是一段录制好的声音，而是记录声音信息并通过声卡再现音乐的一组指令。

⑤ WMA 格式：微软推出的最具实力的音频格式，高保真声音通频带宽，音质强于 MP3 格式，支持音频流技术，适合在网络上在线播放，内置的版权保护技术能限制播放时间和播放次数，甚至于播放的机器类型。

（4）动画

动画是利用人们视觉暂留特性，快速播放一系列连续变化的图形图像，给视觉造成一种流畅的视觉变化效果，可以将要表现的内容生动化，将抽象又难以理解的内容形象化。多媒体信息中的动画即计算机动画，采用图形与图像处理技术，借助于编程或动画制作软件生成一系列景物画面，其本质是通过连续播放静止图像的方法来产生物体运动的效果，有二维平面动画和三维立体动画之分。常见的动画信息载体分为以下几种类型。

① SWF 格式：Adobe 公司所开发的动画制作软件 Animate 专用格式，采用曲线方程描述动画内容，支持矢量和点阵图形，具有缩放不失真、文件体积小等特点，被广泛应用于教学演示、网页设计和动画制作等领域。

② GIF 动画格式：一种常见的二维平面动画格式，它将多幅静止图像保存为一个图像文件，进而形成连续的动画。

③ MAX 格式：3ds Max 的专用格式，而 3ds Max 软件是三维建模渲染和动画制作的专业工具，具有强大的角色动画制作和高弹性的建模能力，被广泛应用于建筑设计、工业设计、广告、影视、游戏以及辅助教学等领域。

（5）视频

与动画信息相比，视频信息也是利用人们视觉暂留特性，快速播放一系列连续变化的静态图形图像，产生活动影像的效果，具有极强的时序性和丰富的信息内涵，能很好地交代事物发展过程。但不同于动画，这些图形图像是通过对自然景象或活动对象实时摄取而来，并以每秒超过 24 帧画面的连续变化形成的平滑连续的视觉效果。常见的视频信息载体分为以下几种类型。

① AVI 格式：将视频和音频编码混合在一起存储，是一种低成本、低分辨率的视频格式，其性能依赖于硬件设备，画面质量高，能跨多个平台使用，但文件存储空间大。

② MPEG 格式：一种国际标准组织（ISO）认可的媒体封装形式，这类格式包括了 MPEG-1、

MPEG-2 和 MPEG-4 等，主要应用于 VCD、DVD、HDTY 和一些高要求的视频制作、剪辑和处理方面，受到大部分机器的支持，具有丰富的控制功能。

③ RM/RAM 格式：即 Real Media 或 Real Video，只能容纳 Real Video 和 Real Audio 编码的媒体，该视频格式的文件体积小，画面质量良好，比较适合在网络上进行传播和传输。

④ MKV 格式：一种新的多媒体封装格式，可以融合多种不同编码的视频、16 条以上不同格式的音频和不同语言的字幕流，具有非常好的交互功能。

⑤ WMV 格式：微软公司推出的一种流媒体格式，ASF（advanced systems format）是其封装格式，体积非常小，具有数位版权保护功能。

⑥ MOV 格式：Quick Time 影片格式，由苹果公司开发，基本上成为电影制作行业的通用格式，具有很高的压缩比率和较完美的视频清晰度，支持视频、音频、图片和文字（文本字幕）等数字媒体的存储。

⑦ FLV 格式：Flash Video 格式，由 Macromedia 公司开发的一种新兴的流媒体视频格式，具有文件极小、CPU 占有率低、加载速度极快以及视频质量良好等特点，被众多新一代视频分享网站所采用，是目前增长最快、使用最为广泛的视频传播格式。

**4. 多媒体技术**

多媒体技术（multimedia technique）是指利用计算机综合处理文字、声音、图形、图像、动画和视频等多种媒体信息，并为这些媒体信息建立逻辑关系和人机交互作用的综合技术。多媒体技术的发展极大地推动了计算机的普及度，使得计算机在现实生活中的应用变得更加广泛。

**5. 多媒体计算机**

多媒体计算机（multimedia personal computer, MPC）是指能够综合处理文字、声音、图形、图像、动画和视频等多媒体信息的计算机，其基本配置除主机外通常还包括光盘驱动器、音频卡、图形加速卡、视频卡、扫描卡、打印机接口、交互控制接口以及网络接口。多媒体计算机结合了各种高质量的视觉和听觉媒体，能够产生令人印象深刻的视听效果，这些媒体中应至少有一种是连续媒体。

### 7.1.2　多媒体技术的特征

多媒体技术是一门发展中的跨学科的综合性高新技术，包括了计算机硬件与软件技术、图像压缩技术、音频与视频处理技术、信号处理技术、通信技术、人工智能以及模式识别技术等。从研究和发展角度来看，多媒体技术主要具有五种特征，分别是多样性、集成性、交互性、实时性以及数字化。

（1）多样性

多样性是多媒体技术最基本的特征，指的是多媒体技术能综合处理文本、声音、图形、图像、动画和视频等多种媒体信息。人类在生活中获得信息的渠道是多元化、多样化的，而以计算机技术为核心的多媒体技术处理信息的方式也呈现出多元化和多样化，它使得信息的表现形式不再局限于人类通过视觉与听觉所感知的形态，而是采用文本、声音、图形、图像、动画和视频等更加多样的媒体形式表达丰富的信息，这更符合人类获得信息的自然特征。

（2）集成性

集成性一方面是指对文本、声音、图形、图像、动画和视频等多种媒体信息进行集成，通过多种途径获取、存储、组织和合成这些媒体信息，将其看成一个整体，进行集成化处理。另一方面是指对处理这些媒体的视听设备与计算机软硬件进行集成，将计算机、电视、音响、话筒、摄像机、刻录机和扫描仪等不同功能、不同种类的设备进行有机结合，使其协同完成媒体信息处理。

（3）交互性

交互就是通过各种媒体信息，使参与的各方都可以对媒体信息进行编辑、控制和传递。交互性是多媒体技术的主要特征，使用者可直接参与到不同媒体的加工处理过程中，从而更有效地控制和使用各种媒体信息。与单向、被动的传统信息交流媒体方式相比，多媒体技术在实现使用者对媒体信息的选择、控制和传递上更具有双向性和主动性，如传统电视系统与现今主流的交互电视系统，多媒体作品与一般影视作品等。

（4）实时性

实时即使用者在发出操作指令时，能够得到及时控制和反应。多媒体技术的实时性主要体现在接收到的各种媒体信息在时间上必须严格同步，如综合处理与时间密切关联的音频和视频信息时，需充分考虑音频和视频的时间特性，包括其存取数据速度、解压缩速度以及播放速度，进行实时处理的结果就像面对面传递媒体信息一样，声音和图像都是清晰和连续的。

（5）数字化

数字化即用数字信息表示各种媒体信息，信息在经过采样、编码，达到数字化后，计算机便能更好地对其进行存储、加工、控制、编辑、交换、查询和检索。数字化是多媒体技术的必然要求，多媒体信息以数字形式存在，解决了多媒体数据类型繁多、不同数据类型间差别大的问题，实现了高质量媒体信息的传播和交流。

### 7.1.3 多媒体技术的发展与应用

**1. 多媒体技术的发展历程**

随着计算机技术、网络技术、通信技术和大众传媒技术的不断进步和融合，多媒体技术的发展日新月异，其经历了最初的启蒙发展阶段、标准化阶段和蓬勃发展阶段，还将继续向前发展。

（1）启蒙发展阶段

最早源于20世纪60时代，多媒体技术的一些概念和方法被提出，直到20世纪80年代，以1984年美国Apple公司研制的Macintosh计算机为代表的多媒体技术被实现，该计算机首次创造性地引入位映射处理图形的概念，使用位图、窗口、图标等技术，改变了原有计算机单一的处理数值与符号的操作模式，取而代之的是图形化人机界面的操作模式，这种利用鼠标和图形界面的操作方式使人机交互变得更加简单、形象和直观，大大方便了用户操作。

1985年美国Commodore公司推出了世界上第一台多媒体计算机系统Amiga，其配置了公司自主研发的图形处理芯片、音频处理芯片和视频处理芯片三个专用芯片，具有专用的操作系统，支持多媒体图形、音频和视频的多处理技术，且在此后不断得到升级与完善，性能也显著增强，同时Amiga也成为高分辨率、实时响应兼游戏功能强大的计算机代名词。

1986年荷兰Philips公司和日本Sony公司联合推出了交互紧凑光盘系统CD-I，并公布了CD-ROM光盘数据格式，后经ISO认证成为国际标准，该技术将多媒体信息以数字化的形式存储在大容量光盘上，支持用户随时检索与读取光盘内容，为多媒体信息的存储和读取提供了有效的手段。

1987年美国Intel公司收购了本国无线电公司RCA研究中心推出的交互式数字视频系统

DVI，于 1989 年初联合 IBM 公司对 DVI 技术进行改进，推出了 Action Media 750 多媒体产品，后又在 1991 年推出了改进型的第二代 Action Media 750 II 多媒体产品，相较于第一代产品而言，其在扩展性、可移植性以及视频处理方面都得到了较大改善。

（2）标准化阶段

自 20 世纪 90 年代以来，多媒体技术愈加成熟，逐渐由研究开发走向产业化应用。随着多媒体技术应用领域的不断扩大，其涉及的学科和行业越来越多，由此产生的多媒体产品种类繁多，多媒体产品的技术标准和实用化被人们广泛关注。多媒体技术作为一种综合性技术，其实用化涉及计算机、电子、通信、影视等多个行业技术协作，多媒体产品的应用涉及各个用户层次，因此标准化是多媒体技术实用化的关键。在标准化阶段，研究部门和开发部门首先提出各自方案，然后经分析、测试、比较和综合，总结出最优、最便于应用推广的标准，指导多媒体产品的研制。

1990 年到 1996 年期间美国微软公司联合国际商用机器 IBM、新加坡创通、Intel、戴尔 DELL、日本电子企业 NEC 和荷兰 Philips 等大型计算机公司先后制定了多媒体个人计算机 MPC 标准，分别是 MPC 1.0 标准、MPC 2.0 标准、MPC 3.0 标准、MPC 4.0 标准和 MPC 5.0 标准。这些 MPC 系统标准只是多媒体计算机最低配置的参考标准，实际情况中的多媒体计算机配置是不尽相同的，不过已经足够满足当时多媒体播放的基本要求。

同一时期在图像处理应用领域，国际标准化组织 ISO 和国际电信联盟 ITU 联合陆续制定了数字化图像压缩国际标准，分别是静止图像压缩标准 JPG、运动图像压缩标准 MPEG（分为 MPEG-1、MPEG-2 和 MPEG-4）和运动图像压缩标准 H.26X。这些标准极大地推动了图像编码技术的发展与应用，并被多媒体计算机系统采用且延用至今。

在语音编码技术领域，国际电报电话咨询委员会 CCITT 和国际标准化组织 ISO 陆续制定了一系列全球统一的语音压缩编码标准，分别是电话语音压缩标准（G.72X 系列数字语音标准化方案）、调幅广播语音压缩标准（G.722 数字语音标准化方案）以及调频广播与 CD 音质的宽带音频压缩标准（MPEG-1、MPEG-2 数字语音标准）。这些标准有效解决了语音编码技术产品种类繁多和兼容性差的问题，使多媒体计算机系统能更好地处理数字化声音。

在光盘存储应用领域，国际标准化组织 ISO 对光盘存储系统的规格和数据格式发布了统一的标准，分别是红皮书、黄皮书、绿皮书、白皮书、蓝皮书以及橙皮书。这些标准对 CD-ROM、VCD、DVD 以及以它们为基础的各种音频视频光盘的尺寸、物理特性、编码标准、信息存储、错误校正等各种性能做了统一规定。

（3）蓬勃发展阶段

多媒体产品各种标准的制定和应用极大地推动了多媒体产业的迅猛发展，大量多媒体标准和实现方法（如 JPEG、MPEG 等）已经做到了芯片级，并以成熟商品的形式投放到市场，多媒体领域的各种软件系统及工具也层出不穷。这些既解决了多媒体发展过程必须解决的难题，又对多媒体的普及和应用提供了可靠的技术保障，并促使多媒体成为一个产业而迅猛发展。

1996 年 Chromatic Research 公司推出整合了 MPEG-1、MPEG-2、视频、音频、2D、3D 以及电视输出等七合一功能的 Mpact 处理器，引起市场高度重视，现已推出 Mpact2 第二代产品，应用于 DVD、计算机辅助制造、个人数字助手、蜂窝电话等新一代消费性电子产品市场。同时 MPEG 压缩标准得到推广应用，已开始把活动影视图像的 MPEG 压缩标准推广用于数字卫星广播、高清晰电视、数字录像机以及网络环境下的电视点播、DVD 等各方面。

1997 年美国 Intel 公司推出了具有 MMX 技术的奔腾处理器，并成为多媒体计算机的一个标准。奔腾处理器能更有效地处理视频、音频和图形数据，减少了视频、音频、图形和动画处理中常有的耗时的多循环，还使多媒体的运行速度成倍增加，并已开始取代一些普通的功能卡板。同一时期另一具有代表性的是AC97杜比数字环绕音响的推出，其满足了在视觉进入3D立体视觉空间境界后，人们对听觉提出的环绕及立体音效的要求，如电影制片商在讲究大场景下所需的更逼真和临场感十足的声音效果，个人计算机游戏所需的立体感和气氛感强的声音效果等。

随着网络及新一代消费性电子产品，如电视机顶盒、DVD、视频电话、视频会议等的崛起，强调应用于影像及通信处理上最佳的数字信号处理器（DSP），经过结构包装，可由软件驱动组态的方式进入咨询及消费性的多媒体处理器市场，而多媒体处理器结合了DSP在数字信号处理的优势，便可发挥其在通信方面的优点。

此外，20世纪90年代初开始备受人们关注的虚拟现实（virtual reality, VR）技术，经过不断地完善与创新现已取得了巨大进步，各行各业也对VR技术的需求日益旺盛。虚拟现实技术是一种利用计算机创建和体验虚拟世界的仿真综合体技术，包括模拟环境、感知、自然技能和传感设备等方面，其本质是人与计算机的通信技术，它几乎可以支持任何人类活动，适用于任何领域，利用该技术并推广应用到各个领域，能带动各领域实现可视仿真。目前，虚拟现实技术已被广泛应用于军事、科技、商业、医疗、娱乐和教育等领域，如利用虚拟的网络游戏进行军事训练、科技馆科学影像再现、建筑工程设计方案展示、旅游景点与商品的推销、城市规划设计、手术培训与临床诊断、虚拟场景与人物以及模拟教育场景等。

**2. 多媒体技术的发展趋势**

多媒体技术作为当今信息技术领域发展最快、最活跃的技术之一，对其研究一直备受专家学者的极大关注，相关研究也持续活跃，其在经历了以上三个发展阶段后正日益走向成熟和完善。近年来，多媒体技术的研究已经从以展现为重点向以展现、传输和理解并重转变，其发展趋势主要体现在网络化、部件化、嵌入化和智能化四个方面。

（1）网络化

随着计算机、网络通信、大众传媒等技术的发展和融合，人类已经迈进数字化、网络化、全球一体化的信息时代，信息技术渗透了人们生活的方方面面，其中网络技术和多媒体技术是促进信息全面实现的关键技术。蓝牙技术的开发应用，使多媒体网络技术无线电化，它将临近的数字终端组成一个小型网络，实现短距离的数据同步交换。数字信息家电、个人区域网络、无线宽带局域网、新一代无线、互联网通信协议与标准、新一代互联网络的多媒体软件开发以及综合原有的各种多媒体业务，将会使计算机无线网络异军突起，掀起网络时代的新浪潮，使得多媒体无所不在，各种信息随手可得。多媒体技术网络化可以作为一个决定性技术的集成，其可通过访问全球网络和互联终端设备实现对多媒体资源的使用，这将是未来发展的重点。

（2）部件化

目前多媒体计算机硬件体系结构、多媒体计算机的音视频接口软件不断改进，尤其是采用了硬件体系结构设计和软件、算法相结合的方案，使多媒体计算机的性能指标进一步提高，但要满足多媒体网络化环境的要求，还需对软件作进一步的开发和研究，使多媒体终端设备具有更高的部件化。

（3）嵌入化

从当前多媒体技术的发展前景可以将CPU芯片分成两类，一类是以多媒体和通信功能为主，融合CPU芯片的计算功能，其设计目标是用作多媒体专用设备、家电以及宽带通信设备，可以取代这些设备中的 CPU、大量 ASIC 以及其他芯片。另一类是以通用 CPU 计算功能为主，融合多媒体和通信功能，其设计目标是与现有计算机系列兼容，同时具有多媒体和通信功能，主要用于多媒体计算机。嵌入式多媒体系统可应用在人们生活和工作的各个方面，如在工业控制和商业管理领域，有智能工控设备、POS/ATM 机和 IC 卡等，而在家庭领域，有数字机顶盒、数字式电视、网络冰箱、网络空调以及住宅中央控制系统等。此外，嵌入式多媒体系统还在医疗类电子设备、智能手机、平板电脑、车载导航、娱乐以及军事等领域有着巨大的应用前景。近年来，随着多媒体技术的快速发展，由数字机顶盒技术延伸出的“信息家电平台”概念，使多媒体终端集家庭购物、家庭办公、家庭医疗、交互教学、交互游戏以及视频点播等全方位应用为一体，代表了当今嵌入化多媒体终端的发展方向。

（4）智能化

使多媒体终端设备具有更高的智能化，将人工智能领域的研究和多媒体计算机技术相结合，是多媒体技术长远发展的方向。将 CPU 芯片嵌入各种家用电器中，开发智能化家电，对多媒体终端增加文字识别和输入、语音识别和输入、自然语言理解和机器翻译、图形的识别和理解、机器人视觉和计算机视觉等智能，将音视频特征识别、语义字义理解技术、知识工程等人工智能成果应用到多媒体技术中，发展基于内容检索技术的智能多媒体数据库，在模式识别、全息图像、自然语言理解（语音识别与合成）以及新的传感技术（如手写输入、数据手套、电子气味合成器）等基础上，利用人的多种感觉通道和动作通道（如语音、书写、表情、姿势、视线、动作和嗅觉等），通过数据手套和跟踪手语信息，提取特定人的面部特征，合成面部动作和表情，以并行和非精确方式与计算机系统进行交互，提高人机交互的自然性和高效性，以实现三维逼真的虚拟现实等，是多媒体技术正在不断探索和发展的方向。

**3. 多媒体技术的实际应用**

当今是多媒体技术飞速发展的时代，同时也是多媒体技术不断开拓创新的时代。多媒体技术将进一步深入人类社会的各个领域，特别是以视频压缩传输、模式识别、人工智能、虚拟现实、蓝牙和多媒体通信等为代表的多媒体尖端技术正逐渐地改变着整个人类的生活方式。

（1）多媒体网络通信

20 世纪 90 年代，日益普及的网络与快速发展的通信技术为多媒体网络通信提供了足够的技术支持。多媒体技术使计算机能够处理更多样化的信息，包括图像、文本、声音和视频等，而网络通信技术则使用户不再受时间与空间的限制，提高了信息的瞬时性与通信的分布性。多媒体网络通信综合了多种媒体信息间的通信，通过现有的各种通信网络进行传输、存储和接收多媒体信息，其关键技术是多媒体信息的高效传输和交互处理，实现了计算机的全球联网和信息资源共享。多媒体技术在网络通信领域，较典型的应用包括预制内容或实时内容的网络广播（如 Windows Media Player、Quick Time 和 Broadcasters）、可视电话、IP 电话、声音与视频点播、分组实时视频会议以及远程教育等。

（2）多媒体网络演示

多媒体网络演示在教育教学方面被广泛使用，其突出特点是教学形式的多样化和教学资源的丰富化。多媒体网络演示的优势主要体现在以下几个方面：一是打破了传统课堂教学时间、空间和教学环境的限制，教学对象可随时通过网络在线登录学习或线上下载教学资源，线下自主学习，并借助网络途径与主讲教师进行互动交流；二是借助分布式交互电视系统，教学对象通过网络传输找到存储在视频服务器上的教学视频影像，随时点播需要的教学节目；三是通过多媒体技术从多角度、多侧面展示教学内容，刺激教学对象的视觉和听觉器官，激发学习兴趣，提高教学效率；四是无限制地实时共享教学资源，快速获取与处理教学信息，高效检索教学内容；五是支持个性化的自主学习，教学对象可根据自身实际情况，有针对地选择学习难度，调整学习进度，完成相应的学习任务。多媒体网络演示在教学管理、教育培训和远程教育等方面发挥着重要的作用。

（3）医学领域

现今多媒体技术在医学领域发挥着越来越重要的作用，多媒体数据库技术就因其存储容量大和检索方便，被用于医学信息数据资源的统一组织与管理，解决了海量医疗数据存储管理问题。与传统诊断技术相比，借助多媒体技术，现代先进的医疗诊断技术可进行实时动态视频扫描和声影捕获，对医疗影像进行数字化成像和重建处理，为医护人员提供更直观、实时的诊断信息。使用多媒体技术、网络通信技术、全息影像技术以及新电子技术发挥大型医学中心的医疗技术和医疗设备优势，为医疗条件较差的地区和特殊环境提供远距离的医学信息和服务，包括远程咨询、远程诊断、远程会诊、远程护理、远程医学教育以及建立多媒体医疗保健咨询系统等，让病人接受更好的医疗，这在我国最近几年被广泛重视和发展。

（4）办公自动化

办公自动化是多媒体技术发展的又一重要体现，与传统宣读纸质演讲稿的工作汇报方式相比，采用图文声像并茂的多媒体演示片并由投影演示的汇报方式，可解决信息传递的单一性和受限性，实现了多种媒体信息的多元化和一体化，并使汇报更加丰富生动，灵活多变。此外，先进的多媒体技术和数字影像技术，将计算机、扫描仪、传真机、资料微缩系统等现代化办公设备与通信网络综合管理起来，构成一个全新的办公自动化系统，为人们提供更加高效、便捷的协同工作环境，实现自动化的办公业务处理和信息资料的共享。

（5）多媒体编著系统

多媒体编著系统利用计算机处理文字、图形、图像、动画、视频和音频等媒体信息，使其在不同的界面上流通，具有传输、转换和同步化功能，并达成计算机与用户间的双向交互式。当前，市场上的多媒体编著系统主要应用于多媒体电子出版物和软件出版两个方面，其中多媒体电子出版物新兴于 20 世纪 80 年代，是一种提倡无纸顺应时代潮流的绿色出版物，以数字化方式对各种媒体信息进行编辑与加工后存储在固定物理形态的磁、光、电等介质上，包括只读光盘（CD-ROM、DVD-ROM）、一次写入光盘（CD-R、DVD-R）、可擦写光盘（CD-RW、DVD-RW）、软磁盘、硬磁盘、集成电路卡以及国家新闻出版署认定的其他媒体形态等，用户通过多媒体计算机、电子阅读器或其他播放设备进行阅读和使用。而软件出版是指采用 CD-ROM 装载软件，能显著降低成本，对大型软件和发行量大的软件效果尤为明显，现今很多软件都有 CD-ROM 的装载版本。

（6）信息展示查询

多媒体信息形象直观的表现形式，使其在商业服务、信息查询等方面发挥着重要作用，其应用涵盖商品广告、产品演示、查询服务以及商贸交易等。用户通过计算机或演示系统可轻松地查看与了解商品信息，通过各种基于多媒体技术和触摸屏技术的产品演示、信息查询与管理系统获取所需的多媒体信息。目前，多媒体信息展示与查询服务被广泛应用于交通、旅游、邮电、商业、气象等领域，且利用多媒体技术编辑的各种图文并茂的系统均支持各类信息查询服务。

（7）虚拟现实

虚拟现实（又称虚拟仿真、灵境技术）是 20 世纪 80 年代新兴的一种综合集成技术，涉及计算机图形学、多媒体技术、人机交互技术、立体显示技术、传感技术以及人工智能等多种高新技术。它以仿真的方式给用户创造一个实时反映实体对象变化与相互作用的三维虚拟世界，可逼真地模拟现实世界或不存在的事物和环境，其立体的视觉环境和声音特效以及和谐友好的人机交互界面，使用户参与其中有身临其境的沉浸感。目前，虚拟仿真的应用非常广泛，如虚拟现实技术战场环境，虚拟现实作战指挥模拟，虚拟现实驾驶训练（如飞机、船舶、车辆），对飞机、导弹、轮船与轿车的虚拟制造，虚拟现实建筑物的展示与参观，虚拟现实手术培训，虚拟现实游戏，虚拟现实影视艺术等。

（8）影视娱乐

多媒体技术作为关键手段，给影视娱乐领域带来了巨大的冲击，也将这方面的应用推向了新的高度。多媒体技术中的三维动画、音频特效和仿真模拟在影视作品的制作和处理以及游戏设计和开发中被发挥得淋漓尽致，大量的计算机特效让影视作品更具艺术感染力和商业价值，先进的计算机技术让游戏的表现内容更加丰富精彩、逼真刺激。在当今多元化、数字化时代，集高质量、高清晰度的视觉画面和更具震撼力的音响效果为一体的影视作品和游戏，给人们业余生活带来了全新的享受。

随着多媒体技术的不断发展与成熟，其应用范围势必会越来越广泛，并成为人们工作生活中不可或缺的重要组成部分。

### 7.1.4　多媒体应用系统的构成

多媒体系统是一种复杂的硬件和软件相结合的综合系统，它将多种媒体信息与计算机系统融合起来，并由计算机系统对各种媒体进行数字化处理。硬件系统主要由计算机主机和各种用于获取和播放多媒体信息的输入 / 输出设备组成，软件系统则由多媒体操作系统、多媒体处理系统工具以及多媒体应用软件组成。

**1. 多媒体硬件系统**

一个完整的多媒体硬件系统包括计算机主机、视频处理器、音频处理器、高级多媒体设备、多种媒体输入 / 输出设备、大容量存取设备以及通信传输设备等。

（1）计算机主机

主机是多媒体硬件系统的核心组成部分，一台性能较好的多媒体计算机需具备一个或多个处理速度较快的中央处理器（CPU），8 GB 以上的内存容量，512 GB 以上的硬盘容量，最低应支持 1 280×1 024 分辨率 24 位真彩色的显示系统以及完备的外围设备接口。

（2）视频处理器

视频处理器负责多媒体计算机图形、图像和视频信号的数字化捕获和回放，包括视频采集卡、视频压缩卡、电视卡以及加速显示卡等。视频采集卡主要完成动态视频信号的捕获和信号的 A/D 和 D/A 转换（A 代表模拟信号，D 代表数字信号），视频压缩卡完成对数字视频的压缩和解压缩，其信号源有摄像头、录像机、放映机和影碟机等。电视卡完成电视信号的接收、解调、A/D 转换以及与主机间的通信，使用户可在计算机上观看和录制电视节目。加速显示卡（即图形加速端口）主要完成视频的流畅输出，其信号源有显示器和触摸屏。

（3）音频处理器

音频处理器负责音频信号的 A/D 和 D/A 转换、数字音频的压缩和解压缩以及音频播放等，包括音频卡、音箱、麦克风、耳机以及 MIDI 设备。现在几乎所有计算机都配置有音频卡、内置扬声器和专用的声音处理芯片，无须其他外部硬件和软件就可输入和输出音频。

（4）高级多媒体设备

高级多媒体设备是高新技术发展的产物，包括用于传输手势信息的数据手套、数字头盔以及立体眼镜等。

（5）媒体输入 / 输出设备

媒体输入 / 输出设备负责文字、图形、图像、视频、音频和动画等媒体信息的输入 / 输出，其中常见的视频 / 音频输入设备包括摄像机、录像机、影碟机、扫描仪、麦克风、录音机、激光唱盘以及 MIDI 合成器等，视频 / 音频输出设备包括显示器、电视机、投影、扬声器以及耳机等，人机交互设备包括键盘、鼠标、触摸屏、光笔以及游戏操纵杆等。

（6）大容量存取设备

大容量存取设备负责为存储和处理数字化的媒体信息提供足够的空间容量支持，包括随机读写光盘（CD-RAM、DVD-RAM）、只读光盘（CD-ROM、DVD-ROM）以及可擦写光盘（CD-RW、DVD-RW）等。

（7）通信传输设备

通信传输设备负责媒体信号的传递、交换与控制，分为有线通信传输设备和无线通信传输设备，前者包括调制解调器、交换机、有线路由器和有线网卡等，后者包括无线路由器、无线网卡和移动基站等。

**2. 多媒体软件系统**

多媒体软件系统是基于多媒体硬件平台上的各种程序的总体，可细分为多媒体硬件驱动程序、多媒体核心部件、多媒体操作系统、多媒体处理工具以及多媒体应用软件。

（1）多媒体硬件驱动程序

多媒体硬件驱动程序位于多媒体软件系统的底层，负责计算机与多媒体硬件间的通信，通常是硬件厂商根据操作系统编写的有关硬件设备信息的配置文件，在系统初始化引导下完成硬件设备的初始化、正常运行以及性能增强。

（2）多媒体核心部件

多媒体核心部件即视频、音频信息处理部件，主要负责图像、视频和音频媒体信息的处理和显示，并为视频和音频数据流的同步传输提供所需的实时任务调度等。

（3）多媒体操作系统

多媒体操作系统又称多媒体核心系统，主要为媒体信息处理提供相关的媒体控制接口，包括 Microsoft Windows、Mac OS 等媒体操作系统，具有实时任务调度、多媒体数据转换、同步控制以及图形用户界面管理等功能。

（4）多媒体处理工具

多媒体处理工具即多媒体制作软件，包括图形图像处理、图形扫描、视频编辑与制作、音频编辑、动画制作以及多媒体项目制作专用软件等。

（5）多媒体应用软件

多媒体应用软件又称多媒体应用系统或多媒体产品，是多媒体项目与用户连接的纽带，包括依据多媒体系统终端用户要求而定制的应用软件、面向某一领域大规模用户的应用软件系统，如媒体播放器、多媒体教学软件、培训软件和有声图书等。

# 7.2　图像信息处理

## 7.2.1　图形图像基础知识

图像是人类表达和传递信息的主要媒体之一，人们所感知的信息绝大多数是通过视觉通道传达的，与文字相比，图像具有直观、生动、信息量大等特点，并在人类生产生活的各个领域起着举足轻重的作用。

**1. 图形图像的概念**

图形与图像是一对既有联系又有区别的概念，虽然都是一幅图片，但是各自的产生、处理和存储方式均不同且各具特点。

图形由点、线、面等几何元素组成画面，以矢量图的形式存储文件。矢量图是以数学描述的方式记录画面中线条和节点的空间位置及颜色信息等内容，其基本组成单元是锚点和路径。由于不必记录图形中每一个点的信息，其文件通常相对较小。矢量图与分辨率无关，无论是放大或是缩小，都可以保持原有的清晰度，也不会出现锯齿状的边缘，矢量图原图和放大后的效果如图 7-1 所示。

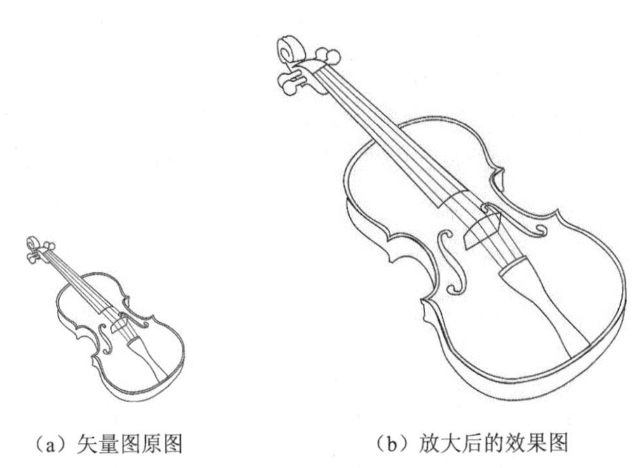

（a）矢量图原图　　（b）放大后的效果图

**图 7-1　矢量图原图和放大后的效果图**

矢量图形具有精度高、不失真、占用空间小、与分辨率无关等优点，但无法做出色调丰富和层次分明的图像，绘制的图像不逼真。矢量图适合编辑边缘轮廓清晰、色彩较为简单的画面。常见的矢量图绘图软件有 Illustrator、FreeHand、CorelDRAW、CAD 等。

图像本身是一种模拟信号，经过数字化转换后以位图的形式存储。位图又称点阵图，是由许多点组成的，其中每个点称为一个像素，像素是数字图像最基本的单元，每个像素点都有具体的位置和颜色信息。由于每个像素都有一个颜色，成千上万的像素点组合在一起便形成了一幅完整的图像，组成图像的像素点越多，图像就越清晰。通常位图的清晰度与图像中单位面积内包含的像素点数量相关，单位面积中包含的像素点数量越多则图像越清晰，而存储相同尺寸大小的图像所需的存储空间越大。位图放大后，图像会变得模糊失真，位图原图和放大后的效果如图 7-2 所示。

位图图像色彩过渡自然细腻，层次丰富，适合表现真实场景的画面，如自然界的风景、人物、建筑物等，其缺点在于文件相对较大，放大后图像会失真。常见的位图图像编辑软件有 Photoshop、ACDSee、画图程序等。

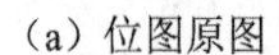

（a）位图原图　　　　（b）放大后的效果图

**图 7-2　位图原图和放大后的效果图**

### 2. 分辨率

分辨率分为图像分辨率和设备分辨率，其中图像分辨率是指单位英寸中所包含的像素点数，其单位为PPI，即“像素 / 英寸”。图像分辨率越高，说明每英寸所包含的像素点越多，细节越丰富，图像越清晰，而相应的图像文件占用的空间就越大。设备分辨率是指显示设备的分辨率。对于显示设备而言，显示器的屏幕是由许多发光的光点组成，其分辨率就是单位英寸中包含的光点数，其单位为 DPI，即“光点 / 英寸”。通常显示器一般不标出 DPI 值，只给出点距，但利用点距可以推算出显示器的 DPI 值，常见的显示器分辨率在 90DPI 左右。打印机的分辨率是指打印输出时横向和纵向两个方向上每英寸最多能够打印的墨点数，单位是 DPI，即“墨点 / 英寸”，常见的激光打印机的分辨率都在 600 DPI 以上。

图像编辑时采用多大的分辨率，要以输出媒介决定。一般图像在计算机或网络上使用，由于输出在显示器上，分辨率可设置为 72 PPI 或者 96 PPI。图像在打印印刷时，图像的分辨率应达到 300 PPI，否则会出现锯齿边缘现象。图像分辨率应选择恰当，如不考虑输出媒介，过高的分辨率不但不能增加品质，反而会增加文件大小，降低输出速度。另外，数码照相机和扫描仪的分辨率取决于其内部感光元器件（CCD 或者 CMOS）上像素的多少，像素越多，分辨率越高，获取的图像质量越高。

### 3. 色彩模式

色彩模式是将某种颜色表现为数字形式的模型，或者说是一种记录图像颜色的方式。由于成色原理不同，显示器、投影仪、扫描仪这类靠色光直接合成颜色的颜色设备和打印机、印刷机这类靠使用颜料的印刷设备在生成颜色方式上存在区别。每一种色彩模式都有其自身的特点，都有一个对应的媒介。常见的色彩模式包括 RGB 模式、CMYK 模式、HSB 模式、Lab 颜色模式、位图模式、灰度模式、索引颜色模式、双色调模式和多通道模式。这里主要介绍常用的 HSB、RGB 和 CMYK 模式。

（1）HSB 模式

HSB 模式对应的媒介是人眼的感受细胞，是基于人眼视觉接受体系的一个色彩空间描述。在这种色彩模式中，颜色有三个要素，分别是色相、饱和度和亮度，其中 H 表示色相，即色彩的相貌，在 0°~360° 的标准色轮上，色相由颜色名称标识，黑色和白色无色相。S 表示饱和度，即色彩的纯度，取值范围 0% ～ 100%，在标准色轮上随中心位置到边缘区域递增。B 表示亮度，是色彩的明亮程度，取值范围 0% ～ 100%，0% 时为黑色，100% 时为白色。

（2）RGB 模式

RGB 模式中 R（Red，红色）、G（Green，绿色）和 B（Blue，蓝色）是光的三原色，对应的媒介是光色，即发光物体，如显示器。在这种模式下通常使用 8 位记录一种光的强度值，所以每种光的强度取值为 0~255，即每种颜色有 256 种强度等级。通过 3 种颜色不同强度的混合就可以产生 16 777 216 种不同的颜色，可以表示自然界绝大多数的色彩，所以又称真彩色模式。当 R、G、B 三原色全部调至最亮等级时，就混合成白光。因此，RGB 彩色模式是一种色加模式。

（3）CMYK 模式

CMYK 模式针对的是印刷媒介，即基于油墨的光吸收和反射特性，对于自身不发光的物体，眼睛看到颜色实际上是物体吸收白光中特定频率的光而反射其余的光的颜色。该模式中的 C（cyan，青色）、M（magenta，品红色）、Y（yellow，黄色）是印刷的三原色，每种颜色的浓度范围为 0%~100%，通过三种颜色不同浓度的混合可以产生各种印刷颜色，当三种颜色都以 100% 的浓度混合就产生黑色，CMY 是一种色减模式。值得注意的是实际生产中颜料能达到的纯度有限，通过 C（cyan，青色）、M（magenta，品红色）、Y（yellow，黄色）无法合成纯正的黑色，因此单独生产一种纯黑色的油墨，而为了避免与 RGB 模式中的 B（blue，蓝色）混淆，用 K 来表示黑色。

### 7.2.2　Photoshop 2022 基本操作

Adobe Photoshop 2022 是 Adobe 公司开发的一个专业的图像处理软件，集图像扫描、编辑修改、广告创意、图像输入 / 输出等功能于一体，其界面友好、操作简便、功能强大、性能稳定，被广泛应用于平面设计、广告宣传、数码摄影、装潢以及出版印刷等领域。利用 Photoshop 软件可以对图像进行各种平面处理、绘制简单的几何图形、给黑白图像上色、进行图像格式、颜色模式的转换以及图像合成等。

#### 1.Photoshop 2022 工作界面

运行 Photoshop 2022 软件后，进入其工作界面，如图 7-3 所示，主要包括菜单栏、工具箱、工具属性栏、图像编辑区、面板区和状态栏等。

图 7-3　Photoshop 2022 工作界面

（1）菜单栏

菜单栏集合了整个软件的所有操作命令，通过单击菜单项，在弹出的菜单列表中选择具体命令即可实现对应功能。Photoshop 的菜单栏包括“文件”“编辑”“图像”“图层”“文字”“选择”“滤镜”“3D”“视图”“增效工具”“窗口”“帮助”菜单。在 Photoshop 中许多菜单命令后面都标注了该命令的快捷键，使用快捷键可以提高工作效率。

（2）工具箱

工具箱默认位于工作界面的左侧，包含许多工具可供用户选择，使用这些工具可完成绘制、编辑和观察等操作。工具箱中的每个图标代表一个工具，当工具图标背景色显示为黑色时表示该工具被选中，部分工具图标右下角有一个黑色小三角符号，表示该工具是一个工具组，右击工具图标或长按鼠标，便可调出该工具组的工具列表，工具箱中各工具的展开图如图 7-4 所示。

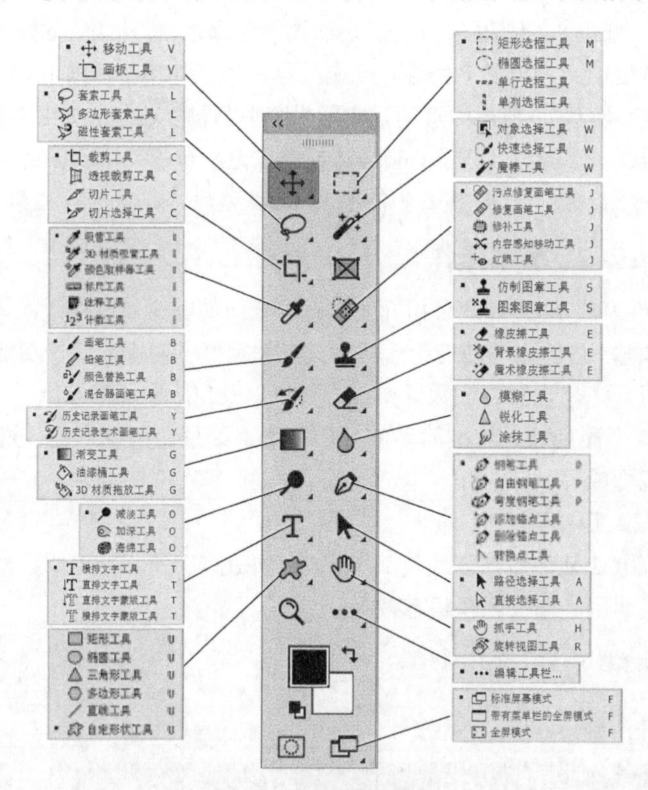


**图 7-4　工具箱展开图**

（3）工具属性栏

工具属性栏位于菜单栏下方，在工具箱中选择某个工具后，工具属性栏就会变为相应工具的属性设置选项，供用户调整该工具参数。

（4）图像编辑区

图像编辑区是 Photoshop 的主要工作区，用于显示打开的所有图像文件。图像编辑区顶部的选项卡提供了打开文件的基本信息，包括文件名和其文件格式、缩放比例、颜色模式等，单击选项卡上的文件名可快速切换图像文件。

（5）面板组

面板组位于工作界面的右侧，用于图像处理时的颜色选择、图层编辑、路径编辑、通道查看等操作。要隐藏工具箱和所有显示的面板，可按【Tab】键，再次按【Tab】键可恢复隐藏对象，而只隐藏所有显示面板，可按【Shift+Tab】快捷键。默认状态下，面板组包括“导航器”“信息”“颜色”“色板”“样式”“调整”“图层”“通道”“路径”等面板，所有面板都可在“窗口”菜单中打开或关闭。

（6）状态栏

状态栏位于工作界面的底部，用于显示当前图像的显示比例、文件大小以及当前操作的提示信息等。用户在显示比例文本框中输入数值后按【Enter】键，可改变图像的显示比例。

**2. 新建、打开与保存图像文件**

（1）新建图像文件

单击菜单栏“文件”→“新建”命令，或按【Ctrl+N】快捷键，打开“新建文档”对话框，在其中设置文件的名称、图像大小、方向、分辨率、颜色模式以及背景内容等信息。

（2）打开图像文件

单击菜单栏“文件”→“打开”命令，或按【Ctrl+O】快捷键，在“打开”对话框中双击图片，或选择图片后单击“打开”按钮，可在 Photoshop 中打开该图像，要在对话框中选择多张图片，可在软件中一次同时打开多个图像。

（3）保存图像文件

完成图像处理后，单击菜单栏“文件”→“存储为”命令，或按【Ctrl+S】快捷键，在打开的“存储为”对话框中，输入文件名和指定保存路径，并根据使用范围选择适当的文件类型，单击“保存”按钮，可保存图像文件。

### 7.2.3　Photoshop 2022 图像编辑

利用 Photoshop 对数码图像进行编辑和修饰，可让图像变得更加美观，通常涉及的编辑图像操作有抠图、移动、绘画、修饰图像、图层编辑、图像大小调整、自由变换、图像色彩与色调调整以及图像恢复。

**1. 选区建立**

选区是通过各种选择工具在图像中选取的部分或全部区域，以流动的蚂蚁线显示。在修饰图像时，要对图像进行局部编辑，就需要先建立选区。Photoshop 2022 提供了多种选择工具供用户在不同情况下使用，包括矩形选框、椭圆选框、多边形套索、磁性套索、对象选择、快速选择以及魔棒工具，选择合适的选择工具，可快速地建立所需选区。

利用矩形选框工具可绘制规则的矩形选区，如图 7-5 所示，利用椭圆选框工具可绘制椭圆选区，按住【Shift】键的同时使用矩形选框工具 / 椭圆选框工具，可绘制正方形选区 / 圆形选区。默认状态下，工具属性栏中【新选区】按钮处于激活状态，此时在图像中依次绘制选区，图像文件中将始终保留最后一次绘制的选区。通过单击【新选区】按钮、【添加到选区】按钮、【从选区减去】按钮、【与选区交叉】按钮可实现选区的多种组合效果。

利用套索工具可以得到任意不规则的选区，其中多边形套索工具适用于有一定规则的选区，如图 7-6 所示，而磁性套索工具则适用于边缘比较清晰，且与背景颜色相差比较大的图片选区。

图 7-5　矩形选区选择效果

图 7-6　多边形套索选区选择效果

利用对象选择工具可查找并自动选择图像对象，快速选择工具可灵活、快捷地选取图像中面积较大的单色颜色区域，用户可在需要添加选区的图像位置单击，然后移动鼠标至其他位置，这时鼠标光标所经过的区域及与其颜色相近的区域都被添加到选区。魔棒工具则可选择图像中大块的单色区域或相近颜色的区域，其操作方法非常简便，用户只需要在选择的颜色范围内单击，便可将图像中与鼠标落点相同或相近的颜色区域添加到选区。以图 7-7 中选择吉他区域为例，使用魔棒工具建立选区的操作步骤如下：

**图 7-7　魔棒工具选择效果**

①选择工具箱中的魔棒工具，在图像中的白色背景处单击，选取连续的白色区域。

②单击菜单栏“选择”→“反向”命令，或按【Shift+Ctrl+I】快捷键，反向选择选区，这时图像中的吉他部分进入选区。

魔棒工具可以通过调整容差值控制所选范围的大小，容差值越大，选取的范围越大。选区建立完成后，用户可使用菜单栏“选择”→“修改”菜单中的命令，如“边界”“平滑”“扩展”“收缩”“羽化”对选区进行适当调整，或使用菜单栏“选择”→“变化选区”命令，显示出选区控制点，通过调节控制点调整选区的大小和形状。选区使用完毕，用户可单击菜单栏“选择”→“取消选择”命令，或按【Ctrl+D】快捷键取消选区。

**2. 绘画与修饰图像**

绘画与修饰是编辑图像的常用操作，Photoshop 2022 中的绘画工具包括画笔工具组、历史记录画笔工具组、渐变工具组、图章工具组、橡皮擦工具组、修复画笔工具组以及修饰工具组。

（1）画笔工具组

画笔工具组包括画笔工具、铅笔工具、颜色替换工具和混合器画笔工具，其中画笔工具用于绘制具有画笔特性的线条，铅笔工具用于绘制具有铅笔特性的线条，颜色替换工具用于替换指定颜色，而混合器画笔工具则用于模拟真实绘画的触感效果，可以混合颜色和调节绘画湿度。以画笔工具操作为例，用户在工具箱中选择画笔工具后，可在画笔选择器中设置画笔笔尖大小和形状，如图 7-8 所示，在画笔面板中调整画笔笔尖的圆度、间距、散布、颜色动态等参数，如图 7-9 所示，得到所需的画笔效果，拖动鼠标便可绘制图像。Photoshop 2022 中许多工具的笔尖形态都由画笔笔尖决定，因而掌握画笔工具的设置十分重要。

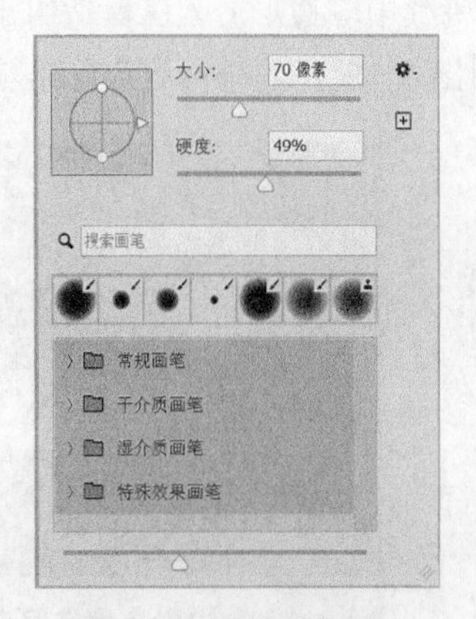


**图 7-8　画笔选择器**

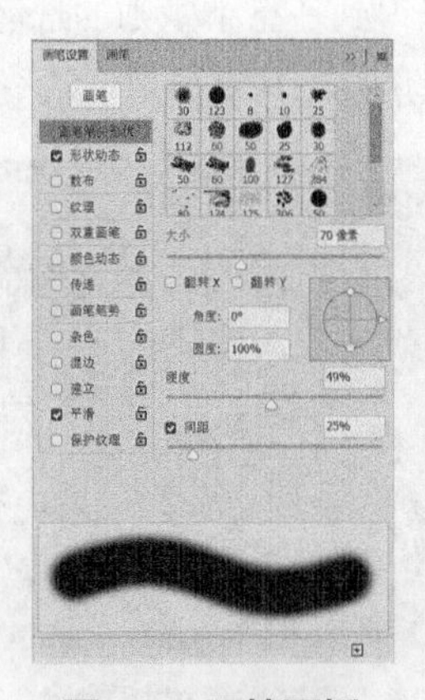

**图 7-9　画笔面板**

（2）图章工具组

图章工具组包括仿制图章工具和图案图章工具，其中仿制图章工具用于复制图像的样本，将图像中某处的像素复制到另一处，使两处的内容一致，而图案图章工具则用系统内置的图案或者用户创建的图像进行区域填充。以仿制图章工具操作为例，用户选择该工具后，在图像取样处，按【Alt】键的同时单击，随后释放【Alt】键，然后在目标处拖动鼠标进行图像的复制。

（3）橡皮擦工具组

橡皮擦工具组包括橡皮擦工具、背景橡皮擦工具和魔术橡皮擦工具，其中橡皮擦工具用于擦除图像中不需要的部分，并在擦除部分显示背景图层的内容，背景橡皮擦工具可使擦除部分变为透明，而魔术橡皮擦工具与魔棒工具类似，用于快速擦除图像中色彩相近的区域，并以透明色显示擦除区域。以橡皮擦工具操作为例，用户选择该工具后，在图像擦除区域拖动鼠标，在背景层上擦除图像，则擦除的区域被填充背景色，而在普通层上擦除图像，则擦除的区域变成透明。

（4）修复画笔工具组

修复画笔工具组包括污点修复工具、修复画笔工具、修补工具、内容感知移动工具和红眼工具，其中污点修复工具用于清除图像中的污点或瑕疵，修复画笔工具通过使用图像中另一部分的像素进行绘制来修复瑕疵，修补工具通过使用图像中另一部分的像素来替换选中的区域，内容感知移动工具通过选择和移动图像的一部分，并自动填充移走后留下的区域，而红眼工具则用于修复由相机闪光引起的人物眼睛区域红色反光效果。以污点修复工具操作为例，选择该工具后，调整画笔大小和源取样类型，将鼠标光标放置于图像的污点处，单击即可清除污点。

（5）修饰工具组

修饰工具组按其功能划分为模糊工具组和减淡工具组。模糊工具组包括模糊工具、锐化工具和涂抹工具，用户选择模糊（锐化）工具后，将鼠标移动到图像上，划动鼠标可使对应的图像区域变得越来越模糊（清晰），而用户选择涂抹工具后，使用鼠标在图像上划动，可模拟出犹如在一幅未干的油画上用手指搅拌颜色的效果。减淡工具组包括减淡工具、加深工具和海绵工具，用户选择减淡工具或加深工具后，在图像上连续单击或划动鼠标，可以调整图像局部区域的亮度，而选择海绵工具，则可以调整图像区域的色彩饱和度。

**3. 图层编辑**

在 Photoshop 中图层如同许多叠放在一起的透明玻璃纸，用户可以在这些透明的玻璃纸上作画，并可透过上方的玻璃纸看见下方纸上的内容，然而无论在哪一层上涂画都不会影响到其下层纸上的内容，上一层也不会遮挡住下一层的图像，而通过移动各层玻璃纸的相对位置或者添加更多的玻璃纸便可改变最后的合成效果。图层的类型众多，包括背景图层、文字图层、调整图层、形状图层以及蒙版图层。

①背景图层：默认情况下是被锁定的，通过单击背景层的锁图标便可将其转换为普通层。

②文字图层：用于编辑文本内容，文本以矢量方式存在，缩放不失真。

③调整图层：提供了大量图像调整功能，是一个虚拟的计算图层，位于活动图层的上方，可以改变图像的显示效果，但不对活动图层的像素做永久性修改或直接修改，删除或者隐藏调整图层，则恢复原图像效果。

值得注意的是调整图层的功能与菜单栏“图像”→“调整”级联菜单下的许多功能重合，但是使用“图像”→“调整”菜单命令的方法编辑图像，实际上是在对活动图层上的像素做永久性的修改，图像改变后不可恢复到原图像效果。

④形状图层：利用路径控制当前的图层显示范围，具有矢量特性，任意拉大或缩小都不影响清晰度。

⑤蒙版图层：即为图层添加遮盖，可对同图层的图片、文字、图形对象的某部分进行隐藏、呈现出半透明效果，但是图片本身不受任何损坏，删除或隐藏蒙版后图片恢复原状。

对于文字图层、形状图层和矢量蒙版之类与矢量相关的图层，不能在其上使用绘画工具或滤镜进行图像处理。用户在实际应用中，如果要在这类图层上进行相关操作，就必须先对这类图层进行栅格化处理，栅格化后图层会被自动转换为普通图层。

图层样式是 Photoshop 中制作图片特殊艺术效果的重要手段之一，可用于一幅图片中除背景层外的任意一个图层。在 Photoshop 2022 中提供有斜面与浮雕、描边、内阴影、内发光、光泽、颜色叠加、渐变叠加、图案叠加、外发光以及投影多种效果，用户只需简单调整各种样式中的参数即可实现不同的效果。

**4. 调整图像大小**

在 Photoshop 中用户可以非常轻松地对图像大小进行任意调整，单击菜单栏“图像”→“图像大小”命令，打开“图像大小”对话框，该对话框中列出了图像高度和宽度包含的像素点、图像实际打印的高度和宽度以及分辨率，其中“限制长宽比”按钮 8 表示调整图像时是否锁定宽高比，“重新采样”选项表示插入像素信息，其下拉列表中提供了多种拟合算法，选择不同选项，会对图像大小的改变产生不同影响。

**5. 自由变换**

自由变换功能可以对图像中所选像素或普通图层中的对象进行自由旋转、缩放、倾斜、扭曲、透视和变形等操作。合理利用自由变换可快速实现对选择对象与合成图像间的内容匹配，选择需要变化的对象，单击菜单栏“编辑”→“自由变换”命令，或按【Ctrl+T】快捷键，此时对象周围出现不同的控制点，通过鼠标调整控制点的方式即可调整对象的大小和角度。用户还可同时按住【Shift】、【Ctrl】或【Alt】键实现对象等比例缩放、以中心点缩放、扭曲、透视等效果。另外，菜单栏“编辑”→“变换”级联菜单中的命令还提供了对所选对象进行斜切、扭曲、透视、变形、翻转等更为丰富的图像变换操作。

**6. 图像调整**

图像调整主要包括图像色阶、曲线和色相饱和度的调整，其中色阶是表示图像亮度强弱的指数标准，曲线是常用的调整图像明暗、对比度和色彩的工具，色相饱和度特指色彩的纯度。

（1）色阶调整

利用色阶可调整图像的阴影、中间调和高光的强度级别，达到校正图像的色调范围和色彩平衡。单击菜单栏“图像”→“调整”→“色阶”命令，或按【Ctrl+L】快捷键，打开“色阶”对话框，其中直方图用于显示图像中各个亮度级别像素的数量，“输入色阶”表示图像修改前的数值，“输出色阶”表示修改后的数值，数值 0~255 分别对应于暗部区域、灰部区域和亮部区域，默认状态下，输入和输出的游标 0 对应于 0，255 对应于 255，即输入 = 输出。以使用色阶调整如图 7-10 所示的图片为例，打开“色阶”对话框，不难发现对话框内的直方图中缺少亮部信息，此时移动输入色阶右端的白色游标至有色彩信息的位置，可提亮整幅图像，如图 7-11 所示，该方法同样适用于调整画面偏亮或发灰的图像。

（a）修改前的图像

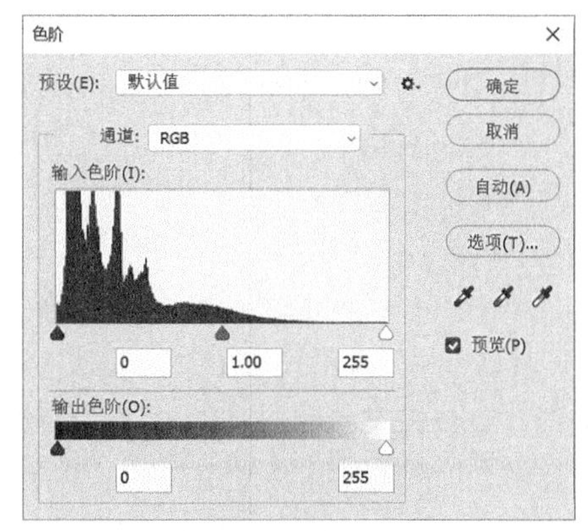


（b）调整前的色阶对话框

**图 7-10　调整前的图像及其色阶对话框**

（a）调整后的图像

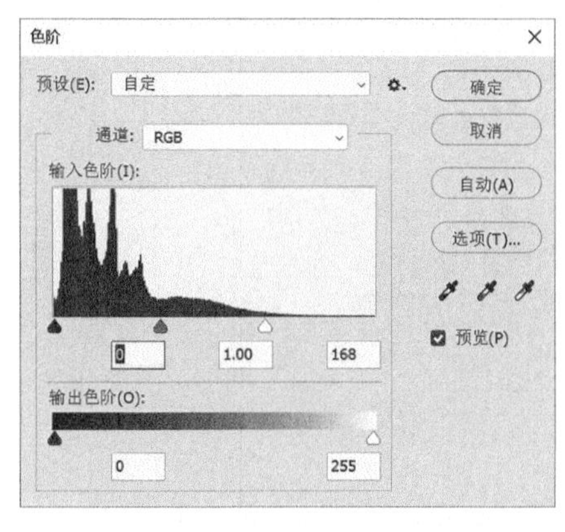


（b）调整后的色阶对话框

**图 7-11　调整后的图像及其色阶对话框**

（2）曲线调整

与色阶操作方法相似，单击菜单栏“图像”→“调整”→“曲线”命令，或按【Ctrl+M】快捷键，打开图 7-12 所示的“曲线”对话框，在其中也有“输入”和“输出”选项，曲线横纵轴表示亮度级别，其中横向坐标为输入，纵向坐标为输出。曲线默认为对角线，表示输入＝输出，上弦线（输入小于输出）是变亮，下弦线（输入大于输出）是变暗，S 形线可调对比度（也就是说暗部更暗，亮部更亮）。

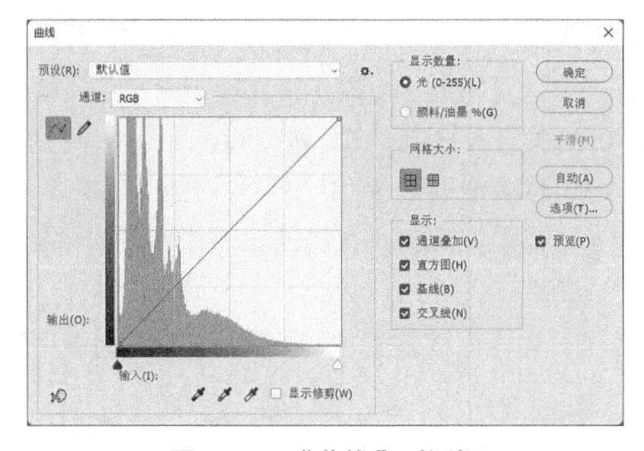


**图 7-12　“曲线”对话框**

通常使用曲线调整色彩能做得更细致，不仅可以对整体图像进行亮度和对比度的调整，还可通过打点的方式针对图像中的一部分特定亮度区域进行修改，比如，阴阳脸的照片，如果对整张照片调亮，那么原先的亮部区域就过度曝光了，在这种情况下，可在曲线中间打点，只调暗部，让暗部成上弦线，就能将暗部调亮。

（3）色相饱和度调整

利用色相饱和度可调整全部图像像素或者某段颜色范围像素的色相、饱和度和明度。单击菜单栏“图像”→“调整”→“色相 / 饱和度”命令，或按【Ctrl+U】快捷键，打开“色相 / 饱和度”对话框，在“全图”下拉列表中可选择需要调整像素的颜色，如图 7-13 所示，如果需要调整的像素颜色不在列表中，用户可使用吸管工具吸取需要调整的颜色。在“色相 / 饱和度”对话框的下方有两个色相条，上方是“输入”项，表示图像调整前的颜色，下方是“输出”项，表示图像调整后的颜色，而调整色相、饱和度和明度等参数可以改变指定色彩范围的颜色，选择“着色”复选框，灰度图像可被重新定义色相、饱和度和明度，使灰度图片变成彩色图片。以蓝色吉他为例，对其进行色相饱和度调整后，其前后对比效果如图 7-14 所示。

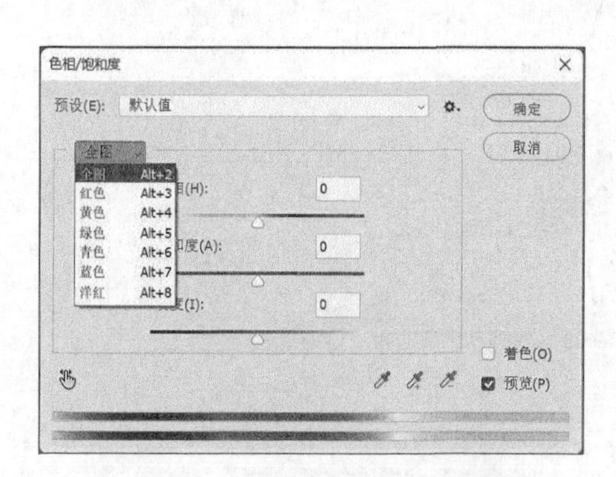


图 7-13　“色相 / 饱和度”对话框

图 7-14　吉他颜色调整前后对比效果图

**7. 图像恢复**

对图像处理效果不满意或者出现误操作后，可以使用退出操作或恢复功能处理这类问题。退出操作是指在完成某项操作之前中途退出该操作，从而取消该操作对图像的改变，需要用户在完成操作前，按【Esc】键实现退出操作。

恢复功能分为恢复到上一步操作和恢复到任意一步操作两种。通过单击菜单栏“编辑”→“还原”命令，或按【Ctrl+Z】快捷键，可恢复到上一步操作，而单击菜单栏“编辑”→“后退一步”命令，或按【Alt+Ctrl+Z】快捷键，则可恢复到任意步操作。此外，用户也可单击菜单栏“窗口”→“历史记录”命令，打开图 7-15 所示的“历史记录”面板，在历史记录操作列表中选择需要恢复到的任意一步操作。

图 7-15　“历史记录”面板

例 7.1　利用仿制图章工具和自由变换工具，仿制图像中的小蜜蜂。

**步骤一：**仿制图像

①打开“小蜜蜂 .jpg”文件，单击“图层”面板中的“创建新图层”按钮，在背景图层上方

创建透明图层“图层 1”，如图 7-16 所示。

图 7-16　创建新图层

②选择工具箱中的“仿制图章工具”，单击其属性栏中的“画笔预设”选取器按钮，打开“画笔预设”选取器，将画笔大小设为“105”，如图 7-17 所示，在“样本”下拉列表中选择“当前和下方图层”选项，如图 7-18 所示。

图 7-17　“画笔预设”选取器

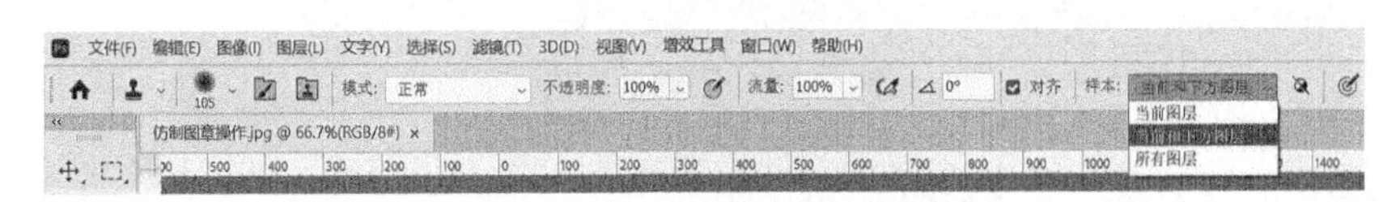


图 7-18　设置样本获取方式

③将鼠标移至图像中小蜜蜂的中心，按住【Alt】键的同时单击，此时编辑区出现“十字光标”和“圆形光标”，设置仿制样本的基准点。

④将鼠标移至图像中合适位置，当圆形光标内出现仿制样本图像时单击，仿制出一个完全相同的小蜜蜂，如图 7-19 所示。

图 7-19　仿制小蜜蜂

**步骤二：**自由变换图像

①单击菜单栏“编辑”→“变换”→“水平翻转”命令，对图层 1 中的小蜜蜂进行水平翻转。

②按【Ctrl+T】快捷键，调出“自由变换”功能，拖动或旋转小蜜蜂周围的控制点，适当调整图层 1 中小蜜蜂的大小和角度。

③单击菜单栏“编辑”→“变换”→“透视”和“变形”命令，进一步修改图层 1 中小蜜蜂的外形。

④将小蜜蜂拖动到图像的右上角区域，融入背景图层，如图 7-20 所示。

图 7-20　最终效果图

## 7.2.4　Photoshop 2022 文字编辑

利用 Photoshop 创作作品时，文字是重要的信息载体，它不仅可以辅助传递图像的相关信息，还可以让图像在字体效果的衬托下呈现出不同的意境。

### 1. 文字输入与调整

Photoshop 2022 中提供了丰富的文字工具组，包括横排文字工具、直排文字工具、横排文字蒙版工具和直排文字蒙版工具，用来创建不同的文字效果。当用户选择横排（竖排）文字工具，在图像适当位置单击，此时图像上出现横排（竖排）文字框，可在其中输入水平方向（垂直方向）的文字，且系统自动生成文字图层。当用户选择横排（直排）文字蒙版工具，则在图像中创建文字型的选区，且不生成新的图层。

文字输入过程中，用户可在文字工具的属性工具栏中进行文字格式的设置，包括字体、字号、颜色以及变形效果等。文字输入完毕，在工具箱中选择移动工具，将退出文字输入状态，并允许用户随意移动文字位置。如果要再次编辑文字，可先选择工具箱中的文字工具，然后选择文字对象，即可对文字进行再编辑。

**2. 文字图层栅格化**

由横排和直排文字工具生成的文字图层是一种特殊的图层，具有文字内容可编辑，文字字体、大小、颜色、间距等参数可调整的特点，但不支持应用图层样式功能。在实际应用中，如果用户要对文字应用图层样式效果，需先对其进行栅格化处理，将文字图层转变为普通图层后，方可进行相关操作，但转变后的文字将无法再进行文本编辑。栅格化文字图层的常用方法有以下两种。

**方法 1**：选择文字图层，单击菜单栏“图层”→“栅格化”→“文字”命令，将其转变为普通图层。

**方法 2**：选择文字图层，在图层名称处右击，在弹出的快捷菜单中选择“栅格化文字”命令，将其转变为普通图层。

**3. 路径文字编辑**

文字除了横排和直排输出效果外，还可以借助路径实现文字沿开放路径输出以及在闭合路径内显示的文字效果。路径是由锚点和连接锚点的曲线所构成的不可打印的矢量形状，分为开放路径和闭合路径两种类型。创建开放路径文字的操作步骤如下：

①在工具箱中选择钢笔工具，将鼠标移动到图像合适位置绘制开放路径，创建出矢量曲线。

②选择横排（直排）文字工具，将鼠标光标移动到曲线上，当光标下方显示一条曲线时单击，光标被吸附到路径上。

③将鼠标定位到文本插入点，输入文字，此时文字自动围绕曲线路径显示，如图 7-21 所示。

创建闭合路径的工具有很多，用户可通过“钢笔工具”“矩形工具”“椭圆工具”“多边形工具”“自定义形状工具”等矢量图形绘制工具进行绘制。与创建开放路径文字方法相似，选择文字工具后，将光标移动到闭合曲线内部，当光标周围出现一个封闭圆圈时单击，光标定位在闭合路径内部，输入文字，此时文字会在闭合路径轮廓形状内部显示，如图 7-22 所示。

**图 7-21 开放路径文字效果**

**图 7-22 闭合路径文字效果**

例7.2 利用文字工具和画笔工具，创建图 7-23 所示的图像效果。

图 7-23 效果图

**步骤一**：新建画布

单击菜单栏“文件”→“新建”命令，创建宽度为 900 像素、高度为 500 像素、72 像素/英寸的黑色画布。

**步骤二**：创建文字选区

①选择工具箱中的横排蒙版文字工具，输入文字“PHOTOSHOP”，在属性工具栏中将字体设为“Times New Roman”，字形设为“Bold”，字号设为“120 点”。

②选择矩形选框工具，退出文字输入状态，并将文字选区移动到合适位置，如图 7-24 所示。

图 7-24 文字选区

**步骤三**：创建工作路径

切换到“路径”面板，单击下方的“从选区生成工作路径”按钮，创建工作路径。

**步骤四**：路径描边

①切换到“图层”面板，新建图层，选择画笔工具，画笔笔尖设为“柔边圆”、大小为“10 像素”、硬度为“0%”。

②打开“画笔”面板，在“画笔笔尖形状”项中，将画笔间距设为“100%”，选择“形状动态”选项，并在其中将大小抖动设为“100%”、最小直径设为“0%”，选择“散布”选项，并在其中将散布设为“210%”、数量设为“1”、数量抖动设为“25%”。

③切换到“路径”面板，单击下方的“用画笔描边路径”按钮，完成路径描边，如图 7-25 所示，删除工作路径。

图 7-25 画笔描边路径效果图

### 7.2.5　Photoshop 2022 滤镜特效

滤镜起源于摄影领域中安装在照相机镜头前的一种特殊镜头，这类镜头可以滤掉一部分光线，明显改变照片外观。在 Photoshop 中，滤镜则是一组模块插件，能够改变图像中的像素，用户只需打开相应滤镜的对话框进行必要的参数设置，便可实现大量特定的视觉效果。

Photoshop 中滤镜分为两种，一种是内部滤镜，也就是安装 Photoshop 软件时自带的滤镜，另外一种是外挂滤镜，是由第三方厂商开发的滤镜。外挂滤镜种类众多、功能丰富、数量庞大，其版本和种类也在不断升级和更新。安装外挂滤镜的方法通常是直接将包含外挂滤镜的文件夹复制到 Photoshop 程序安装文件夹下的 Plug-ins 文件夹内，然后运行 Photoshop 软件便可在“滤镜”菜单中使用该外挂滤镜，需要注意的是，部分外挂滤镜需要单独注册激活才能正常使用。

滤镜的使用方法基本类似，用户在选择图像区域或全部图像后，执行“滤镜”菜单下的某种滤镜，在滤镜对话框中设置好选项，输入必要的参数（部分滤镜可以直接应用于图像，无须进行参数设置），单击“确定”按钮，即可应用该滤镜效果。修图中较常使用的滤镜有模糊滤镜、消失点滤镜和液化滤镜等。

**1. 模糊滤镜**

模糊滤镜是一种可以使图像中过于清晰或对比度过于强烈的区域产生模糊效果的滤镜，包括场景模糊、光圈模糊、倾斜偏移、表面模糊、动感模糊、方框模糊、高斯模糊、进一步模糊、径向模糊、镜头模糊、模糊、平均、特殊模糊、形状模糊等十多种模糊效果。常用的几种模糊滤镜如下：

①动感模糊：沿指定方向且以指定距离进行模糊，所产生的效果类似于在固定的曝光时间拍摄一个高速运动的对象。

②高斯模糊：添加低频细节，产生一种朦胧效果，适用于模拟光晕或投影的模糊效果。

③径向模糊：模拟缩放或者旋转相机时所产生的模糊，产生一种柔化的模糊效果。

④表面模糊：在保留边缘的同时模糊图像，适用于创建特殊效果并消除杂色或粒度。

⑤镜头模糊：模糊图像并产生更窄的景深效果，可以使图像中的一些对象在焦点内，而使另一些区域变得模糊，实现虚化背景效果，以突出前景，如图 7-26 所示。

（a）虚化背景前图像效果

（b）虚化背景后图像效果

**图 7-26　虚化背景前后对比效果**

**2. 消失点滤镜**

消失点滤镜是一种在包含透视平面（建筑物侧面或任何矩形对象）图像中进行透视校正编辑，实现图像各种特殊效果的滤镜。使用该滤镜，用户可在图像中通过拖动控制点创建透视平面，调整平面各边上的控制点可以缩放透视平面覆盖的范围，进而使用画笔工具和仿制图章工具进行复制、粘贴以及变换等编辑操作。由于可以确定图像正确的透视关系，使用消失点来修饰、添加或移去图像中的内容时，处理会自动按照透视的比例和角度计算，从而产生更加逼真的效果。

**3. 液化滤镜**

液化滤镜是一种用于推、拉、旋转、反射、折叠和膨胀图像中任意区域，从而产生推拉、扭曲、局部放大 / 缩小、局部旋转等特殊效果的滤镜，其内部包含向前变形、重建、顺时针旋转扭曲、褶皱、膨胀、左推、镜像、湍流等工具。

在 Photoshop 软件中打开需要进行液化处理的图片，单击菜单栏“滤镜”→“液化”命令，打开“液化”滤镜对话框，如图 7-27 所示，使用滤镜对话框中的调整工具可实现对图像局部位置的改变，处理后的效果如图 7-28 所示。

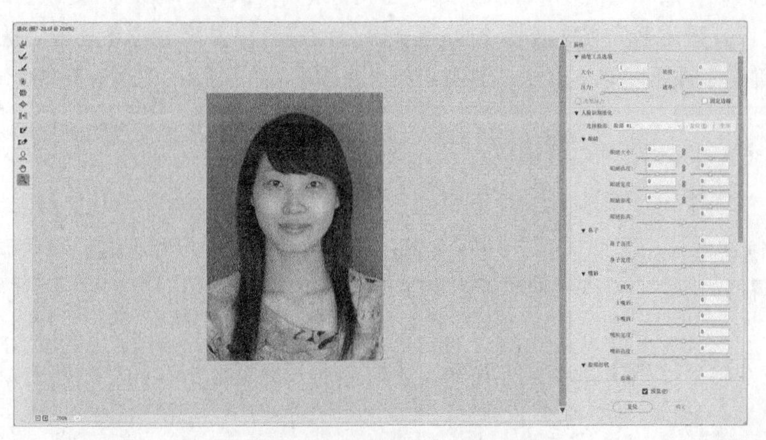

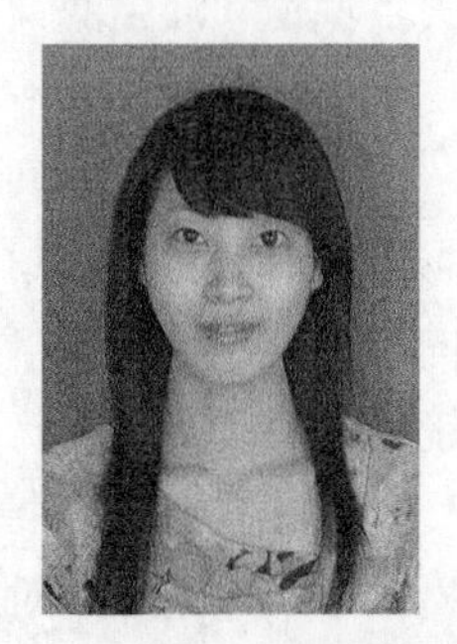

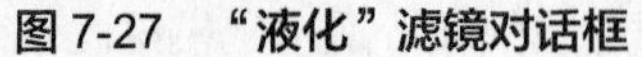

**图 7-27　“液化”滤镜对话框**

**图 7-28　液化处理后效果图**

## 7.2.6　Photoshop 2022 蒙版应用

蒙版在摄影中是一种用于控制照片不同区域曝光的传统暗房技术，而在 Photoshop 中则是用于合成图像的重要工具，可以遮盖住部分图像，使其避免受到操作的影响，让操作只影响非保护区域，从而控制图层的显示范围。蒙版使用黑、白、灰三种颜色表示图层的透明程度，其中白色区域代表完全透明，黑色区域代表完全不透明，而灰色区域则表示半透明。此外，利用蒙版还可创建图像的选区，对图像进行抠图。Photoshop 中的蒙版分为快速蒙版、图层蒙版、矢量蒙版和剪贴蒙版四种类型。

**1. 快速蒙版**

使用快速蒙版可以快速创建需要的选区。在快速蒙版中，默认设置下无色区域表示选区以内的区域，而红色半透明区域则表示选区以外的区域，而退出快速蒙版编辑模式后，图像中出现蚂蚁线，原先无色区域被选中。

**2. 图层蒙版**

图层蒙版实际上是利用黑、白、灰之间不同的色阶，来对创建图层蒙版的图层控制显示范围。如果把图层中每个像素理解成一个灯泡，那么图层蒙版中黑色表示灯泡关闭，即该像素不显示；白色表示灯泡最亮，即该像素完全显示；灰色表示灯泡处于中间亮度，即该像素半透明显示。因此，图层蒙版中的黑、白、灰仅代表对应图层中相应像素的显示程度。

图层蒙板常被用于图层混合，用来控制层与层之间的合成。利用渐变工具填充图层蒙版可以产生过渡十分平滑的图层混合效果，图 7-29 所示为 Photoshop 中乐谱图层和人物图层应用图层蒙版混合处理的效果图。

图 7-29　图层蒙版应用效果图

**3. 矢量蒙版**

矢量蒙版与图层蒙版类似，但是它与图像的分辨率无关，可通过钢笔工具、形状工具或文字工具进行创建，因而矢量蒙版可以创建具有锐利边缘的蒙版。矢量蒙版是利用矢量路径控制图层中图像的显示范围。

**4. 剪贴蒙版**

剪贴蒙版是通过使用处于下方图层的形状来限制上方图层的显示范围，以达到一种剪贴画的效果，即“下形状上显示”，通常上方图层称为剪贴图层，下方图层称为基底图层，而基底图层比剪贴图层小，图 7-30 所示为 Photoshop 中以人物剪影为基底图层，以乐符图像为剪贴图层，应用剪贴蒙版处理的效果图。

图 7-30　剪贴蒙版应用效果图

**例 7.3**　利用蒙版将钢琴图像素材和芭蕾舞者图像素材进行合成，制作出芭蕾舞者在钢琴琴键上跳舞的效果图。

**步骤一：**打开素材文件

①单击菜单栏“文件”→“打开”命令，在对话框中选择“钢琴 1”（没有手指的）图片。

②单击菜单栏“文件”→“置入嵌入对象”命令，在“置入嵌入的对象”对话框中选择“钢琴2”（有手指的）图片，按【Enter】键，此时“钢琴1”是背景图层，“钢琴2”在背景图层之上，如图7-31所示。

图7-31　打开素材图片

**步骤二：**去除图像多余部分

①选择“钢琴2”图层，在“图层”面板中单击“添加图层蒙版”按钮，为图层添加图层蒙版，并单击该图层中的“图层蒙版”缩略图，编辑图层蒙版。

②选择画笔工具，将画笔颜色设为“黑色”，笔尖设为“柔边圆”，大小设为“175像素”，使用画笔涂抹手指位置使手指不显示。

③选择移动工具，适当调整“钢琴2”图层的位置，使图层与背景图层的图像对齐，如图7-32所示。

图7-32　去除图像多余部分后的效果图

**步骤三：**创建人物选区

①打开“芭蕾”图片，单击工具箱中的“以快速蒙版编辑模式”按钮，进入快速蒙版编辑模式。

②与上述编辑图层蒙版的操作方法相同，使用画笔涂抹除了人物以外的背景区域，涂抹过

程中可适当调整画笔笔尖大小，使背景区域变成半透明的红色。

③单击工具箱中的“以标准编辑模式”按钮，退出快速蒙版，此时人物区域被选中，如图 7-33 所示。

图 7-33　创建人物选区

**步骤四：**图像移动与大小调整

①选择移动工具，将人物选区拖动到“钢琴 2”图像中按下的琴键上，此时人物被置于“钢琴 2”中。

②单击菜单栏“编辑”→“自由变换”命令，或按【Ctrl+T】快捷键，利用鼠标编辑控制点，适当调整人物的大小，双击“图层 1”名称，将其重命名为“人物”，如图 7-34 所示。

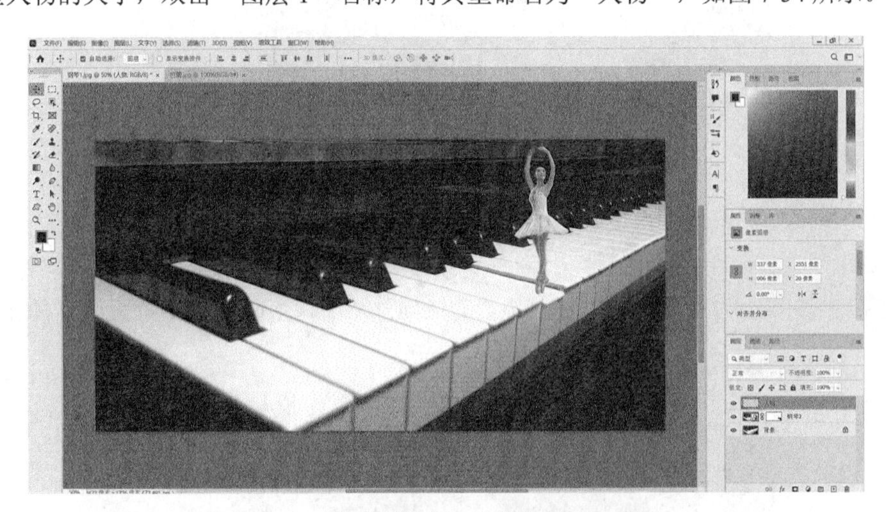

图 7-34　图像移动与大小调整后的效果图

**步骤五：**创建人物倒影

①单击“图层”面板中的“创建新图层”按钮，新建“图层 1”，将“图层 1”重命名为“倒影”，并移至“人物”图层下方。

②选择画笔工具，在属性工具栏中将画笔颜色设为“黑色”、笔尖设为“柔边圆”、大小设为“70 像素”，根据光源位置为芭蕾舞者绘制倒影，如图 7-35 所示。

图 7-35　画笔绘制人物倒影的效果图

③选择“倒影”图层，单击菜单栏“滤镜”→“模糊”→“高斯模糊”命令，在打开的“高斯模糊”对话框中，将模糊半径设为“30 像素”，如图 7-36 所示，单击“确定”按钮，为人物倒影添加模糊效果。

图 7-36　人物倒影应用模糊滤镜后的效果图

④选择“倒影”图层，单击“图层”面板中的“添加图层蒙版”按钮，为该图层添加图层蒙版。

⑤选择渐变工具，在属性工具栏中将渐变方式设为“黑白线性渐变”，并在“倒影”图层蒙版缩略图上绘制渐变，产生阴影由芭蕾舞者脚尖向外逐渐减淡的效果，如图 7-37 所示。

图 7-37　人物倒影应用图层蒙版后的效果图

**步骤六：**图像保存与输出

单击菜单栏“文件”→“存储为”命令，在打开的“存储为”对话框中选择“.JPG”格式（也可保存为“.PSD”格式，该格式将记录下文件的图层等所有信息，方便今后随时调整修改），保存文件。

# 7.3　音频信息处理

## 7.3.1　声音基础知识

声音是携带信息的非常重要的媒体之一，人类能听到的所有声音都统称为音频。在多媒体系统中，通过声音可以传递大量信息、制造特殊效果和营造各种氛围。

**1. 声音的概念**

任何声音信号都是由物体振动而产生，振动的物体称为声源，声源在弹性介质（如空气）中以一种连续的波形进行传播称为声波，该波形描述了空气的振动，具有一定的能量。当一切物体由静态转变为动态并以一定频率范围的声波到达人的耳朵时，人耳所感觉到的空气分子的振动就是声音，物理上常用一系列线性叠加的正弦曲线表示声音。

在多媒体系统中，人耳能识别且在 20Hz 到 20kHz 频率范围内的声音称为音频信号，该音频信号有语音信号和非语音信号之分，其中语音信号是指人说话的声音，包含了丰富的语言内涵，而非语音信号则是指不具备语言内涵，信息含量低且极易识别的声音，如自然声、音乐、噪声以及人工合成的声音。通常组成声音的三个基本要素有音调、音色和音量。

（1）音调

音调是人耳分辨一个声音调子高低的程度，其与声音的频率和声音的强度有关，对一定强度的纯音，频率越高，音调越高。对低频的纯音，声强越大，音调越低。而对高频的纯音，声强越大，音调越高。因此，通常女性音调要高于男性，男女高音歌唱家能达到较高的音调。

（2）音色

音色又称音品，指声音的感觉特征，是人耳对各种频率和强度声波的综合反应，用于辨别自然界不同的声源。音乐中的音色分为现实音色和非现实音色两种，前者指各种乐器和不同人声音的音色，后者则指通过音乐软件制作出来的 MIDI 电子乐器声音的虚拟音色。

（3）音量

音量又称响度或音强，是人耳对声音强弱的主观感受，这种感受源自物体振动时产生的压力，其与发声体振动的振幅和声源的距离有关，振幅越大，音量越大，距离声源越近，音量越大。

**2. 声音的物理特征**

从物理角度看，声音由一条连续的随时间变化的波形来描述，该波形可看成是一系列正弦曲线的线性叠加，如图 7-38 所示。通常描述声音的三个基本参数包括振幅、周期和频率。

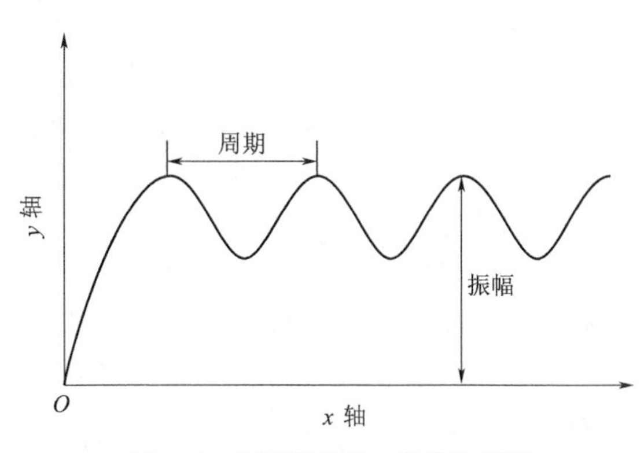


**图 7-38　声音的振幅、频率和周期**

（1）振幅

声波波形的幅度，单位是 dB（分贝），表示物体振动时产生的幅度大小和振动的强弱，反映声音音量的大小程度。

（2）周期

波形中两个连续声波波峰（或波谷）之间的距离，即波峰（或波谷）重复出现的最短时间间隔，通常用符号 T 表示，单位是 s（秒），反映声音每振动一次所经历的时间长度。

（3）频率

每秒声波振动的次数，是周期的倒数，通常用符号 f 表示，单位是 Hz（赫兹），反映声音音调的高低，如果声音的频率越高，音调的声音就越高。

### 7.3.2 音频处理技术

音频处理技术主要包括声音信号的数字化、音频文件存储、传输、播放以及数字音效处理等。

#### 1. 声音信号的数字化

自然界中的声音信号是一种振幅随时间连续变化的模拟信号，具有抗干扰能力差、易失真、受环境影响较大等缺点。而数字音频信号是一组由不连续的、离散的二进制代码组成的数据序列，具有精度高、可靠性强、保真度好以及便于计算机处理、存储和传输等优点。

由于计算机是多媒体技术的主要处理工具，只能存储和处理二进制的数字信号，因此在计算机处理音频信号之前，必须将模拟的声音信号转化成数字音频信号，简称为模 - 数转换（A/D 转换）。通常对声音信号进行数字化要经过采样、量化和编码三个阶段，如图 7-39 所示。

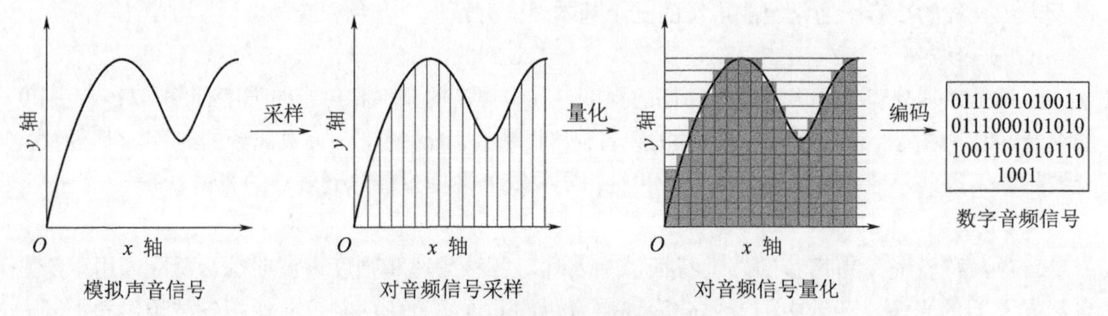


图 7-39　模拟声音信号的数字化

（1）采样

采样是指每间隔一段时间读取一次模拟声音信号波形上的幅度值，使声音信号在时间上被离散化，将时间连续的信号变成离散点集。采样的过程实际上是将模拟音频信号的电信号转换成“0”和“1”二进制码，这些“0”和“1”便构成了数字音频文件。采样的主要参数是采样频率，其高低根据声音信号本身的最高频率和奈奎斯特（Nyquist）理论决定，而奈奎斯特理论指出采样频率高于声音信号最高频率的两倍时，才能把离散的数字信号还原成原来的声音。

（2）量化

量化是指将采样阶段获得的声音信号幅度值用若干二进制位数来表示，使声音信号在幅度上被离散化，实现模拟信号的数字化表示。量化时，每个采样数据均被四舍五入到最接近的整数，如果波形幅度超过了可用的最大值，波形的顶部和底部将会被削去，即削峰，这样在量化过程中有可能会造成声音的严重失真，继而出现噪声。

（3）编码

编码是将采样和量化后的信号转换成数字编码脉冲，完成模拟信号转化为数字信号，并对数字音频信号进行标准化和数据压缩。自然界中的声音繁多，波形极其复杂，任何数字音频编码方案都是有损的，只能无限接近，无法完全还原。

在计算机应用中，能够达到最高保真水平的是脉冲代码调制编码，即 PCM 编码，被广泛应用于素材保存和音乐欣赏。这种编码方式只对语音信号进行采样和量化处理，编码方法简单，延迟时间短，音质高，在 CD、DVD 以及 WAV 文件中均有应用，因其能做到最大程度的无限接近，使重构的语音信号与原始语音信号几乎没有差别，被称为无损编码。

**2. 数字音频的参数标准**

将模拟声音信号转换成数字音频信号后，决定数字音频质量和存储容量的因素有三个，分别是采样频率、量化精度和声道数。

（1）采样频率

采样频率是指将模拟声音波形进行数字化时，每秒采集声波幅度样本的次数，其计算单位为 kHz（千赫兹）。一般来说，采样频率越高，采样时间间隔越短，声音样本数据越多，对声音波形的表示越精确，声音失真越小，音质越接近原声，但同时得到的数据量就越大。

采样频率的选择与声音信号本身的频率有关，一般为保证声音的保真度高，采样频率应在 40kHz 左右。在数字音频领域，常用的采样频率及其特点见表 7-1。

**表 7-1　常用的采样频率及其特点**

| 采样频率 | 特　点 |
| --- | --- |
| 8 kHz | 电话所用采样频率，用于记录人的语音信号 |
| 11.025 kHz | 电话音质，能大致分辨出通话人的声音，声音品质较差，用于对品质要求不高的多媒体场合 |
| 22.05 kHz | 无线电广播所用采样频率，广播音质，品质较高，用于多媒体音乐、音效和语音 |
| 32 kHz | miniDV 数码视频 camcorder、DAT（LPmode）所用采样频率，用于数字广播和卫星传输 |
| 44.1 kHz | CD 唱片、MPEG-1 音频（VCD、SVCD、MP3）所用采样频率，声音效果好，易使多媒体作品数据量过大 |
| 48 kHz | miniDV、数字电视、DVD、DAT、电影和专业音频所用的数字声音所用采样频率，用于广播视频 |
| 96 kHz | DVD-Audio、一些 LPCMDVD 音轨、BD-ROM（蓝光盘）音轨和 HD-DVD（高清晰度 DVD）音轨所用采样频率，用于高端音频录制处理 |

（2）量化精度

量化精度又称采样精度，是每个采样点能够表示的二进制数据位数，量化位数越多，得到的量化值就越接近原始波形的采样值。常用的量化位数有 8 位、16 位和 24 位，量化位数越高，对声音的描述越精确，声音品质越高，数据量也越大。

在多媒体计算机系统中，8 位的量化位数可对应有 256 个量化级，16 位的量化位数可对应有 65 536 个量化级，32 位的量化位数可对应有 4 294 967 296 个量化级，量化级也是数字声音质量的重要指标，其大小决定了声音的动态范围，即声音最高与最低之间的差值，通常 16 位的量化级足以表示极细微的声音到巨大噪声的声音范围。

（3）声道数

声道数指声音通道的个数，即记录声音时，每次生成声波数据的个数，分为单声道、双声道（立体声）和多声道（环绕立体声），通常声道数目越多，声音效果越好，数据量也越大。

①单声道，是比较原始的声音复制形式，早期的声卡采用的比较普遍，当通过两个扬声器回放单声道信息时，会明显感觉到声音从两个音箱中间传出，也是一种缺乏位置感的录制方式。

②立体声，是指具有立体感的声音，其彻底改变了单声道对声音位置定位的缺陷，声音在录制过程中被分配到两个独立的声道，可达到很好的声音定位效果。与单声道相比，立体声的优点包括具有各声源的方位感和分布感，提高了信息的清晰度和可懂度，提高节目的临场感、层次感和透明度以及单声道转立体声后音质明显提升。立体声技术被广泛运用于自 Sound Blaster Pro 以后的大量声卡，并成为影响深远的一个音频标准。

③环绕立体声，是一种好像把听者包围起来的声音重放方式，其产生的重放声场，不仅有原信号的声源方向感，还伴随产生围绕感和扩散感的音响效果，并增强了声音的纵深感、临场感和空间感，可逼真地再现演出厅、歌剧院的空间混响效果。如果将环绕立体声与大屏幕的电视或电影的图像结合起来，使视觉和听觉同时作用，那么临场感就会更逼真、更具感染力。

### 7.3.3 常用的音频编辑软件

常用的音频处理软件有 Adobe Audition、GoldWave、Adobe Soundbooth、Sound Forge、Cubase 等，用户可根据实际需求选择相应的软件完成音频的处理。

#### 1.Adobe Audition

Adobe Audition（前身为 Cool Edit）是一款专业的音频处理软件，提供音频录制、编辑、控制、效果处理和混缩等多种功能，专为广大音乐爱好者、照相室以及从事广播设备和后期制作设备方面工作的音频和视频专业人员设计。Audition 不仅可编辑单个音频文件，还可混合多个音频文件，最多支持 128 个声道的混合，同时还是一个完善的多声道录音室，可轻松录制音乐、制作广播节目、为录像配音等，具有功能强大、控制灵活且使用简便等特点。

#### 2.GoldWave

GoldWave 是一款体积小巧、功能强大的数字音乐编辑器。使用它可以对音频进行录制、编辑、播放和转换格式等处理，不仅支持 WAV、MP3、AVI、WMA、AIF、OGG、VOC、IFF、AIFF、AIFC、AU、MAT、DWD、SMP、VOX、SDS、APE 等多种音频文件格式，也支持从 CD、VCD、DVD 或其他视频文件中提取声音。GoldWave 内含丰富的音频处理特效，从一般特效如多普勒、回声、混响、倒转、镶边、降噪、时间弯曲、压缩到高级的公式计算（公式计算理论上可以制作出任意想要的声音），可制作出高品质、多种压缩比率的音频文件。

#### 3.Adobe Soundbooth

Adobe Soundbooth 是 Adobe 公司生产的另一款音频处理软件，使用基于任务的工具控制电影、视频和 Adobe Flash 项目中的音频，以清理录制内容、润饰旁白、自定义音乐和声音效果等。该软件为网页和影像工作流程提供高品质的声音讯号，能快速录制、编辑和创作音讯，支持多轨录音，并与 Adobe Animate 和 Adobe Premiere 紧密结合，让使用者能轻松地进行声画对位的声音编配、移除录音杂讯、修饰配音，为作品编排最适合的配乐。

#### 4.Sound Forge

Sound Forge 是 Sonic Foundry 公司开发的一款功能极其强大的专业化数字音频处理和音频特效制作软件，用于处理音频的录制、编辑、效果制作、完成编码以及大量的音频格式转换。Sound Forge 能够非常方便、直观地实现对音频文件（如 WAV 文件）以及视频文件（如 AVI 文件）中的声音部分进行各种处理，满足从普通用户到专业录音师的所有用户的各种需求，因此一直是多媒体开发人员首选的音频处理软件之一。

**5.Cubase**

Cubase 是一款由德国 Steinberg 公司所开发的全功能数字音乐、音频工作软件，自带软音源和丰富的音频插件资源，如 Flanger、Phaser、Overdrive、Chorus、Symphonic、Reverb A、Reverb B、Dynamics、Chopper、Transformer、Rotary、DoubleDelay 等，具有功能强大、运行稳定且高效等特点。该软件提供的 MIDI 音序功能、音频编辑处理功能、多轨录音混缩功能、视频配乐以及环绕声处理功能均属世界一流，是音乐人和录音师最受欢迎的软件之一。

## 7.3.4　Audition 2022 基本操作

Adobe Audition 2022 是一款专业的音频编辑和混合软件，其功能强大、控制灵活，不仅可以录制、编辑、控制和混缩数字音频文件，提取 CD 和视频文件音乐，对音频文件格式进行转换，还可以与 Adobe 视频应用程序智能集成，将音频和视频相结合，获得实时的专业级音频效果。

**1.Adobe Audition 2022 工作界面**

双击桌面上 Adobe Audition 2022 应用程序的快捷方式图标，快速启动 Adobe Audition 2022 应用程序，启动后其工作界面如图 7-40 所示。

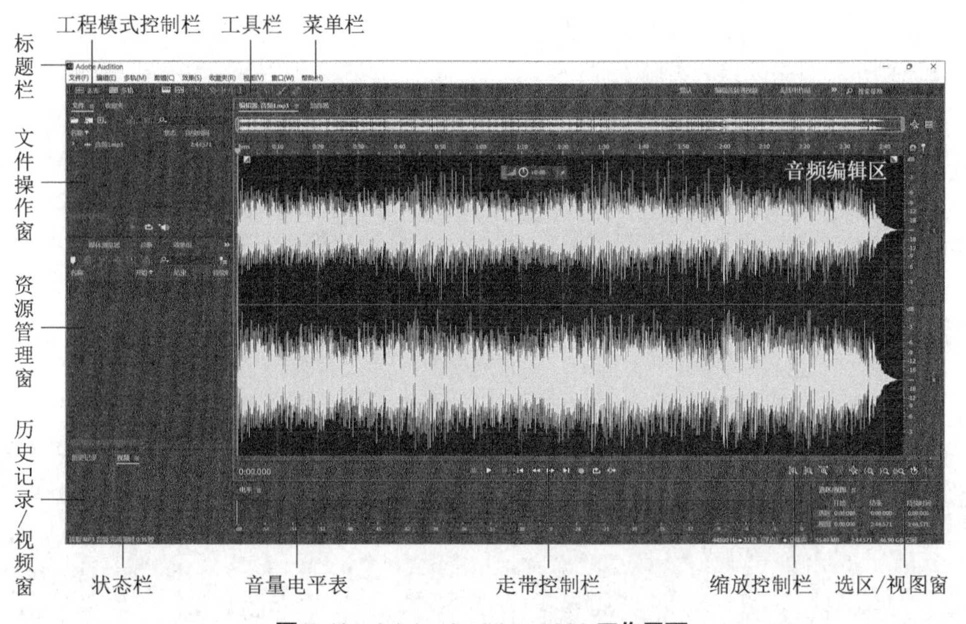


**图 7-40　Adobe Audition 2022 工作界面**

该软件界面主要由标题栏、菜单栏、工程模式控制栏、工具栏、文件操作窗、资源管理窗、历史记录窗、视频窗、音频编辑区、音量电平表、走带控制栏、选区 / 视图窗、缩放控制栏以及状态栏组成。

（1）标题栏

标题栏位于 Adobe Audition 窗口的最上方，左侧显示软件的图标和名称，单击图标可弹出快捷菜单，右侧依次显示最小化、最大化 / 还原、关闭按钮。

（2）菜单栏

菜单栏将软件的所有命令都集中在“文件”“编辑”“多轨”“剪辑”“效果”“收藏夹”“视

图”“窗口”“帮助”下拉菜单中，使用这些命令可实现各种音频编辑功能。

（3）工程模式控制栏

工程模式控制按钮栏提供了两种工作模式的切换按钮，分别是“波形”编辑器按钮 波形 和“多轨”编辑器按钮 多轨，波形编辑模式主要用于单个音频文件的编辑与处理，而多轨编辑模式则主要用于多轨音频混音的编辑与处理。

（4）工具栏

工具栏提供了用于快速访问一些常用菜单命令的工具按钮，包括“移动工具”按钮、“滑动工具”按钮、“时间选区工具”按钮等。

（5）文件操作窗

文件操作窗提供了对音频文件的各种具体操作，如对音频文件的打开、导入、新建、插入到多轨混音中以及关闭选定的文件。

（6）资源管理窗

资源管理窗默认包括媒体浏览器、效果组、标记和属性，方便用户编辑素材与音轨效果、修复音频效果、查看音频与工程文件属性。

（7）历史记录和视频窗

历史记录窗和视频窗并排于窗口的左下方，其中历史记录窗用于记录和显示每一步编辑操作，视频窗则用于显示编辑的视频文件。

（8）音频编辑区

音频文件编辑区是 Adobe Audition 2022 工作界面的核心区域，用于显示和编辑音频波形。在波形编辑和多轨编辑两种不同的工作模式下，编辑区也分为单轨编辑区和多轨编辑区，前者如图 7-40 所示，后者如图 7-41 所示，呈现出两种不同风格的界面。多轨编辑区包含多个音轨，每个轨道左侧均有一个音轨控制台，如图 7-42 所示，用于对该音轨的输入 / 输出、效果 *fx*、发送、均衡和切换节拍器进行设置，单击对应按钮，音轨控制台将切换到相应的设置界面。

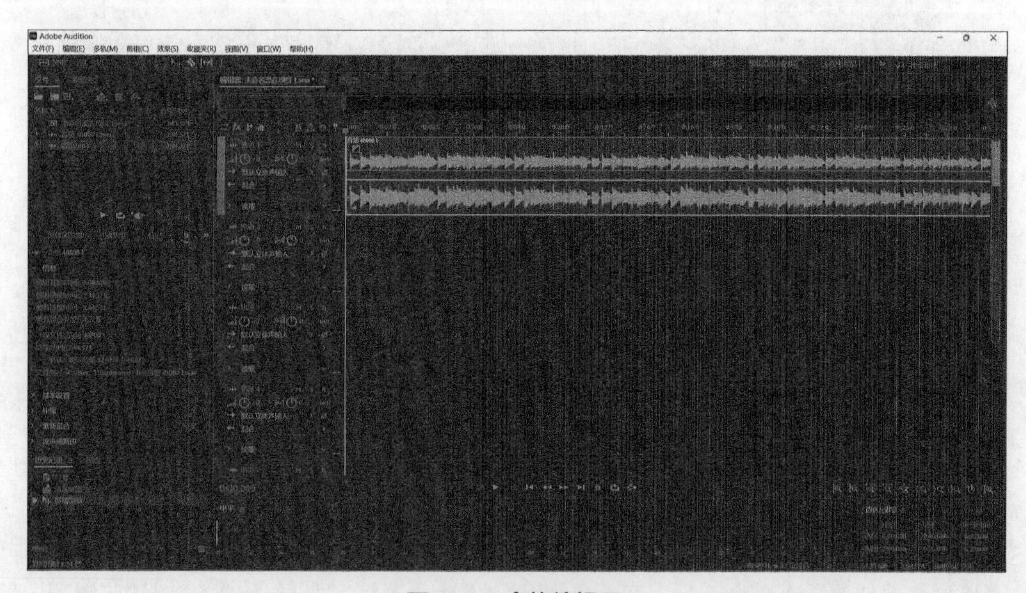


**图 7-41　多轨编辑区**

（9）控制操作区

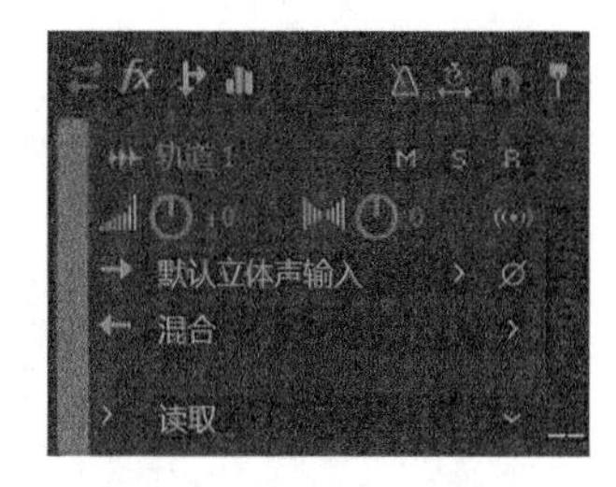

图 7-42　音轨控制台

控制操作区位于音频文件编辑区的下方，包括音量电平表、走带控制栏、选区 / 视图窗、缩放控制栏以及时间显示区等，其中音量电平表用于监视音频播放和录音时音量电平的高低，走带控制按钮栏提供了一系列控制音频播放、快进、倒放、暂停、停止、录制以及循环播放等按钮，选区 / 视图窗口通过对音频开始时间、结束时间和持续时间长度的设置精确剪辑音频，缩放控制栏用于放大和缩小波形振幅和时间，以便用户更好地查看和编辑音频波形，时间显示区则显示当前音频播放的时间位置。

（10）音量电平表

音量电平表用于监测声音的状态，具有精确的分贝刻度，可以快速、准确地指示当前轨道音频播放或录制声音时音量电平的高低和数值大小。

（11）状态栏

状态栏位于窗口的右下方，用于显示当前工程文件的状态信息，如音频文件的采样频率、量化精度、声道数、文件大小和持续时间等。

**2. 新建、打开与保存文件**

Adobe Audition 2022 音频编辑主要用到两种类型文件，分别是音频文件与项目文件，前者是指存储音频波形数据信息的文件，常见的文件类型有 .wma、.wav 和 .mp3 等，后者是指用于记录音频编辑状态和管理素材库的文件，常见的文件类型有 .ses 和 .sesx。

（1）新建文件

新建文件通常是音频编辑的第一步操作，要新建项目文件，可单击菜单栏“文件”→“新建”命令，在其级联菜单中选择“多轨会话”命令（或按【Ctrl+N】快捷键），新建一个多轨混音项目文件，进入多轨编辑模式。要新建音频文件，可在“新建”级联菜单中选择“音频文件”命令（或按【Ctrl+Shift+N】快捷键），新建一个音频文件，进入波形编辑模式。要进行 CD 光盘刻录，可在“新建”级联菜单中选择“CD 布局”命令，新建一个 CD 布局文件，进入 CD 编辑模式。

（2）打开文件

Audition 软件支持在打开音频文件或项目文件的同时，对其进行编辑。要打开音频文件或项目文件，可单击菜单栏“文件”→“打开”命令，或单击文件操作窗中的“打开文件”按钮（或按【Ctrl+O】快捷键），在打开的对话框中，选择指定的音频文件或项目文件，打开该文件。软件还支持将新的音频文件附加到当前音频文件后面，可单击菜单栏“文件”→“打开并附加”→“到当前文件”命令，追加音频文件。

（3）保存文件

音频编辑完成后，保存为指定格式是非常重要的一步操作，对于不同的编辑模式，文件的保存也略有不同。在波形编辑模式下，单击菜单栏“文件”→“保存”或“另存为”命令，保存为指定格式的音频文件。在多轨编辑模式下，单击菜单栏“文件”→“保存”或“另存为”命令，默认保存为 .sesx 格式的项目文件。单击菜单栏“文件”→“导出”→“多轨混缩”→“整个会话”命令，保存为指定格式的音频文件。

**例 7.4**　制作两首歌曲联唱的音频。

**步骤一：**打开音频

图 7-43 “另存为”对话框

①单击菜单栏“文件”→“打开”命令，在波形编辑模式中，打开“音频 1”文件。

②单击菜单栏“文件”→“打开并附加”→“到当前文件”命令，打开“音频 2”文件，并将“音频 2”附加到“音频 1”波形的后面。

**步骤二：**保存音频

在当前波形编辑模式下，单击菜单栏“文件”→“另存为”命令，打开图 7-43 所示的“另存为”对话框，在其中设定存储音频文件的名称、位置和格式，单击“确定”按钮。

### 7.3.5 Audition 2022 音频编辑

Adobe Audition 2022 具有强大的音频编辑功能，常见的音频编辑操作包括选取、复制、剪切、删除、裁剪、拆分、循环、静音、录制、音量调整以及淡化等，适当地编辑和处理音频素材，可使音频更符合实际需求。

**1. 选取音频**

选取音频是音频编辑过程中使用频率较高的操作，用以帮助用户选择要编辑的音频波形区域。在波形编辑模式或多轨编辑模式下，要选择全部音频，可双击音频波形或单击菜单栏“编辑”→“选择”→“全选”命令（或按【Ctrl+A】快捷键）。要选择部分音频，需使用“时间选区工具”按钮，同时拖动鼠标选择相应的波形区域，此时选择区域会高亮显示。

**2. 复制、剪切与删除音频**

在音频编辑过程中要复制一段音频，需先选取要复制的音频波形区域，单击菜单栏“编辑”→“复制”命令（或按【Ctrl+C】快捷键），将选择的波形复制到剪贴板中，然后在需要该波形位置处，单击“编辑”→“粘贴”命令（或按【Ctrl+V】快捷键），完成音频波形粘贴操作。此外，在波形编辑模式下，选取音频波形区域后，单击菜单栏“编辑”→“复制为新文件”命令或右击，在弹出的快捷菜单中选择“复制到新建”命令，可将选择的音频波形复制成为一个新的音频文件。

要移动音频，可使用剪切功能，在选取需要的音频波形区域后，单击菜单栏“编辑”→“剪切”命令（或按【Ctrl+X】快捷键），此时选择的波形被移动到剪贴板中，并在原波形中移出。

要删除不需要的音频，可在选取音频波形区域后，单击菜单栏“编辑”→“删除”命令（或按【Delete】键），删除选中的波形，此时被删除的波形前后将自动连接在一起。

**3. 裁剪音频**

对音频进行适当裁剪是音频编辑的常用手段之一，可制作出更加符合用户需求的音乐，其与删除操作不同之处是不会删除音频波形，而仅将选中的波形区域以外的部分波形去掉，保留选取的音频波形区域。选取要裁剪的音频波形区域后，在波形编辑模式下，单击菜单栏“编辑”→“裁剪”命令（或按【Ctrl+T】快捷键），可裁剪音频片段。

**4. 拆分音频**

拆分音频素材不仅可将音频分割成几个音频片段，还可使其具有特定的时间间隔，这在音频编辑中很常见。在多轨编辑模式下，导入音频文件后，常用的拆分音频方法有以下两种。

**方法 1**：使用“时间选区工具”按钮，将游标定位在音频拆分处右击，在弹出的快捷菜单中选择“拆分”命令（或按【Ctrl+K】快捷键），快速拆分音频。

**方法 2**：使用“切断所选剪辑工具”按钮，将鼠标移至音频拆分处单击，快速拆分音频。

**5. 音频循环**

音频循环在音乐编曲中被大量使用，通常是对一小片段的音频进行循环播放，从而形成整首连贯完整的乐曲。需要注意的是，音频循环操作必须在多轨编辑模式下才能完成。其操作步骤如下：

①新建多轨混音项目，将需要循环的音频插入相应的轨道。

②右击音频，在弹出的快捷菜单中选择“循环”命令，此时音频片段的左下角出现循环标志，如图 7-44 所示。

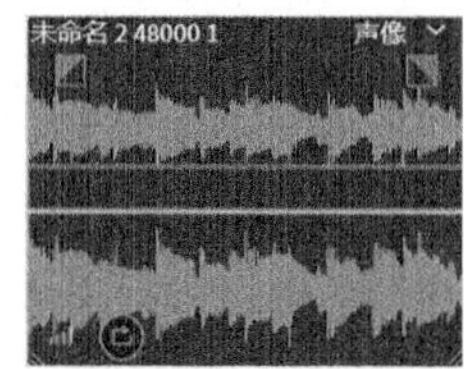

图 7-44　循环标志

③将鼠标指针移动到音频右下角（或左下角），向右（或左）拖动鼠标，循环音频，重复的音频片段以虚线分隔显示，如图 7-45 所示。

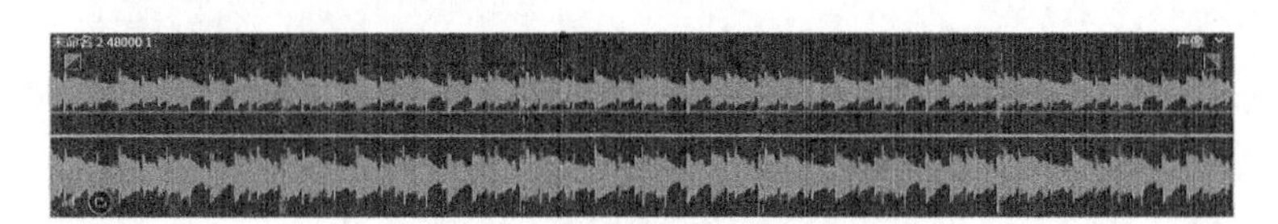

图 7-45　音频循环后的效果图

**6. 音频静音**

对音频进行静音处理，就是将选取的音频波形区域转换为无信号的静音区，被处理的波形文件的时间长度不会发生变化，但整段音频会被分成很多个小节的音频。通常在进行音频编辑时，为了配合其他音频的播放，需要使当前音频片段等待一段时间后再播放，又不能将其删除，此时就可以进行静音处理。选取需要静音的音频波形区域后右击，在弹出的快捷菜单中选择“静音”命令，可对波形区域进行静音处理。

**7. 录制声音**

录制功能是 Audition 重要功能之一，分为内录和外录。内录是指声音录制过程中，始终没有经过物理介质传播，只凭借电子线路方式，如录制计算机内部的音视频、用音频线连接电视机与计算机实时录音。外录则是指声音录制过程中，既通过音频线路传播，又通过物理介质传播的录音方式，如麦克风录音。

外录声音的操作步骤如下：

①启动 Adobe Audition 2022，在波形编辑模式下，新建音频文件，并将文件采样率设为“44.1kHz”、声道为“立体声”、位深度为“24 位”。

②单击菜单栏“编辑”→“首选项”→“音频硬件”命令，打开“首选项”对话框，将“默认输入”设为“麦克风”，“默认输出”设为“扬声器”，如图 7-46 所示，单击“确定”按钮。

③单击走带控制栏中的“录制”按钮（或按【Shift+Space】快捷键）进行声音录制，要停止录制，则单击“停止”按钮（或按【Space】键），也可再次单击“录制”按钮。

④单击菜单栏“文件”→“另存为”命令，将录制的音频文件保存。

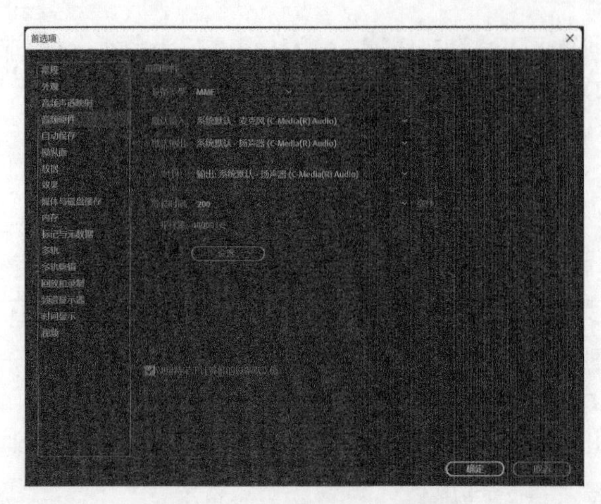

图 7-46　“首选项”对话框

如果无法进行声音的录制，则需调整硬件系统播放设备和录音设备的属性，必须将两者的采样频率保持一致。

内录声音与外录声音操作方法类似，只需在“首选项”对话框中，将“默认输入”设为“立体声混音”，后续操作与外录操作相同。

在 Audition 中，录制声音可在波形编辑模式、多轨编辑模式以及在原有音频中进行穿插录音。通常内录能很好地避开噪声的干扰，录制的声音品质较高，而外录受环境因素影响较大，录制的声音品质相对差一点。通常录制声音时，新建的波形文件采样率和位深度数值越大，则声音精度越高，细节表现越丰富，相对文件也就越大。此外，录制声音时要注意调节录音电平，录音电平太大，音质变得很差，录音电平太小，影响声音的质量。

**8. 音量调整**

音量大小主要由声音的振幅决定，而判断声音的大小可以通过“听”和“看”两种方法实现，其中“听”就是通过反复播放音频分辨音量的情况，而“看”就是通过查看电平表了解音量的情况。对音量大小进行控制可使声音在比较合适的范围内，不会出现过大或过小的现象。调整音量的常用方法有以下三种。

图 7-47　“混音器”窗口

**方法 1**：在波形编辑模式下，打开音频文件，选择整段音频波形或部分音频波形，单击并拖动“调整振幅”按钮，或在按钮后直接输入参数值，调整音量的大小。

**方法 2**：在多轨编辑模式下，导入音频文件，单击并拖动音轨控制台中的“音量”按钮，或在按钮后直接输入参数值，调整音量的大小。

**方法 3**：进入“混音器”窗口，如图 7-47 所示，单击并上下拖动轨道中的“音量”推子，或在下方直接输入参数值，调整对应轨道音量的大小。

**9. 音频淡化**

在音频编辑过程中，用户可根据需要为音频素材设置淡入、淡出和交叉淡化特效，使音频播放起来更加协调和融洽。

（1）淡入与淡出效果设置

使用淡入与淡出音频效果，可避免音频的突然出现和突然消失，使其有一种自然的过渡效果。在波形编辑模式下或多轨编辑模式下，单击并向右拖动音频左侧的方形按钮，出现黄色的淡入曲线，可为音频添加淡入效果，而单击并向左拖动音频右侧的方形按钮，出现黄色的淡出曲线，则可为音频添加淡出效果。

（2）交叉淡化设置

使用交叉淡化效果，可避免两个音频接合处的声音跳变过于明显，使音频衔接更加流畅。新建多轨项目，将两个音频插入到同一音轨，使用“移动工具”拖动两音频的首尾处直到出现重合段，此时重合段中自动出现两条黄色的交叉淡化曲线，如图 7-48 所示，为音频添加交叉淡化效果。

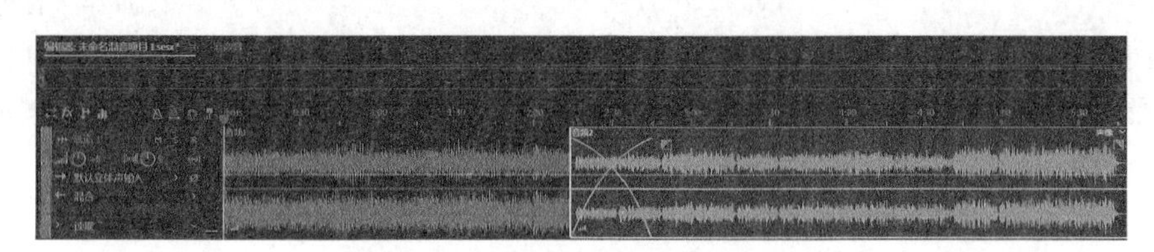

**图 7-48　音频交叉淡化示意图**

例 7.5　制作手机音乐铃声。

**步骤一：**打开音频

启动 Adobe Audition 2022，单击菜单栏“文件”→“打开”命令，在波形编辑模式中，打开指定音频文件。

**步骤二：**裁剪音频

使用“时间选区工具”选择要截取的音频波形区域后右击，在弹出的快捷菜单中选择“裁剪”命令（或按【Ctrl+T】快捷键），如图 7-49 所示，裁剪音频。

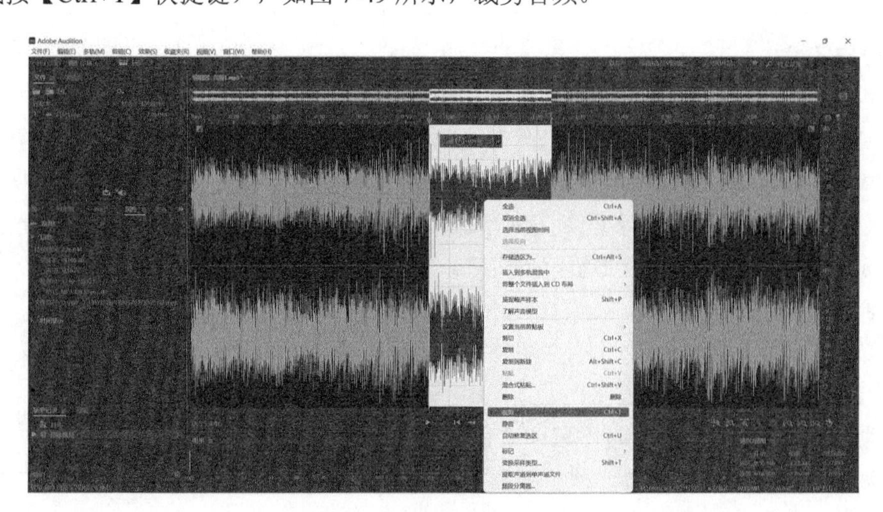

**图 7-49　裁剪音频操作图**

**步骤三：**添加淡入与淡出效果

单击并向右拖动音频左侧的方形按钮，添加淡入效果，单击并向左拖动音频右侧的方形按钮，添加淡出效果，设置完成后如图 7-50 所示。

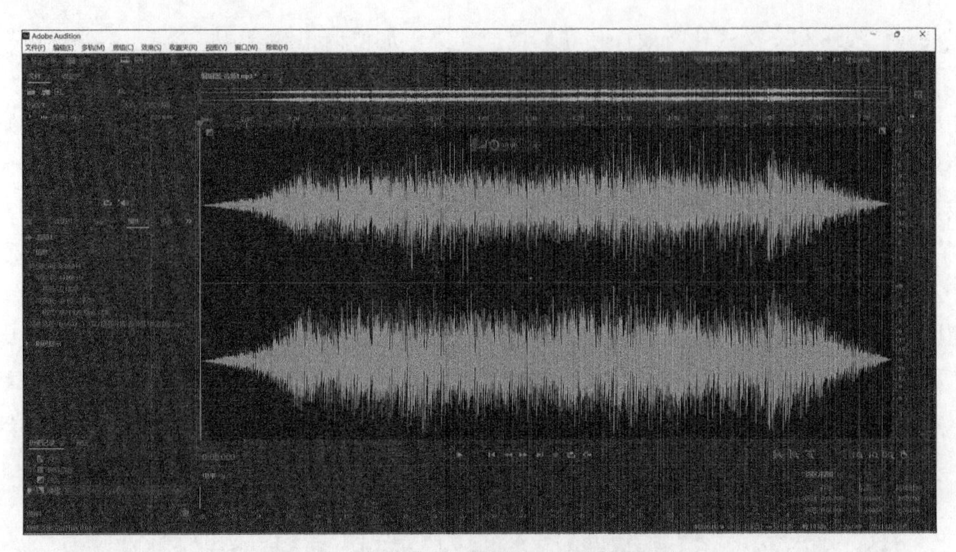

图 7-50　淡入与淡出设置后的音频显示图

**步骤四**：保存音频

单击菜单栏“文件”→“另存为”命令，在打开的“另存为”对话框中，设置具体存储位置，存储格式为“.wav”，采样类型为“44100Hz、立体声、32 位”，单击“确定”按钮，保存音频文件。

### 7.3.6　Audition 2022 音频特效

Adobe Audition 2022 作为一款纯音频的专业化处理软件，内置了大量的音频效果，包括振幅与压限、延迟与回声、诊断、滤波与均衡、调制、降噪 / 恢复、混响、特殊效果、立体声声像以及时间与变调，还支持各种音频插件。利用效果处理后的音频，通常可达到更好的音质播放效果。

**1. 振幅与压限**

振幅类效果用于通过对振幅的调整来改变音频音量的大小，而压限类效果则用于对音频波形中超过规定数值的波形进行压缩，把声音处理得更加均衡，保持整体音量的起伏差距不会过大。在振幅与压限效果中，包括增幅、声道混合器、消除齿音、动态处理、淡化包络（处理）、增盖包络（处理）、强制限幅、多段频压缩器、标准化（处理）、单频段压缩器、语音音量级别、电子管建模压限器等。各种效果的功能如下：

①“增幅”效果：通过设置左、右声道的增益量调整音量大小。

②“声道混合器”效果：通过随意调整左、右声道声音的位置，从而纠正不匹配的音量，得到较好的立体声或环绕声效果。

③“消除齿音”效果：在尽量不破坏原音频基础上，去除扭曲高频的齿音。

④“动态处理”效果：用做一种压缩器、限制器或扩展器，能对过大的音量进行压缩，对过小的音量进行提升，保证音量不会忽大忽小。

⑤“淡化包络（处理）”效果和“增益包络（处理）”效果：可以实现不同时刻振幅大小的改变，通常在波形编辑模式下，音频波形中会显示黄色的包络线，单击包络线添加关键帧后，通过上下拖动帧就可以调整振幅。

⑥“强制限幅”效果：是一种压缩比例非常大的限制器，可以较好地控制起始时间和峰值，

其与输入提升一起应用限制，能在增加整体音量的同时又避免失真。

⑦“多频段压缩器”效果：是音频处理特别强大的工具，可以独立压缩四个不同的频段，根据不同的需求精确定义分频点，并针对音频的不同波段进行限制。

⑧“标准化（处理）”效果：可以快速地将音频进行最大电平处理，将当前波形或选定的波形区域振幅值的最大值调整到最大电平 0 dB 规定值内，使音频音量达到最大而不至于削波。

⑨“单频段压缩器”效果：可以降低规定范围内的音频，只压缩一个特定频段的音频，从而实现增加音乐或人声的效果。

⑩“语音音量级别”效果：对音频进行压缩处理，在优化音频效果、平均音量的同时去除音频中的噪声。

⑪“电子管建模压缩器”效果：可以使音频信号的动态范围变小，将较微弱的信号变大，较大的信号变小，使两者之间的差别变小，从而使音量变得均匀。

**2. 延迟与回声**

延迟类效果用于复制原始的声音信号，并以指定的时间间隔再次出现，可以对人声和各类乐器起到润色和丰富的作用，而回声类效果则是融合了多个延迟效果，并以不同的延迟时间量形成的回声效果。在延迟与回声类效果中，包括模拟延迟、延迟和回声三种效果。各种效果的功能如下：

①“模拟延迟”效果：可以模拟老式的硬件延迟效果的声音，并得到不连续、离散的回声效果。

②“延迟”效果：用于创建单个回声，产生各种微妙的声音及音色效果，通过将推迟的声音叠加于原声上以产生回声感和声场感。

③“回声”效果：用来营造回声的效果，可以添加一系列重复的、衰减的回声到原始声音中。

**3. 诊断**

诊断类效果用于诊断与处理音频，可以快速地从音频中删除咔嗒声或静音，修复声音失真以及在音频的静音处添加标记。诊断类效果包括杂音降噪器（处理）、爆音降噪器（处理）、删除静默（处理）和标记音频（处理）。各种效果的功能如下：

①“杂音降噪器（处理）”效果：用于检测并移除音频中的噪声，如咔嗒声。

②“爆音降噪器（处理）”效果：用于修复音频中的失真部分，如爆裂声。

③“删除静默（处理）”效果：可以识别出音频中的静音片段，并将其删除。

④“标记音频（处理）”效果：可以检测并一次性标记音频中的所有静音片段，方便用户进行编辑。

**4. 滤波与均衡**

滤波类效果用于通过频率调整声音的振幅，从而调整声音效果，弥补声音缺陷，而均衡类效果则用于增强或衰减某一频段或某几个频率段的声音强度，过滤掉不需要的声音，使声音更加清晰和动听，从而美化和修饰音频。在滤波与均衡效果中，包括 FFT 滤波、图形均衡器（10 段）、图形均衡器（20 段）、图形均衡器（30 段）、陷波滤波器、参数均衡器、科学滤波器。各种效果的功能如下：

①“FFT 滤波”效果：可以保持高频或低频、模拟电话的声音或消除小的、精确的频段。

②“图形均衡器”效果：用于提升或削减音频中 10 段、20 段、30 段之间的音乐频段。

③“陷波滤波器”效果：用于删除非常窄的频段，同时保持所有邻近的频率不变，最多可删除六个用户定义的频段。

④“参数均衡器”效果：提供对音调的最大均衡控制，可完全控制频率、Q值带宽、增益和频段。

⑤“科学滤波器”效果：提供标准化的科学滤波类型，实现对音频的高级处理。

**5. 调制**

调制类效果用于产生丰富的声音特效，包括和声、和声 / 镶边、镶边以及移相器效果。各种效果的功能如下：

①“和声”效果：可以模拟多种人声或乐器的同时回放效果，并支持对声音的特性进行调整，从而调整声音效果。

②“和声 / 镶边”效果：结合了和声与镶边两种基于延迟的效果，可以制作音乐中的合唱与延迟的效果。

③“镶边”效果：是常见的电吉他效果之一，通过混合不同的、大致与原始信号相等的比例产生短暂的延迟，使声音产生一种回旋、游离的效果。

④“移相器”效果：用来移动音频信号的相位，并与原始音频相叠加，创建迷离幻妙的声音效果。

**6. 降噪 / 恢复**

降噪 / 恢复类效果用于对声音进行噪声处理和修复音频中普遍存在的问题，从而提高声音的质量。在降噪 / 恢复效果中，包括捕捉噪声样本、降噪（处理）、声音移除（处理）、咔嗒声 / 爆音消除器（处理）、降低嘶声、降噪、自适应降噪、自动相位校正、消除嗡嗡声以及减少混响效果。各种效果的功能如下：

①“捕捉噪声样本”效果：用于采集整段音频中的噪声样本，这是降噪处理的前提。

②“降噪（处理）”效果：通过采集到的音频噪声样本，降低或消除音频中的噪声。

③“声音移除（处理）”效果：通过“了解声音模型”效果获取选定波形（要移除的声音波形）的声音特征后，移除声音模型中不需要的音频源。

④“咔嗒声 / 爆音消除器（处理）”效果：用于轻松去除麦克风爆音、咔嗒声、轻微嘶声以及噼啪声。

⑤“降低嘶声”效果：可以在尽量不破坏原声的基础上降低音频的嘶嘶声。

⑥“降噪”处理器：用于降低或完全去除音频中的噪声，处理对象可以是不需要的嗡嗡声、嘶嘶声、风扇噪声、空调噪声或任何其他背景噪声。

⑦“自适应降噪”效果：可以快速降低或消除变化的宽频噪声，如背景声音中的隆隆声、风声等噪声。

⑧“自动相位校正”效果：用于自动校正立体声的左右声道，可以处理未对准磁头中的方位角误差、麦克风的立体声模糊以及许多其他相位相关问题。

⑨“消除嗡嗡声”效果：用于去除窄频段及其谐波，可处理照明设备和电子设备的电线嗡嗡声。

⑩“减少混响效果”效果：可以评估混响轮廓，调整混响总量，通过对应参数设置来控制应用于音频信号的处理量。

**7. 混响**

混响类效果是音频处理中非常重要的效果，利用混响效果可以为音频创造好的空间效果，使声音更加饱满、动听。混响效果包括卷积混响、完全混响、混响、室内混响和环绕声混响。各种效果的功能如下：

①“卷积混响”效果：用于再现封闭空间（如大衣壁橱到音乐厅的房间范围）的演奏效果，

给人以立体感与空间感。

②“完全混响”效果：具有更全面的混响参数设置，可以确保声音的准确和清晰，避免鸣响、金属声和其他声音失真。

③“混响”效果：可以快速地为音乐添加混响效果，重现声学或周围环境，如衣柜、瓷砖浴室、音乐厅或宏大的竞技场。

④“室内混响”效果：通过混响特征模拟真实的声学空间，比其他混响效果更快、更少消耗处理器资源，是一个非常节省资源且实用的混响效果。

⑤“环绕声混响”效果：用于实现环绕声混响设备的混响效果，可模拟出 5.1 声道、单声道和立体声的环境氛围。

**8. 特殊效果**

特殊类效果用于打造声音的特殊效果，包括扭曲、多普勒频移、吉他套件、母带处理和人声增强效果。各种效果的功能如下：

①“扭曲”效果：可以模拟喇叭、低音麦克风以及过载放大器的声音效果。

②“多普勒频移”效果：可以模拟火车鸣笛声、高度失真声以及电池不足时音量低沉的声音效果。

③“吉他套件”效果：用于对吉他声音进行处理和优化，模拟吉他手艺术表现的效果。

④“母带处理”效果：针对不同的应用领域，对音频进行优化处理。

⑤“人声增强”效果：可以快速提高音频中的人声音量和旁白录音的质量，同时自动降低嘶声、爆破音和噪声。

**9. 立体声声像**

立体声声像类效果用于调整来自音箱的声音位置，包括中置声道提取、图形相位调整器、立体声扩展器效果。效果的功能如下：

①“中置声道提取”效果：可以保持或删除左右声道共有的频率，常被用来提高人声、低音和踢鼓的音量以及制作卡拉 OK 伴奏。

②“图形相位调整器”效果：通过向图示中添加控制点来调整音频波形的相位。

③“立体声扩展器”效果：用于定位和扩展立体声声像，可结合母带处理组或其他效果一起用。

**10. 时间与变调**

时间与变调类效果用于调整音频的播放速度和音调，包括自动音调更正、手动音调更正、变调器、音高换挡器以及伸缩与变调效果。各种效果的功能如下：

①“自动音调更正”效果：可以对音频音调进行自动修正。

②“手动音调更正（处理）”效果：可以通过“频谱音调显示”手动调整音调。

③“变调器（处理）”效果：用于随着时间改变节奏来改变音调，具体使用类似于淡化包络和增益包络效果。

④“音高换挡器”效果：用来改变音调，是一个实时效果，可结合母带处理组或其他效果一起使用。

⑤“伸缩与变调”效果：用于伸缩声音的时长和调整声音的音调，可以对音频进行变调而不变速、变速而不变调以及变速变调处理。

例 7.6　录制歌曲演唱，并对音频进行处理，以得到较好的音质效果。

**步骤一**：录制人声

①启动 Adobe Audition 2022，单击菜单栏“文件”→“新建”→“音频文件”命令，打开“新建音频文件”对话框，设置文件名为“录制歌曲”、采样率为“44100Hz”、声道为“立体声”、位深度为“24 位”，如图 7-51 所示，单击“确定”按钮，进入波形编辑模式。

②单击走带控制栏中的“录制”按钮，并观察音量电平表，根据电平指示调节演唱声音的大小，录制人声。

③录制完成后，再次单击“录制”按钮（或单击“停止”按钮），退出录音操作。

**步骤二**：音频标准化处理

单击菜单栏“效果”→“振幅与压限”→“标准化（处理）”命令，打开“标准化”对话框，如图 7-52 所示，单击“应用”按钮，调大音频音量。

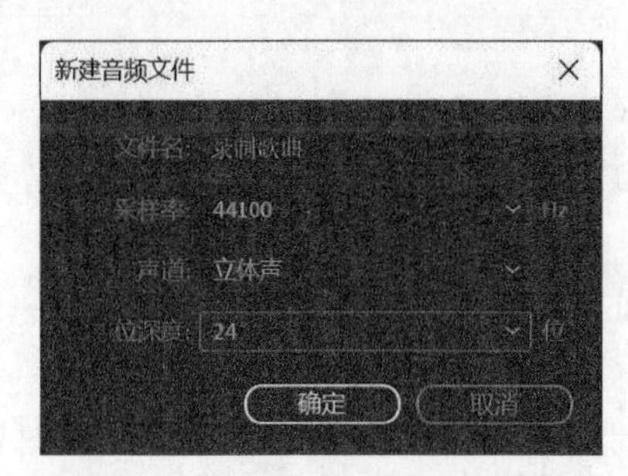


图 7-51　“新建音频文件”对话框

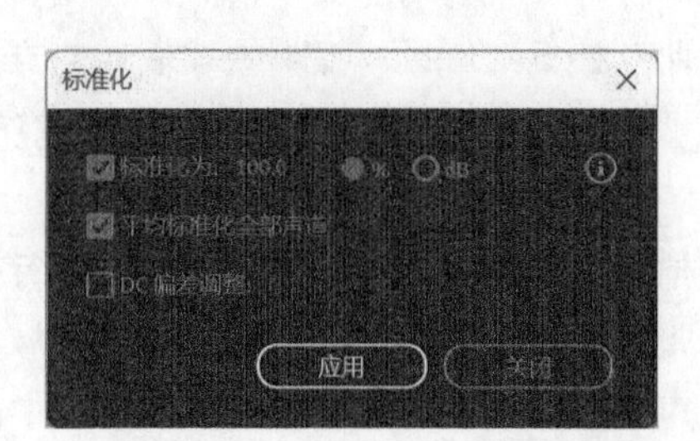


图 7-52　“标准化”对话框

**步骤三**：音频降噪

①使用“时间选区工具”，选取音频中的一小段噪声波形，单击菜单栏“效果”→“降噪/恢复”→“捕捉噪声样本”命令，如图 7-53 所示，打开“捕捉噪声样本”对话框，单击“确定”按钮，获取噪声波形特性。

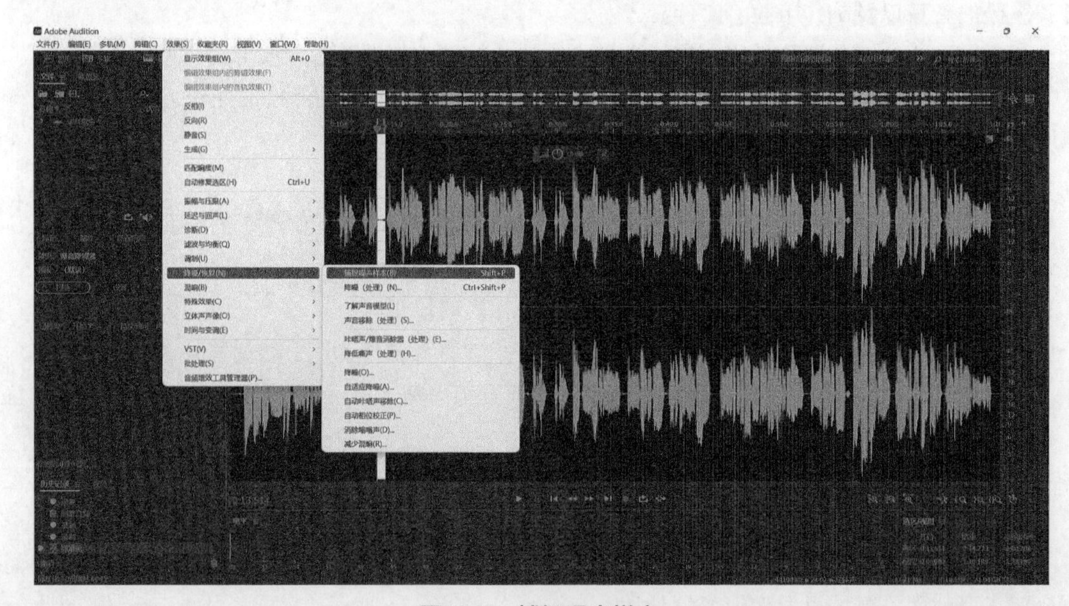


图 7-53　捕捉噪声样本

②双击波形，选择整个音频，单击菜单栏“效果”→“降噪 / 恢复”→“降噪（处理）”命令，打开“效果 - 降噪”对话框，设置降噪为“70%”、降噪依据为“20 dB”，如图 7-54 所示，单击“应用”按钮，完成音频降噪处理。

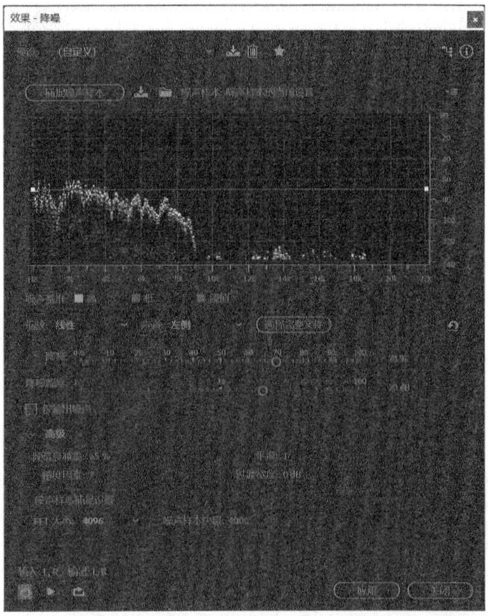

在“效果 - 降噪”对话框中，“降噪依据”数值不能太大，一般设置为 70% ～ 80% 即可，否则在消除噪声的同时会损失原声中的特性。“噪声样本快照”是指捕捉噪声样本的数量，默认值为 4000，可依据计算机性能决定，数值越大采集点越密集，处理速度越慢。“FFT 大小”指降噪处理程序所需噪声样本的数量，可依据设备好坏和录音环境决定，一般选择 4 096 ～ 7 192，数值越大点越多，精度越好，处理速度也越慢。如果降噪效果不够好，可再次执行降噪处理，保持参数不变。

**图 7-54　“效果 - 降噪”对话框**

**步骤四：**音频均衡处理

双击波形，选择整个音频，单击菜单栏“效果”→“滤波与均衡”→“图形均衡器（30 段）”命令，打开“效果 - 图形均衡器（30 段）”对话框，对相应频率段的声音振幅进行调整，如图 7-55 所示，单击“应用”按钮，修饰录制的声音。

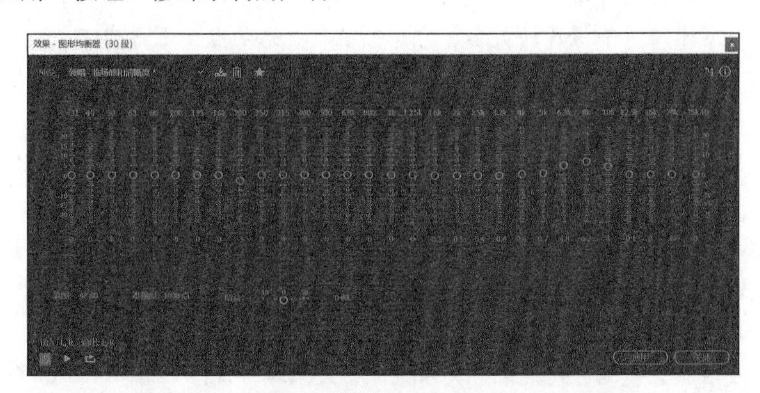

**图 7-55　“效果 - 图示均衡器（30 段）”对话框**

**步骤五：**添加延迟效果

双击波形，选择整个音频，单击菜单栏“效果”→“延迟与回声”→“延迟”命令，打开“效果 - 延迟”对话框，设置左、右声道的延迟时间和混合参数，如图 7-56 所示，单击“应用”按钮，增加声音的立体感。

**步骤六：**添加混响效果

双击波形，选择整个音频，单击菜单栏“效果”→“混响”→“完全混响”命令，打开“效果 - 完全混响”对话框，设置混响参数，如图 7-57 所示，单击“应用”按钮，增强声音的空间层次感和穿透感。

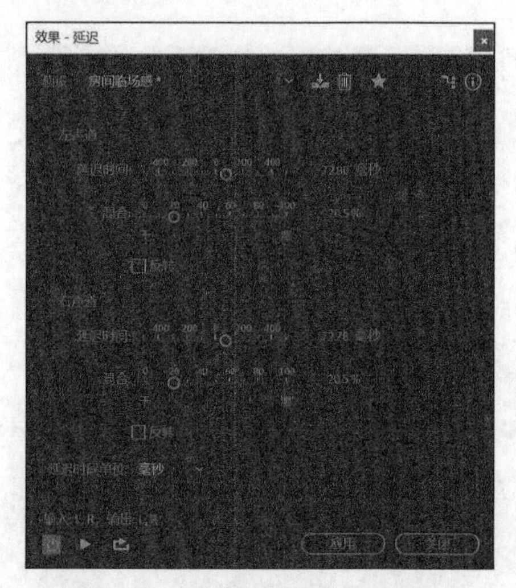


图 7-56 “效果 - 延迟”对话框

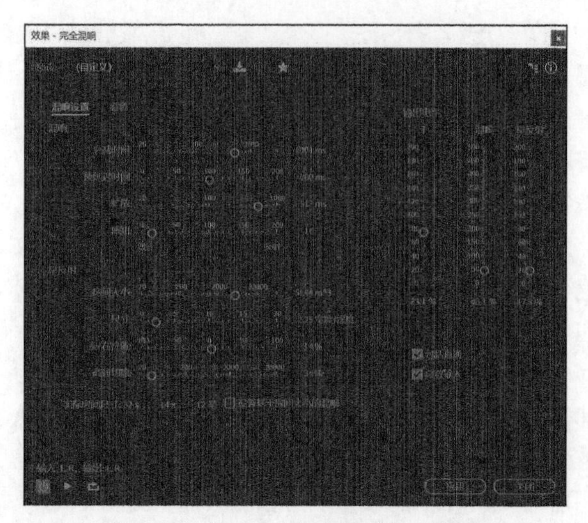


图 7-57 “效果 - 完全混响”对话框

**步骤七：**保存音频

单击菜单栏“文件”→“另存为”命令，保存该音频文件。

例 7.7 准备以下一段女生的配音内容，通过音频效果处理，完成一人分饰多角配音的工作。

水牛爷爷是森林世界公认的谦虚人，很受大家的尊重。小白兔夸它：“水牛爷爷的劲最大了！”水牛爷爷说：“唉，过奖了，犀牛、野牛劲儿都比我大。”小山羊夸它：“水牛爷爷贡献最多了！”水牛爷爷说：“唉，不能这样讲了，奶牛吃下的是草，挤出来的是奶，它的贡献比我多。”

狐狸艾克很羡慕水牛爷爷谦虚的美名，它想：“我也来学习一下谦虚吧，这谦虚太好学了。水牛爷爷的谦虚不就是两点嘛！一是把自己的什么都说小点儿，一是把自己的什么都说少点儿。嗯，对！就是这样。”

一天，艾克遇到了一只小老鼠。小老鼠看到艾克有一条火红蓬松的大尾巴，不禁发出了由衷的赞美：“哎呀，艾克大叔，您的尾巴真大呀！”艾克学水牛爷爷的口气，歪歪嘴说：“唉，过奖了，你们老鼠的尾巴比我大多了。”小老鼠大吃一惊说：“啊，什么？你长那么长的四条腿，却拖根比我还小的尾巴？”艾克又谦虚地说：“唉，不能这么讲了，我哪有四条腿，三条了，三条了。”小老鼠以为艾克得了神经病吓跑了。

艾克的谦虚没有换来美名，到换来一大堆谣言，大家纷纷说：“森林世界出了一条妖怪狐狸，只有三条腿，还拖一根比老鼠还小的尾巴……”

**步骤一：**录制配音内容

启动 Adobe Audition 2022，单击菜单栏“文件”→“新建”→“音频文件”命令，在打开的“新建音频文件”对话框中，设置文件名为“角色配音”、采样率为“44100 Hz”、声道为“立体声”、位深度为“24 位”，单击“确定”按钮，进入波形编辑模式，录制声音。

**步骤二：**添加振幅与压限效果

①双击波形，选择整个音频，单击菜单栏“效果”→“振幅与压限”→“语音音量级别”命令，打开“效果 - 语音音量级别”对话框，在“预设”下拉列表中选择“柔和”，如图 7-58 所示，单击“应用”按钮，将音频音量调整到合适状态。

②双击波形，选择整个音频，单击菜单栏“效果”→“振幅与压限”→“多频段压缩器”命令，打开“效果 - 多频段压缩器”对话框，在“预设”下拉列表中选择“广播”，如图 7-59 所示，

单击“应用”按钮，使音量增大且分布均匀。

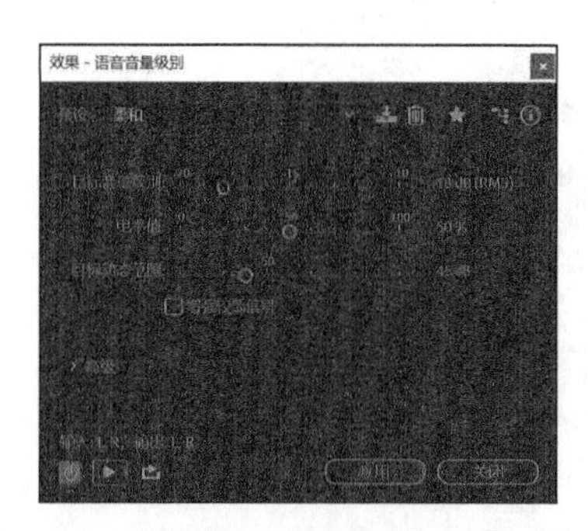

图 7-58　“效果 - 语音音量级别”对话框　图 7-59　“效果 - 多频段压缩器”对话框

**步骤三：**音频降噪

①选取一小段音频噪声波形，单击菜单栏“效果”→“降噪 / 恢复”→“捕捉噪声样本”命令，获取噪声波形特性。

②双击波形，选择整个音频，单击菜单栏“效果”→“降噪 / 恢复”→“降噪（处理）”命令，在打开的“效果 - 降噪”对话框中设置降噪参数，单击“应用”按钮，对音频进行降噪处理。

**步骤四：**音频变调

①选取音频中的“小白兔”对白波形，单击菜单栏“效果”→“时间与变调”→“音高换挡器”命令，打开“效果 - 音高换挡器”对话框，将“半音阶”设为“3”、“音分”设为“86”，如图 7-60 所示，单击“应用”按钮，对音频进行变调处理。

②选取音频中的“水牛爷爷”对白波形，单击菜单栏“效果”→“时间与变调”→“伸缩与变调”命令，打开“效果 - 伸缩与变调”对话框，将“算法”设为“Audition”、“伸缩”设为“104%”、“变调”设为“-14 半音阶”，如图 7-61 所示，单击“应用”按钮，对音频进行变速与变调处理。

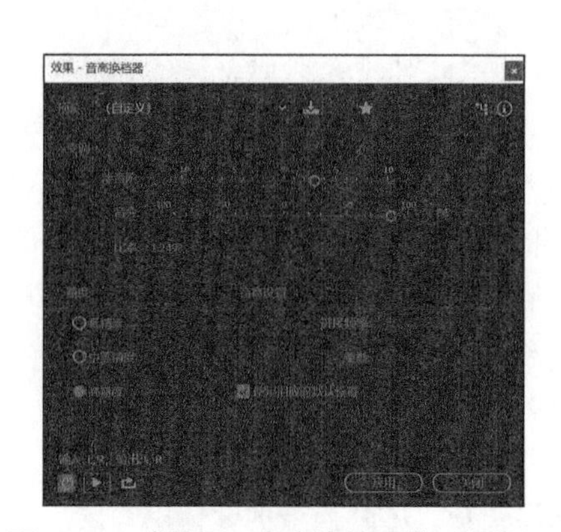

图 7-60　“效果 - 音高换挡器”对话框　图 7-61　“效果 - 伸缩与变调”对话框

③按照上述方法，依次对“小山羊”“狐狸艾克”“小老鼠”对白音频波形进行变调、变速处理。

**步骤五**：添加和声效果

选取音频中的“大家”对白波形，单击菜单栏“效果”→“延迟与回声”→“回声”命令，打开“效果-回声”对话框，在“预设”下拉列表中选择“立体声音”，适当调整个别参数，如图7-62所示，模拟森林回声效果。

图7-62 “效果-回声”对话框

**步骤六**：保存音频

单击菜单栏“文件”→“存储”命令，保存该音频文件。

### 7.3.7 Audition 2022 音频混缩与输出

音频混缩是将轨道音频融合成最终音乐的一个关键步骤，成功的混缩不仅可以创作出精彩的音乐，还可将音乐中的美妙之处充分展现出来。音频混缩完成后，可输出成指定格式的音频文件进行传播和共享。

**1. 音频混缩**

音频混缩又称音频混音，是音频后期处理的重要环节，通过对来自不同声源（人声、乐器或管弦乐）的各个声音信号进行调整、美化和修饰，最终将其混合成一个完整的音频文件。混缩的好坏直接影响音乐品质的高低，好的混缩可对每个音轨声音的大小、定位、音质、声场和效果等进行最好的分配，使其达到最佳的回放效果，从而提升整体音乐的表现效果。

混缩通常分为前期和后期两个阶段，前期用于做音频的整体效果，如混音、人声和乐器的均衡器（equalize, EQ），后期用于完成母带合成，就是把前期混好的音频整个压起来，使其听上去很平均，有必要可再一次调节音频EQ。

混缩是一项看似简单而实则非常复杂漫长且单调乏味的工作，要做好需要靠长时间的不断学习与经验积累，对于专业的混音工程师来说，其难度简直可以等同于演奏一件乐器那样困难。通常对音频进行混缩都有一定的步骤，按照这些步骤进行各种调整，便可完成混缩的操作，以下提供混缩的操作步骤只作参考，用户可根据音频的实际情况做适当调整。

**步骤1**：新建多轨混音项目，将多个音频素材插入不同音轨中，并对音频进行相应编辑，如移动、复制、粘贴、裁剪、拆分、循环以及静音等操作。

**步骤2**：调整音频音量和立体声平衡，使各种声音音调协调、主次分明。

**步骤3**：应用振幅与压限、滤波与均衡效果处理音频，使声音更加动听和均衡。

**步骤4**：应用延迟与回声、混响、调制效果修饰音频，增强声音的立体感与层次感。

**步骤5**：应用特殊效果、时间与变调效果处理音频，使声音更具特色和表现力。

**步骤6**：在“混音器”窗口中对各音轨或主控的输入/输出、效果、发送和均衡进行修改与设置，调整混缩效果。

**步骤 7**：使用不同类型的耳机和音箱，同时分别以立体声和单声道、大音量和小音量的方式不断进行回放监听，测试混缩效果。

**步骤 8**：根据测试结果，反复在“混音器”窗口中进行混缩调整，直到满意为止。

**步骤 9**：混缩输出成指定格式的音频文件，如 .wmv、.mp3 和 .wma 格式，同时保存混缩项目文件，该文件为 .sesx 格式。

将多轨混音项目文件混缩为音频文件的操作方法有以下四种。

**方法 1**：单击菜单栏“多轨”→“将会话混音为新文件”→“整个会话”命令，将多个轨道的音频文件混缩为一个新音频文件，并进入波形编辑模式。

**方法 2**：单击菜单栏“文件”→“导出”→“多轨混音”→“整个会话”命令，打开“导出多轨混音”对话框，将多个轨道的音频文件混缩为一个新音频文件，并保存到计算机中。

**方法 3**：右击音轨，在弹出的快捷菜单中选择“混音会话为新建文件”→“整个会话”命令，将多个轨道的音频文件混缩为一个新音频文件，并进入波形编辑模式。

**方法 4**：右击音轨，在快捷菜单中选择“导出混缩”→“整个会话”命令，打开“导出多轨混音”对话框，将多个轨道的音频文件混缩为一个新音频文件，并保存到计算机中。

**2. 音频输出**

Adobe Audition 2022 几乎支持所有音频格式，用户通过软件功能可以非常轻松地将单轨或多轨音频转换为日常使用的文件，如 .wmv、.mp3 和 .wma 等格式文件。通常在单轨波形编辑处理后，单击菜单栏“文件”→“保存”命令完成音频的保存与输出，而在多轨混音编辑处理后，单击菜单栏“文件”→“导出”命令完成音频的保存与输出。

在实际应用中，根据音频的应用领域，如果需要更改其存储的采样率、声道和位深度参数，可单击菜单栏“编辑”→“变换采样类型”命令，在打开的“变换采样类型”对话框中，重设音频的输出采样类型。如果需要单独输出音频的一部分，可在多轨编辑模式下，选取音频波形区域，单击菜单栏“文件”→“导出”→“多轨混音”→“时间选区”命令，在打开的“导出多轨混音”对话框中，设置文件名和指定保存路径，导出时间选区内的多轨混音文件。

**例 7.8**　制作适用于广播的配乐诗歌朗诵音频。

**步骤一**：录制人声

①启动 Adobe Audition 2022，单击菜单栏“文件”→“新建”→“多轨会话”命令，打开“新建多轨会话”对话框，设置项目名称为“诗歌朗诵”、采样率为“44.1 kHz”、位深度为“32 位”、混合为“立体声”，如图 7-63 所示，单击“确定”按钮，进入多轨编辑模式。

②将计算机的录音设备调整到“麦克风”录制状态，单击音轨 1 控制台中的“录制准备”按钮，当“录制准备”按钮呈红色高亮显示后，如图 7-64 所示，单击走带控制栏中的“录制”按钮，录制人声。

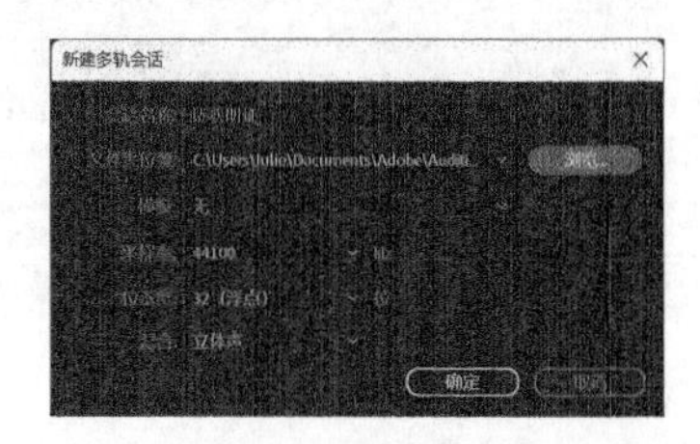


**图 7-63　“新建多轨混音项目”对话框**

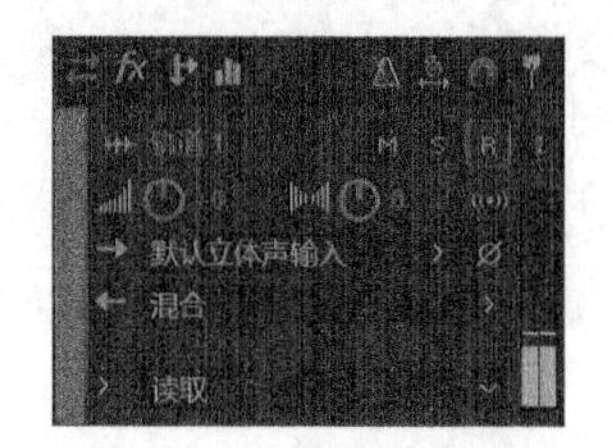


**图 7-64　“轨道 1”控制台**

**步骤二**：处理人声

①双击音轨 1 波形，进入波形编辑模式，先捕捉音频的噪声样本，然后对其进行降噪处理。

②在文件操作窗中，双击项目文件“诗歌朗诵 .sesx”，进入多轨编辑模式，单击音轨 1 控制台中的“效果”按钮 fx，在资源管理窗中单击 “效果组”面板。

③在“效果组”面板中单击“效果 1”右侧的三角按钮▶，打开音频效果列表，选择“振幅与压限”→“增幅”效果，如图 7-65 所示，打开“组合效果 - 增幅”对话框，设置左右声道增益“10”，为人声添加第一个效果。

④单击“效果 2”右侧的三角按钮▶，在打开的音频效果列表中选择“振幅与压限”→“多频段压缩器”效果，打开“组合效果 - 多频段压缩器”对话框，适当调整各频段参数，如图 7-66 所示，为人声添加第二个效果。

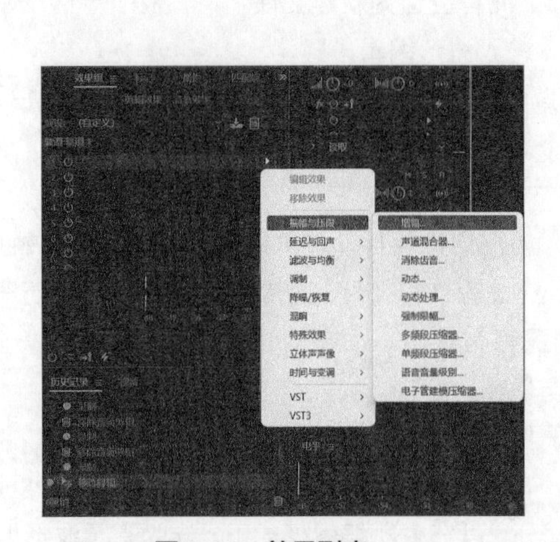


**图 7-65　效果列表**

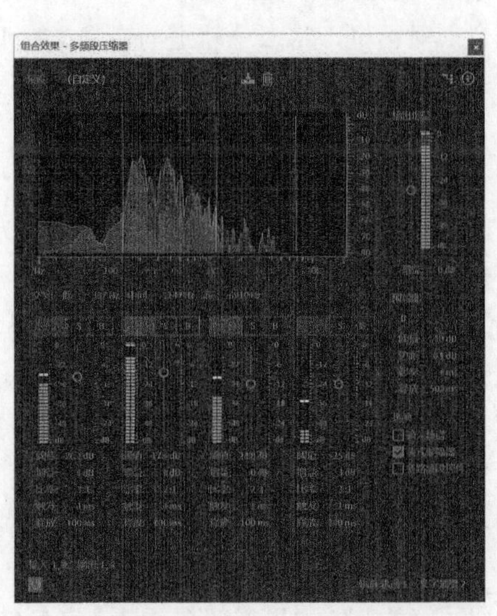


**图 7-66　“组合效果 - 多频段压缩器”对话框**

⑤使用相同操作方法，继续为人声添加延迟效果和混响效果，完成后如图 7-67 所示。

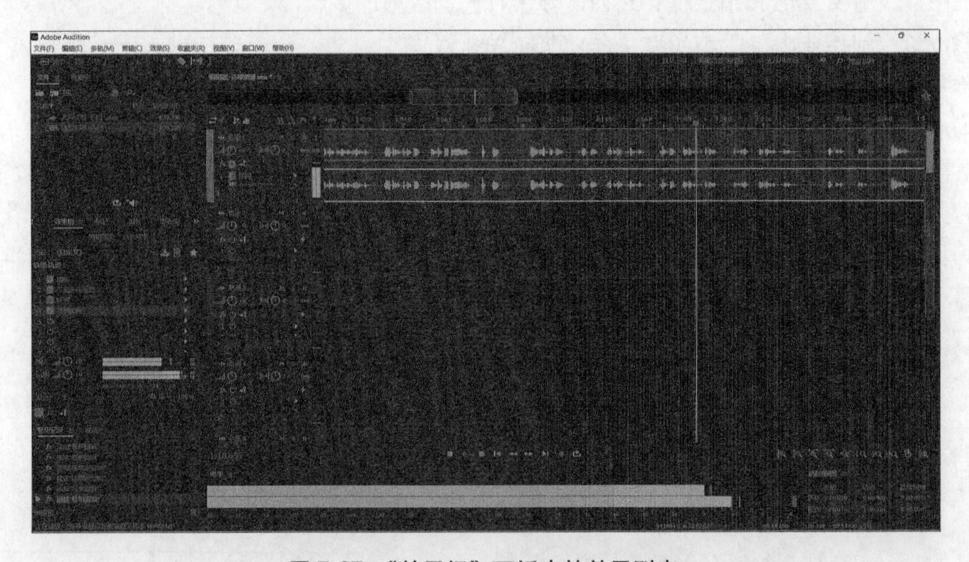


**图 7-67　“效果组”面板中的效果列表**

在波形编辑模式下，使用效果处理音频，原音频将被替换成新音频，而在多轨编辑模式下，通过音轨控制台添加效果处理音频，则可在不破坏原音频的前提下，为音乐添加效果，且允许用户随时进入效果，反复调整效果参数。

**步骤三：**编辑配乐

①单击菜单栏“文件”→“导入”→“文件”命令，打开“导入文件”对话框，导入“配乐”音频文件，此时音频出现在文件操作窗中。

②选择“配乐”音频，将其拖至音轨 2，单击“缩小（时间）”按钮，缩小音频显示范围，选择“移动工具”后将鼠标定位于音频结尾处，适当裁剪音频，并将人声与配乐音频居中对齐，如图 7-68 所示。

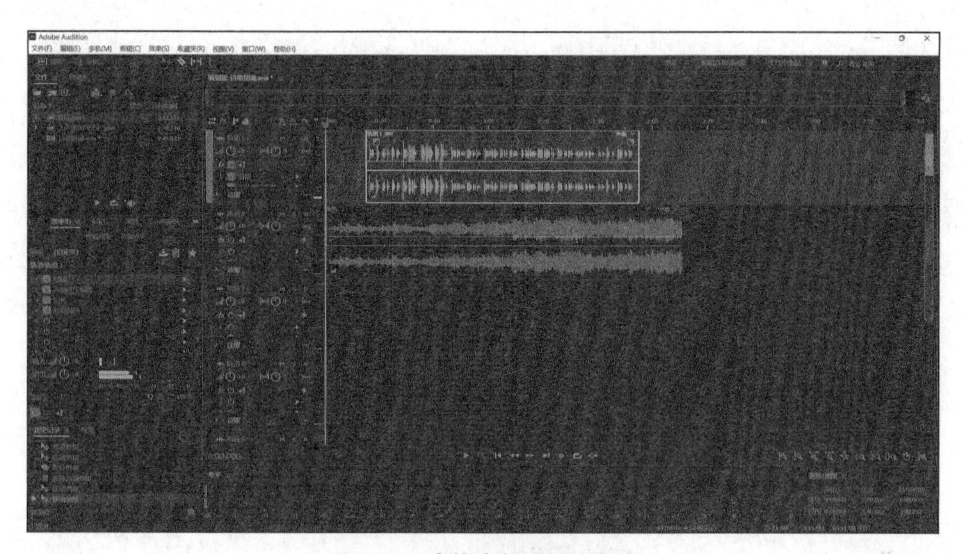

**图 7-68　多轨音频编辑示意图**

**步骤四：**多轨混缩音频

①选择音轨 2 音频，在配乐音频波形的音量包络线上增加节点，调整音频在不同时间位置的音量，如图 7-69 所示。

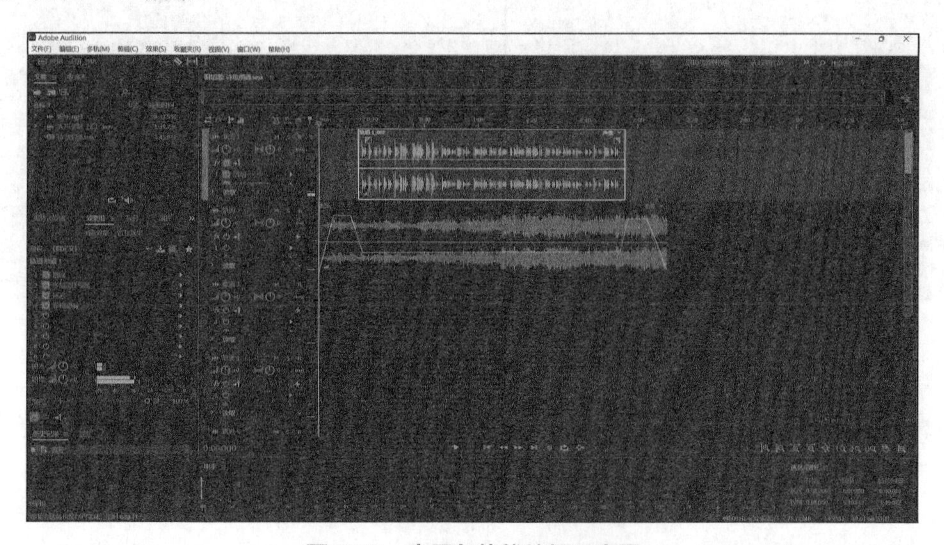

**图 7-69　音量包络线编辑示意图**

②单击菜单栏“窗口”→“混音器”命令，打开“混音器”窗口，切换至“编辑器”窗口，单击走带控制栏中的“播放”按钮▶，边监听音频，边调整窗口中轨道1和轨道2中的相应参数，如图7-70所示。

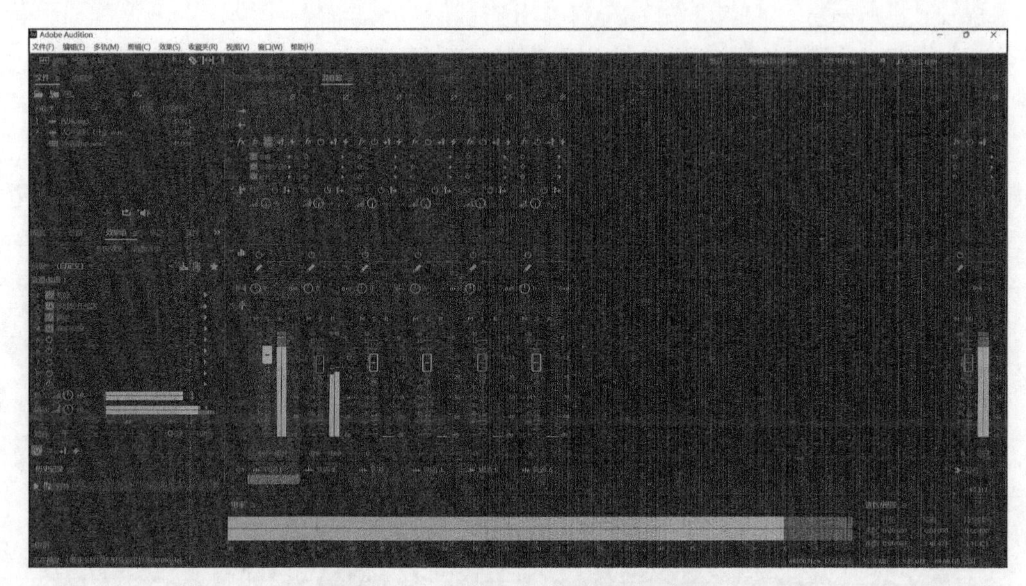

图7-70 “混音器”窗口编辑示意图

③切换至“编辑器”窗口，在音频波形范围内右击，在弹出的快捷菜单中选择“混音会话为新建文件”→“整个会话”命令，混缩人声和配乐音频，得到混缩音频，如图7-71所示。

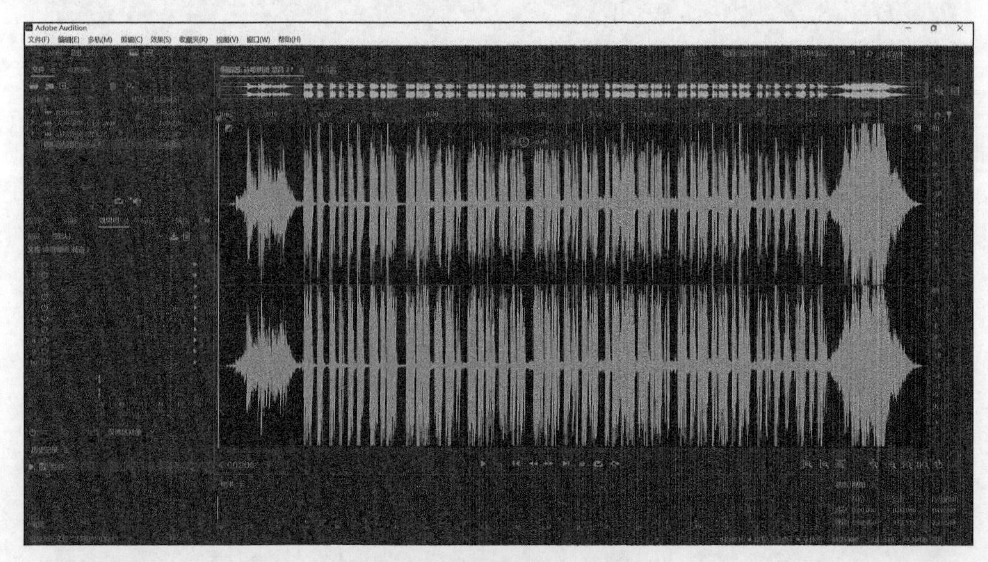

图7-71 混缩音频示意图

**步骤五：**输出音频

①单击菜单栏“文件”→“保存”命令，打开“另存为”对话框，设置文件名为“配乐诗朗诵”，格式为“Wave PCM（*.wav，*.bwf）”，单击“确定”按钮，完成音频输出。

②在文件操作窗中，双击项目文件，进入多轨编辑模式，单击菜单栏“文件”→“保存”命令，保存多轨混音项目文件。

# 7.4　视频信息处理

## 7.4.1　视频基础知识

视觉是人类感知外部世界的重要途径之一，人们接受的所有信息中绝大部分来自视觉。根据视觉暂留原理，连续的图像变化每秒超过 24 帧画面时，人眼将无法辨别出单幅的静态图片，只会出现平滑连续的视觉效果，这种连续的画面称为视频，以最直观、生动的方式传播着大量丰富的信息。根据视频信息的存储与处理方式的不同，视频被分为模拟视频和数字视频。

**1. 模拟视频**

模拟视频是一种用于传输图像和声音且随时间连续变化的电信号，以连续的模拟信号方式记录、存储、处理和传输视频信息。生活中人们所看到的利用模拟摄像机拍摄的视频影像，通过模拟通信网络传输、模拟电视机接收与播放的电影和电视等都属于模拟视频。模拟视频具有技术成熟、价格低、系统可靠性较高等优点，但缺点是不适合长期存放和多次复制，并且随着时间的推移，图像信号强度会逐渐减弱，造成图像质量下降、色彩失真等现象。

为了便于模拟视频的存储、处理和传输，国际上形成了一套通用的广播视频标准，又称电视制式，最常用的有三种，分别是 NTSC 制、PAL 制和 SECAM 制。三种电视制式的特点见表 7-2。中国、印度和巴基斯坦等国家使用 PAL 制，美国、加拿大、韩国和日本等国家使用 NTSC 制，而法国、俄罗斯及部分非洲国家使用 SECAM 制。这些标准定义了如何对视频信号进行编码以产生电信号并最终生成电视图像，一般情况下，一种制式很难转换成另一种制式，除非在特殊情况下使用高端、先进的设备才能实现各种制式间的转换。

表 7-2　广播视频标准

| 电视制式 | 帧频 | 垂直分辨率 | 场频 | 特　点 |
|---|---|---|---|---|
| NTSC | 30 帧 /s | 525 行 / 帧 | 60 Hz | 编 / 解码电路简单，但存在相位敏感、色彩易失真 |
| PAL | 25 帧 /s | 625 行 / 帧 | 50 Hz | 克服了相位敏感引起的色彩失真，但编 / 解码电路复杂 |
| SECAM | 25 帧 /s | 625 行 / 帧 | 50 Hz | 抗干扰性强，彩色效果好，但兼容性差 |

**2. 数字视频**

数字视频是先用摄像机等视频捕捉设备将外界影像的颜色和亮度信息转变为电信号，再记录到存储介质中，它以离散的数字信号方式表示、存储、处理和传输视频信息。生活中利用数码摄像机拍摄的视频影像，通过数字宽带网络传输、数字电视机、数字机顶盒、多媒体计算机接收与播放的电影和电视以及使用数字化设备存储于数字存储介质（如光盘、U 盘和存储卡等）中的视频信息等都属于数字视频。相对于模拟视频，数字视频具有可用计算机编辑处理、抗干扰能力强、再现性好以及适合于数字网络播放与传输等优点，而其缺点是数据量大、需要进行数据压缩后才能使用一般设备处理，且由于播放数字视频时需要解压缩还原视频信息，因而处理速度较慢。

数字视频与模拟视频作为视频信号的两种不同表达形式，两者相互对应，模拟视频信号的“山峰”和“山谷”对应数字视频信号的“0”或“1”。在进行视频采集时，由模拟 / 数字（A/D）转换器将视频的模拟信号转换为数字信号，而在播放数字视频时，则又由数字 / 模拟（D/A）转换器将二进制的数字信息解码成模拟信号。目前，数字视频尚无统一的国际标准，但有标清与高清之分，其中标清视频（digital video, DV）是指垂直分辨率在 720 以下的视频格式，高清视频

（high definition video, HDV）是指垂直分辨率在 720 以上的视频格式。如“HDV 1080i-50i”表示垂直分辨率为 1080、隔行扫描、帧频为 50 的高清视频，而“HDV 720p-25p” 表示垂直分辨率为 720、逐行扫描、帧频为 25 的高清视频。

## 7.4.2 视频处理技术

视频处理技术也是多媒体技术中的一项重要技术，主要包括视频信息采集、视频编辑方式、数字编辑与合成、视频输出与文件格式转换。

### 1. 视频信息采集

视频信息采集是视频信息处理的基础，只有将视频信息采集到多媒体计算机中，才能对其进行数字化编辑与处理，根据视频类型的不同，可分为模拟视频采集和数字视频采集两种。模拟视频采集需先将模拟视频源（如模拟摄像机、录像机、LD 视盘机以及电视信号等）与装有视频采集卡的多媒体计算机相连接，然后在视频源设备中播放视频，由视频采集应用软件完成视频采集，最终使模拟信号转化为数字信号。数字视频采集则利用可连接 DV 视频信号的 IEEE 1394 接口，以数字对数字的形式，将数码摄像机和其他数字化设备所拍摄的 DV 信号采集到多媒体计算机中。需要注意的是，由于 DV 质量高于一般的视频质量，采集过程中数据量非常大，这对计算机硬件性能的要求也相对更高。此外，在视频采集过程中，通常模拟视频采集会对视频信号产生一定程度的损失，而数字视频对视频信号不会产生损失，能得到与原始视频源一模一样的效果。

### 2. 视频编辑方式

根据视频信息存储与处理方式的不同，可将视频编辑方式分为线性编辑和非线性编辑两种。线性编辑是一种利用电子手段依据节目内容的要求，将素材连接成新的连续画面的技术，主要针对记录在磁带上的模拟视频，其编辑工作要按照素材时间的先后顺序进行，要修改录制好的节目中的某段素材，需以同样的时间、长度进行替换，而无法删除、缩短和加长该段素材，除非将该段素材以后的画面抹去重录。作为传统电视节目的编辑方式，线性编辑虽然技术成熟、操作简单，但节目制作较麻烦，投资与故障率都较高。非线性编辑则是一种借助计算机对素材进行数字化制作与编辑的技术，主要针对记录在硬盘、光盘和存储卡上的数字视频。与线性编辑相比，它突破了单一的时间顺序编辑限制，可按照素材对应的地址直接存取，将素材以各种顺序排列，且上传一次能进行多次编辑，信号质量始终不变，具有高质量的图像信号、强大的制作功能以及工作可靠性高、功能拓展方便等特点，是现今绝大多数电视电影的编辑方式。

### 3. 数字视频编辑与合成

数字视频编辑主要涉及对视频内容和视频效果两方面的编辑，其中视频内容的编辑是指对包括文字、图形、图像、声音、视频和动画等多媒体素材进行剪辑、排列和衔接等处理，而视频效果的编辑则是指为多媒体素材添加艺术效果和特技镜头，如摇动、缩放、气泡、油画、涟漪、色彩校正、马赛克、3D 彩屑、旋转和交叉淡化等。

数字视频合成是指将两个或多个原始视频素材拼合为单一复合素材的处理过程。通常数字视频合成包含了对素材画面内的调整、不同画面间的拼合、文字声音动画的添加以及各种特殊效果的渲染等处理。目前，以非线性编辑为代表的视频编辑方式就兼备了数字视频编辑与合成双重功能，是数字视频后期处理的主要手段。

### 4. 视频输出与文件格式转换

视频输出是视频信息处理的最后一个环节，它将编辑完成的视频效果以指定的格式进行存储。常用的视频输出方式是直接输出压缩的视频文件，这类视频文件格式非常多，包括 AVI、MPEG、WMV、MP4、RMVB、FLV 以及 MOV 等，再利用这些压缩的视频文件制作成光盘或网络流媒体视频。由于视频文件格式存在多样化，而为适应不同网络带宽的要求、不同编辑软件输入的要求以及不同介质播放的需求，往往要将某种格式的视频文件以特定的形式表现出来，这就需要对现有视频格式进行转换。常用的视频格式转换软件有格式工厂、暴风转码、快乐影音转换器、艾奇全能视频转换器、视频转换大师以及影音转码快车等。

### 7.4.3 常用的视频编辑软件

常用的视频编辑软件有 Corel VideoStudio、Adobe Premiere、Sony Vegas、Edius、Ulead Media Studio、爱剪辑以及剪映等，不同的视频编辑软件有各自的特点，用户可根据实际需求选择相应的软件完成视频的处理。

#### 1. Corel VideoStudio

Corel VideoStudio 又称会声会影，是一款针对个人及家庭设计的视频编辑软件，其编辑模式从捕获、剪辑、转场、特效、覆叠、标题、字幕、配乐到刻录，可全方位编辑出好莱坞级的家庭电影效果。该软件界面简洁、操作方便、功能完善，提供了大量丰富的编辑功能与效果，可输出多种常见的视频格式，甚至可以直接制作成光盘。

#### 2. Adobe Premiere

Adobe Premiere 是一款常用的专业化视频编辑软件，提供了视频采集、剪辑、调色、美化音频、字幕添加、输出和 DVD 刻录等一整套流程。该软件易学、高效、精确，并兼容 Adobe 公司的其他软件，其强大的编辑能力与 Adobe After Effects 特效和 Adobe Photoshop 图像处理功能相结合，可满足高质量视频作品制作的需求，被广泛应用于广告制作、电视节目制作和电影剪辑中，同时也是视频爱好者和专业人士必不可少的视频编辑工具之一。

#### 3. Sony Vegas

Sony Vegas 是一款由索尼公司开发的集影像编辑与声音编辑的软件，内置无限制的视轨和音轨，是其他影音编辑软件没有的特性。它不仅提供了全面的 HDV、SD/HD-SDI 采集、剪辑和回录功能，完成对视频素材的剪辑合成、添加特效、调整颜色、编辑字幕等操作，还包含了强大的音频处理功能，可以为视频素材添加音效、录制声音、处理噪声以及生成环绕立体声。此外，Vegas 还支持各种格式影片的输出，并将其直接发布于网络或刻录成光盘。

#### 4. Edius

Edius 是一款由美国 Grass Valley（草谷）公司开发的优秀非线性视频编辑软件，专为广播电视和后期制作环境需求而设计，拥有完善的基于文件的工作流程，提供了实时、多轨道、多格式混编、合成、色键、字幕和时间线输出功能，能够帮助广大用户、独立制作人和专业用户优化工作流程，提高速度，支持更多格式，并提高系统运行效率，特别针对新闻记者、无带化视频制播和存储，是混合格式编辑的绝佳选择。

#### 5. Ulead Media Studio

Ulead Media Studio 是一款由 Ulead 公司开发的 Video 视频制作软件，提供了影片捕捉、剪辑、绘图、动画、音频编辑以及视频输出等功能，可制作出具有专业水准的影片、录影带、光盘及网络影片。相对于其他视频编辑软件，其功能更加稳定，视频输出品质和速度更有优势，但在专业应用上有所欠缺，较适合大部分初中期的视频制作。

**6. 爱剪辑**

爱剪辑是由深圳爱剪辑科技有限公司开发的一款强大、易用的视频剪辑软件，也是国内首款全能免费的视频剪辑软件。该软件立足于国人的使用习惯、审美特点以及功能需求，提供最全的视频与音频格式支持、影院级好莱坞文字特效、转场效果、风格滤镜效果、卡拉 OK 效果以及 MTV 字幕功能等，能够让用户轻松实现视频剪辑，添加字幕、相框与贴图，调色以及去水印等操作。相对于其他视频编辑软件，其具有全新的人性化创新设计、较低的软件操作复杂度、低耗稳定的运行环境、细腻出众的画质与艺术效果等特点，受到广大国内用户的青睐。

**7. 剪映**

剪映是由深圳脸萌科技有限公司开发的一款全能易用的手机视频编辑工具，自带全面的视频剪辑功能，支持色度抠图、曲线变速、切割变速倒放、视频防抖以及图文成片等功能，并为用户提供大量丰富酷炫的主题模板、贴纸、文本、转场、特效、风格滤镜、素材以及抖音独家曲库等资源。2021 年 2 月，剪映专业版 Windows 正式上线，从此实现了手机移动端、Pad 端以及 PC 端全覆盖，支持创作者在更多场景下自由创作，让人人皆可成为创作者。近年来，随着国内抖音、快手等短视频平台的快速发展，剪映积累了大量的用户资源，并迅速成为全民创作与剪辑视频的实用工具。

### 7.4.4　会声会影 2022 基本操作

会声会影 2022 是一款非常普及的视频非线性编辑软件，该软件主要由欢迎、视频捕获、编辑和输出四大模块组成，界面友好、操作简便且效果丰富，被广泛应用于家庭电影、个人视频、广播节目、商业项目以及重大活动片头等制作，如电子相册、毕业留念、时尚写真、个人 MTV、影视混剪、婚庆剪辑、颁奖典礼以及企业宣传等。

**1. 会声会影 2022 工作界面**

启动会声会影 2022 应用程序后，软件工作界面包含一个“欢迎”选项卡和三个主要工作区，工作区分别是“捕获”“编辑”“共享”，每个工作区都包含特定工具和控件，以实现不同的功能。

（1）“欢迎”选项卡

“欢迎”选项卡功能相对简单，主要提供软件新增功能、教程以及获取更多内容等信息，帮助用户更好地掌握会声会影 2022 软件以及获取更丰富的视频素材，如图 7-72 所示。

图 7-72　“欢迎”选项卡

（2）“捕获”工作区

“捕获”工作区用于导入各种视频、照片和音频素材，来源包括外围设备、DV 磁带、光盘、内存 / 光盘摄像机以及实时屏幕捕获等，同时还可制作定格动画，如图 7-73 所示，该面板可满足用户对各种视频进行捕获的需求。

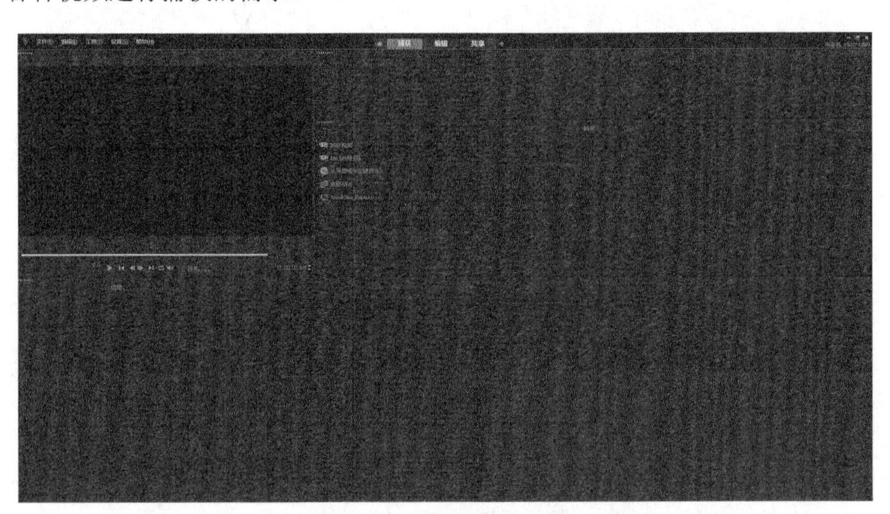

图 7-73　“捕获”工作区

（3）“编辑”工作区

“编辑”工作区是软件的默认工作区，也是编辑视频文件的主要场所，在其中可对视频素材进行分割、剪辑、修整与颜色校正等操作，同时还可为视频素材添加转场、标题、图形、滤镜、贴纸、路径以及速度等各种效果，从而丰富视频的画质和艺术感，如图 7-74 所示。

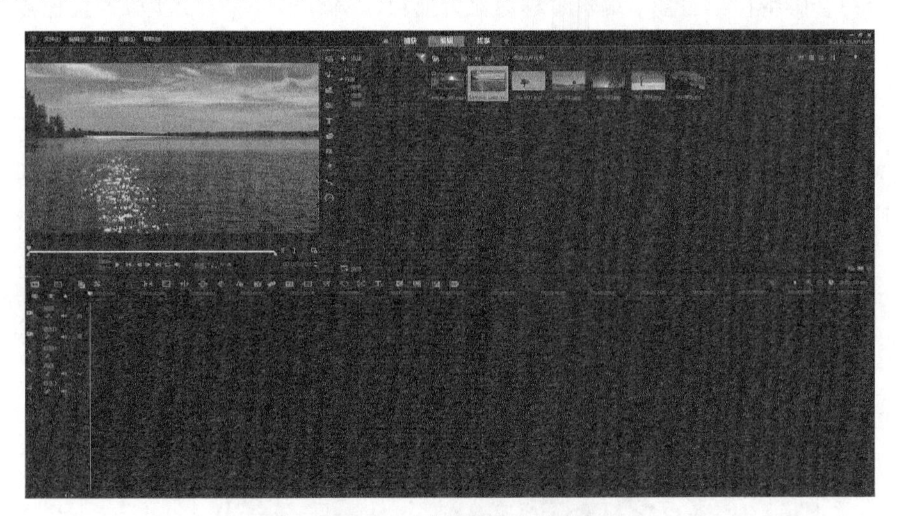

图 7-74　“编辑”工作区

（4）“共享”工作区

“共享”工作区主要完成影片的保存与共享，可以输出视频文件、将其刻录到光盘或上传至网络。软件支持适用于在计算机、移动设备和摄像机上播放的不同视频格式的输出，如 AVI、MPEG、WMV、MOV 以及 MP4 视频文件等；支持适合于不同类型光盘存储的视频刻录，如 DVD 光盘、蓝光光盘；支持网络上传视频并在线共享，如 YouTube、Vimeo 等；还支持 3D 视频的制作以及音频的单独输出，如图 7-75 所示。

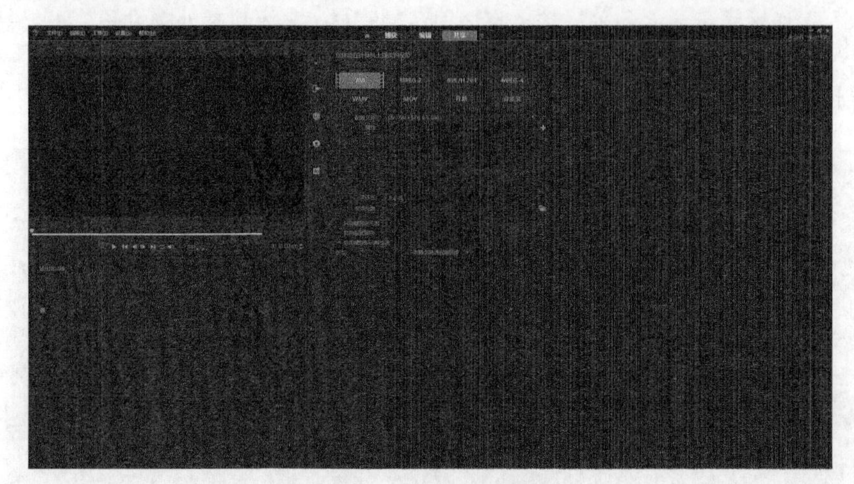

图 7-75 “共享”工作区

**2. 会声会影 2022 编辑界面**

会声会影 2022 编辑工作区可使用户快速而准确地完成视频的编辑工作，该工作界面主要由菜单栏、播放器面板、素材库面板、选项面板、工具栏以及时间轴组成。

（1）菜单栏

与绝大多数软件一样，会声会影 2022 的菜单栏位于工作界面的顶部，菜单栏左侧包含“文件”“编辑”“工具”“设置”“帮助”菜单项，每个菜单都提供了各种常用功能的执行命令。菜单栏中部包含“欢迎”“捕获”“编辑”“共享”标签，单击不同的标签，可进入对应的窗口界面，会声会影将视频的整个编辑过程简化为捕获、编辑和共享三个步骤，使视频制作变得更加简单。菜单栏右侧包含“最小化”“最大化 / 还原”“关闭”按钮。

（2）播放器面板

播放器面板用于预览和编辑项目中所使用的素材，包含预览窗口和导览区域，其中预览窗口用来预览正在编辑的项目和预览视频、转场、标题、图形、滤镜以及路径等素材的效果，而导览区域则提供用于在播放器面板中回放和精确修整素材的按钮，如图 7-76 所示。

图 7-76 播放器面板

（3）素材库面板

素材库面板用于存储和管理影片创建所需的全部内容，包括视频样本、照片和音乐素材、已导入素材、即时项目、转场、标题、图形、滤镜、贴纸、运动路径以及速度。单击面板左侧的标签可进入不同类型的素材库，每种素材库都会显示软件所提供的全部内容，如图 7-77 所示。

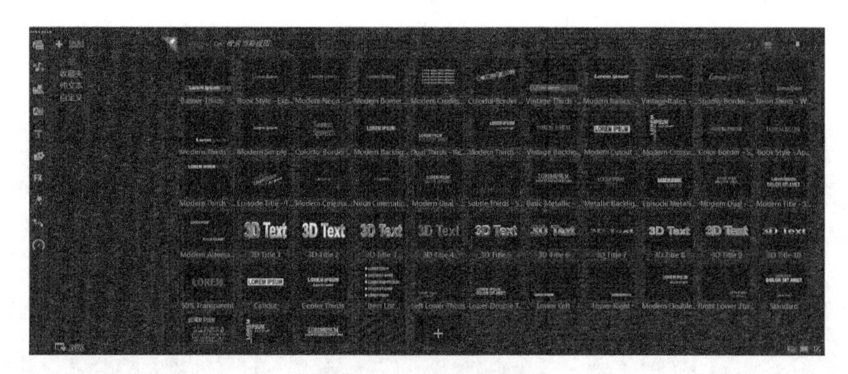

**图 7-77　素材库面板**

（4）选项面板

选项面板通常隐藏于素材库面板中，主要用于对编辑素材进行参数设置，如调整素材的显示时间、速度、效果、脸部效果、色彩以及镜头校正等，该面板显示内容会根据素材对象的不同而有所不同。在素材库面板或选项面板右下角有一个按钮区域，单击“显示库面板”按钮，只显示素材库面板，单击“显示库和选项面板”按钮，同时显示素材库面板和选项面板，如图 7-78 所示，单击“显示选项面板”按钮，只显示选项面板。

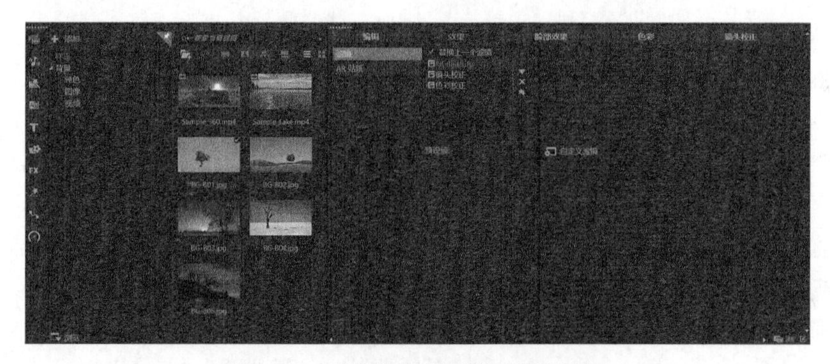

**图 7-78　“视频”素材库和选项面板**

（5）工具栏

工具栏位于播放器面板与素材库面板的下方，提供对许多编辑命令的快速访问，如图 7-79 所示，包括时间轴视图切换按钮，如“故事板视图”按钮、“时间轴视图”按钮，常见编辑操作按钮，如“替换模式”按钮、“自定义工具栏”按钮、“撤销”按钮、“重复”按钮、“内滑”按钮、“调速”按钮、“滚动”按钮、“外滑”按钮、“录制 / 捕获选项”按钮、“混音”按钮、“自动音乐”按钮、“运动追踪”按钮、“字幕编辑器”按钮、“多相机编辑器”按钮、“重新映射时间”按钮、“遮罩创建器”按钮、“摇动和缩放”按钮、“3D 标题编辑器”按钮、“分屏模板创建器”按钮、“绘图创建器”按钮、“语音转文字”按钮、“GIF 创建器”按钮、“放大 / 缩小”滑块、“将项目调到时间轴窗口大小”按钮以及“项目区间”显示框。

图 7-79　工具栏

（6）时间轴

时间轴面板包含工具栏与时间轴，时间轴位于工具栏的下方，用于显示项目中所有视频、图像、标题和声音等多媒体素材，是组合视频项目中媒体素材的位置，用户可在时间轴中直接编辑素材的区间、范围和效果，如图 7-80 所示。

图 7-80　时间轴

时间轴默认包含五个轨，分别是视频轨、覆叠轨、标题轨、声音轨以及音乐轨，在不同的轨道中可编辑不同的媒体素材。各轨的功能如下：

①视频轨：用于插入视频和图像素材，对素材进行编辑和修剪。

②覆叠轨：用来制作丰富多彩的覆叠效果，可看作特殊的视频轨，具有视频轨的大部分功能，如插入视频和图像素材、应用转场和滤镜特效等。

③标题轨：可创建各种标题与字幕效果，这些标题与字幕能以不同字体、样式、动画等形式出现在视频画面中，从而增强视频的视觉艺术效果。

④声音轨：用来插入背景声音素材，并可为其添加相应的声音特效，以打造较好的听觉效果。

⑤音乐轨：是除声音轨外，另一个用来添加与编辑声音素材的轨道。

时间轴中的时间线与导览区域中的滑轨同步，可帮助用户在精确的时间点上查看和编辑项目中的媒体素材，同时还可准确地显示素材在每条轨道上的时间区间。

**3. 新建、打开与保存项目文件**

项目是进行视频编辑的文件，会声会影 2022 的项目文件为 .VSP 格式的文件，主要用于存放影片制作过程中产生的必要信息，包括视频、图形、图像、标题、音乐以及各种特效等。需要特别注意的是，项目文件不是影片，项目编辑完成后，只有经过渲染输出，将项目文件中的所有素材和特效组合成一个整体文件，才能生成最终的影片。

（1）新建项目文件

进入会声会影编辑界面后，单击菜单栏“文件”→“新建项目”命令，或按【Ctrl+N】快捷键，可新建一个项目文件。如果此时存在一个正在编辑的项目文件，系统会自动弹出一个对话框，提示用户是否保存当前项目文件。

（2）打开项目文件

单击菜单栏“文件”→“打开项目”命令，或按【Ctrl+O】快捷键，弹出“打开”对话框，在其中选择需要打开的项目文件对象，可打开该项目文件。在会声会影中打开项目文件后，单击导览区域中的“播放”按钮，可预览项目的整体播放效果，同时用户可以对项目中的多媒体素材和特效等内容进行编辑。

（3）保存项目文件

项目编辑完成后，单击菜单栏“文件”→“保存”/“另存为”命令，或按【Ctrl+S】快捷键，弹出“另存为”对话框，在其中设置项目文件名和指定保存路径，单击“保存”按钮，可保存项目文件。项目文件被保存后，与项目关联的视频、图像、标题、字幕、背景音乐以及特效等信息都将被保存。

### 7.4.5　会声会影 2022 素材编辑

为了使媒体素材更好地满足视频制作的需要，在获取素材后还需对其进行各种编辑操作，从而使制作的视频画面效果更加丰富、生动。在会声会影 2022 视频编辑中，常见的素材编辑操作包括设置素材区间、摇动和缩放图像、图像色彩校正、音频处理、360 视频编辑、剪辑视频以及反转视频等。

#### 1. 设置素材区间

素材区间主要指图像或视频的时间长度，通常图像素材的区间可以进行任意缩放，视频素材的区间则是固定的。在视频编辑中，缩放图像素材的区间就是缩短或延长视频中一帧画面的停留时间，缩短视频素材的区间相当于修剪视频和快动作播放视频，而延长视频素材的区间相当于慢动作播放视频。

图像素材插入到时间轴中的默认区间为 3 s，设置图像素材区间的常用方法有以下四种。

**方法 1**：单击菜单栏“设置”→“参数设置”命令，或按【F6】键，打开“参数选择”对话框，进入“编辑”选项卡，通过设置“默认照片 / 色彩区间”参数调整图像素材的默认区间，如图 7-81 所示。

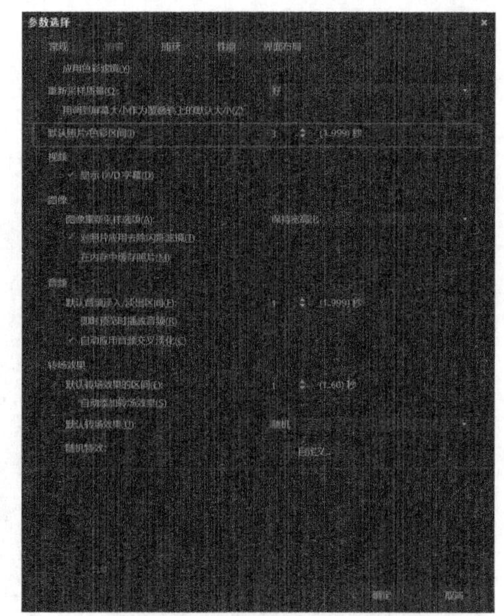

图 7-81　“参数选择”对话框

**方法 2**：选择图像素材，此时图像素材四周出现黄色边框，将鼠标光标放置于图像末端位置，向右拖动鼠标，可增加图像素材区间，反之向左拖动，可缩短图像素材区间。

**方法 3**：选择图像素材，单击素材库面板右下角的“显示选项面板”按钮，或右击图像素材，在弹出的快捷菜单中选择“打开选项面板”命令，打开选项面板，通过设置“编辑”选项卡中的“照片区间”参数调整图像素材的区间，如图 7-82 所示。

**方法4**：右击图像素材，在弹出的快捷菜单中选择“更改照片区间”命令，在弹出的“区间”对话框中设置图像素材的区间，如图7-83所示。

图7-82　选项面板

图7-83　“区间”对话框

用户也可根据需要设置视频素材的区间，对视频素材区间进行不同方式的缩放，可实现不同的画面播放效果。在时间轴中插入视频素材后，设置视频素材区间的常用方法有以下四种。

**方法1**：选择视频素材，视频素材四周出现黄色边框，将鼠标光标放置于视频开始（或末端）位置，向右（或左）拖动鼠标，可缩短视频素材区间，此时视频素材将被自动修剪掉一部分。

**方法2**：选择视频素材，将导览区域中开始位置处的“修整标记”按钮向右拖至指定位置，修剪掉视频的片头部分，将导览区域中末端位置处的“修整标记”按钮向左拖至指定位置，修剪掉视频的片尾部分，可缩短视频素材区间。

**方法3**：选择视频素材，单击素材库面板右下角的“显示选项面板”按钮，或双击视频素材，打开选项面板，单击选项面板中的“速度/时间流逝”按钮，打开“速度/时间流逝”对话框，通过设置“新素材区间”参数调整视频素材的区间，如图7-84所示，视频素材区间缩短（延长）后，视频播放速度将明显加快（减慢）。

**方法4**：右击视频素材，在弹出的快捷菜单中选择“打开选项面板”命令，打开选项面板，单击“变速”按钮，打开“变速”对话框，如图7-85所示，通过调整“速度”参数或滑块设置视频素材的区间，同时调整视频的播放速度。

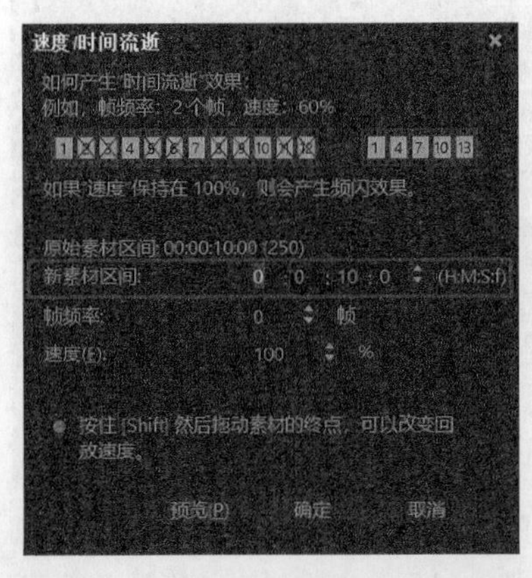


图7-84　“速度/时间流逝”对话框

图7-85　“变速”对话框

## 2. 摇动和缩放图像

摇动和缩放是一种只能应用于图像素材的效果，可使静态图片产生连续动态变化的画面效果，从而模拟出相机移动和变焦效果。应用摇动和缩放效果不仅可以使图像效果更加丰富，还可以使制作的视频更加生动。在时间轴中插入图像素材后，应用与编辑摇动和缩放效果的操作步骤如下：

①双击图像素材，打开选项面板，在“编辑”选项卡选择“摇动和缩放”选项，单击下方的下拉按钮，打开“摇动和缩放”效果列表框，如图 7-86 所示，选择所需的预设样式，应用该摇动和缩放效果。

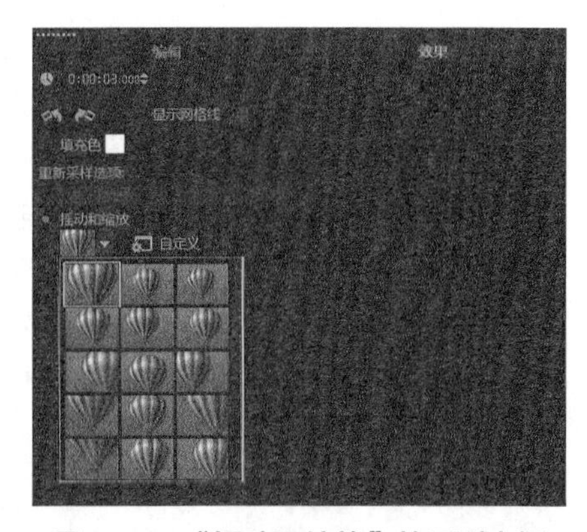


图 7-86　“摇动和缩放”效果列表框

②单击“自定义”按钮，打开“摇动和缩放”对话框，如图 7-87 所示，通过设置指定帧的“位置”“背景色”“垂直”“水平”“旋转”“缩放率”以及“透明度”参数来编辑图像的摇动和缩放效果。

图 7-87　“摇动和缩放”对话框

## 3. 图像色彩校正

会声会影 2020 提供了强大的图像色彩校正功能，用来调整图片或视频素材的白平衡、色调、饱和度、亮度、对比度以及 Gamma 等，能使色彩失衡、曝光不足或过度等有瑕疵的图像得到修正，使视频素材的画面效果更加丰富。双击时间轴中的图像或视频素材，打开对应的选项面板，进入“色彩”选项卡，如图 7-88 所示，通过调整相应参数对图像或视频素材进行色彩校正。

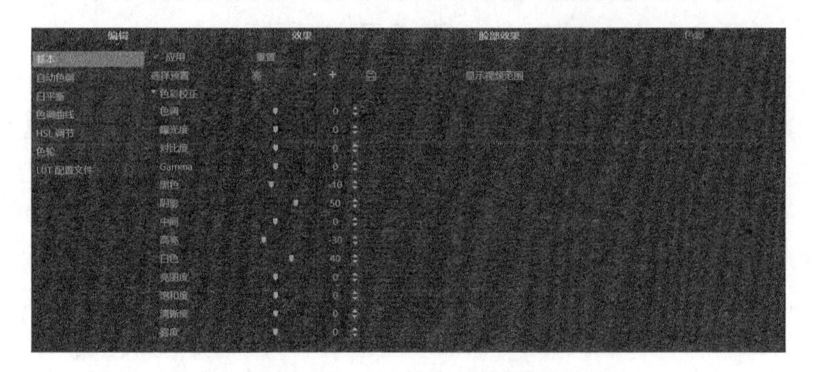


图 7-88　“色彩”选项面板

在选项面板“色彩”选项卡中，调整白平衡可以制作出特殊光线效果，如钨光、荧光、白光、云彩、阴影以及阴暗效果，同时还可设置每种光线的色温；调整色调可以改变画面的色彩；调整饱和度可以改变色彩的纯度；调整亮度可以改变色彩的明暗程度；调整对比度可以改变明暗区域最亮的白和最暗的黑之间不同亮度范围的差异，进而影响画面的清晰度与细节表现程度；调整 Gamma 可以改变不同亮度的层次，进而影响画面呈现的效果。

**4. 音频处理**

影视作品是一门声画艺术，而音频作为影片中不可或缺的重要元素，不仅可以烘托影片氛围，还可传递信息。会声会影 2022 不仅可以编辑视频，还可对音频进行简单处理，包括添加音频、提取视频中的音频、录制声音、调整音频音量与速度、修剪音频以及添加声音特效等。

（1）添加音频

在视频后期制作中，添加音频是最基本的操作。会声会影允许用户为视频添加素材库音频、自动音乐以及计算机磁盘中的音频，同时在时间轴中提供了两种不同类型的音频轨道，分别是声音轨和音乐轨，前者用于存放各类人物、动物或特效的声音，后者用于存放背景音乐。

素材库面板中包含了多种不同类型的音频素材，用户可以根据需要选择并添加所需的音频。从素材库中添加音频的操作步骤如下：

①单击素材库面板左侧的“声音”标签按钮，进入“音效”素材库，此时素材库面板中显示全部音频素材。

②右击要添加的音频素材，在弹出的快捷菜单中选择“插入到”→“声音轨”/“音乐轨”命令，将音频添加至时间轴中，也可直接将音频素材拖至时间轴的声音轨或音乐轨中。

自动音乐是会声会影的一个音乐库，内含许多不同风格的音乐，用户在其中选择适合影片的音乐后，系统会自动将音乐添加至音乐轨中，同时与图像或视频素材的区间长度进行匹配。添加自动音乐的操作步骤如下：

①在时间轴中插入图像或视频素材后，单击工具栏中“自动音乐”按钮，打开“自动音乐”选项面板，如图 7-89 所示，此时面板中按照不同分类显示音乐。

图 7-89 “自动音乐”选项面板

②通过设置“类别”“歌曲”“版本”选项选择合适的音乐，单击“播放选定歌曲”按钮，开始播放音乐，播放到合适位置时，单击“停止”按钮，停止音乐播放，单击“添加到时间轴”按钮，将自动音乐添加至音乐轨中。

将计算机磁盘中的音频添加至时间轴中也是常用的添加音频素材的方法，能更好地满足用户的需求且操作更加方便，其操作步骤如下：

①在时间轴中右击，在弹出的快捷菜单中选择“插入音频”→“到声音轨”或“到音乐轨”命令，弹出“打开音频文件”对话框。

②在对话框中选择需要添加的音频素材，单击“打开”按钮，将音频添加至声音轨或音乐轨中。

（2）提取音频

会声会影可以轻松地将音频从影视作品中分离出来，并添加到素材库和存储到计算机中，方便以后使用与编辑。在时间轴中插入视频素材后，从中提取出音频的操作方法有以下两种。

**方法 1**：双击视频素材，打开选项面板，单击“编辑”选项卡中“分割音频”按钮，将音频从视频素材中分离出来，并存放于声音轨。

**方法 2**：右击视频素材，在弹出的快捷菜单中选择“音频”→“分离音频”命令，将音频从视频素材中分离出来，并存放于声音轨。

（3）录制声音

在会声会影中，用户不仅可以从素材库、外围设备中获取音频素材，还可以利用软件的录制功能捕获外部声音。录制声音的操作步骤如下：

①单击工具栏中的“录制 / 捕获选项”按钮，打开“录制 / 捕获选项”对话框，如图 7-90 所示，单击“画外音”按钮，打开“调整音量”对话框，如图 7-91 所示。

图 7-90　“录制 / 捕获选项”对话框

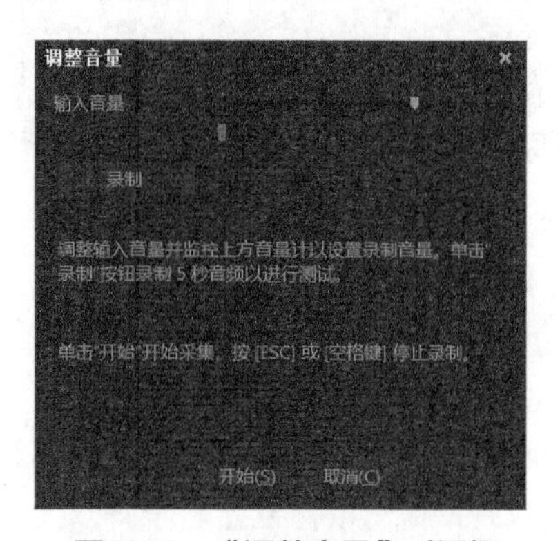


图 7-91　“调整音量”对话框

②单击“录制”按钮，进行 5 s 音频录制测试，单击“开始”按钮，开始录制声音，而按【Esc】键或空格键，结束录音，此时录制的声音被存放至声音轨。

（4）调整音频音量与速度

影片后期制作中，声音处理非常重要，为了使视频与背景音乐相互协调，使声音运用恰到好处，往往需要对音频素材音量和回放速度进行适当调整。在时间轴中添加音频素材后，通过选项面板调整素材音量的操作步骤如下：

①双击音频素材，打开“音乐和声音”选项面板，将“素材音量”参数设为 140（素材音量原始大小为 100，输入的数值必须介于 0 和 500 之间），如图 7-92 所示，增大素材音量。

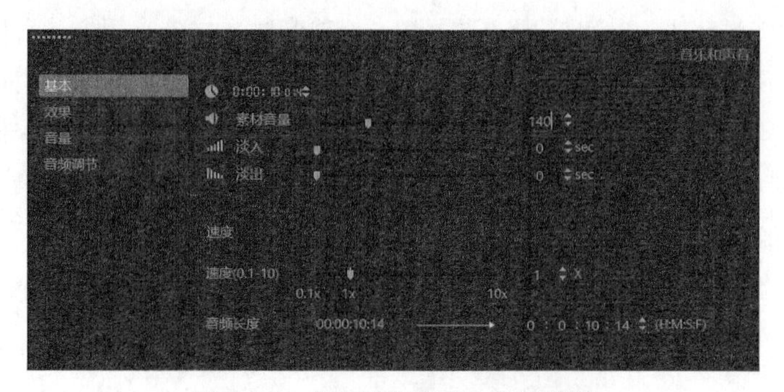


图 7-92　“音乐和声音”选项面板

②设置“淡入”和“淡出”时长，为整段音频素材添加淡入和淡出的声音效果，避免音乐突然出现和突然消失，使声音有一种自然的过渡效果。

除了在“音乐和声音”选项面板中调整音频素材音量外，还可通过音量调节线调整音频素材音量。音量调节线主要是以曲线方式控制音量大小，同时还会以波形方式更加直观地显示音频素材，其操作步骤如下：

①选择时间轴中的音频素材，单击工具栏中的“混音器”按钮，音频素材中显示黄色的音量调节线。

②将鼠标移至音量调节线上，鼠标指针呈现上箭头形状，向下拖动鼠标至合适位置，添加1个关键帧，如图7-93所示，从开始到第1个关键帧的时间范围内，音频音量呈现下降趋势。

③将鼠标向后移至另一个位置，向上拖动鼠标至合适位置，添加第2个关键帧，如图7-94所示，从第1个关键帧到第2个关键帧的时间范围内，音频音量呈现增大趋势。

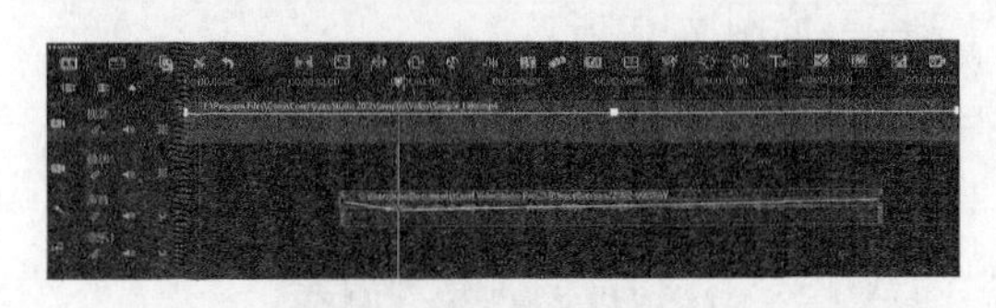

图7-93　添加关键帧

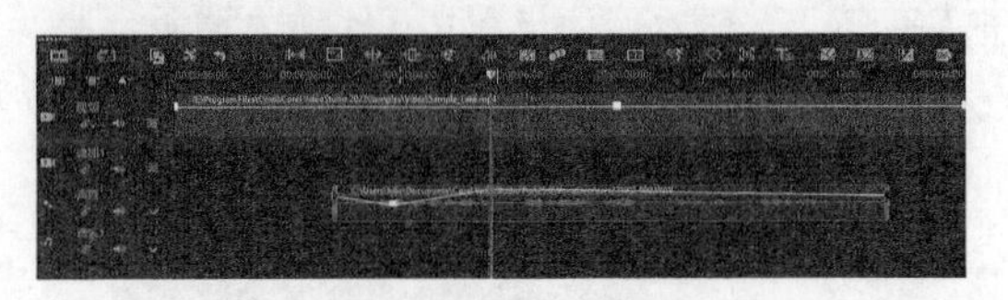

图7-94　添加第2个关键帧

④使用相同方法，继续添加多个关键帧，实现通过音量调节线调整音频素材在不同时间范围内的音量大小变化。

使用音量调节线调整素材音量后，要改变关键帧位置，可将鼠标指向关键帧，当鼠标指针变为手指形状时，拖动鼠标至其他位置。要删除某个关键帧，可将鼠标指向关键帧，当鼠标指针变为手指状时，拖动鼠标至素材以外。要取消音量的调整，可右击视频素材，在弹出的快捷菜单中选择“重置音量”命令，使音量调节线恢复至原始状态。

在时间轴中添加音频素材后，通过设置音乐的速度和时间流逝，可使其更好地贴合视频画面的需要，其操作步骤如下：

①双击音频素材，打开“音乐和声音”选项面板，鼠标拖动“速度”滑块至指定位置，可调整音频的播放速度。

②在“音频长度”数值框中设置参数，比原始时间长，可放慢音频的播放速度，比原始时间短，可加快音频的播放速度。

（5）修剪音频

在时间轴中添加声音或背景音乐后，可根据需要对音频素材进行修剪，剪掉不需要的音频片段，保留需要的音频片段，从而实现音画同步。修剪音频素材的常用方法有以下两种。

**方法1：**选择音频素材，音频素材四周出现黄色边框，将鼠标光标放置于音频开始端（或末端）位置，向右（或向左）拖动鼠标，缩短音频素材区间，此时音频素材将被自动修剪掉一部分。

**方法2：**将时间轴中的时间线拖动到音频素材分割的位置，单击导览区域中的“分割素材”按钮，将音频素材分割为2段，选择不需要的素材片段，按【Delete】键，删除该片段。

（6）添加声音特效

会声会影2022提供了丰富的音频滤镜特效，利用这些音频滤镜可制作一些特殊的声音效果，如“删除噪音”滤镜可去除背景声音中的噪声，“等量化”滤镜可平衡音频素材的音量大小，使素材间的音量保持一致，“回声”滤镜可制作回音效果，“音调偏移”滤镜可制作变声效果等。通常为音频素材添加音频滤镜的途径有两个，分别是“音频滤镜”素材库和“音乐和声音”选项面板。

在时间轴中添加音频素材后，通过“滤镜”素材库制作声音的等量化特效的操作步骤如下：

①选择音频素材，单击素材库面板左侧的“滤镜”标签按钮FX，进入“滤镜”素材库，单击面板左侧“音频滤镜”，此时素材库面板中显示全部音频滤镜，如图 7-95 所示。

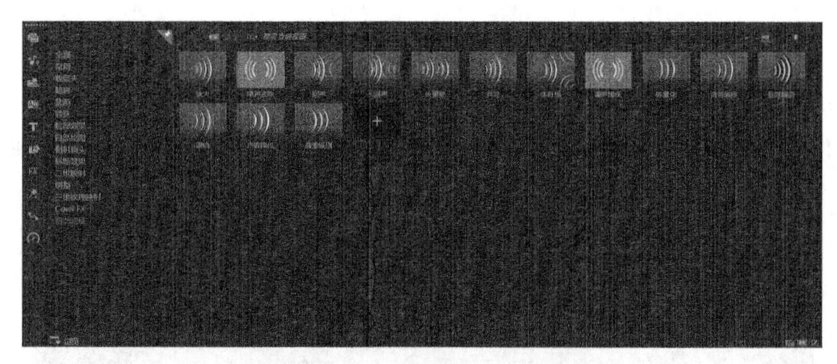

图 7-95　“音频滤镜”素材库

②选择“等量化”音频滤镜，并将其拖至音频素材上，为音频添加等量化特效。

在时间轴中添加音频素材后，通过“音乐和声音”选项面板制作声音的变音特效的操作步骤如下：

①双击音频素材，打开“音乐和声音”选项面板，单击“效果”，显示“音频滤镜”列表，如图 7-96 所示。

图 7-96　“音乐和声音”选项面板

②在 Available filters 列表框中选择“音调偏移”选项，单击 Add 按钮，将其添加至 Applied filters 列表框中。

③单击 Options 按钮，打开“音调偏移”对话框，如图 7-97 所示，向左（或向右）拖动滑块以降低（或提高）音调，单击下方的“播放”按钮▶，试听音频播放效果，单击“停止”按钮■，停止播放音频。

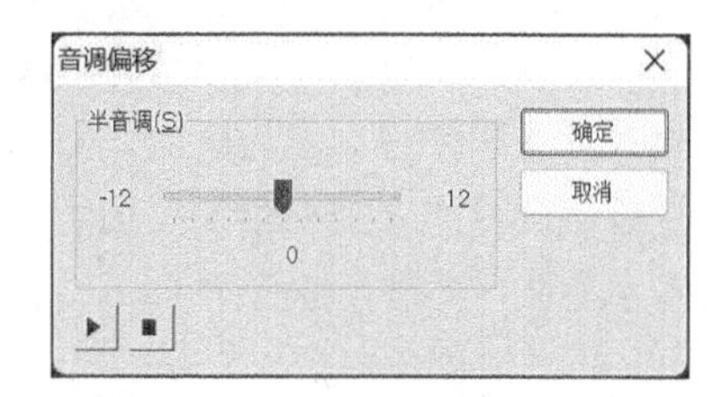


图 7-97　“音调偏移”对话框

④单击“确定”按钮，返回“音乐和声音”选项面板，为音频添加变音特效。

要删除添加到音频素材中的音频滤镜，可在“音乐和声音”选项面板的 Applied filters 列表框中选择某个滤镜，单击“删除”按钮☒，删除选定的音频滤镜。

**5. 360 视频编辑**

360 全景视频是一种全新概念视频，通常是指 360 空间无缝对接完整的场景，如同人在球体内观看球体表面的全景视觉。会声会影 2022 支持 360 视频编辑功能，不仅能对视频画面进行 360 的编辑与查看，还能对 360 全景视频与普通视频进行相互转化。对视频素材进行 360 的操作步骤如下：

①在时间轴中右击在弹出的快捷菜单中选择“插入视频”命令，弹出“打开视频文件”对话框，选择视频文件，单击“打开”按钮，在视频轨中插入视频素材。

②选择视频素材，单击菜单栏“工具”→“360 视频”→“360 视频到标准”→“投影到标准”命令，或右击视频素材，在弹出的快捷菜单中选择“360 视频”→“360 视频到标准”→“投影到标准”命令，打开“投影到标准”对话框，如图 7-98 所示。

图 7-98 “投影到标准”对话框

③选择第一个关键帧，拖动下方的滑块调整“平移”“倾斜”“视野”参数，调整第 1 帧画面的位置和视角。

④使用相同方法，调整最后一个关键帧的“平移”“倾斜”“视野”参数，调整最后 1 帧画面的位置和视角。

⑤单击导览区域“播放”按钮，预览视频的画面效果，单击“确定”按钮，完成视频素材的 360 编辑。

**6. 剪辑视频**

会声会影 2022 作为一款视频编辑软件，最基本的功能是对视频进行修剪和分割，其中修剪视频就是调整视频素材区间，分割视频则分为按时间分割视频、按场景分割视频以及多重修整视频。按时间分割视频主要由用户选定视频分割的时间位置，并按照指定的时间将视频分割为多个素材，其操作步骤如下：

①在时间轴中插入视频素材，将导览区域中的“滑轨”按钮拖动到指定的时间位置，单击面板中的“分割素材”按钮，将视频素材分割为两段。

②在导览区域中，再次将“滑轨”按钮拖动到指定的时间位置，单击“分割素材”按钮，将视频素材分割为三段。

按场景分割视频主要由软件自动检测视频中的场景变化，并按照不同的场景将视频分割为多个素材，其操作步骤如下。

①在时间轴中插入视频素材，双击视频素材，打开选项面板，单击“按场景分割”按钮，或单击菜单栏“编辑”→“按场景分割”命令，打开“场景”对话框，如图 7-99 所示。

②单击对话框左下角的“扫描”按钮，软件自动检测出不同场景，如图 7-100 所示，单击“确定”按钮，将视频素材分割为八段。

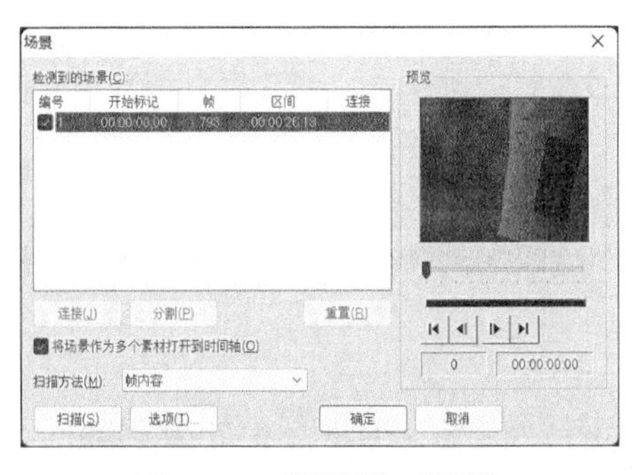


图 7-99　“场景”对话框

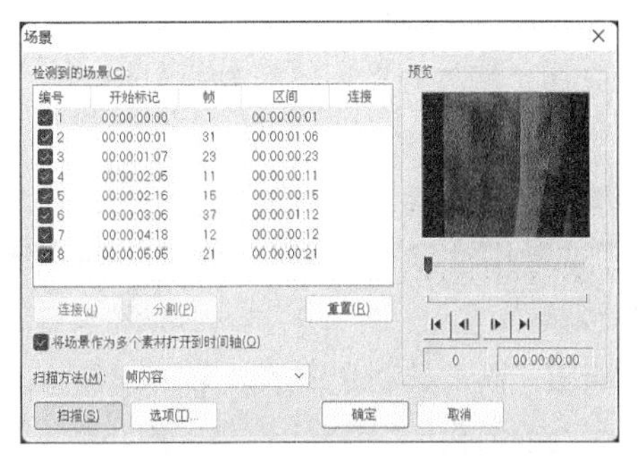


图 7-100　扫描后“场景”对话框

多重修整视频用于手动和自动地将视频一次性分割为多个素材，可以让用户完全控制要截取的素材，其操作步骤如下：

①在时间轴中插入视频素材，双击视频素材，打开选项面板，单击“多重修整视频”按钮，或单击菜单栏“编辑”→“多重修整视频”命令，打开“多重修整视频”对话框，如图 7-101 所示。

②在导览区域中，拖动滑轨至指定的时间位置，单击“设置开始标记”按钮，标记截取素材的起始位置。

③向后拖动滑轨至指定的时间位置，单击“设置结束标记”按钮，标记截取素材的结束位置，从视频素材中截取出一个片段，如图 7-102 所示。

图 7-101　“多重修整视频”对话框

图 7-102　截取视频素材片段

④重复以上两步操作，分别从视频素材中截取出第二个、第三个片段，单击“确定”按钮，将视频素材分割为三段。

“多重修整视频”对话框中还提供了“自动检测电视广告”按钮，该按钮的功能相当于按场景分割，也可以根据场景变化自动将视频分割为多个素材。

**7. 反转视频**

反转视频是指逆向播放一遍视频，可以产生奇妙的画面效果，常被用于制作较有创意的影片，如物品打碎后又复原、落在地面的东西飞回到人物手里以及倒向行走等。反转视频操作非常简单，在时间轴中插入视频后，双击视频素材，打开选项面板，选择“编辑”选项卡中的“反转视频”复选框，即可实现视频的反转效果。

**例7.9** 制作动态视频。

**步骤一：**插入图像素材

运行会声会影软件，在“媒体”素材库中选择“BG-C03”图像，右击素材，在弹出的快捷菜单中选择“插入到”→“视频轨”命令，将图片插入到视频轨中，或直接将图片拖至时间轴的视频轨中。

**步骤二：**设置素材区间

双击视频轨中的图像素材，打开选项面板，在“编辑”选项卡中设置“照片区间”参数为“0:00:10:00”。

**步骤三：**添加摇动和缩放效果

①在选项面板的“编辑”选项卡中，选择“摇动和缩放”选项，单击“自定义”按钮，打开“摇动和缩放”对话框。

②选择第1个关键帧，在对话框中分别设置“垂直”参数为“573”、“水平”参数为“425”、“旋转”参数为“0”、“缩放率”参数为“120”、“透明度”参数为“0”。

③使用【Ctrl+C】快捷键复制第1个关键帧，将滑轨拖动至“0:00:05:10”位置处，使用【Ctrl+V】快捷键粘贴关键帧，创建第2个关键帧，将“水平”参数更改为“550”，其他参数保持不变。

④使用相同方法，复制第2个关键帧，粘贴到最后1个关键帧上，将“缩放率”参数更改为“200”，其他参数保持不变，如图7-103所示，单击“确定”按钮，为图片添加摇动和缩放效果。

**图7-103 “摇动和缩放”参数设置**

⑤单击导览区域中的“播放”按钮，预览画面效果。

**步骤四：**保存项目文件

单击菜单栏“文件”→“保存”命令，打开“另存为”对话框，设置文件名和保存路径，单击“保存”按钮，保存项目文件。

**例7.10** 制作篮球精彩剪辑。

**步骤一：**插入视频素材

运行会声会影软件，在时间轴中右击，在弹出的快捷菜单中选择“插入视频”命令，弹出“打开视频文件”对话框，选择“篮球”视频素材，单击“打开”按钮，将视频素材插入到视频轨中。

**步骤二**：多重修剪视频

①双击视频素材，打开选项面板，单击“编辑”选项卡中的“多重修整视频”按钮，打开“多重修整视频”对话框。

②在导览区域中，将滑轨拖动至“0:00:01:06”位置，单击“设置开始标记”按钮，再将滑轨拖动至“0:00:05:17”位置，单击“设置结束标记”按钮，从视频中截取出第 1 个进球片段。

③将滑轨拖动至“0:00:07:17”位置，单击“设置开始标记”按钮，再将滑轨拖动至“0:00:09:23”位置，单击“设置结束标记”按钮，从视频中截取出第二个进球片段。

④将滑轨拖动至“0:00:14:21”位置，单击“设置开始标记”按钮，再将滑轨拖动至“0:00:16:23”位置，单击“设置结束标记”按钮，从视频中截取出第三个进球片段，如图 7-104 所示，单击“确定”按钮，将视频素材分割为三段。

图 7-104　多重修整视频示意图

**步骤三**：慢动作回放视频

①选择视频轨中的第二个素材片段，在选项面板“编辑”选项卡中，单击“变速”按钮，打开“变速”对话框。

②删除中间帧，设置开始帧与结束帧“速度”参数均为“0.1X”，单击“确定”按钮，放慢素材片段的播放速度，此时视频轨中的素材片段区间将明显增大。

**步骤四**：反转视频

选择视频轨中的第三个素材片段，在选项面板“编辑”选项卡中，选择“反转视频”复选框，逆向播放素材片段。

**步骤五**：预览视频效果

选择导览区域中的“项目”选项，单击“播放”按钮，预览整个视频的播放效果。

**步骤六**：保存项目文件

单击“文件”→“保存”命令，打开“另存为”对话框，设置文件名和保存路径，单击“保存”按钮，保存项目文件。

### 7.4.6　会声会影 2022 视频特效

会声会影 2022 为视频制作提供了大量丰富的特效，包括滤镜特效、转场特效、覆叠特效、标题特效以及音乐特效，利用这些特效可以制作出极具表现力的影视作品。

**1. 滤镜特效**

会声会影中的滤镜特效主要用来实现图像和视频素材的各种特殊效果，并根据滤镜功能的不同进行分组放置，利用滤镜特效可以修正素材瑕疵、改变素材外观和氛围、模拟自然界中天气环境、制作出绚丽多彩的画面。

（1）添加、编辑与删除滤镜

图像或视频素材通常在拍摄过程中会受到一些自然因素和人为因素的影响，造成素材效果不好，应用滤镜不仅可以起到美化素材的作用，还可以创造出美丽生动、神奇玄幻的视觉效果。以改善图片效果为例，添加滤镜的操作步骤如下：

①在时间轴中插入图片素材，单击素材库面板左侧的“滤镜”标签按钮FX，进入“滤镜”素材库，选择“暗房”滤镜组。

②在素材库中选择“自动调配”滤镜，将其拖至视频轨中图片素材上，为图片添加第一个滤镜效果。

③单击“显示库和选项面板”按钮，打开选项面板，在“效果”选项卡的“滤镜”列表框中查看已添加的滤镜，如图7-105所示，取消选择“替换上一个滤镜”复选框，避免新添加的滤镜自动替换已添加的滤镜。

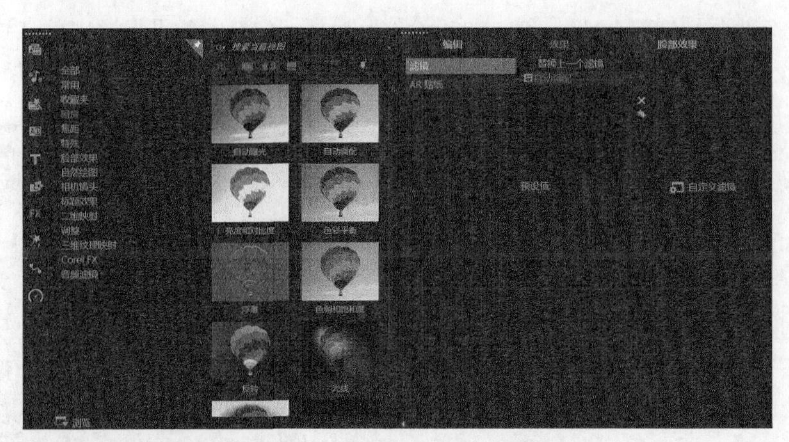

图7-105　查看已添加的滤镜效果

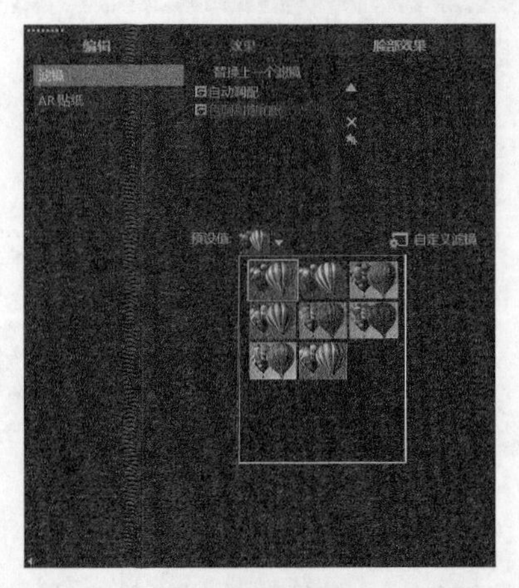

图7-106　“色调和饱和度”滤镜的预设样式列表框

④在素材库中选择“色调和饱和度”滤镜，将其拖至视频轨中图片素材上，单击“预设值”下拉按钮，在下拉列表框中选择第一种预设样式，如图7-106所示，为照片添加第二个滤镜效果，此时照片前后有明显差异。

为素材添加一个滤镜后，要对比应用滤镜前后的素材效果，可在选项面板的“效果”选项卡中，单击“滤镜”列表框中滤镜名称前的按钮，此时素材显示为没有应用滤镜前的效果，再次单击该按钮，素材显示为应用滤镜后的效果。

为素材添加多个滤镜时，要注意滤镜的先后顺序，素材会先应用位于上层的滤镜后再应用下层的滤镜，有时仅仅滤镜顺序的不同就会产生截然不同的画面效果。要调整滤镜的先后顺序，可在选项面板的“效果”选项卡中，单击“滤镜”列表框右侧的“上移滤镜”按钮或“下移滤镜”按钮，将选择的滤镜上移一层或下移一层。

如果应用到素材上的滤镜没有达到预期效果，用户可删除不满意的一个或多个滤镜。要撤销素材上已经添加的滤镜效果，可在选项面板的“效果”选项卡中，单击“滤镜”列表框右侧的“删除滤镜”按钮，删除选择的滤镜。

（2）设置滤镜属性

会声会影为每个滤镜特效都提供了多种预设样式，所谓预设样式就是软件对滤镜属性参数进行设置后而形成的一种固定效果。应用预设样式可以快速地对滤镜进行设置，但有时为了制作出更加精美的画面效果，还需用户自定义滤镜。以制作雪花飞舞的视频为例，设置滤镜属性的操作步骤如下：

①在时间轴中插入图片素材，将素材区间设置为 7 s，进入“滤镜”素材库，选择“特殊”滤镜组中的“雨点”滤镜，并将其拖至视频轨中图片素材上，制作出下雨的动态画面效果。

②双击素材，打开选项面板“效果”选项卡，单击“自定义滤镜”按钮，弹出“雨点”对话框。

③选择第一个关键帧，设置“密度”参数为“200”、“长度”参数为“5”、“宽度”参数为“50”、“背景模糊”参数为“10”、“变化”参数为“50”、“主体”参数为“15”、“阻光度”参数为“70”，如图 7-107 所示，单击“确定”按钮，给第 1 帧制作小雪飘落的画面效果。

图 7-107　开始帧的参数设置

④选择最后一个关键帧，设置“密度”参数为“1300”、“长度”参数为“7”、“宽度”参数为“65”、“背景模糊”参数为“30”、“变化”参数为“100”、“主体”参数为“10”、“阻光度”参数为“75”，如图 7-108 所示，单击“确定”按钮，给最后一帧制作大雪纷飞的画面效果。

图 7-108　最后 1 帧的参数设置

⑤选择导览区域中的“项目”选项，单击“播放”按钮，预览视频的播放效果，模拟出自然界中下雪的场景。

**2. 转场特效**

转场是影视作品中惯用的一种特定表现手法，可以使故事情节变化的逻辑性、条理性更强，场面转换的艺术性和视觉性更好。会声会影中的转场特效主要用来实现两个图像或视频之间的转换效果，并根据转场作用的不同进行分组放置，利用好转场特效可制作出更具吸引力、专业化的视频。

（1）添加、编辑与删除转场

完整的影片通常由多个素材或情节组成，它们相互独立又彼此关联，应用转场不仅可以使素材或情节之间的过渡更加自然平滑，还可以制作一些特殊的画面效果，从而增强影片的流畅性和观赏性。会声会影支持用户根据需要手动添加合适的转场效果，以创作出生动、有趣的视频。以制作画面交替效果为例，添加转场的操作步骤如下：

①在时间轴中插入“媒体”素材库中的“BG-C01”“BG-C02”“BG-C03”三张图片素材，单击工具栏中的“故事板视图”按钮，切换到故事板视图，如图 7-109 所示。

**图 7-109　故事板视图**

②单击素材库面板左侧的“转场”标签按钮，进入“转场”素材库，选择“时钟”转场组。

③在素材库中选择“翻转”转场，将其拖至素材间的方格中，或单击素材库面板上方的“对视频轨应用当前效果”按钮，在前两张素材间添加第一个转场效果。

④选择“扭曲”转场，双击转场，在后两张素材间添加第 2 个转场效果，如图 7-110 所示。

**图 7-110　添加转场后的故事板视图**

⑤选择导览区域中的“项目”选项，单击“播放”按钮，预览视频的转场效果。

为素材添加转场效果时，通常会将时间轴视图切换到故事板视图，这是由于故事板视图能更加直观地显示素材与转场之间的顺序关系，使编辑更加方便。需要注意的是，故事板视图只能显示视频轨中的内容，如果要为覆叠轨中的素材添加转场效果，则需要在时间轴视图中进行转场效果设置。

会声会影除了支持手动添加转场外，还支持批量添加转场，可以在素材之间自动添加转场效果，使操作更加简便。在故事板视图中插入图像或视频素材后，自动添加转场效果的常用方法有以下两种。

**方法 1**：单击菜单栏“设置”→“参数选择”命令，或按【F6】键，打开“参数选择”对话框，切换到“编辑”选项卡，选择“自动添加转场效果”复选框，并在“默认转场效果”下拉列表框中选择一种转场效果，如图 7-111 所示，单击“确定”按钮，在所有素材间添加相应的转场效果。

**方法 2**：进入“转场”素材库，单击素材库面板上方的“对视频轨应用随机效果”按钮，在所有素材间添加随机的转场效果。

如果应用到素材上的转场没有达到预期效果，用户可替换或删除不满意的一个或多个转场。要替换素材间的转场效果，可在“转场”素材库中选择新的转场，将其拖至素材之间，替换原有的转场效果。要删除素材间的转场效果，可在故事板视图中选择素材间的转场，按【Delete】键，删除该转场。

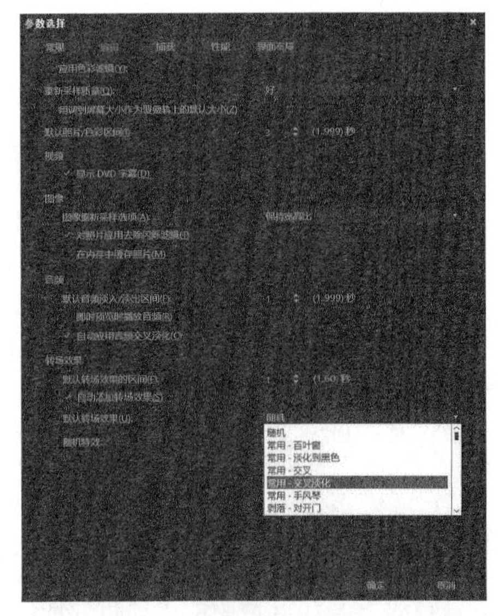

图 7-111　“参数选择 / 编辑”对话框

（2）设置转场属性

会声会影提供了上百种转场效果，每种效果都非常出色，用户在为素材添加完转场效果后，还可以自定义转场属性，如设置转场的边框宽度、边框色彩、方向、区间长度以及预设样式等，从而创作出更加丰富的视觉效果。需要注意的是，由于转场本质上就是将两个素材进行叠加，叠加的部分转换为转场，因此添加完转场后会自动减少影片总的区间长度，通常影片总的区间长度等于素材区间的总和减去转场区间，要让影片区间长度保持不变，就必须考虑转场的因素。以制作 3D 相册翻页效果为例，设置转场属性的操作步骤如下：

①按【F6】键，打开“参数选择”对话框，切换到“编辑”选项卡，依次设置“默认照片 / 色彩区间”参数为“5”、“默认转场效果的区间”参数为“2”，调整素材和转场的区间长度。

②在故事板视图中插入三张图片素材，进入“转场”素材库，选择“相册”转场组中的“翻转”转场，单击素材库面板上方的“对视频轨应用当前效果”按钮，在三张素材间添加转场效果。

③选择第一个转场，单击素材库面板右下角的“显示选项面板”按钮，打开“转场”选项面板，如图 7-112 所示。

图 7-112　“转场”选项面板

④单击“自定义”按钮，打开“翻转 - 相册”对话框，设置“布局”为第一种样式、“大小”参数为“25”、“相册封面模板”为第四种样式，如图 7-113 所示。

⑤单击“背景和阴影”选项卡，设置“背景”为第 4 种样式，单击“页面 A”选项卡，设置“相册页面模板”为第三种样式，单击“页面 B”选项卡，设置“相册页面模板”为第四种样式，如图 7-114 所示，单击“确定”按钮，完成转场的属性设置。

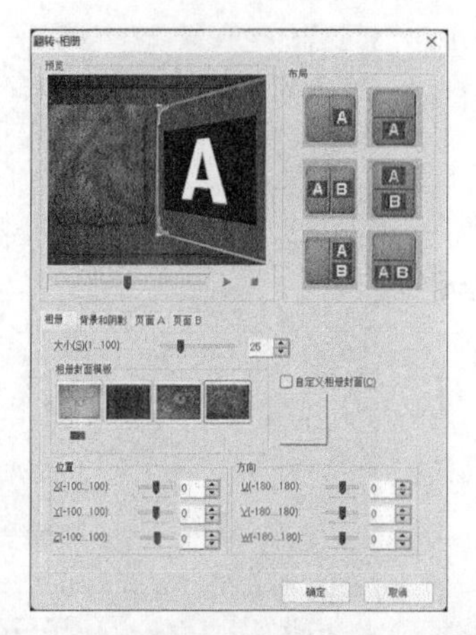

图 7-113 “翻转 - 相册”属性设置 1

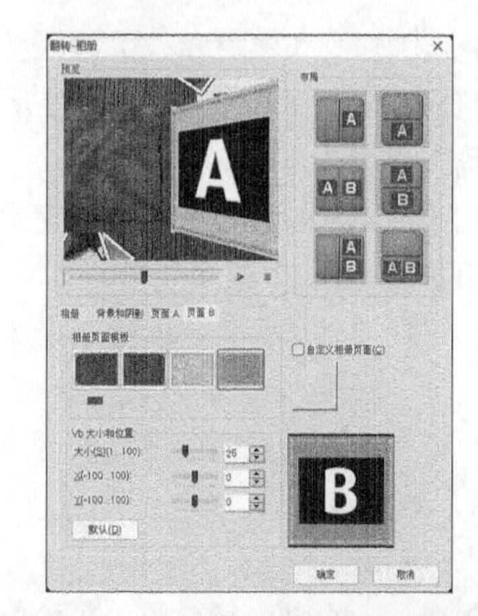

图 7-114 “翻转 - 相册”属性设置 2

⑥使用相同操作，选择故事板视图中的第二个转场，完成转场的属性设置。

⑦选择导览区域中的“项目”选项，单击“播放”按钮▶，预览视频的转场效果。

**3. 覆叠特效**

覆叠是一种常用的视频编辑手法，用来将多个图像或视频素材叠加到一起，其本质是将一个素材叠加到另一个素材上，应用覆叠可使影视作品具有更多的表现形式。会声会影中的覆叠特效主要用来实现素材间的覆盖与叠加效果，形成各种丰富的视觉效果，利用覆叠特效可制作出非常精彩的影片。

（1）添加、调整与删除覆叠素材

会声会影中的时间轴面板是视频编辑的主要工作区，默认包含五条轨道，其中视频轨用来添加图像和视频素材，覆叠轨用来叠加素材，通常在视频制作中，前者用来编辑视频背景，后者用来编辑覆叠素材。在覆叠轨中添加素材的操作方法有以下三种。

**方法 1：**在素材库中选择图像或视频素材，将其拖至时间轴的覆叠轨中，添加覆叠素材。

**方法 2：**右击素材库中的图像或视频素材，在弹出的快捷菜单中选择“插入到”→“视频轨”或“覆叠轨 #1”命令，添加覆叠素材。

**方法 3：**在覆叠轨中右击，在弹出的快捷菜单中选择“插入视频”或“插入照片”命令，打开“打开视频文件”或“浏览照片”对话框，在其中选择相应的视频或图片，单击“打开”按钮，添加覆叠素材。

会声会影 2022 提供了 49 个覆叠轨，通常时间轴面板默认显示一个覆叠轨，当用户需要使用更多覆叠轨进行视频编辑时，可单击时间轴左上方的“轨道管理器”按钮，打开“轨道管理器”对话框，如图 7-115 所示，在“覆叠轨”右侧参数下拉列表框中，选择轨道数目，单击“确定”按钮，时间轴中将显示其他覆叠轨。

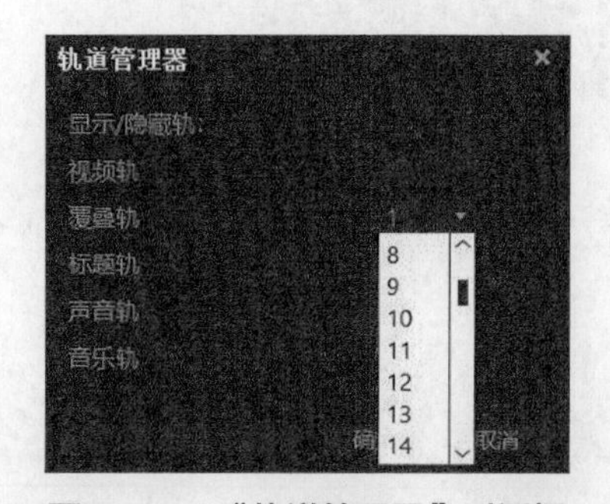


图 7-115 “轨道管理器”对话框

在覆叠轨中添加素材后，用户可根据需要对覆叠素材进行适当调整，如调整覆叠素材大小、形状和位置。以制作画中画效果为例，调整覆叠素材形状的操作步骤如下：

①在时间轴视频轨中插入“背景”素材，进入“媒体”素材库，选择“BG-C04”图片，将其拖至覆叠轨中，添加覆叠

素材，此时预览窗口中的覆叠素材四周出现黄色和绿色的调节点，如图 7-116 所示。

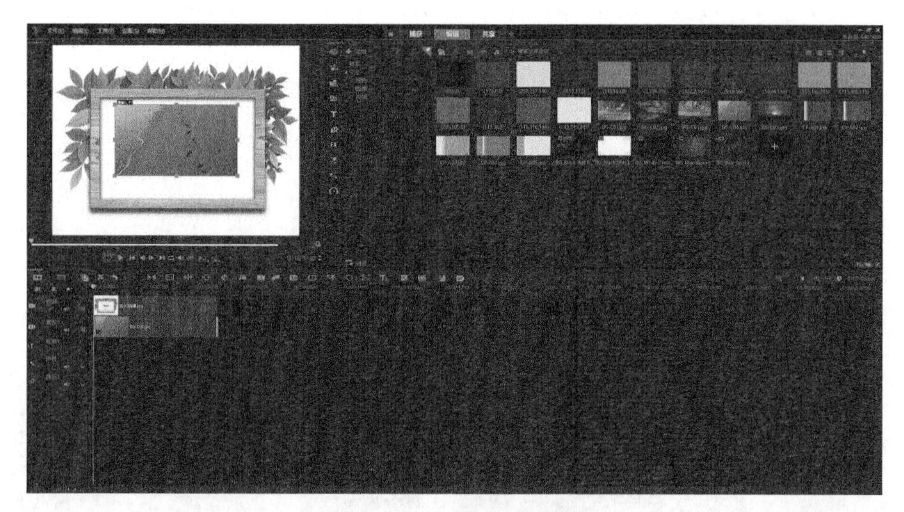

图 7-116　插入图片素材

②在预览窗口中，将鼠标移至图片左上角的绿色调节点上，向左拖动鼠标至合适位置，调整图片左上角节点的位置。

③使用相同方法，依次调整图片左下角、右上角、右下角的绿色调节点至合适位置，改变覆叠素材形状显示，调整后的素材效果如图 7-117 所示。

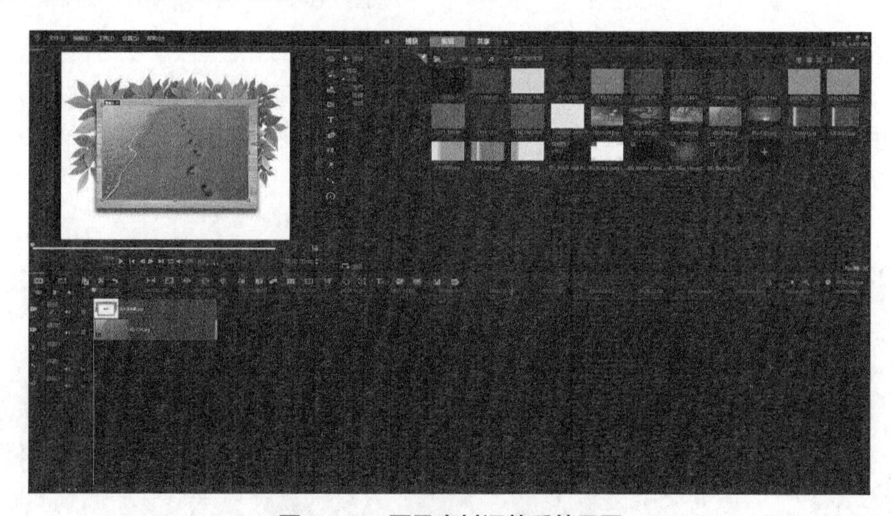

图 7-117　覆叠素材调整后效果图

除了在预览窗口中调整覆叠素材形状外，通过鼠标拖动素材周围的黄色调节点，也可调整覆叠素材大小，而通过鼠标移动素材，则可调整覆叠素材位置。

如果用户对编辑的覆叠素材不满意，可将其删除。要删除不需要的覆叠素材，可在覆叠轨中选择素材，按【Delete】键，删除选择的素材。

（2）设置覆叠属性

会声会影 2022 支持的覆叠编辑方式很多，通过设置覆叠属性，不仅可以使视频画面变得生动，还可以制作出许多精美的画中画效果。用户对时间轴中的素材应用覆叠特效时，可根据需要设置覆叠属性，如动作、透明度、边框、遮罩以及色度键等，实现多个画面同时在屏幕上显示的效果。

动作设置可为素材添加运动效果，使画面更加灵活多变，其操作方法有以下三种。

**方法 1**：选择覆叠素材，单击素材库面板左侧的“路径”标签按钮，进入“路径”素材库，选择一种路径运动效果，将其拖至素材上，为素材添加运动效果。

**方法 2**：双击覆叠素材，打开选项面板，如图 7-118 所示，在“编辑”选项卡中选择“基本动作”选项，通过单击“从左上方进入”按钮、“从右下方退出”按钮、“暂停区间前旋转”按钮、“暂停区间后旋转”按钮、“淡入动画效果”按钮以及“淡出动画效果”按钮等，设置素材进入画面和退出画面的运动效果。

**方法 3**：双击覆叠素材，打开选项面板，在“编辑”选项卡中选择“高级动作”选项，打开“自定义动作”对话框，如图 7-119 所示，通过编辑不同关键帧画面参数，设置素材的运动效果。

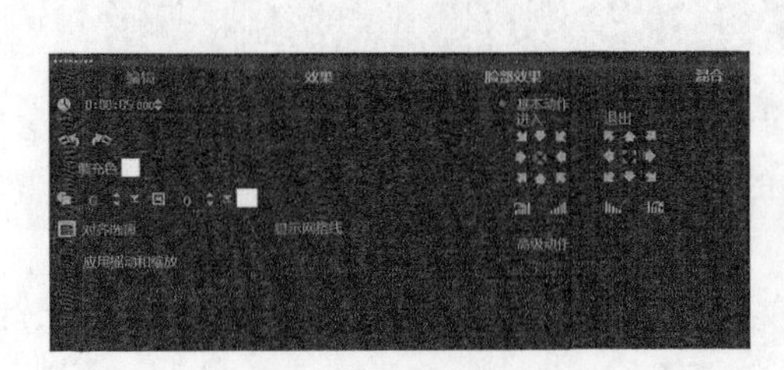

图 7-118　选项面板

图 7-119　“自定义动作”对话框

边框设置是一种修饰素材的常用编辑方法，可以增强画面的美观性。双击覆叠素材，打开选项面板，在“编辑”选项卡中调整“边框”参数与颜色，如图 7-120 所示，设置素材的边框效果。

遮罩用来显示和遮挡覆叠素材上的部分区域，将素材变形为特定形状。双击覆叠素材，打开选项面板，在“混合”选项卡中单击“蒙版模式”下拉按钮，在列表框中选择“遮罩帧”选项，并在右侧遮罩列表中选择一种遮罩效果，如图 7-121 所示，应用遮罩效果。

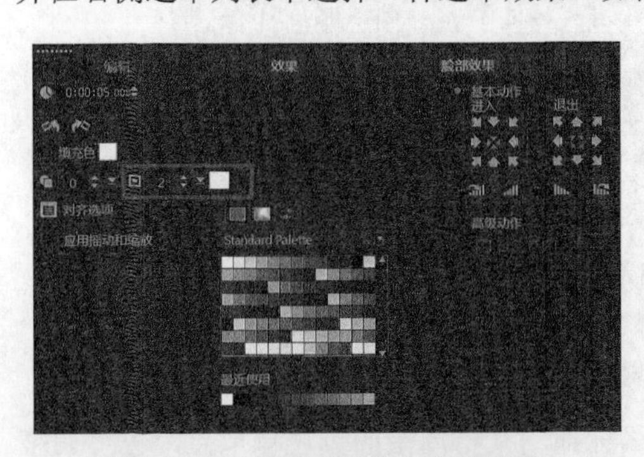

图 7-120　设置覆叠素材边框效果

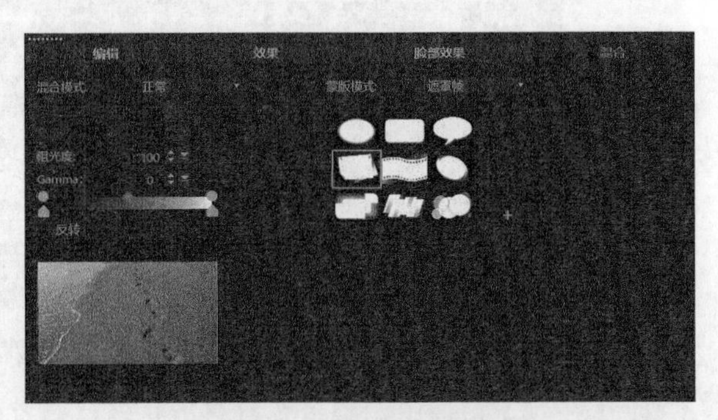

图 7-121　应用遮罩效果

色度键设置可将覆叠素材中的背景颜色除去，起到抠图的作用，主要针对形状不规则且背景颜色单一的素材。色度键技术又称蓝幕技术，其原理是在同一色彩的背景上拍摄物体，通过背景色彩的色调区分前景和背景，自动去除背景而保留前景，从而达到计算机合成背景的目的，该技术被大量应用于影视作品制作中。双击覆叠素材，打开选项面板，在“色度键去背”选项卡中选择“色度键去背”选项，设置覆叠遮罩的色彩以及色彩相似度，如图 7-122 所示，利用色度键去除素材背景。

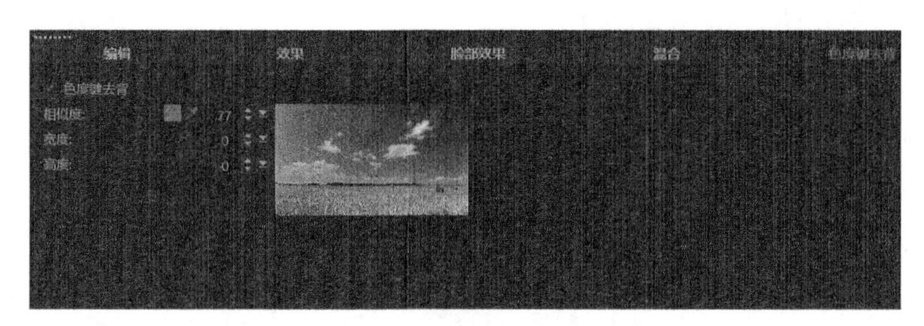

图7-122　“色度键去背”选项面板

### 4. 标题特效

标题字幕是影视作品中不可或缺的重要组成部分，恰到好处的文字不仅可以帮助传达画面以外的信息，还可以增强画面的艺术效果，使影片更具吸引力和感染力。在影片制作中，标题和字幕是两个不同的概念，前者是指影片的题目，用来体现影片的内容和主旨，后者是指影片中的对话、旁白、唱词以及说明词等非影像内容，用来传递影片的内容。会声会影将标题与字幕功能合并到一起，并提供了丰富的标题特效，可制作出影院级炫酷的文字效果。

（1）添加标题

制作精良的视频离不开标题字幕的点缀，在视频中添加标题、对话以及旁白等文字，不仅能帮助观众更好地理解视频内容，还能增强视频画面的可视性。在会声会影的视频轨中插入素材后，添加标题的常用方法有以下两种。

**方法1：**单击素材库面板左侧的“标题”按钮T，进入“标题”素材库，在预览窗口任意位置双击，出现带闪烁光标的文本输入框，输入标题内容。

**方法2：**单击素材库面板左侧的“标题”按钮T，进入“标题”素材库，选择一种标题样式，将其拖至标题轨中适当位置，添加预设标题内容。

在输入标题内容或编辑预设的标题内容时，预览窗口中会出现一个矩形方框，表示标题的安全区域，有时矩形方框外的部分内容会被切掉，只有在矩形方框内的内容才能正常播放显示。另外，会声会影2022提供了两个标题轨，时间轴默认显示一个标题轨，当用户需要同时使用2个标题轨添加标题字幕时，可在“轨道管理器”对话框中设置“标题轨”的轨道数目为“2”，时间轴将显示2个标题轨。

（2）设置标题属性

在视频中添加标题字幕后，用户可根据需要对其进行属性设置，包括区间长度、字体格式、行间距、倾斜角度、显示方向、背景、边框、阴影、透明度、动画以及滤镜等，实现文本编辑与美化的功能。双击标题轨中的标题字幕，打开“标题选项”面板，可在其中设置标题字幕的字体、样式、边框、阴影、背景、运动以及效果属性。以制作MV视频字幕为例，设置字幕效果的操作步骤如下：

①在时间轴的视频轨中，插入“影片”素材，双击视频素材，打开选项面板，在“编辑”选项卡中将“重新采样选项”设为“保持宽高比（无字母框）”，如图7-123所示，调整视频的显示比例。

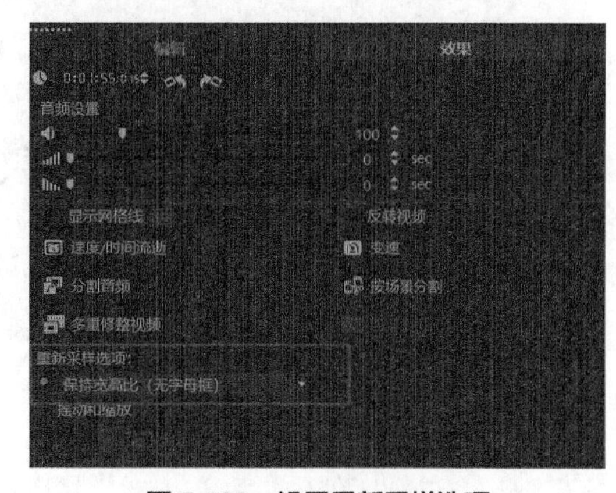

图7-123　设置重新采样选项

②单击时间轴中的“轨道管理器”按钮，打开“轨道管理器”对话框，设置“标题轨”参数为“2”，单击“确定”按钮，添加第2个标题轨。

③进入“标题”素材库，双击预览窗口内左下方位置，在闪烁光标后输入字幕“那片笑声让我想起 我的那些花儿”，双击标题轨中的字幕，打开“标题选项”面板。

④在“标题选项”面板中，单击“加粗”按钮，单击“斜体”按钮（取消斜体效果），设置“字体”为“宋体”、“字体大小”为“47”，适当调整字幕区间长度与位置，如图7-124所示，保持字幕与视频同步。

**图7-124 添加与编辑标题1字幕**

⑤复制字幕粘贴到标题2轨的适当位置，双击粘贴后的字幕，在“标题选项”面板中，将“颜色”设为“红色”，如图7-125所示，编辑字幕属性。

**图7-125 添加与编辑标题2字幕**

⑥单击“运动”标签按钮，选择“应用”选项，设置“选取动画类型”为“淡化”、“单位”为“字符”、“暂停”为“无暂停”、“淡化样式”为“淡入”，如图7-126所示，为字幕添加动画。

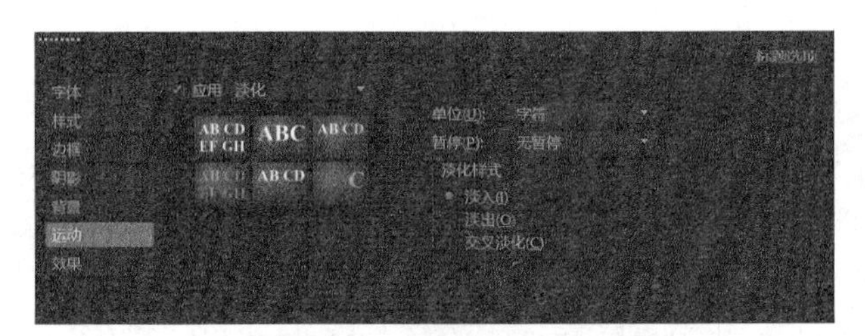


**图 7-126　设置字幕的动画效果**

⑦使用相同方法，继续添加后续字幕和设置字幕属性，单击导览区域中的“播放”按钮，预览制作的 MV 视频字幕效果，如图 7-127 所示。

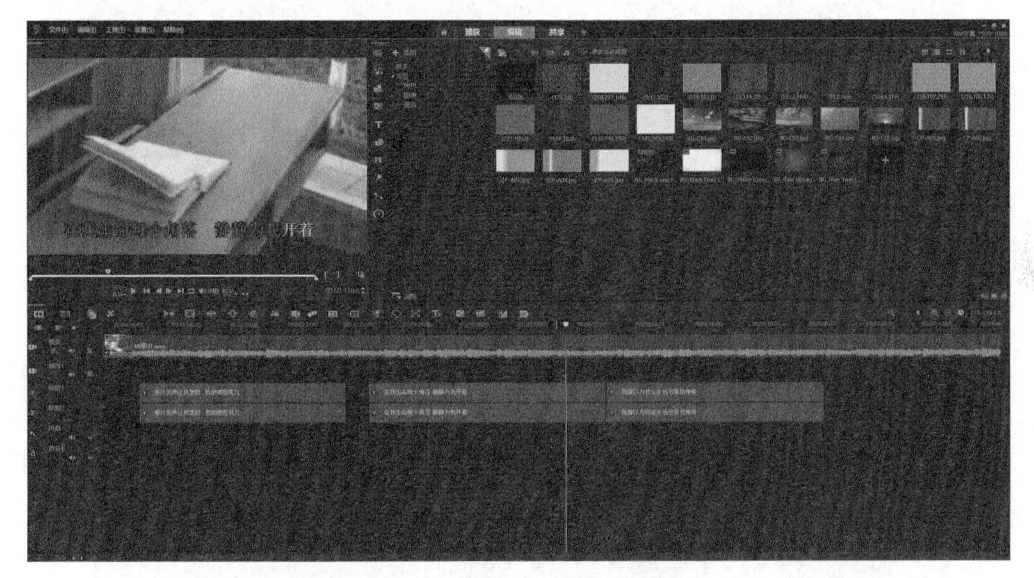

**图 7-127　预览 MV 视频字幕效果**

**例 7.11**　利用会声会影中的滤镜特效、转场特效、覆叠特效、标题特效、绘图创建器以及音乐特效，制作水墨字画影片。

**步骤一：** 制作画卷展开效果

①新建项目文件，单击素材库面板左侧的“媒体”标签按钮，选择“纯色”组中的“黑色”，将其拖至视频轨，双击视频轨中的色彩，打开选项面板，在“编辑”选项卡中将“色彩区间”设为“6”，调整色彩区间长度。

②在视频轨空白处右击，在弹出的快捷菜单中选择“插入照片”命令，打开“浏览图片”对话框，选择“画布”图片，将图片素材插入到色彩后，并在“编辑”选项卡中，设置“照片区间”为“6”，调整照片区间长度。

③单击素材库面板右下角“显示库面板”按钮，切换到素材库面板，单击“转场”标签按钮，进入“转场”素材库，选择“胶片”转场组中的“单向”转场，并将其拖至视频轨中两素材中间。

④双击“单向”转场，在“转场”选项面板中，设置“区间”为“6”，如图 7-128 所示，调整转场区间长度。

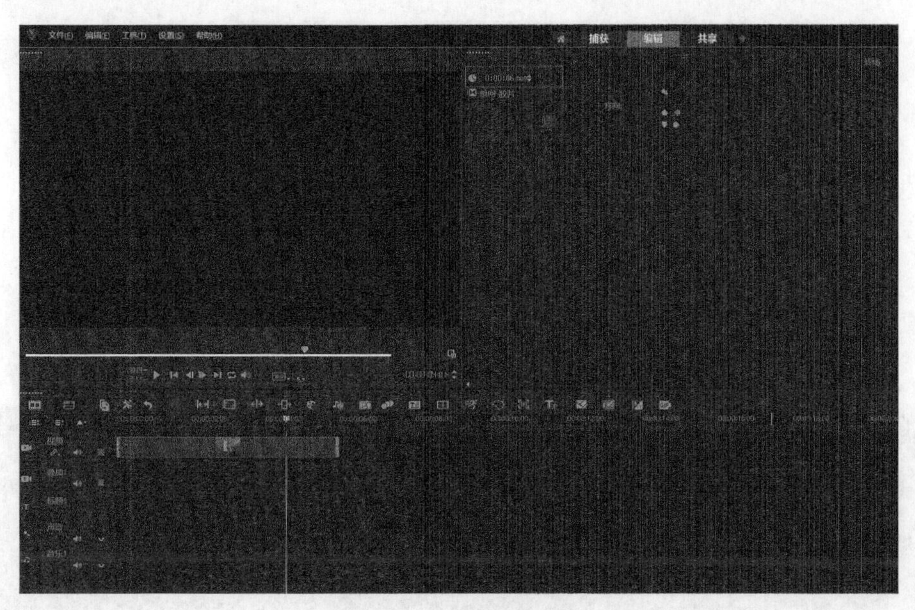

图 7-128　设置转场区间

⑤在覆叠轨中右击，在弹出的快捷菜单中选择“插入照片”命令，打开“浏览照片”对话框，选择“卷轴”图片，插入覆叠素材，并在预览窗口中调整图片大小和位置。

⑥双击图片素材，打开选项面板，在“编辑”选项卡中设置“照片区间”为“6”，调整图片区间长度。

⑦在“基本动作”区域，单击“进入”组中的“从右边进入”按钮，并在导览区域中，调整素材的暂停区间，如图 7-129 所示，为卷轴添加进入动画效果。

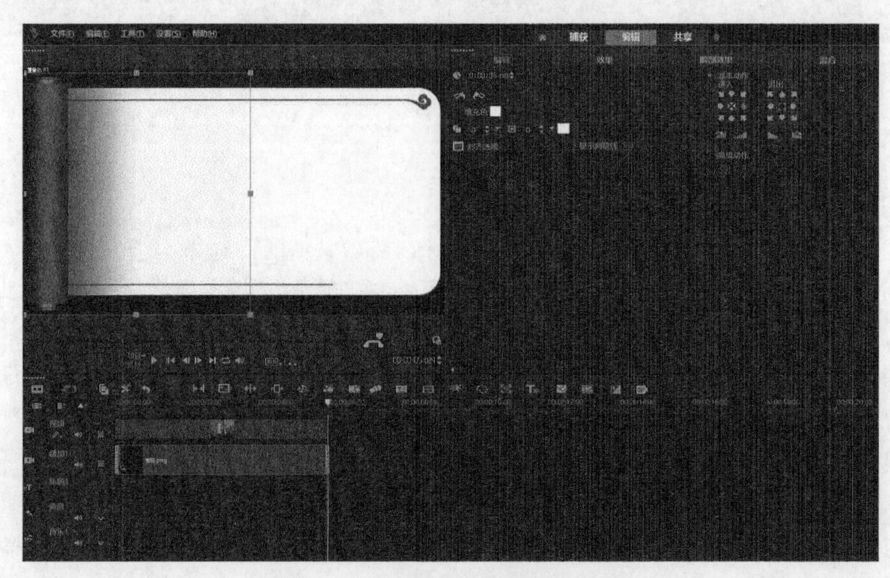

图 7-129　卷轴进入动画效果设置

**步骤二：**制作毛笔动画效果

①将时间线定位到第 6 秒位置，单击工具栏中的“录制 / 捕获选项”按钮，打开“录制 / 捕获选项”对话框，单击“快照”按钮，抓拍当前画面，图片显示在“媒体”素材库中。

②将图片拖至视频轨中，在选项面板“编辑”选项卡中，设置“照片区间”为“40”，调整图片区间长度。

③在覆叠轨中插入“毛笔”图片素材，适当调整素材位置，设置“照片区间”为“2”，单击“进入”组中的“从上方进入”按钮，在导览区域中，调整素材的暂停区间，如图 7-130 所示，为毛笔添加进入动画效果。

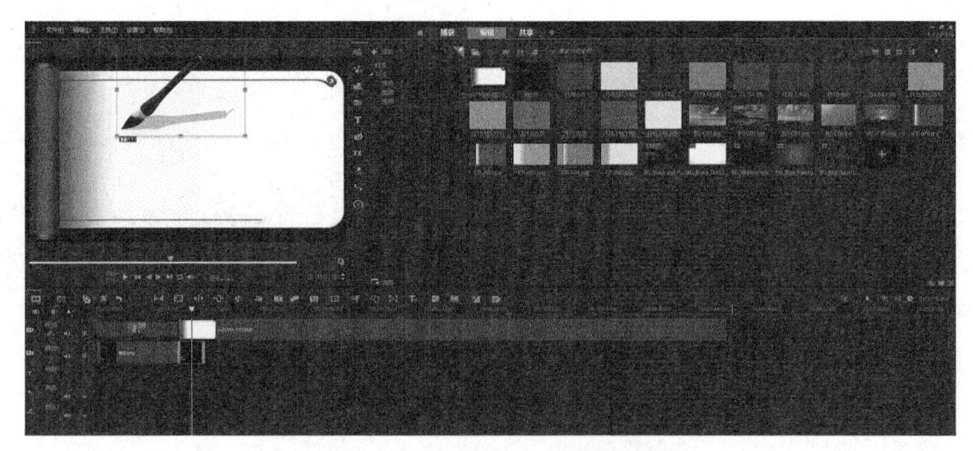

**图 7-130　毛笔进入动画效果设置**

④复制覆叠轨中“毛笔”素材并粘贴其后，在选项面板“编辑”选项卡中，选择“高级动作”选项，打开“自定义动作”对话框，选择最后 1 帧，将“毛笔”素材拖至画面以外，如图 7-131 所示，单击“确定”按钮，为毛笔添加退出动画效果。

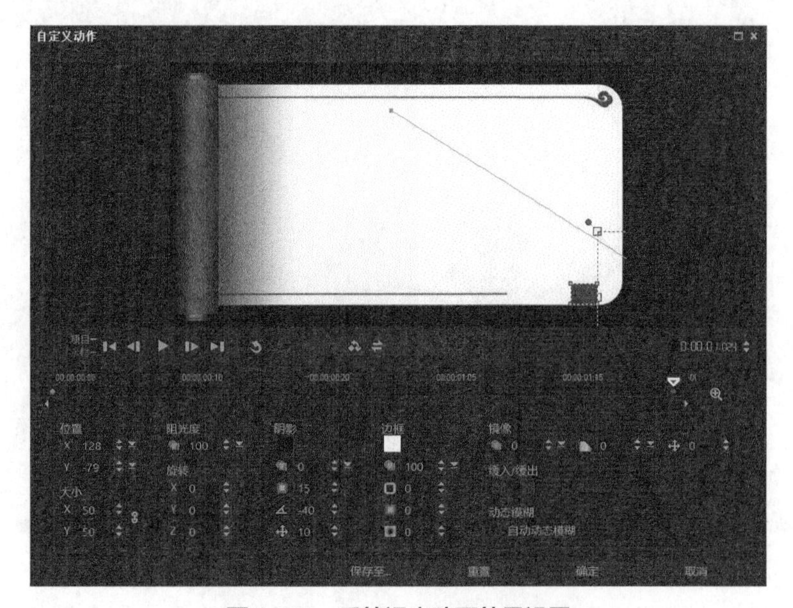


**图 7-131　毛笔退出动画效果设置**

**步骤三：**制作毛笔字动画效果

①将时间线定位到第 20 秒位置，进入“标题”素材库，双击预览窗口的中心位置，在闪烁光标后输入标题“水墨丹青”，在“标题选项”面板中，设置“字体”为“华文行楷”、“字体大小”为“80”、颜色为“黑色”，适当调整标题位置，如图 7-132 所示，制作毛笔字。

图 7-132　制作毛笔字

②单击工具栏中的“录制 / 捕获选项”按钮，打开“录制 / 捕获选项”对话框，单击“快照”按钮，抓拍当前画面。

③单击工具栏中的“绘图创建器”按钮，打开“绘图创建器”对话框，背景图像为抓拍的图片，将“大小”设为“45”、“阻光度”设为“100”，单击“开始录制”按钮，手动绘制图像上的文字，如图 7-133 所示，绘制完成后，单击“停止录制”按钮，制作文字动画。

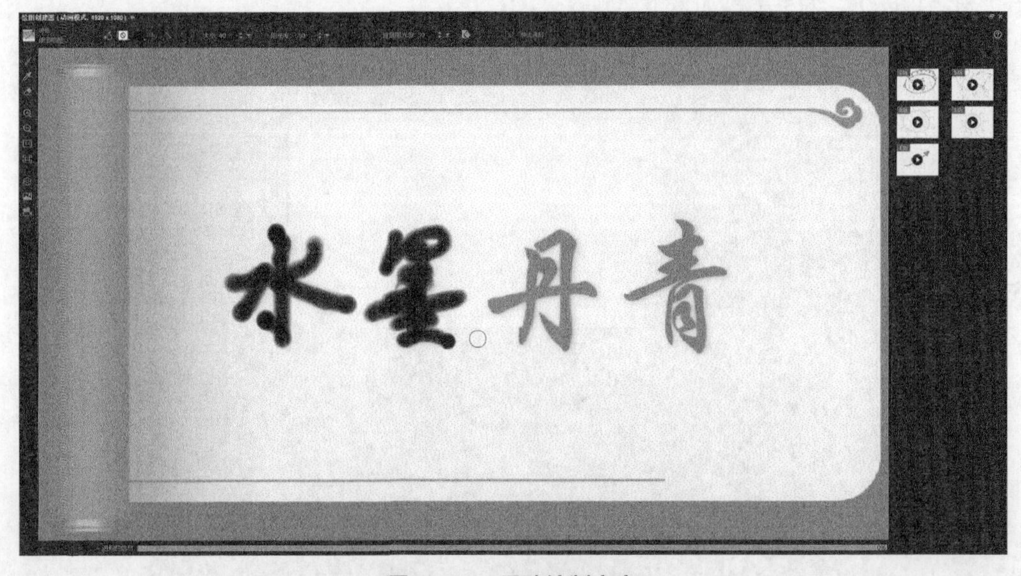


图 7-133　手动绘制文字

④右击文字动画，选择“更改区间”命令，打开“区间”对话框，设置“区间”为“10”，单击“确定”按钮，调整动画区间长度。

⑤单击“绘图创建器”对话框中的“确定”按钮，开始制作动画文件，在“进程栏信息”框中显示制作进度，完成后自动生成 PaintingCreator 动画素材，显示在“媒体”素材库中，将 PaintingCreator 素材拖至覆叠轨中，如图 7-134 所示。

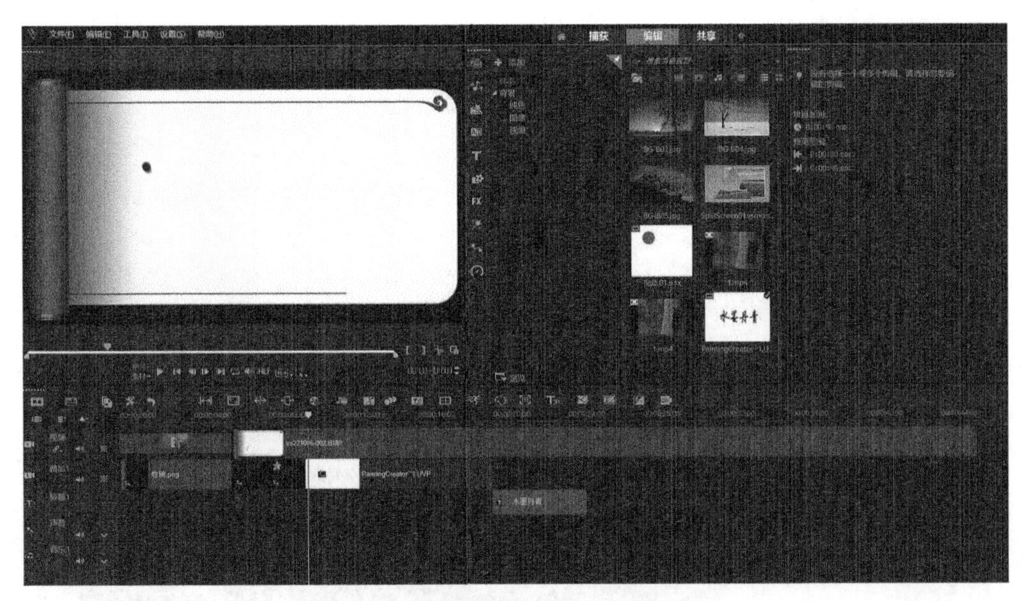


图 7-134　添加 PaintingCreator 动画素材

⑥将标题轨中的标题素材拖动到第 46 秒之后的位置，双击标题素材，在“标题选项”面板中，设置“颜色”为“白色”，如图 7-135 所示，更改标题文字颜色。

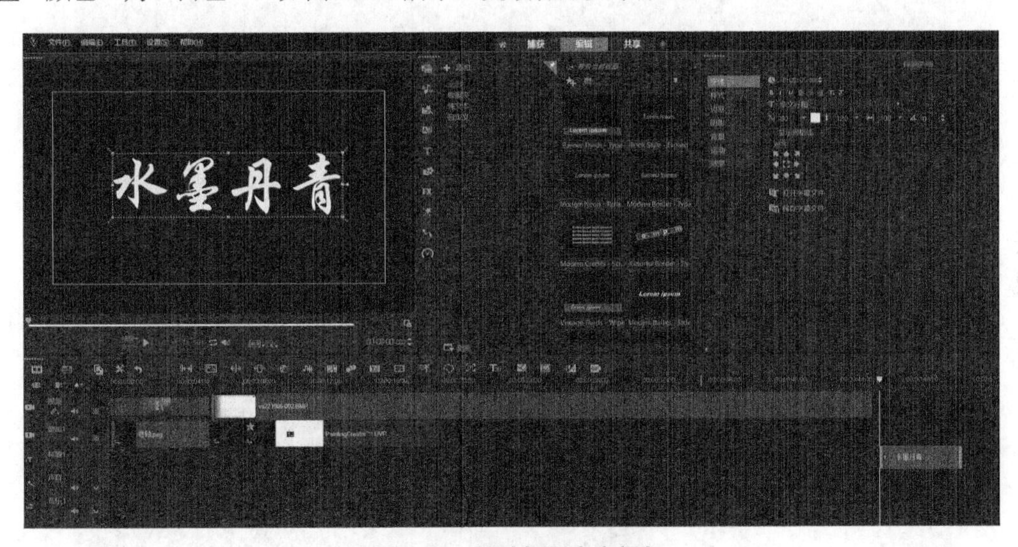


图 7-135　更改标题文字颜色

⑦单击工具栏中的“录制 / 捕获选项”按钮，打开“录制 / 捕获选项”对话框，单击“快照”按钮，抓拍当前画面，右击“媒体”素材库中抓拍的图片，在弹出的快捷菜单中选择“打开文件夹”命令，查看图片的保存路径。

⑧选择覆叠轨中的 PaintingCreator 素材，切换到选项面板“混合”选项卡，将“蒙版模式”设为“遮罩帧”，单击遮罩列表框右下方的“导入遮罩”按钮，打开“浏览照片”对话框，如图 7-136 所示，选择上一步抓拍的图片。

⑨单击“打开”按钮，弹出 Corel VideoStudio 提示框，如图 7-137 所示，单击 OK 按钮，添加文字遮罩素材，删除标题轨中的标题素材，如图 7-138 所示，制作毛笔字动画效果。

图 7-136 “浏览照片”对话框　　图 7-137 Corel VideoStudio 提示框

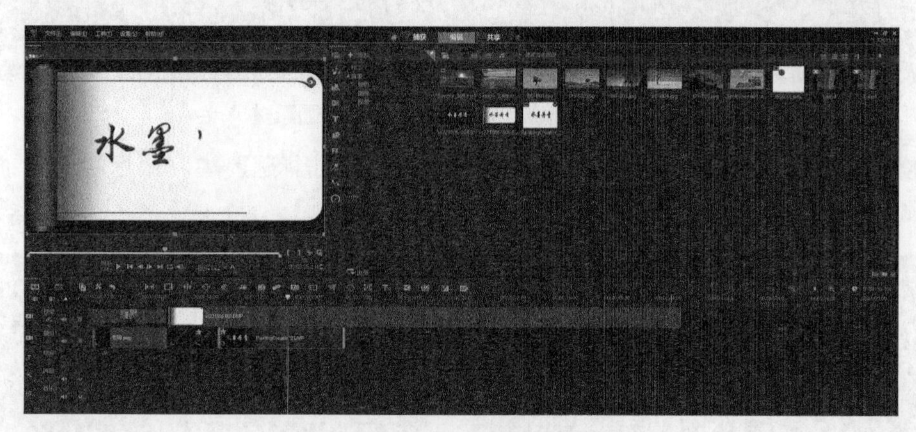


图 7-138 制作毛笔字动画效果

**步骤四**：制作水墨画动态效果

①在覆叠轨中插入“兰花”图片素材，设置“照片区间”为“28”，并在预览窗口中调整图片大小和位置，如图 7-139 所示。

图 7-139 覆叠轨中插入兰花图片素材

②进入“转场”素材库，选择“过滤”转场组中的“交叉淡化”转场，将其拖至 PaintingCreator 素材与“兰花”素材之间，如图 7-140 所示。

图 7-140　添加“交叉淡化”转场

③单击“轨道管理器”按钮，打开“轨道管理器”对话框，设置“覆叠轨”参数为“2”，时间轴中显示“叠加 2”覆叠轨。

④在叠加 2 轨中插入“蝴蝶动画”视频素材，将素材拖至第 20 秒位置，在预览窗口中调整素材大小与位置。

⑤单击选项面板“编辑”选项卡中的“速度 / 时间流逝”按钮，打开“速度 / 时间流逝”对话框，设置“新素材区间”为“0:0:13:0”，单击“确定”按钮，减慢视频播放速度，并复制“蝴蝶动画”素材粘贴其后，如图 7-141 所示。

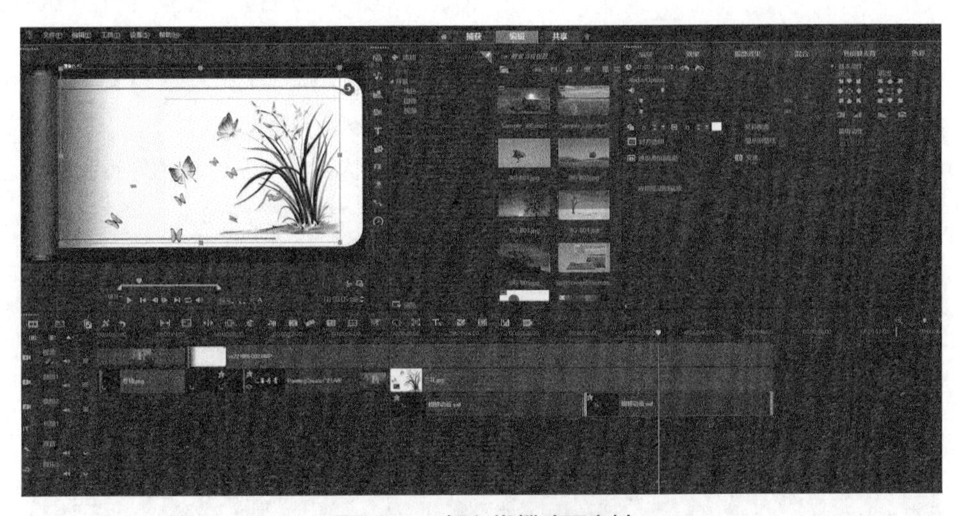

图 7-141　插入蝴蝶动画素材

⑥将时间线定位到第 22 秒位置，进入“标题”素材库，双击预览窗口的左上方位置，在闪烁光标后输入字幕“咏兰 碧草生在幽谷中 沐日浴露姿从容 天赐神香自悠远 引来蝴蝶弄清风”。

⑦选择字幕，在“标题选项”面板中，单击“将方向更改为垂直”按钮，设置“区间”为“24”、“字体”为“隶书”、“字体大小”为“20”、“颜色”为“黑色”，单击“阴影”标签按钮，选择“无阴影”效果，适当调整字幕位置，如图 7-142 所示。

图 7-142　添加字幕

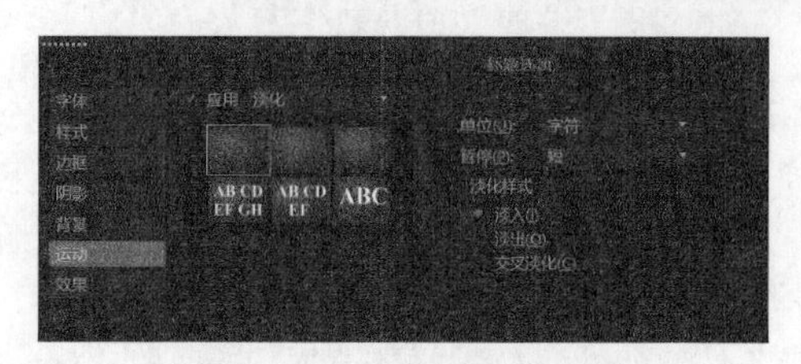

图 7-143　为字幕添加动画

⑧单击“运动”标签按钮，选择“应用”选项，将“选取动画类型”设为“淡化”、“单位”设为“字符”、“暂停”设为“短”、“淡化样式”设为“淡入”，如图 7-143 所示，单击“确定”按钮，为字幕添加动画。

**步骤五：**制作片尾

①进入“媒体”素材库，选择“纯色”组中的“黑色”，将其拖至视频轨中，将“色彩区间”设为“10”。

②进入“标题”素材库，双击预览窗口的任意位置，在闪烁光标后输入字幕“创作人：紫藤庐 背景音乐：淡若晨风 演奏家：巫娜 影片素材：互联网图片 谢谢欣赏”。

③选择字幕，在“标题选项”面板中，将“区间”设为“10”、“颜色”设为“白色”，再次单击蓝色的“将方向更改为垂直”按钮，将字幕恢复为水平方向显示，单击“对齐”组中的“对齐到下方中央”按钮，调整字幕位置，如图 7-144 所示。

图 7-144　插入字幕

④单击“运动”标签按钮，选择“应用”选项，将“选取动画类型”设为“飞行”，在下方列表框中选择第 1 种动画样式，如图 7-145 所示，为字幕添加动画。

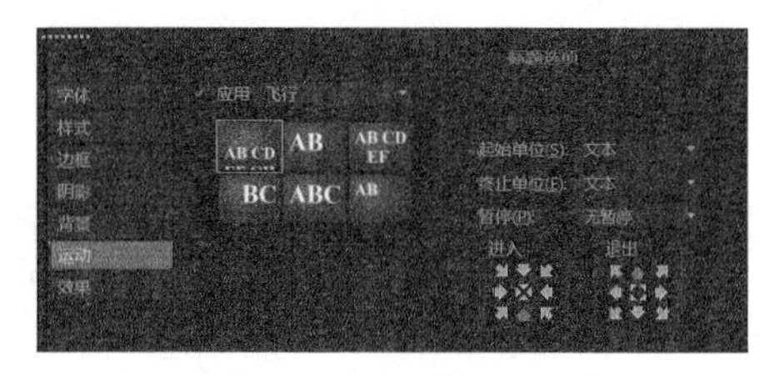

图 7-145　为字幕添加动画

**步骤六：**制作背景音乐

①在时间轴的空白区域右击，在弹出的快捷菜单中选择“插入音频”→“到音乐轨 #1”命令，在打开的对话框中选择要添加的音频素材，单击“打开”按钮，添加背景音乐。

②将时间线拖至第 56 秒位置，选择音乐轨中的素材，单击导览区域的“分割素材”按钮，将音频素材分割为两段，选择后一段音频素材，按【Delete】键将其删除。

③选择音频素材，进入“音乐和声音”选项面板，将“淡入”和“淡出”均设为“2s”，为背景音乐添加淡入和淡出效果。

**步骤七：**保存项目文件

单击菜单栏“文件”→“保存”命令，打开“另存为”对话框，设置文件名和保存路径，单击“保存”按钮，保存项目文件。

## 7.4.7　会声会影 2022 视频输出

影片输出是视频编辑的最后一个关键步骤，主要用来渲染项目中编辑完成的素材、转场、滤镜、路径、音频以及标题字幕等元素，并输出成可以持久保存和播放的视频文件。会声会影 2022 不仅支持视频、音频和 3D 视频文件输出，还支持视频文件的光盘刻录以及网络上传。

会声会影中的“共享”工作区是完成视频渲染、输出与刻录的主要场所，其针对不同的视频应用平台，提供了五种输出选项，分别是计算机、设备（移动设备或摄像机）、网络、光盘以及 3D 影片。每种输出选项中又包含一些常用的输出模板，模板中预设了视频的格式、大小、码率、品质以及音频模式等信息。在视频编辑完成后，用户可使用这些输出模板将视频输出成 AVI、MPEG、MP4、WMV 以及 MOV 等格式文件，其中 MPEG-4 格式最常用，画面比较清晰，可以直接上传到视频网站上，AVI 格式的图像质量好，兼容性好，但文件容量太大，而 MPEG-2 和 AVC/H.264 都是 DVD 视频格式，前者是压缩过的视频文件，后者是高清的视频文件。以水墨字画影片为例，输出视频文件的操作步骤如下：

①进入“共享”工作区，单击“计算机”标签按钮，选择右侧区域中的“MPEG-4”格式，在打开的“配置文件”下拉列表中选择“MPEG-4 AVC（1920*1070，25p，15Mbps）”选项，如图 7-146 所示。

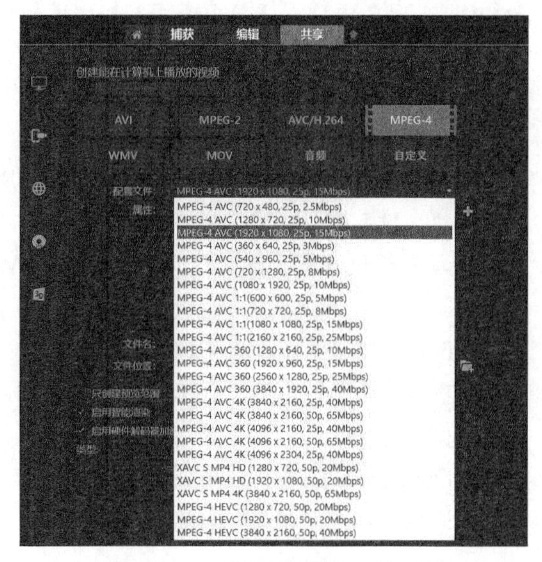


图 7-146　“配置文件”下拉列表

②设置文件名和保存位置，单击“开始”按钮，开始渲染视频文件，弹出渲染进度栏，

如图 7-147 所示，渲染完成后，弹出信息提示框，单击 OK 按钮，完成 MPEG-4 视频文件格式的输出。

图 7-147　渲染进度栏

# 7.5　动画信息处理

## 7.5.1　动画基础知识

动画是一种集合了绘画、漫画、电影、数字媒体、摄影、音乐以及文学等门类的艺术表现形式，具有表现力强、直观生动等特点。动画最早起源于 19 世纪上半叶的英国，较正式的英文表述是 Animation，来源于拉丁文字根 anima，意为灵魂，赋予生命的意思，可引申为使某物活动起来，因而动画又被看作一种使用某些技术手段创造生命运动的艺术。

动画通过把物体的动作、变化等分解成许多动作瞬间的画幅，再用摄影机连续拍摄成一系列画面，给视觉造成连续变化的图画。医学证明人类具有“视觉暂留”的特性，人眼在看到一幅画或一个物体后，0.34 s 内这些景象是不会消失的，这样在一幅画还没有消失前播放下一幅画，就会给人造成一种流畅的视觉变化效果。利用这种特性创建一系列具有微小差别内容的帧，并在极短的时间间隔内依次播放帧，就可形成连续的动画效果。

## 7.5.2　Animate 2022 基本操作

Animate 2022 是一款优秀的网络动画编辑软件，能将图形、图像、音频以及视频等多媒体素材与丰富多彩的界面融合在一起，进行交互式矢量动画编辑，被广泛应用于网络动画、交互式动画、App 动画、影视动画、MTV 动画、动态相册、广告宣传以及多媒体教学课件开发等方面。Animate 动画是一种矢量动画格式，具有体积小、交互性强、直观形象、兼容性好等优点，支持 HTML5 Canvas、WebGL 以及 SVG 在内的几乎任何动画格式，非常适合网络传播，是当前十分流行的 Web 动画格式。

### 1. Animate 2022 工作界面

双击桌面上 Animate 2022 应用程序的快捷方式图标，启动 Animate 应用程序，启动后单击菜单栏“文件”→“新建”命令，打开“新建文档”对话框，如图 7-148 所示，对话框中提供了预设动画文档尺寸和示例文件，选择“标准 640×480”尺寸，新建一个动画文档，进入软件工作界面。

Animate 2022 工作界面默认 UI 主题是深色调，通常单击菜单栏“编辑”→“首选参数”→“编辑首选参数”命令，打开“首选参数”对话框，将“UI 主题”调整为“浅”，如图 7-149 所示，单击“确定”按钮，可调整整个窗口界面的颜色显示，从而更方便用户操作。

Animate 2022 工作界面主要由菜单栏、工具面板、时间轴面板、面板组、绘图区以及工作区等部分组成，如图 7-150 所示。

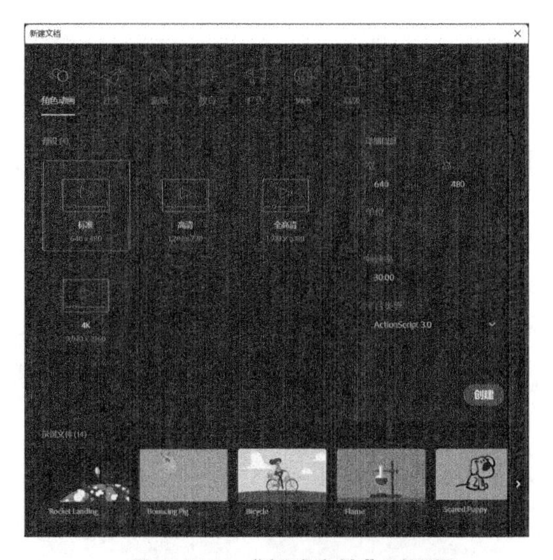

图 7-148　“新建文档”对话框

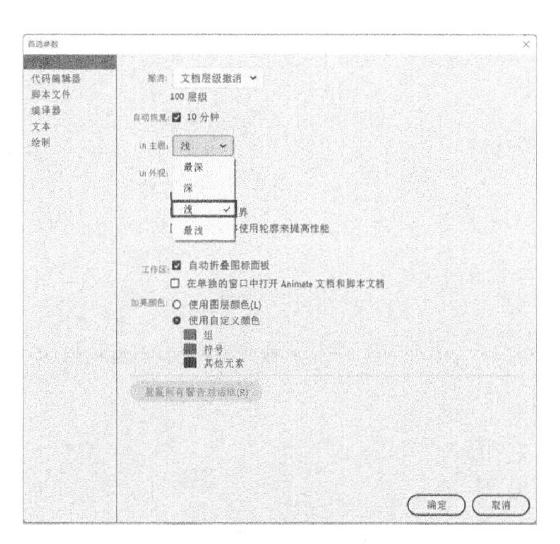

图 7-149　“首选参数”对话框

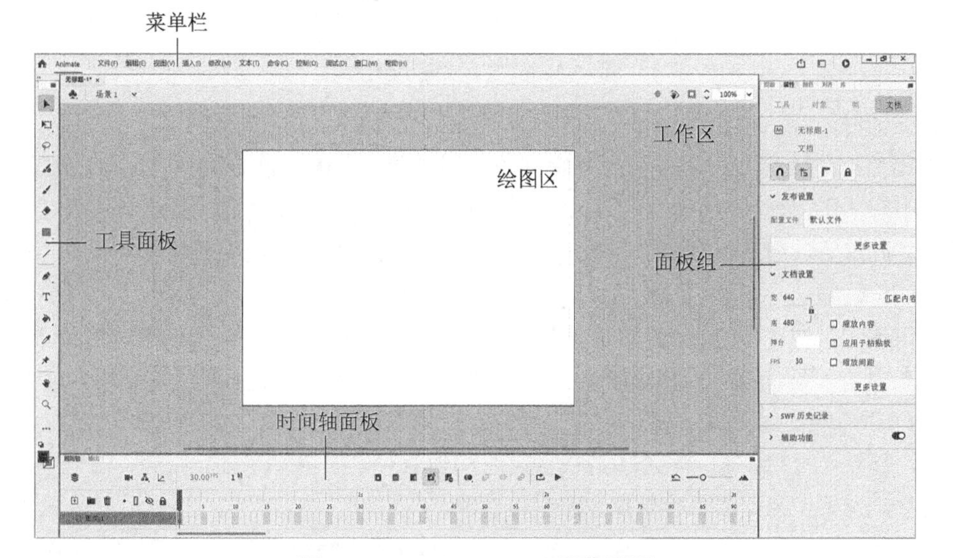


图 7-150　Animate 2022 工作界面

（1）菜单栏

菜单栏将 Animate 2022 的所有命令都集中在“文件”“编辑”“视图”“插入”“修改”“文本”“命令”“控制”“调试”“窗口”“帮助”菜单中，使用其中的命令可实现动画编辑功能。

（2）工具面板

工具面板位于工作界面的左侧，包含了绘图、上色、选择、文本、修改插图以及缩放平移等编辑工具，用户可根据需要选择相应的工具进行动画制作。工具面板中包含的工具如图 7-151 所示。

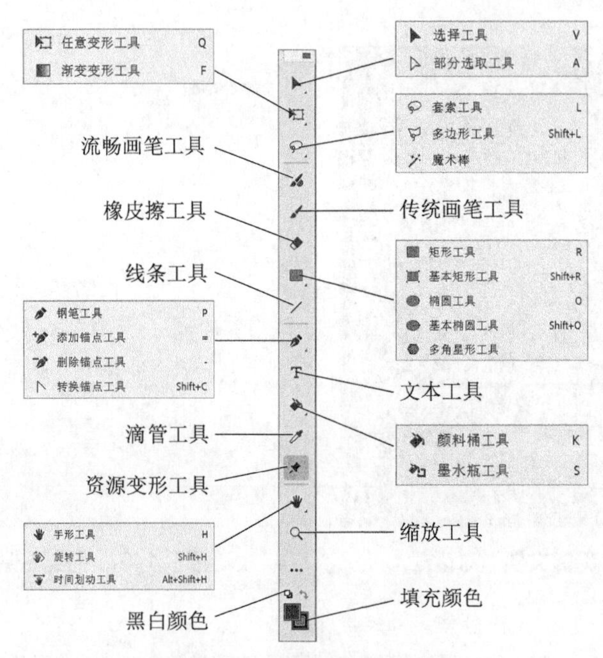


**图 7-151　工具面板展开图**

（3）时间轴面板

时间轴面板是进行动画创建和内容编排的主要场所，由图层控制区和时间轴控制区两部分组成。其中，图层控制区用来进行图层操作，而时间轴控制区由帧序列、播放头和信息栏组成，用来进行动画编辑。通常用户在时间轴面板中通过编辑图层和帧实现动画制作。

（4）面板组

面板组位于工作界面的右侧，默认状态下包括资源、属性、颜色、对齐、库以及场景多个面板，每个面板都具有不同的属性。资源面板给用户提供大量动画素材、声音剪辑素材。库面板用于存储和组织动画中创建的元件和导入的文件，包括位图图形、按钮、影片剪辑、图片、音频和视频文件。属性面板用于显示和修改绘图区、时间轴上对象的相关信息，包括文档设置、文本、形状、元件、位图、组、帧、视频以及工具等对象。

（5）绘图区

绘图区又称舞台，是放置动画内容的矩形区域（见白色区域），动画内容包括矢量图形、文本、按钮、导入的位图以及视频等。通常绘图区中的内容就是导出影片所包含的内容，而绘图区以外的内容在测试影片时，不会显示在播放器中。

**2. Animate 2022 基本操作**

（1）场景的基本设置

Animate 动画通常由一个或多个场景组成，场景即动画的背景画面，设计恰当的场景不仅可以提升动画的美感和艺术效果，还可以突出渲染主题。Animate 2022 标准场景大小为 640×480 像素、舞台颜色为白色，但在实际动画制作过程中，用户可根据需要调整场景大小、颜色，只需在“属性”面板的“文档设置”区域中修改文档宽度、高度以及舞台颜色参数即可。

场景是动画播放时的舞台，在制作比较大且复杂动画时，往往使用一个场景，时间轴就会太长，操作起来很不方便，因此可以通过添加多个场景，将复杂的动画分场景进行制作。要在

Animate 2022 中添加更多场景，可单击菜单栏“窗口”→“场景”命令，打开“场景”面板，单击面板下方的“添加场景”按钮⊞添加场景，而单击面板下方的“删除场景”按钮🗑可删除指定场景。

（2）图层的编辑操作

图层可以看作一张张透明的纸，每张纸上有不同的对象，将这些纸叠加在一起形成一幅比较复杂的画面。Animate 动画文件可以包含多个图层，每个图层相互独立且拥有各自的时间轴，在某个图层上绘制与编辑对象，不会影响到其他图层。在时间轴面板左侧的图层控制区中，单击“新建图层”按钮⊞，可新建一个图层；单击“删除”按钮🗑，可删除选择图层；单击“将所有图层显示为轮廓”按钮▯，可使舞台上所有内容变为轮廓显示；单击“显示或隐藏所有图层”按钮，可显示或隐藏所选图层；单击“锁定或解除锁定所有图层”按钮🔒，可锁定或解除锁定所选图层。

（3）动画帧频设置

帧频（又称帧速率）是指每秒放映或显示的帧或图像的数量，决定了动画的播放速度，通常帧频数值越高，动画的播放速度就越快，反之帧频数值越低，动画的播放速度就越慢。Animate 2022 默认动画帧频为 30 fps，表示每秒播放 30 帧内容，而我国电视帧频为 25 fps，高清电影帧频为 30 fps。在制作动画的过程中，用户可根据需要调整动画帧频，其操作与设置场景大小与舞台颜色操作相似，只需在“属性”面板的“文档设置”区域中修改帧频参数即可。

### 7.5.3　Animate 2022 动画制作

Animate 动画是通过连续显示一系列静止图像形成的动态效果，这些图像按照时间先后顺序排列在时间轴上，每幅静止的图像称为帧。动画都是基于帧构成的，每一帧类似于电影底片上的一格图像画面。

**1. 帧概念**

帧是创建 Animate 动画的基础，也是构成动画最基本的元素之一。根据帧的功能不同，可以将其分为关键帧、空白关键帧以及普通帧三种类型。

①关键帧：有关键内容的帧，用来定义动画中实例对象变化、更改状态的帧，在时间轴上显示为黑色实心的圆点。

②空白关键帧：无内容的关键帧，没有包含任何实例对象，在时间轴上显示为空心的圆点。

③普通帧：用来继承和延续关键帧的内容，能显示实例对象，但不能对实例对象进行编辑操作，在时间轴上显示为灰色填充的小方格。

**2. 时间轴动画制作**

Animate 动画常见的基本类型有逐帧动画、传统补间动画、形状补间动画、引导路径动画以及遮罩动画。

（1）制作逐帧动画

逐帧动画是一种常见的动画形式，其原理是在时间轴上的连续关键帧中创建动画内容，通过更改每一帧中的图像内容而产生动画效果。制作逐帧动画的方法非常简单，只需一帧一帧地创建舞台内容即可，其关键在于动画动作的设计，要注意动作应各有不同却又有较强的连贯性。由于逐帧动画中每一帧的内容都不同，因而完成的工作量比较大，但其具有很好的灵活性，几乎可以表现任何想表现的内容，十分适合细腻的动画制作，如 3D 效果、人物或者动作的急速变化等。以制作球运动动画为例，具体操作步骤如下：

①单击菜单栏“文件”→“新建”命令，新建空白动画文件，场景大小选择标准值“640×480”、单位为“像素”、舞台颜色为“白色”、帧速率为“25”。

②选择第1帧，选择工具面板中的椭圆工具，在“属性”面板中，设置“填充”为“紫色”、“笔触”为“无”，按住【Shift】键的同时拖动鼠标绘制圆形，如图7-152所示。

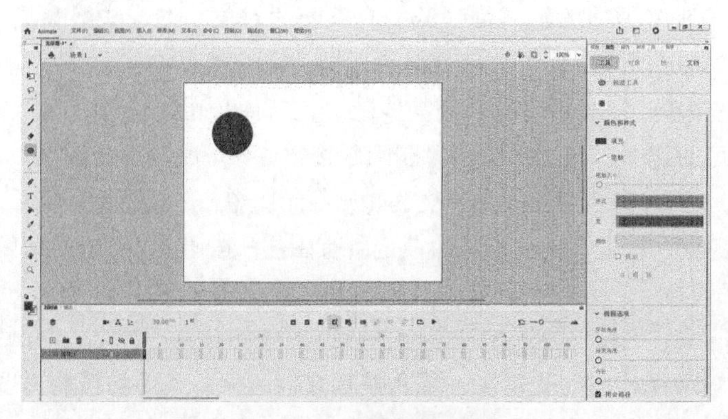

图7-152　绘制图形元素

③在时间轴中选择第二帧，单击“插入关键帧”按钮■（或按【F6】键），插入一个关键帧，单击选择工具，选择圆后调整其填充颜色和位置，如图7-153所示。

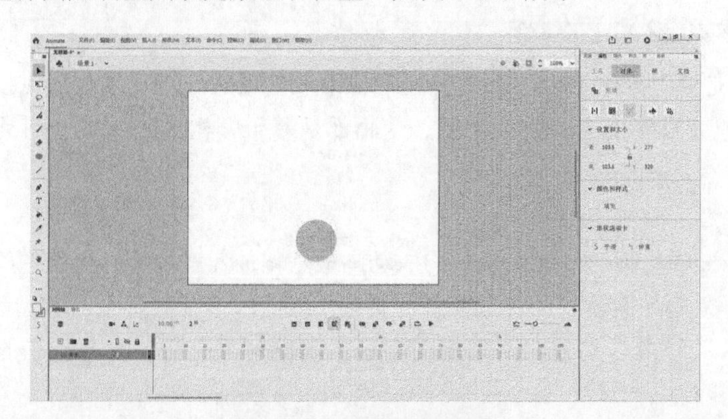

图7-153　编辑图形元素

④使用相同方法，在时间轴中继续插入五个关键帧，并在每个关键帧上调整圆的填充颜色和位置，如图7-154所示。

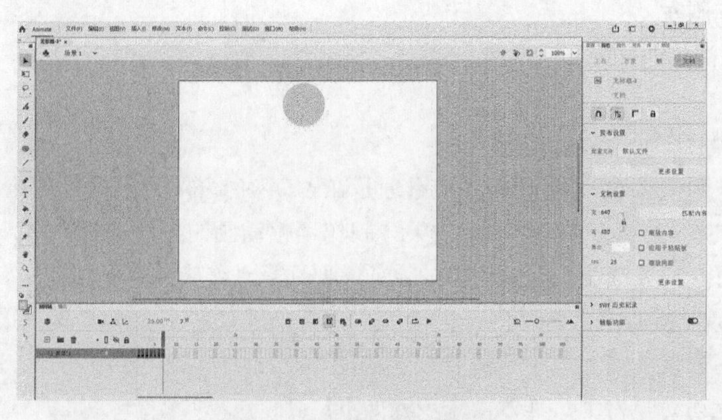

图7-154　插入的关键帧

⑤按【Ctrl+Enter】快捷键，播放动画效果，可看到圆的动画效果。

（2）制作传统补间动画

传统补间动画是指在时间轴面板的开始关键帧上创建一个元件，在结束关键帧上改变这个元件的大小、位置、颜色、透明度、旋转、倾斜、滤镜等属性，Animate 将根据两帧间的值创建动画。需要注意的是，制作传统补间动画的对象可以是影片剪辑、图形元件、按钮、文字、位图以及组合等，但不能是形状，除非将形状进行组合或转换成元件。传统补间动画创建完成后，时间轴面板的背景色将变为紫色，且开始关键帧与结束关键帧之间会出现一个长箭头标记。以制作弹跳篮球动画为例，具体操作步骤如下：

①单击菜单栏“文件”→“新建”命令，新建标准动画文件，选择第一帧，单击菜单栏“文件”→“导入”→“导入到舞台”命令，打开“导入”对话框，选择背景图片，单击“打开”按钮，添加背景图片，双击时间轴面板中的“图层_1”，将其重命名为“草地”，如图 7-155 所示。

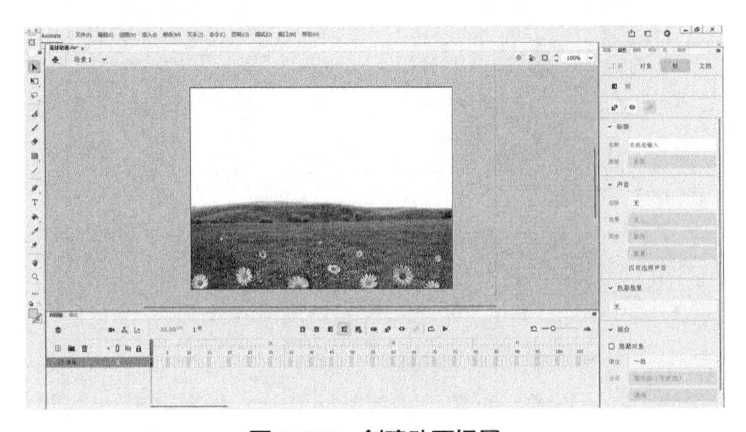

**图 7-155　创建动画场景**

②单击菜单栏“插入”→“新建元件”命令，打开“创建新元件”对话框，在其中设置“名称”为“篮球”、“类型”为“图形”，如图 7-156 所示，单击“确定”按钮。

③单击菜单栏“文件”→“导入”→“导入到舞台”，导入篮球图片，在属性面板中调整图片大小，设置“宽”为“100”，适当调整图片位置，如图 7-157 所示。

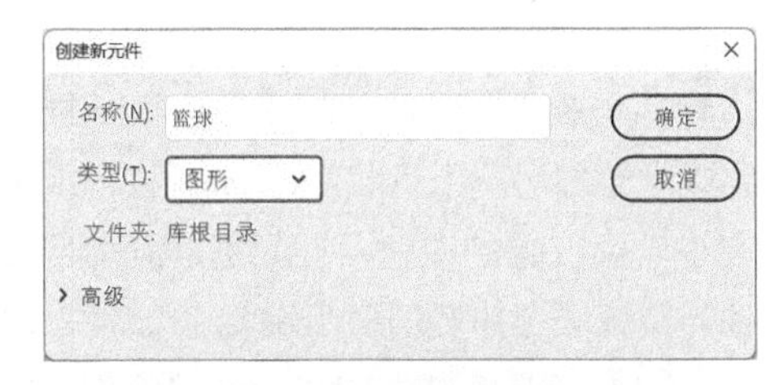


**图 7-156　“创建新元件”对话框**

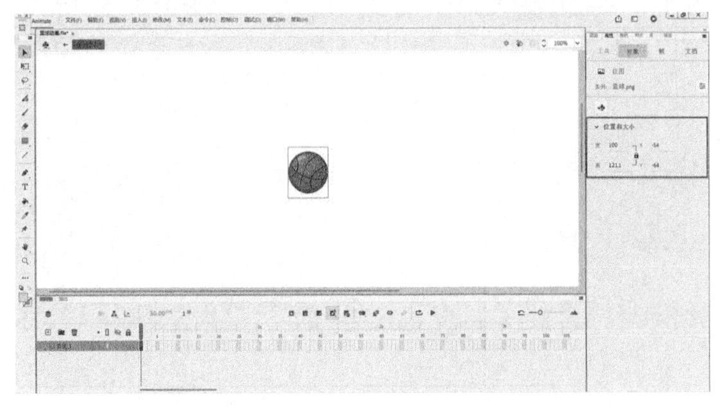

**图 7-157　创建篮球元件**

④单击工作区左上方的“返回场景”按钮 ←，返回场景 1，单击时间轴中图层控制区的“新建图层”按钮⊞，新建图层并将图层重命名为“篮球”，切换到库面板，鼠标拖动篮球元件至舞台中，适当调整元件位置。

⑤选择“草地”图层的第 50 帧，单击“插入帧”按钮（或按【F5】键），插入普通帧，延续第 1 帧的内容。

⑥选择“篮球”图层的第 50 帧，单击“插入关键帧”按钮（或按【F6】键），插入关键帧，调整篮球的高度。

⑦右击“篮球”图层第一帧和第 50 帧之间任意一帧，在弹出的快捷菜单中选择“创建传统补间”命令，创建篮球弹跳动画，如图 7-158 所示。

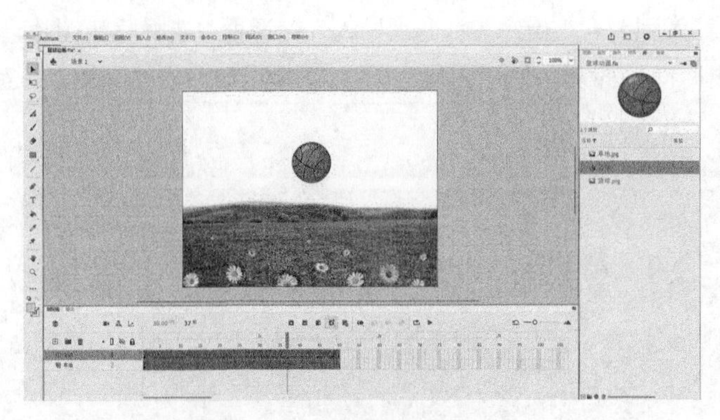

图 7-158　创建传统补间动画

⑧按【Ctrl+Enter】快捷键，播放动画效果。

如果用户对创建的动画不满意，可取消传统补间动画，只需右击动作补间，在弹出的快捷菜单中选择“删除经典补间动画”命令即可。

（3）制作补间形状动画

补间形状动画是指在时间轴面板的开始关键帧上绘制一个形状，在结束关键帧上改变这个形状或者绘制另一个形状，Animate 将根据两帧的形状创建动画，可以实现两个图形之间颜色、形状、大小以及位置的变化。补间形状动画创建完后，时间轴面板的背景色将变为黄色，且开始关键帧与结束关键帧之间会出现一个长箭头标记。以制作图形变换动画为例，具体操作步骤如下：

①单击菜单栏“文件”→“新建”命令，新建标准动画文件，选择矩形工具，在绘图区左下方位置绘制矩形，并在属性面板中设置矩形的颜色和样式，如图 7-159 所示。

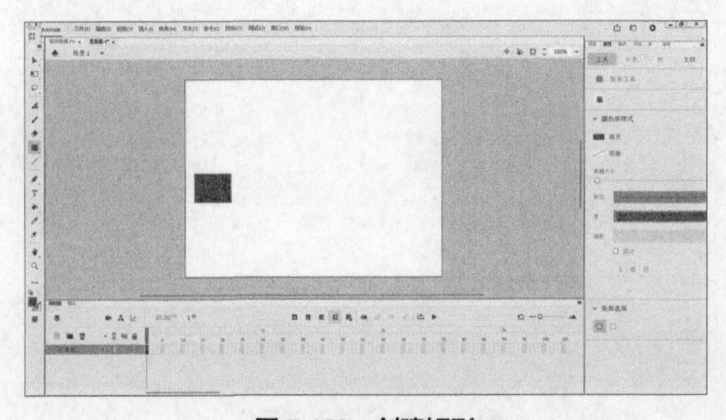

图 7-159　创建矩形

②选择“图层 _1”的第 30 帧，单击“插入关键帧”按钮（或按【F6】键），插入关键帧，选择椭圆工具，按住【Shift】键的同时拖动鼠标，在绘图区中间区域绘制圆，并在属性面板中调整图形颜色与位置，如图 7-160 所示。

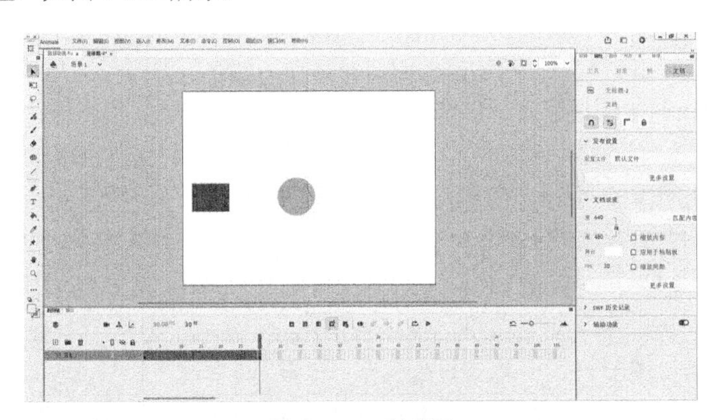

图 7-160　创建圆

③单击选择工具，选择矩形，按【Delete】键删除矩形。使用相同的方法在图层第 60 帧处插入关键帧，并在绘图区右下方区域创建五角星，调整图形颜色后删除圆，如图 7-161 所示。

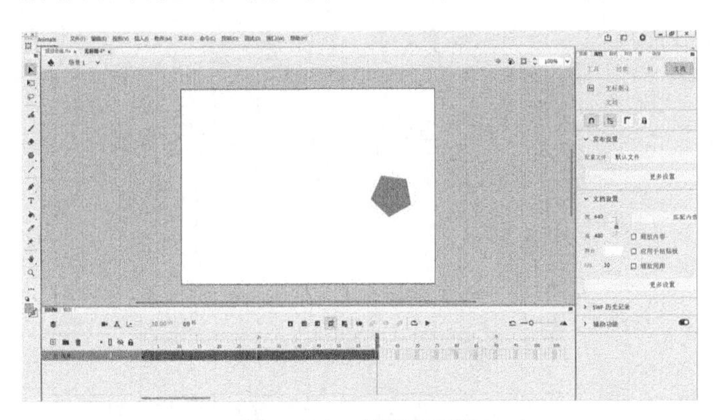

图 7-161　创建五角星

④右击第一帧和第 30 帧之间任意一帧，在弹出的快捷菜单中选择“创建补间形状”命令，继续右击第 30 帧和第 60 帧之间任意一帧，在弹出的快捷菜单中选择“创建补间形状”命令，创建补间形状动画，如图 7-162 所示。

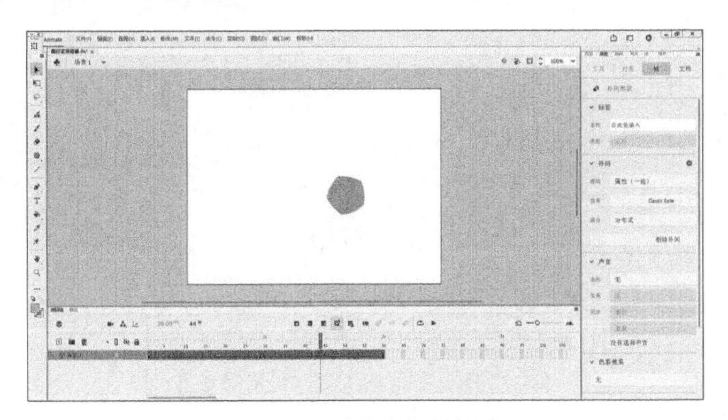

图 7-162　创建补间形状动画

⑤按【Ctrl+Enter】快捷键，播放动画效果。

（4）制作引导路径动画

在补间动画中，对象沿直线轨迹运动，但是在实际生活中，大多数物体都呈现弧形或不规则的运动路径，如天空中的小鸟飞行、山间汽车轨迹以及月亮围绕地球旋转等。在制作 Animate 动画时，用户可以运用运动引导层绘制物体的运动路径，创建引导路径动画，使动画更加生动。引导路径动画通常由两个图层组成，上面一层称为“引导层”，下面一层称为“被引导层”，在引导层上绘制一条曲线作为动画路径，被引导层上的动画对象就能沿着该曲线进行运动。如果要实现多个图层都按照一个相同的路径运动，则需要将被引导的图层移动至引导层下。以制作蝴蝶飞舞动画为例，具体操作步骤如下：

①单击菜单栏“文件”→“新建”命令，新建标准动画文件，单击菜单栏“文件”→“导入”→“导入到舞台”命令，打开“导入”对话框，选择背景图片，单击“打开”按钮，添加背景图片，双击时间轴面板中的“图层_1”，将其重命名为“背景”。

②单击选择工具，选择背景图片，在属性面板中调整图片大小，设置“高”为“480”，适当调整图片位置，单击工作区右上方“剪切掉舞台范围以外的内容”按钮，裁剪掉舞台外的图片区域，如图 7-163 所示。

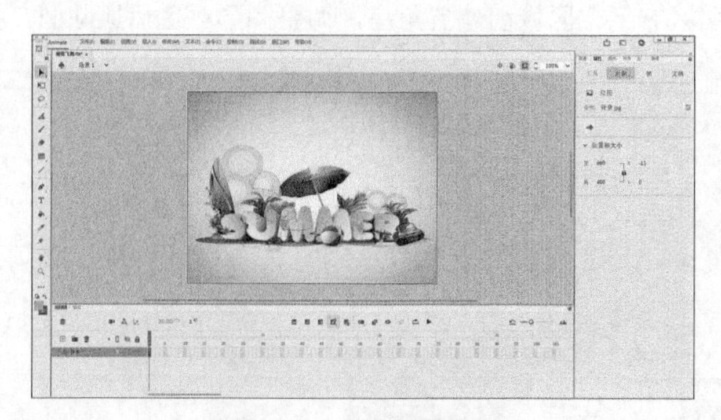

图 7-163　创建动画场景

③单击菜单栏“插入”→“新建元件”命令，打开“创建新元件”对话框，设置“名称”为“蝴蝶”、“类型”为“图形”，单击“确定”按钮。

④单击菜单栏“文件”→“导入”→“导入到舞台”命令，导入蝴蝶图片，单击工作区左上方的“返回场景”按钮，返回场景 1，单击时间轴中图层控制区的“新建图层”按钮，新建图层并将图层重命名为“蝴蝶”，切换到库面板，鼠标拖动蝴蝶元件至舞台中，如图 7-164 所示。

图 7-164　舞台中添加蝴蝶元件

⑤选择“背景”图层的第 60 帧，单击“插入帧”按钮（或按【F5】键），插入普通帧，延续第 1 帧的内容。

⑥右击“蝴蝶”图层，在弹出的快捷菜单中选择“添加传统运动引导层”命令，创建“引导层：蝴蝶”层，选择引导层的第一个空白关键帧，利用画笔工具绘制出蝴蝶飞行的引导路径。

⑦选择“蝴蝶”图层的第一个关键帧，单击选择工具，将蝴蝶移动至路径的开始位置，选择该图层的第 60 帧，单击“插入关键帧”按钮（或按【F6】键），插入关键帧，并将蝴蝶移动至路径的结束位置。

⑧右击“蝴蝶”图层第 1 帧和第 60 帧之间任意一帧，在弹出的快捷菜单中选择“创建传统补间”命令，创建补间动画，如图 7-165 所示。

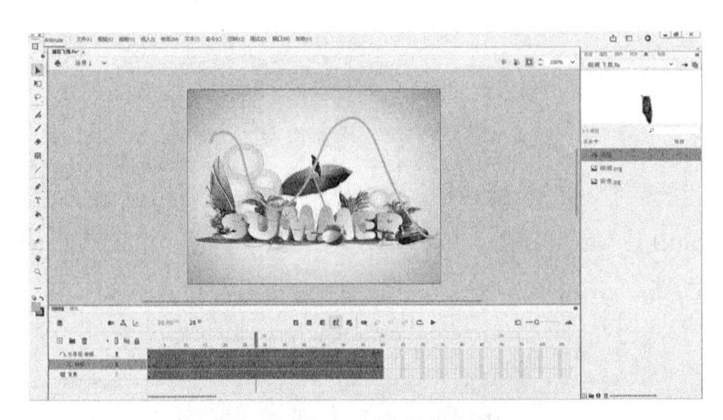


图 7-165　绘制引导路径

⑨按【Ctrl+Enter】快捷键，播放动画效果。

（5）制作遮罩动画

遮罩动画是 Animate 中一个很重要的动画类型，大量效果丰富的动画都是通过遮罩动画完成的。遮罩动画由遮罩层和被遮罩层两个图层构成，遮罩层的作用是透过该图层内的图形看到其下方图层内容，而被遮罩层即遮罩层下方的图层，则除了透过遮罩层显示的内容外，其余所有内容都被隐藏起来。以制作探照灯动画为例，具体操作步骤如下：

①单击菜单栏“文件”→“新建”命令，新建标准动画文件，将场景的背景颜色更改为“深绿色”，双击“图层 _1”名称，将其重命名为“文字”。

②单击文本工具，在舞台中输入文字 Spotlight Mask，设置字体、大小和颜色（如深灰色），调整文字位置，如图 7-166 所示。

图 7-166　创建文字

③右击“文字”图层，在弹出的快捷菜单中选择“复制图层”命令，创建“文字_复制”图层，调整文字颜色（如白色），如图 7-167 所示。

图 7-167　复制文字

④单击时间轴中图层控制区的“新建图层”按钮⊞，新建图层并将图层重命名为“遮罩层”，选择椭圆工具，按住【Shift】键的同时拖动鼠标，在文字左侧绘制一个无边框的圆，如图 7-168 所示。

图 7-168　创建遮罩层图形

⑤选择“文字”图层的第 50 帧，按【F5】键，插入普通帧，选择“文字_复制”图层的第 50 帧，按【F5】键，插入普通帧，延续第一帧的内容。

⑥选择“遮罩层”图层的第 50 帧，按【F6】键，插入关键帧，将圆拖动至文字右侧位置，右击该图层第 1 帧和第 50 帧之间任意一帧，在弹出的快捷菜单中选择“创建传统补间”命令，打开“将所选内容转换为元件以进行补间”对话框，单击“确定”按钮，创建补间动画，如图 7-169 所示。

图 7-169　遮罩图层创建补间动画

⑦右击“遮罩层”图层，在弹出的快捷菜单中选择“遮罩层”命令，创建遮罩动画，如图 7-170 所示。

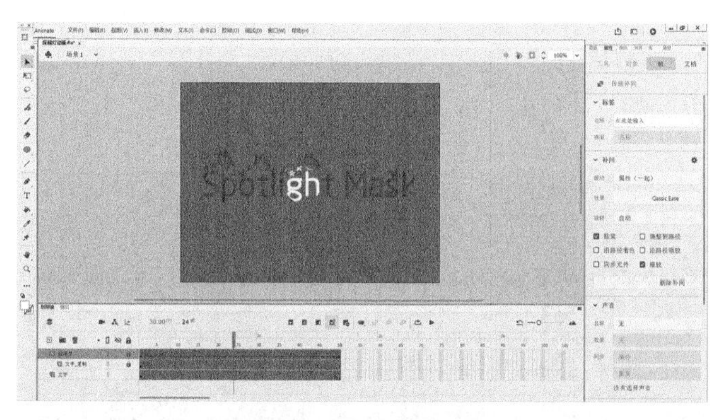

图 7-170　创建遮罩动画

⑧按【Ctrl+Enter】快捷键，播放动画效果。

### 7.5.4　Animate 2022 动画后期处理

Animate 动画制作完成后，通常要先经过测试，确定达到预期效果后，再进行影片发布与导出。发布和导出影片时，用户可根据需要设置不同类型的文件格式，以确保影片与其他应用程序的兼容性。

**1. 测试影片**

测试影片不仅可以方便用户根据预览动画判断是否达到预期效果，并进行适当修改直至满意为止，还可以检测动画的加载和播放情况，确保动画输出质量。单击菜单栏“控制”→“测试”命令，或按【Ctrl+Enter】快捷键，打开影片测试窗口，在该窗口中可以预览动画播放效果，当关闭窗口后，则可返回到原场景中继续编辑动画。此外，在绘图区中也可预览动画效果，只需单击时间轴中的“播放”按钮▶，或按【Enter】键，动画将从播放头所在帧自动播放到最后一帧。

**2. 发布影片**

发布影片不仅可以对背景音乐、图形格式以及颜色等参数进行设置，还可以根据不同需求生成不同类型的文件格式。单击菜单栏“文件”→“发布设置”命令，打开“发布设置”对话框，用户可根据需要对发布文件进行各项属性设置，完成发布设置后，单击“发布”按钮，可将文件发布为指定格式。

**3. 导出影片**

测试和优化动画后，用户可根据需要将动画导出为指定类型的文件格式，运用到其他应用程序中，常见的文件导出类型有 .SWF 影片、.SVG、.GIF 动画以及 .JPEG 图像等。单击菜单栏“文件”→“导出”→“导出影片”命令，打开“导出影片”对话框，在其中设置文件的保存类型和各项属性，完成设置后，单击“确定”按钮，可将动画导出为相应文件。

## 7.6　案例分析

李静怡同学准备制作一个传播我国非物质文化遗产风筝的小短片，该影片以风筝演变史为主线，展现历经岁月变迁的风筝故事，让更多人了解中国传统文化以及中华儿女的无穷智慧。她利用 PS、Audition、会声会影以及 Animate 软件通过执行以下操作完成影片片头制作。

**步骤一**：创建配音素材

①启动 Audition 2022 软件，单击菜单栏“文件”→“新建”→“音频文件”命令，打开“新建音频文件”对话框，设置“文件名”为“配音”、“采样率”为“44100”、“声道”为“立体声”、“位深度”为“24”，单击“确定”按钮，新建音频文件。

②单击“录制”按钮，录制解说词，单击“停止”按钮，结束声音录制，如图 7-171 所示。

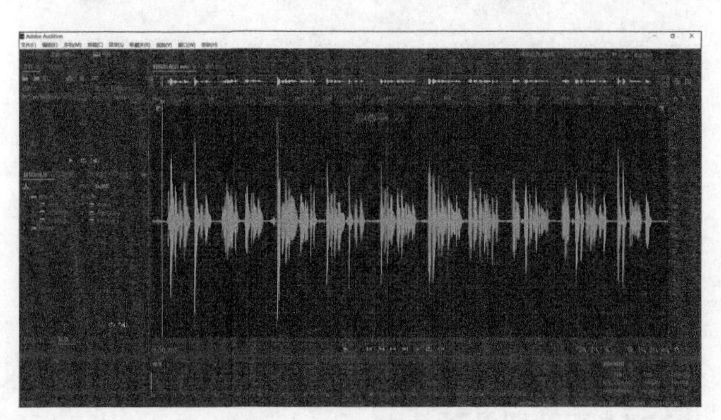

**图 7-171　录制解说词**

③选取音频中噪声片段，单击菜单栏“效果”→“降噪 / 恢复”→“捕捉噪声样本”命令，打开“捕捉噪声样本”对话框，单击“确定”按钮。

④单击菜单栏“效果”→“降噪 / 恢复”→“降噪（处理）”命令，打开“效果 - 降噪”对话框，适当调整参数，单击“应用”按钮，进行声音降噪处理。

⑤单击菜单栏“效果”→“混响”→“完全混响”命令，打开“效果 - 完全混响”对话框，适当调整参数，单击“应用”按钮，增强声音感染力。

**步骤二**：创建动画素材

①启动 Animate 2022 软件，单击菜单栏“文件”→“新建”命令，打开“新建文档”对话框，选择“标准 640×480”尺寸，将帧速率改为“25”，单击“创建”按钮，新建空白动画文件。

②单击菜单栏“文件”→“导入”→“导入到舞台”命令，打开“导入”对话框，选择“小船”图片，单击“打开”按钮，添加图片，选择图层的第 30 帧，按【F6】键插入关键帧。

③选择资源变形工具，在小船红色灯笼的上方和下方创建两个图钉，并在其水中倒影的对称区域也创建两个图钉，分别向右移动控制点，如图 7-172 所示，编辑帧内容。

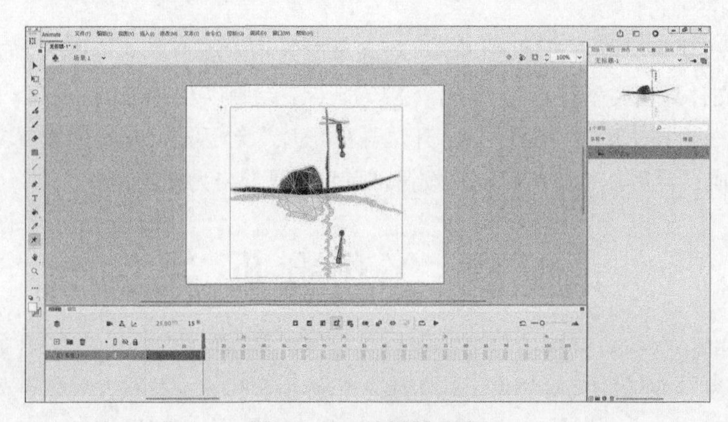

**图 7-172　编辑帧内容**

④使用相同操作方法，依次在图层的第 60、90、120、150 帧处插入关键帧，调整图片中两处灯笼位置，并在 1~30 帧、30~60 帧、60~90 帧、90~120 帧、120~150 帧之间创建传统补间动画，如图 7-173 所示，制作小船动画。

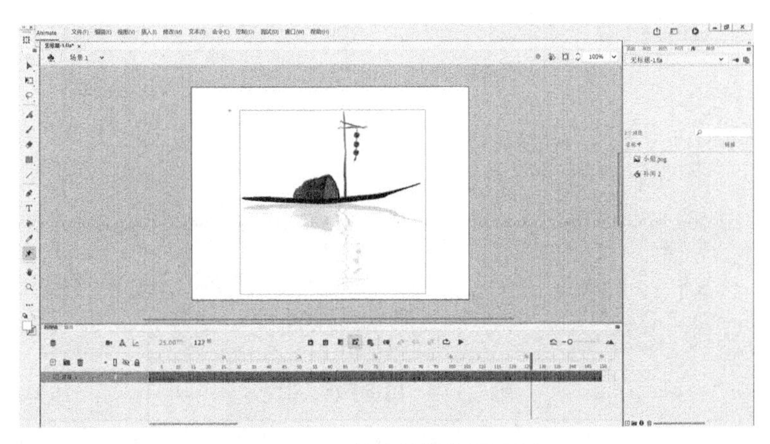

图 7-173　创建传统补间动画

⑤单击菜单栏“文件”→“导出”→“导出影片”命令，打开“导出影片”对话框，设置“文件名”为“小船”、“保存类型”为“SWF 影片（*.swf）”，指定保存路径，单击“保存”按钮，保存小船动画文件。

**步骤三：**创建图片素材

①启动 Photoshop 2022 软件，单击菜单栏“文件”→“打开”命令，打开“打开”对话框，选择“背景”图片，单击“打开”按钮，打开背景图片。

②单击菜单栏“图像”→“调整”→“色相 / 饱和度”命令，或按【Ctrl+U】快捷键，打开“色相 / 饱和度”对话框，设置“色相”参数为“180”、饱和度为“－11”，调整图片显示效果。

③单击菜单栏“文件”→“置入嵌入对象”命令，打开“置入嵌入的对象”对话框，选择“风筝”图片，单击“置入”按钮，如图 7-174 所示，在背景图片上添加另一张图片。

图 7-174　打开与置入图片

④按【Enter】键，右击“风筝”图层，在弹出的快捷菜单中选择“栅格化图层”命令，将智能对象图层转换为普通图层。

⑤选择魔棒工具，在工具属性栏中单击“添加到选区”按钮、将“容差”设为“20”、选

择“连续”选项，选取风筝图片中白色背景，按【Delete】键，去除图片白色背景，按【Ctrl+D】快捷键取消选区，移动图片至合适位置，如图 7-175 所示。

图 7-175　编辑风筝图片

⑥单击菜单栏“文件”→“导出”→“导出为”命令，打开“导出为”对话框，将“格式”设为“JPG”，单击“导出”按钮，打开“另存为”对话框，设置“文件名”为“背景 1”，指定保存路径，保存图片。

**步骤四**：创建影片项目文件

①启动会声会影 2022 软件，进入“编辑”工作区，右击视频轨，在弹出的快捷菜单中选择“插入图片”命令，插入“背景 2”图片，将照片区间设为“11s”，右击叠加 1 轨，在弹出的快捷菜单中选择“插入图片”命令，插入“风筝 1”图片，将照片区间设为“9s”，适当调整图片大小与位置。

②单击时间轴面板中“轨道管理器”按钮，打开“轨道管理器”对话框，设置“覆叠轨”为“2”，单击“确定”按钮，右击叠加 2 轨，在弹出的快捷菜单中选择“插入视频”命令，插入“小船”动画，单击“显示库和选项面板”按钮，打开选项面板，单击“速度 / 时间流逝”按钮，打开“速度 / 时间流逝”对话框，将动画素材区间设为“9s”，如图 7-176 所示，延长动画时间。

图 7-176　插入与编辑素材

③选择“风筝 1”图片，进入“滤镜”素材库，选择“调整”滤镜组中的“视频摇动和缩放”滤镜，并将其拖至图片素材上，在选项面板“效果”选项卡中，单击“自定义滤镜”按钮，打开“视频摇动和缩放”对话框，设置第一帧缩放率为“100%”、停靠位置为“水平居中”，设置最后

一帧缩放率为“120%”、停靠位置“中部靠左”，如图 7-177 所示，单击“确定”按钮，创建风筝摇动效果。

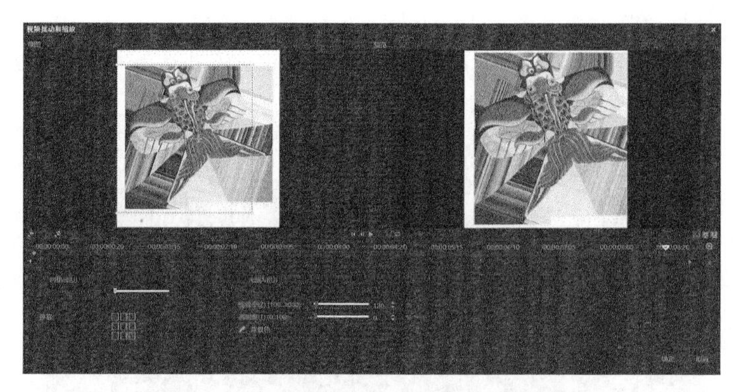

图 7-177　“视频摇动和缩放”滤镜设置

④选择“小船”动画，在选项面板“编辑”选项卡中选择“高级动作”选项，单击“自定义动作”按钮，打开“自定义动作”对话框，先后调整第一帧和最后一帧小船的位置，如图 7-178 所示，单击“确定”按钮，创建小船划动效果。

图 7-178　“自定义动作”设置

⑤进入“标题”素材库，选择一种标题样式，将其拖至标题 1 轨中，在预览窗口中编辑标题内容“中国传统文化——风筝”，调整文字区间和位置，并在选项面板中，调整文字格式以及添加“弹出”动画，设置动画效果，如图 7-179 所示，创建标题字幕。

图 7-179　创建标题字幕

⑥右击视频轨，在弹出的快捷菜单中选择“插入图片”命令，插入“背景1”图片，进入“转场”素材库，选择“过滤”组中的“交叉淡化”转场效果，并将其拖至视频轨中两张图片素材之间，设置转场区间为“2s”，右击声音轨，在弹出的快捷菜单中选择“插入音频”命令，插入“配音”音频，拖动音频至第9s位置，调整背景1图片区间长度，使其与音频时长一致，如图7-180所示，进行声画同步设置。

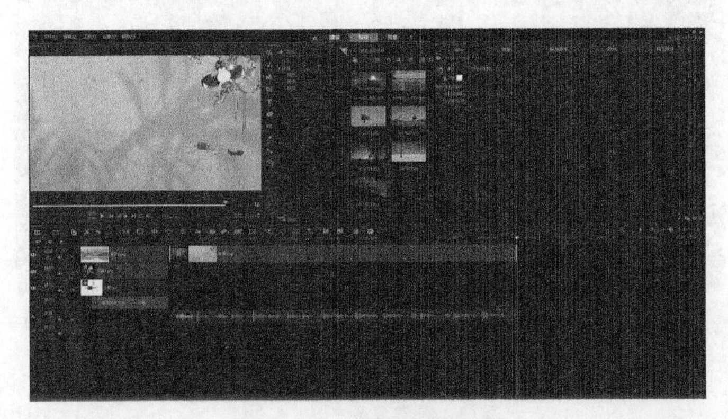

**图7-180　声画同步设置**

⑦添加文字内容“村居 草长莺飞二月天 拂堤杨柳醉春烟 儿童散学归来早 忙趁东风放纸鸢”，调整文字区间、格式和位置，为文字添加“淡入”动画，设置动画效果，如图7-181所示，创建片头字幕。

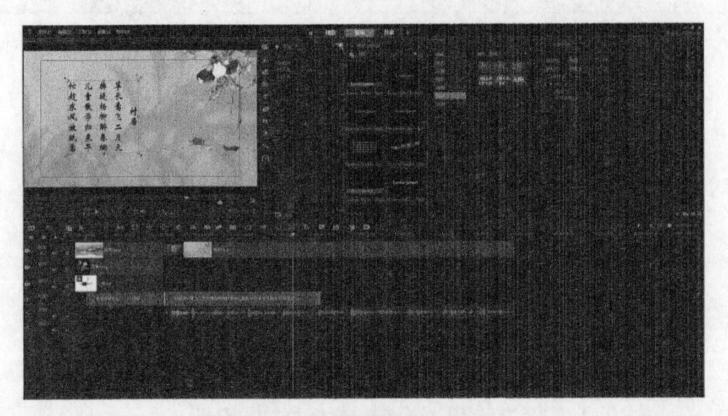

**图7-181　创建片头字幕**

⑧在叠加1轨中插入“风筝2”图片，拖动图片至合适时间点，调整图片区间、大小和位置，在选项面板“混合”选项卡中，将“蒙版模式”设为“遮罩帧”，选择一种遮罩形状拖至图片素材上，如图7-182所示，设置图片遮罩效果。

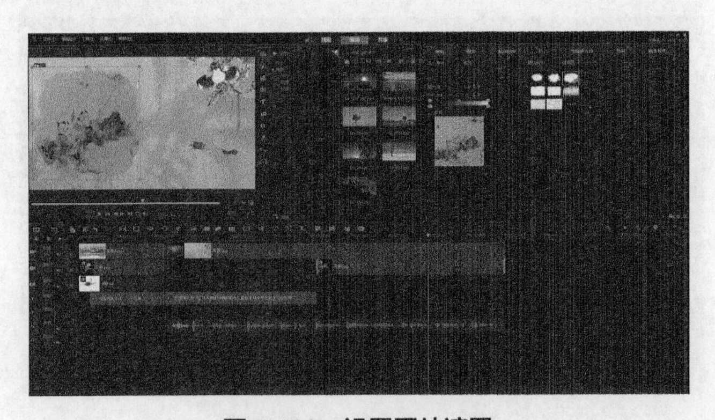

**图7-182　设置图片遮罩**

⑨在片头字幕后面添加文字“中国风筝”，调整文字区间、格式和位置，设置文字动画效果，在时间轴面板中添加标题2轨，添加文字“中国风筝有着悠久的历史，早在2 500年前我国就出现了风筝，最初它并不叫这个名字。古时，南方称风筝为‘鹞（yao）’，北方称之为‘鸢’”，调整文字区间、格式和位置，添加文字动画效果，如图7-183所示，创建过渡性字幕。

图7-183　创建过渡性字幕

⑩在音乐1轨中插入背景音乐，将时间线定位于视频轨结束的时间点，右击音乐素材，在弹出的快捷菜单中选择“分割素材”命令，分割音频，如图7-184所示，选择分割后的第二段音频，按【Delete】键，删除该段音频。

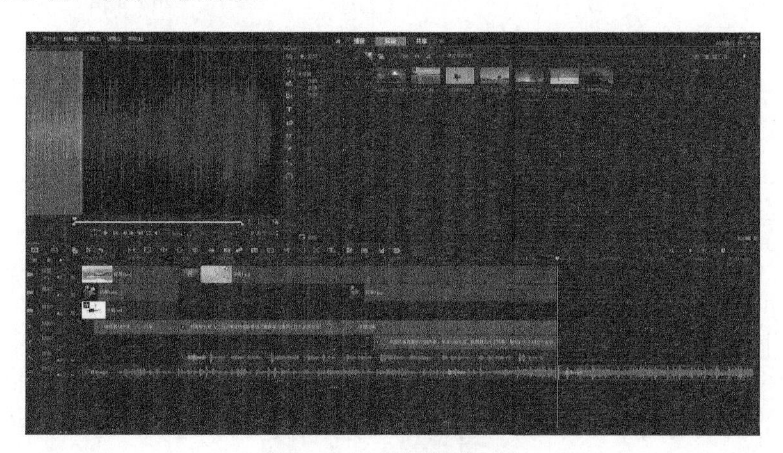

图7-184　分割音频素材

**步骤五：**输出影片

进入“共享”工作区，选择影片保存格式为“MPEG-4”，设置配置文件属性、文件名以及保存路径，单击“开始”按钮，渲染与输出影片。

# 习　　题

## 一、单选题

1. 以下不采用任何压缩，属于标准Windows图像文件格式的是（　　）。

A. GIF　　B. BMP　　C. JPG　　D. TIFF

2. 下列不属于声音信息载体格式的是（　　）。

A. WAV　　B. MP3　　C. MAX　　D. MIDI

3. 多媒体计算机在播放影片时，要保证声音和图像的清晰性和连续性，这意味着多媒体系统在处理信息时具有（　　）的特点。

A. 多样性　　B. 集成性　　C. 实时性　　D. 交互性

4. 下列不属于多媒体技术发展趋势的是（　　）。

A. 网络化　　B. 数字化　　C. 智能化　　D. 嵌入化

5. 多媒体硬件系统除了要有基本的计算机硬件以外，还要具备处理多媒体信息的（　　）。

A. 主机　　B. 通信传输设备

C. 大容量存取设备　　D. 外围设备和接口卡

6. 显示器所采用的色彩模式是（　　）。

A. HSB　　B. CMYK　　C. RGB　　D. Lab

7. Photoshop 工具箱的工具图标中黑色小三角符号表示（　　）。

A. 单击可显示出菜单　　B. 单击可出现对话框

C. 存在并列的工具　　D. 该工具有特殊作用

8. 以图像格式支持透明背景的是（　　）。

A. GIF　　B. JPEG　　C. TIFF　　D. PNG

9. 在 Photoshop 中，利用移动工具复制图层对象，需按住（　　）键的同时拖动图层对象。

A. Ctrl　　B. Shift　　C. Alt　　D. Tab

10. 下列工具能快速地选择连续且颜色相似区域的是（　　）。

A. 矩形选框工具　　B. 椭圆选框工具

C. 魔棒工具　　D. 磁性套索工具

11. 在 Photoshop 中，（　　）曲线为增加图像对比度的效果。

A. S 形曲线　　B. 反 S 形曲线

C. 下弧线　　D. 上弧线

12. 在 Audition 中，（　　）音频效果可以保持或删除左右声道共有的频率。

A. 调制　　B. 时间与变调

C. 中置声道提取　　D. 降噪 / 恢复

13. 对声音信号进行数字化处理时，将声音信号的幅度取值数量加以限制，用若干个幅值来表示实际采样的幅值的过程称为（　　）。

A. 采样　　B. 量化　　C. 编码　　D. 数字化

14.（　　）的功能主要是将声音转换为数字化信息，然后又将数字化信息转换为声音的设备。

A. 音响　　B. 音箱　　C. 声卡　　D. PCI 卡

15. 在会声会影中，要对两段视频进行叠加处理制作出画中画效果，应当在时间轴（　　）轨中编辑。

A. 视频　　B. 覆叠　　C. 标题　　D. 声音

16. 多媒体信息处理的关键技术是（　　）。

A. 数据交换技术　　B. 数据通信技术

C. 数据校验技术　　D. 数据压缩和编码技术

17. 剪映专业版是一种（　　）。

A. 声音编辑工具　　B. 图形编辑工具

C. 视频编辑工具　　D. 多媒体集成工具

18. 多媒体计算机要处理图像信息，必须配置的设备是（　　）。

A. 数码相机　　B. 彩色打印机

C. 显卡　　D. 扫描仪

19. 声音采样是按一定的时间间隔采集时间点的声波幅度值，单位时间内的采样次数称为（　　）。

A. 采样分辨率　　B. 采样频率

C. 采样位数　　D. 采样密度

20. 要制作一个树叶飘落的 Animate 动画，应该采用（　　）动画技术。

A. 遮罩　　B. 逐帧

C. 补间形状　　D. 引导层路径

**二、判断题**

1. 多媒体技术就是利用计算机综合处理文字、图像、声音、视频以及动画等信息的技术。（　　）

2. 在多媒体计算机中常用的图像输入设备包括数码照相机、彩色扫描仪和彩色摄像机。（　　）

3. 在制作印刷品的过程中，当图像采用 RGB 模式扫描时，要尽可能在 RGB 模式下进行颜色调整，最后在输出之前转换为 CMYK 模式。（　　）

4. 通过 Photoshop 软件编辑图像，选区一旦创建，就不能再进行羽化。（　　）

5. 制作照片虚焦效果可以使用模糊工具。（　　）

6. 影响声音质量的因素有声道数目、采样频率、量化位数以及存储介质。（　　）

7. 数字图像就是用一串特定的数字表示的图像。（　　）

8. 对音频文件进行压缩的目的是在不失真的前提下，减少存储空间。（　　）

9. 对位图图像放大后，图像内容和颜色的像素数量都会相应增加。（　　）

10. 流媒体技术能实现对影视和声音信息进行压缩后，放到网络媒体服务器上，供用户边下载边收看。（　　）

# 第 8 章

# 计算机新技术

随着计算机技术、网络通信技术日新月异的发展和创新，人工智能、大数据、虚拟现实、物联网以及 3D 打印等新技术已经逐渐走进人们的日常生活，这不仅给 IT 界带来深刻影响，也给人类社会生态和生存环境带来重大变革，进一步促进了社会的发展。本章主要论述近年来备受人们关注和热议的计算机新技术，了解这些新兴技术的发展现状和应用趋势。

## 8.1 人工智能

人工智能是新兴的科学与工程领域之一，正式的研究工作在第二次世界大战后迅速展开。1956 年夏，在美国达特茅斯大学举办的学术研讨会上，学者们热烈探讨了用机器模拟人类智能这一研究方向，会上经麦卡锡（McCarthy）提议正式采用“人工智能”这一术语，它标志着人工智能这门新兴学科正式诞生。经过六十多年的发展，历经两次漫长寒冬，人工智能取得了长足的发展，迎来了第三次浪潮，引起众多不同学科专业学者们的日益重视，已成为一门前沿科学。

### 8.1.1 人工智能概述

人工智能（artificial intelligence, AI）是研究、开发用于模拟、延伸和扩展人的智能的理论、方法、技术及应用系统的一门新的技术科学，被认为是世界三大尖端技术之一。人工智能虽有六十多年的发展历程，但不同学科和专业背景的学者对人工智能有着不同的理解和看法，至今尚未有统一的定义。广为人知的定义有：1988 年贝尔曼（Bellman）提出“人工智能是那些与人的思维相关的活动，如决策、问题求解和学习等的自动化”。1985 年霍格兰德（Haugeland）提出“人工智能是一种使计算机能够思维、使机器具有智力的激动人心的新尝试”。1985 年查尼亚克和麦克德莫特（Charniak & McDermott）提出“人工智能是用计算模型研究智力行为”。1991 年瑞奇和柯尼特（Rich & Knight）提出“人工智能是研究如何使计算机能做那些目前人比计算机更擅长的事情”。1998 年尼尔森（Nilsson）提出“人工智能是关于人造物的智能行为，而智能行为包括知觉、推理、学习、交流和在复杂环境中的行为”等。罗素和诺维格（Russell S J & Norvig P）通过两个维度表、四种途径将前人对人工智能的定义进行分类，划分为四大类，分别是像人一样思考、像人一样行动、合理地思考以及合理地行动。

总而言之，我们可将人工智能理解为计算机模拟人类的思维过程和智能行为，如感知、判断、理解、学习、问题求解和图像识别等，生产出一种新的能够以与人类智能相似的方式做出反应的智能机器。然而，人工智能不是人的智能，只是通过研究人类智能活动规律，构造具有一定智能的人工系统，它能够像人一般思考，也可能超过人的智能。

人工智能是一门极具挑战性的前沿科学，涉及计算机科学、心理学、数学、哲学和语言学等诸多学科，范围从通用领域（学习和感知等）到专门领域（博弈和机器翻译等），它要求研究者或从事这项工作的人必须具备计算机、心理学和哲学等方面知识。总而言之，人工智能主要的研究目标是使机器能够胜任一些通常由人类智能才能完成的复杂工作，当然这种复杂工作也是相对的，不同的时代和不同的人对这种“复杂工作”的看法会有所不同。该领域的研究包括机器人、语言识别、图像识别、掌纹识别、自主规划和调度、自然语言处理、智能搜索、博弈、自动程序设计、专家系统以及信息感应等。

### 8.1.2　人工智能的发展历程

自古以来，关于人类智能本源的奥秘，一直吸引着无数哲学家和自然科学家的研究热情。人们希望做出一台能够像人一样思考的机器，并能够代替人类脑力劳动。在以后的岁月中，无数科学家为实现这个目标不断努力着，以图灵（Turing）、纽厄尔（Newell）、西蒙（Simon）、麦卡锡（McCarthy）、罗素（Russell）以及明斯基（Minsky）等为代表的科学家都为人工智能的形成与发展产生了重要影响。随着 20 世纪 50 年代末人工智能学科的正式诞生，人工智能的发展共经历了四个阶段。

（1）20 世纪 40 年代到 50 年代——萌芽阶段

伴随 20 世纪 40 年代计算机的产生，人类开始不断探索用计算机代替或扩展人类的部分脑力劳动。1943 年，Warren McCulloch 和 Walter Pitts 提出了一种人工神经元模型，随后 1950 年两名哈佛大学本科生 Marvin Minsky 和 Dean Edmonds 建造了第一台神经网络计算机。同年英国数学家阿兰・图灵在论文“计算机器与智能”中详细讨论了“机器是否有智能”的问题。

（2）20 世纪 50 年代到 60 年代——形成阶段

1956 年，人工智能的概念在达特茅斯大学夏季学术研讨会上被首次提出，当时共计十位对自动理论、神经网络和智能研究感兴趣的研究者们被召集并参与了这次为期两个月的人工智能研究，研究基于“学习的每个方面或智能的任何其他特征原则上可被精确地描述以至于能够建造一台机器来模拟它”推断来进行。虽然这次研讨会最终并未产生任何新突破，但会议参与者们却对人工智能随后 20 年的发展起到了关键性的引领作用。此后，人工智能的研究集中在数学和自然语言领域，如计算机神经网络 - 感知机数学模型、跳棋程序、通用问题求解器以及 Lisp 高级程序设计语言等。

（3）20 世纪 80 年代到 90 年代初——发展阶段

20 世纪 80 年代，正当人们热衷于博弈、定理证明、问题求解和程序设计语言时，人工智能学科却遭遇了发展瓶颈并陷入第一次低谷，而随着数学模型的突破，知识工程概念和专家系统的出现，人工智能研究很快从低谷走向新高潮。这一时期人工智能开始从理论走向应用，知识工程和专家系统成为主流，典型的专家系统有 DENDRAL 化学质谱分析系统、MYCIN 诊断感染性疾病专家系统。大量专家系统问世，在很多领域做出了巨大贡献，但是专家系统却面临“知识工程瓶颈”问题，其实用性也仅仅局限于某些特定情景。

20 世纪 80 年代，机器学习成为人工智能领域研究新热点，1980 年在美国卡内基梅隆大学召开的第一届机器学习国际研讨会，标志着机器学习研究在世界范围内开始兴起。自此，机器学习成为一个独立的学科领域并开始蓬勃发展，该时期标志性事件有：1981 年 Werbos 提出多层感知器。1984 年 Leslie Valiant 提出概率近似正确学习。1986 年 Rumelhart 和 Hinton 等提出著名的反向传播 BP 算法。1988 年美国加州举行了第一届神经网络国际会议。1989 年 Yann 和 LeCun 提出卷积神经网络计算模型。总之，机器学习理论研究在这一时期获得了丰硕的成果。到了 20 世纪 90 年代初，现代 PC 的出现让使用专家系统的智能机器显得不经济，专家系统被认为古老陈旧且非常难以维护，人工智能学科遭遇财务问题并陷入第二次低谷，寒冬又一次来临。

（4）20 世纪 90 年代末期至今——成熟阶段

20 世纪 90 年代末至 21 世纪以来，随着移动互联网、移动设备和传感器的普及，大数据与云计算技术的飞速发展以及计算模型持续优化，人工智能研究再次出现新高潮，机器学习和深度学习成为主流。这一时期标志性事件有：1998 年 IBM 深蓝在国际象棋中第一次击败人类世界冠军卡斯帕罗夫。2001 年 William Cleveland 提出数据挖掘的概念。2006 年 Hintons 等提出深度学习的概念。2014 年 Facebook 基于深度学习技术的 DeepFace 项目，在人脸识别方面的准确率已经能达到 98% 以上，非常接近人类识别的准确率。2015 年 LeCun 和 Hinton 等在 *Nature* 杂志发表深度学习的综述，标志着深度学习被学术界真正接受。2016 年谷歌基于深度学习开发的 AlphaGo，在围棋大战中击败了世界顶尖围棋高手李世石。现阶段，人工智能的发展日益成熟，其研究成果被广泛应用于各行业领域，人工智能已逐渐走进大众视野，深入人类社会生活的各个领域。

### 8.1.3 人工智能的应用

人工智能作为一门新兴的前沿科学，近年来，其理论和技术日益成熟，相关研究已经取得了不少成果并走向实用化，应用领域也不断扩大。人工智能研究的主要目的一是创造出具有智能的机器，二是弄清人类智能的本质，这需要与具体领域相结合进行，主要有模式识别、专家系统、自然语言处理、智能驾驶、智能机器人以及知识发现等。

**1. 模式识别**

模式识别是信息科学和人工智能的重要组成部分，是研究如何使机器具有感知能力，主要对语音波形、地震波、心电图、脑电图、图像、照片、文字、符号以及生物传感器等对象的具体模式进行辨识和分类。模式识别在 20 世纪 60 年代初迅速发展并成为一门新学科，随着其理论基础和研究范围的不断发展。目前，以深度神经网络为主的模式识别方法解决了初级感知（检测、分类）问题，已被成功应用于文字识别、语音识别、人脸识别、汽车牌照识别、指纹识别、遥感图像识别以及医学诊断等方面。

**2. 专家系统**

专家系统是利用人类专家提供的专门知识而建立的知识系统，其内部具有大量专家水平的某个领域的专门知识与经验，能够运用规范的专门知识和直觉的评判知识进行判断、推理和联想，模拟人类专家的思维与决策过程，实现需要专家决定的问题求解或对人类专家来说都相当困难的复杂问题求解。20 多年来，专家系统的理论和技术不断发展，应用渗透数学、物理、生物、医学、农业、气象、交通、地质勘测、军事、文化教育、工程技术、空间技术以及信息管理等领域。现已开发的专家系统有数千个，其中不少在功能上已达到甚至超越同领域中人类专家的水平，并在实际应用中产生了巨大的经济效益。

**3. 自然语言处理**

自然语言是人类社会发展过程中自然产生的语言，是人类交流和思维的主要工具，人类的绝大部分知识都是以语言文字的形式记载和流传下来的，而人工智能的认知智能就包含使计算机能够像人类一样理解、处理、生成和运用语言。自然语言处理作为人工智能的一个分支，是一门研究如何利用计算机技术对人类特有的书面形式和口头形式的自然语言进行处理和加工的学科，包括自然语言理解和自然语言生成两部分，前者研究如何使计算机正确理解人类自然语言文本的意义，后者研究如何使计算机以自然语言文本来表达给定的意图和思想。目前，自然语言处理被广泛应用于机器翻译、舆情监测、自动文本摘要、信息提取、文本分类、智能问答系统、文本语义校对、语音识别以及情感分析等方面。

**4. 智能驾驶**

智能驾驶是汽车行业发展的重要方向，也是众多汽车厂商聚力突破的核心领域，智能驾驶的提出不仅是为了将人从烦琐的驾驶活动中解放出来，也是为了顺应信息社会汽车发展的新趋势，具有极强的研究价值和商业价值。随着现代汽车电子、传感器、自动化以及人工智能等技术的日益成熟，智能驾驶技术有了更稳固的现实基础。2022 年 3 月我国正式实施《汽车驾驶自动化分级》（GB/T 40429—2021）国家推荐标准，标准将智能驾驶分为六个等级，分别是 L0 纯人工驾驶、L1 驾驶自动化、L2 辅助驾驶、L3 自动辅助驾驶、L4 自动驾驶以及 L5 无人驾驶，这对促进我国自动驾驶产业的发展以及后续相关法规的制定起到积极推动作用。

纵观智能驾驶技术的发展历程，在不同阶段都有不同的突破，代表性事件有：2015 年开始百度大规模投入无人机技术研发。2020 年 12 月在广州举行的第二届百度 Apollo 生态大会上，百度 Apollo 全面展示了其在智能交通、智能汽车和自动驾驶领域的最新进展。2021 年 11 月百度 Apollo 获国内首个自动驾驶收费订单，标志着自动驾驶迎来商业化运营阶段。2022 年 8 月极狐阿尔法 S 全新 HI 版智能驾驶车在第 19 届长春汽博会上亮相，这款最火爆的车由极狐携手华为合作推出，被誉为智能驾驶天花板级别的产品，具有划时代的意义。2022 年 8 月 1 日《深圳经济特区智能网联汽车管理条例》正式开始实施，这意味着深圳成为首座对 L3 级别乃至更高级别自动驾驶放行的城市，也将会对汽车、自动驾驶以及周边产业发展产生深远影响。

**5. 智能机器人**

智能机器人是一种包含相当多学科知识的技术，几乎是伴随着人工智能所产生。大多数专家认为智能机器人至少要具备三个要素，分别是感觉要素、反应要素和思考要素，其中感觉要素用来识别周围环境状态，反应要素用来对外界做出反应性动作，思考要素则根据感觉要素所得到的信息，思考出应采取的动作。随着社会发展的需要和机器人应用领域的不断扩大，智能机器人被要求不仅能够理解人类语言、用人类语言同操作者对话，还要能完成操作者提出的全部要求。虽然智能机器人的研究开始于 20 世纪 60 年代，经过数十年的发展，目前，基于感觉控制的智能机器人已达到实际应用阶段，基于知识控制的智能机器人也取得了较大进步，但是要使其与人类思维一模一样，完全代替人，仍是现阶段不可能实现的事情。然而让人惊喜的是随着人工智能的不断发展和成熟，越来越多的智能机器人已走进了人们的生活，如科大讯飞研发的阿尔法蛋智能机器人、小米智能机器人、华为智能机器人、美国 Anki 公司开发的 Cozmo 智能机器人、清华大学研发的“墨甲”中国风机器人乐队、智能防疫健康码测温机器人、消毒防疫机器人以及送餐机器人等。

**6. 知识发现**

知识发现是指从大量信息中根据不同的需求获取知识的过程，其目的是从原始数据中提取出有效的、新颖的、潜在有用的知识。知识发现被认为是人工智能、机器学习与数据库技术不断发展而结合的产物，是伴随着大数据时代数字信息爆炸式增长，人们迫切需要解决从海量原始数据中发现和挖掘有用的信息和知识来提供决策支持而产生，一开始就是面向应用的。它不仅是简单的面向特定数据库的检索、查询和调用，还是对这些数据进行全方位的统计、分析、综合和推理，以指导实际问题的求解，试图发现数据间的关联关系，并利用已有数据进行预测和决策。知识发现的潜在应用十分广泛，从工业到农业、从天文到地理、从预测预报到决策支持，都发挥着越来越重要的作用，如加拿大 BC 省电话公司要求加拿大 Simon Fraser 大学知识发现研究组，根据其拥有的十多年的客户数据来总结、分析并提出新的电话收费和管理办法，制定既有利于公司又有利于客户的优惠政策。这将人们对数据的应用从低层次的末端查询操作，提高到高层次的为各级经营决策者提供决策支持。

相信在不久的将来，人工智能产品将全面进入消费级市场，这些科技产品会是人类智慧的容器，人工智能的认知能力将达到人类专家顾问级别，为人们提供更多的智慧服务，人工智能技术将严重冲击低成本、劳动密集型产业，直接导致规模性失业和全球经济结构的调整。总而言之，未来人工智能将无处不在，并将给世界带来颠覆性的变化，人类的生活也将越来越自动化和智能化。

## 8.2 大 数 据

随着人工智能、移动互联网、云计算以及物联网等新技术的飞速发展，人类已经从互联网时代迈入大数据时代，来自各种应用程序、社交媒体等数据源的数据呈现爆炸式增长，数据规模越来越大，数据结构越来越复杂。当前，数据是重要的生产要素，以数据生成、采集、存储、加工、分析和服务为主的大数据产业，成为加快经济社会发展的重要引擎。面对新一轮科技革命和产业变革深入发展的机遇期，世界各国纷纷出台大数据战略，我国也制定出台《“十四五”大数据产业发展规划》，对推动大数据和数字经济相关战略部署、发展大数据产业做出了重要规划。

### 8.2.1 大数据概述

随着大数据时代的到来，“大数据”已成为人们耳熟能详的流行术语，是一个事关我国经济社会发展全局的战略性产业，对我国社会经济发展转型起到重要的推动作用。大数据（big data）概念最早于 2001 年由信息技术研究和分析公司高德纳咨询公司 Gartner 提出，直到 2009 年才逐渐在互联网信息技术行业传播开来。至今，大数据尚未有统一的定义，但比较认可的说法是：大数据是一种规模大到在获取、存储、管理、分析方面大大超出了传统数据库软件工具能力范围的数据集合，通常对传输速度要求很高，且不适合传统的数据库系统，其具有 5V 特征，分别是 volume（大量化）、velocity（快速化）、variety（多样化）、value（价值化）以及 veracity（真实化）。

**1. 大量化**

数据量大是大数据的首要特征。在人类进入信息社会后，随着信息技术的高速发展，数据增长变得异常迅猛。现今人们可以随时随地、随心所欲地产生大量数据，来自社交网络、移动网络、智能终端、各类门户网站、应用程序以及传感器网络等数据更是呈指数级增长态势。在这个数据爆炸时代，各种数据产生速度之快、数据规模之大，已然远远超出人类可以控制的范围，因此人们越来越迫切地需要智能的算法、强大的数据处理平台和新的数据处理技术，来统计、分析、预测和实时处理如此大规模的数据。

**2. 快速化**

快速化是数据增长速度和处理速度的重要体现。大数据时代，很多应用都需要基于快速生成的数据给出实时分析结果和决策依据，这就要求对数据的处理和分析速度需达到秒数量级响应。相比于传统数据载体，大数据的交换和传播是通过互联网方式实现的，因而远比传统媒介的信息交换和传播速度快，且随着互联网、计算机技术以及信息技术的飞速发展，数据生成、存储、分析和处理的速度已远远超出人们的想象，因此完全能满足实时数据处理和分析需求。大数据不同于海量数据之处除了前者数据规模更大外，在处理数据的响应速度方面也有着更严格的要求，即大数据的实时分析不是简单的批量分析，对数据输入、处理与丢弃要更高效和快捷。

**3. 多样化**

新型多结构数据和广泛的数据来源是形成大数据多样化的主要原因。大数据的数据类型十分丰富，大体可分为三类：一是结构化数据，如财务系统数据、信息管理系统数据和医疗系统数据等，其特点是数据间因果关系强；二是非结构化数据，如文字、视频、图片和音频等，其特点是数据间没有因果关系；三是半结构化数据，如 HTML 文档、邮件和网页等，其特点是数据间的因果关系弱。多样化的异构数据给大数据处理和分析提出了新的挑战，但同时也带来了新机遇。通常传统数据主要存储在关系型数据库中，然而随着数据类型的多样化，越来越多的数据开始存储在非关系型数据库中，这对于那些用户界面友好、支持非结构化数据分析和处理的商业软件开发商而言意味着更广阔的市场空间。

**4. 价值化**

价值化是大数据的核心特征。通常在现实世界所产生的数据中，有价值的数据所占比例非常小，其价值密度远远低于关系型数据库中已经存在的数据。与传统数据相比，大数据的很多有价值的信息都分散在海量数据中，其最大的价值就在于能通过从大量不相关的各种类型的数据中，挖掘出对未来趋势与模式预测分析有价值的数据，并通过机器学习方法、人工智能方法或数据挖掘方法进行深度分析，发现新规律和新知识，并运用于农业、金融、医疗等领域，从而最终达到指导社会生产与实践、改善社会治理、提高生产效率、推进科学研究的效果。

**5. 真实化**

真实化是数据质量的具体体现。大数据的来源与真实世界息息相关，分析和处理大数据实质上就是从庞大的数据中提取能够解释和预测现实事件的过程，这要求数据真实性高。随着越来越多的线上行为数据、企业内容数据、机器和传感器数据以及交易与应用数据等新数据源的出现，传统数据源的局限性逐渐被打破，企业越来越需要更有力的手段利用大数据提供决策支持，因而数据的真实性和安全性显得尤为重要。

### 8.2.2　大数据技术

数据伴随人类社会而产生，大数据则是随着计算机硬件和软件发展，特别是互联网技术蓬勃发展后造成信息爆炸的产物。近几十年来，全球数据量按每年平均 40% 的速度增长，每年新增的数据量都是以往无法比拟的，在这样的时代背景下，人们迫切需要更加有效的处理大数据的方法，大数据技术应运而生。所谓大数据技术就是一系列使用非传统的工具对大量的结构化、非结构化和半结构化数据进行处理，从而获得分析和预测结果的数据分析和处理技术。

大数据技术的发展，使得数据的存储和分析不再是计算的瓶颈，它使人们可以在更大规模的数据集中以更快的速度进行更精准的数据分析，其意义不是掌握庞大的数据集，而是如何挖掘数据集背后潜在的价值。大数据技术主要包含数据采集、数据预处理、数据存储与管理、数据分析与处理、数据可视化以及数据安全与隐私保护等技术层面内容。

**1. 数据采集**

大数据的数据具有来源广、维度多、规模巨大以及类型繁杂的特征，因而采集的数据大多是瞬时值或某个时间内的一个特征值。通常大数据的数据采集是在确定用户目标的基础上，针对具体范围内面向多源异构数据的采集。当前，比较主流的采集大数据的方法有：①通过系统日志采集，主要工具有 Chukwa、Scribe 和 Kafka，其任务是将数据从数据源中收集出来，并发送给指定的接收方；②通过网络采集，主要是通过网络爬虫工具，如 Nutch、Crawler4j、WebMagic 和 Scrapy 等，或网络公开 API 等方式从网络中获取数据信息。该方法可以把从网页中提取的非结构化数据以结构化方式存储于本地数据文件中。

**2. 数据预处理**

数据预处理是大数据处理的首要环节，用来完成对采集的数据进行清洗、集成、转换、规约等一系列操作，旨在提高数据质量，为后续数据分析处理提供基础条件。其中，数据清洗主要是利用 ETL 工具对有遗漏、噪声和不一致数据进行处理，以得到标准、干净、连续的数据；数据集成是将异构数据源的数据兼并存放到数据仓库或数据集中，从而解决模式匹配、数据冗余和数据冲突等问题；数据转换是对异常数据进行规范化、离散化处理，以确保后续数据分析结果的准确性；数据规约则是在尽可能保持数据原貌的前提下，最大限度地缩减数据规模，从而得到较小的数据集。

**3. 数据存储与管理**

数据存储与管理的对象是前期经过采集和预处理的大数据，目的是利用分布式文件系统、数据仓库、关系数据库、并行数据库、NoSQL 数据库以及云数据库等，实现对结构化、非结构化和半结构化海量数据的管理和调用。大数据处理离不开数据质量和数据管理，只有高质量的数据和有效的数据管理，才能保证数据分析结果的真实性和价值性。

**4. 数据分析与处理**

数据分析与处理是大数据处理的核心，数据分析师通过对数据进行各类分析处理，可以获取并挖掘到很多智能的、深入的、有价值的信息，从而用于各种决策支持、推荐系统、商用智能、个性化营销以及互联网金融等业务方面。目前，大数据分析与处理的方法主要是利用分布式进行编程模型和计算框架的设计，结合机器学习算法和数据挖掘算法，实现对存储于分布式数据库或分布式计算集群中的海量数据的分析和挖掘，发现数据的特点。分析师基于数据特点进行科学的建模，然后通过模型带入新的数据，就能依据模型所给的分析结果做出一些预测性的判断。

**5. 数据可视化**

数据可视化是数据分析与处理的后续环节，它通过图形图像的形式将大数据分析与预测结果直观地呈现给用户，充分利用交互式的视觉优势方便用户分析和理解大量复杂的数据。由于数据可视化能帮助用户发现业务数据中隐含的规律性信息，获取新的知识和有价值的信息，因而被视为影响大数据可用性和易于理解性质量的关键因素。

**6. 数据安全与隐私保护**

大数据包含的数据量非常庞杂，涉及的用户个人隐私数据非常多，这对用户隐私保护提出了挑战。目前用户数据的收集、管理和使用缺乏监管，主要是依靠企业自律，因而存在一些企业利用大数据对用户的行为和状态数据进行分析预测，来掌握用户的生活习惯、社交爱好以及消费记录情况，然后有针对性地进行个性化推荐和营销，从而获取巨大的商业价值的现象。另外，伪造或刻意制造数据、数据在传播中逐步失真等情况，对大数据的可信度产生了极大的威胁，直接导致错误的分析预测结果。因此，构建隐私数据保护体系和数据安全体系，以技术为依托，从数据生成、存储、传播和应用环节中保护个人隐私和数据安全变得至关重要。

大数据技术是许多技术的集合体，其中融合了海量数据存储技术、搜索技术、实时数据处理技术、数据分析技术、数据可视化技术、数据高速传输技术以及数据安全与隐私保护技术等，这些技术并非都是新生事物，而是已经发展多年的技术，伴随着大数据的发展而不断补充、完善和提升，现今成为大数据技术的重要组成部分。

### 8.2.3　大数据的应用

随着大数据技术的不断发展，数据的获取和处理变得更加容易且便捷，人们依托大数据来挖掘事物之间的相关性，提取有价值的信息，预测事件的发展趋势变得越来越普遍。目前，大数据应用已渗透制造、金融、商业、汽车、餐饮、电信、能源、医疗、教育、城市管理以及文体娱乐等方方面面。大数据在各个领域的具体应用见表 8-1。

表 8-1　大数据在各个领域的具体应用

| 领域 | 主　要　应　用 |
| --- | --- |
| 制造业 | 利用工业大数据提升生产技术水平，包括产品故障诊断与预测、生产工艺改造、生产能耗优化、工业供应链管理 |
| 金融行业 | 利用金融大数据进行高频交易预测、用户情绪分析、信贷风险评估 |
| 汽车行业 | 利用大数据实现市场精准定位，促进市场营销，增大市场收益，基于大数据、人工智能和物联网技术研发的无人驾驶汽车，已经走进人们的生活 |
| 互联网行业 | 利用大数据技术分析客户行为和偏好，进行个性化的商品推荐和广告投放 |
| 餐饮行业 | 利用餐饮平台大数据进行门店选址、菜谱定制和个性化推荐，提升用户体验度和满意度，增加菜品可选性，节省人力成本，提高营业利润 |
| 电信行业 | 利用电信大数据实现网络管理和优化、市场业务洞察与精准营销、客户离网趋势预测、客户服务优化 |
| 能源行业 | 主要包括天然气全产业链、智能电网和风电行业，利用能源大数据优化企业库存，合理调配能源供给，开展实时数据分析与预测，提高生产效益和用户满意度 |
| 物流行业 | 利用物流大数据提高物流的智能化水平，优化物流网络，降低物流成本，提高物流效率和用户服务水平 |
| 城市管理 | 利用大数据实现智能交通管制、环保监测、城市规划与治理、智能安防 |
| 生物医学 | 利用生物医学大数据帮助实现流行疾病的预测与管理，开展智慧医疗、健康评估与管理，掌握更多生物学信息，探索生命奥秘 |
| 教育行业 | 利用大数据分析学生的学习状态和水平，制定科学的教学内容，为学生提供个性化的教学计划和课程推荐 |
| 文体娱乐 | 利用大数据分析与预测体育比赛走向和结果，协助运动员训练，提升竞技水平，预防运动伤病，助力影视剧本评估、角色选择、作品宣传与推广 |
| 安全领域 | 利用大数据构建国家安全保障体系，提升安全防御，识别来自互联网的各种攻击行为和安全事件，发现数据泄露、骚扰诈骗和垃圾信息，预防犯罪 |
| 生活领域 | 利用大数据分析个人生活行为、偏好及消费习惯，提供个性化的推荐服务，如个人锻炼计划和模式、感兴趣的热点新闻、喜爱的衣物、游戏和影视作品 |

#### 1. 移动社交网络

移动互联网和 Web 2.0 的普及，使互联网模式从平台向用户的单向传播转变为用户与用户的双向互动，人们使用互联网的方式从简单信息搜索和网页浏览转向网络社会关系构建与维护，信息创造、传播与共享。基于互联网的移动社交网络进入了强调用户参与和体验的时代，当前人人都可以是内容的创造者和分享者，以微信、公众号、抖音和快手为代表的新媒体平台让人们见识到移动社交网络的强大，海量的用户数据成为一种社会资源。通过社交网络大数据进行趋势发现、社交媒体分析、情感分析和意见挖掘成为主流应用，其中趋势发现可以更加精确地把握事态的动向，从而推动决策的制定。社交媒体分析协助企业获得客户反馈，利用这些反馈来修改决策，使企业获得价值。情感分析可以获取用户的态度、情感和日常行为活动，从而定位核心价值客户。意见挖掘可以实现对市场研究信息的揭示，从而改善商业决策。总之，移动社交网络大数据已经成为洞察人类行为的关键，对这类大数据分析不仅为企业和个人带来了关于良好决策的显著优势，还将创造出巨大的经济和社会价值。

**2. 智慧医疗服务**

智能移动设备的大量普及、各类移动医疗 App 的不断涌现，给医疗系统带来了深远的影响。医疗健康服务逐渐数字化，人们日常健康体检数据、电子病历数据、电子处方数据、个人线上健康咨询行为、网络问诊平台数据以及由可穿戴设备采集的用户体征数据都成为医疗大数据的重要来源。通过医疗大数据开展分析与预测流行疾病，提升健康医疗服务质量以及深化医药卫生体制改革变得越来越普遍，如百度与北京市政府联合推出的北京健康云平台，就通过智能设备搜集用户体征数据，进行大数据分析后，将结果同步推荐给线下医疗服务机构和专家，为用户提供个性化的健康服务。此外，通过对临床数据、医疗机构运营数据以及医疗物资数据等大数据的挖掘分析，实现医疗机构的绩效管理、采购管理和手术管理的优化，同时缓解医疗机构管理中面临的诸多问题。现阶段，医疗大数据已成为我国重要的基础性战略资源，大数据分析的作用堪比经验丰富的临床医生，基于医疗大数据实现健康干预、风险提示以及精准治疗等惠及于民的服务得到了全社会广泛关注和认同。

**3. 智慧教育**

现代信息技术与教育的深度融合推动了教育的创新发展，这不仅体现在教学模式、学习方式、评估方式和管理模式的转型上，同时还体现在教学资源的优化配置、个性化教学、教学互动形式和教学反馈的变革上。当前，随着线上线下混合式教学、翻转课堂和在线开放课程等新型教学模式走向常态化，以中国大学 MOOC、学堂在线和智慧树等为代表的在线课程平台汇集了大量的教育资源和学习行为数据。通过对这类大数据处理分析，可以帮助教师更有效地了解学生的学习情况和知识的掌握程度、发现学习行为的潜在规律、调整学习计划和教学进度、优化教学内容和教学方案，为学生提供个性化的课程推荐，从而更好地满足学生多元化的学习需求。我国早在 2010 年就发布了《国家中长期教育改革和发展规划纲要（2010—2020 年）》，提出将加快教育信息化进程作为实现教育发展战略目标的重要保障措施之一。近年来，我国智慧教育已经进入广泛普及化阶段，高质量的教育信息化发展成为时代主题，无数师生和自由学习者对优质教育资源、高品质教学以及个性化教育的需求日益强烈，相信在大数据技术的推动下，教育生态系统势必会更加个性化、感知化和泛在化。

### 8.2.4 大数据时代的思维变革

大数据时代，数据无处不在，数据获取和处理变得更加简单且便捷，一切皆可量化成为这个时代最根本的特征。被称为“大数据之父”的舍恩伯格就指出大数据带来的信息风暴开启了人类生活、工作和思维的大变革。

**1. 不是随机样本，而是全体数据**

小数据时代，人们通过随机采样分析来获得信息，随机采样在过去取得了巨大的成功，而随着数据规模逐年增大，其内在缺陷开始显现。这主要体现在当数据采样过程存在任何偏差时，分析结果就会相去甚远。大数据时代，随着大数据收集、存储和处理技术的发展，人们获得与研究对象有关的全面、完整的数据易如反掌。相应地，思维方式需要从样本思维转向全数据模式思维：样本 = 总体，即采用全体数据分析获取更全面的认识以及由样本无法揭示的细节信息，使分析进一步接近事实真相。在大数据时代采用随机抽样分析如同在汽车时代骑马一样，虽然在某些特定情况下仍然可以使用样本分析法，但却已不再是人们分析数据的主要方式。

**2. 不是精确性，而是混杂性**

小数据时代，人们对未知世界认知的局限性以及收集信息的有限性，使得收集的样本信息量少，所以必须确保记录下来的数据尽量结构化、精确化，才能使样本分析结果在推及总体时不会出现较大错误。到了大数据时代，数据多样性、复杂性和不确定性的特征愈发凸显，大数据技术虽然能够让大量结构化、非结构化和半结构化数据得到存储和分析，但却无法实现绝对的精准，这对传统的精确思维造成了挑战。因而，在数据规模爆炸性增长的当下，只有接受不精确性，大数据才能被充分利用。相应地，思维方式需要从精确思维转向容错思维，即适当忽略微观层面上的精确度，容许一定程度的混杂性，才能在宏观层面上获得更多的信息和预测。

**3. 不是因果关系，而是相关关系**

小数据时代，人们执着于寻找现象背后的因果关系，试图通过有限样本数据来剖析其内在机理，然而有限的样本数据却无法真实反映出事物之间存在的普遍性的相关关系。在大数据时代，通过大数据技术挖掘事物之间隐藏的相关关系变得更加容易，这一方面有效克服了现代科学探寻因果关系的现实困境，另一方面也让人们放弃了对因果关系的渴求转而关注相关关系，从而更全面、更快速地把握事物的本质。相应地，思维方式需要从因果思维转向相关思维，人们不必探知事物或现象背后的复杂深层原因，而只需要通过大数据驱动的相关性分析获得知识和判断，并运用这些知识和判断捕捉现在、预测未来，这正是大数据最核心的价值。

**4. 不是自然的，而是智能的**

长久以来，人类社会一直努力尝试不断提高机器的自动化和智能化水平，自进入信息社会以来，自动化、智能化水平已得到明显提升，但却始终面临瓶颈而无法取得突破性进展，机器的思维方式仍属于线性、简单、物理的自然思维，智能水平依然不尽如人意。到了大数据时代，随着人工智能、物联网、云计算、机器学习以及可视化技术等的突破性发展，为机器智能的提升带来了新契机。通过大数据技术获取与研究对象相关的全部数据，进而做出分析与判断，这无疑相当于具有了人类智能思维和预测判断的能力。在这个充满智能化、智慧化的大数据时代，思维方式需要从自然思维转向智能思维，不断地提升机器或系统的社会计算能力和智能化水平，从而挖掘出大数据中所蕴含的巨大价值。

## 8.3　虚拟现实

虚拟现实作为一门极富挑战性的前沿学科和研究领域，综合了计算机图形、计算机仿真、多媒体、传感器、新型显示、互联网和人工智能等多领域技术，其利用计算机模拟虚拟环境，给人以身临其境的沉浸感。随着社会生产力和科学技术的不断发展，各行各业对该技术的需求日益旺盛。近年来，我国就发布了多项关于支持、鼓励和规范虚拟现实行业的相关政策。

### 8.3.1 虚拟现实概述

虚拟现实（virtual reality, VR），是一种将现实存在的事物、场景、关系、活动等以计算机技术存储的数字形式体现的技术，也被称为虚拟实境或者灵境技术。它是20世纪以来融合了计算机技术、电子信息技术、数学算法和并行处理等延伸发展起来的一项新的实用型技术，其基本实现和应用途径以计算机、嵌入式技术为主导，协同了多媒体技术中的三维建模、仿真测试、图形音频设计，通过嵌入式设备终端给用户创建一个集视觉、听觉、触觉和嗅觉交互的三维立体空间虚拟世界。虚拟仿真的目标是创造一个突破时间、空间和其他客观条件限制的虚拟环境，使人沉浸于多维信息空间中，产生如真实世界般的临场感，同时获取正确、精度高的可靠数据。虚拟现实技术本质上就是一种先进的计算机用户接口，通过给用户提供多感官的实时感知，最大限度地方便用户操作，从而提高整个系统的工作效率。虚拟现实技术主要具有代入性、交互性、数据采集多样性、创造性和客观一致性五个重要特征。

#### 1. 代入性

代入性是虚拟现实技术最显著的特征，用户使用虚拟现实终端设备体验虚拟的世界，计算机软硬件所创造的虚拟环境需要使参与者获得强烈的代入感，让使用者自身感觉到融入环境中的感受。代入性的优劣取决于虚拟现实的实现，终端的感知、图像与音频输出的品质，高分辨率的视觉图像设计、实时的声控系统以及触觉感知系统都是保证虚拟现实代入性的支撑。

#### 2. 交互性

交互性是虚拟现实系统中输入与输出的对等互动。虚拟世界的参与者在环境中获取视觉、声音和触觉的数据，当参与者输出需求数据时，虚拟现实系统必须要实时回馈对应的数据。参与者输出的需求数据主要分为主动输出与被动输出两类，主动输出是参与者主动发出的问题需求，有明确的指向性和目的性，而被动需求则是系统检测到参与者的状态发生改变时，自动获取上传的需求信息，如位置、时间点等信息数据。当虚拟系统能较好地完成数据的反馈，便可以使参与者获取较高的代入性体验，而此时虚拟现实系统的数据是呈现实时交互性的。

#### 3. 数据采集多样性

数据采集多样性是指虚拟现实系统对参与者数据采集分类的差异化。当人进入虚拟环境中，系统提供给参与者的数据可以从视觉、听觉、触觉三方面进行分类。系统要根据采集接收到的输入数据选择不同的视觉、听觉、触觉数据进行反馈。采集数据类别的多样性可以更好地衡量一个虚拟现实系统品质的高低，常见的采集输入方式有键盘信息录入、语音采集、动作捕捉、身体健康数据采集等。

#### 4. 创造性

创造性是指在虚拟的环境中，参与者可以按照自己的思想，操作虚拟现实系统所提供的工具设计生产新的虚拟事物，该虚拟事物能以合理的、高分辨性的视觉、听觉和触觉数据的形式进行展现。这类创造设计出的新事物、新个体可以通过虚拟现实系统进行架构，其形态与空间数据都可以保存和导出。

#### 5. 客观一致性

客观一致性是指在虚拟现实世界中，环境、物体、空间变化、关系转化等都要与现实世界的客观规律保持一致，如有风吹来树叶会晃动，风的大小决定了晃动的幅度，高处的物体落下要符合自由落体规律等。在大型的虚拟现实系统中，当参与者处于某一个时间点和相对位点时，其所观察到的事物和环境要符合现实世界规律，同时在未关联的其他位点也要保持相应的符合客观规律的变化，并做数据更新。虚拟现实的客观一致性是保证参与者有良好体验和代入性的必要条件。

## 8.3.2　虚拟现实的应用

目前，虚拟现实技术已成为最具影响力的技术之一，被广泛应用于医学、娱乐、军事航天、室内设计、房产开发、工业仿真、游戏、文物古迹、应急推演、教育、汽车仿真、轨道交通以及培训实训等领域。随着现代社会各行业信息化的普及，数据空间阻隔的消融是发展的大趋势，虚拟现实技术在各行业中的需求及应用将会持续提高，并会在各行业扎根直至最终融为一体。

### 1. 影视娱乐

近年来，世界范围内影视娱乐产业迅速发展，在影片制作上很多新的科研技术陆续得到应用，事实证明虚拟现实技术与影视制作非常贴合。通常在影视制作过程中，经常需要模拟幻化现实中不存在或很难布置出的场景，而通过虚拟现实的 3D 技术建模完全可以根据影视作品的需求完成计算机设计的虚拟场景。在很多稀缺及无法完成的场景上，虚拟现实在影视制作中有得天独厚的优势。另外，在性价比方面虚拟现实可以极大地减少影视制作成本的支出。通常传统的影视拍摄需要选择场地、布置道具，很多激烈的对撞场面很容易产生道具的损毁，多次拍摄后费用消耗很大。而使用虚拟现实技术在布置好虚拟场景后可以反复演练使用，道具模型可以由现实中的物品影像设计产生，不具有损坏性，因而虚拟现实技术在影视娱乐领域备受青睐。

### 2. 教育领域

目前，教育的发展正走向全面的信息化，虚拟现实在教育领域中大有用武之地。在小学及初中的教育教学中，对于科普类的知识，教师通常会采用讲述、实地观察的方式进行教学，而借助虚拟现实技术则可以更实体化、多示例、多场景地为中小学生生动展示教学内容，使得学习更具趣味性、知识更易被学生接受。在高等教育教学中，很多实验实训课程需要用到大量的器材、耗材、模块，教学过程也多为演示型，利用虚拟现实技术可以结合不同的科目，设计开发对应的模拟系统，以虚拟仿真的形式帮助师生完成实验实践课程的教学。此外，虚拟现实技术也可以促进各高校之间的教学与学术交流、提高高等教育的实践类课程的教学质量。

### 3. 游戏领域

新时代的年轻人对游戏非常熟悉，从 21 世纪初至今游戏的发展超越大部分其他娱乐产业。在游戏的产业中电子类游戏占比重最大，该产业以电子计算机、数据存储、网络通信为基础。对电子类游戏来说，设计优劣决定了游戏品质的高低，而游戏的电子设计充斥了更多先进的通信技术及多媒体技术。虚拟现实在电子游戏的设计发展中起着举足轻重的地位，如现今很多游戏的开发都用到设计引擎，虚拟现实技术是设计引擎工具的基础。使用虚拟现实技术，游戏中可以设计更有色彩感、更震撼的场景，在现实中不存在、不能体现的视觉都可以使用虚拟现实完成。

### 4. 医疗领域

医学是一门神圣且严谨的学科，医疗的进步惠及全人类，虚拟现实技术的应用促进了当今医疗的发展。在精密大型手术方面，使用虚拟现实技术可以创建虚拟的手术受体立体空间，精确绘制器官、血管、骨骼等组织，根据具体情况标记设计特殊位置点，在手术前为施术者提供模拟手术预演，通过多次预演来提高施术者的熟练度和成功率，减少手术给患者带来的各种损伤和伤害。

另外，在运动健康医疗方面，使用虚拟现实技术采集人体各组织电流导电信息可以构建人体整体模型，为个性化医学诊断、治疗以及康复计划提供准确、完整的解决方案。

**5. 军事领域**

一个国家的国防安全很大程度上取决于该国家的军事能力，军费的消耗对每个国家来说都是一项重大支出，士兵训练、装备操作的熟练、协作能力的强化都是一笔不菲的花费，对我国来说提高军费支出的性价比尤其重要。虚拟现实技术可以很好地应用在军事领域中，帮助全方面提高军事能力的同时降低花费。具体体现在三个方面：一是将虚拟现实技术应用在军事侦察事务上，以无人机为硬件采集终端，获取山川地貌、温度湿度等外部环境数据，构建虚拟化的三维立体模型，使侦察数据更详细、可靠，并可根据情况实时更新；二是虚拟现实可以应用于军事人员的训练，虚拟化的训练平台或系统已经在多个国家的军事训练中应用开来，训练人员戴上可视头盔连接操纵杆及全身传感设备，便可进入虚拟化的训练设计，体验实战中面临的残酷环境，提高极限的平衡能力，训练提高团队协同作战能力；三是虚拟现实可以应用于未来的实战，智能机器人是科学研究的新热点，未来的机器人必然会应用于军事，虚拟现实可以连接真人与智能机器人的交互，以机器人携带的传感装备获取数据传送至服务器为操纵者建立虚拟可视空间，控制智能机器人进行有计划的军事行动。

**6. 航空航天领域**

虚拟现实技术应用在航空航天领域，可以为火箭、航行器建立虚拟模型，在设计研发讨论过程中提供实境的、对标的可视化基础资料。此外，虚拟航天系统可以模拟航天器的发射、飞行过程及状态，为项目的可靠性提升助力。虚拟航天器模块可以为航天人员提供模拟控制、操作的训练，在实体器件生产完工前，提升人员对环境和任务的熟悉度。

### 8.3.3 元宇宙的概念

元宇宙（metaverse）是虚拟世界的概念，它使用计算机技术、虚拟现实技术、数字存储技术、网络通信技术将现实世界的环境、事物、人员、关系映射到虚拟世界，是一种新型生活、学习、娱乐、交往数字空间。

元宇宙是与现实平行的世界，原则上现实世界中有的事物在元宇宙中才会创造存在，它依托于现实世界，是现实世界的投影。当用户参与进入元宇宙中，其在元宇宙中的交互、交往、创造也会反作用于现实世界，如认识的其他人员、建立的深厚友谊、设计的独特模型以及创造的财富价值等。元宇宙的产生和建立是新时代多种高新技术结合的过程，计算机技术促进了模拟信号数据向数字存储的发展，开创了处理器逻辑控制，为元宇宙的建立奠定了基础，高吞吐量通信技术保证了信息传达的实时性，虚拟现实技术将现实环境、物体转化为虚拟世界存在。

元宇宙的建立是一个持久的过程，是循序渐进的。不同的人进入元宇宙世界会创建属于自己的平行世界的镜像数据，其中很多数据都进行了改良、改造。元宇宙的基本环境设施是共享的，在共同标准执行下，人人可进行使用和参与，现实世界中存在的平台、工具也可在规则允许下被带入元宇宙虚拟世界，进而推进了原平台、工具的发展进化和融合。它通过虚拟现实技术提供代入性体验，以数字孪生技术为依托，逐步创造出现实世界的数字分身，经济体系融入区块链技术则联通了现实世界的数据通道。

元宇宙不是一个单纯的技术结合体，目前它只是一个新兴的理念或者概念，它需要各种新技术的融合，如第五代移动通信技术（5G）、未来的第6/8代移动通信技术（6G/8G）、大数据、云计算、人工智能等，注重现实与虚拟的结合。现今，各大互联网公司都在争先挖掘开发自己的“元宇宙”环境，如韩国公司 Zigbang 提供虚拟办公空间出租服务，它是一家独角兽元宇宙初创公司，于 2022 年 5 月推出了元宇宙虚拟办公《Soma》，其中存在一个被称作 Soma World 的虚拟世界，虚拟空间中矗立着办公楼、办公楼主楼可容纳三千余人集体办公、会议。虚拟世界办公将物理的边界限制消除了，授权人员可以在世界各地拥有网络连接及硬件支持终端的情况下登录《Soma》上班工作、下班回家变成了“一秒完成”的事情，《Soma》虚拟办公场景如图 8-1 所示。

图 8-1　《Soma》虚拟办公场景图

游戏是元宇宙虚拟世界最好的切入形式，很多公司都已开发或拟开发“元宇宙”类型游戏。目前，比较有代表性的是 PLXOWL INC 开发的沙盒类游戏 The Sandbox，与传统游戏相比，The Sandbox 的主线剧情被消除掉了，没有游戏的终点没有结局，参与者需要在游戏中探索与元素建设。为此 PLXOWL INC 设计了 Play-to-Earn 模式，授权游戏玩家设计自己的对象模型、运行机制，玩家可以在游戏中获取资产，而这些资产则能够连接到区块链中进行流通或转化为现金流存储到现实世界的账户中。The Sandbox 游戏场景如图 8-2 所示。

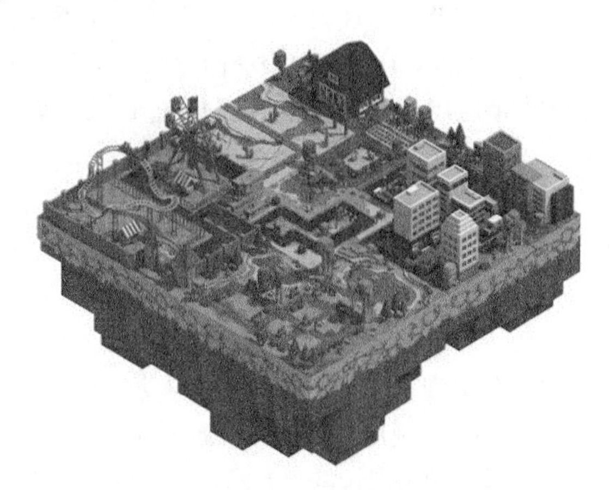

图 8-2　The Sandbox 游戏场景图

# 8.4　物　联　网

物联网是信息化与工业化发展和融合的必然结果，是新一代信息技术的重要组成部分，被称为继计算机和互联网之后的第三次信息技术革命。纵观物联网的产生与发展，从最初的概念提出到掀起全球性的发展浪潮，其在经济社会各领域的广泛应用得到共识。近年来，我国高度重视物联网的研究与发展，将其作为国家战略性新兴产业，大力发展物联网与各行业的融合应用，物联网已进入跨界融合、集成创新和规模化发展的新阶段。

## 8.4.1　物联网概述

### 1. 物联网简介

物联网（internet of things, IoT）作为信息化浪潮的产物，是新一代通信技术的应用方向，也是信息化深入社会各个方面的重要体现。物联网被称为物与物相连的互联网，这主要包含两层意思：一是其核心和基础源于互联网，是在互联网基础上延伸和扩展的网络；二是其将用户端延伸和扩展到任何物品与物品之间，进行信息交换和通信的网络。当前，普遍认可的物联网定义是通过射频识别、红外感应器、全球定位系统、激光扫描器、气体感应器等信息传感设备，按约定的协议将物品与互联网连接起来进行信息交换与通信，以实现智能化识别、定位、跟踪、监控和管理的网络。物联网的核心是网络数据的传输，结合了嵌入式系统技术，在不同应用场景设计适合的应用终端，将各终端采集获取的数据传输至应用层处理后再将信息反馈。因此，物联网融合了计算机科学、传感器识别、射频识别、位置获取反馈、光通信等多项技术于一体。

物联网在学科上可划分为硬件和软件两大部分，物联网硬件主要是指嵌入式终端的设计应用，物联网软件涉及基本软件、支撑软件和应用软件。物联网硬件的核心是终端处理器的应用，目前按照处理能力的高低，终端处理器分为单片机控制器、嵌入式微处理器和中央处理器三种类型。其中单片机控制器的应用最成熟、应用范围最广，主要涉及生活小家电的控制数据采集、汽车环境数据采集等方面。嵌入式微处理器由于其运算能力稍强，在移动终端处理、高稳定性处理等方面应用较多，而随着人们对数据的实时性要求越来越高，嵌入式微处理器将逐步取代运算性能较低的单片机控制器。中央处理器是传统计算机的核心计算和逻辑控制单元，由于其运算能力强但耗电量较大，常用于持久性大数据处理器运算及数据服务等方面。物联网软件实现物联网体系结构中设施与服务的有机结合，完成数据的传输、处理与分发任务，完成事件的检测、派遣和响应事务，还为物联网的运营商、管理者和终端用户提供网络接口。

**2. 物联网的发展**

物联网的理念最早出现在 1995 年微软公司创始人比尔·盖茨所著《未来之路》一书中，然而在 20 世纪末期，电子信息行业正处于快速发展，全球网络以有线网为主，移动设备的使用率较低，限于当时的网络技术和传感器应用水平，物联网理念自提出后很长一段时间都处于研究讨论阶段，并未引起重视，发展较慢。1999 年“物联网之父”凯文·艾什顿（Kevin Ashton）与其伙伴在美国麻省理工学院建立“自动识别中心（Auto-ID）”，Kevin Ashton 教授在研究射频识别（RFID）时提出“万物皆可通过网络互连”，首次阐明了物联网的概念。该时期的物联网概念主要以射频识别技术和无线传感网络作为支撑。到了 21 世纪初，随着射频识别技术、短距离无线传输和传感网络迅速发展，物联网进入快速发展通道。2005 年 11 月 28 日，在突尼斯举行的信息社会峰会上，物联网的概念在国际电信联盟（ITU）发布的《ITU 互联网报告 2005：物联网》中正式提出，报告指出无所不在的“物联网”通信时代即将来临，世界上所有物体都可以通过互联网主动进行信息交换。这一时期的物联网定义和范围已经发生了变化，不再只是局限为以射频识别为应用的网络标识，而将物联网扩展为全球范围内具有感知通信的物体构建的网络，其覆盖范围有了较大拓展。

物联网的兴起引发了全球各国对该项新技术的研究热潮，各国政府也纷纷将目光聚焦在物联网上。2009 年，温家宝在视察无锡时提出“感知中国”理念，要求“着力突破传感网、物联网关键技术，及早部署后 IP 时代相关技术研发，使信息网络产业成为推动产业升级、迈向信息社会的发动机”。自此物联网与新能源产业、微电子新材料、生命科学、空间海洋航天一起被列为我国战略性新兴产业。同年，欧洲物联网行动计划在欧洲各国的协商讨论下审核通过，该计划描绘了物联网技术的应用前景，对物联网的管理在欧洲国家范围内做了具体分工，进一步促进了物联网的发展。美国政府也于 2009 年将物联网与新能源列为经济发展振兴的两大重点突破领域，

IBM 首席执行官彭明盛在“圆桌会议”上首次提出“智慧地球”概念。我国在物联网领域的布局较早，中科院在多年前就启动了传感网的研究，2021 年 9 月工信部等印发的《物联网新型基础设施建设三年行动计划（2021—2023 年）》就明确提出：到 2023 年底国内主要城市初步建成物联网新型基础设施，可见物联网的发展在我国具有独特的优势。目前，在物联网这个新型信息产业中，我国技术研发水平处于全球领先地位，与德国、美国、韩国一起，是物联网国际标准制定的发起国和主导国之一，具有很大的影响力。

### 8.4.2　物联网的通信技术

通信技术是物联网各种应用功能的关键支撑，物联网通过通信技术将其感知到的信息在不同的终端之间进行高效传输和交换，以实现信息资源的互通和共享。在物联网的数据传输中，物体与人、物体之间的传输大部分是通过无线方式进行。无线通信中短距离的数据传输应用最广，主要传输方式有 Wi-Fi、蓝牙、LoRa、ZigBee 四种。

**1.Wi-Fi**

Wi-Fi 数据通信是当下全球使用度最高的短距离无线数据传输方式，它具有辐射覆盖范围广、数据传输快以及组网简单等特点。Wi-Fi 通信是建立在网络协议的基础上，常用的协议有 802.11b 及 802.11e，数据传输两端的数据打包发送与数据包解析都依照协议进行。Wi-Fi 通信在嵌入式设计中分为收发平行和单发送接收两种模式，目前以单发送接收模式为主要通信方式。以 ESP8266 为例，其具有三种模式：Station 模式、AP 模式与 Station+AP 模式。ESP8266 工作在 Station 模式下，可以搜索到其他 AP 发射出的信号，选择需要接入的信号源，输入正确的用户名和密码，便可连接到同一个网络进行数据收发。ESP8266 工作在 AP 模式下，要对自身信号的用户名及登录密码进行设置，其他 Station 可以搜索到其发射出的信号，当要接入的 Station 输入正确的用户名和密码后，便可连接到同一个网络进行数据收发。ESP8266 工作在 Station+AP 模式下，可以随时切换 Station 接入其他信号通道，或者退出之前信号通道建立自身信道。ESP8266 内部集成了控制函数库，在进行 Wi-Fi 数据通信时可以通过调用库函数实现，这提高了效率而简化了开发设计的工作。Wi-Fi 数据通信在视频、图像传输等大容量数据传输中具有显著优势。

**2. 蓝牙**

蓝牙通信是一种低功耗、高稳定性、高数据安全性的短距离无线通信方式，相比于 Wi-Fi 通信，其耗电量较低，可以完成单对单配对的独占式数据安全传输。蓝牙通信始于 1998 年由爱立信（Ericsson）、诺基亚（Nokia）、东芝（Toshiba）、国际商用机器公司（IBM）和英特尔（Intel）五家公司共同发布的 BLE 1.0 通信服务，支持 IEEE 802 协议。目前，蓝牙通信已更新至 BLE 5.2 版本，蓝牙技术的无线通道主要在主频 2.4 GHz 的 ISM 波段和 5 GHz 频段，蓝牙连接可以实现单对单连接，也可以实现一台主设备对应多台从设备的一对多通信。蓝牙通信是由射频数据产生，在网络通道上采用了 TDMA 结构。当同一区域存在多个蓝牙设备时，通过调频技术可以使不同的蓝牙模块互不干扰。通常蓝牙 5.0 设备可以实现 1 000 m 内稳定的数据传输，最远可完成 300 m 范围内通信，在 10 m 范围内最高传输速率可达到 24 Mbit/s。

**3.LoRa**

与 W-iFi、蓝牙技术相似，LoRa 也是一种无线数据传输技术，也同样具有低功耗的特点，但是传输距离比蓝牙通信更远。LoRa 支持在 3 km 范围内进行数据通信，如果需要继续扩大通信半径，可使用建立 LoRa 基站的方式进行扩充。LoRa 模块内部电流消耗一般在 10~50 mA 级，由于其出色的低耗电性能，使得 LoRa 可以胜任在长期无人支持的荒野地区中进行数据通信。LoRa 模块调试设置相对复杂，其配置参数有：扩频因子、编码速率、带宽、无线电噪声系数、数据传输的中心频率、前导码长度及对应的数据处理的网络服务器。

**4.ZigBee**

ZigBee 数据传输又称紫蜂传输，支持 IEEE 802.15.4 标准，具有低功耗、高性价比、自由组网等特点。ZigBee 数据传输速率不高，有 250 kbit/s、40 kbit/s、20 kbit/s 三种模式可选，与 LoRa 相比，其低功耗性能更优秀，通常一节普通 5 号干电池在满电状态下，可以为单个 ZigBee 模块供电运行两年。ZigBee 通信模块间的距离一般在 10~100 m，多个 ZigBee 模块可以实现自主组网，某个模块获取的数据能以其他模块为跳板曲折传输至目的主机。目前，ZigBee 数据通信可以应用在智能家居、智能医疗、智慧农业和基础交通设施等领域。

### 8.4.3 物联网的应用

在当前信息时代大背景下，物联网无处不在，物联网的应用已经渗透国民经济和人类生活的方方面面，人与人之间的网络数据通信、人与物体之间的数据交换、物体与物体之间的数据传输遍布全球各行各业中。

**1. 智能家居**

提高生活品质是每个人的追求，家居产品的智能化给人们带来了更大的便利和享受。利用物联网技术将家庭日常生活中的每个大小物件数据联系起来，做到交互控制是智能家居的实现目标。目前，成熟的智能家居控制包括房间内窗帘开关远程控制、照明灯通断电与颜色控制、空调温度调节、冰箱控制与容量提醒、音乐与影片播放、手机远程房屋监控以及安防系统控制等。常见的智能家居品牌有小米智能家、华为科技、联想等。居家范围内常用的通信网络为 Wi-Fi、蓝牙技术、ZigBee、NB-iot 等。物联网技术利用先进的计算机技术、智能硬件、物联网技术以及通信技术实现了家中万物信息融合，通过统筹控制和管理，使居家生活变得更加舒适、便捷和安全。

**2. 智能交通**

在汽车交通领域，物联网将汽车内的传感器数据与路面信息结合起来，实现了智能化的交通运行。汽车可以通过全球定位系统或北斗定位感知自身所处的位置点，路面交通地图信息能够实时更新车辆所在位置的数据，地图系统则全面获取当前路面所有车辆的位置信息，为用户构建出一幅车辆位置实时数据图，车辆位置数据图每过一个单位时间点会更新一次，将车辆最新动态数据展示出来。通过大数据分析，不仅可以获取某一时刻或某一个时间段在哪一段区域车辆堆积比较多，行驶速度比较慢，还可以为车辆管理决策提供数据支持。得益于交通智能化水平的不断提高，车辆不仅可以识别所在位置点的路面信息，如交通路面指示线、指示牌，还可以感知周围车辆的距离、相对速度，并结合自身车辆的速度、车辆尺寸数据实现车辆自动驾驶的功能。随着自动驾驶、车联网、充电桩检测、智能红绿灯以及智慧停车等智能交通技术的成熟与应用实现，人们对车辆的个人拥有观念指数将被淡化，车主们买私家车的欲望需求将会拉低，而共享汽车的需求将持续走高，现有汽车销售模式将逐步向租赁共享方向发展。未来智能交通势必在更大的时空范围内发挥着主体交通管制、改善交通环境、保障交通安全以及提高资源利用率的作用。

**3. 智能电网**

在供电领域，智能电网是基于物联网构建起来的集传感、通信、计算、决策与控制为一体的新型电网，通过获取电网各层节点资源和设备的运行状态，进行分层次的控制管理和电力调配，实现能量流、信息流和业务流的高度一体化，达到最大限度地提高设备利用效率。利用物联网技术有助于实现智能用电的双向交互服务、用电信息采集、家居智能化、家庭能效管理、分布式电源接入以及充电桩技术，提高供电可靠性、用电效率以及为节能减排提供技术保障。以各种家用电器为例，在其中内嵌智能采集模块和通信模块，便可实现家用电器的智能化和网络化，实现对家用电器运行状态的检测、分析和控制。当前，物联网技术在智能配电网中最为广泛的应用就是智能电表，其最大的优势是强大的互联功能和智能化检测。随着互联网络与智能电网的深度融合，智能电网势必能更好地满足用户对电力的需求，优化资源配置，确保电力供应的安全性、稳定性、可靠性和经济性，提高用户供电质量和可再生能源的利用效率。

**4. 智能医疗**

在医疗领域，利用物联网技术将各种医疗设备有效连接起来，形成一个巨大的网络，通过打造以电子健康档案为中心的区域医疗信息平台，实现患者与医务人员、医疗机构、医疗设备之间的互动，逐步达到全面信息化。在医疗资源管理智能化方面，对医疗器械设备、耗材和药品等进行联网，通过物联网信息平台可以实现对医院资产、医疗设备、药品和消毒物品等的管理和监控。在医疗过程智能化方面，借助各医疗检测设备实时的信息平台，可以使医生更快速、更全面地获取患者的检查数据，同时保留患者完整的历史数据。另外，对区域内各医院信息互联，能够保证患者就医的关键数据得到实时有效参考。在健康管理智能化方面，对移动医疗设备进行联网，实时捕捉和监测患者身体的各项指标，如心跳频率、体力消耗、运动信息、睡眠质量、葡萄糖摄取、血压高低以及位置等信息，可以帮助医院实时监控患者的健康，随时给患者提出警示和建议。

**5. 智能穿戴**

随着人们对个性需求的提高，物联网智能穿戴设备开始流行起来，健康手环、智能手表、智能眼镜以及智能安全服等产品已经被广泛应用到人群中。智能穿戴设备具有不受空间和身体状态的限制；可长期积累数据并形成周期性的数据分析报告；能准确感知人体的身体信号以及能获得大量数据与服务的特点，深受广大消费者青睐。智能穿戴设备的底层技术原理主要是通过传感器采集到的物理信号转化为电信号，通过智能分析系统对电信号做出数据计算和分析，获取反馈生理信息及操作。以健康手环为例，手环自带微处理器及锂电池，通过加速度传感器、3D陀螺仪、心率传感器等获取运动数据及心率数据，并将数据简单分析处理后以短距离无线通信的方式（常为蓝牙通信）上传至数据系统，数据系统一般安装在便携式移动应用端，数据系统可以连接Internet，经用户授权后将信息上传至网络服务器。

**6. 智能制造**

智能制造是物联网的一个重要应用领域，用来实现各设备联网控制，对生产效率与生产质量的提高有着显著的促进作用。智能制造涉及的行业非常广且市场体量巨大，应用场景主要包括工厂生产设备的智能联网控制、生产环境的联网监控及预警、下线半成品性能检测对上线的反馈控制。其中生产设备的智能联网控制主要通过在设备上加装传感器，使设备厂商可以远程随时随地对设备进行监控、升级和维护，更好地了解产品的使用状况，完成产品全生命周期的信息收集，指导产品设计和售后服务。生产环境的联网监控及预警则通过采集温度、湿度和烟感等信息对环境进行监控。以手机主板生产为例，手机主板上安装有大量的芯片模块，需要精细的贴片焊接设备，大部分设备由程序控制，按照流水线进行贴片操作，手机主板的生产需要无尘环境，因而生产车间设置有灰尘浓度检测装置。在手机主板生产过程中，当环境中灰尘在某一个时刻超过阈值时，互联的智能制造系统会自动发送对应生产间的停工指令，以免生产出高废品率产品造成材料浪费。

**7. 智慧农业**

在农业领域，利用物联网、人工智能以及大数据等现代信息技术与农业深度融合，可对农业生产全过程进行信息感知、精准管理和智能控制，形成一种全新的农业生产方式，并实现农业的可视化诊断、远程控制以及灾害预警等功能。物联网在农业领域的主要应用有农业种植和畜牧养殖，其中农业种植通过传感器、摄像头和卫星等收集数据，实现农作物和机械装备数字化。以现代农业的种植实施为例，目前土地整平、翻土、施肥的机械化程度较高，具体实施过程的完成情况可以由终端设备采集获得。播种后的水分、营养可以由终端设备测定，网络控制管理，同时做好时间记录。在农作物生长过程中，可以由摄像头监管加以图像识别，并在设定的时间段里进行病虫害的模糊识别，全程把控农业生产过程。生长环境的记录及调节也可以通过物联网技术实现，如温度、湿度和光照强度等信息。对所获产品进行标签记录，则有助于后期的溯源工作。畜牧养殖则利用耳标、可穿戴设备和摄像头等收集数据，判断畜禽对象的健康状态、喂养情况、位置信息以及发情期预测等，进行全过程跟踪、控制和反馈，实现对畜禽对象的精准管理。

# 8.5 3D 打 印

3D 打印是近年来迅速发展起来的高端数字化制造技术，因被视为一项将带来“第三次工业革命”的技术而引起全球关注，其发展最早可追溯到 19 世纪，直到 20 世纪 80 年代后期，才出现了成熟的技术方案并被广泛应用于社会生产多个领域。经过数十年的发展，3D 打印技术在高度融合了材料科学、制造工艺、信息技术以及控制技术等的基础上做了大量创新，现已逐渐融入设计、研发以及生产的各个环节。总体而言，3D 打印技术补充和优化了传统制造方式，催生出新的生产模式，正推动着人类社会生产方式的变革，已经成为引领未来制造业发展的新趋势。

3D 打印（three dimensional printing, 3DP）又称增材制造，是快速成形技术的一种，它以数字模型文件为基础，采用粉末状金属、液体、陶瓷、塑料、树脂、蜡、纸和砂等可黏合材料，通过材料逐层堆积叠加的方式构造物体。3D 打印技术可认为是利用光固化和纸层叠等技术的最新快速成形装置，其基本原理是叠层制造。与普通打印机类似，3D 打印设备由控制组件、机械组件、打印头、耗材和介质等架构组成，打印过程也十分接近，不同的是 3D 打印设备内装有金属、液体或粉末等“打印材料”，在与计算机连接后，通过计算机控制将“打印材料”一层层叠加起来，最终将计算机上的蓝图变成实物。因此，这种快速成形技术也被形象地称为 3D 立体打印技术。

在现代计算机技术、新型设计软件和新材料应用等推动下，3D 打印凭借能将数字化的虚拟物体快速还原成真实物体的独特制造技术而被广泛应用，极大地满足了社会生产发展的需要。与传统生产制造方式相比，3D 打印有其自身特定的优势却也存在相应的劣势。优势主要体现在生产制造周期短，材料可无限组合，产品无须组装就能一体化成形，在制造复杂零件和多样化产品时不会增加成本，能不受设计限制地轻松实现个性化产品的定制，创建产品副本的精确度高且废弃品较少。劣势则主要体现在可使用的材料种类相对来说太少，价格不菲的专业耗材以及高精度的核心设备导致成本很高，产品表面普遍存在台阶效应需要二次强化处理，产品的层与层间衔接度、硬度、强度、柔韧度以及机械加工性等性能和实用性方面与传统制造产品还存在一定的差距。

近年来，3D 打印技术为传统制造业带来了许多显而易见的改变，得益于该数字化生产技术在生产效率、产品精准度以及复制成本等方面所体现出的优势，使得其在工业制造、医疗、航天航空、文化创意、文物保护与修复、数码娱乐、艺术设计、建筑工程、食品产业以及个性化定制等诸多领域得到更加深入的应用，许多真实的3D物体被“打印”出来。3D打印在各大领域的典型应用实例见表8-2。

表8-2 3D打印在各个领域的典型应用实例

| 领域 | 应用实例 |
| --- | --- |
| 制造业 | 美国旧金山DM公司推出了世界首款3D打印超级跑车“刀锋”，美国得克萨斯州奥斯汀3D打印公司“固体概念”设计制造出3D打印金属手枪，福特汽车公司向该汽车爱好者提供3D打印福特汽车模型，比利时研发人员开发了一款3D打印自行车 |
| 医疗 | 苏格兰科学家利用人体细胞首次用3D打印机打印出人造肝脏组织，北京大学研究团队成功地为一名12岁男孩植入了3D打印脊椎（此为全球首例），美国中佛罗里达大学博士生成功为天生右臂缺失的6岁男孩Alex Pring装上3D打印机械手臂 |
| 航天航空 | 航空公司Aurora Flight Sciences和3D打印公司Stratasys Limited发布了世界首架3D打印喷气动力飞机，新西兰私人公司Rocket Lab成功发射世界首枚3D打印的电池动力火箭，我国零壹空间创新性应用钛合金3D打印技术自研姿控动力系统产品 |
| 文化创意 | 法国工程师劳伦特·伯纳达克利用3D打印机制作出电子小提琴，麻省理工学院研究并制作出3D打印长笛，我国设计师宋波纹在2012北京国际设计周上展示自己的3D打印系列作品“十二水灯” |
| 文物保护与修复 | 我国考古人员首次将3D打印技术创新应用于保护出土时的青铜器，史密森尼博物馆通过3D打印技术复制出托马斯·杰弗逊雕塑替代品，巴西国家博物馆利用3D打印技术修复了巴西开国皇帝佩德罗一世的人像 |
| 数码娱乐 | 全世界首款3D打印的Pi-Top笔记本计算机于2014年投放市场，意大利公司JellyModels利用3D打印技术生产玩具火车，洛杉矶特效公司Legacy Effects运用3D打印技术设计电影《阿凡达》部分角色和道具模型 |
| 艺术设计 | 美国公司BumpyPhoto推出利用3D打印技术将2D照片制作成全色3D浮雕，设计师利用3D打印技术设计与制作各类创意DIY手办和珠宝，2013春夏巴黎女装高级定制秀艾里斯·范·荷本发布了名为Voltage系列的3D打印服装作品 |
| 建筑工程 | 世界上第一座3D打印的混凝土桥梁在荷兰通车，我国北京通州诞生了世界上第一个用3D打印机打印的房屋，上海张江高新青浦园区内建设有十幢3D打印建筑 |
| 食品产业 | 英国研究人员开发了世界上第一台3D巧克力打印机，奥利奥公司推出了一台3D打印饼干自动售货机，西班牙巴塞罗那的自然机器公司推出首款名为Foodini的3D食物打印机 |
| 个性化定制 | 3DTie公司设计师Rabinovich研究并设计出时尚、个性的3D打印领带，美国时尚工作室Continuum Fashion设计出一款名叫Strvct的3D打印高跟鞋 |

据北京中道泰和信息咨询有限公司领衔发布的《中国3D打印行业深度分析及发展前景与发展战略研究报告（2022—2026版）》调查显示，在全球3D打印行业中，占据绝大部分市场份额且技术处于领先地位的仍是美国，美国规模占全球比重40.4%，第二是德国，中国排名全球第三。相较于欧美发达国家，我国3D打印技术起步最晚，发展稍显滞后，而随着国内3D打印技术研发力度的不断加强，目前虽然与国际先进水平还存在一定的差距，但是差距正在不断缩小，现今已取得了不少成果，部分技术甚至已经达到世界先进水平。就当前总体发展形势来看，国外3D打印技术的商用模式已经形成，且正处于迅速兼并与整合的过程中，行业巨头正在加速崛起，而我国的3D打印市场相对来说并不大，国内市场应用程度还需不断深化。另外，报告还预测未来十年，全球3D打印产业将仍处于高速增长期，3D打印技术的应用将从简单的概念模型向功能部件直接制造方向发展，而我国在不断突破技术壁垒和持续人才培养的过程中，3D打印产业必将持续增长，进入大规模产业化时期。

总之，自1986年3D打印技术概念及“设计引导制造”理念提出至今，经过30多年的技术迭代与产业化发展，3D 打印技术取得了长足的发展，现已广泛渗透社会生产的各个领域。然而，3D 打印技术的瓶颈依旧存在，当前还有许多技术难题没有攻破和解决，这阻碍了其进一步在市场上大范围的推广与普及。虽然 3D 打印技术仍处于初始阶段，但随着信息技术、数字制造技术、先进材料技术、设计与成形软件开发、控制技术以及工艺方式的不断创新与发展，市场应用需求的不断扩大，3D 打印技术势必会迎来新的跃进，也将会被推向一个更加广阔的发展平台，其未来的工业应用将不可估量。

# 习　题

**一、单选题**

1. 人和计算机下棋，该应用属于（　　）。

A. 人工智能　　B. 过程控制
C. 科学计算　　D. 数据处理

2. 楼宇对讲系统从语音对讲到可视对讲，再到智能控制终端，体现的发展方向是（　　）。

A. 微型化　　B. 智能化　　C. 多媒体化　　D . 网络化

3. 利用（　　）判定一台机器是否具有人类智能。

A. IQ 测试　　B. 智能测试
C. 图灵测试　　D. 软件测试

4. 人工智能的第三次浪潮是以（　　）为中心的研究。

A. 数据　　B. 知识　　C. 符号　　D. 机器学习

5. 大数据的起源是（　　）。

A. 金融　　B. 电信　　C. 互联网　　D. 公共管理

6. 大数据最显著的特征是（　　）。

A. 数据规模大　　B. 数据类型多样
C. 数据处理速度快　　D. 数据价值密度高

7. 美国海军军官莫里通过对前人航海日志的分析，绘制了新的航海路线图，标明了大风与洋流可能发生的地点。这体现了大数据分析理念中的（　　）。

A. 在数据基础上倾向于全体数据而不是抽样数据
B. 在分析方法上更注重相关分析而不是因果分析
C. 在分析效果上更追究效率而不是绝对精确
D. 在数据规模上强调相对数据而不是绝对数据

8. 自然语言理解是人工智能的重要应用领域，下列（　　）不是它要实现的目标。

A. 理解别人讲的话　　B. 欣赏音乐
C. 机器翻译　　D. 对自然语言表示的信息进行分析概括或编辑

9. 人工智能是计算机应用的重要领域之一，下列不属于人工智能应用的是（　　）。

A. 计算机语音识别和语音输入系统　　B. 计算机手写识别和手写输入系统
C. 计算机自动英汉文章翻译　　D. 图书管理系统

10. 以下不属于大数据典型应用案例的是（　　）。

A. 高性能物理　　B. 推荐系统　　C. 智慧医疗　　D. 商品营销

11. 虚拟现实在设计及应用中具有自己的特征，以下不属于虚拟现实特征的是（　　）。

A. 代入性　　B. 创造性　　C. 界面友好性　　D. 客观一致性

12. 元宇宙是利用科技手段链接与创造的虚拟世界，其使用了（　　）技术。

A. 计算机　　B. 虚拟现实　　C. 网络传输　　D. 嵌入式

13. 物联网是互联网的延伸，其英文缩写是（　　）。

A. IoT　　B. ToI　　C. ToTE　　D. ETC

14. 以下物联网数据传输技术中，数据传输距离最远的是（　　）。

A. Wi-Fi　　B. 蓝牙通信　　C. ZigBee　　D. LoRa

15. 3D 打印具有（　　）的特点。

A. 整体加工，一体成形　　B. 累积成形

C. 逐层加工、累积成形　　D. 逐层加工

**二、判断题**

1. 1956 年夏，在美国达特茅斯大学举办了人类历史上第一次人工智能学术研讨会，这标志着人工智能学科的诞生。（　　）

2. 3D 打印机可以自由移动，并制造出比自身体积还要庞大的物品。（　　）

3. 搜索引擎属于大数据应用范畴。（　　）

4. VR 可以创建一个虚拟世界，让人们体验身临其境之感。（　　）

5. 物联网与互联网是两种不同的网络，两者之间没有任何联系。（　　）

# 参考文献


［1］胡致杰．大学计算机基础教程：微课版［M］．成都：电子科技大学出版社，2020.

［2］何婷婷，杨青．大学计算机基础教程［M］．武汉：华中师范大学出版社，2021.

［3］吴军．浪潮之巅［M］．北京：人民邮电出版社，2019.

［4］陈卓然，杨久婷，陆思辰，等．大学计算机基础教程［M］．北京：清华大学出版社，2021.

［5］柴欣．大学计算机基础教程［M］．11 版．北京：中国铁道出版社有限公司，2021.

［6］饶拱维，郭其标，房宜汕．大学计算机基础教程：Windows 10+Office 2016［M］．北京：中国水利水电出版社，2020.

［7］谢希仁．计算机网络［M］．8 版．北京：电子工业出版社，2021.

［8］李志球．计算机网络基础［M］．5 版．北京：电子工业出版社，2020.

［9］溪利亚，苏莹，蔡芳．计算机网络教程［M］.2 版．北京：清华大学出版社，2017.

［10］梁彦霞，金蓉，张新社．新编通信技术概论［M］．武汉：华中科技大学出版社，2021.

［11］刘合兵．多媒体技术及应用［M］．北京：清华大学出版社，2020.

［12］李建芳．多媒体技术及应用案例教程［M］．北京：人民邮电出版社，2020.

［13］董燕燕，刘爱国，晏莉娟．多媒体应用技术［M］．重庆：重庆大学出版社，2017.

［14］刘刚．人工智能导论［M］．北京：北京邮电大学出版社，2020.

［15］罗素，诺维格．人工智能：一种现代的方法（第 3 版）［M］．殷建平，祝恩，刘越，等译．北京：清华大学出版社，2013.

［16］舍恩伯格，库克耶．大数据时代［M］．周涛，译．杭州：浙江人民出版社，2013.

［17］林子雨．大数据导论［M］．北京：人民邮电出版社，2020.

［18］黄进文．虚拟仪器数字电路仿真技术［M］．昆明：云南大学出版社，2010.

［19］曹望成，马宝英，徐洪国．物联网技术应用研究［M］．北京：新华出版社，2015.

［20］李静涵，徐丽芳．元宇宙的多视阈解构：缘起、界定和影响［J］．出版参考，2022（8）：35-40.

［21］宗冬芳．3D 打印技术创业教程［M］．北京：北京理工大学出版社，2020.